개념기본

중 1/2
2022 개정 교육과정
중학 수학은 개념의 연결과 확장이다.

디딤돌수학 개념기본 중학 1-2

펴낸날 [초판 1쇄] 2024년 2월 15일
펴낸이 이기열
펴낸곳 (주)디딤돌 교육
주소 (03972) 서울특별시 마포구 월드컵북로 122 청원선와이즈타워
대표전화 02-3142-9000
구입문의 02-322-8451
내용문의 02-336-7918
팩시밀리 02-335-6038
홈페이지 www.didimdol.co.kr
등록번호 제10-718호
구입한 후에는 철회되지 않으며 잘못 인쇄된 책은 바꾸어 드립니다.

수학은 개념이다!

디딤돌수학

개념기본

중1/2 개념북

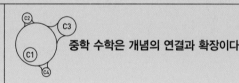

중학 수학은 개념의 연결과 확장이다.

올바른 **개념학습**을 통한 **중학수학 완성!**

1 꼭 알아야 할 핵심 개념!

Think Way

올바른 개념학습의 길을 열어줍니다.

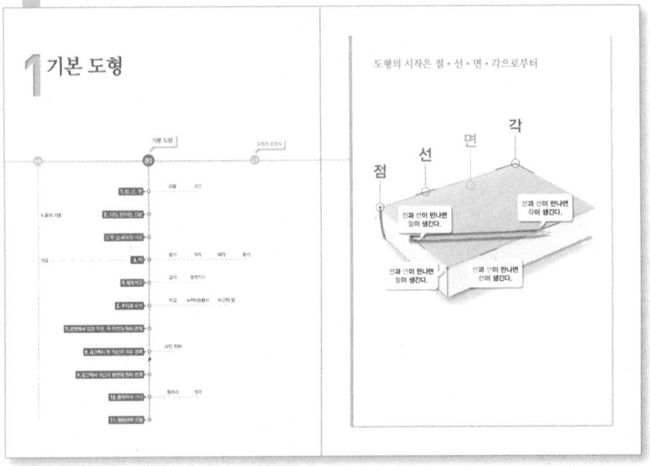

개념을 연결하고 핵심개념 포인트로 생각을 열어주고, 개념특강을 통해 개념을 마무리 정리해줍니다.

중단원 도입

이전 학습개념, 이 단원에서 배울 개념, 이후 학습개념의 연결고리를 통해 개념의 연결성을 이끌어주고, 단원의 핵심개념을 통해 생각을 열어줍니다.

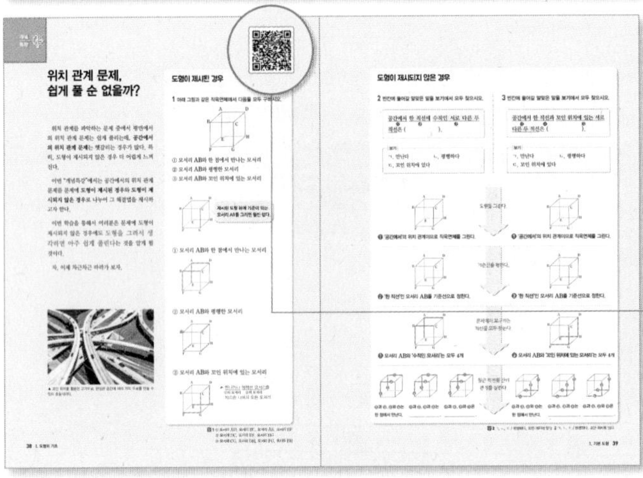

개념특강

이 단원의 중요한 개념, 설명이 필요한 개념, 공식화되는 과정 등 필요한 단원의 마무리 개념을 정리하여 개념 정리의 길을 열어줍니다.

개념강의 및 문제풀이 동영상

QR코드를 이용, 개념강의 및 문제풀이 동영상을 수록하여 개념 이해에 도움이 되도록 합니다.

2 핵심 이미지로 쉽게 설명하는 개념 정리!

Think Way

왜?라는 궁금증을 해결합니다.

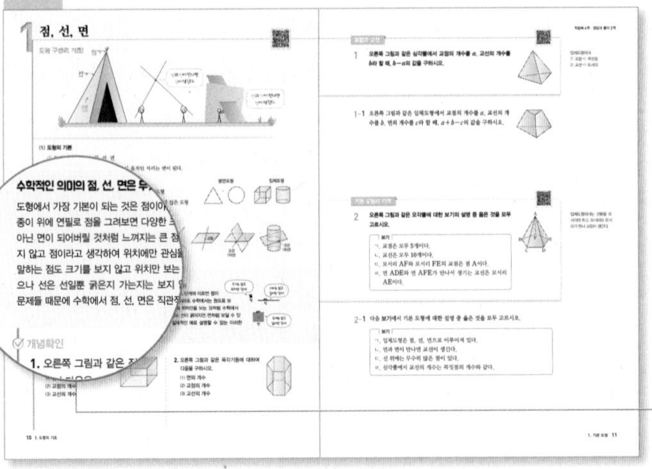

주제별 개념

핵심이미지를 제시, 개념을 한눈에 이해할 수 있게 정리해 줍니다.

개념 이미지

필요에 따라 적절한 이미지를 제시, 문제 풀이나 개념 이해에 도움이 될 수 있도록 합니다.

왜 개념이 필요한지, 그 원리 등을 설명해주어 개념 학습에 이해를 도와줍니다.

Think Way

문제를 통해
개념정리를 도와줍니다.

3 5 Part의 문제 훈련을 통한 개념 완성!

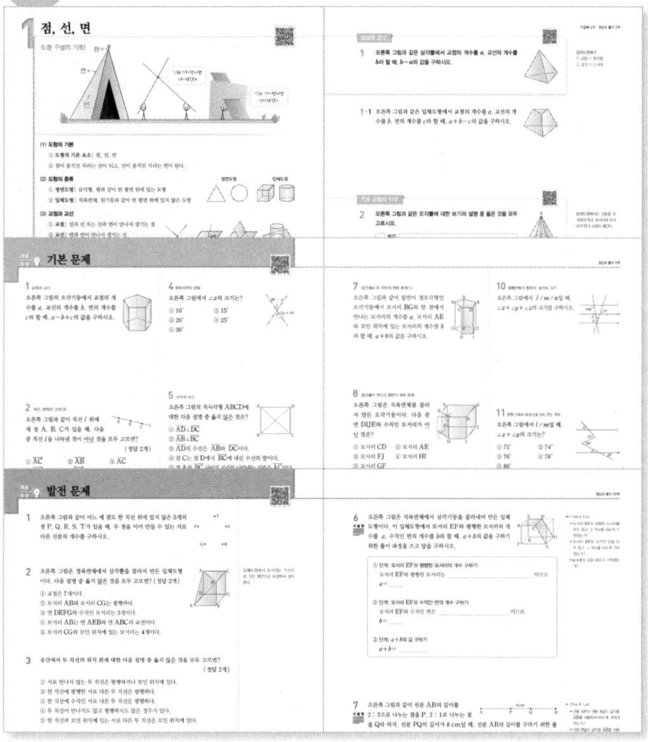

머릿속에 정리된 개념을 문제 학습 5개 Part를 통해 확실하게 내 개념으로 만들수 있습니다.

개념북

Part 1 개념적용

배운 개념을 개념적용 파트를 통해 문제에 적용하여 개념을 정리합니다.

Part 2 기본문제

개념적용 파트에서 정리한 개념을 기본 문제 파트를 통해 다시 한 번 반복! 머릿속에 꼭꼭 담아줍니다.

Part 3 발전문제

기본 문제 파트보다 조금 더 발전된 문제를 통해 문제해결력을 키워줍니다.

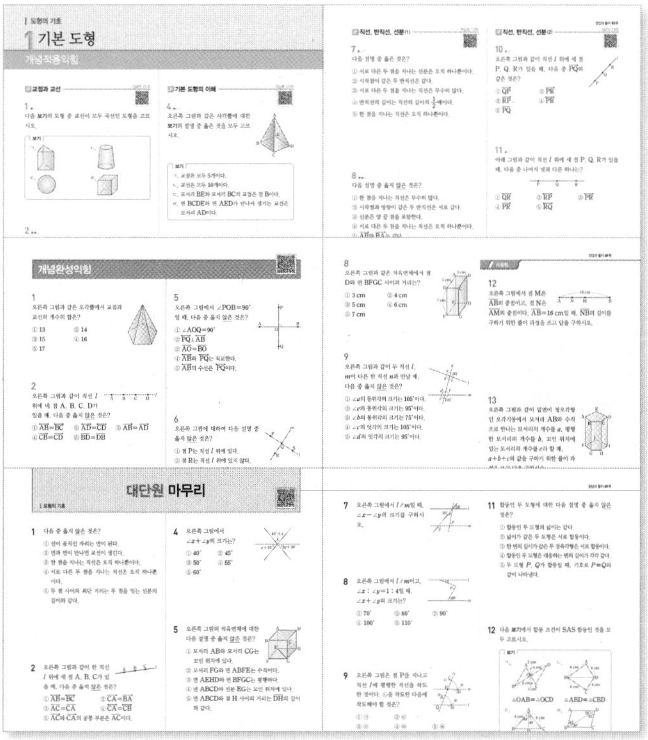

익힘북

Part 4 개념적용익힘

개념북의 개념적용 파트와 **1:1매칭 문제**로 구성되어 좀 더 다양한 개념적용 문제를 학습하며, 반복학습을 통해 개념을 완성시켜줍니다.

Part 5 개념완성익힘+대단원 마무리

배운 개념을 응용단계 학습까지 연결할 수 있도록, 그리고 최종 해당 단원의 평가까지 확인하며 마무리 할 수 있도록 구성하였습니다.

디딤돌수학 개념기본 중학편은 반복학습으로 개념을 이해하고
확장된 문제를 통해 응용단계 학습의 발판을 만들어 줍니다.

4 단계별 학습을 통한 서술형 완성!

Think Way

서술형 학습의
올바른 길을 열어줍니다.

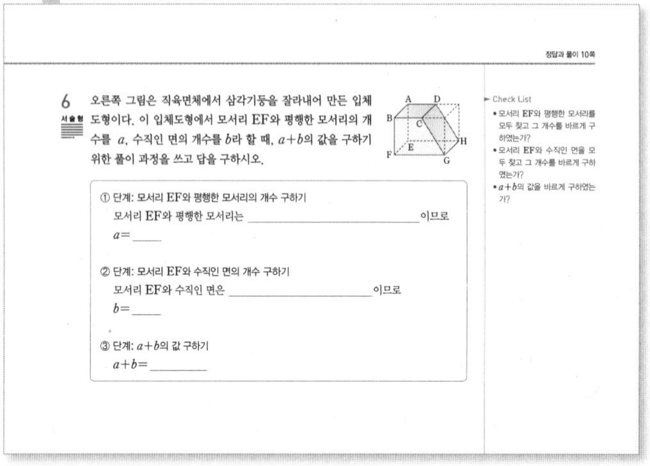
정답과 풀이 10쪽

6 서술형 오른쪽 그림은 직육면체에서 삼각기둥을 잘라내어 만든 입체도형이다. 이 입체도형에서 모서리 EF와 평행한 모서리의 개수를 a, 수직인 면의 개수를 b라 할 때, $a+b$의 값을 구하기 위한 풀이 과정을 쓰고 답을 구하시오.

① 단계: 모서리 EF와 평행한 모서리의 개수 구하기
모서리 EF와 평행한 모서리는 ______________ 이므로
$a=$____

② 단계: 모서리 EF와 수직인 면의 개수 구하기
모서리 EF와 수직인 면은 ______________ 이므로
$b=$____

③ 단계: $a+b$의 값 구하기
$a+b=$____

Check List
- 모서리 EF와 평행한 모서리를 모두 찾고 그 개수를 바르게 구하였는가?
- 모서리 EF와 수직인 면을 모두 찾고 그 개수를 바르게 구하였는가?
- $a+b$의 값을 바르게 구하였는가?

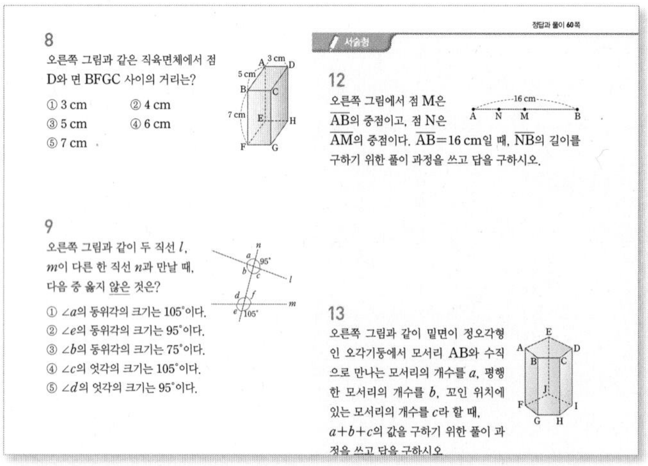
정답과 풀이 60쪽

8
오른쪽 그림과 같은 직육면체에서 점 D와 면 BFGC 사이의 거리는?
① 3 cm ② 4 cm
③ 5 cm ④ 6 cm
⑤ 7 cm

9
오른쪽 그림과 같이 두 직선 l, m이 다른 한 직선 n과 만날 때, 다음 중 옳지 않은 것은?
① $\angle a$의 동위각의 크기는 105°이다.
② $\angle e$의 동위각의 크기는 95°이다.
③ $\angle b$의 동위각의 크기는 75°이다.
④ $\angle c$의 엇각의 크기는 105°이다.
⑤ $\angle d$의 엇각의 크기는 95°이다.

서술형

12
오른쪽 그림에서 점 M은 $\overline{AB}$의 중점이고, 점 N은 $\overline{AM}$의 중점이다. $\overline{AB}=16$ cm일 때, $\overline{NB}$의 길이를 구하기 위한 풀이 과정을 쓰고 답을 구하시오.

13
오른쪽 그림과 같이 밑면이 정오각형인 오각기둥에서 모서리 AB와 수직으로 만나는 모서리의 개수를 a, 평행한 모서리의 개수를 b, 꼬인 위치에 있는 모서리의 개수를 c라 할 때, $a+b+c$의 값을 구하기 위한 풀이 과정을 쓰고 답을 구하시오.

서술형 학습

- **개념북**에서는 서술형 훈련을 단계별로 학습 할 수 있게 빈칸 넣기로 구성되어 있습니다.
- **익힘북**에서는 실전을 대비하여 실전처럼 서술형 훈련을 할 수 있게 구성되어 있습니다.

5 문제 이해도를 높인 정답과 풀이!

Think Way

문제 이해도를
높여줍니다.

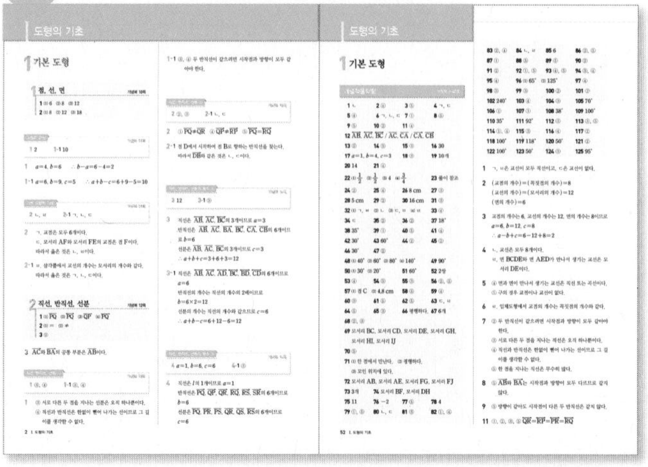

정답과 풀이

학생 스스로 정답과 풀이를 통해 충분히 이해 및 학습 할 수 있도록 정답과 풀이를 친절하게 구성하였습니다.

차례

I 도형의 기초

1 기본 도형

2 작도와 합동

1 기본 도형

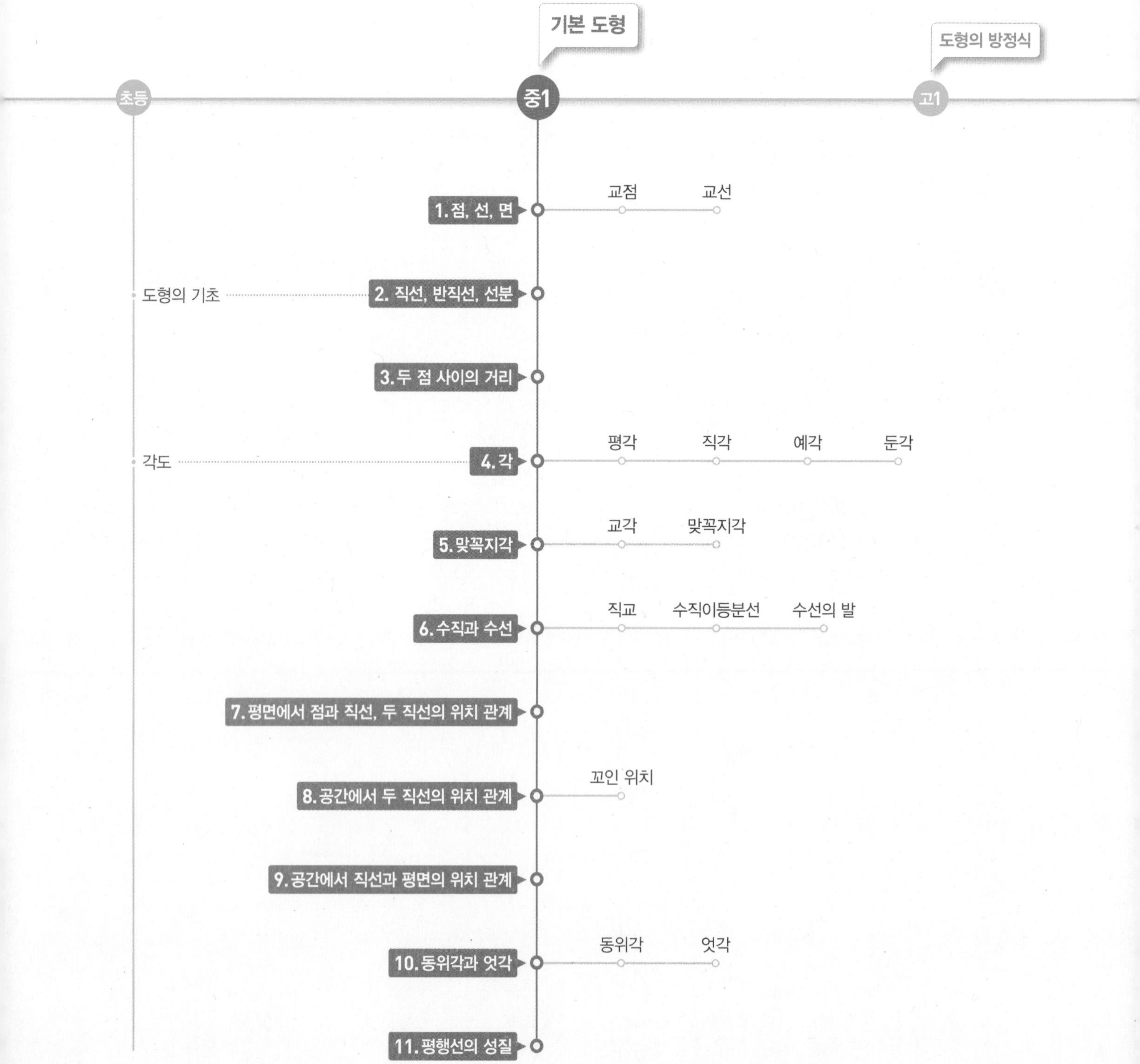

기본 도형
도형의 방정식
초등
중1
고1
1. 점, 선, 면
교점
교선
도형의 기초
2. 직선, 반직선, 선분
3. 두 점 사이의 거리
각도
4. 각
평각
직각
예각
둔각
5. 맞꼭지각
교각
맞꼭지각
6. 수직과 수선
직교
수직이등분선
수선의 발
7. 평면에서 점과 직선, 두 직선의 위치 관계
8. 공간에서 두 직선의 위치 관계
꼬인 위치
9. 공간에서 직선과 평면의 위치 관계
10. 동위각과 엇각
동위각
엇각
11. 평행선의 성질

도형의 시작은 점 • 선 • 면 • 각으로부터

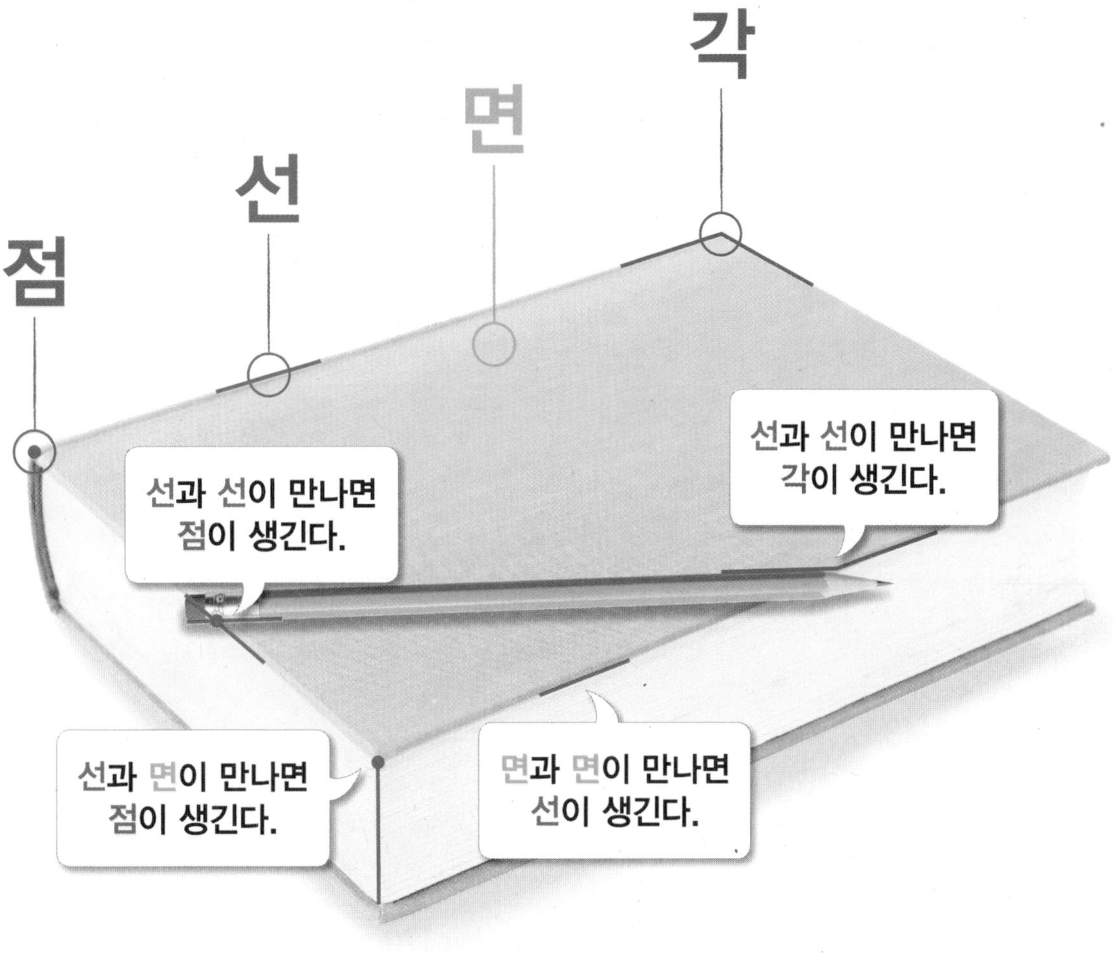

점
선
면
각
선과 선이 만나면 점이 생긴다.
선과 선이 만나면 각이 생긴다.
선과 면이 만나면 점이 생긴다.
면과 면이 만나면 선이 생긴다.

1 점, 선, 면

도형 구성의 기초!

점
선
면
선과 선이 만나면 점이 생긴다.
면과 면이 만나면 선이 생긴다.

(1) 도형의 기본

① **도형의 기본 요소:** 점, 선, 면

② 점이 움직인 자리는 선이 되고, 선이 움직인 자리는 면이 된다.

(2) 도형의 종류

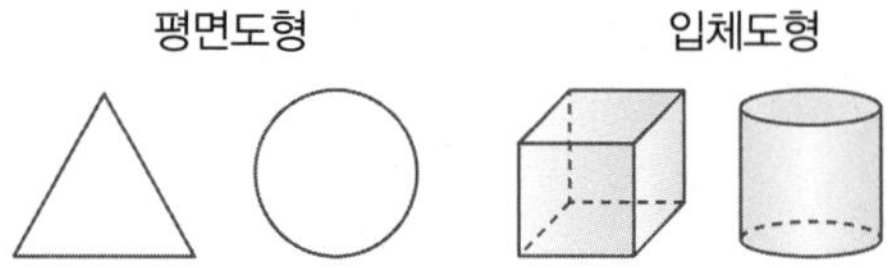

평면도형
입체도형

① **평면도형:** 삼각형, 원과 같이 한 평면 위에 있는 도형

② **입체도형:** 직육면체, 원기둥과 같이 한 평면 위에 있지 않은 도형

(3) 교점과 교선

① **교점:** 선과 선 또는 선과 면이 만나서 생기는 점

② **교선:** 면과 면이 만나서 생기는 선

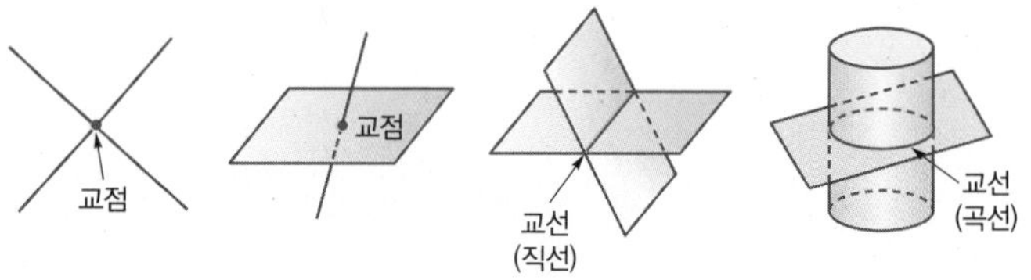

교점
교점
교선
(직선)
교선
(곡선)

수학적인 의미의 점, 선, 면은 무엇일까?

도형에서 가장 기본이 되는 것은 점이야. 그럼 과연 수학에서의 점은 무엇을 의미할까?
종이 위에 연필로 점을 그려보면 다양한 크기의 점을 그릴 수 있어. 점의 크기가 어느 단계에 이르면 점이 아닌 면이 되어버릴 것처럼 느껴지는 큰 점이 돼. 하지만 시각적으로 상당히 큰 점이라도 수학에서는 원으로 보지 않고 점이라고 생각하여 위치에만 관심을 두지. 예를 들면, 밤하늘의 별을 보고 위치만을 보는 것처럼 수학에서 말하는 점도 크기를 보지 않고 위치만 보는 거야. 선이나 면의 경우도 마찬가지야. 선이 굵어지면 면처럼 보일 수 있으나 선은 선일뿐 굵은지 가는지는 보지 않아. 면 역시 두께를 보지 않아. 실제적인 예로 설명할 수 없는 이러한 문제들 때문에 수학에서 점, 선, 면은 직관적으로 이해해야 해.

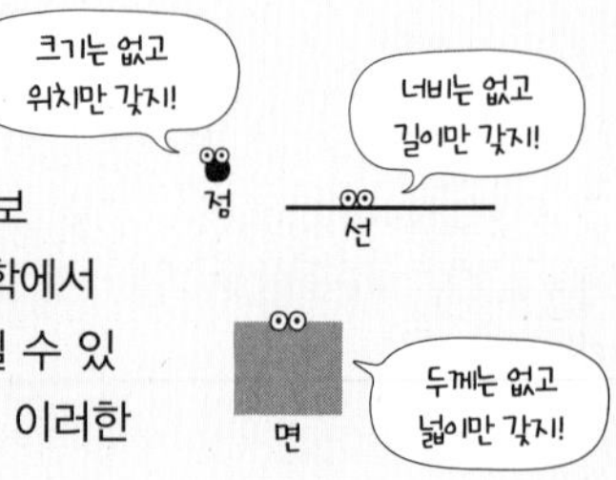

크기는 없고 위치만 갖지!
너비는 없고 길이만 갖지!
점
선
면
두께는 없고 넓이만 갖지!

개념확인

1. 오른쪽 그림과 같은 직육면체에 대하여 다음을 구하시오.

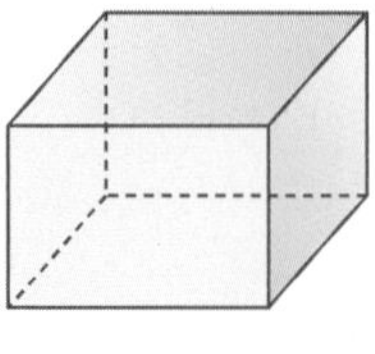

(1) 면의 개수
(2) 교점의 개수
(3) 교선의 개수

2. 오른쪽 그림과 같은 육각기둥에 대하여 다음을 구하시오.

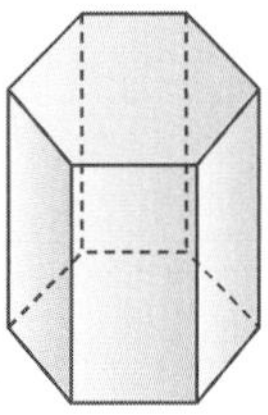

(1) 면의 개수
(2) 교점의 개수
(3) 교선의 개수

교점과 교선

1 **오른쪽 그림과 같은 삼각뿔에서 교점의 개수를 a, 교선의 개수를 b라 할 때, $b-a$의 값을 구하시오.**

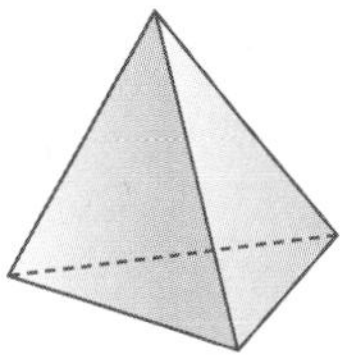

입체도형에서
① 교점 ⇨ 꼭짓점
② 교선 ⇨ 모서리

1-1 오른쪽 그림과 같은 입체도형에서 교점의 개수를 a, 교선의 개수를 b, 면의 개수를 c라 할 때, $a+b-c$의 값을 구하시오.

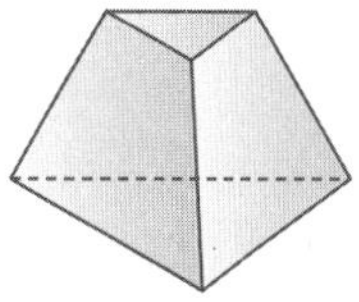

기본 도형의 이해

2 **오른쪽 그림과 같은 오각뿔에 대한 보기의 설명 중 옳은 것을 모두 고르시오.**

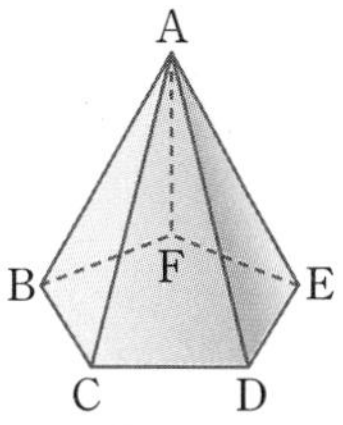

보기

ㄱ. 교점은 모두 5개이다.
ㄴ. 교선은 모두 10개이다.
ㄷ. 모서리 AF와 모서리 FE의 교점은 점 A이다.
ㄹ. 면 ADE와 면 AFE가 만나서 생기는 교선은 모서리 AE이다.

입체도형에서는 선분을 모서리라 하고, 모서리와 모서리가 만나 교점이 생긴다.

2-1 다음 **보기**에서 기본 도형에 대한 설명 중 옳은 것을 모두 고르시오.

보기

ㄱ. 입체도형은 점, 선, 면으로 이루어져 있다.
ㄴ. 면과 면이 만나면 교선이 생긴다.
ㄷ. 선 위에는 무수히 많은 점이 있다.
ㄹ. 삼각뿔에서 교선의 개수는 꼭짓점의 개수와 같다.

2 직선, 반직선, 선분

끝이 있는지, 없는지!

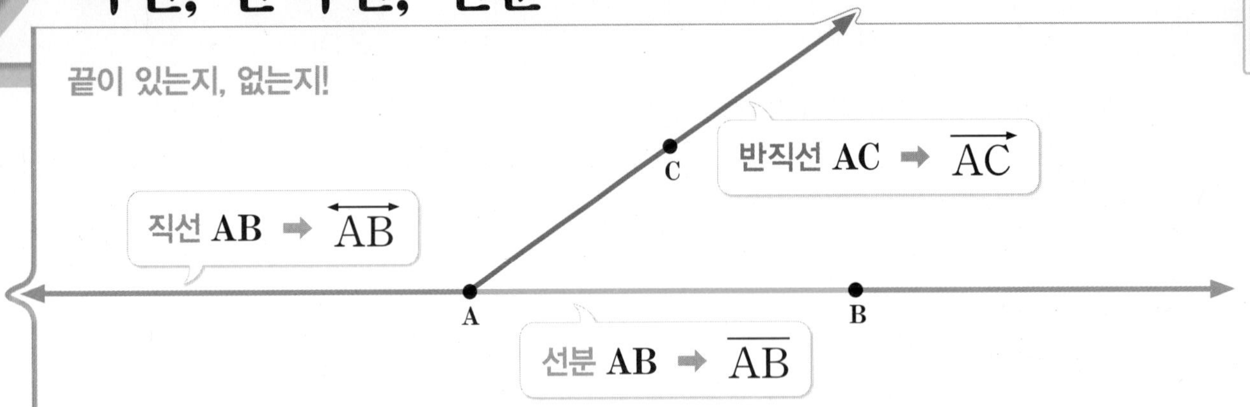

(1) **직선의 결정:** 한 점을 지나는 직선은 무수히 많지만, 서로 다른 두 점을 지나는 직선은 오직 하나뿐이다.

(2) **직선 AB($\overleftrightarrow{AB}$):** 서로 다른 두 점 A, B를 지나 한없이 곧게 뻗은 선

참고 직선을 알파벳 소문자 l, m, n, … 등으로 나타내기도 한다.

(3) **반직선 AB($\overrightarrow{AB}$):** 직선 AB 위의 한 점 A에서 시작하여 점 B의 방향으로 한없이 뻗어 나가는 직선 AB의 일부분

(4) **선분 AB($\overline{AB}$):** 직선 AB 위의 점 A에서 점 B까지의 부분 (두 점 A, B 포함)

직선 AB	반직선 AB	반직선 BA	선분 AB
A B	A B	A B	A B
$\overleftrightarrow{AB}(=\overleftrightarrow{BA})$	$\overrightarrow{AB}$	$\overrightarrow{BA}$	$\overline{AB}(=\overline{BA})$

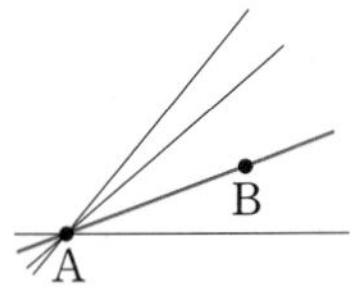

점 A를 지나는 직선은 무수히 많지만 서로 다른 두 점 A, B를 지나는 직선은 오직 하나뿐이다.

시작점과 방향이 같으면 모두 같은 반직선이야.

반직선은 한 점에서 시작하여 한없이 곧게 뻗어 나가는 선을 말해.
따라서 동일한 점에서 시작하여 같은 방향으로 뻗어 나가는 반직선은 모두 같은 반직선이야.
예를 들어 오른쪽 그림과 같이 한 직선 위에 5개의 점 A, B, C, D, E가 있을 때, $\overrightarrow{AB}$, $\overrightarrow{AC}$, $\overrightarrow{AD}$, $\overrightarrow{AE}$는 점 A에서 시작하여 모두 같은 방향을 향해 뻗어 나가는 반직선이므로 모두 같은 반직선이야.

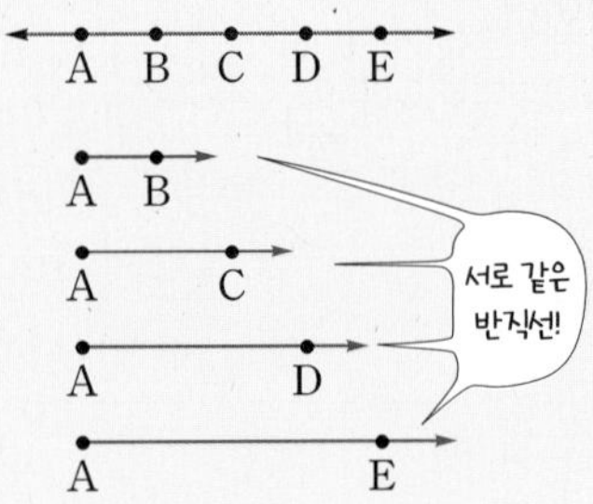

$\overrightarrow{AB}=\overrightarrow{AC}=\overrightarrow{AD}=\overrightarrow{AE}$

개념확인

1. 다음을 기호로 나타내시오.

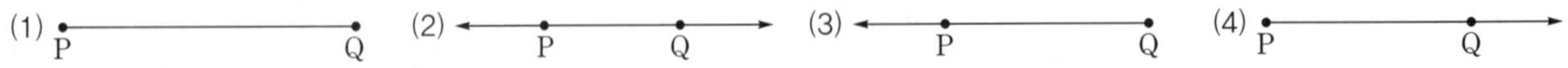

2. 오른쪽 그림과 같이 직선 l 위에 세 점 A, B, C가 차례로 있을 때, 다음 □ 안에 = 또는 ≠를 써넣으시오.

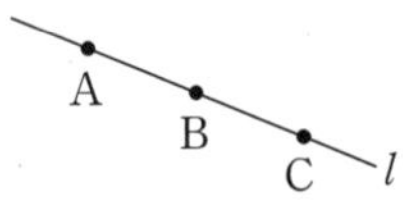

(1) $\overleftrightarrow{AB}$ □ $\overleftrightarrow{BA}$ (2) $\overrightarrow{AC}$ □ $\overrightarrow{CA}$

3. 오른쪽 그림과 같이 직선 l 위에 네 점 A, B, C, D가 차례로 있을 때, $\overrightarrow{AC}$와 $\overrightarrow{BA}$의 공통 부분은?

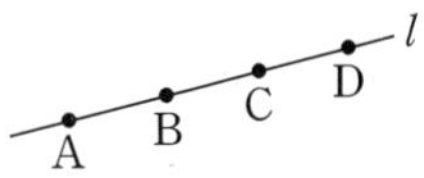

① $\overrightarrow{AB}$ ② $\overline{AB}$ ③ $\overline{BC}$ ④ $\overrightarrow{BC}$ ⑤ $\overline{CD}$

익힘북 5쪽 | 정답과 풀이 2쪽

직선, 반직선, 선분 (1)

1 **다음 설명 중 옳지 않은 것을 모두 고르면? (정답 2개)**

① 한 점을 지나는 직선은 무수히 많다.
② 서로 다른 두 점을 지나는 직선은 오직 하나뿐이다.
③ 서로 다른 두 점을 지나는 선분은 무수히 많다.
④ 직선의 길이는 반직선의 길이의 2배이다.
⑤ 시작점과 방향이 같은 반직선은 서로 같다.

직선의 결정

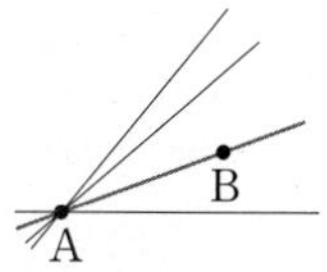

① 점 A를 지나는 직선은 무수히 많다.
② 두 점 A, B를 지나는 직선은 오직 하나뿐이다.

1-1 다음 설명 중 옳지 않은 것을 모두 고르면? (정답 2개)

① $\overleftrightarrow{AB}$와 $\overleftrightarrow{BA}$는 같다.
② $\overrightarrow{AB}$와 $\overrightarrow{BA}$는 같지 않다.
③ 방향이 같은 두 반직선은 같다.
④ 시작점이 같은 두 반직선은 같다.
⑤ 선분은 양 끝점을 포함한다.

직선, 반직선, 선분 (2)

2 **오른쪽 그림과 같이 직선 l 위에 세 점 P, Q, R가 있을 때, 다음 중 옳은 것을 모두 고르면? (정답 2개)**

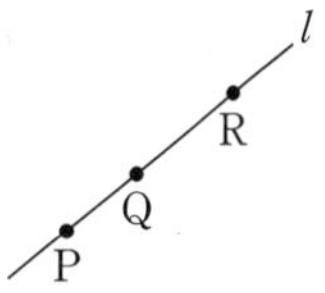

① $\overline{PQ}=\overline{QR}$
② $\overrightarrow{RP}=\overrightarrow{RQ}$
③ $\overleftrightarrow{PR}=\overleftrightarrow{QR}$
④ $\overrightarrow{QP}=\overrightarrow{RP}$
⑤ $\overleftrightarrow{PQ}\neq\overleftrightarrow{RQ}$

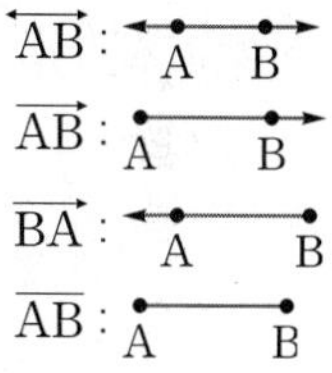

2-1 오른쪽 그림과 같이 직선 l 위에 5개의 점 A, B, C, D, E가 있을 때, 다음 **보기** 중 $\overrightarrow{DB}$와 같은 것을 모두 고르시오.

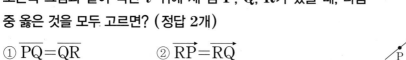

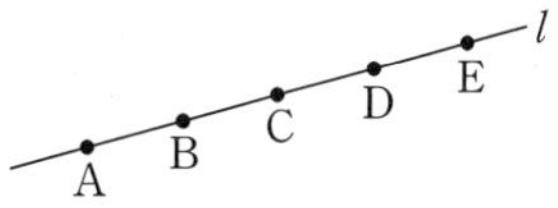

보기			
ㄱ. $\overrightarrow{BD}$	ㄴ. $\overrightarrow{DA}$	ㄷ. $\overrightarrow{DC}$	ㄹ. $\overrightarrow{DE}$

직선, 반직선, 선분의 개수 (1)

3 **오른쪽 그림과 같이 서로 다른 세 점 A, B, C가 한 직선 위에 있지 않을 때, 이들 세 점 중에서 두 점을 지나는 서로 다른 직선의 개수를 a, 반직선의 개수를 b, 선분의 개수를 c라 하자. 이때 $a+b+c$의 값을 구하시오.**

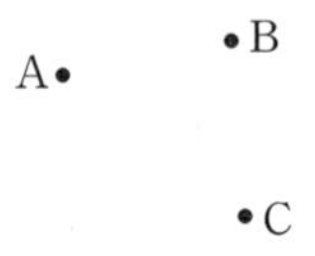

어느 세 점도 한 직선 위에 있지 않을 때 서로 다른 직선, 반직선, 선분의 개수는 다음과 같다.
① (반직선의 개수) = (직선의 개수) × 2
② (선분의 개수) = (직선의 개수)

3-1 오른쪽 그림과 같이 원 위에 4개의 점 A, B, C, D가 있다. 이 중 두 점을 지나는 서로 다른 직선의 개수를 a, 반직선의 개수를 b, 선분의 개수를 c라 할 때, $a+b-c$의 값은?

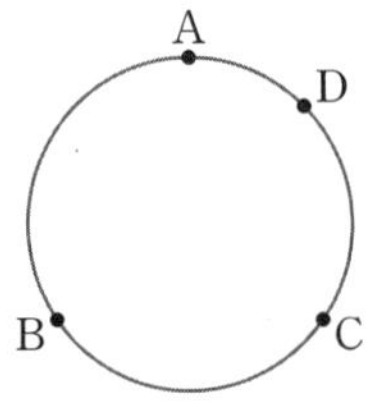

① 8　　② 10　　③ 12
④ 14　　⑤ 16

직선, 반직선, 선분의 개수 (2)

4 **오른쪽 그림과 같이 직선 l 위에 네 점 P, Q, R, S가 있을 때, 이 중 두 점으로 만들 수 있는 서로 다른 직선의 개수를 a, 반직선의 개수를 b, 선분의 개수를 c라 하자. 이때 a, b, c의 값을 각각 구하시오.**

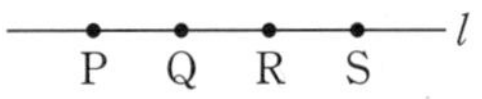

직선 l 위에 세 점 이상이 있는 경우
① 직선은 l의 1개이다.
② 반직선은 각 점을 시작점으로 하여 방향이 다른 반직선을 찾아 개수를 센다.
③ 선분은 $\overline{AB}=\overline{BA}$임을 주의하여 개수를 센다.

4-1 오른쪽 그림과 같이 네 점 A, B, C, D가 있다. 이 중 두 점으로 만들 수 있는 서로 다른 직선의 개수를 a, 반직선의 개수를 b라 할 때, $a+b$의 값은?

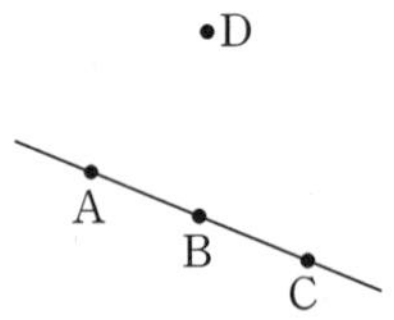

① 10　　② 12　　③ 14
④ 16　　⑤ 18

3 두 점 사이의 거리

가장 짧은 길이!

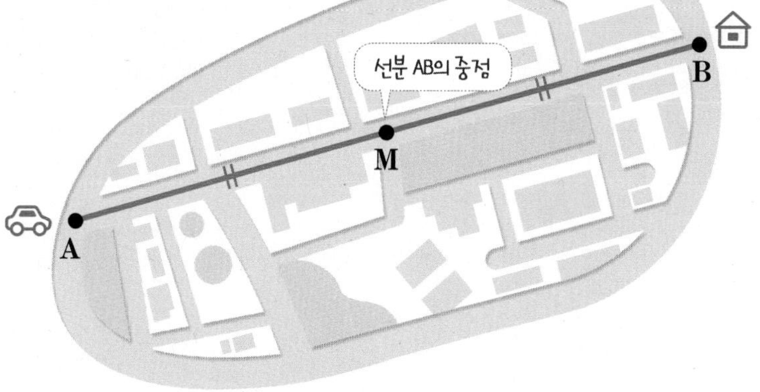

점A와 점B 사이의 거리 ➡ $\overline{AB}$

$$\overline{AM}=\overline{BM}=\frac{1}{2}\overline{AB}$$

(1) **두 점 A, B 사이의 거리:** 서로 다른 두 점 A와 B를 잇는 무수히 많은 선 중에서 길이가 가장 짧은 선인 선분 AB의 길이

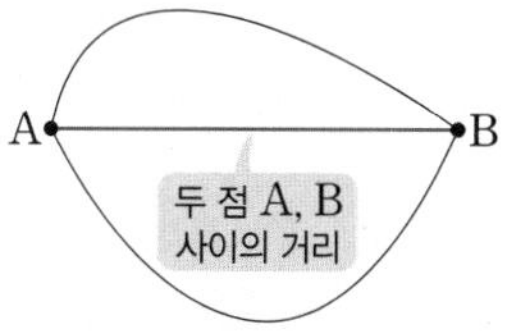

참고 기호 $\overline{AB}$는 선분을 나타내기도 하고, 선분의 길이를 나타내기도 한다.

(2) **$\overline{AB}$의 중점:** 선분 AB 위에 있는 점으로 선분 AB의 길이를 이등분하는 점 M

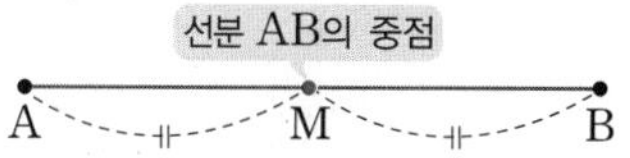

➡ $\overline{AM}=\overline{BM}=\frac{1}{2}\overline{AB}$

참고 선분의 중점과 삼등분점을 표현하는 여러 가지 방법

선분의 중점	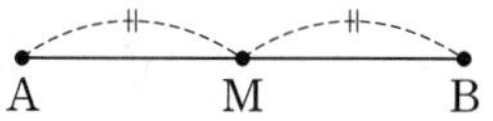	① $\overline{AM}=\overline{BM}=\frac{1}{2}\overline{AB}$ ② $\overline{AB}=2\overline{AM}=2\overline{MB}$
선분의 삼등분점	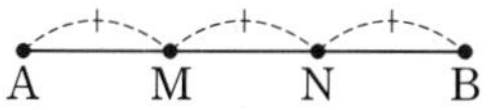	① $\overline{AM}=\overline{MN}=\overline{NB}=\frac{1}{3}\overline{AB}$ ② $\overline{AM}=\overline{MN}=\overline{NB}=\frac{1}{2}\overline{AN}=\frac{1}{2}\overline{MB}$ ③ $\overline{AN}=\overline{MB}=\frac{2}{3}\overline{AB}$

개념확인

1. 오른쪽 그림에서 다음을 구하시오.

(1) 두 점 A와 B 사이의 거리　　(2) 두 점 B와 C 사이의 거리

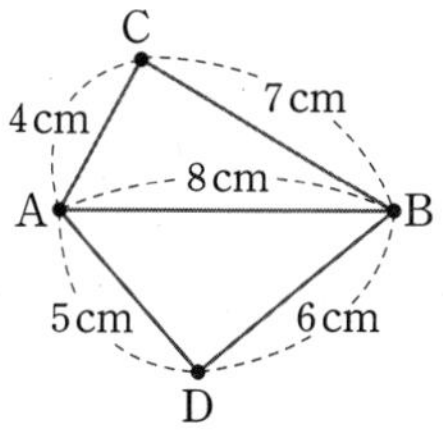

2. 오른쪽 그림에서 점 M은 $\overline{AB}$의 중점이고 $\overline{AB}$의 길이가 16 cm일 때, $\overline{AM}$의 길이를 구하시오.

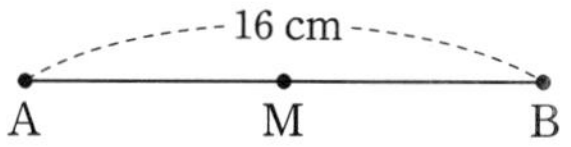

3. 오른쪽 그림에서 $\overline{AM}=\overline{MN}=\overline{NB}$이고, $\overline{AN}=10$ cm일 때, $\overline{NB}$, $\overline{AB}$의 길이를 각각 구하시오.

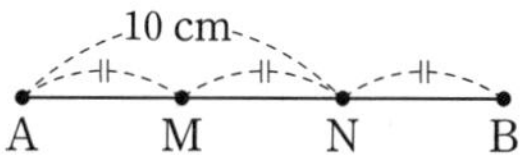

선분의 중점

1 **오른쪽 그림에서 점 M은 $\overline{AB}$의 중점이고, 점 N은 $\overline{AM}$의 중점이다. 다음 보기에서 옳은 것을 모두 고르시오.**

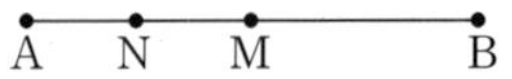

보기

ㄱ. $\overline{AB}=2\overline{AM}$　　ㄴ. $\overline{AM}=\overline{MB}$

ㄷ. $\overline{NM}=\frac{1}{2}\overline{AM}$　　ㄹ. $\overline{AN}=\frac{1}{3}\overline{AB}$

① 점 M이 $\overline{AB}$의 중점이면 $\overline{AM}=\overline{MB}$
② 점 N이 $\overline{AM}$의 중점이면 $\overline{AN}=\overline{NM}$

1-1 오른쪽 그림에서 두 점 B, C가 $\overline{AD}$의 삼등분점일 때, 다음 중 옳지 않은 것은?

① $\overline{AB}=\overline{CD}$　② $\overline{AC}=2\overline{CD}$　③ $\overline{AB}=\frac{1}{2}\overline{BD}$

④ $\overline{BC}=\frac{1}{3}\overline{AD}$　⑤ $2\overline{BD}=\frac{2}{3}\overline{AD}$

두 점 사이의 거리

2 **오른쪽 그림에서 $\overline{AB}$의 중점을 M, $\overline{BC}$의 중점을 N이라 하자. $\overline{AC}=30$ cm일 때, $\overline{MN}$의 길이를 구하시오.**

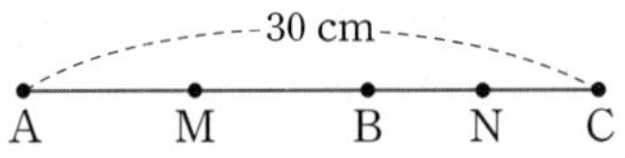

$\overline{AM}=\overline{BM}=\frac{1}{2}\overline{AB}$
$\overline{BN}=\overline{CN}=\frac{1}{2}\overline{BC}$

2-1 오른쪽 그림에서 두 점 M, N은 각각 $\overline{AB}$, $\overline{BC}$의 중점이다. $\overline{AB}=10$ cm, $\overline{AN}=14$ cm일 때, $\overline{MN}$의 길이를 구하시오.

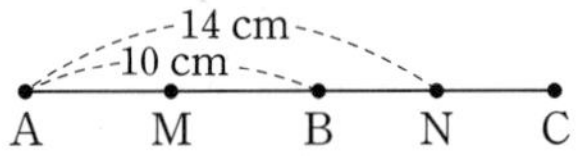

2-2 오른쪽 그림에서 $\overline{BC}=2\overline{AB}$이고 두 점 M, N은 각각 $\overline{AB}$, $\overline{BC}$의 중점이다. $\overline{AB}=6$ cm일 때, $\overline{MN}$의 길이를 구하시오.

4 각

한 점에서 시작된 두 개의 반직선!

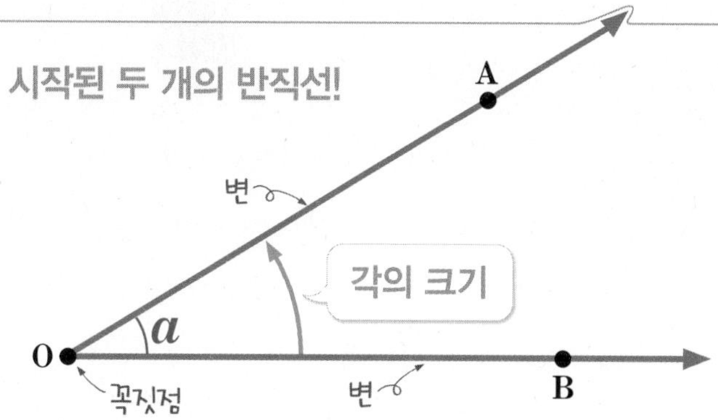

각 AOB $=$ ∠AOB

(1) 각 AOB: 한 점 O에서 시작하는 두 반직선 OA, OB로 이루어진 도형 ➡ ∠AOB, ∠BOA, ∠O, ∠a

(2) 각 AOB의 크기: $\overrightarrow{OB}$가 꼭짓점 O를 중심으로 $\overrightarrow{OA}$까지 회전한 양

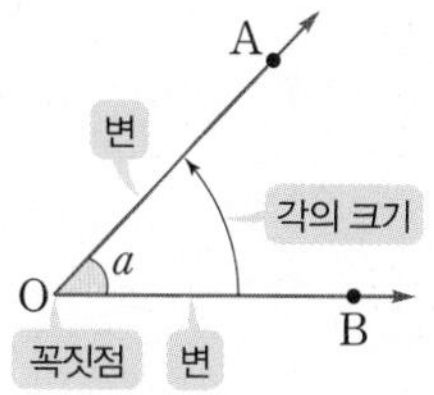

(3) 각의 분류

① **평각**(180°)**:** 각의 두 변이 꼭짓점을 중심으로 반대쪽에 있고 한 직선을 이룰 때의 각

② **직각**(90°)**:** 평각의 크기의 $\frac{1}{2}$인 각

③ **예각:** 크기가 0°보다 크고 90°보다 작은 각

④ **둔각:** 크기가 90°보다 크고 180°보다 작은 각

(평각)=180°	(직각)=90°	0°<(예각)<90°	90°<(둔각)<180°
	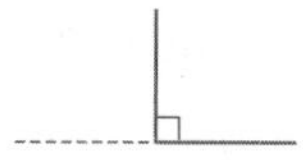	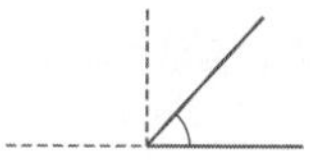	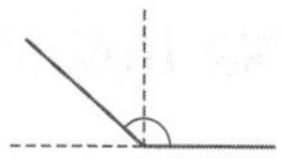

두 반직선 OA와 OB로 이루어지는 각은 2개이다. 두 반직선으로 이루어지는 각은 특별한 언급이 없으면 크기가 작은 쪽의 각을 의미한다.

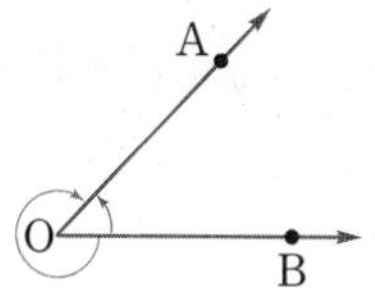

직선이 주어지면 평각을 떠올리자.

평각(平角)은 평평한 각이라는 의미를 가지고 있어. 즉, 구부러지지 않고 곧게 펴있는 각을 말하며 평각의 크기는 180°이야. 각의 크기를 구하는 문제에서 직각은 두 변 사이에 ∟ 와 같이 표시하여 나타내지만 평각을 나타내는 표시는 없기 때문에 그냥 지나치기 쉬워. 하지만 직선이 주어지면 평각을 떠올려야 해.

오른쪽 그림에서
∠BOC=90°,
∠COD=30°이고
평각의 크기는 180°이므로
∠AOB=180°−(90°+30°)=60°임을 알 수 있어.

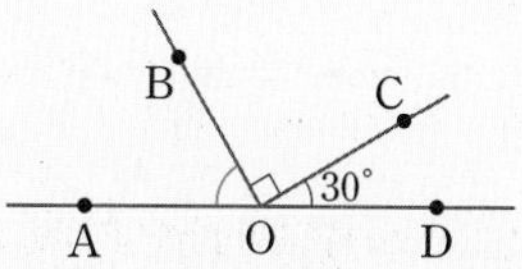

개념확인

1. 오른쪽 그림을 보고 주어진 각을 **보기**에서 모두 찾아 기호를 쓰시오.

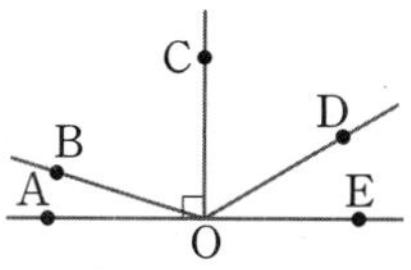

보기

ㄱ. ∠AOB　　ㄴ. ∠AOC　　ㄷ. ∠AOD
ㄹ. ∠AOE　　ㅁ. ∠BOC　　ㅂ. ∠BOE

(1) 예각　　(2) 직각
(3) 둔각　　(4) 평각

2. 오른쪽 그림에서 다음 각의 크기를 구하시오.

(1) ∠AOC
(2) ∠COD
(3) ∠BOD

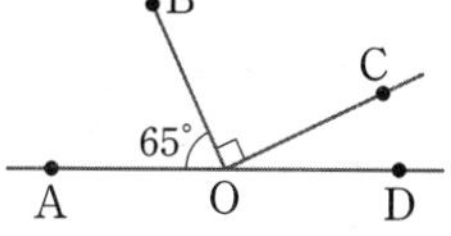

각의 분류

1 **다음 보기에서 둔각을 모두 고르시오.**

> **보기**
> ㄱ. 150°　　ㄴ. 110°　　ㄷ. 90°
> ㄹ. 30°　　ㅁ. 25°　　ㅂ. 120°

각의 분류
$0^\circ <$ (예각) $< 90^\circ$
(직각) $= 90^\circ$
$90^\circ <$ (둔각) $< 180^\circ$
(평각) $= 180^\circ$

1-1 다음 중 예각인 것은?

① 180°　② 100°　③ 90°
④ 89°　⑤ 0°

각의 크기

2 **오른쪽 그림에서 $\angle x$의 크기를 구하시오.**

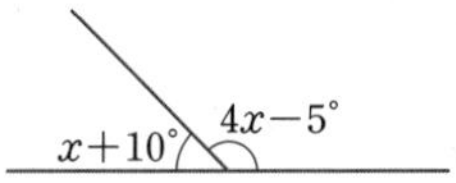

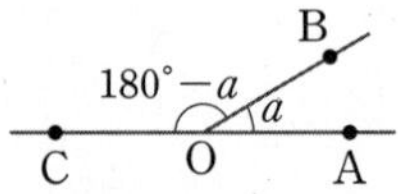

$\angle AOB = \angle a$이면
$\angle BOC = 180^\circ - \angle a$

2-1 오른쪽 그림에서 $\angle AOC = \angle BOD = 90^\circ$이고 $\angle AOB + \angle COD = 40^\circ$일 때, $\angle BOC$의 크기를 구하시오.

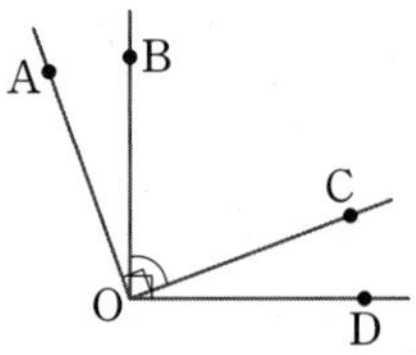

2-2 오른쪽 그림에서 $\angle x$의 크기는?

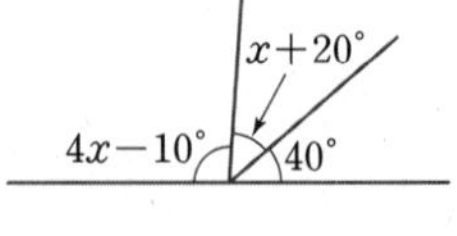

① 20°　② 22°　③ 24°
④ 26°　⑤ 28°

각의 등분

3 **오른쪽 그림에서 ∠AOB=∠BOC, ∠COD=∠DOE일 때, ∠BOD의 크기를 구하시오.**

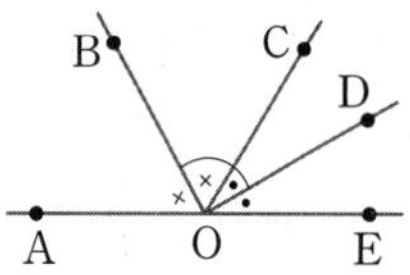

평각의 크기가 180°임을 이용하여 식을 세운다.

3-1 오른쪽 그림에서
3∠BOC=∠AOC, 3∠COD=∠COE일 때,
∠BOD의 크기를 구하시오.

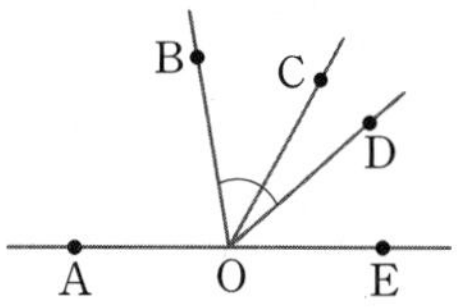

각의 크기의 비

4 **오른쪽 그림에서 ∠a : ∠b : ∠c=4 : 3 : 2일 때, ∠c의 크기를 구하시오.**

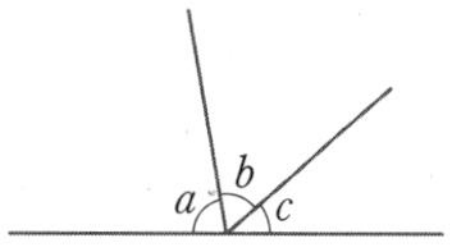

∠a+∠b+∠c=180°
이고
∠a : ∠b : ∠c=p : q : r
일 때
① ∠a=180°×$\frac{p}{p+q+r}$
② ∠b=180°×$\frac{q}{p+q+r}$
③ ∠c=180°×$\frac{r}{p+q+r}$

4-1 오른쪽 그림에서 ∠x : ∠y : ∠z=1 : 2 : 3일 때, ∠y의 크기를 구하시오.

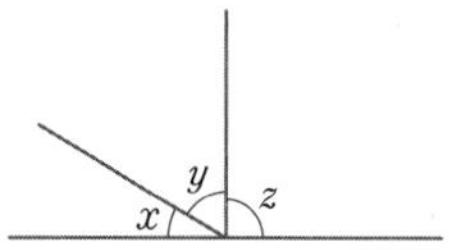

4-2 오른쪽 그림에서 ∠AOD=150°,
∠AOB : ∠BOC : ∠COD=3 : 1 : 2일 때, ∠COE
의 크기를 구하시오.

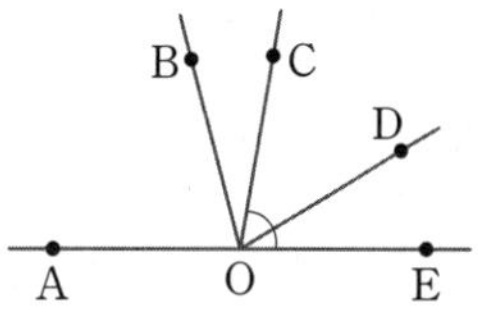

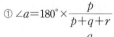

5 맞꼭지각

서로 만나는 두 개의 직선!

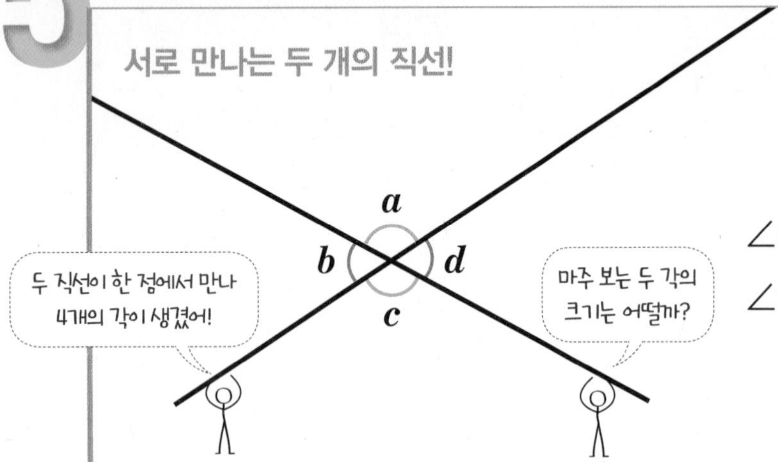

a
b
d
c
두 직선이 한 점에서 만나
4개의 각이 생겼어!
마주 보는 두 각의
크기는 어떨까?

$\angle a$ 의 맞꼭지각은 $\angle c$ ➡ $\angle a = \angle c$
$\angle b$ 의 맞꼭지각은 $\angle d$ ➡ $\angle b = \angle d$

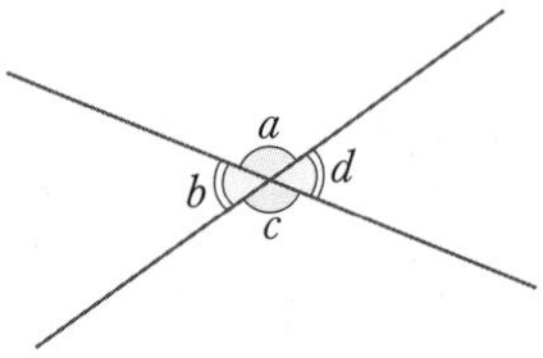

(1) 교각: 두 직선이 한 점에서 만날 때 생기는 4개의 각

➡ $\angle a$, $\angle b$, $\angle c$, $\angle d$

(2) 맞꼭지각: 교각 중 서로 마주 보는 두 각

➡ $\angle a$와 $\angle c$, $\angle b$와 $\angle d$

참고 서로 다른 n개의 직선이 한 점에서 만날 때 생기는 맞꼭지각은 모두 $n(n-1)$쌍이다.

주의 마주 본다고 모두 맞꼭지각은 아니다. 반드시 두 직선이 한 점에서 만나서 생기는 각이어야 한다.

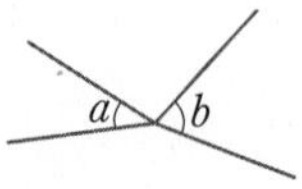

➡ $\angle a$와 $\angle b$는 맞꼭지각이 아니다.

(3) 맞꼭지각의 성질: 맞꼭지각의 크기는 서로 같다.

➡ $\angle a = \angle c$, $\angle b = \angle d$

맞꼭지각의 크기는 정말 같을까?

오른쪽 그림에서 평각의 크기는 180°이므로
$\angle a + \angle b = 180°$에서 $\angle a = 180° - \angle b$
$\angle b + \angle c = 180°$에서 $\angle c = 180° - \angle b$
$\therefore \angle a = \angle c$

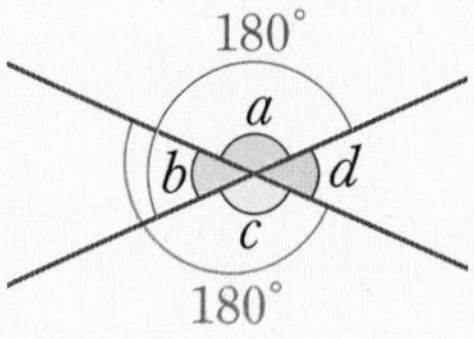

같은 방법으로 $\angle b = \angle d$임을 알 수 있어.
따라서 맞꼭지각의 크기는 서로 같아.

개념확인

1. 오른쪽 그림과 같이 세 직선이 한 점 O에서 만날 때, 다음 각들의 맞꼭지각을 구하시오.

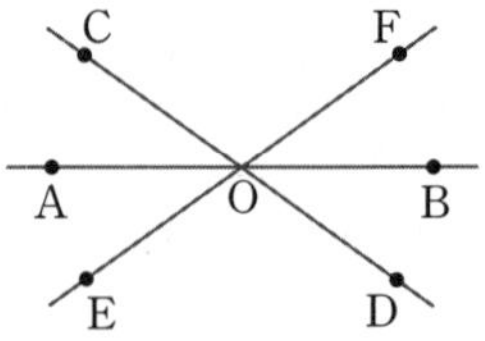

(1) $\angle$AOC (2) $\angle$COF (3) $\angle$BOE

2. 다음 그림에서 $\angle a$, $\angle b$의 크기를 각각 구하시오.

(1)

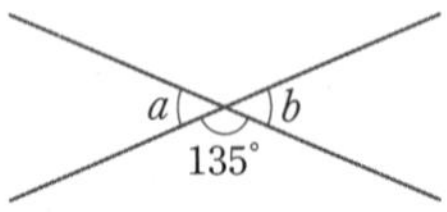

(2)

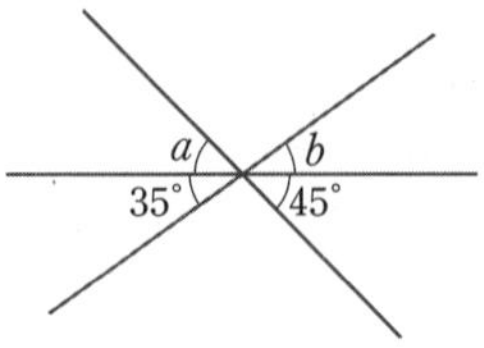

3. 다음 그림에서 $\angle x$의 크기를 구하시오.

(1)

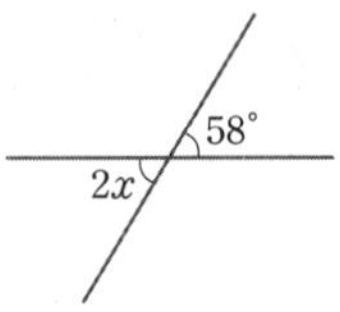

(2)

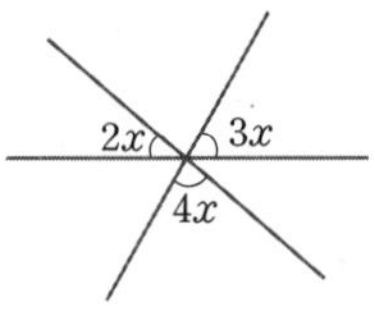

맞꼭지각의 성질

1 **오른쪽 그림에서 $\angle x$, $\angle y$의 크기를 각각 구하시오.**

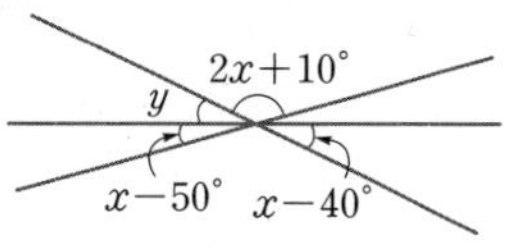

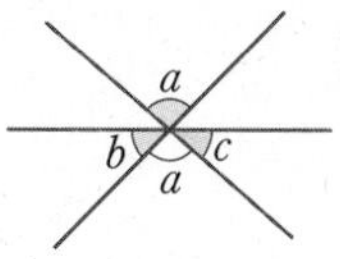

⇨ $\angle a+\angle b+\angle c=180°$

1-1 오른쪽 그림에서 $\angle x$의 크기를 구하시오.

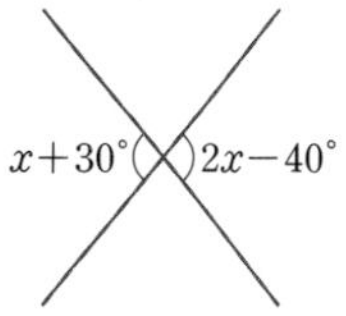

1-2 오른쪽 그림에서 $\angle x$, $\angle y$의 크기를 각각 구하시오.

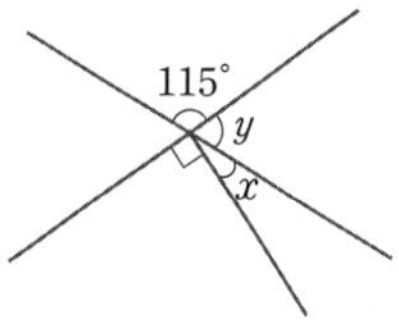

맞꼭지각의 쌍의 개수

2 **오른쪽 그림과 같이 세 직선이 한 점에서 만날 때 생기는 맞꼭지각은 모두 몇 쌍인지 구하시오.**

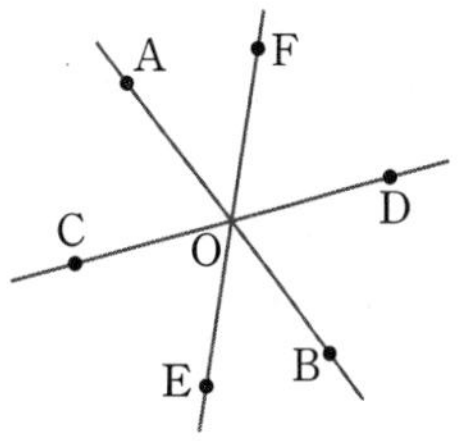

두 직선이 한 점에서 만나면 2쌍의 맞꼭지각이 생긴다.

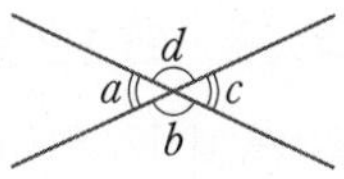

$\angle a$와 $\angle c$, $\angle b$와 $\angle d$
⇨ 2쌍

2-1 오른쪽 그림과 같이 5개의 직선이 한 점에서 만날 때 생기는 맞꼭지각은 모두 몇 쌍인가?

① 6쌍　② 12쌍　③ 20쌍
④ 24쌍　⑤ 42쌍

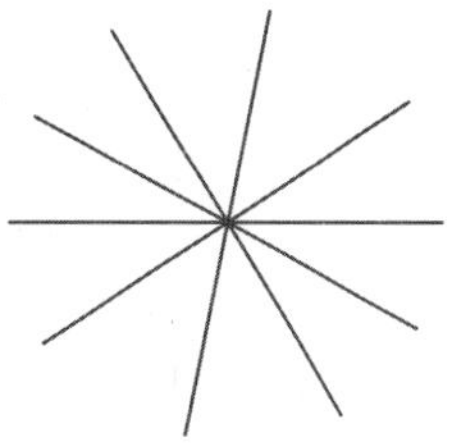

6 수직과 수선

만나서 직각을 만드는
두 개의 직선!

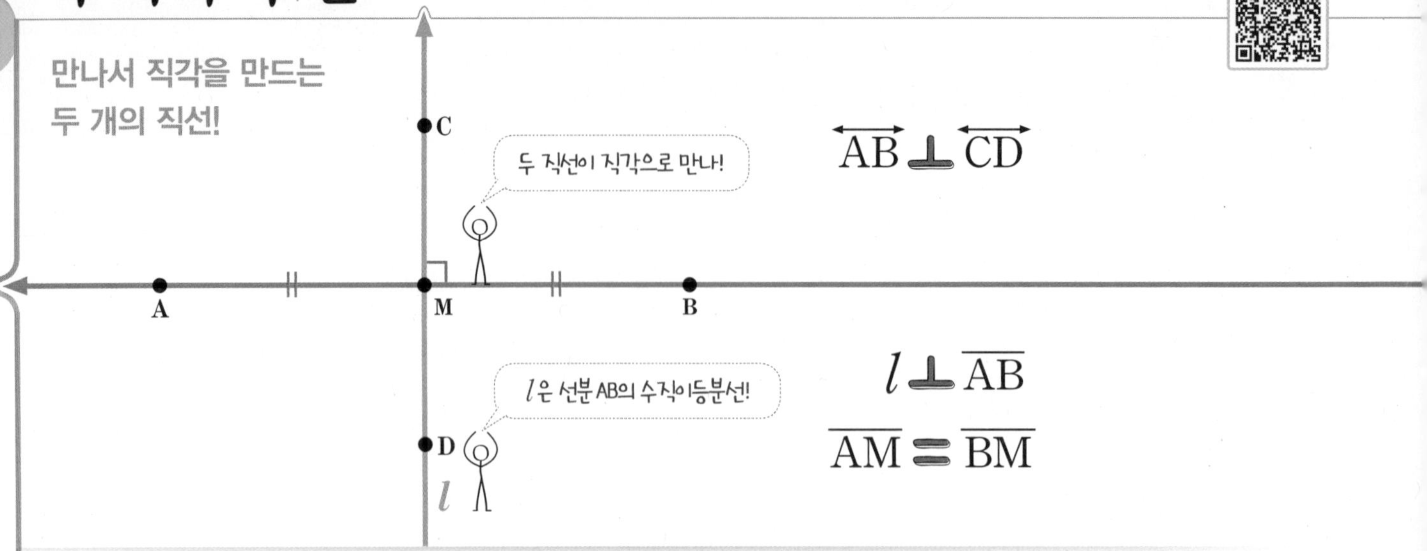

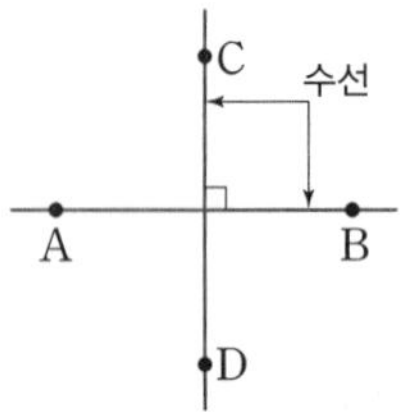

(1) **직교:** 두 직선 AB, CD의 교각이 직각일 때, 이 두 직선은 서로 직교한다고 한다.
➡ $\overleftrightarrow{AB} \perp \overleftrightarrow{CD}$

(2) **수직과 수선:** 직교하는 두 직선은 서로 수직이라 하고, 한 직선을 다른 직선의 수선이라고 한다.
예 $\overleftrightarrow{AB}$는 $\overleftrightarrow{CD}$의 수선, $\overleftrightarrow{CD}$는 $\overleftrightarrow{AB}$의 수선

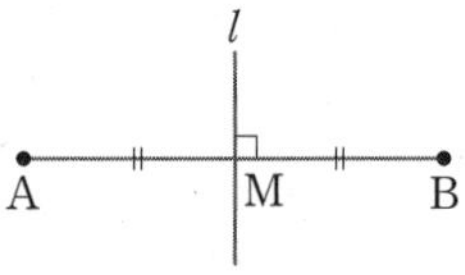

(3) **수직이등분선:** 선분 AB의 중점 M을 지나고 선분 AB에 수직인 직선 l을 선분 AB의 수직이등분선이라고 한다.
➡ $l \perp \overline{AB}$, $\overline{AM} = \overline{BM}$

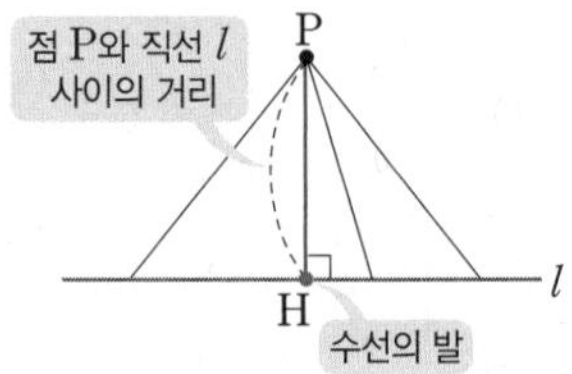

(4) **수선의 발:** 직선 l 위에 있지 않은 점 P에서 직선 l에 수선을 그어 생기는 교점 H를 점 P에서 직선 l에 내린 수선의 발이라고 한다.

(5) **점과 직선 사이의 거리:** 직선 l 위에 있지 않은 점 P에서 직선 l에 내린 수선의 발 H까지의 거리, 즉 점 P와 직선 l 사이의 거리는 선분 PH의 길이이다.
참고 점 P에서 직선 l에 그을 수 있는 여러 선분 중에서 길이가 가장 짧은 선분은 $\overline{PH}$이다.

수학에서의 거리는 항상 최단거리를 말해.

실생활에서의 거리는 어떤 지점으로부터 다른 지점까지 가면서 잰 길이를 말하지만 수학에서의 거리는 실생활에서의 거리와 의미가 달라. 수학에서의 거리는 두 점 사이를 잇는 선분의 길이로 두 점 사이의 가장 짧은 거리를 말해.

초4 [평행선 사이의 거리] 평행선 사이의 거리는 평행선 사이의 수선의 길이(=수직인 선분의 길이)와 같고 그 선분의 길이는 모두 같아.

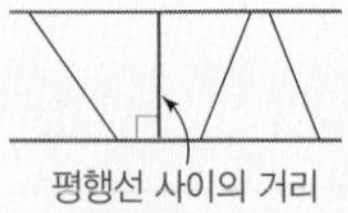

중1 [점과 직선 사이의 거리] 점과 직선 사이의 거리는 점에서 직선으로 내린 수선의 길이와 같아. 오른쪽 그림에서 점 P와 직선 l 사이의 거리는 선분 PC의 길이야.

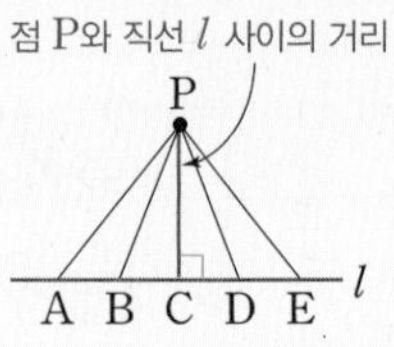

개념확인

1. 오른쪽 그림에서 직선 PO는 선분 AB의 수직이등분선이다. $\overline{AB} = 20$ cm일 때, 다음을 구하시오.
(1) ∠AOP의 크기
(2) $\overline{AO}$의 길이

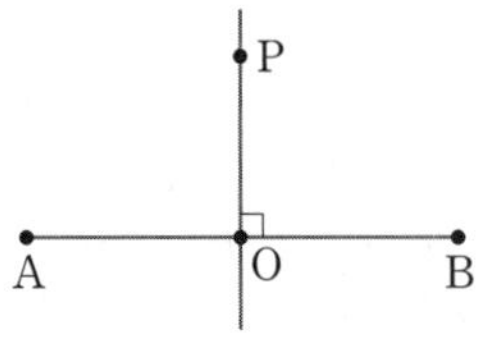

2. 오른쪽 그림과 같은 삼각형 ABC에 대하여 다음을 구하시오.
(1) $\overline{AD}$의 수선
(2) 점 A에서 $\overline{BC}$에 내린 수선의 발
(3) 점 A와 $\overline{BC}$ 사이의 거리

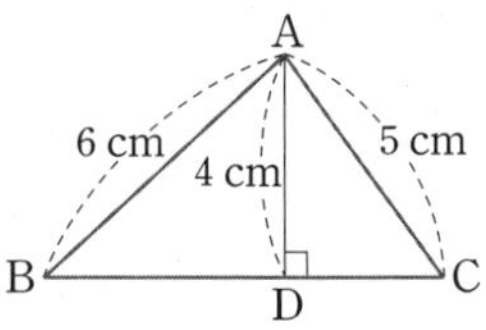

수직과 수선

1 **오른쪽 그림과 같은 사다리꼴 ABCD에 대한 다음 설명 중 옳지 않은 것은?**

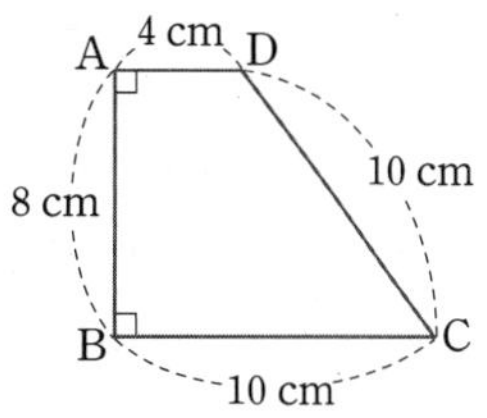

① 점 B에서 $\overline{AD}$에 내린 수선의 발은 점 A이다.
② $\overline{AB}$와 수직으로 만나는 선분은 $\overline{AD}$, $\overline{BC}$이다.
③ $\overline{AD}$와 직교하는 선분은 $\overline{AB}$이다.
④ 점 D와 $\overline{BC}$ 사이의 거리는 10 cm이다.
⑤ 점 D와 $\overline{AB}$ 사이의 거리는 4 cm이다.

점 D와 선분 BC 사이의 거리는 점 D에서 선분 BC에 내린 수선의 발까지의 거리, 즉 $\overline{AB}$의 길이와 같다.

1-1 오른쪽 그림과 같이 선분 AB와 선분 CD가 서로 수직으로 만날 때, 다음 중 옳지 않은 것은?

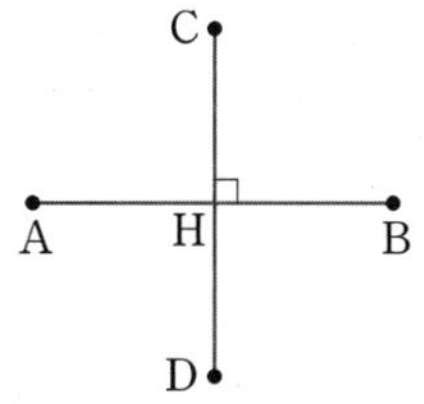

① $\overline{AB}\perp\overline{CD}$
② $\angle CHA=90^\circ$
③ 선분 CD는 선분 AB의 수선이다.
④ 점 D에서 선분 AB에 내린 수선의 발은 점 H이다.
⑤ 점 B와 선분 CD 사이의 거리는 $\overline{CH}$의 길이이다.

맞꼭지각과 수직, 수선

2 **오른쪽 그림에서 $\overleftrightarrow{AD}\perp\overleftrightarrow{CF}$이고 $\angle DOE=20^\circ$일 때, $\angle BOC$의 크기를 구하시오.**

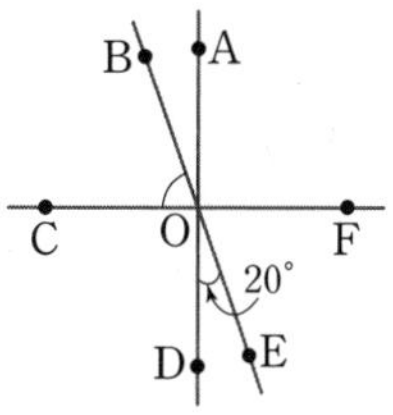

$\angle AOC=90^\circ$, $\angle AOB=\angle DOE$(맞꼭지각)임을 이용한다.

2-1 오른쪽 그림에서 $\overleftrightarrow{AD}\perp\overleftrightarrow{CF}$이고 $\angle DOE=75^\circ$일 때, $\angle y-\angle x$의 크기를 구하시오.

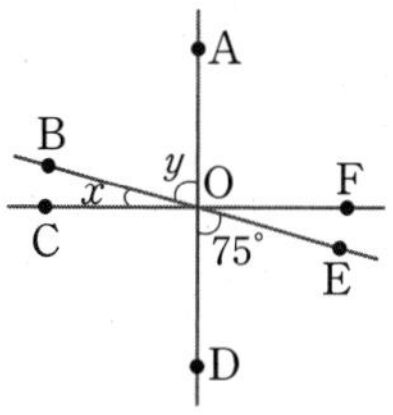

7 평면에서 점과 직선, 두 직선의 위치 관계

만나거나, 만나지 않거나!

만난다. / 만나지 않는다.

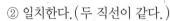

① 한 점에서 만난다.

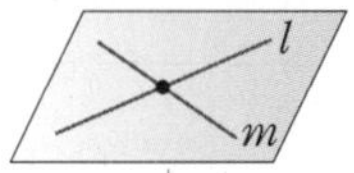

교점이 1개

② 일치한다.(두 직선이 같다.)

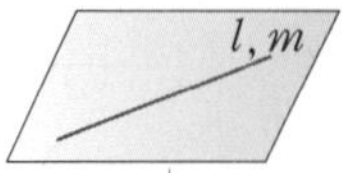

교점이 무수히 많다.

③ 평행하다.($l /\!/ m$)

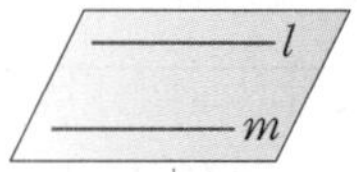

교점이 없다.

(1) 점과 직선의 위치 관계

① 점 A는 직선 l 위에 있다. ➡ 직선 l이 점 A를 지난다.

② 점 B는 직선 l 위에 있지 않다. ➡ 직선 l이 점 B를 지나지 않는다.

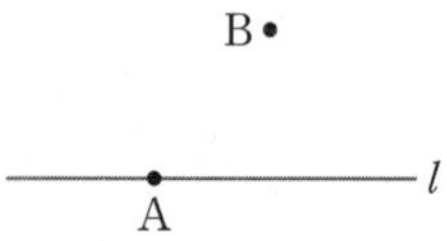

(2) 두 직선의 평행: 한 평면 위에 있는 두 직선 l, m이 서로 만나지 않을 때, 즉 평행할 때, 이것을 기호로 $l /\!/ m$과 같이 나타낸다.

(3) 평면이 하나로 결정되는 경우

한 직선 위에 있지 않은 세 점	한 직선과 그 직선 밖의 한 점	한 점에서 만나는 두 직선	서로 평행한 두 직선
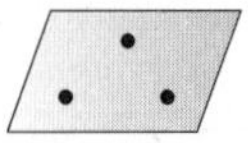	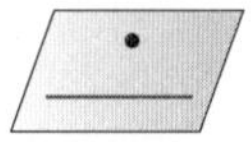		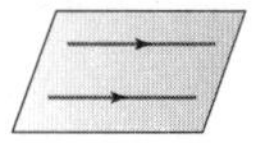

서로 다른 두 점 또는 한 직선 위에 있는 세 점은 하나의 평면을 결정하지 못한다.

위치 관계를 따질 때, '선'과 '면'은 무한함을 전제로 해!

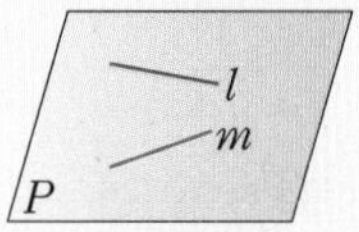

〈그림 1〉

〈그림 1〉과 같이 한 평면 P 위에 있는 서로 다른 두 직선 l, m은 서로 만날까 만나지 않을까?

〈그림 1〉에서는 두 직선이 만나지 않는 것처럼 보여. 하지만 〈그림 2〉와 같이 연장하여 생각해보면, 두 직선 l과 m이 한 점에서 반드시 만나게 된다는 것을 확인할 수 있어.

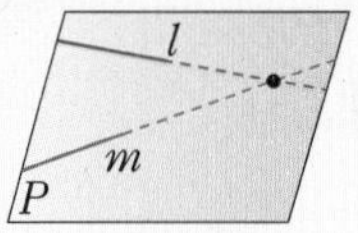

〈그림 2〉

위치 관계는 두 도형이 만나는지 만나지 않는지, 만난다면 어떤 위치에서 만나는지를 따지는 거야. 이때 주의할 점은 위치 관계에서 다루는 '선'과 '면'은 무한함을 전제로 한 개념이라는 거야. 선의 위치 관계를 따질 때에 '선분이나 반직선'이 아닌 무한히 뻗어 나가는 '직선'만을 다루는 것도 이러한 이유 때문이지. 실제로 〈그림 1〉에 그려 놓은 평면 P와 두 직선 l, m도 시각적인 이해를 돕기 위해 유한한 형태의 그림으로 그려진 것일 뿐, 평면 P는 무한히 뻗어 나가는 면으로, 두 직선 l, m은 무한히 뻗어 나가는 선으로 바라보아야 해.

개념확인

1. 오른쪽 그림에 대하여 다음 물음에 답하시오.

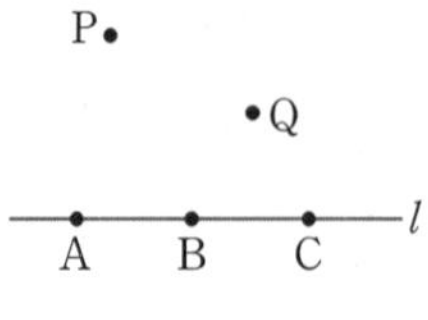

(1) 직선 l 위에 있는 점을 모두 구하시오.

(2) 직선 l 위에 있지 않은 점을 모두 구하시오.

2. 오른쪽 그림과 같은 사다리꼴 ABCD에 대하여 다음 물음에 답하시오.

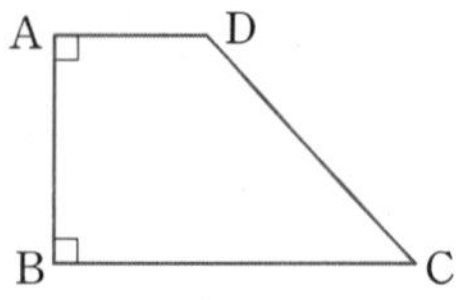

(1) 직선 AD와 직선 CD의 위치 관계를 말하시오.

(2) 직선 BC와 직선 CD의 교점을 구하시오.

(3) 직선 AD와 평행한 직선을 구하시오.

(4) 직선 AB와 한 점에서 만나는 직선을 모두 구하시오.

점과 직선의 위치 관계

1 **오른쪽 그림의 네 점 A, B, C, D에 대하여 다음을 모두 구하시오.**

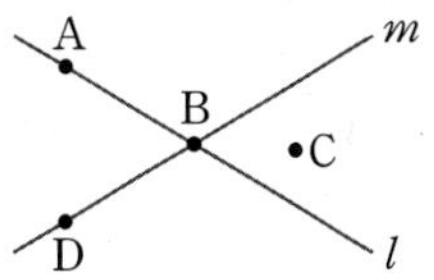

(1) 직선 l 위의 점

(2) 직선 m 위의 점

(3) 두 직선 l, m 위에 동시에 있는 점

직선 l이 점 A를 지날 때 점 A는 직선 l 위에 있고, 직선 l이 점 D를 지나지 않을 때 점 D는 직선 l 위에 있지 않다고 한다.

1-1 오른쪽 그림에 대한 다음 설명 중 옳지 <u>않은</u> 것은?

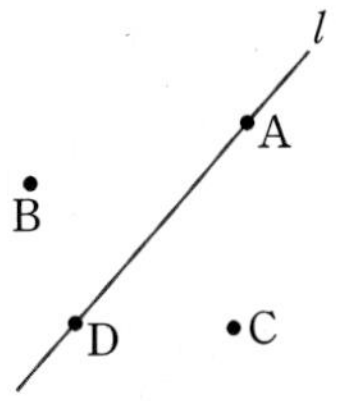

① 점 A는 직선 l 위에 있다.

② 점 B는 직선 l 위에 있지 않다.

③ 직선 l은 점 D를 지나지 않는다.

④ 두 점 A, D는 한 직선 위에 있다.

⑤ 점 C는 직선 l 위에 있지 않다.

평면에서 두 직선의 위치 관계

2 **오른쪽 그림의 정육각형의 각 변의 연장선 중에서 직선 AB와 한 점에서 만나는 직선의 개수를 a, 직선 CD와 평행한 직선의 개수를 b라 할 때, $a+b$의 값을 구하시오.**

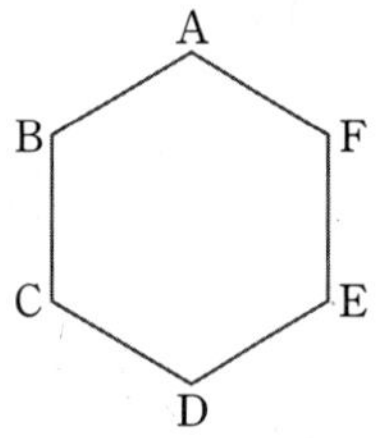

정육각형의 각 변을 연장하여 직선으로 생각한다.

2-1 오른쪽 그림의 평행사변형 ABCD에 대하여 다음을 모두 구하시오.

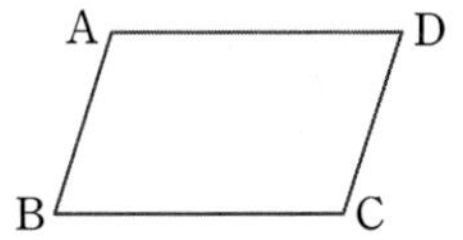

(1) 변 AD와 만나는 변

(2) 변 AB와 평행한 변

8 공간에서 두 직선의 위치 관계

만나거나, 만나지 않거나!

만난다. / 만나지 않는다.

① 한 점에서 만난다. ② 일치한다. ③ 평행하다. ④ 꼬인 위치에 있다.

한 평면 위에 있다. / 한 평면 위에 있지 않다.

꼬인 위치: 공간에서 두 직선이 서로 만나지도 않고 평행하지도 않을 때, 두 직선은 꼬인 위치에 있다고 한다. 이때 두 직선은 한 평면 위에 있지 않다.

직육면체를 이용해 위치 관계 이해하기!

다음 그림의 직육면체에서

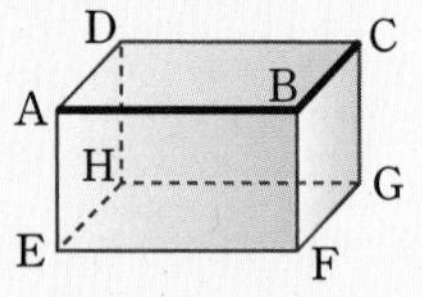	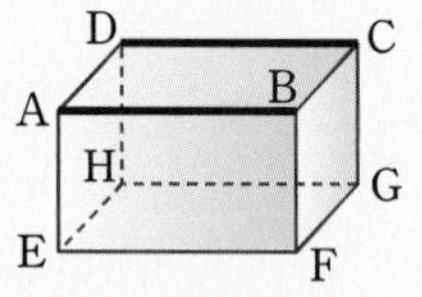	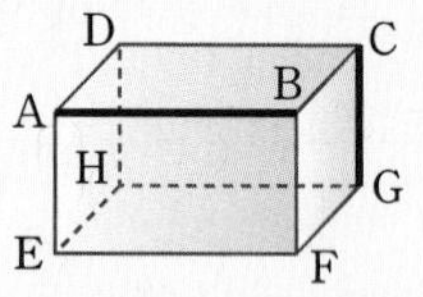
모서리 AB와 모서리 BC는 한 점에서 만나.	모서리 AB와 모서리 DC는 평행해.	모서리 AB와 모서리 CG는 꼬인 위치에 있어.

입체도형에서 위치 관계를 말할 때 각 모서리는 직선으로 생각해.

개념확인

1. 오른쪽 그림과 같은 직육면체에서 다음을 모두 구하시오.

(1) 모서리 AB와 한 점에서 만나는 모서리

(2) 모서리 AB와 평행한 모서리

(3) 모서리 AB와 꼬인 위치에 있는 모서리

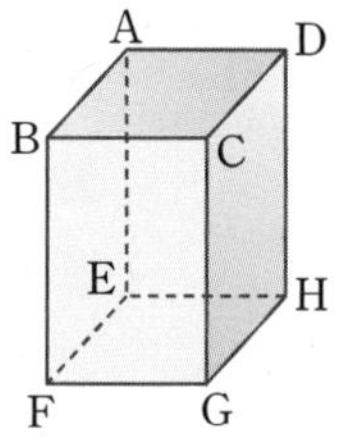

2. 오른쪽 그림과 같은 삼각기둥에서 다음을 모두 구하시오.

(1) 모서리 AC와 꼬인 위치에 있는 모서리

(2) 모서리 AD와 꼬인 위치에 있는 모서리

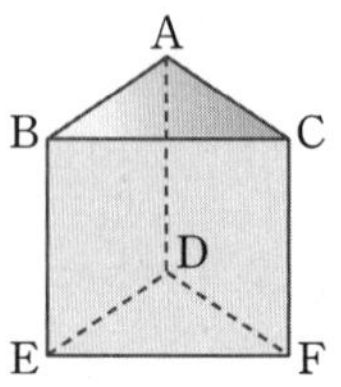

꼬인 위치에 있는 모서리

1 **오른쪽 그림의 직육면체에서 모서리 BC와 평행하면서 모서리 CG와 꼬인 위치에 있는 모서리를 모두 구하시오.**

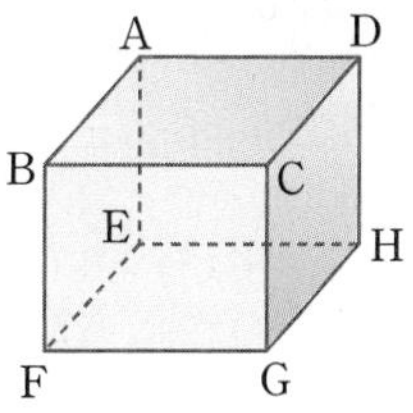

꼬인 위치에 있는 모서리 찾기
① 한 점에서 만나는 모서리를 찾는다.
② 평행한 모서리를 찾는다.
③ ①, ②를 제외한 남은 모서리가 꼬인 위치에 있는 모서리이다.

1-1 오른쪽 그림과 같은 사각뿔에서 모서리 OA와 꼬인 위치에 있는 모서리를 모두 고르면? (정답 2개)

① 모서리 AB ② 모서리 OB ③ 모서리 AD
④ 모서리 BC ⑤ 모서리 CD

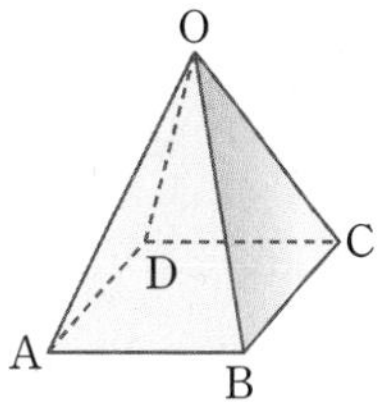

공간에서 두 직선의 위치 관계 (1)

2 **오른쪽 그림의 정육각기둥에서 모서리 BC와 평행한 모서리의 개수를 a, 꼬인 위치에 있는 모서리의 개수를 b라 할 때, $a+b$의 값을 구하시오.**

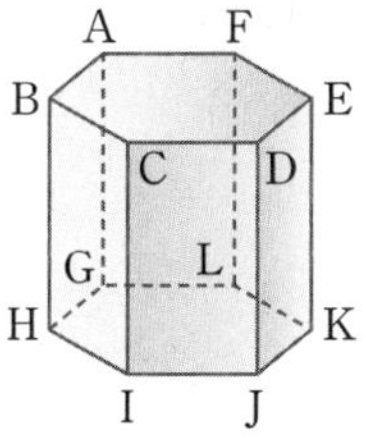

공간에서 두 직선의 위치 관계
① 한 평면 위에 있는 경우
- 한 점에서 만난다.
- 일치한다.
- 평행하다.
② 한 평면 위에 있지 않은 경우
- 꼬인 위치에 있다.

2-1 오른쪽 그림은 밑면이 사다리꼴인 사각기둥이다. 모서리 BF와 수직인 모서리의 개수를 a, 모서리 AB와 꼬인 위치에 있는 모서리의 개수를 b라 할 때, $a+b$의 값을 구하시오.

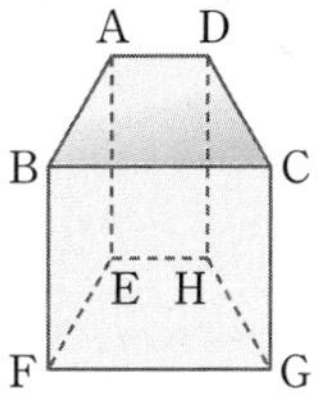

전개도에서 두 직선의 위치 관계

3 **오른쪽 그림과 같은 전개도로 만들어지는 삼각기둥에서 다음 중 모서리 HE와 꼬인 위치에 있는 모서리가 아닌 것은?**

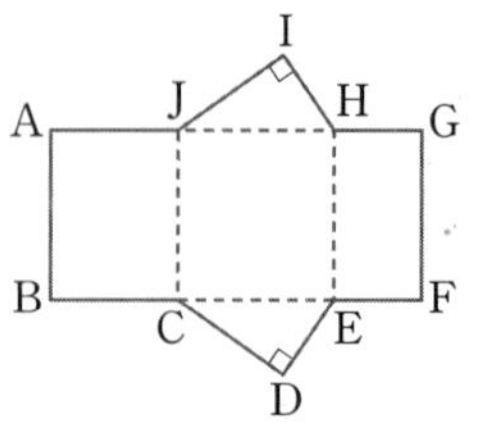

① 모서리 AJ ② 모서리 IJ ③ 모서리 BC
④ 모서리 CD ⑤ 모서리 CE

전개도를 접어서 입체도형을 만든 후, 꼬인 위치에 있는 모서리를 찾는다.

3-1 오른쪽 그림의 전개도를 접어서 만든 삼각뿔에서 모서리 AB와 한 점에서 만나는 모서리의 개수를 a, 꼬인 위치에 있는 모서리의 개수를 b라 할 때, $a+b$의 값을 구하시오.

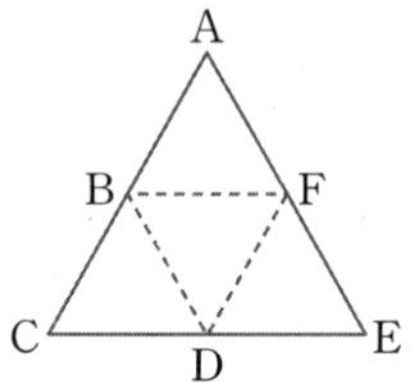

공간에서 두 직선의 위치 관계 (2)

4 **다음 중 옳은 것을 모두 고르면? (정답 2개)**

① 한 평면 위의 두 직선은 항상 만난다.
② 만나지 않는 두 직선은 한 평면 위에 있지 않다.
③ 꼬인 위치에 있는 두 직선은 한 평면 위에 있지 않다.
④ 서로 다른 두 직선을 포함하는 평면은 항상 존재한다.
⑤ 두 직선이 평행하면 두 직선을 포함하는 한 평면이 존재한다.

공간에서 두 직선의 위치 관계
- 만난다.
  - 한 점에서 만난다.
  - 일치한다.
- 만나지 않는다.
  - 평행하다.
  - 꼬인 위치에 있다.

(한 점에서 만난다, 일치한다, 평행하다: 한 평면 위에 있다.)

4-1 다음 중 옳지 않은 것을 모두 고르면? (정답 2개)

① 평면에서 한 직선에 평행한 서로 다른 두 직선은 평행하다.
② 평면에서 한 직선에 수직인 서로 다른 두 직선은 평행하다.
③ 평행한 두 직선은 한 평면을 결정한다.
④ 공간에서 한 직선에 수직인 서로 다른 두 직선은 꼬인 위치에 있다.
⑤ 공간에서 한 직선과 꼬인 위치에 있는 서로 다른 두 직선은 평행하다.

9 공간에서 직선과 평면의 위치 관계

만나거나, 만나지 않거나!

만난다. / 만나지 않는다.

① 포함된다.

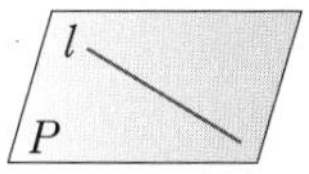

② 한 점에서 만난다.

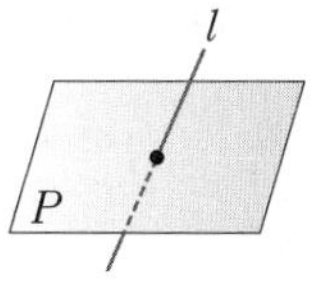

③ 평행하다. ($l /\!/ P$)

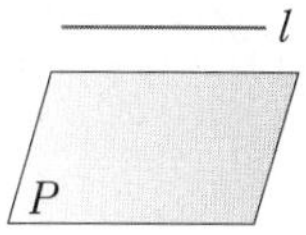

(1) 직선과 평면의 수직

직선 l이 평면 P와 한 점 H에서 만나고, 직선 l이 점 H를 지나는 평면 P 위의 모든 직선과 서로 수직일 때, 직선 l과 평면 P는 서로 수직이다 또는 서로 직교한다고 한다. ➡ $l \perp P$

이때 $\overline{AH}$의 길이를 점 A와 평면 P 사이의 거리라고 한다.

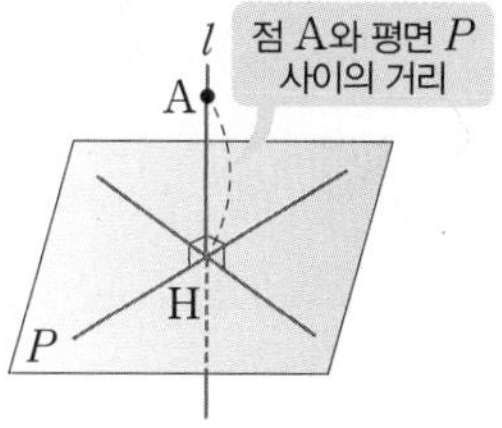

참고 직선 l을 평면 P의 수선, 점 H를 수선의 발이라 한다.

(2) 공간에서 두 평면의 위치 관계

① 일치한다. ($P=Q$)

② 한 직선에서 만난다.

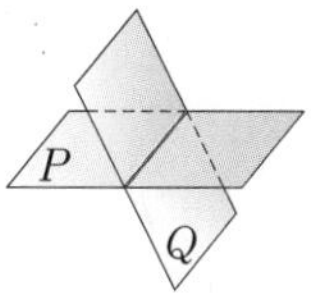

③ 평행하다. ($P /\!/ Q$)

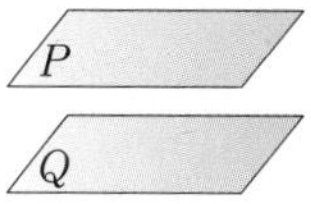

직육면체를 이용해 위치 관계 이해하기!

다음 그림의 직육면체에서

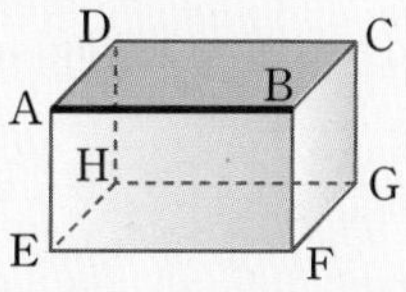	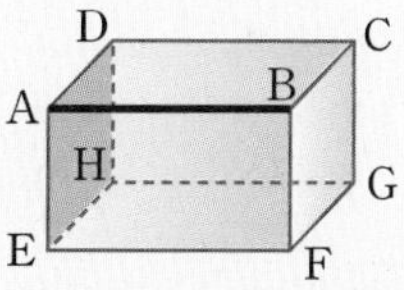	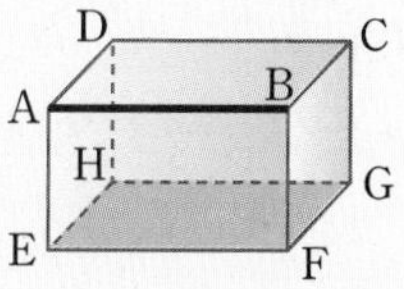
모서리 AB는 면 ABCD에 포함돼.	모서리 AB는 면 AEHD와 한 점에서 만나.	모서리 AB는 면 EFGH와 평행해.

입체도형에서 위치 관계를 말할 때에는 각 모서리는 직선으로, 각 면은 평면으로 확장하여 생각해.

개념확인

1. 오른쪽 그림과 같은 직육면체에서 다음을 모두 구하시오.

(1) 모서리 BC를 포함하는 면

(2) 모서리 DH와 한 점에서 만나는 면

(3) 모서리 BF에 평행한 면

(4) 모서리 AD에 수직인 면

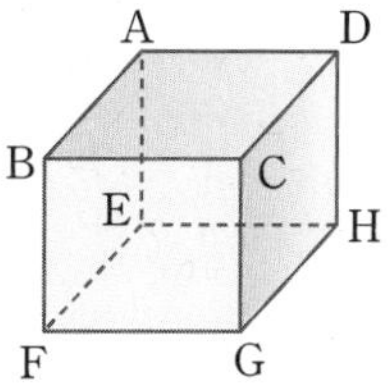

2. 오른쪽 그림과 같은 삼각기둥에서 다음을 모두 구하시오.

(1) 면 DEF와 평행한 면

(2) 면 DEF와 수직인 면

(3) 면 DEF와 면 BEFC의 교선

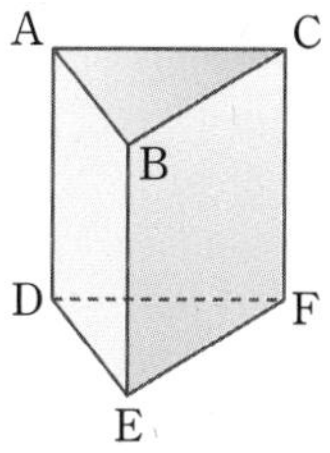

공간에서 직선과 평면의 위치 관계

1 **오른쪽 그림과 같이 밑면이 정육각형인 육각기둥에 대한 다음 설명 중 옳은 것을 모두 고르면? (정답 2개)**

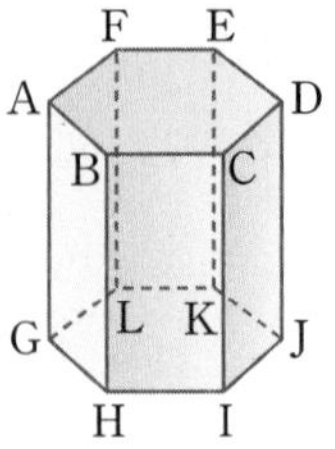

① 모서리 BC와 평행한 면은 3개이다.
② 면 ABCDEF와 점 J 사이의 거리는 $\overline{EJ}$이다.
③ 면 BHIC와 평행한 모서리는 6개이다.
④ 모서리 BH와 수직인 면은 2개이다.
⑤ 면 FLKE와 면 AGLF의 교선은 $\overline{FE}$이다.

점과 평면 사이의 거리는 점에서 평면에 내린 수선의 발까지의 거리이다.

1-1 오른쪽 그림과 같은 정육면체에서 면 AEGC와 한 점에서 만나는 모서리의 개수를 a, 모서리 CD와 수직인 면의 개수를 b라 할 때, $a+b$의 값을 구하시오.

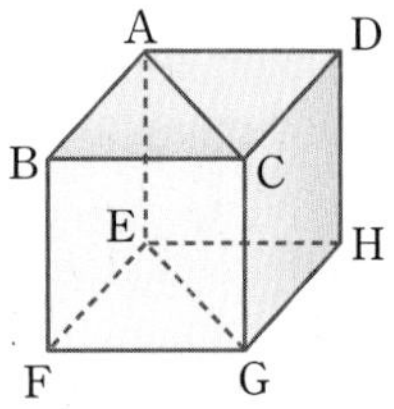

공간에서 여러 가지 위치 관계

2 **공간에 서로 다른 두 직선 l, m과 서로 다른 두 평면 P, Q가 있다. 다음 보기에서 옳은 것을 모두 고르시오.**

보기

ㄱ. $l /\!/ P$, $m /\!/ P$이면 $l /\!/ m$
ㄴ. $l \perp P$, $l \perp Q$이면 $P /\!/ Q$
ㄷ. $l \perp P$, $l /\!/ Q$이면 $P \perp Q$
ㄹ. $l \perp m$, $l \perp P$이면 $m /\!/ P$

공간에서의 위치 관계
① 두 직선
- 한 점에서 만난다.
- 일치한다.
- 평행하다.
- 꼬인 위치에 있다.
② 직선과 평면
- 포함된다.
- 한 점에서 만난다.
- 평행하다.
③ 두 평면
- 일치한다.
- 한 직선에서 만난다.
- 평행하다.

2-1 공간에 서로 다른 두 직선 l, m과 서로 다른 세 평면 P, Q, R가 있다. 다음 **보기**에서 옳은 것을 고르시오.

보기

ㄱ. $P \perp Q$, $P \perp R$이면 $Q \perp R$이다.
ㄴ. $l /\!/ P$, $l /\!/ Q$이면 $P /\!/ Q$이다.
ㄷ. $l \perp P$, $l \perp Q$이면 $P \perp Q$이다.
ㄹ. $P \perp Q$, $Q /\!/ R$이면 $P \perp R$이다.

10 동위각과 엇각

위치가 중요해서 이름으로!

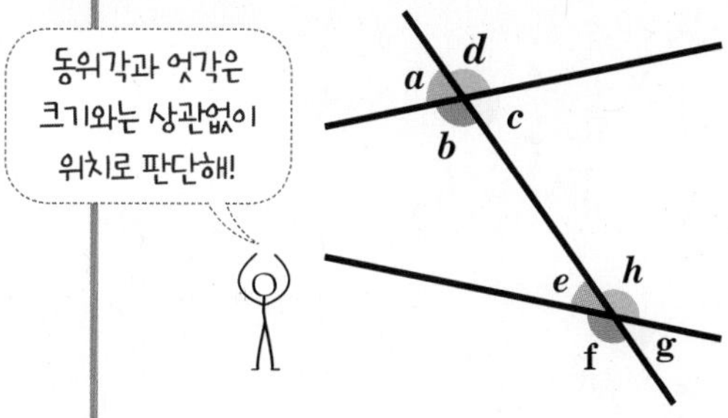

서로 같은 위치에 있는 두 각

$\angle a$와 $\angle e$, $\angle b$와 $\angle f$

$\angle c$와 $\angle g$, $\angle d$와 $\angle h$

⬇

동위각

서로 엇갈린 위치에 있는 두 각

$\angle b$와 $\angle h$

$\angle c$와 $\angle e$

⬇

엇각

한 평면 위에 있는 서로 다른 두 직선 l, m이 다른 한 직선 n과 만날 때 생기는 8개의 각 중에서

(1) 동위각: 서로 같은 위치에 있는 각

(2) 엇각: 서로 엇갈린 위치에 있는 각

참고 동위각과 엇각은 각의 크기와 상관없이 위치로 판단한다. ➡ 동위각은 알파벳 F, 엇각은 알파벳 Z를 기억하면 쉽다!

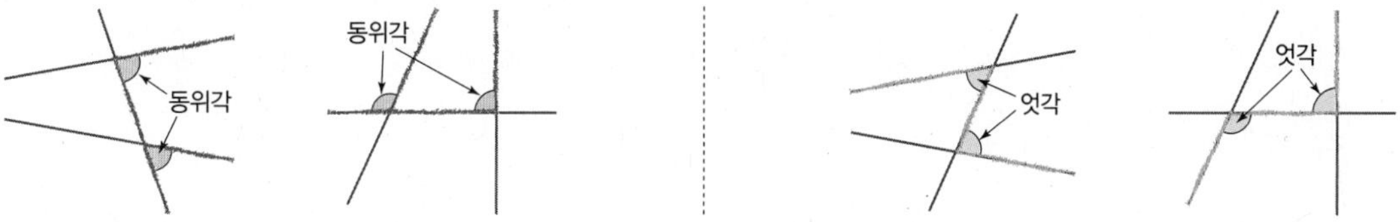

개념확인

1. 오른쪽 그림에서 다음 각을 찾고, 그 각의 크기를 구하시오.

(1) $\angle a$의 동위각

(2) $\angle f$의 동위각

(3) $\angle c$의 엇각

(4) $\angle b$의 엇각

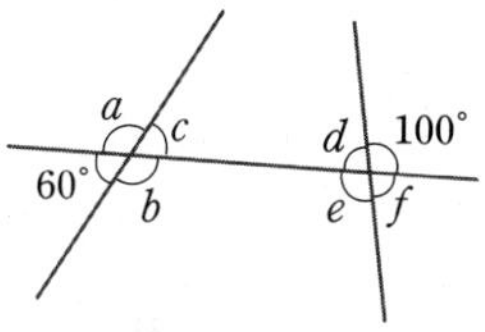

2. 오른쪽 그림에서 다음 각을 모두 찾고, 그 각의 크기를 각각 구하시오.

(1) $\angle b$의 동위각

(2) $\angle c$의 엇각

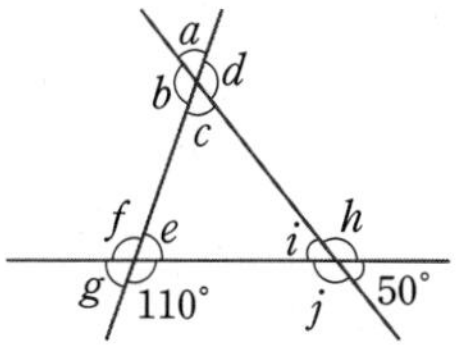

동위각, 엇각의 크기

1 **오른쪽 그림에서 ∠FGB의 동위각의 크기와 ∠CHB의 엇각의 크기의 합을 구하시오.**

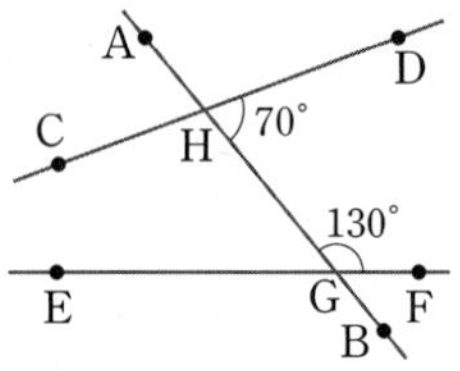

• 동위각: 서로 같은 위치에 있는 각
• 엇각: 서로 엇갈린 위치에 있는 각

1-1 오른쪽 그림에 대한 다음 설명 중 옳지 않은 것은?

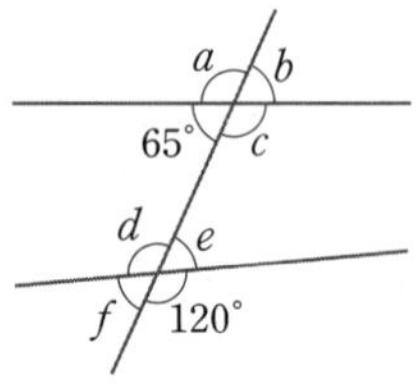

① $\angle a$의 동위각의 크기는 120°이다.
② $\angle e$의 엇각의 크기는 65°이다.
③ $\angle e$의 동위각은 $\angle b$이다.
④ $\angle c$의 엇각의 크기는 120°이다.
⑤ $\angle e=65°$

세 직선이 세 점에서 만날 때 동위각, 엇각의 크기

2 **오른쪽 그림에서 $\angle x$의 모든 엇각의 크기의 합을 구하시오.**

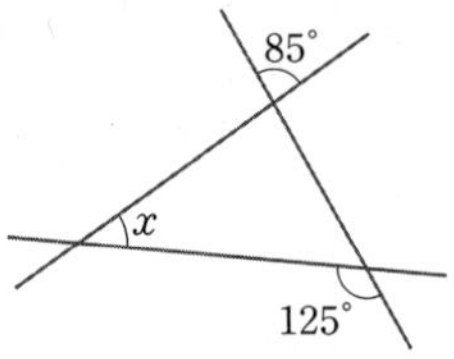

맞꼭지각의 크기는 항상 같지만, 동위각과 엇각의 크기는 항상 같지는 않다.

2-1 오른쪽 그림에 대한 다음 설명 중 옳지 않은 것은?

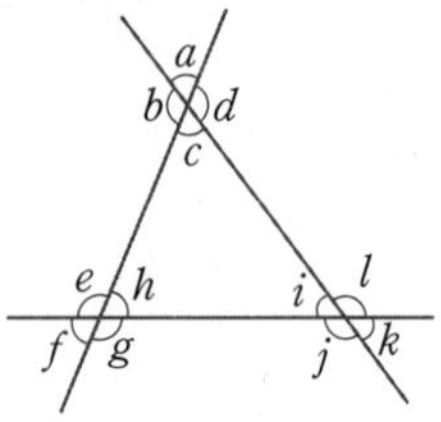

① $\angle a$와 $\angle l$은 동위각이다.
② $\angle b$와 $\angle f$는 크기가 같다.
③ $\angle d$와 $\angle i$는 엇각이다.
④ $\angle k$의 동위각은 $\angle d$와 $\angle g$이다.
⑤ $\angle c$의 엇각은 $\angle e$와 $\angle l$이다.

11 평행선의 성질

평행해야만 같아지는 각!

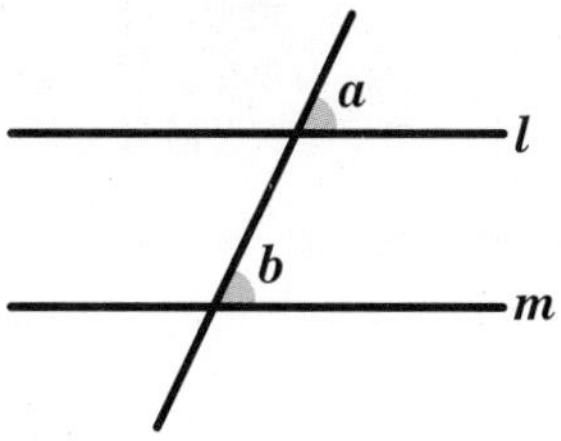

두 직선이 평행하면
동위각의 크기는 서로 같다.
⬇
$l /\!/ m$이면 $\angle a = \angle b$

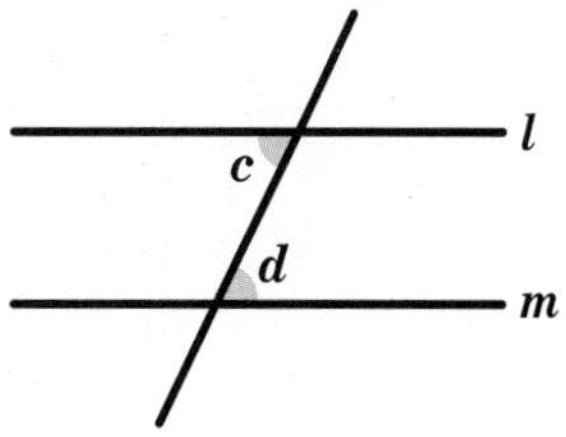

두 직선이 평행하면
엇각의 크기는 서로 같다.
⬇
$l /\!/ m$이면 $\angle c = \angle d$

(1) 평행선의 성질

평행한 두 직선이 다른 한 직선과 만날 때

① 동위각의 크기는 서로 같다.

② 엇각의 크기는 서로 같다.

주의 동위각, 엇각의 크기는 두 직선이 평행할 때에만 같다.

(2) 두 직선이 평행할 조건

서로 다른 두 직선이 다른 한 직선과 만날 때

① 동위각의 크기가 같으면 두 직선은 서로 평행하다.

② 엇각의 크기가 같으면 두 직선은 서로 평행하다.

알아두면 편리한 특수한 각

한 평면 위에서 서로 다른 두 직선이 다른 한 직선과 만날 때, 같은 쪽에 있으면서 안쪽에 있는 두 각을 동측내각이라고 해.

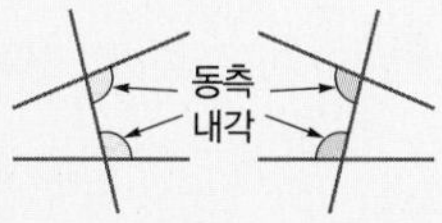

오른쪽 그림에서 $l /\!/ m$일 때, $\angle a$의 동위각이 $\angle c$이므로
$l /\!/ m$에서 $\angle a = \angle c$이고, $\angle b + \angle c = 180°$야.
따라서 $\angle a + \angle b = 180°$가 되지.
즉, 서로 다른 두 직선이 다른 한 직선과 만날 때,
➡ 두 직선이 평행하면 동측내각의 합은 180°야.
동측내각의 합이 180°이면 두 직선은 평행해.

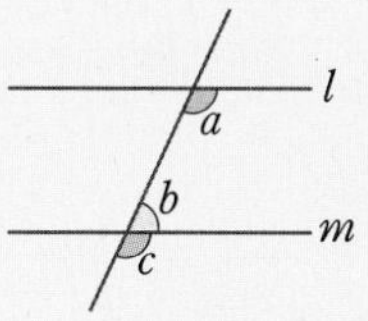

개념확인

1. 다음 그림에서 $l /\!/ m$일 때, $\angle x$, $\angle y$의 크기를 각각 구하시오.

(1)

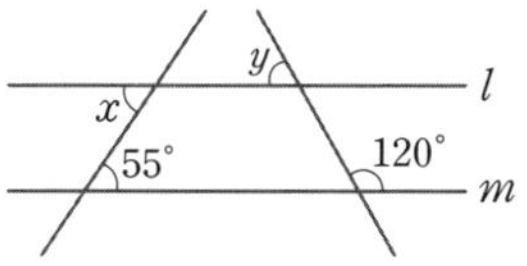

(2)

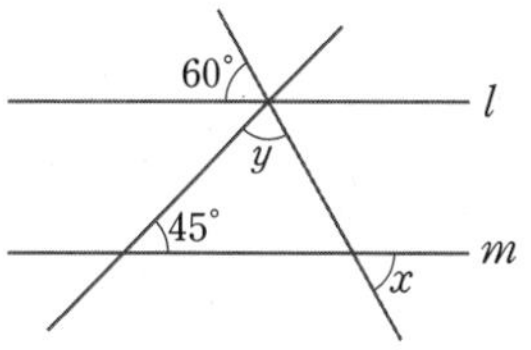

2. 다음 그림에서 직선 l과 평행한 직선을 모두 말하시오.

(1)

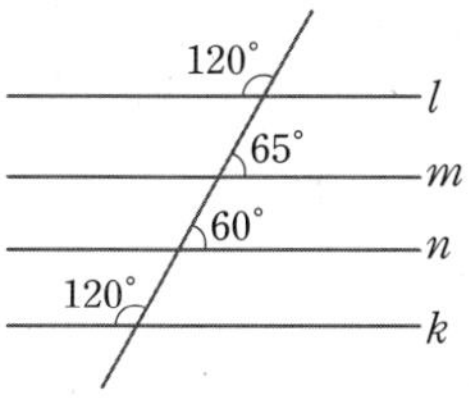

(2)

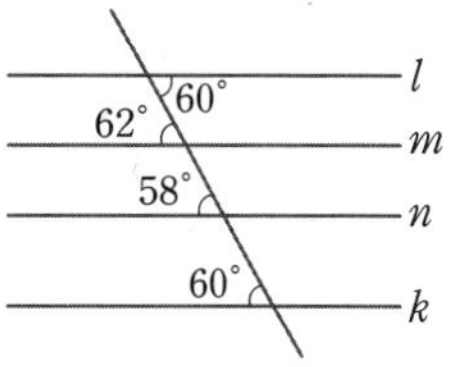

평행선에서 동위각, 엇각의 크기

1 **오른쪽 그림에서 $l /\!/ m$일 때, $\angle x$의 크기를 구하시오.**

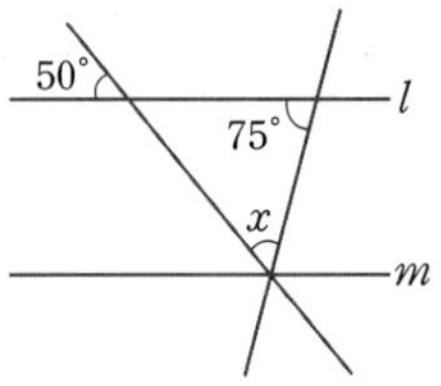

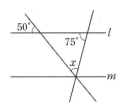

두 직선이 평행하므로 동위각과 엇각의 크기가 각각 같다.

1-1 오른쪽 그림에서 $l /\!/ m$, $n /\!/ k$일 때, $\angle x$의 크기를 구하시오.

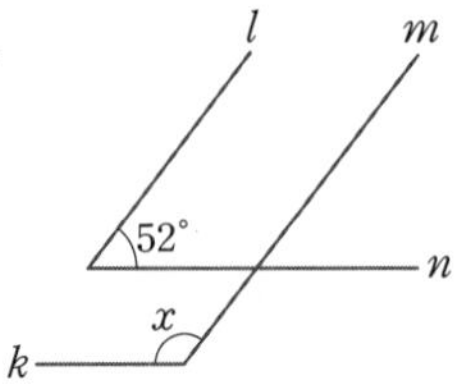

평행선에서 삼각형의 성질

2 **오른쪽 그림에서 $l /\!/ m$일 때, $\angle x$의 크기를 구하시오.**

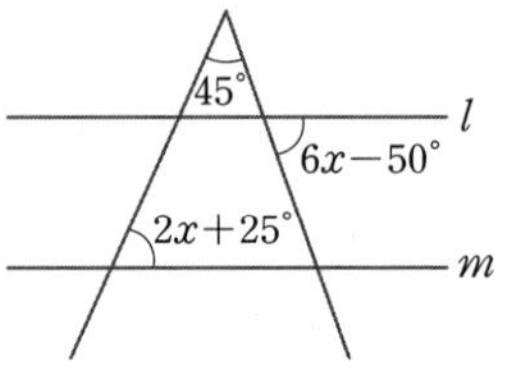

평행선의 성질과 삼각형의 세 내각의 크기의 합이 180°임을 이용한다.

2-1 오른쪽 그림에서 $l /\!/ m$일 때, $\angle x$의 크기를 구하시오.

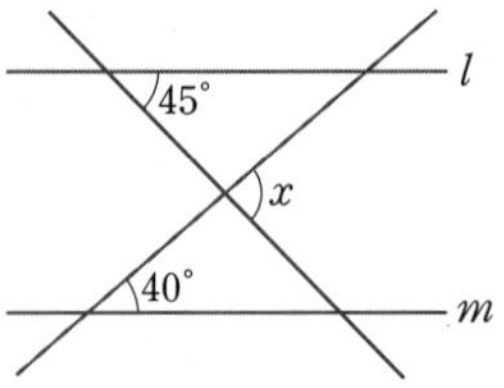

익힘북 19쪽 | 정답과 풀이 8쪽

평행선이 되기 위한 조건

3 **다음 중 두 직선 l, m이 서로 평행하지 않은 것은?**

①
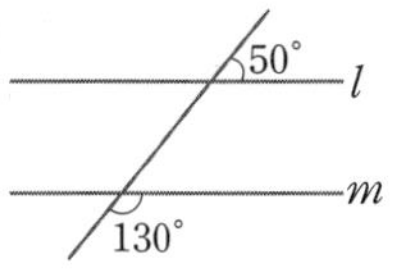

②
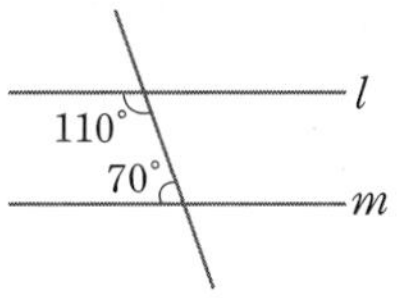

③
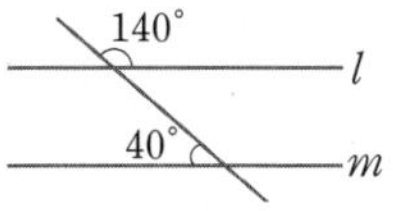

④
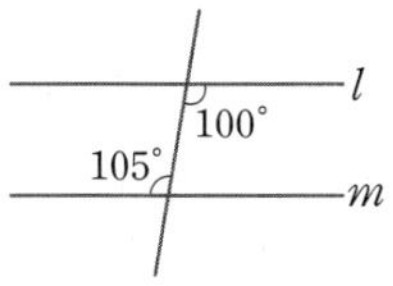

⑤
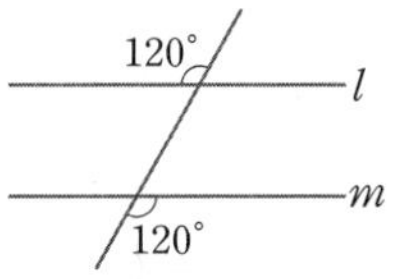

동위각 또는 엇각의 크기가 같지 않으면 두 직선은 평행하지 않다.

3-1 오른쪽 그림에서 서로 평행한 두 직선을 기호로 바르게 나타낸 것은?

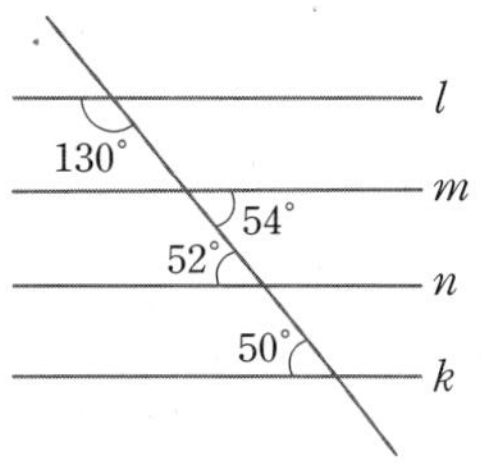

① $l /\!/ m$　② $l /\!/ k$
③ $m /\!/ n$　④ $m /\!/ k$
⑤ $n /\!/ k$

평행선에서 보조선을 1개 긋는 경우

4 **오른쪽 그림에서 $l /\!/ m$일 때, $\angle x$의 크기를 구하시오.**

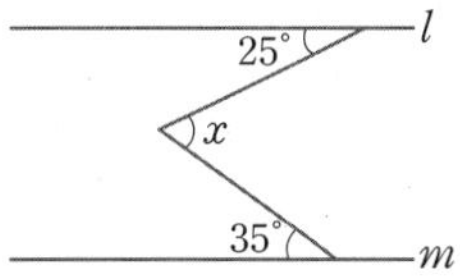

꺾인 점을 지나고 두 직선 l, m에 평행한 직선 n을 그으면

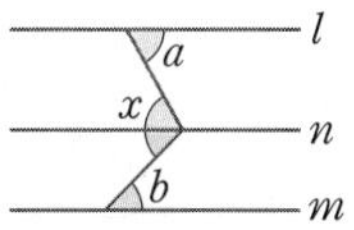

⇨ $\angle x = \angle a + \angle b$

4-1 오른쪽 그림에서 $l /\!/ m$일 때, $\angle x$의 크기를 구하시오.

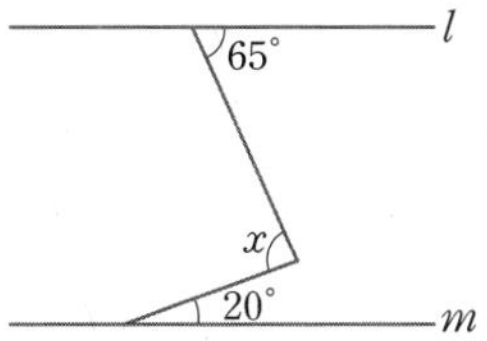

4-2 오른쪽 그림에서 $l /\!/ m$일 때, $\angle x$의 크기는?

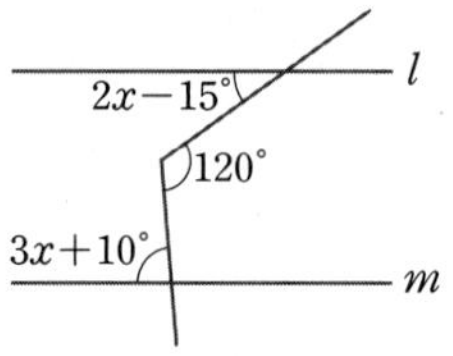

① $10°$ ② $15°$
③ $20°$ ④ $25°$
⑤ $30°$

평행선에서 보조선을 2개 긋는 경우

5 **오른쪽 그림에서 $l /\!/ m$일 때, $\angle x$의 크기를 구하시오.**

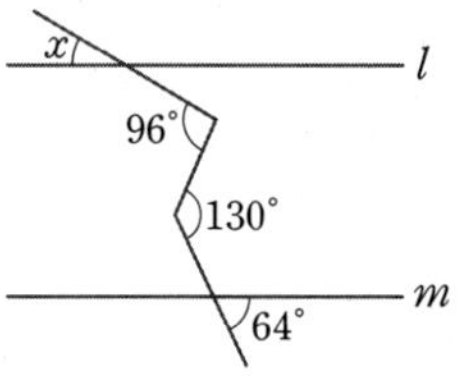

꺾인 점을 각각 지나고 두 직선 l, m에 평행한 두 직선 n, k를 그으면

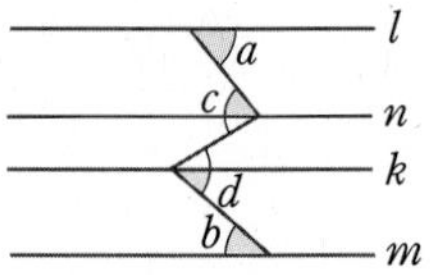

$\angle c-\angle a=\angle d-\angle b$
$\therefore \angle a+\angle d=\angle b+\angle c$

5-1 다음 그림에서 $l /\!/ m$일 때, $\angle x$의 크기를 구하시오.

(1)

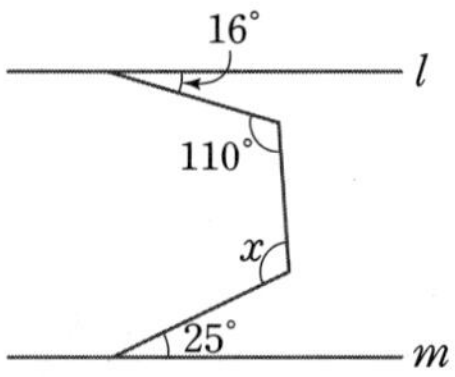

(2)

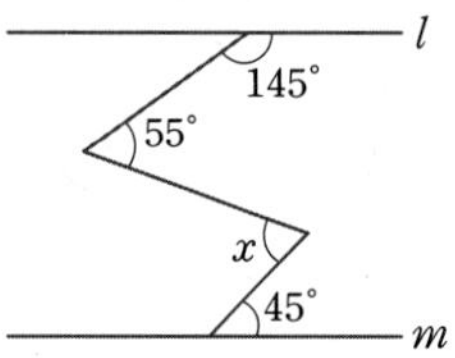

5-2 오른쪽 그림에서 $l /\!/ m$일 때, $\angle x$의 크기는?

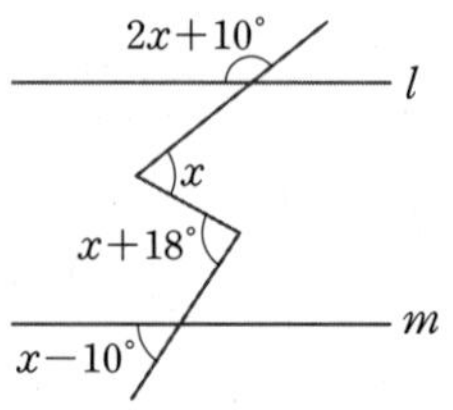

① $65°$ ② $66°$
③ $67°$ ④ $68°$
⑤ $69°$

5-3 오른쪽 그림에서 $l /\!/ m$일 때, $\angle x$의 크기는?

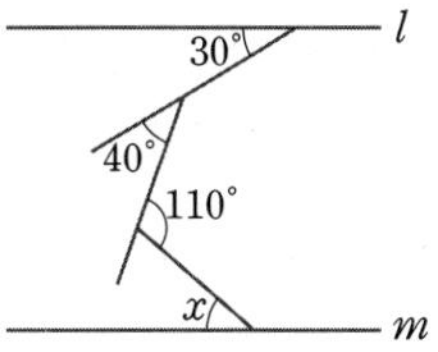

① 40°　② 42°　③ 45°　④ 48°　⑤ 50°

종이 접기

6 **오른쪽 그림은 직사각형 모양의 종이 테이프를 $\overline{EF}$를 접는 선으로 하여 접은 것이다. $\angle FEC=56°$일 때, $\angle EGF$의 크기를 구하시오.**

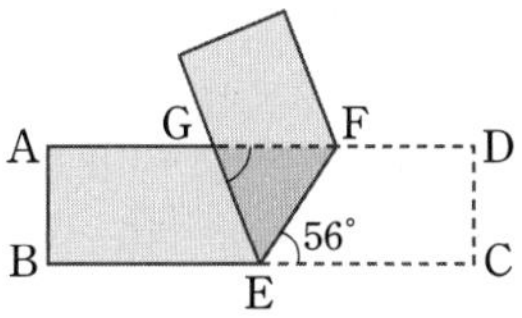

직사각형 모양의 종이를 접으면
① 접은 각의 크기는 같다.
② 엇각의 크기는 같다.

6-1 오른쪽 그림은 직사각형 모양의 종이를 $\overline{EF}$를 접는 선으로 하여 접은 것이다. $\angle AGH=128°$일 때, $\angle x$의 크기를 구하시오.

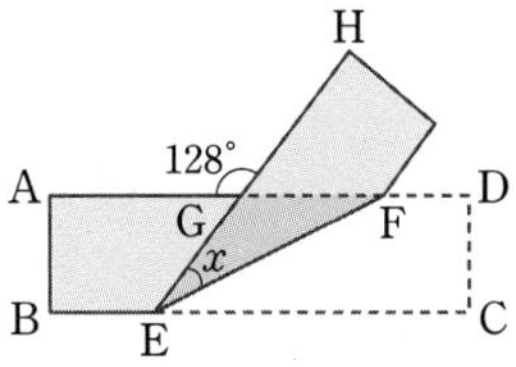

6-2 오른쪽 그림은 직사각형 모양의 종이를 $\overline{EF}$를 접는 선으로 하여 접은 것이다. $\angle EFB=100°$일 때, $\angle x$의 크기를 구하시오.

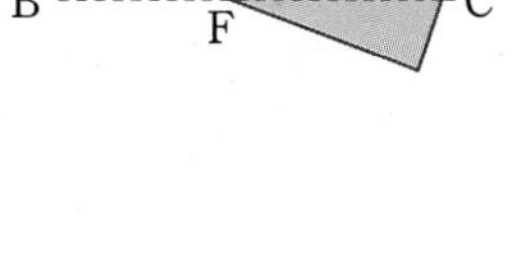

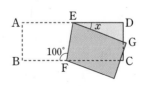

위치 관계 문제, 쉽게 풀 순 없을까?

위치 관계를 파악하는 문제 중에서 평면에서의 위치 관계 문제는 쉽게 풀리는데, **공간에서의 위치 관계 문제**는 헷갈리는 경우가 많다. 특히, 도형이 제시되지 않은 경우 더 어렵게 느껴진다.

이번 "개념특강"에서는 공간에서의 위치 관계 문제를 문제에 **도형이 제시된 경우**와 **도형이 제시되지 않은 경우**로 나누어 그 해결법을 제시하고자 한다.

이번 학습을 통해서 여러분은 문제에 도형이 제시되지 않은 경우에도 도형을 그려서 생각하면 아주 쉽게 풀린다는 것을 알게 될 것이다.

자, 이제 차근차근 따라가 보자.

▲ 꼬인 위치를 활용한 고가도로. 한정된 공간에 여러 개의 도로를 만들 수 있어 효율적이다.

도형이 제시된 경우

1 아래 그림과 같은 직육면체에서 다음을 모두 구하시오.

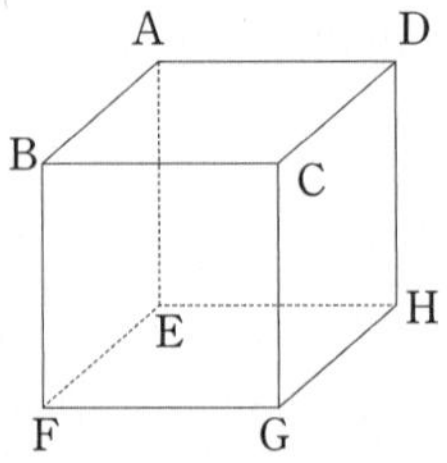

① 모서리 AB와 한 점에서 만나는 모서리
② 모서리 AB와 평행한 모서리
③ 모서리 AB와 꼬인 위치에 있는 모서리

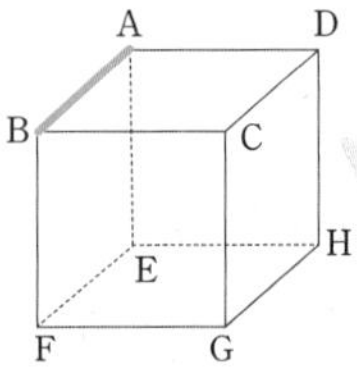

제시된 도형 위에 기준이 되는 모서리 AB를 그리면 훨씬 쉽다.

① 모서리 AB와 한 점에서 만나는 모서리

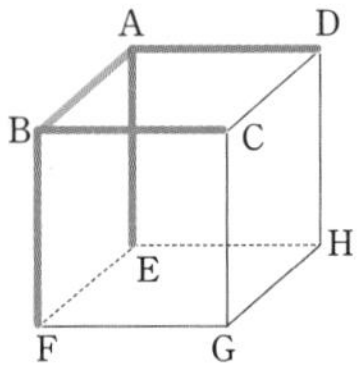

② 모서리 AB와 평행한 모서리

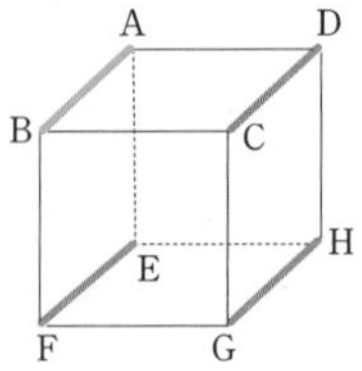

③ 모서리 AB와 꼬인 위치에 있는 모서리

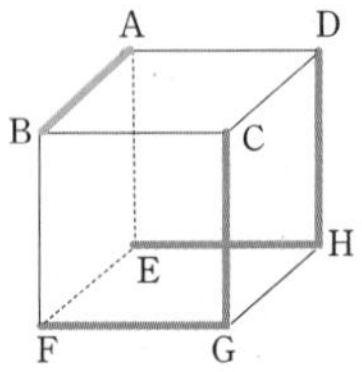

▶ 만나거나 평행한 모서리를 (①의 모서리, ②의 모서리) 제외한 나머지 모든 모서리

답 1 ① 모서리 AD, 모서리 BC, 모서리 AE, 모서리 BF
② 모서리 DC, 모서리 EF, 모서리 HG
③ 모서리 CG, 모서리 DH, 모서리 FG, 모서리 EH

도형이 제시되지 않은 경우

2 빈칸에 들어갈 알맞은 말을 **보기**에서 모두 찾으시오.

> 공간에서❶ 한 직선에❷ 수직인 서로 다른 두 직선은❸ (　　　　　　).

보기
ㄱ. 만난다　　ㄴ. 평행하다
ㄷ. 꼬인 위치에 있다

3 빈칸에 들어갈 알맞은 말을 **보기**에서 모두 찾으시오.

> 공간에서❶ 한 직선과❷ 꼬인 위치에 있는 서로 다른 두 직선은❸ (　　　　　　).

보기
ㄱ. 만난다　　ㄴ. 평행하다
ㄷ. 꼬인 위치에 있다

도형을 그린다.

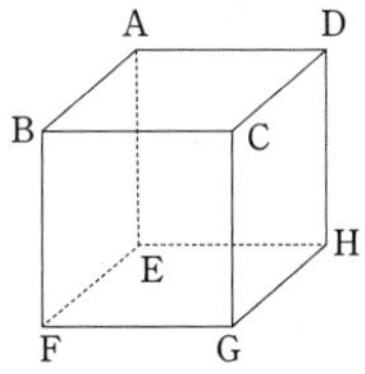

❶ '공간에서'의 위치 관계이므로 직육면체를 그린다.

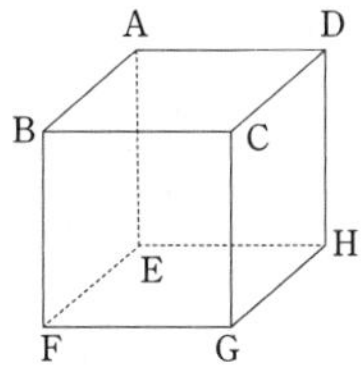

❶ '공간에서'의 위치 관계이므로 직육면체를 그린다.

기준선을 정한다.

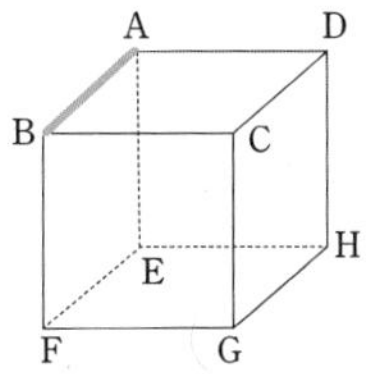

❷ '한 직선'인 모서리 AB를 기준선으로 정한다.

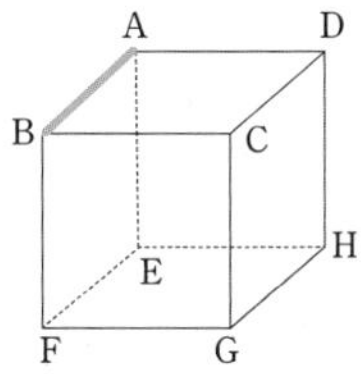

❷ '한 직선'인 모서리 AB를 기준선으로 정한다.

문제에서 요구하는 직선을 모두 찾는다.

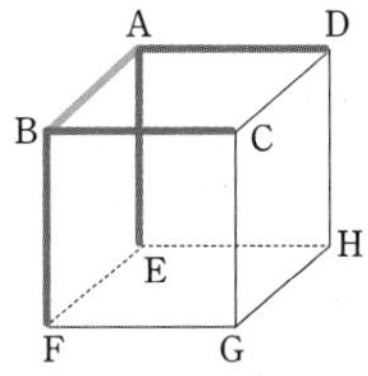

❸ 모서리 AB와 '수직인 모서리'는 모두 4개

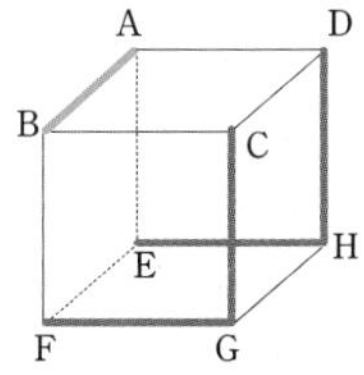

❸ 모서리 AB와 '꼬인 위치에 있는 모서리'는 모두 4개

찾은 직선들 간의 관계를 살핀다.

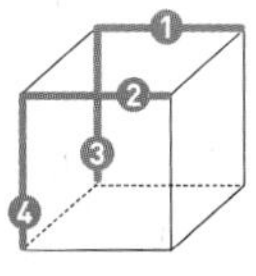

❶과 ❸, ❷와 ❹는 한 점에서 만난다.

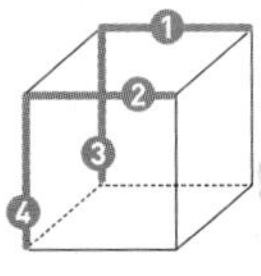

❶과 ❷, ❸과 ❹는 ______________.

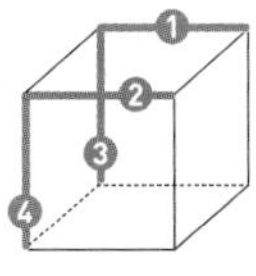

❶과 ❹, ❷와 ❸은 ______________.

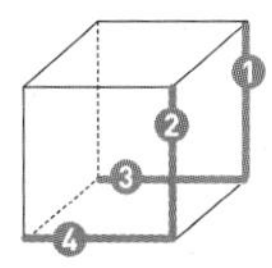

❶과 ❸, ❷와 ❹는 한 점에서 만난다.

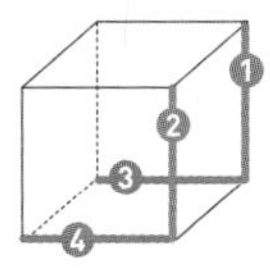

❶과 ❷, ❸과 ❹는 ______________.

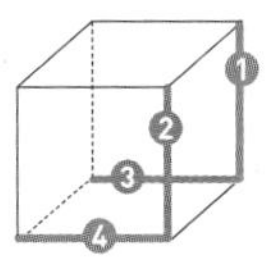

❶과 ❹, ❷와 ❸은 ______________.

답 2 ㄱ, ㄴ, ㄷ / 평행하다, 꼬인 위치에 있다 3 ㄱ, ㄴ, ㄷ / 평행하다, 꼬인 위치에 있다

기본 문제

1 교점과 교선

오른쪽 그림의 오각기둥에서 교점의 개수를 a, 교선의 개수를 b, 면의 개수를 c라 할 때, $a-b+c$의 값을 구하시오.

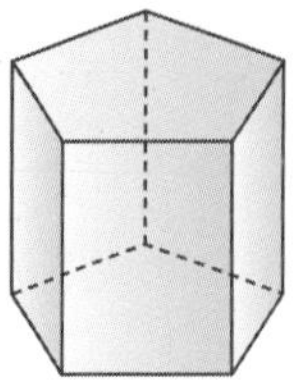

2 직선, 반직선, 선분 (2)

오른쪽 그림과 같이 직선 l 위에 세 점 A, B, C가 있을 때, 다음 중 직선 l을 나타낸 것이 아닌 것을 모두 고르면? (정답 2개)

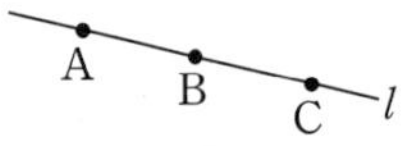

① $\overleftrightarrow{AC}$ ② $\overleftrightarrow{AB}$ ③ $\overline{AC}$
④ $\overleftrightarrow{CA}$ ⑤ $\overrightarrow{BC}$

3 두 점 사이의 거리

세 점 A, B, C가 한 직선 위에 차례로 있을 때, $\overline{AB}$, $\overline{BC}$의 중점을 각각 M, N이라 하자. $\overline{AC}=12\text{ cm}$일 때, $\overline{MN}$의 길이를 구하시오.

4 맞꼭지각의 성질

오른쪽 그림에서 $\angle x$의 크기는?

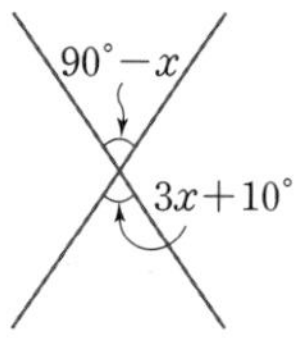

① $10°$ ② $15°$
③ $20°$ ④ $25°$
⑤ $30°$

5 수직과 수선

오른쪽 그림의 직사각형 ABCD에 대한 다음 설명 중 옳지 않은 것은?

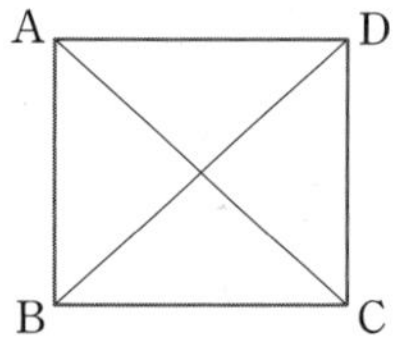

① $\overline{AD}\perp\overline{DC}$
② $\overline{AB}\perp\overline{BC}$
③ $\overline{AD}$의 수선은 $\overline{AB}$와 $\overline{DC}$이다.
④ 점 C는 점 D에서 $\overline{BC}$에 내린 수선의 발이다.
⑤ 점 A와 $\overline{BC}$ 사이의 거리를 나타내는 선분은 $\overline{AC}$이다.

6 점과 직선의 위치 관계

오른쪽 그림에서 $l\,/\!/\,m$일 때, 두 점 Q, S를 지나는 직선과 평행한 직선 위에 있는 점을 모두 고르면? (정답 2개)

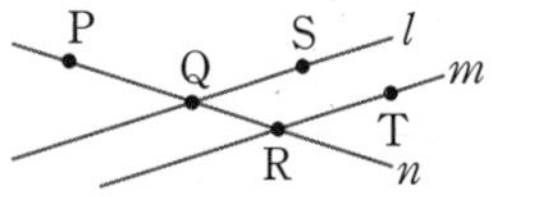

① 점 P ② 점 Q ③ 점 R
④ 점 S ⑤ 점 T

7 공간에서 두 직선의 위치 관계(1)

오른쪽 그림과 같이 밑면이 정오각형인 오각기둥에서 모서리 BG와 한 점에서 만나는 모서리의 개수를 a, 모서리 AE와 꼬인 위치에 있는 모서리의 개수를 b라 할 때, $a+b$의 값을 구하시오.

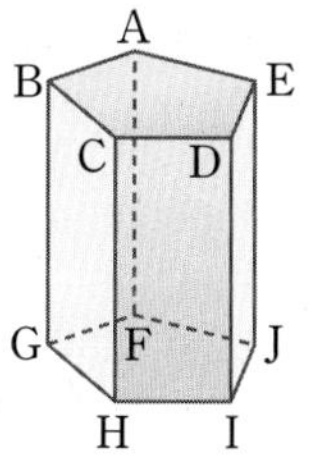

8 공간에서 직선과 평면의 위치 관계

오른쪽 그림은 직육면체를 잘라서 만든 오각기둥이다. 다음 중 면 DIJE와 수직인 모서리가 아닌 것은?

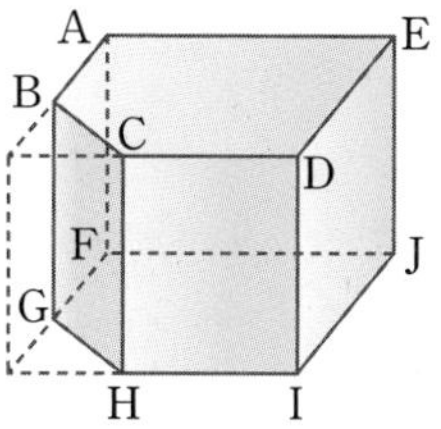

① 모서리 CD　② 모서리 AE
③ 모서리 FJ　④ 모서리 HI
⑤ 모서리 GF

9 공간에서 직선과 평면의 위치 관계

오른쪽 그림의 정육면체에 대하여 다음 설명 중 옳은 것은?

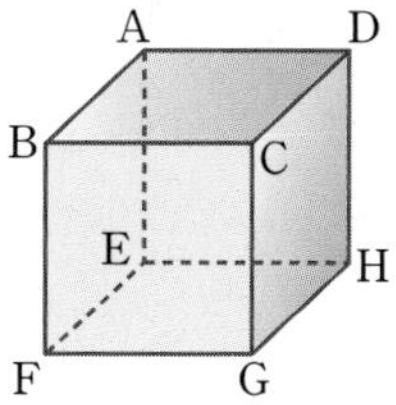

① 모서리 AB와 모서리 GH는 꼬인 위치에 있다.
② 모서리 FG와 면 BFGC는 수직이다.
③ 모서리 AD와 모서리 CG는 평행하다.
④ 모서리 CD는 면 AEHD와 수직이다.
⑤ 모서리 BF와 면 AEHD는 꼬인 위치에 있다.

10 평행선에서 동위각, 엇각의 크기

오른쪽 그림에서 $l /\!/ m /\!/ n$일 때, $\angle x+\angle y+\angle z$의 크기를 구하시오.

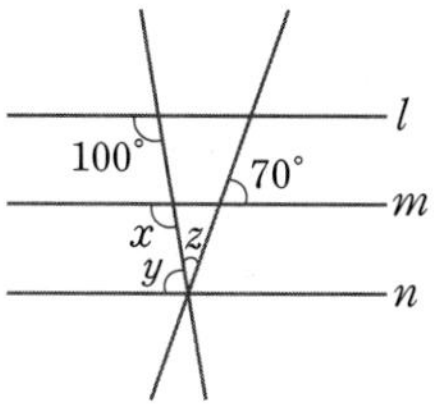

11 평행선에서 보조선을 2개 긋는 경우

오른쪽 그림에서 $l /\!/ m$일 때, $\angle x+\angle y$의 크기는?

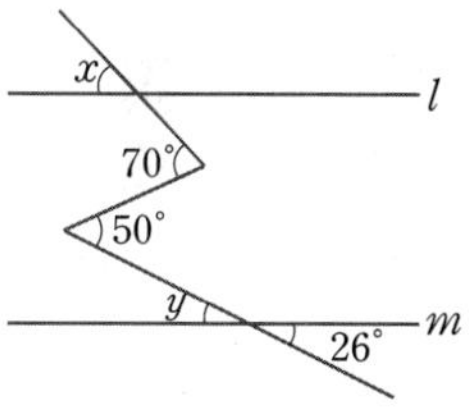

① 72°　② 74°
③ 76°　④ 78°
⑤ 80°

12 종이 접기

오른쪽 그림과 같이 직사각형 모양의 종이 테이프를 접었을 때, $\angle x$의 크기를 구하시오.

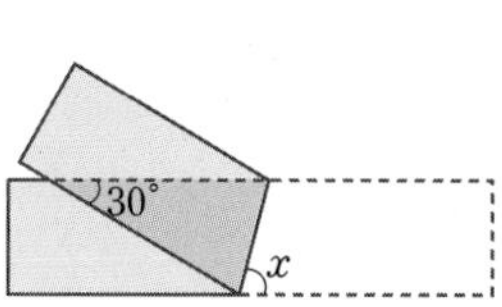

개념 완성

발전 문제

1 오른쪽 그림과 같이 어느 세 점도 한 직선 위에 있지 않은 5개의 점 P, Q, R, S, T가 있을 때, 두 점을 이어 만들 수 있는 서로 다른 선분의 개수를 구하시오.

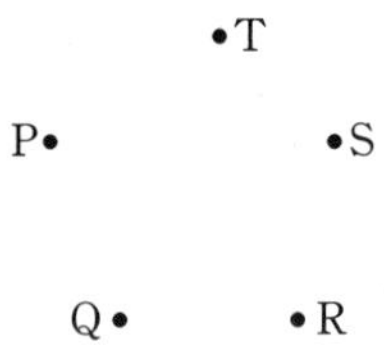

2 오른쪽 그림은 정육면체에서 삼각뿔을 잘라서 만든 입체도형이다. 다음 설명 중 옳지 않은 것을 모두 고르면? (정답 2개)

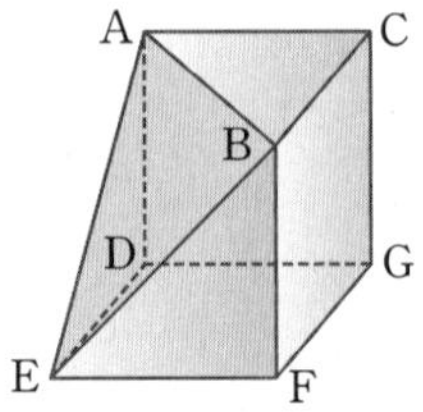

① 교점은 7개이다.
② 모서리 AB와 모서리 CG는 평행하다.
③ 면 DEFG와 수직인 모서리는 3개이다.
④ 모서리 AB는 면 AEB와 면 ABC의 교선이다.
⑤ 모서리 CG와 꼬인 위치에 있는 모서리는 4개이다.

입체도형에서 모서리는 직선으로, 면은 평면으로 확장하여 생각한다.

3 공간에서 두 직선의 위치 관계 대한 다음 설명 중 옳지 않은 것을 모두 고르면? (정답 2개)

① 서로 만나지 않는 두 직선은 평행하거나 꼬인 위치에 있다.
② 한 직선에 평행한 서로 다른 두 직선은 평행하다.
③ 한 직선에 수직인 서로 다른 두 직선은 평행하다.
④ 두 직선이 만나지도 않고 평행하지도 않은 경우가 있다.
⑤ 한 직선과 꼬인 위치에 있는 서로 다른 두 직선은 꼬인 위치에 있다.

4 오른쪽 그림에서 $k /\!/ l$, $m /\!/ n$일 때, $\angle a + \angle b + \angle c$의 크기를 구하시오.

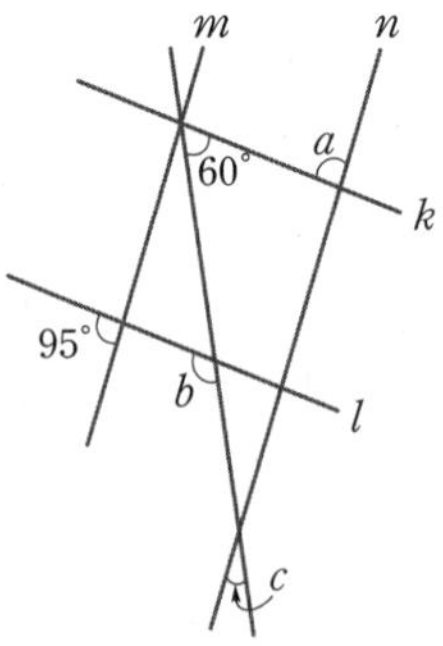

평행한 두 직선이 한 직선과 만날 때 동위각과 엇각의 크기는 각각 같다.

5 오른쪽 그림에서 $l /\!/ m$일 때, $\angle a + \angle b + \angle c + \angle d + \angle e$의 크기를 구하시오.

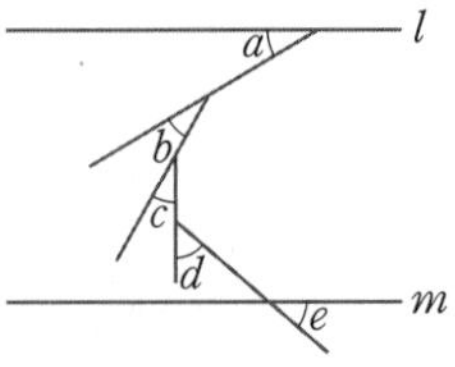

6 서술형

오른쪽 그림은 직육면체에서 삼각기둥을 잘라내어 만든 입체도형이다. 이 입체도형에서 모서리 EF와 평행한 모서리의 개수를 a, 수직인 면의 개수를 b라 할 때, $a+b$의 값을 구하기 위한 풀이 과정을 쓰고 답을 구하시오.

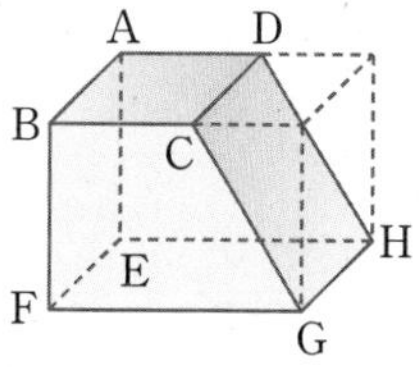

① 단계: 모서리 EF와 평행한 모서리의 개수 구하기

모서리 EF와 평행한 모서리는 ________________ 이므로

$a=$ ____

② 단계: 모서리 EF와 수직인 면의 개수 구하기

모서리 EF와 수직인 면은 ________________ 이므로

$b=$ ____

③ 단계: $a+b$의 값 구하기

$a+b=$ ______

► Check List
- 모서리 EF와 평행한 모서리를 모두 찾고 그 개수를 바르게 구하였는가?
- 모서리 EF와 수직인 면을 모두 찾고 그 개수를 바르게 구하였는가?
- $a+b$의 값을 바르게 구하였는가?

7 서술형

오른쪽 그림과 같이 선분 AB의 길이를 2 : 3으로 나누는 점을 P, 2 : 1로 나누는 점을 Q라 하자. 선분 PQ의 길이가 8 cm일 때, 선분 AB의 길이를 구하기 위한 풀이 과정을 쓰고 답을 구하시오.

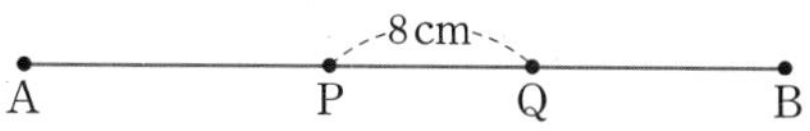

① 단계: $\overline{AB}$를 사용하여 $\overline{AP}$, $\overline{AQ}$의 길이 나타내기

② 단계: $\overline{AB}$를 사용하여 $\overline{PQ}$의 길이 나타내기

③ 단계: $\overline{AB}$의 길이 구하기

► Check List
- 선분 AP와 선분 AQ의 길이를 $\overline{AB}$를 사용하여 바르게 나타내었는가?
- 선분 PQ의 길이를 $\overline{AB}$를 사용하여 바르게 나타내었는가?
- 선분 AB의 길이를 바르게 구하였는가?

2 작도와 합동

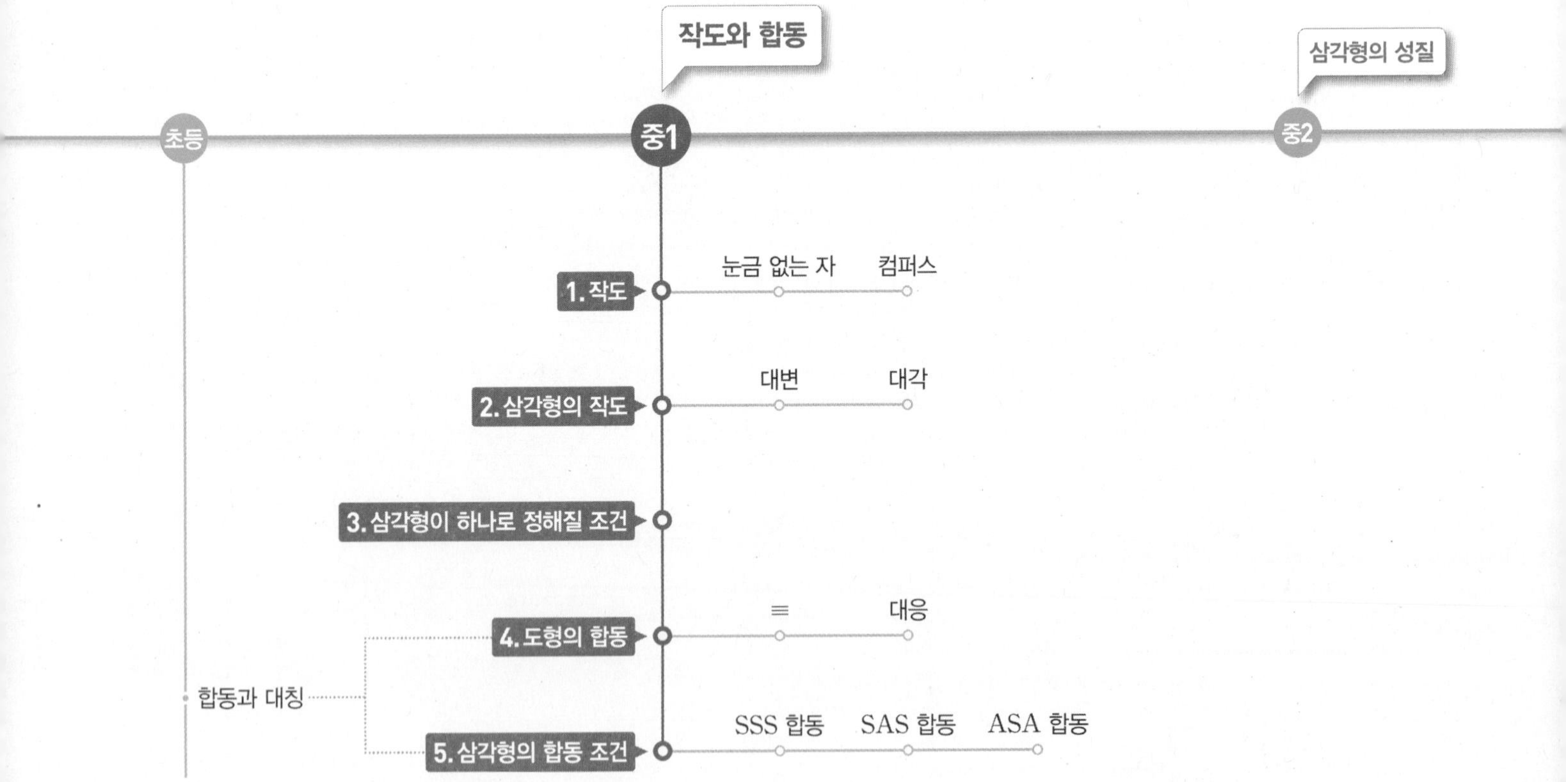
작도와 합동
삼각형의 성질
초등
중1
중2
1. 작도
눈금 없는 자
컴퍼스
2. 삼각형의 작도
대변
대각
3. 삼각형이 하나로 정해질 조건
4. 도형의 합동
≡
대응
합동과 대칭
5. 삼각형의 합동 조건
SSS 합동
SAS 합동
ASA 합동

삼각형을 단 하나의 모양과 크기로
결정하는 최소한의 조건

삼각형의 6 요소, 즉 세 변(SSS)과 세 각(AAA) 중에서

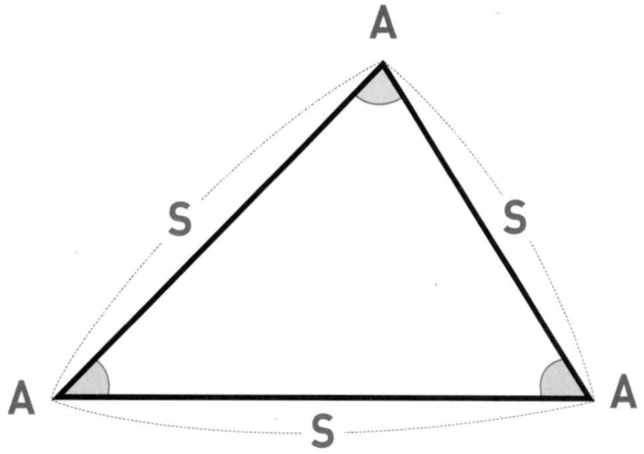

※ S는 변(Side), A는 각(Angle)

SSS

최소한,
세 변이 주어지면

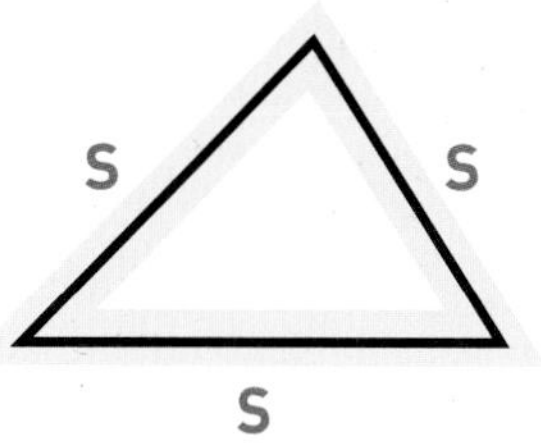

나머지 세 각이
저절로 정해져!

SAS

최소한,
두 변과 그 끼인각이 주어지면

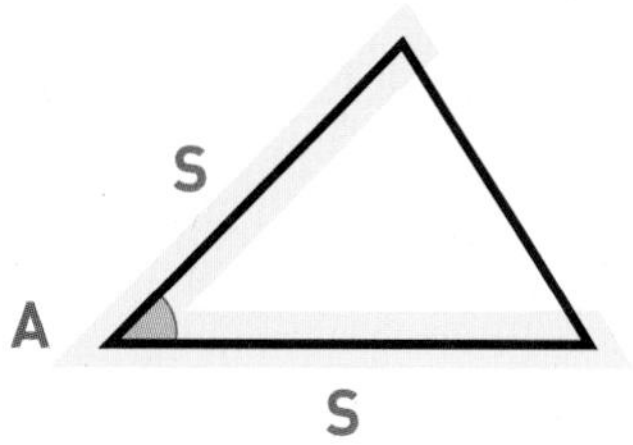

나머지 한 변과 두 각이
저절로 정해져!

ASA

최소한,
한 변과 그 양 끝 각이 주어지면

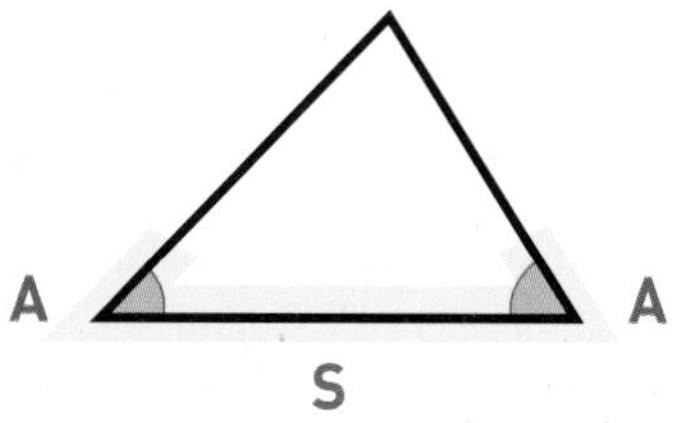

나머지 두 변과 한 각이
저절로 정해져!

삼각형은 단 하나의 모양과 크기를 갖는다!

1 작도

도형의 이해는 그리기부터!

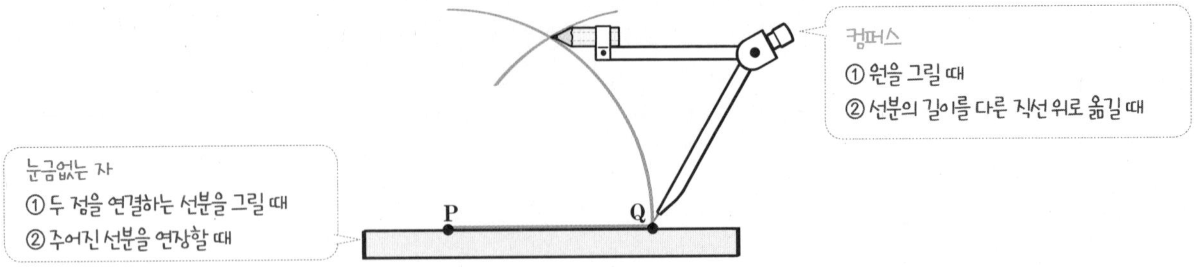

컴퍼스
① 원을 그릴 때
② 선분의 길이를 다른 직선 위로 옮길 때
눈금없는 자
① 두 점을 연결하는 선분을 그릴 때
② 주어진 선분을 연장할 때
P
Q

(1) **작도 :** 눈금 없는 자와 컴퍼스만을 사용하여 도형을 그리는 것

(2) **길이가 같은 선분의 작도**

오른쪽 그림의 선분 AB와 길이가 같은 선분 PQ는 다음과 같이 작도할 수 있다.

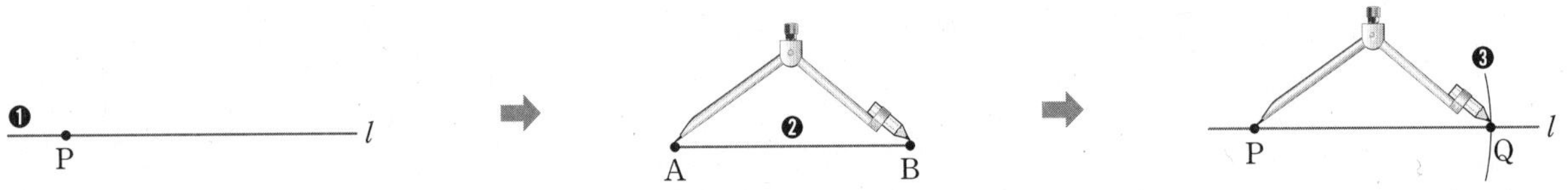

눈금 없는 자를 이용하여 직선 l을 긋고 직선 l 위에 한 점 P를 잡는다.

컴퍼스를 사용하여 $\overline{AB}$의 길이를 잰다.

점 P를 중심으로 하고 반지름의 길이가 $\overline{AB}$인 원을 그려 직선 l과의 교점을 Q라 하면 $\overline{PQ}$는 $\overline{AB}$와 길이가 같은 선분이다.

(3) **크기가 같은 각의 작도**

∠XOY와 크기가 같은 ∠DPQ는 다음과 같이 작도할 수 있다.

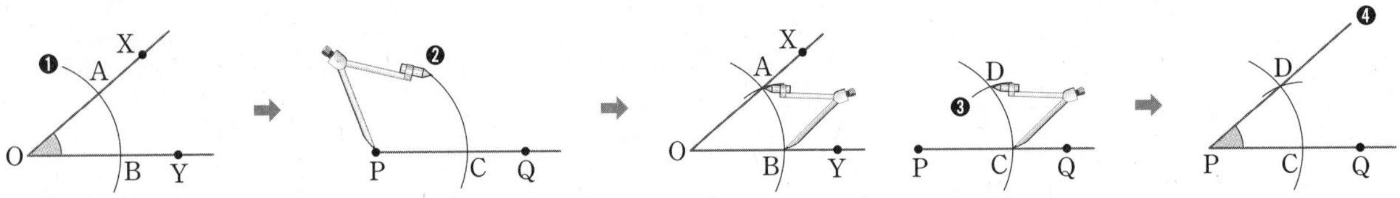

점 O를 중심으로 하는 원을 그려 $\overrightarrow{OX}$, $\overrightarrow{OY}$와의 교점을 각각 A, B라 한다.

점 P를 중심으로 하여 반지름의 길이가 $\overline{OA}$인 원을 그려 $\overrightarrow{PQ}$와 만나는 점을 C라 한다.

점 C를 중심으로 하고 반지름의 길이가 $\overline{AB}$인 원을 그려 ❷의 원과의 교점을 D라 한다.

$\overrightarrow{PD}$를 그으면 ∠DPQ는 ∠XOY와 크기가 같은 각이다.

개념확인

1. 아래 그림의 반직선 AB 위에 길이가 선분 AB의 2배가 되는 선분 AC를 작도하려고 한다. 이때 필요한 도구를 말하시오.

2. 아래 그림은 ∠O와 크기가 같은 각 ∠O′을 작도하는 과정이다. 다음 □ 안에 알맞은 것을 써넣으시오.

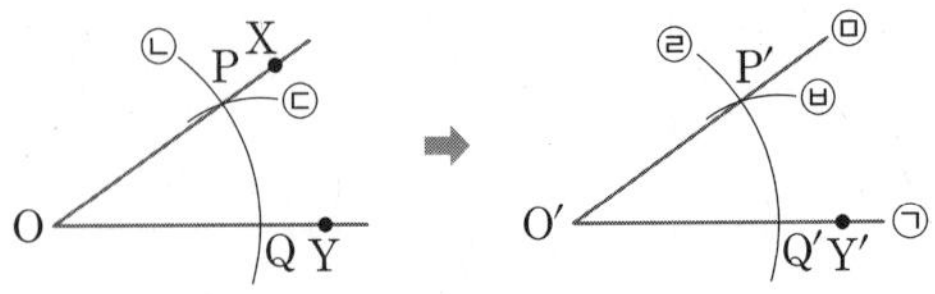

(1) 작도 순서는 □ → ㉡ → □ → □ → ㉥ → ㉤이다.

(2) $\overline{OP}$와 길이가 같은 선분은 □, □, $\overline{O'Q'}$이다.

길이가 같은 선분의 작도

1 **다음은 선분 AB와 길이가 같은 선분 PQ를 작도하는 과정이다. 작도 순서를 바르게 나열하시오.**

> ㉠ 원과 직선 l이 만나는 점을 Q라 한다.
> ㉡ 점 P를 지나는 직선 l을 그린다.
> ㉢ $\overline{AB}$의 길이를 잰 후, 점 P를 중심으로 하고 반지름의 길이가 $\overline{AB}$인 원을 그린다.

길이가 같은 선분의 작도
$\overline{AB}$의 길이는 컴퍼스로 재고, 직선 l은 눈금 없는 자로 그린다.

1-1 오른쪽 그림은 한 변의 길이가 a인 정삼각형을 작도하는 과정이다. 작도 순서를 바르게 나열하시오.

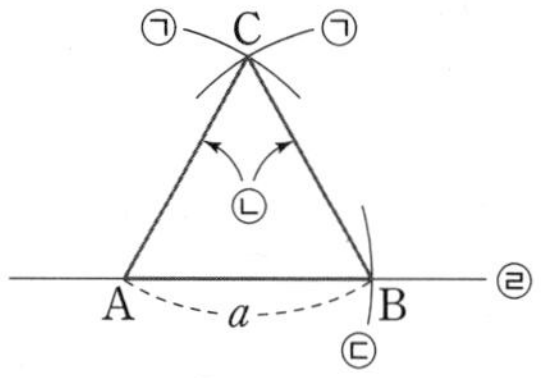

평행선의 작도

2 **오른쪽 그림은 직선 l 밖의 한 점 P를 지나고 직선 l에 평행한 직선을 작도한 것이다. 다음 중 옳지 않은 것은?**

① $\overline{CP}=\overline{QB}$ ② $\overline{CD}=\overline{PD}$
③ $\overleftrightarrow{PD} /\!/ \overleftrightarrow{QB}$ ④ $\angle CPD=\angle AQB$
⑤ ㉣ → ㉠ → ㉢ → ㉥ → ㉤ → ㉡의 순서로 작도한다.

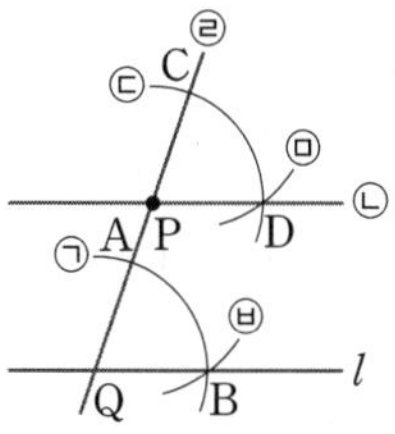

평행선의 작도
동위각의 크기가 같으면 두 직선은 서로 평행하다는 성질을 이용하여 작도할 수 있다.

2-1 오른쪽 그림은 직선 l 밖의 한 점 P를 지나고 직선 l에 평행한 직선을 작도한 것이다. 다음 중 작도 순서를 바르게 나열한 것은?

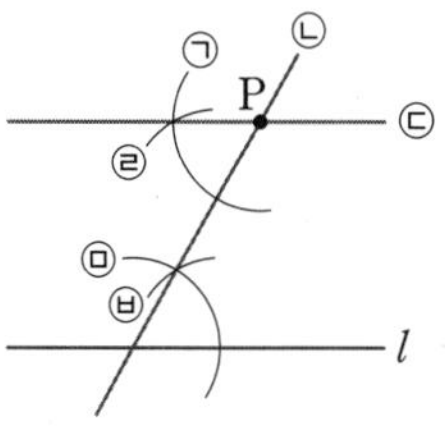

① ㉠ → ㉡ → ㉤ → ㉥ → ㉣ → ㉢
② ㉠ → ㉣ → ㉡ → ㉥ → ㉤ → ㉢
③ ㉡ → ㉣ → ㉥ → ㉠ → ㉤ → ㉢
④ ㉡ → ㉤ → ㉠ → ㉥ → ㉣ → ㉢
⑤ ㉡ → ㉤ → ㉣ → ㉥ → ㉠ → ㉢

2 삼각형의 작도

도형의 그리기는 삼각형부터!

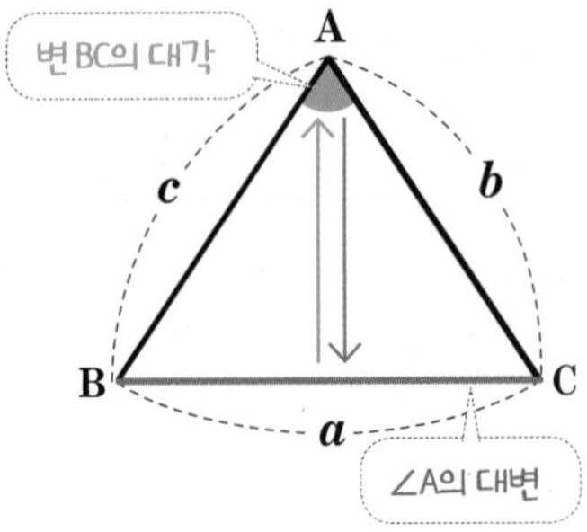

△ABC에서 ∠A와 마주 보는 변 BC를 ∠A의 대변, ∠A를 변 BC의 대각이라고 한다.

세 꼭짓점이 A, B, C인 삼각형을 기호로 △ABC와 같이 나타낸다.

➡ △ABC

참고 일반적으로 ∠A, ∠B, ∠C의 대변의 길이를 각각 a, b, c로 나타낸다.

(1) 삼각형의 세 변의 길이 사이의 관계

삼각형에서 두 변의 길이의 합은 나머지 한 변의 길이보다 크다. ➡ $a+b>c$, $a+c>b$, $b+c>a$

(2) 삼각형의 작도

다음과 같은 조건이 주어질 때, 각각의 삼각형을 작도할 수 있다.

① 세 변의 길이가 주어질 때 ➡ 단, (가장 긴 변의 길이) < (나머지 두 변의 길이의 합)

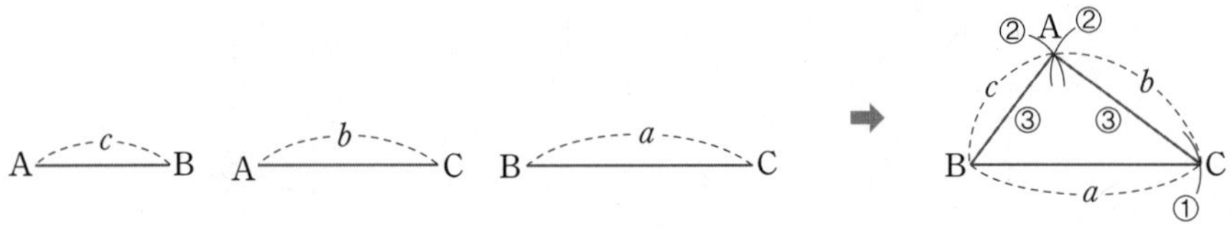

② 두 변의 길이와 그 끼인각의 크기가 주어질 때 ➡ 단, 주어진 두 변의 끼인각이 주어져야 한다.

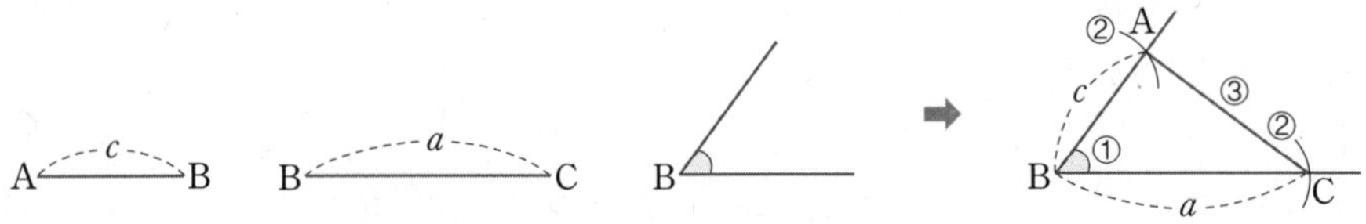

③ 한 변의 길이와 그 양 끝 각의 크기가 주어질 때 ➡ 단, 주어진 양 끝 각의 합이 180° 미만이어야 한다.

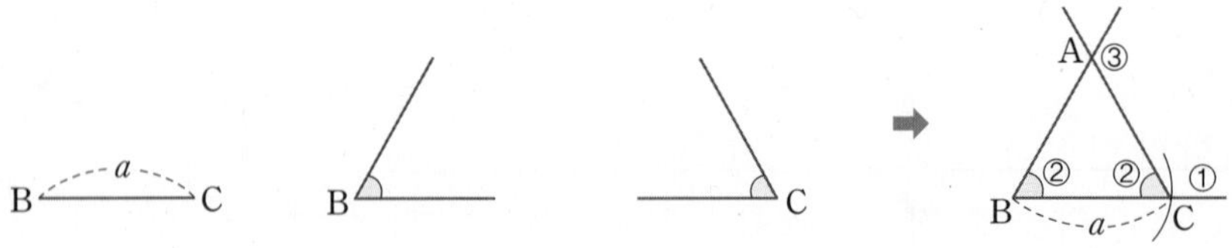

개념확인

1. 오른쪽 그림의 △ABC에서 다음을 구하시오.

(1) $\overline{AC}$의 대각
(2) ∠C의 대변
(3) $\overline{AB}$의 대각
(4) ∠B의 대변

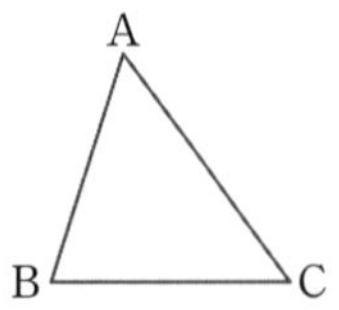

2. 세 변의 길이가 다음과 같을 때, 삼각형을 만들 수 있으면 ○표를, 만들 수 없으면 ×표를 ( ) 안에 써넣으시오.

(1) 2 cm, 3 cm, 5 cm ( )
(2) 4 cm, 4 cm, 4 cm ( )
(3) 2 cm, 7 cm, 10 cm ( )
(4) 4 cm, 5 cm, 8 cm ( )

삼각형의 대각과 대변

1 **오른쪽 그림과 같은 △ABC에서 ∠B의 대변의 길이와 변 AB의 대각을 차례로 구하시오.**

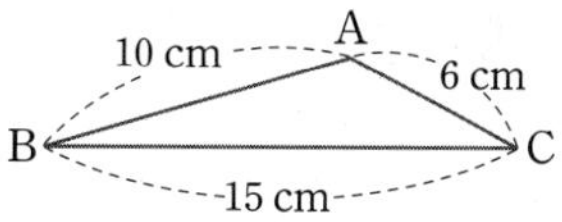

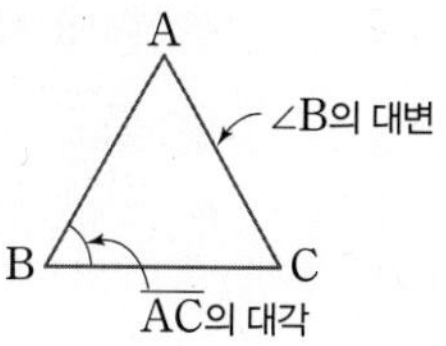

1-1 오른쪽 그림의 삼각형 PQR에 대한 다음 설명 중 옳지 <u>않은</u> 것은?

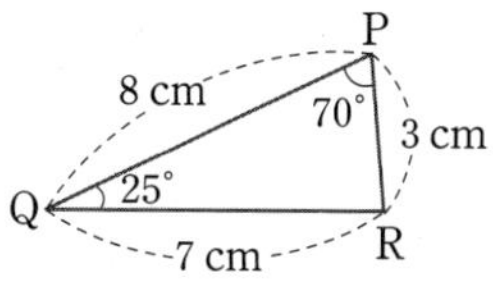

① 삼각형 PQR를 기호로 나타내면 △PQR이다.
② $\overline{PR}$의 대각은 ∠Q이다.
③ ∠P의 대변은 $\overline{QR}$이다.
④ ∠R의 대변의 길이는 8 cm이다.
⑤ $\overline{QR}$의 대각의 크기는 85°이다.

삼각형이 될 수 있는 조건

2 **세 변의 길이가 다음과 같이 주어졌을 때, 삼각형을 작도할 수 <u>없는</u> 것은?**

① 4 cm, 5 cm, 6 cm
② 3 cm, 3 cm, 3 cm
③ 7 cm, 2 cm, 12 cm
④ 2 cm, 4 cm, 5 cm
⑤ 1 cm, 5 cm, 5 cm

삼각형에서 세 변의 길이 사이의 관계
(두 변의 길이의 합)
>(나머지 한 변의 길이)
즉, (가장 긴 변의 길이)
<(나머지 두 변의 길이의 합)

2-1 길이가 각각 2, 4, 5, 6인 네 개의 선분이 주어졌을 때, 이 중에서 세 개의 선분을 선택하여 작도할 수 있는 삼각형은 몇 개인지 구하시오.

익힘북 27쪽 | 정답과 풀이 11쪽

삼각형에서 미지수의 범위

3 **삼각형의 세 변의 길이가 4 cm, 7 cm, x cm일 때, x의 값이 될 수 있는 자연수의 개수를 구하시오.**

세 변의 길이 중 미지수 x가 있을 때
(i) x가 가장 긴 변의 길이인 경우
(ii) x가 가장 긴 변의 길이가 아닌 경우
로 나누어서 x의 값의 범위를 각각 구한 후, 공통인 자연수 x의 값의 개수를 구한다.

3-1 삼각형의 세 변의 길이가 각각 5 cm, 11 cm, x cm일 때, 다음 중 x의 값이 될 수 <u>없는</u> 자연수는?

① 6　② 8　③ 10
④ 12　⑤ 13

삼각형의 작도

4 **다음은 두 변의 길이와 그 끼인각의 크기가 주어졌을 때, $\overline{BC}$를 밑변으로 하는 △ABC의 작도 과정을 나타낸 것이다. 작도 순서를 바르게 나열하시오.**
(단, ∠B를 가장 먼저 작도한다.)

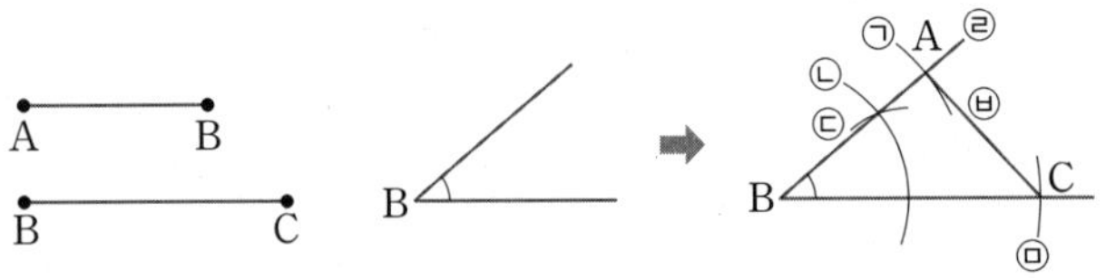

다음 각 경우에 삼각형을 작도할 수 있다.
① 세 변의 길이가 주어질 때
② 두 변의 길이와 그 끼인각의 크기가 주어질 때
③ 한 변의 길이와 그 양 끝 각의 크기가 주어질 때

4-1 오른쪽 그림과 같이 $\overline{AB}$의 길이와 그 양 끝 각 ∠A, ∠B의 크기가 주어졌을 때, 다음 중 △ABC의 작도 순서로 옳지 <u>않은</u> 것을 모두 고르면? (정답 2개)

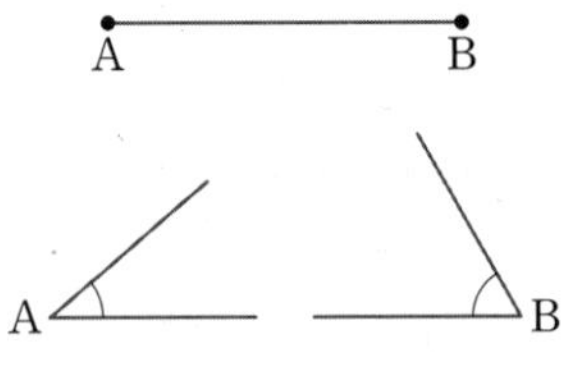

① ∠A → ∠B → $\overline{AB}$　② ∠A → $\overline{AB}$ → ∠B
③ $\overline{AB}$ → ∠B → ∠A　④ $\overline{AB}$ → ∠A → ∠B
⑤ ∠B → ∠A → $\overline{AB}$

3 삼각형이 하나로 정해질 조건

모양과 크기가 정해진 삼각형!

❶ 세 변의 길이가 주어질 때

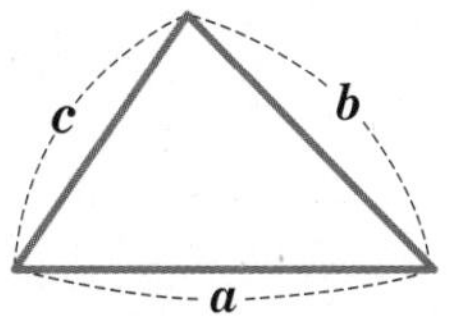

❷ 두 변의 길이와 그 끼인각의 크기가 주어질 때

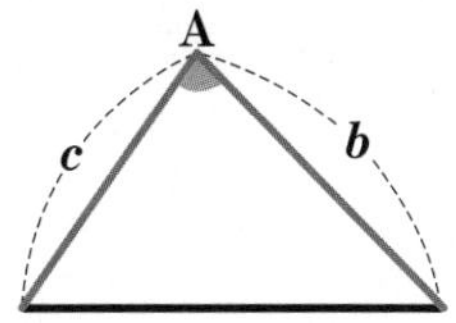

❸ 한 변의 길이와 그 양 끝각의 크기가 주어질 때

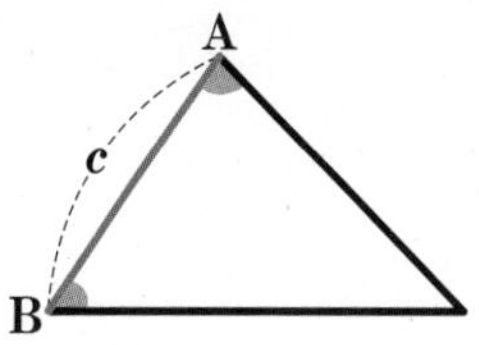

삼각형이 하나로 정해지지 않는 경우

다음과 같은 경우에 삼각형이 하나로 정해지지 않는다.

① 가장 긴 변의 길이가 나머지 두 변의 길이의 합보다 크거나 같을 때 ➡ 삼각형이 그려지지 않는다.

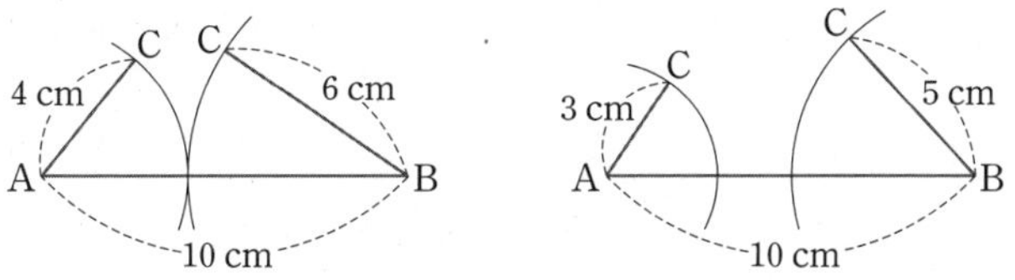

② 두 변의 길이와 그 끼인각이 아닌 다른 한 각의 크기가 주어질 때

➡ 삼각형이 그려지지 않거나, 1개 또는 2개로 그려진다.

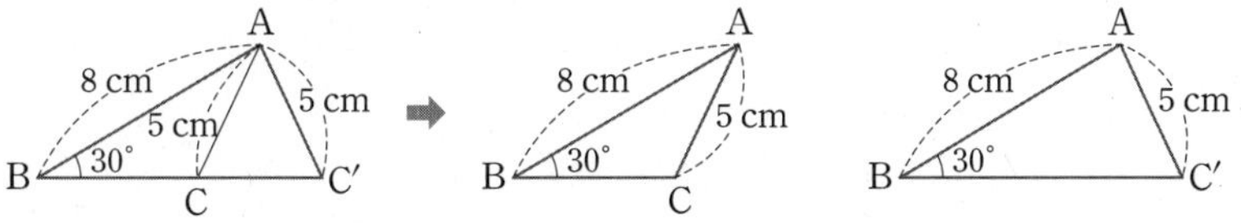

③ 세 각의 크기가 주어질 때 ➡ 모양은 같고 크기가 다른 무수히 많은 삼각형이 그려진다.

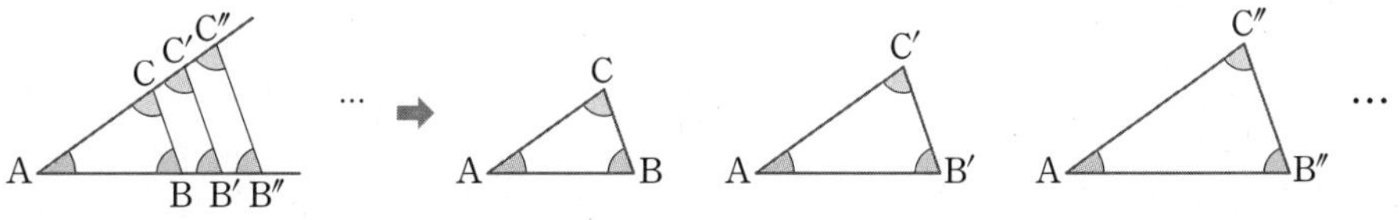

✓ 개념확인

1. 다음과 같은 조건이 주어질 때, △ABC가 하나로 정해지면 ○표를, 하나로 정해지지 않으면 ×표를 (　　) 안에 써넣으시오.

(1) $\overline{AB}=6$, $\overline{BC}=9$, $\overline{CA}=3$ (　　)

(2) $\overline{BC}=5$, $\angle A=40°$, $\angle B=50°$ (　　)

(3) $\overline{AB}=4$, $\overline{BC}=6$, $\angle C=40°$ (　　)

(4) $\angle A=45°$, $\angle B=45°$, $\angle C=90°$ (　　)

2. 다음 중 $\overline{AB}$의 길이가 주어졌을 때, △ABC가 하나로 정해지기 위해 필요한 조건을 모두 고르면? (정답 2개)

① $\overline{BC}$와 $\overline{CA}$
② $\overline{AC}$와 $\angle B$
③ $\overline{AC}$와 $\angle C$
④ $\overline{BC}$와 $\angle A$
⑤ $\angle A$와 $\angle B$

삼각형이 하나로 정해지는 경우

1 **다음 중 $\triangle ABC$가 하나로 정해지는 것을 모두 고르면? (정답 2개)**

① $\overline{AB}=7$, $\overline{AC}=4$, $\angle A=45°$
② $\overline{BC}=5$, $\angle B=120°$, $\angle C=60°$
③ $\angle A=50°$, $\angle B=75°$, $\angle C=55°$
④ $\angle A=70°$, $\angle B=88°$, $\overline{BC}=4$
⑤ $\overline{AB}=9$, $\overline{BC}=8$, $\overline{AC}=20$

한 변의 길이와 그 양 끝 각의 크기가 주어지더라도 양 끝 각의 크기의 합이 180°보다 크거나 같으면 삼각형이 그려지지 않는다.

1-1 다음과 같은 조건에서 $\overline{BC}$의 길이가 주어질 때, $\triangle ABC$가 하나로 정해지는 것을 모두 고르면? (정답 2개)

① $\overline{AB}=7\text{ cm}$, $\angle A=40°$
② $\angle A=50°$, $\angle B=60°$
③ $\angle A=90°$인 직각삼각형
④ $\overline{AC}=5\text{ cm}$, $\angle C=70°$
⑤ $\overline{BC}$를 밑변으로 하는 이등변삼각형

삼각형이 하나로 정해지지 않는 경우

2 **다음 중 $\triangle ABC$가 하나로 정해지지 않는 것을 모두 고르면? (정답 2개)**

① $\overline{AB}=9\text{ cm}$, $\overline{BC}=7\text{ cm}$, $\angle B=110°$
② $\overline{AB}=8\text{ cm}$, $\overline{BC}=12\text{ cm}$, $\overline{AC}=21\text{ cm}$
③ $\overline{AB}=9\text{ cm}$, $\angle C=50°$, $\angle B=70°$
④ $\angle A=70°$, $\angle B=90°$, $\overline{AB}=4\text{ cm}$
⑤ $\overline{AB}=7\text{ cm}$, $\overline{BC}=6\text{ cm}$, $\angle A=30°$

다음과 같은 경우에는 삼각형이 하나로 정해지지 않는다.
① 두 변의 길이의 합이 나머지 한 변의 길이보다 작거나 같은 경우
② 두 변의 길이와 그 끼인 각이 아닌 다른 한 각의 크기가 주어진 경우
③ 세 각의 크기가 주어진 경우

2-1 오른쪽 그림의 $\triangle ABC$에서 $\angle B$의 크기가 주어졌을 때, 다음과 같은 조건에서 $\triangle ABC$가 하나로 정해지지 않는 것을 모두 고르시오.

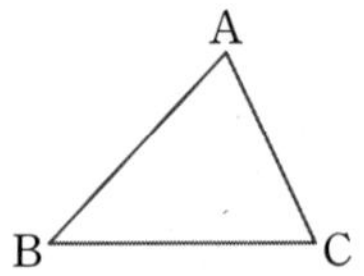

조건

ㄱ. $\overline{AC}$와 $\angle C$
ㄴ. $\angle A$와 $\angle C$
ㄷ. $\overline{AB}$와 $\overline{BC}$
ㄹ. $\overline{AB}$와 $\overline{AC}$

4 도형의 합동

모양과 크기가 똑같은 삼각형!

합동인 도형을 기호로 나타낼 때는 반드시 대응하는 꼭짓점의 순서로 써야해!

$$\triangle ABC \equiv \triangle DEF$$

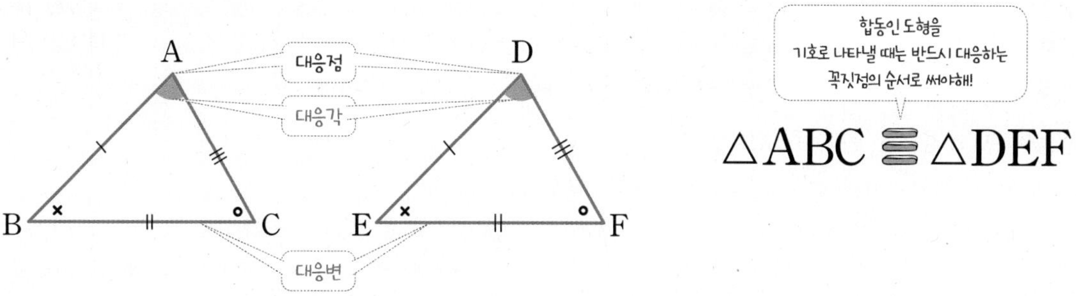

(1) 합동: 모양과 크기가 같아서 포개었을 때 완전히 겹쳐지는 두 도형을 서로 합동이라 하고, 기호 ≡로 나타낸다.

(2) 대응: 합동인 두 도형에서 서로 포개어지는 꼭짓점과 꼭짓점, 변과 변, 각과 각을 서로 대응한다고 한다.

(3) 합동인 도형의 성질

① 대응하는 변의 길이는 서로 같다.

② 대응하는 각의 크기는 서로 같다.

주의 모양이 같아도 크기가 다르면 합동이 아니다. 넓이가 같아도 모양이 다르면 합동이 아니다.

참고 $-$, $=$, \equiv의 차이

① $\triangle ABC - \triangle DEF$ ➡ ($\triangle ABC$의 넓이)$-$($\triangle DEF$의 넓이)

② $\triangle ABC = \triangle DEF$ ➡ ($\triangle ABC$의 넓이)$=$($\triangle DEF$의 넓이)

③ $\triangle ABC \equiv \triangle DEF$ ➡ $\triangle ABC$와 $\triangle DEF$가 합동

✅ 개념확인

1. 오른쪽 그림의 △ABC와 △DEF가 서로 합동일 때, 다음을 구하시오.

 (1) \overline{BC}에 대응하는 변

 (2) ∠D에 대응하는 각

 (3) 점 C에 대응하는 점

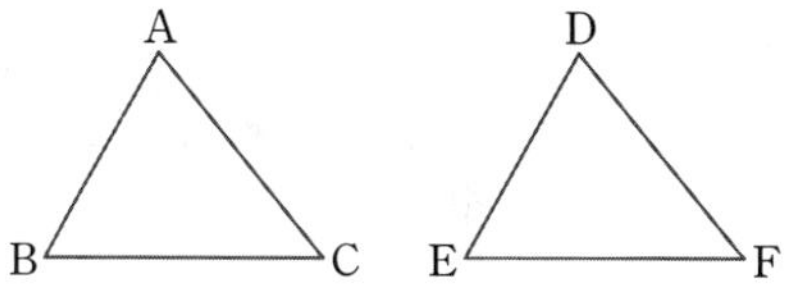

2. 오른쪽 그림에서 사각형 ABCD와 사각형 EFGH가 서로 합동일 때, 다음을 구하시오.

 (1) ∠G의 크기

 (2) \overline{EF}의 길이

 (3) ∠A의 크기

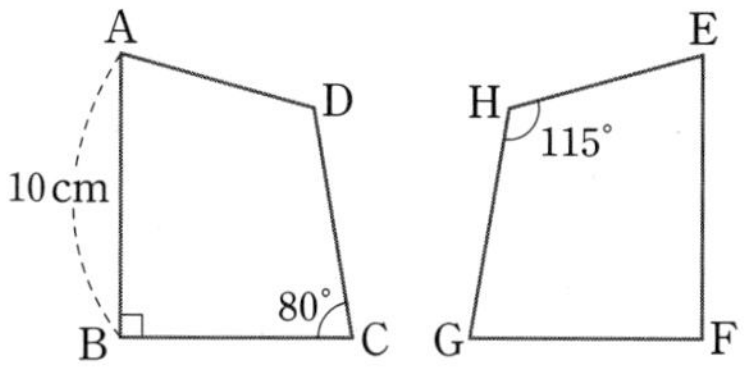

도형의 합동

1 **합동인 두 도형에 대한 다음 설명 중 옳지 않은 것은?**

① 넓이가 서로 같다.
② 대응하는 각의 크기는 서로 같다.
③ 대응하는 변의 길이는 서로 같다.
④ 두 도형 P, Q가 서로 합동일 때, 기호 $P=Q$로 나타낸다.
⑤ 한 도형을 모양이나 크기를 바꾸지 않고 옮겨서 다른 도형에 완전히 포갤 수 있다.

합동인 두 도형의 넓이는 항상 같지만 두 도형의 넓이가 같다고 해서 합동인 것은 아니다.

1-1 다음 **보기**에서 항상 합동인 도형이 아닌 것을 모두 고르시오.

보기
ㄱ. 넓이가 같은 두 원
ㄴ. 넓이가 같은 두 삼각형
ㄷ. 넓이가 같은 두 정사각형
ㄹ. 반지름의 길이가 같은 두 원
ㅁ. 둘레의 길이가 같은 두 사각형

합동인 도형의 성질

2 **오른쪽 그림에서 $\triangle ABC \equiv \triangle DEF$일 때, 다음 중 옳지 않은 것은?**

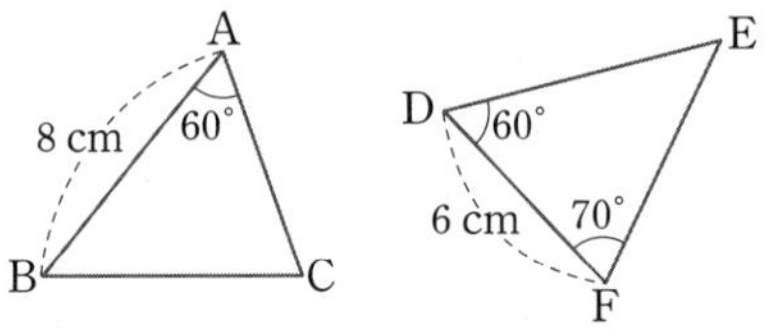

① $\overline{DE}=8$ cm
② $\overline{AC}=6$ cm
③ $\angle B=70°$
④ $\overline{BC}$의 대응변은 $\overline{EF}$이다.
⑤ $\angle F$의 대응각은 $\angle C$이다.

$\triangle ABC \equiv \triangle DEF$일 때
① $\overline{AB}=\overline{DE}$, $\overline{BC}=\overline{EF}$, $\overline{AC}=\overline{DF}$
② $\angle A=\angle D$, $\angle B=\angle E$, $\angle C=\angle F$

2-1 오른쪽 그림에서 $\triangle ABC \equiv \triangle DEF$일 때, $\overline{EF}$의 길이와 $\angle F$의 크기를 차례로 구한 것은?

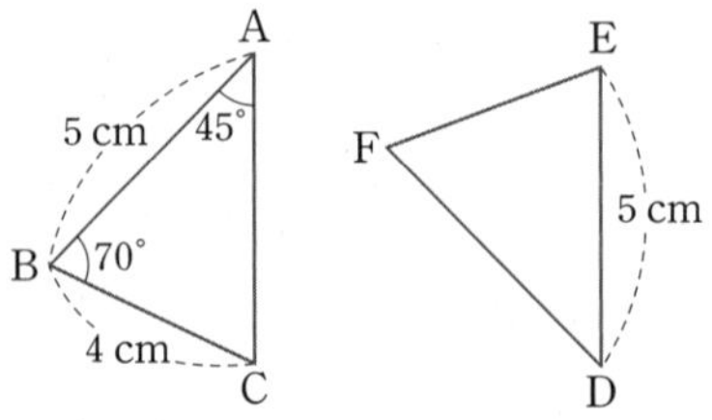

① 4 cm, 45°
② 4 cm, 65°
③ 4 cm, 75°
④ 5 cm, 45°
⑤ 5 cm, 65°

5 삼각형의 합동 조건

삼각형이 합동이려면!

두 삼각형은 다음 각 경우에 서로 합동이다.

(1) 대응하는 세 변의 길이가 각각 같을 때(SSS 합동)

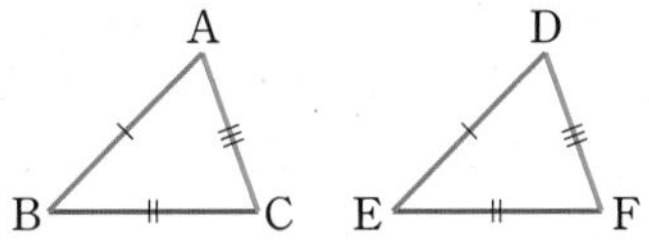

$\overline{AB}=\overline{DE}$, $\overline{BC}=\overline{EF}$, $\overline{CA}=\overline{FD}$

S S S

(2) 대응하는 두 변의 길이가 각각 같고, 그 끼인각의 크기가 같을 때(SAS 합동)

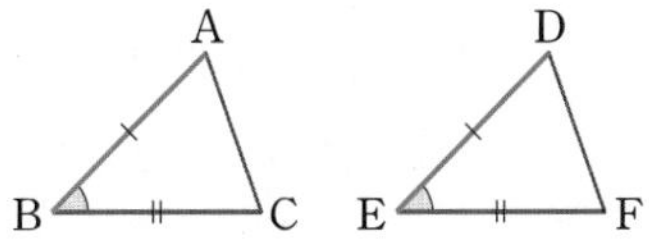

$\overline{AB}=\overline{DE}$, $\angle B=\angle E$, $\overline{BC}=\overline{EF}$

S A S

(3) 대응하는 한 변의 길이가 같고, 그 양 끝 각의 크기가 각각 같을 때(ASA 합동)

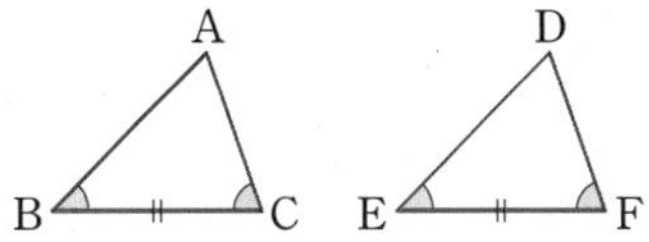

$\angle B=\angle E$, $\overline{BC}=\overline{EF}$, $\angle C=\angle F$

A S A

참고 S는 변(Side), A는 각(Angle)을 뜻한다.

삼각형이 하나로 정해질 조건은 삼각형의 합동 조건과 같아.

삼각형이 하나로 정해질 조건은 삼각형이 유일하게 결정되는 조건을 말하고, 삼각형의 합동 조건은 두 개 이상의 삼각형이 완전히 포개어질 조건을 말해. 완전히 포개어진다는 것은 사실 하나의 삼각형이라는 의미야.

예를 들어, 세 변의 길이가 a, b, c로 주어진 삼각형을 작도하면 삼각형이 하나로 정해질 조건에 의해 서로 다른 사람이 작도하거나 몇 번을 다시 작도해도 하나의 똑같은 삼각형이 그려져. 따라서 같은 조건에 의해 그려진 삼각형은 모두 합동이야. 결국 삼각형이 하나로 정해질 조건이 곧 삼각형의 합동 조건과 같아!

삼각형이 하나로 정해질 조건		삼각형의 합동 조건
• 세 변의 길이가 주어져 있다. • 두 변의 길이와 그 끼인각의 크기가 주어져 있다. • 한 변의 길이와 그 양 끝 각의 크기가 주어져 있다.	=	• 세 대응변의 길이가 각각 같다. • 두 대응변의 길이가 각각 같고, 그 끼인각의 크기가 같다. • 한 대응변의 길이가 같고, 그 양 끝 각의 크기가 각각 같다.

개념확인

1. 다음 **보기**의 삼각형 중에서 서로 합동인 것을 찾아 기호로 나타내고, 그 합동 조건을 말하시오.

보기

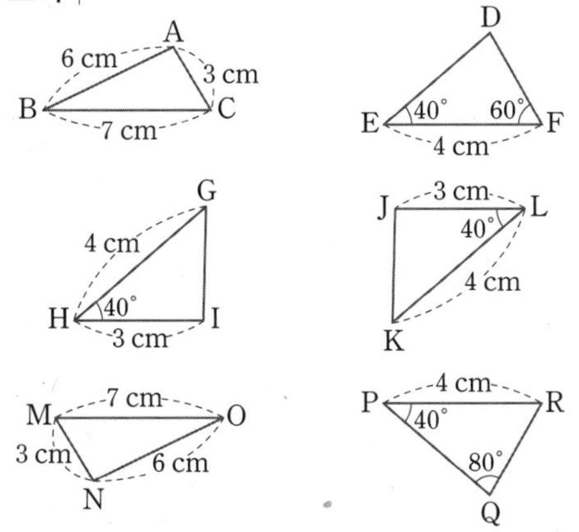

2. 아래 그림의 △ABC와 △DEF가 다음 조건에서 합동이면 ○표를, 합동이 아니면 ×표를 (　) 안에 써넣으시오.

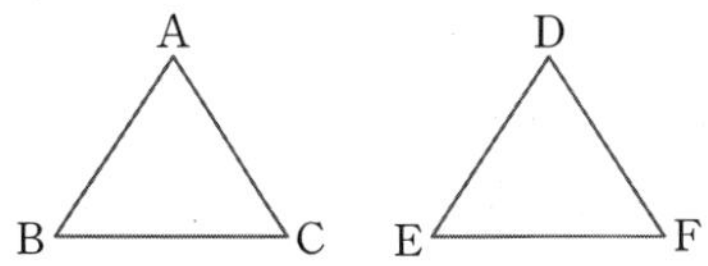

(1) $\angle A=\angle D$, $\angle B=\angle E$, $\overline{AB}=\overline{DE}$ (　)

(2) $\angle A=\angle D$, $\angle C=\angle F$, $\overline{BC}=\overline{EF}$ (　)

(3) $\angle B=\angle E$, $\overline{BC}=\overline{EF}$, $\overline{CA}=\overline{FD}$ (　)

(4) $\overline{AB}=\overline{DE}$, $\overline{BC}=\overline{EF}$, $\overline{AC}=\overline{DF}$ (　)

두 삼각형이 합동일 조건

1 **다음 중 $\triangle ABC \equiv \triangle DEF$가 되는 조건이 아닌 것은?**

① $\overline{AB}=\overline{DE}$, $\overline{BC}=\overline{EF}$, $\overline{AC}=\overline{DF}$
② $\overline{AB}=\overline{DE}$, $\angle A=\angle D$, $\angle C=\angle F$
③ $\overline{AB}=\overline{DE}$, $\overline{BC}=\overline{EF}$, $\angle B=\angle E$
④ $\angle A=\angle D$, $\overline{AC}=\overline{DF}$, $\overline{BC}=\overline{EF}$
⑤ $\overline{BC}=\overline{EF}$, $\angle B=\angle E$, $\angle C=\angle F$

두 개의 삼각형을 그린 후, 각 조건을 그림에 표시하여 합동 조건을 만족하는지 확인한다.

1-1 $\triangle ABC$와 $\triangle DEF$에서 $\overline{AB}=\overline{DE}$, $\angle A=\angle D$일 때, 다음 **보기**에서 $\triangle ABC \equiv \triangle DEF$가 되는 조건을 모두 고르시오.

보기

ㄱ. $\overline{AC}=\overline{DF}$	ㄴ. $\overline{AC}=\overline{EF}$	ㄷ. $\overline{BC}=\overline{EF}$
ㄹ. $\angle B=\angle E$	ㅁ. $\angle C=\angle E$	ㅂ. $\angle C=\angle F$

삼각형의 합동 조건 (1) – SSS 합동

2 **오른쪽 그림과 같은 사각형 ABCD에서 $\overline{AB}=\overline{AD}$, $\overline{BC}=\overline{DC}$일 때, $\triangle ABC \equiv \triangle ADC$가 되는 삼각형의 합동 조건을 말하시오.**

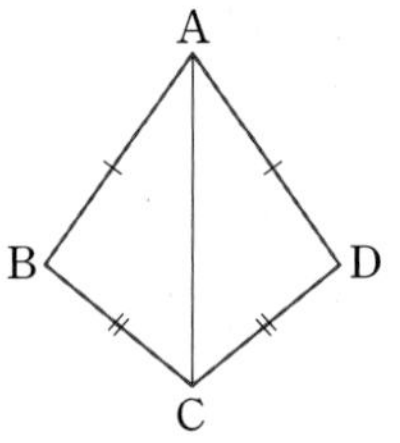

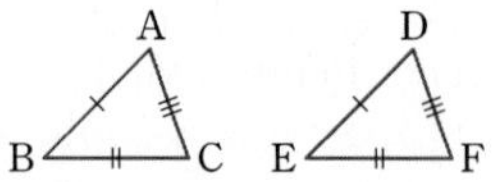

$\overline{AB}=\overline{DE}$, $\overline{BC}=\overline{EF}$, $\overline{CA}=\overline{FD}$이면
$\triangle ABC \equiv \triangle DEF$ (SSS 합동)

2-1 오른쪽 그림과 같이 $\overline{AB}=\overline{DC}=5$ cm, $\overline{AD}=\overline{BC}=7$ cm인 사각형 ABCD에서 $\triangle ABC \equiv \triangle CDA$가 되는 삼각형의 합동 조건을 말하시오.

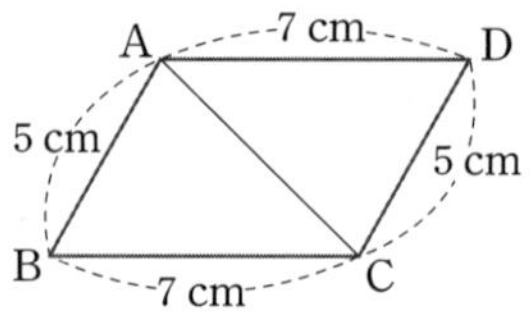

삼각형의 합동 조건 (2) – SAS 합동

3 **오른쪽 그림에서 $\overline{AE}=\overline{DC}$, $\overline{BE}=\overline{BC}$일 때, 다음 보기 중 △ABC와 △DBE가 SAS 합동임을 설명하는 과정에서 필요한 조건을 모두 고르시오.**

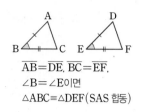

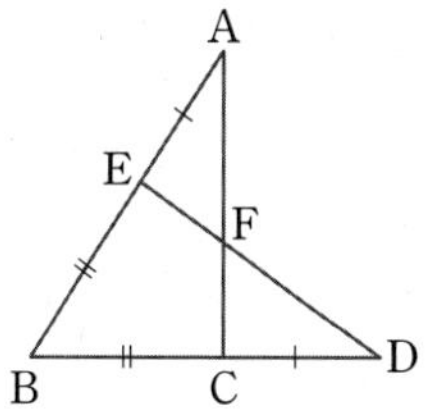

보기

ㄱ. $\overline{AB}=\overline{DB}$　ㄴ. $\overline{AF}=\overline{DF}$　ㄷ. ∠B는 공통
ㄹ. ∠A=∠D　ㅁ. $\overline{BC}=\overline{BE}$　ㅂ. $\overline{AC}=\overline{DE}$

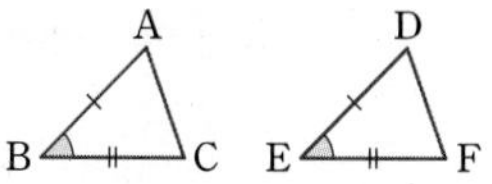

$\overline{AB}=\overline{DE}$, $\overline{BC}=\overline{EF}$, ∠B=∠E이면 △ABC≡△DEF(SAS 합동)

3-1 오른쪽 그림과 같은 정사각형 ABCD에서 $\overline{BE}=\overline{CF}$일 때, 합동인 두 삼각형을 찾아 합동 기호를 사용하여 나타내고, 합동 조건을 말하시오.

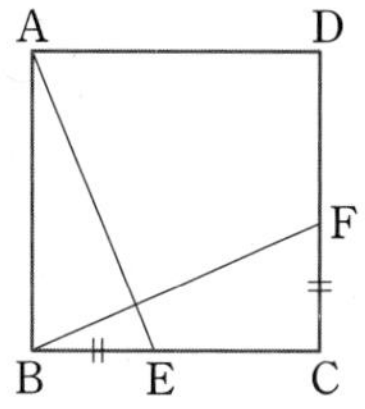

3-2 오른쪽 그림에서 △ABC는 정삼각형이다. $\overline{AD}=\overline{BE}=\overline{CF}$일 때, △DEF는 어떤 삼각형인지 구하시오.

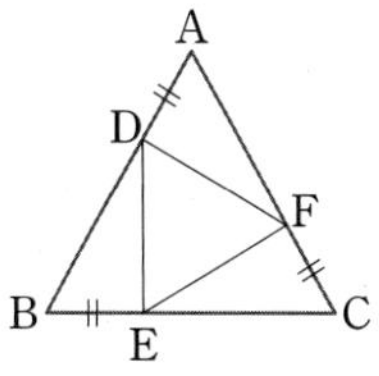

삼각형의 합동 조건 (3) – ASA 합동

4 **오른쪽 그림에서 $\overline{BC}=\overline{DE}$, $\angle C=\angle E$일 때, $\triangle ABC \equiv \triangle ADE$가 되는 삼각형의 합동 조건을 말하시오.**

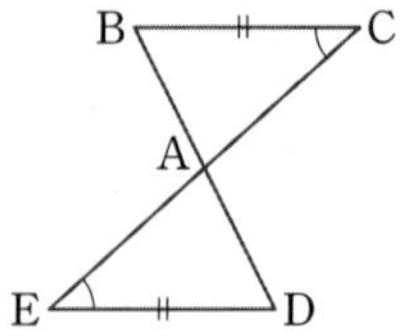

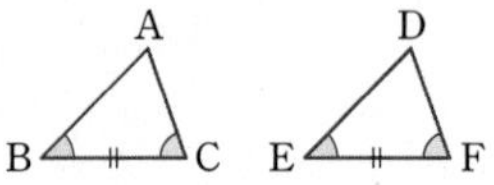

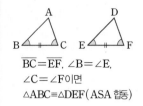

$\overline{BC}=\overline{EF}$, $\angle B=\angle E$, $\angle C=\angle F$이면 $\triangle ABC \equiv \triangle DEF$(ASA 합동)

4-1 오른쪽 그림과 같이 $\angle XOY$의 이등분선 위의 한 점 P에서 $\overrightarrow{OX}$, $\overrightarrow{OY}$에 내린 수선의 발을 각각 A, B라 할 때, $\triangle AOP \equiv \triangle BOP$가 되는 삼각형의 합동 조건을 말하시오.

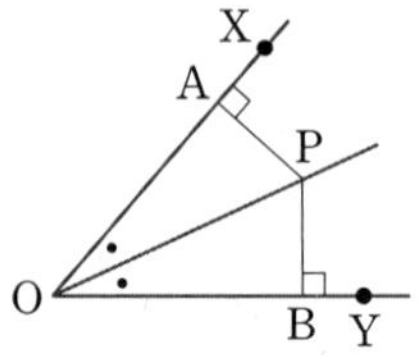

4-2 오른쪽 그림에서 $\overline{AB}=4$ cm, $\overline{AC}=2$ cm이고 $\angle BAD=\angle BCD=80°$, $\angle CAD=\angle ACB=40°$일 때, $\overline{CD}$의 길이를 구하시오.

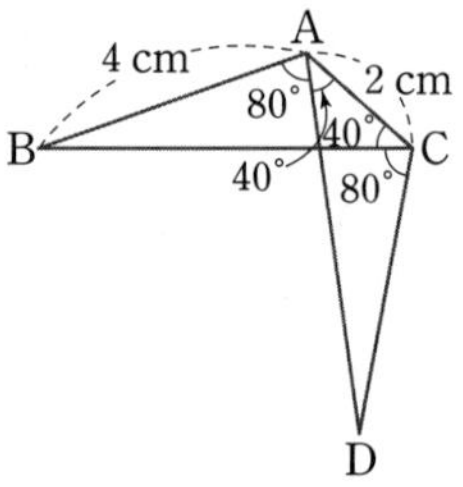

기본 문제

1 길이가 같은 선분의 작도

작도에 대한 다음 설명 중 옳지 않은 것은?

① 선분을 연장할 때 눈금 없는 자를 사용한다.
② 원을 그릴 때 컴퍼스를 사용한다.
③ 작도를 할 때 각도기를 사용하여 정확한 각도를 잰다.
④ 작도할 때에는 눈금 없는 자와 컴퍼스만을 사용한다.
⑤ 주어진 선분의 길이를 다른 직선에 옮길 때 컴퍼스를 사용한다.

2 크기가 같은 각의 작도

아래 그림은 $\angle XOY$와 크기가 같은 각을 $\overrightarrow{O'Y'}$을 한 변으로 하여 작도한 것이다. 다음 중 옳지 않은 것은?

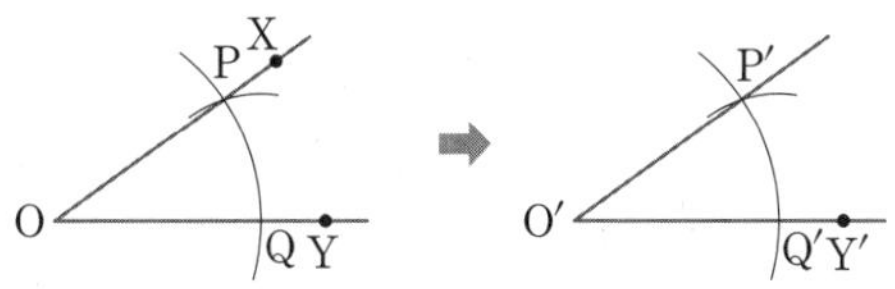

① $\overline{OP}=\overline{O'Q'}$　② $\overline{PQ}=\overline{P'Q'}$
③ $\overline{OQ}=\overline{O'P'}$　④ $\angle OPQ=\angle Q'O'P'$
⑤ $\angle POQ=\angle P'O'Q'$

3 평행선의 작도

오른쪽 그림은 점 P를 지나고 $\overleftrightarrow{AB}$에 평행한 직선을 작도한 것이다. 다음 중 나머지 넷과 길이가 다른 하나는?

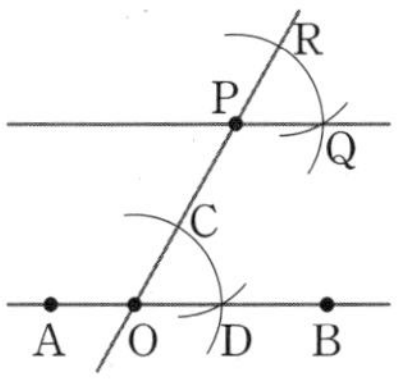

① $\overline{OC}$　② $\overline{OD}$　③ $\overline{PR}$
④ $\overline{PQ}$　⑤ $\overline{QR}$

4 삼각형이 될 수 있는 조건

세 변의 길이가 각각 다음과 같을 때, 다음 중 삼각형을 작도할 수 없는 것은?

① 2, 5, 8　② 7, 9, 15　③ 7, 7, 7
④ 5, 5, 5　⑤ 3, 4, 5

5 삼각형의 작도

다음 그림은 세 변의 길이 a, b, c가 주어졌을 때, 변 BC가 직선 l 위에 있도록 $\triangle ABC$를 작도한 것이다. 작도 순서를 바르게 나열하시오.

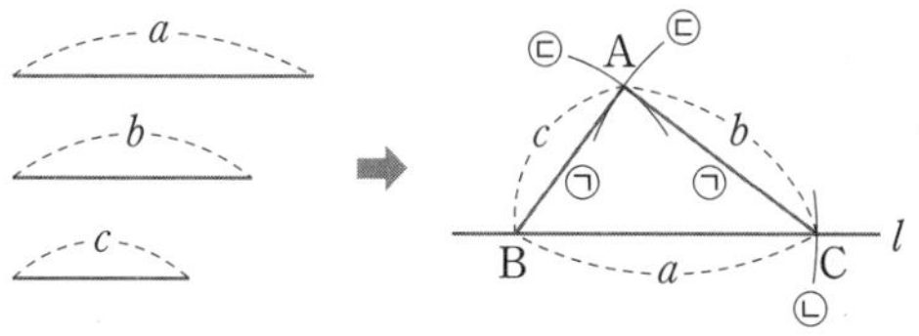

6 삼각형이 하나로 정해지는 경우

다음 **보기** 중에서 $\triangle ABC$가 하나로 정해지는 것을 모두 고르시오.

보기
ㄱ. $\angle A=60^\circ$, $\angle B=60^\circ$, $\angle C=60^\circ$
ㄴ. $\overline{AB}=6$, $\overline{BC}=9$, $\overline{CA}=2$
ㄷ. $\angle A=40^\circ$, $\angle B=50^\circ$, $\overline{BC}=5$
ㄹ. $\overline{AB}=5$, $\overline{BC}=6$, $\angle C=30^\circ$
ㅁ. $\overline{AB}=7$, $\overline{BC}=8$, $\overline{CA}=5$

7 합동인 도형의 성질

다음 그림에서 $\triangle ABC \equiv \triangle DEF$일 때, $x+y$의 값은?

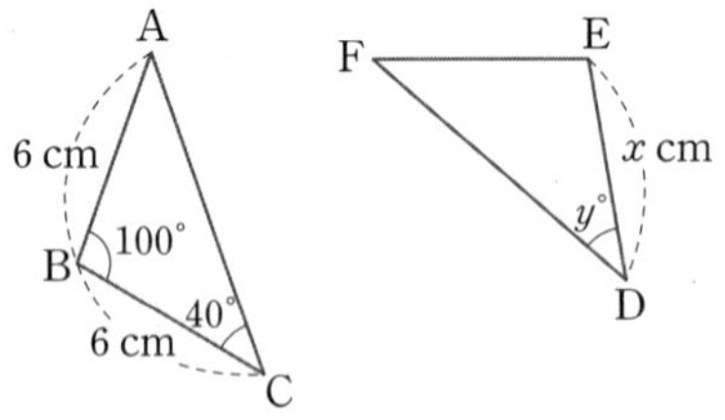

① 43　② 44　③ 45
④ 46　⑤ 47

8 두 삼각형이 합동일 조건

다음 중 $\triangle ABC$와 $\triangle PQR$가 합동이 아닌 것은?

① $\overline{AB}=\overline{PQ}$, $\overline{AC}=\overline{PR}$, $\angle A=\angle P$
② $\overline{BC}=\overline{QR}$, $\angle B=\angle Q$, $\angle C=\angle R$
③ $\angle A=\angle P$, $\angle B=\angle Q$, $\angle C=\angle R$
④ $\overline{AB}=\overline{PQ}$, $\angle A=\angle P$, $\angle B=\angle Q$
⑤ $\overline{AB}=\overline{PQ}$, $\overline{BC}=\overline{QR}$, $\overline{AC}=\overline{PR}$

9 두 삼각형이 합동일 조건

다음 중 오른쪽 그림의 삼각형과 합동인 것을 **보기**에서 모두 고른 것은?

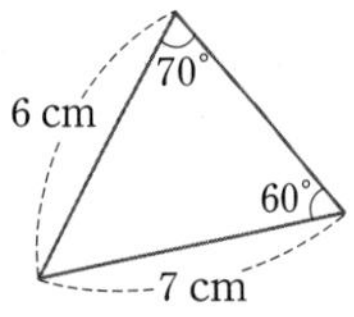

보기

ㄱ.
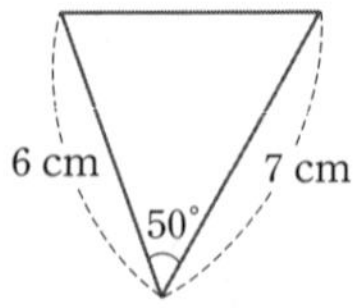

ㄴ.
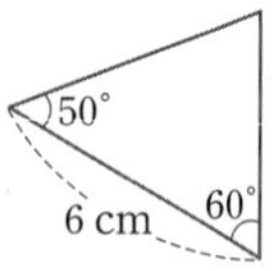

ㄷ.
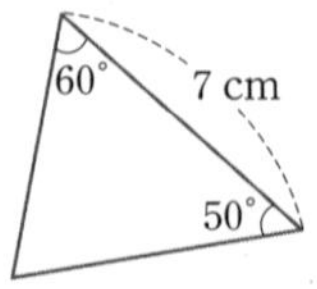

ㄹ.
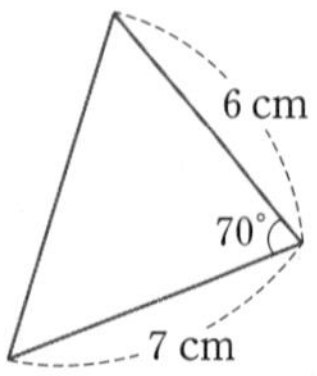

① ㄱ　② ㄱ, ㄷ　③ ㄴ, ㄷ
④ ㄴ, ㄹ　⑤ ㄱ, ㄷ, ㄹ

10 삼각형의 합동 조건 (2) – SAS 합동

오른쪽 그림에서 $\triangle ABC$는 $\overline{AB}=\overline{AC}$인 이등변삼각형이고, $\overline{AD}=\overline{AE}$이다. $\triangle ABE$와 $\triangle ACD$가 합동일 때, 사용된 합동 조건을 말하시오.

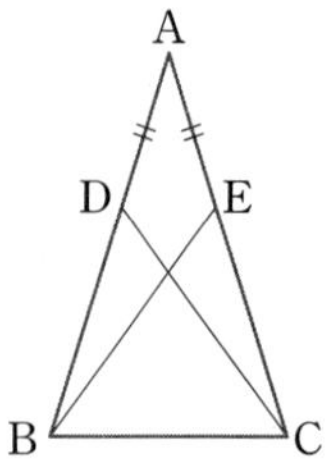

11 삼각형의 합동 조건 (2) – SAS 합동

오른쪽 그림에서 $\overline{AO}=\overline{CO}$, $\overline{BO}=\overline{DO}$이고, $\angle AOC=70°$, $\angle C=40°$일 때, $\angle B$의 크기는? (단, 점 O는 $\overline{AD}$와 $\overline{BC}$의 교점이다.)

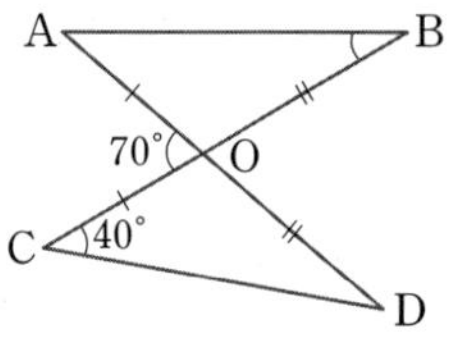

① 25°　② 30°　③ 35°
④ 40°　⑤ 45°

12 삼각형의 합동 조건 (3) – ASA 합동

오른쪽 그림에서 $\overline{BC}=4$ cm, $\angle B=\angle D=90°$, $\angle ACD=60°$, $\angle BAC=30°$일 때, 다음 중 옳지 않은 것은?

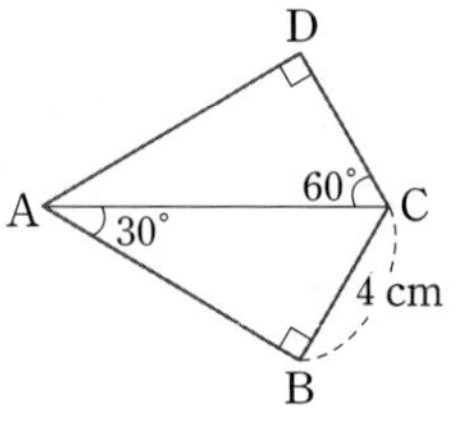

① $\angle CAD=30°$
② $\triangle ABC \equiv \triangle ADC$
③ $\angle ACB=60°$
④ $\angle BCD=150°$
⑤ $\overline{DC}=4$ cm

개념 완성

발전 문제

1 오른쪽 그림은 $\overline{PQ}$, $\overline{QR}$의 길이와 $\angle PQR$의 크기가 주어졌을 때, 평행사변형 PQRS를 작도한 것이다. 작도 순서가 다음과 같을 때, □ 안에 알맞은 기호를 써넣으시오.

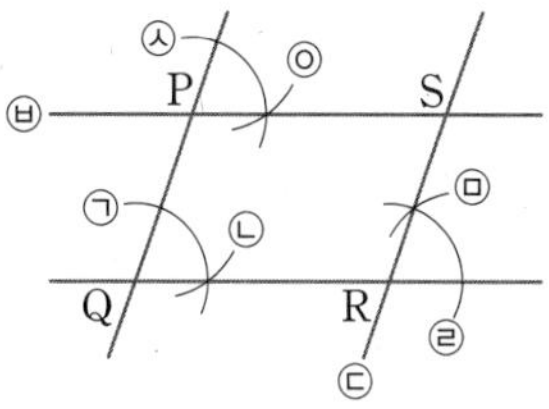

㉠ → □ → ㉣ → □ → ㉧ → □ → □ → ㉢

평행사변형은 마주 보는 변끼리 평행하다.

2 길이가 각각 4, 4, 6, 6, 8, 10인 6개의 선분이 있다. 이 중 3개의 선분으로 삼각형을 만들려고 할 때, 만들 수 있는 삼각형은 모두 몇 개인가?

① 4개 ② 5개 ③ 6개
④ 7개 ⑤ 8개

(가장 긴 변의 길이) < (나머지 두 변의 길이의 합)

3 한 변의 길이가 7 cm이고, 두 각의 크기가 각각 40°, 60°인 삼각형은 모두 몇 개인가?

① 1개 ② 2개 ③ 3개
④ 4개 ⑤ 5개

4 오른쪽 그림에서 △ABC와 △ECD는 정삼각형이고, $\overline{BE}$와 $\overline{AD}$의 교점이 P일 때, 다음 중 옳지 <u>않은</u> 것은?

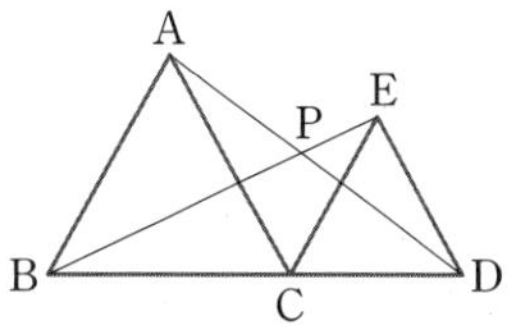

① $\angle ABP = \angle EDP$ ② $\angle CAD = \angle CBE$
③ $\triangle ACD \equiv \triangle BCE$ ④ $\overline{AD} = \overline{BE}$
⑤ $\angle ACE = 60°$

5 한 변의 길이가 4 cm인 두 정사각형이 있다. 오른쪽 그림과 같이 한 정사각형의 대각선의 교점 O에 다른 정사각형의 한 꼭짓점이 놓여 있을 때, 색칠한 부분의 넓이를 구하시오.

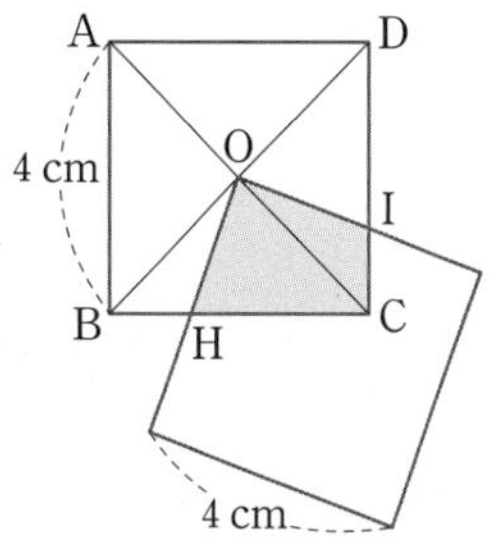

합동인 삼각형을 찾아 색칠한 부분의 넓이를 구한다.

6 서술형 삼각형의 세 변의 길이가 $x+2$, 7, 9일 때, x의 값이 될 수 있는 자연수의 개수를 구하기 위한 풀이 과정을 쓰고 답을 구하시오.

① 단계: 9가 가장 긴 변의 길이일 때, x의 값의 범위 구하기
가장 긴 변의 길이가 9일 때
_____ < _____ ∴ _____ …… ㉠

② 단계: $x+2$가 가장 긴 변의 길이일 때, x의 값의 범위 구하기
가장 긴 변의 길이가 $x+2$일 때
_____ < _____ ∴ _____ …… ㉡

③ 단계: x의 값이 될 수 있는 자연수의 개수 구하기
㉠, ㉡에서 x의 값이 될 수 있는 자연수의 개수는 _____ 이다.

▸ Check List
- 9가 가장 긴 변의 길이일 때, 삼각형의 세 변의 길이 사이의 관계를 이용하여 x의 값의 범위를 바르게 구하였는가?
- $x+2$가 가장 긴 변의 길이일 때, 삼각형의 세 변의 길이 사이의 관계를 이용하여 x의 값의 범위를 바르게 구하였는가?
- x의 값이 될 수 있는 자연수의 개수를 바르게 구하였는가?

7 서술형 오른쪽 그림과 같이 △ABC의 두 변 AB, AC를 각각 한 변으로 하는 정삼각형 ABD와 ACE가 있다. $\overline{BE}$와 길이가 같은 선분을 찾기 위한 풀이 과정을 쓰고 답을 구하시오.

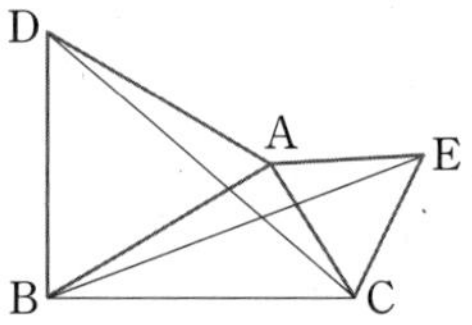

① 단계: 합동인 두 삼각형 찾기

② 단계: $\overline{BE}$와 길이가 같은 선분 찾기

▸ Check List
- 합동인 두 삼각형을 바르게 찾았는가?
- $\overline{BE}$와 길이가 같은 선분을 바르게 찾았는가?

Ⅱ 평면도형

1 다각형의 성질

1 다각형
2 다각형의 대각선
3 삼각형의 내각의 크기
4 삼각형의 외각의 크기
5 다각형의 내각의 크기
6 다각형의 외각의 크기
7 다각형의 내각과 외각의 활용

2 원과 부채꼴

1 원과 부채꼴
2 원과 중심각
3 원의 둘레의 길이와 넓이
4 부채꼴의 호의 길이와 넓이

1 다각형의 성질

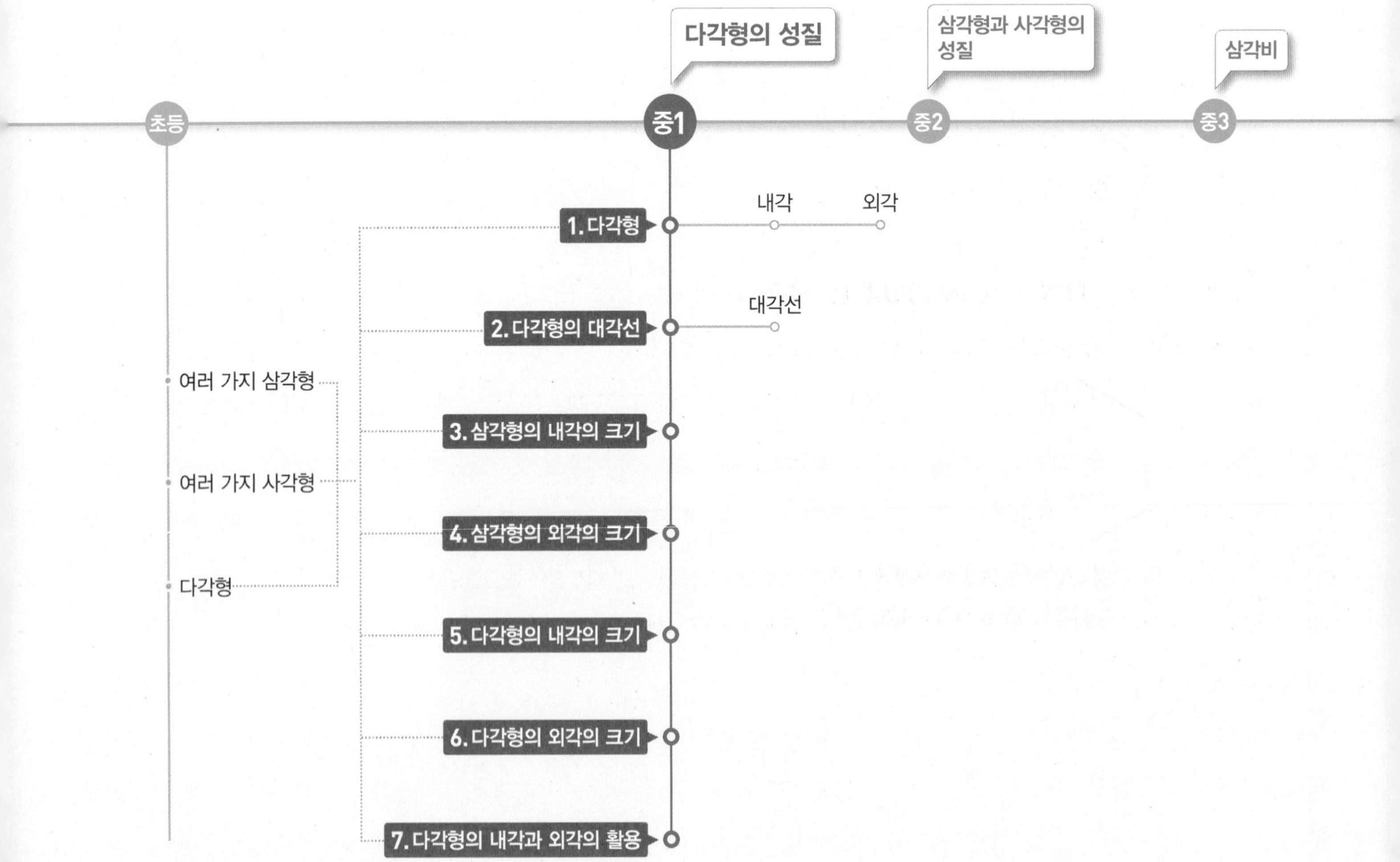

다각형의 성질
삼각형과 사각형의 성질
삼각비
초등
중1
중2
중3
여러 가지 삼각형
여러 가지 사각형
다각형
1. 다각형
내각
외각
2. 다각형의 대각선
대각선
3. 삼각형의 내각의 크기
4. 삼각형의 외각의 크기
5. 다각형의 내각의 크기
6. 다각형의 외각의 크기
7. 다각형의 내각과 외각의 활용

모든 다각형은 삼각형으로 쪼개진다.

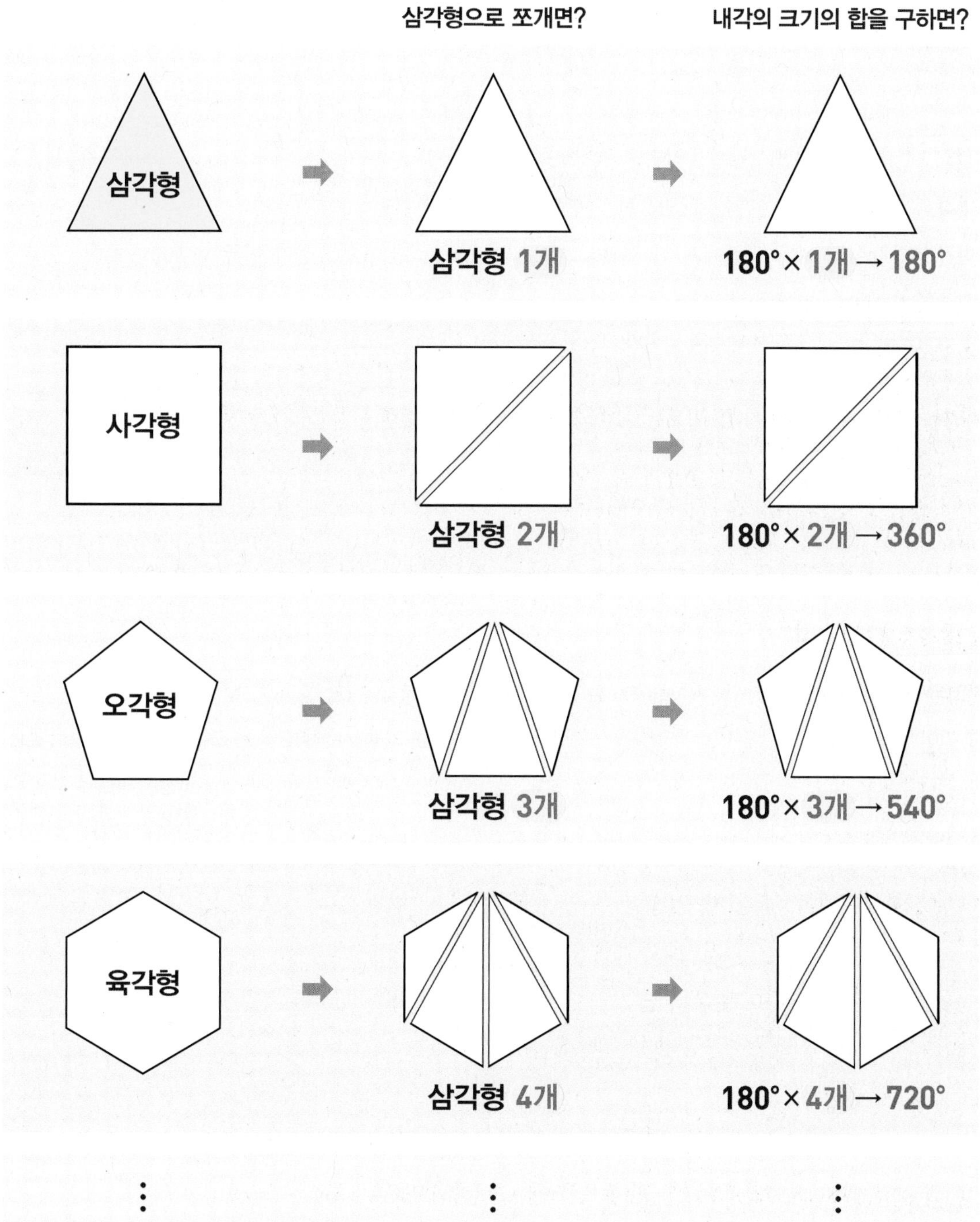

삼각형의 성질을 알면 다각형이 보인다!

1 다각형

선분으로 둘러싸인 평면도형

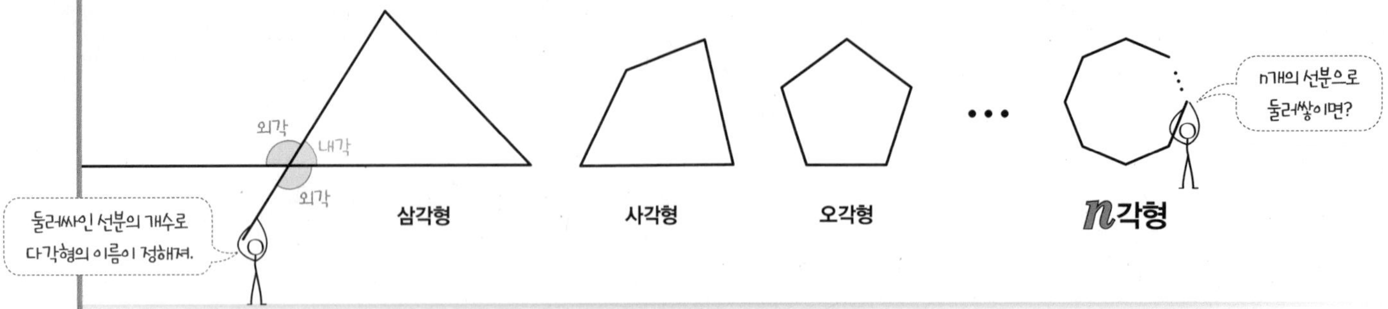

(1) **다각형 :** 세 개 이상의 선분으로 둘러싸인 평면도형

① **내각 :** 다각형에서 이웃하는 두 변으로 이루어진 내부의 각

② **외각 :** 다각형의 각 꼭짓점에서 한 변과 그 변에 이웃하는 변의 연장선이 이루는 각

참고 다각형의 한 꼭짓점에서 내각과 외각의 크기의 합은 180°이다.

(2) **정다각형 :** 모든 변의 길이가 같고 모든 내각의 크기가 같은 다각형

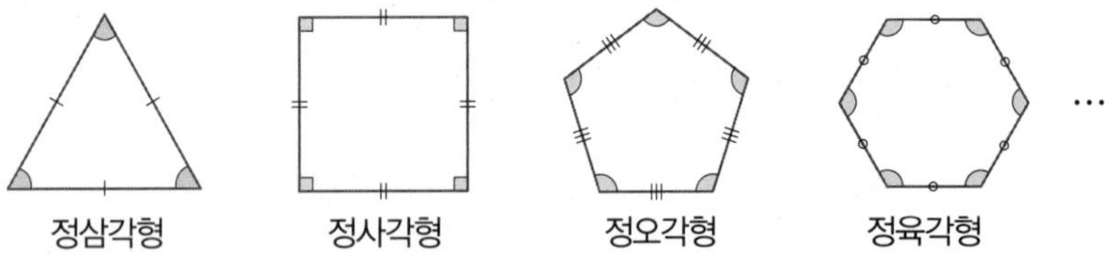

• 내각(內角)
안 내 ― 뿔 각
• 외각(外角)
바깥 외

다각형의 외각은?

오른쪽 그림과 같이 다각형에서
한 내각에 대한 외각은 2개이지만
서로 맞꼭지각으로 그 크기가 같으므로
2개 중에서 하나만 생각해.

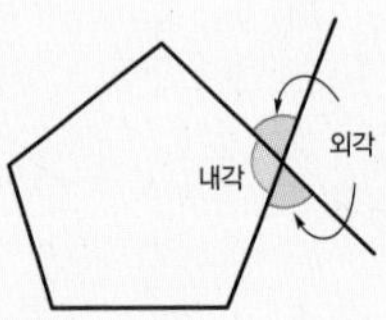

다음 그림에서 색칠한 각은 모두 외각이 아니므로 혼동하지 마.

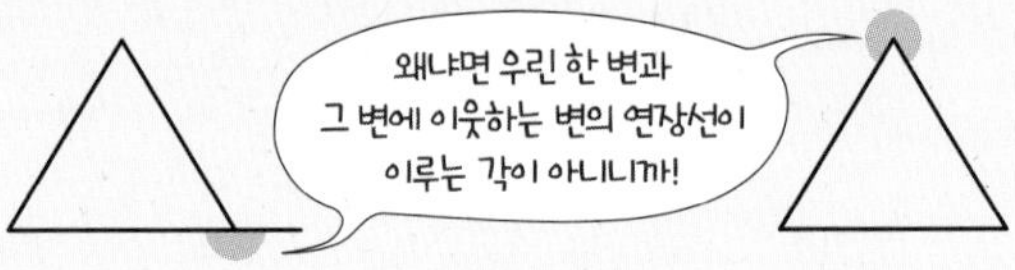

개념확인

1. 다음 중 다각형인 것을 모두 고르면? (정답 2개)

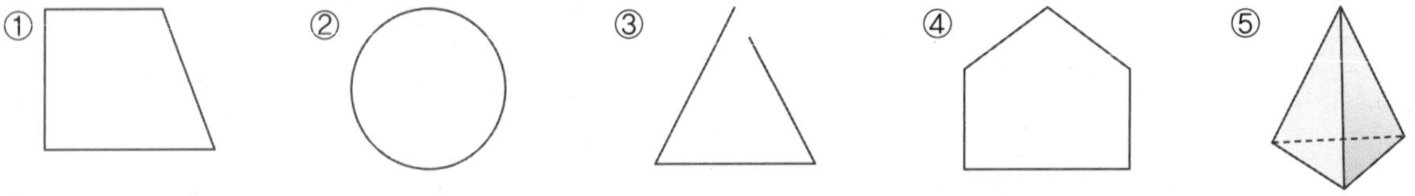

2. 오른쪽 그림의 사각형 ABCD에서 ∠C=75°일 때, ∠C의 외각의 크기를 구하시오.

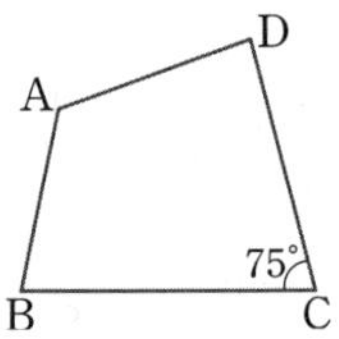

다각형

1 **다음 중 다각형이 아닌 것을 모두 고르면? (정답 2개)**

① 사각뿔　② 부채꼴　③ 평행사변형
④ 사다리꼴　⑤ 육각형

다각형
① 세 개 이상의 선분으로 둘러싸여 있어야 한다.
② 평면도형이다.

1-1 다음 중 다각형인 것을 모두 고르면? (정답 2개)

①
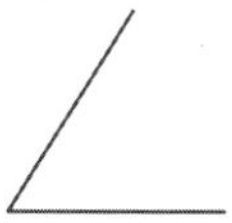
②
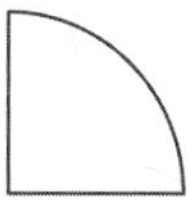
③
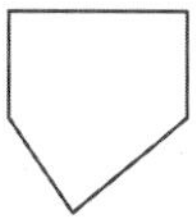
④
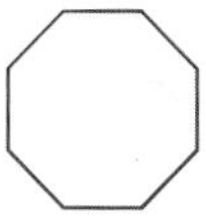
⑤
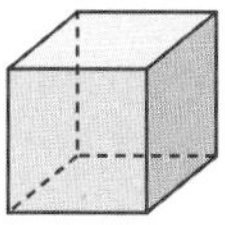

정다각형

2 **다음 중 정다각형인 것을 모두 고르면? (정답 2개)**

①
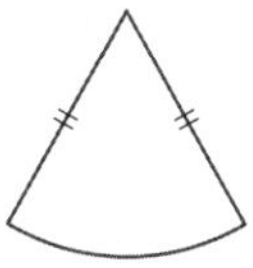
②
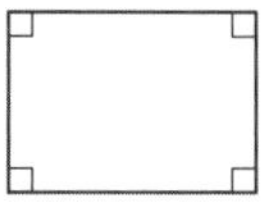
③
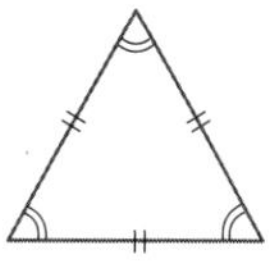
④
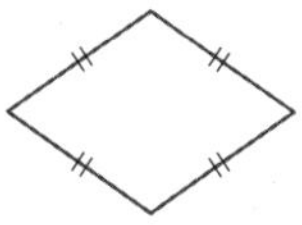
⑤
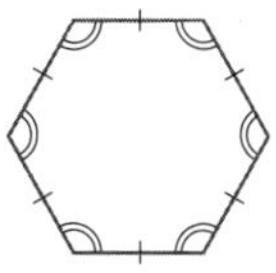

정다각형에서 다음과 같은 경우 혼동하지 않도록 한다.
① 변의 길이가 모두 같다고 해서 정다각형인 것은 아니다.
예) 마름모
② 내각의 크기가 모두 같다고 해서 정다각형인 것은 아니다.
예) 직사각형

2-1 다음 **보기** 중에서 정다각형에 대한 설명으로 옳은 것을 모두 고르시오.

보기
ㄱ. 모든 내각의 크기는 같다.
ㄴ. 모든 대각선의 길이는 같다.
ㄷ. 모든 변의 길이는 같다.

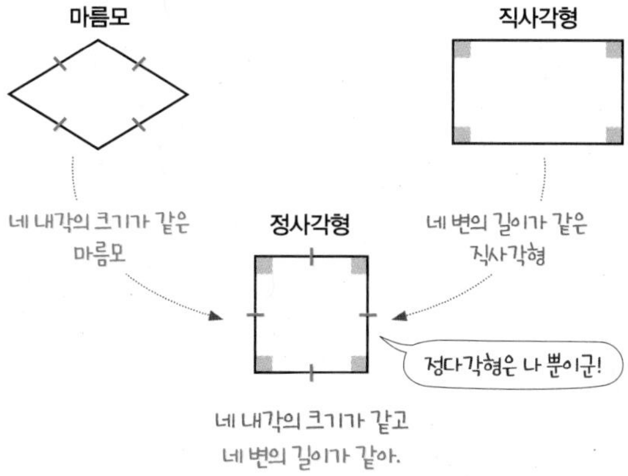

내각과 외각

3 **오른쪽 그림과 같은 사각형 ABCD에 대하여 다음을 구하시오.**

(1) $\angle ABC$의 외각
(2) $\angle HDA = 65°$일 때, $\angle ADC$의 크기

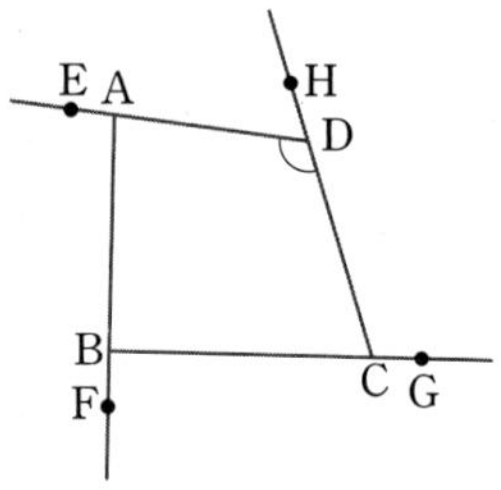

외각: 다각형의 각 꼭짓점에서 한 변과 그 변에 이웃하는 변의 연장선이 이루는 각

3-1 다음 그림에서 $\angle x$의 크기를 구하시오.

(1)
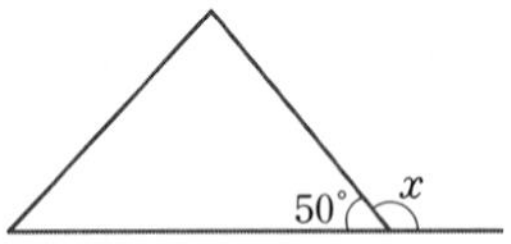

(2)
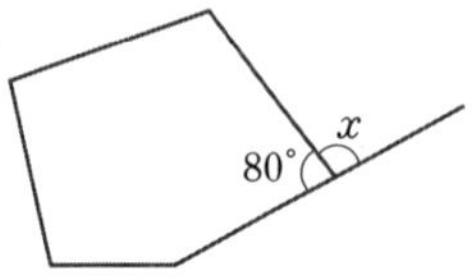

3-2 한 외각의 크기가 109°인 다각형에 대하여 그와 이웃한 내각의 크기는?

① 67° ② 69° ③ 71°
④ 73° ⑤ 75°

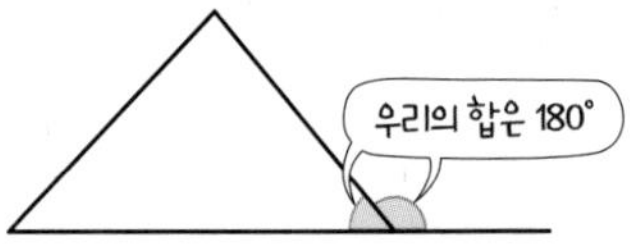

3-3 오른쪽 그림의 오각형에서 외각의 크기가 각각 $\angle a = 40°$, $\angle b = 110°$, $\angle c = 45°$, $\angle d = 75°$, $\angle e = 90°$일 때, 다음 중 이 오각형의 내각의 크기가 아닌 것은?

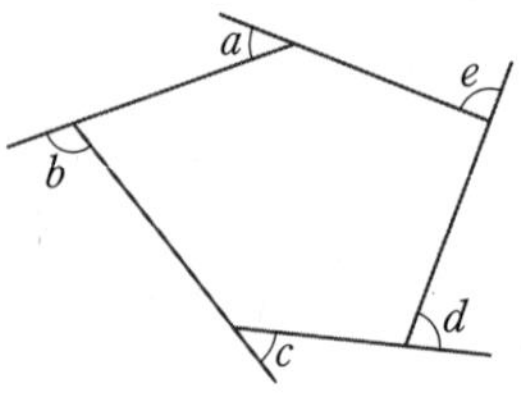

① 80° ② 90° ③ 105°
④ 135° ⑤ 140°

2 다각형의 대각선

꼭짓점을 이어서 다각형 안에 생기는 선분

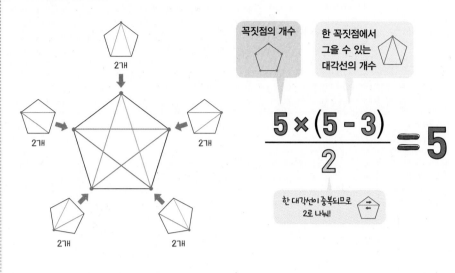

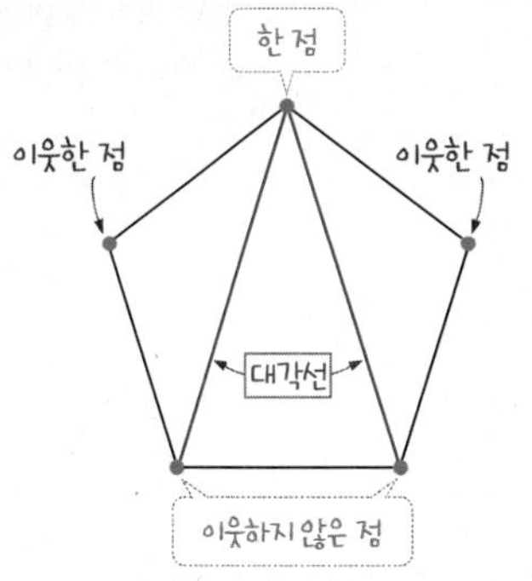

오각형의 한 꼭짓점에서 그을 수 있는 대각선의 개수

↓

5-3=2

자기 자신과 이웃하는 두 점에서는 대각선을 그을수 없어!

• **오각형의 대각선의 개수**

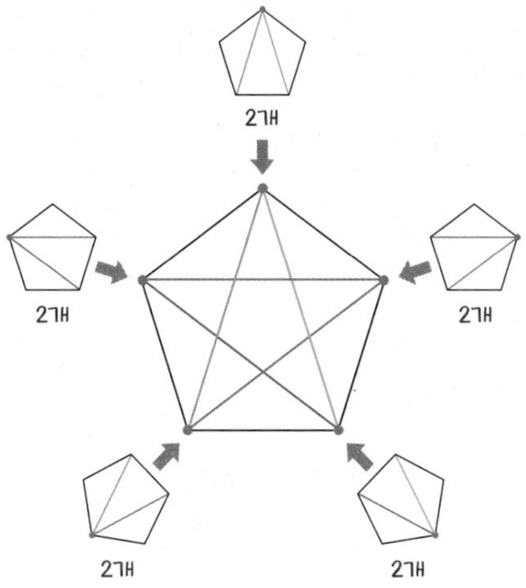

꼭짓점의 개수

한 꼭짓점에서 그을 수 있는 대각선의 개수

$$\frac{5\times(5-3)}{2}=5$$

한 대각선이 중복되므로 2로 나눠!

(1) **대각선:** 다각형에서 서로 이웃하지 않는 두 꼭짓점을 이은 선분

참고 삼각형은 세 꼭짓점이 모두 이웃하므로 대각선을 그을 수 없다.

(2) **대각선의 개수**

① n각형의 한 꼭짓점에서 그을 수 있는 대각선의 개수: $n-3$ (단, $n\geq4$)

② n각형의 대각선의 개수: $\frac{n(n-3)}{2}$ (단, $n\geq4$)

개념확인

1. 다음 표의 □ 안에 알맞은 수를 써넣으시오.

	 사각형	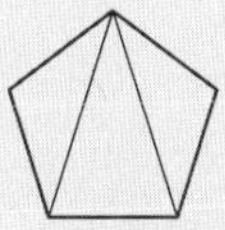 오각형	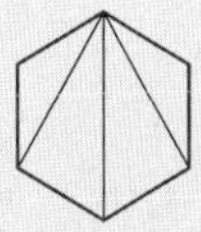 육각형	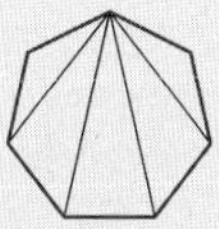 칠각형
한 꼭짓점에서 그을 수 있는 대각선의 개수	$4-3=1$	$5-3=2$	$6-\square=\square$	$7-\square=\square$
대각선의 개수	$\frac{4\times1}{2}=2$	$\frac{5\times2}{2}=5$	$\frac{6\times\square}{2}=\square$	$\frac{\square\times\square}{2}=\square$

너는 왜 대각선이 없어?
난 모든 꼭짓점이 서로 이웃하거든!

한 꼭짓점에서 그을 수 있는 대각선의 개수 (1)

1 **다음 다각형의 한 꼭짓점에서 그을 수 있는 대각선의 개수를 구하시오.**

(1) 십각형　　(2) 이십각형

n각형에서
① 한 꼭짓점에서 그을 수 있는 대각선의 개수: $n-3$
② 내부의 한 점에서 각 꼭짓점에 선분을 그었을 때 생기는 삼각형의 개수: n

1-1 칠각형의 한 꼭짓점에서 그을 수 있는 대각선의 개수를 a, 내부의 한 점에서 각 꼭짓점에 선분을 그었을 때 생기는 삼각형의 개수를 b라 할 때, $a+b$의 값은?

① 7　② 8　③ 9　④ 10　⑤ 11

한 꼭짓점에서 그을 수 있는 대각선의 개수 (2)

2 **다음 중 한 꼭짓점에서 그을 수 있는 대각선의 개수가 8인 다각형은?**

① 오각형　② 칠각형　③ 구각형
④ 십일각형　⑤ 십삼각형

n각형의 한 꼭짓점에서 그을 수 있는 대각선의 개수: $n-3$

2-1 한 꼭짓점에서 그을 수 있는 대각선의 개수가 11인 다각형의 꼭짓점의 개수는?

① 8　② 10　③ 12　④ 14　⑤ 16

2-2 한 꼭짓점에서 그을 수 있는 대각선의 개수가 20인 다각형의 변의 개수를 구하시오.

n각형의 한 꼭짓점에서의 대각선의 개수는 $(n-3)$개!

나 자신과는 대각선을 그을 수 없고, 이웃하는 두 꼭짓점과도 대각선을 그을 수 없어. 그래서 n개의 꼭짓점에서 3을 빼는 거군!
어떤 꼭짓점을 선택해도 마찬가지!

대각선의 개수 (1)

3 **한 꼭짓점에서 그을 수 있는 대각선의 개수가 10인 다각형의 대각선의 개수를 구하시오.**

n각형에서
① 한 꼭짓점에서 그을 수 있는 대각선의 개수: $n-3$
② 대각선의 개수: $\frac{n(n-3)}{2}$

3-1 오른쪽 그림과 같이 원 모양의 탁자에 6명이 앉아 있다. 양옆에 있는 사람을 제외한 모든 사람과 한 번씩 악수를 하려고 할 때, 악수는 모두 몇 번 하게 되는지 구하시오.

대각선의 개수 (2)

4 **대각선의 개수가 90인 다각형은?**

① 십각형 ② 십이각형 ③ 십삼각형
④ 십오각형 ⑤ 십육각형

대각선의 개수가 a인 다각형 구하기
구하는 다각형을 n각형이라 하면
$\frac{n(n-3)}{2}=a$를 만족하는 n의 값을 구한다.

4-1 다음 **조건**을 모두 만족하는 다각형을 구하시오.

조건
(가) 변의 길이가 모두 같고, 내각의 크기가 모두 같다.
(나) 대각선의 개수는 54이다.

3 삼각형의 내각의 크기

삼각형의 세 내각의 크기의 합은 180°!

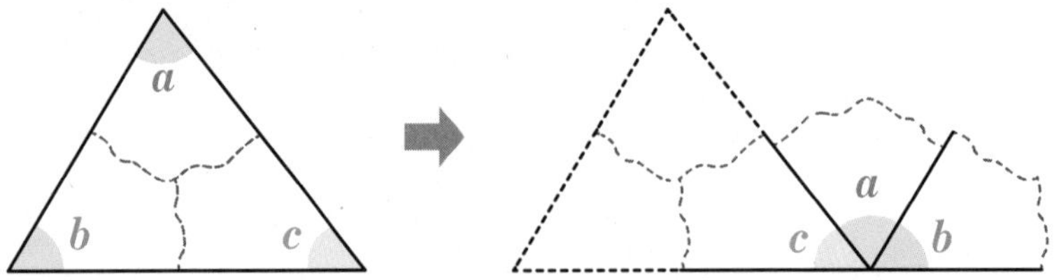

$\angle a + \angle b + \angle c = 180^\circ$

(1) 삼각형의 내각의 크기의 합

삼각형의 세 내각의 크기의 합은 180°이다.

➡ $\angle A + \angle B + \angle C = 180^\circ$

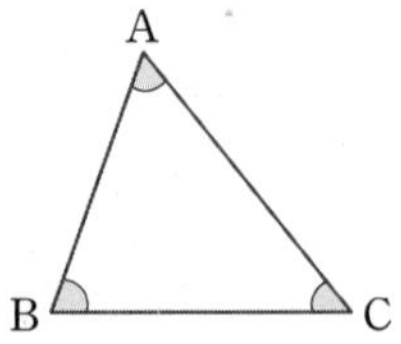

색종이로 삼각형의 내각의 크기의 합 알아보기

[방법1] 합동인 3개의 삼각형 이어 붙이기

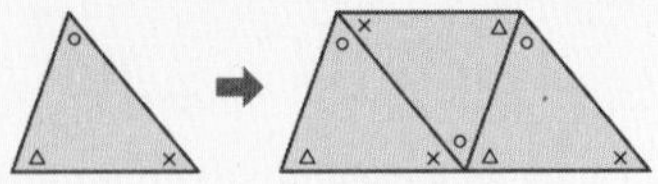

[방법2] 세 내각 오려 붙이기

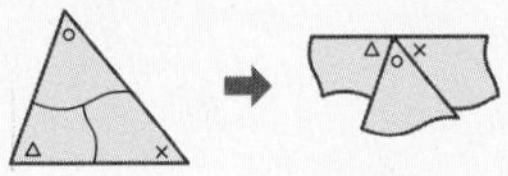

[방법3] 세 내각 접어 모으기

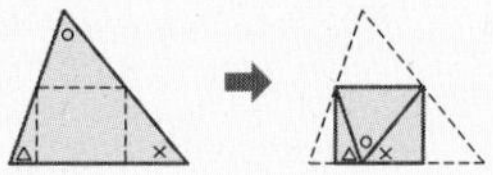

개념확인

1. 다음은 삼각형의 세 내각의 크기의 합은 180°임을 설명하는 과정이다. □ 안에 알맞은 것을 써넣으시오.

오른쪽 그림과 같은 △ABC의 꼭짓점 C에서 $\overline{BA}$에 평행한 반직선 CE를 그으면

$\angle B =$ □ (동위각)

$\angle A = \angle ACE$(□)

$\therefore \angle A + \angle B + \angle C =$ □ $+ \angle ECD + \angle C =$ □

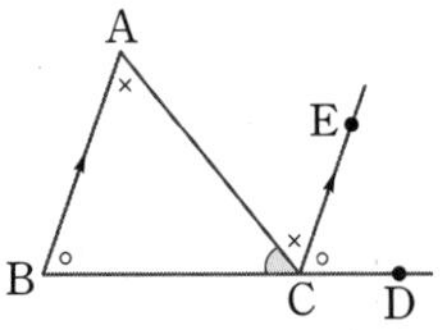

2. 오른쪽 그림의 △ABC에서 $\angle x$의 크기를 구하시오.

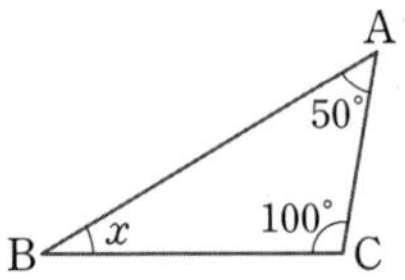

삼각형의 내각의 크기의 합

1 **오른쪽 그림에서 $\angle x$의 크기를 구하시오.**

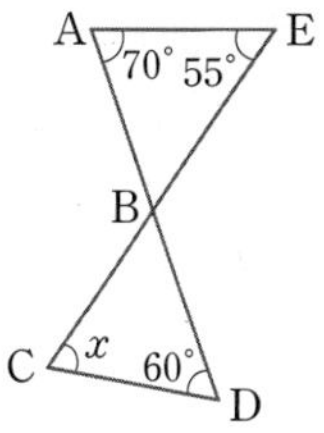

삼각형의 세 내각의 크기의 합은 180°이다.

1-1 다음 그림에서 $\angle x$의 크기를 구하시오.

(1)

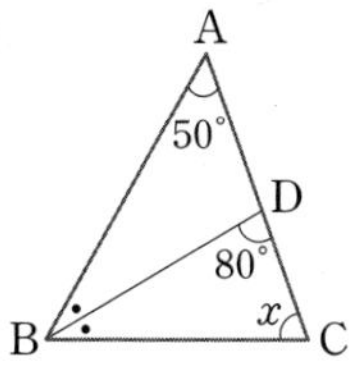

(2)

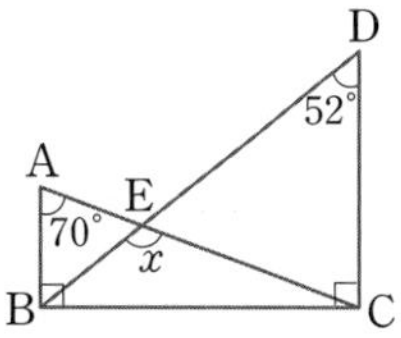

세 각 사이의 관계가 주어진 경우 삼각형의 내각의 크기의 합

2 **삼각형의 세 내각의 크기의 비가 3 : 4 : 5일 때, 가장 작은 내각의 크기는?**

① 35° ② 40° ③ 45°
④ 50° ⑤ 55°

△ABC에서
$\angle A : \angle B : \angle C$
$= x : y : z$일 때,
$\angle A = 180° \times \frac{x}{x+y+z}$
$\angle B = 180° \times \frac{y}{x+y+z}$
$\angle C = 180° \times \frac{z}{x+y+z}$

2-1 △ABC에서 ∠A의 크기는 ∠C의 크기의 4배이고, ∠B의 크기는 ∠C의 크기보다 30°만큼 크다고 한다. 이때 ∠B의 크기를 구하시오.

삼각형의 내각의 크기의 합의 응용 (1) – 두 내각의 이등분선

3 **오른쪽 그림의 △ABC에서 ∠A=90°이고, 점 D는 ∠B와 ∠C의 이등분선의 교점일 때, 다음을 구하시오.**

(1) ∠B와 ∠C의 크기의 합

(2) ∠DBC와 ∠DCB의 크기의 합

(3) ∠x의 크기

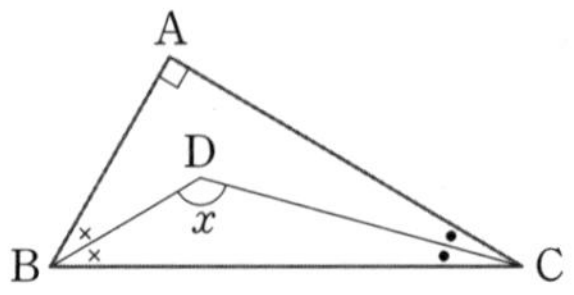

△ABC에서 ∠x의 크기

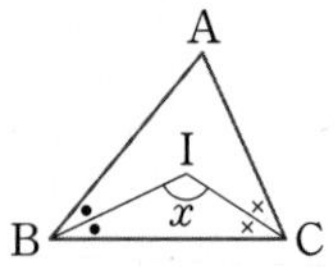

∠x=90°+$\frac{1}{2}$∠A

3-1 오른쪽 그림의 △ABC에서 $\overline{IB}$, $\overline{IC}$는 각각 ∠B, ∠C의 이등분선이고, ∠BIC=115°이다. 이때 ∠x의 크기를 구하시오.

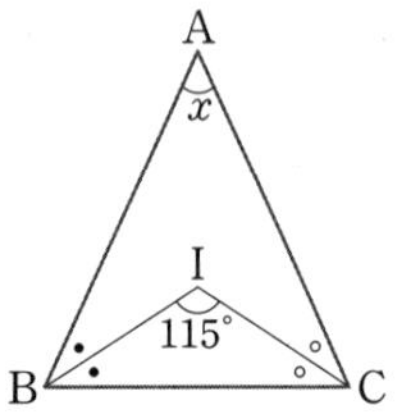

삼각형의 내각의 크기의 합의 응용 (2) – △ 모양

4 **오른쪽 그림에서 ∠x의 크기를 구하시오.**

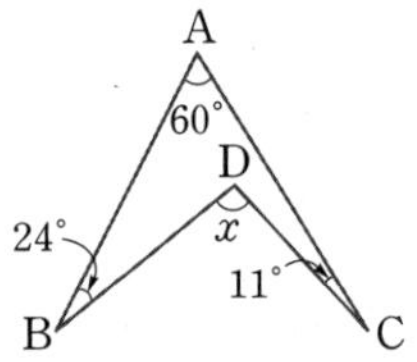

$\overline{BC}$를 그어 ∠x의 크기를 구한다.

4-1 오른쪽 그림에서 ∠x의 크기는?

① 60° ② 65° ③ 70°
④ 75° ⑤ 80°

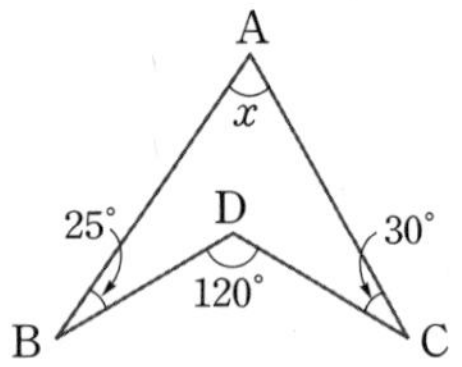

4-2 오른쪽 그림에서 ∠x의 크기는?

① 39° ② 40° ③ 41°
④ 42° ⑤ 43°

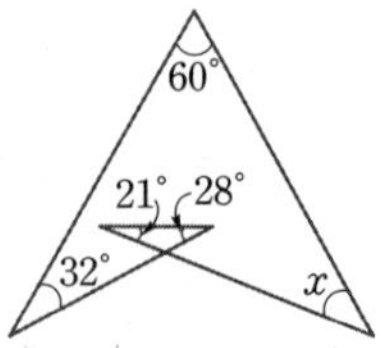

삼각형의 내각의 성질 응용

1. 두 내각의 이등분선이 이루는 각

다음 그림과 같은 $\triangle ABC$에서 $\angle B$와 $\angle C$의 이등분선의 교점을 I라 하면

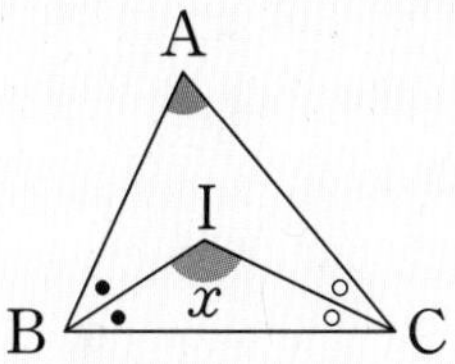

➡ $\angle x = 90^\circ + \frac{1}{2}\angle A$

$\triangle ABC$에서 $\angle A + 2\bullet + 2\circ = 180^\circ$ $\quad \therefore \bullet + \circ = \square - \frac{1}{2}\angle A$ ······ ㉠

$\triangle IBC$에서 $\angle x + \bullet + \circ = 180^\circ$ $\quad \therefore \bullet + \circ = \square - \angle x$ ······ ㉡

㉠, ㉡에서

$90^\circ - \frac{1}{2}\angle A = 180^\circ - \angle x$ $\quad \therefore \angle x = \square$

답 90°, 180°, $90^\circ + \frac{1}{2}\angle A$

2. △ 모양에서 각의 크기

다음 그림과 같은 도형에서

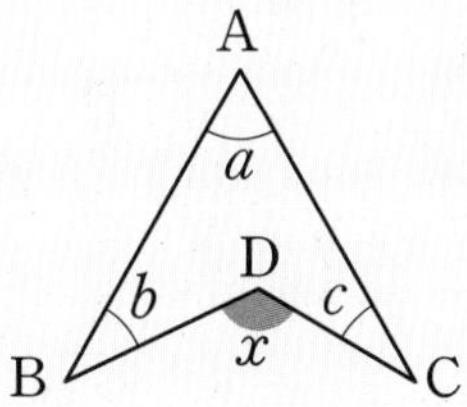

➡ $\angle x = \angle a + \angle b + \angle c$

오른쪽 그림과 같이 $\overline{BC}$를 긋고, $\angle DBC = \angle d$, $\angle DCB = \angle e$라 하면

$\triangle ABC$에서 $\angle a + \angle b + \angle c + \angle d + \angle e = \square$ ······ ㉠

$\triangle DBC$에서 $\angle x + \angle d + \angle e = \square$ ······ ㉡

㉠, ㉡에서

$\angle a + \angle b + \angle c + \angle d + \angle e = \angle x + \angle d + \angle e$

$\therefore \angle x = \square$

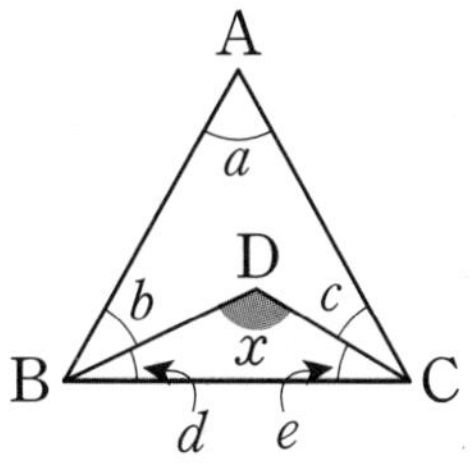

답 180°, 180°, $\angle a + \angle b + \angle c$

4 삼각형의 외각의 크기

(내각)+(외각)=180°

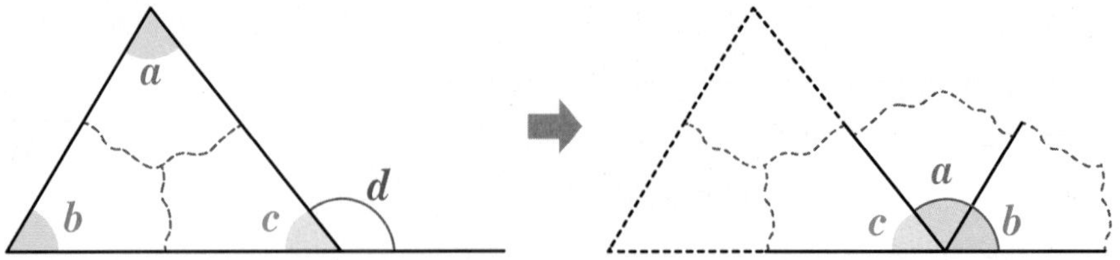

$\angle d = \angle a + \angle b$

(1) 삼각형의 외각의 크기

삼각형의 한 외각의 크기는 그와 이웃하지 않는 두 내각의 크기의 합과 같다.

➡ $\angle ACD = \angle A + \angle B$

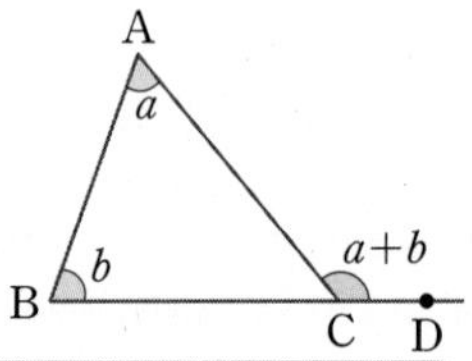

평행선의 성질을 이용하여 외각의 성질 확인하기

△ABC에서 변 BA에 평행한 반직선 CE를 그으면

$\angle A = \angle ACE$(엇각), $\angle B = \angle ECD$(동위각)

$\underline{\angle ACD} = \underline{\angle ACE + \angle ECD = \angle A + \angle B}$

∠C의 외각 ∠ACD와 이웃하지 않는 두 내각의 크기의 합

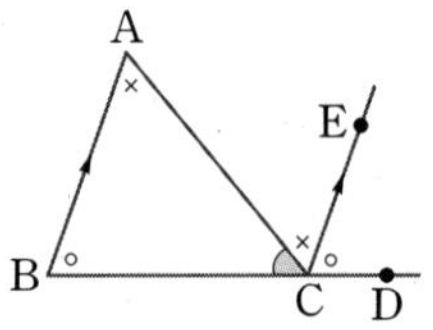

삼각형의 외각의 크기

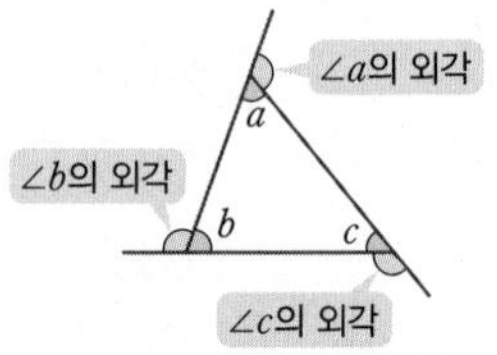

① (∠a의 외각의 크기)$=\angle b + \angle c$
② (∠b의 외각의 크기)$=\angle a + \angle c$
③ (∠c의 외각의 크기)$=\angle a + \angle b$

(2) 삼각형의 외각의 크기의 합

삼각형의 외각의 크기의 합은 360°이다.

➡ $\angle x + \angle y + \angle z = 360°$

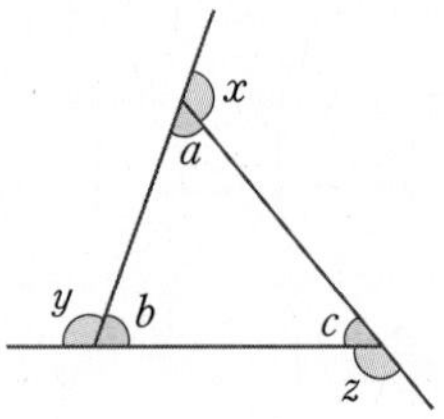

$\angle a$, $\angle b$, $\angle c$의 외각을 각각 $\angle x$, $\angle y$, $\angle z$라 하면

$\angle a + \angle x = \angle b + \angle y = \angle c + \angle z = 180°$이므로

$(\angle a + \angle x) + (\angle b + \angle y) + (\angle c + \angle z) = 180° \times 3$

$180° + \angle x + \angle y + \angle z = 540°$

$\therefore \angle x + \angle y + \angle z = 360°$

삼각형의 외각의 크기의 합 알아보기

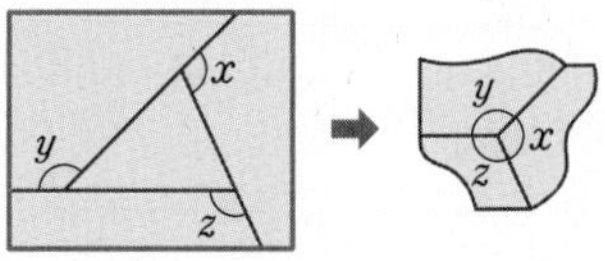

개념확인

1. 다음 그림에서 $\angle x$의 크기를 구하시오.

(1)

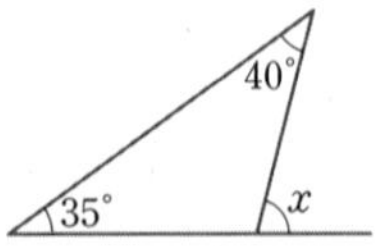

(2)

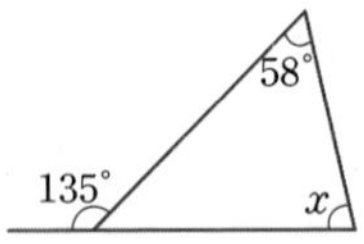

삼각형의 외각의 성질

1 **다음 그림에서 $\angle x$의 크기를 구하시오.**

(1)
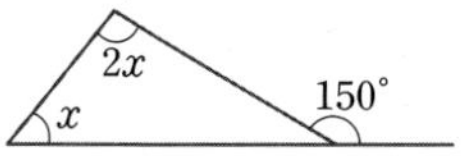

(2)
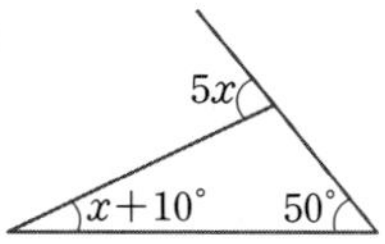

삼각형의 외각의 크기

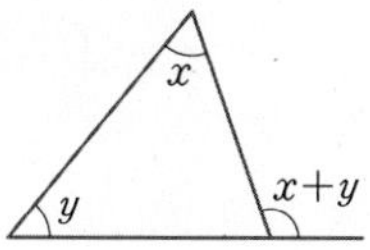

1-1 다음 그림에서 $\angle x$의 크기를 구하시오.

(1)
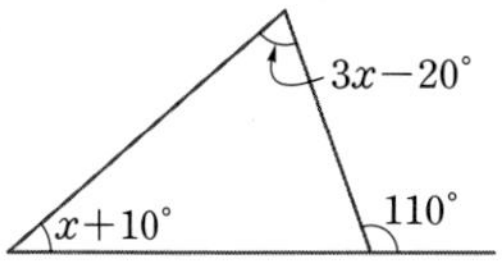

(2)
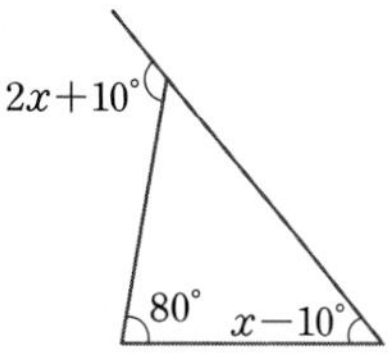

1-2 오른쪽 그림에서 $\angle BAD=\angle CAD$일 때, $\angle x$의 크기를 구하시오.

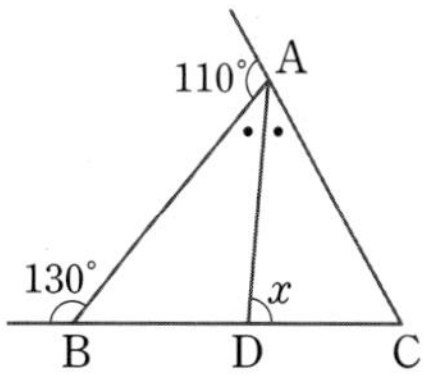

삼각형의 외각의 크기의 합

2 **오른쪽 그림에서 $\angle x$의 크기를 구하시오.**

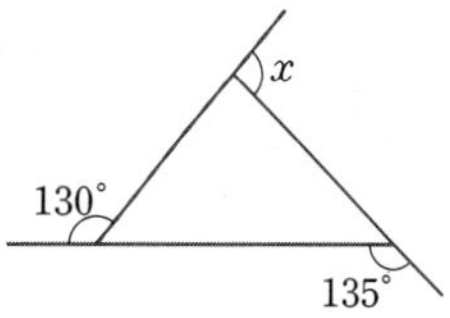

삼각형의 외각의 크기의 합이 360°임을 알아보는 다른 방법

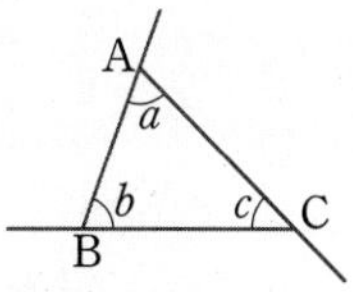

$\triangle ABC$에서
$(\angle a$의 외각$)$
$+(\angle b$의 외각$)$
$+(\angle c$의 외각$)$
$=(\angle b+\angle c)$
$+(\angle a+\angle c)$
$+(\angle a+\angle b)$
$=2(\angle a+\angle b+\angle c)$
$=2\times180°$
$=360°$

2-1 다음 그림에서 $\angle x$의 크기를 구하시오.

(1)
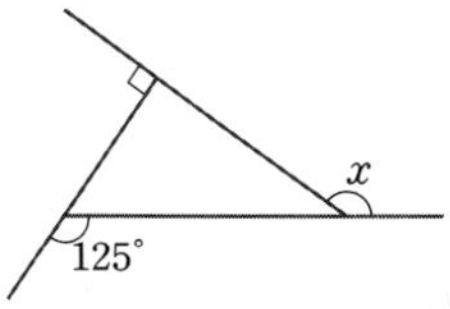

(2)
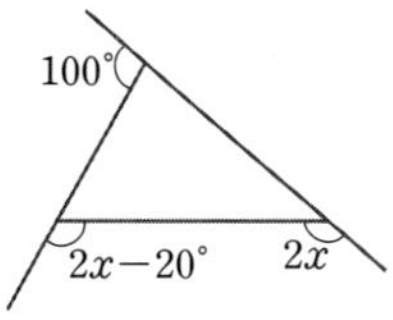

삼각형의 외각의 성질의 응용 (1) – 이등변삼각형

3 **오른쪽 그림에서 $\overline{BD}=\overline{DC}=\overline{AC}$이고 $\angle B=35°$일 때, $\angle x$의 크기는?**

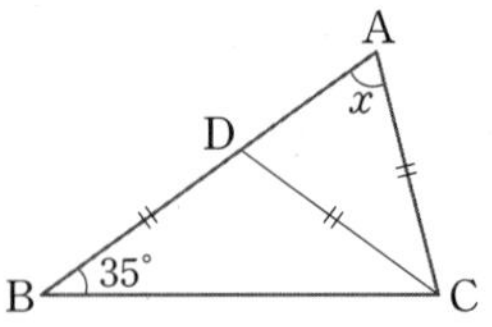

① 60° ② 65° ③ 70°
④ 75° ⑤ 80°

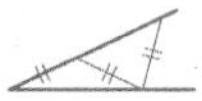 모양에서 각의 크기

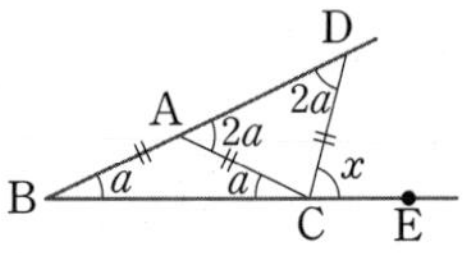

$\angle x=3\angle a$

3-1 오른쪽 그림에서 $\overline{AB}=\overline{AC}=\overline{EC}=\overline{ED}$이고 $\angle B=20°$일 때, $\angle x$의 크기는?

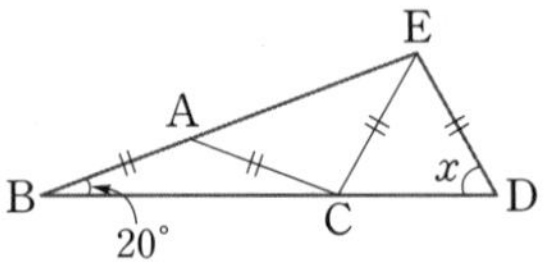

① 40° ② 45° ③ 50°
④ 55° ⑤ 60°

삼각형의 외각의 성질의 응용 (2) – 한 내각과 한 외각의 이등분선

4 **오른쪽 그림에서 $\overline{BD}$는 $\angle B$의 이등분선이고, $\overline{CD}$는 $\angle ACE$의 이등분선이다. $\angle BAC=30°$일 때, $\angle x$의 크기를 구하시오.**

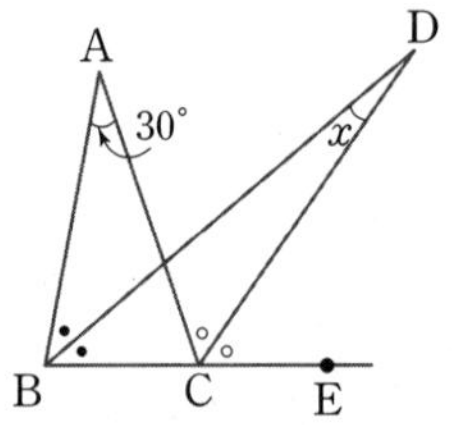

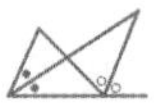 모양에서 $\angle x$의 크기

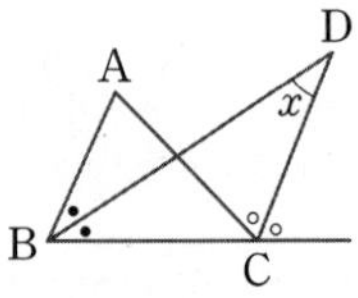

$\angle x=\frac{1}{2}\angle A$

4-1 오른쪽 그림에서 $\angle x$의 크기는?

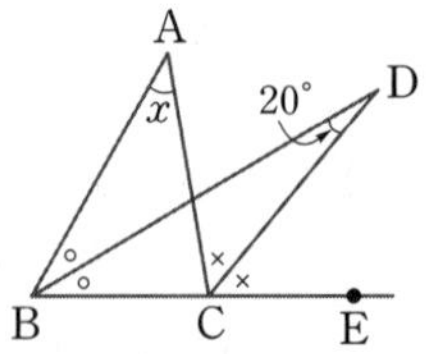

① 20° ② 30° ③ 40°
④ 50° ⑤ 60°

삼각형의 외각의 성질 응용

1. 이등변삼각형의 성질을 이용한 각

다음 그림에서 $\overline{AB}=\overline{AC}=\overline{CD}$일 때,

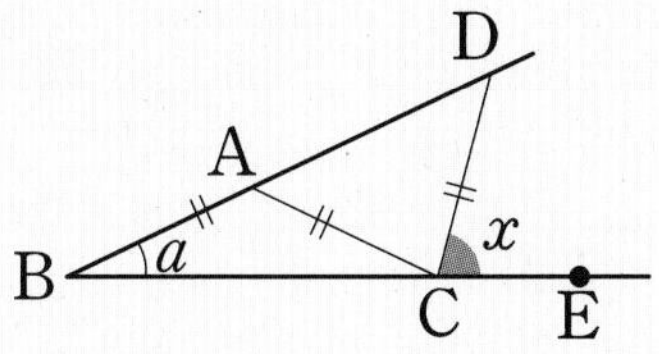

➡ $\angle x=3\angle a$

△ABC에서

$\overline{AB}=\overline{AC}$이므로 $\angle ACB=\angle ABC=\angle a$

$\angle DAC$는 △ABC의 한 외각이므로 $\angle DAC=\angle ABC+\angle ACB=$ ☐

△CDA에서

$\overline{AC}=\overline{DC}$이므로 $\angle CDA=\angle CAD=$ ☐

$\angle DCE$는 △DBC의 한 외각이므로 $\angle DCE=\angle DBC+\angle BDC=$ ☐

$\therefore \angle x=$ ☐

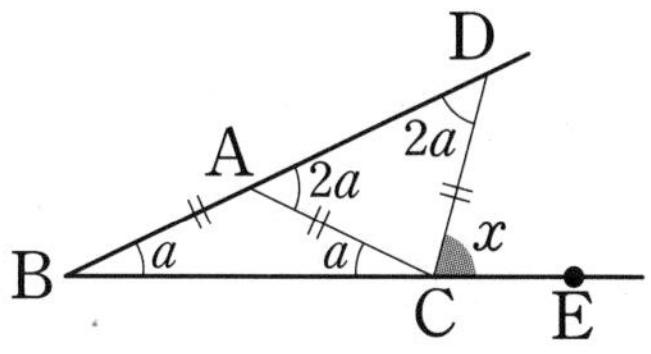

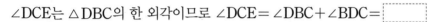

답 $2\angle a$, $2\angle a$, $3\angle a$, $3\angle a$

2. 한 내각의 이등분선과 한 외각의 이등분선이 이루는 각

다음 그림의 △ABC에서 ∠B의 이등분선과 ∠C의 외각의 이등분선의 교점을 D라 하면

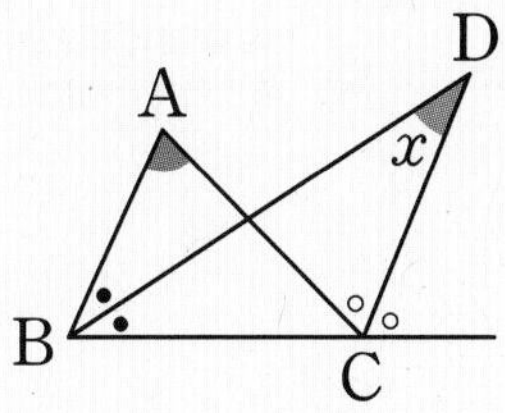

➡ $\angle x=\frac{1}{2}\angle A$

△ABC에서 $2\circ=\angle A+2\bullet$ $\therefore \circ=$ ☐ $+\bullet$ ······ ㉠

△DBC에서 $\circ=\angle x+\bullet$ ······ ㉡

㉠, ㉡에서

☐ $+\bullet=\angle x+\bullet$ $\therefore \angle x=$ ☐

답 $\frac{1}{2}\angle A$, $\frac{1}{2}\angle A$, $\frac{1}{2}\angle A$

5 다각형의 내각의 크기

모든 다각형은 삼각형으로 나눌 수 있어!

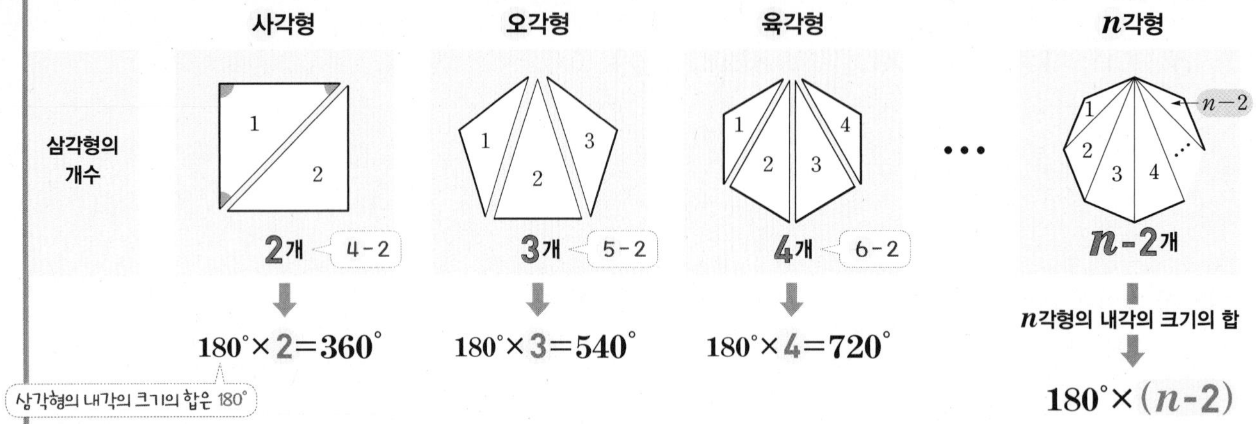

(1) **n각형의 내각의 크기의 합:** $180° \times (n-2)$

> 다양한 방법으로 다각형의 내각의 크기의 합 구해 보기
> 다각형의 내각의 크기의 합을 구하는 방법은 여러 가지가 있다. 예를 들어 오른쪽 그림과 같이 분할하면 육각형의 내각의 크기의 합을 구할 수 있다.
> 육각형의 내부에 한 점을 찍고, 그 점과 각 꼭짓점을 이으면 6개의 삼각형으로 나누어지므로 삼각형 6개의 내각의 크기의 합에서 360°를 빼면 된다. 즉, 육각형의 내각의 크기의 합은
> $180° \times 6 - 360° = 720°$
>
> 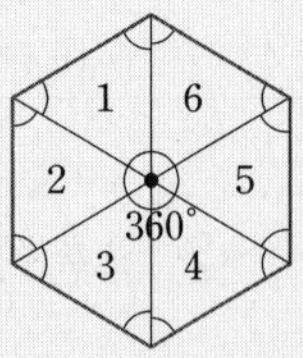

(2) **정n각형의 한 내각의 크기:** $\dfrac{180° \times (n-2)}{n}$

정다각형의 내각의 크기는 모두 같으므로 한 내각의 크기는 내각의 크기의 합을 꼭짓점의 개수로 나눈 것과 같다.

삼각형은 모든 다각형의 기본이야!

삼각형을 제외한 모든 다각형은 여러 개의 삼각형으로 나누어져. 따라서 다각형의 여러 가지 성질을 알려면 삼각형으로 분해하여 생각해 보면 돼. 즉, 모든 다각형의 기본은 삼각형이야.

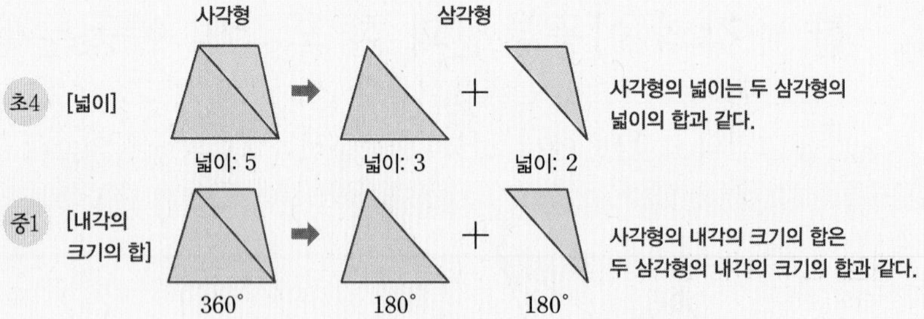

개념확인

1. 다음은 오른쪽 그림과 같은 정육각형의 한 내각의 크기를 구하는 과정이다. □ 안에 알맞은 것을 써넣으시오.

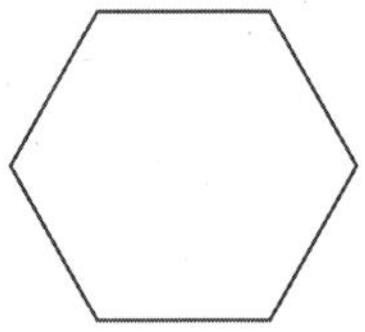

(1) 정육각형의 한 꼭짓점에서 대각선을 그어 만들 수 있는 삼각형의 개수는 □이다.

(2) 정육각형은 삼각형 □개로 나누어지고, 삼각형의 내각의 크기의 합은 □이므로 정육각형의 내각의 크기의 합은 180°×□=□이다.

(3) 정육각형의 내각의 크기는 모두 같으므로 한 내각의 크기는 $\dfrac{\square}{6}$=□이다.

익힘북 44쪽 | 정답과 풀이 20쪽

다각형의 내각의 크기의 합

1 **다음 그림과 같은 다각형의 내각의 크기의 합을 구하시오.**

(1)

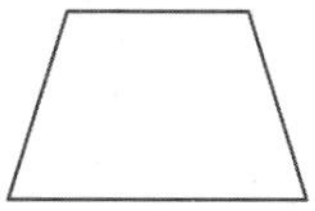

(2)

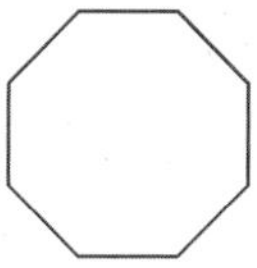

n각형의 한 꼭짓점에서 대각선을 모두 그어 만들어지는 삼각형의 개수는 $n-2$이므로 n각형의 내각의 크기의 합은 $180^\circ \times (n-2)$

1-1 내각의 크기의 합이 1260°인 다각형의 변의 개수는?

① 6 ② 7 ③ 8
④ 9 ⑤ 10

1-2 오른쪽 그림의 육각형에서 $\angle x$의 크기를 구하시오.

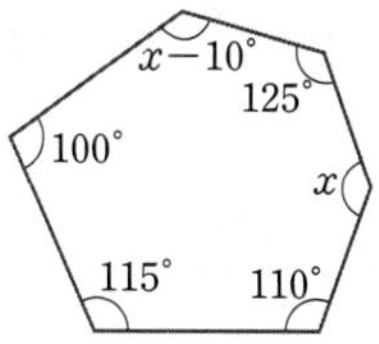

정다각형의 한 내각의 크기

2 **다음 정다각형의 한 내각의 크기를 구하시오.**

(1) 정팔각형 (2) 정십각형 (3) 정십이각형

(정n각형의 한 내각의 크기) $=\dfrac{180^\circ \times (n-2)}{n}$

2-1 한 내각의 크기가 140°인 정다각형을 구하시오.

익힘북 45쪽 | 정답과 풀이 20쪽

다각형의 내각의 크기의 응용

3 **오른쪽 그림의 정오각형 ABCDE에서 $\angle x$의 크기를 구하시오.**

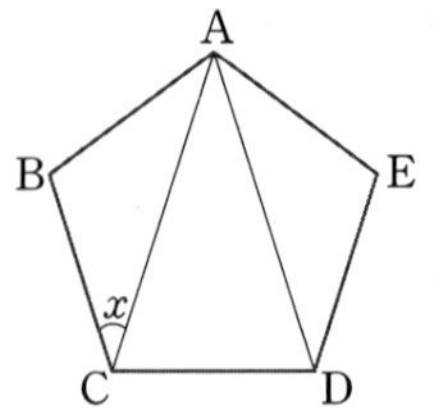

정n각형의 한 내각의 크기를 구한 후 이등변삼각형의 성질을 이용한다.

3-1 오른쪽 그림의 정팔각형 ABCDEFGH에서 $\angle x$의 크기를 구하시오.

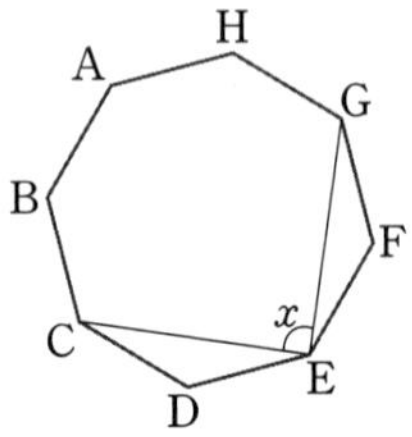

3-2 오른쪽 그림에서 $\angle x$의 크기는?

① 105° ② 110° ③ 115°
④ 120° ⑤ 125°

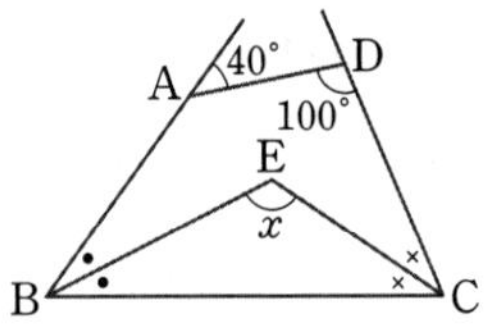

3-3 오른쪽 그림에서 $\angle x$의 크기를 구하시오.

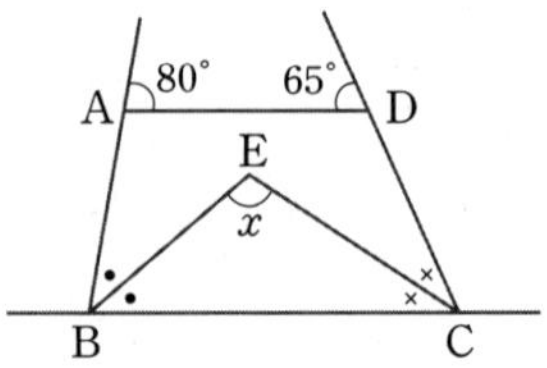

6 다각형의 외각의 크기

다각형의 외각의 크기의 합은 항상 360°!

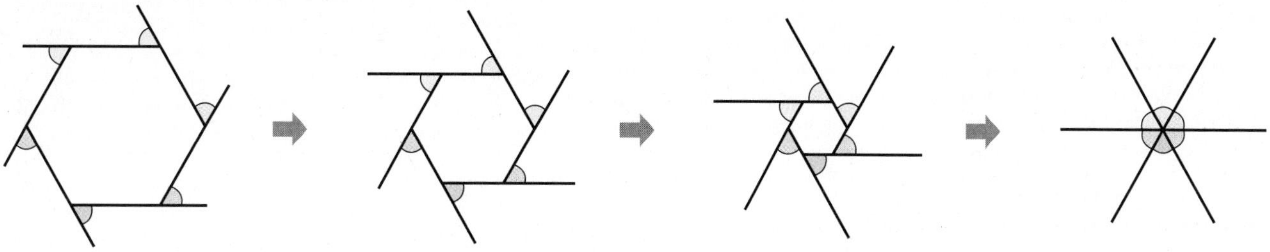

(1) n각형의 외각의 크기의 합: 360°

다각형의 외각의 크기의 합은 다각형의 내각의 크기의 합을 이용하여 구할 수 있다.

n각형의 각 꼭짓점에서 내각과 외각의 크기의 합은 180°이므로

(내각의 크기의 합)+(외각의 크기의 합)$=180°\times n$

$\therefore$ (외각의 크기의 합)$=180°\times n-$(내각의 크기의 합)$=180°\times n-180°\times(n-2)=360°$

다각형	삼각형	사각형	오각형	…	n각형
(내각의 크기의 합) +(외각의 크기의 합) ①	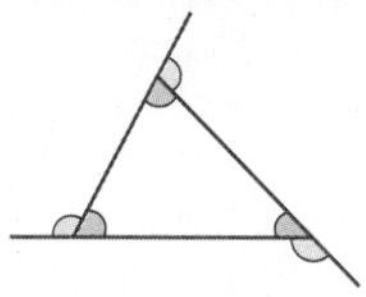 $180°\times3=540°$	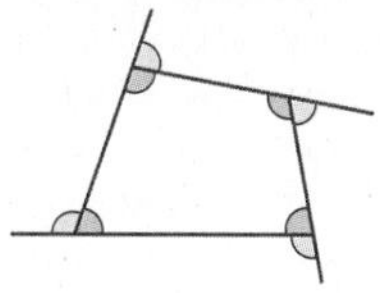 $180°\times4=720°$	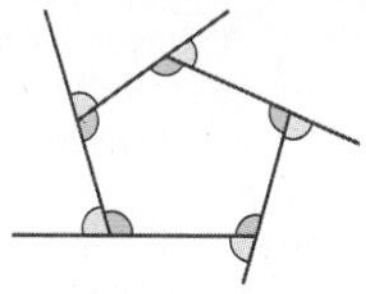 $180°\times5=900°$	…	$180°\times n$
내각의 크기의 합 ②	$180°\times(3-2)=180°$	$180°\times(4-2)=360°$	$180°\times(5-2)=540°$	…	$180°\times(n-2)$
외각의 크기의 합 ①−②	360° (다각형의 외각의 크기의 합은 항상 360°야.)				

(2) 정n각형의 한 외각의 크기: $\dfrac{360°}{n}$

정다각형의 외각의 크기는 모두 같으므로 한 외각의 크기는 외각의 크기의 합 360°를 꼭짓점의 개수로 나눈 것과 같다.

주의 정다각형이 아닌 다각형의 한 외각의 크기를 $\dfrac{360°}{n}$로 착각하지 않는다.

개념확인

1. 다음은 오른쪽 그림과 같은 정육각형의 한 외각의 크기를 구하는 과정이다. □ 안에 알맞은 것을 써넣으시오.

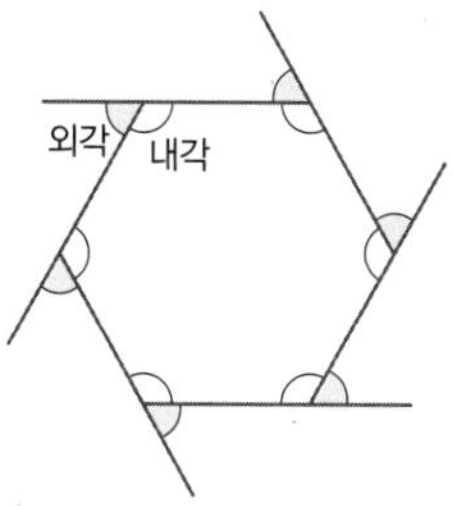

(1) (한 꼭짓점에서 내각과 외각의 크기의 합)=□

(2) (내각과 외각의 크기의 총합)$=180°\times$□=□

(3) (내각의 크기의 합)=□×(□−2)=□

(4) (외각의 크기의 합)=□−□=□

(5) (한 외각의 크기)$=\dfrac{□}{6}$=□

다각형의 외각의 크기의 합

1 **다음 그림에서 $\angle x$의 크기를 구하시오.**

(1)

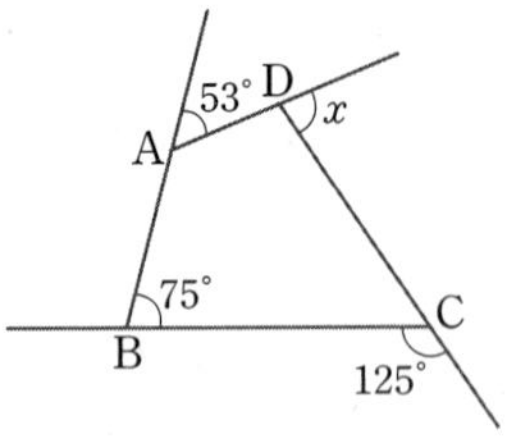

(2)

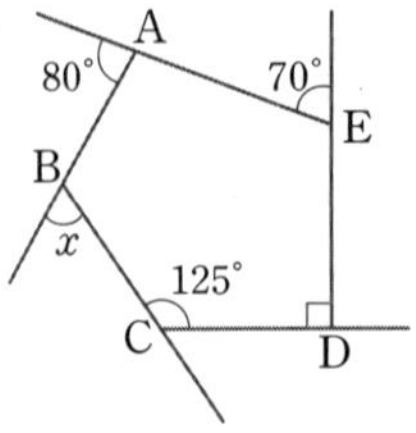

① (n각형의 내각의 크기의 합) $=180^\circ \times (n-2)$
② (n각형의 외각의 크기의 합) $=360^\circ$

1-1 오른쪽 그림에서 $\angle x$의 크기를 구하시오.

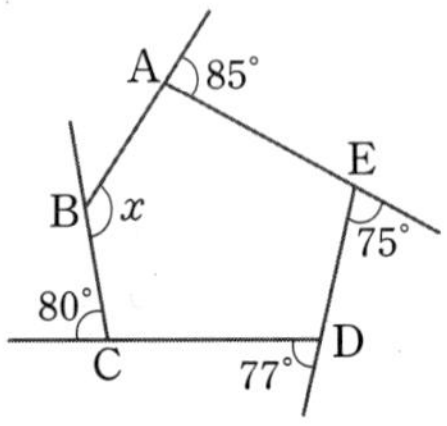

정다각형의 한 외각의 크기

2 **한 외각의 크기가 36°인 정다각형을 구하시오.**

① 정n각형의 한 외각의 크기 $=\dfrac{(n\text{각형의 외각의 크기의 합})}{n}=\dfrac{360^\circ}{n}$
② 정n각형의 한 내각의 크기 $=\dfrac{(n\text{각형의 내각의 크기의 합})}{n}=\dfrac{180^\circ \times (n-2)}{n}$

2-1 내각의 크기의 합이 2340°인 정다각형의 한 외각의 크기는?

① 24°　② 30°　③ 36°
④ 40°　⑤ 45°

2-2 한 내각과 한 외각의 크기의 비가 5 : 1인 정다각형의 대각선의 개수를 구하시오.

7 다각형의 내각과 외각의 활용

주어진 도형을 적당히 변형시켜서 삼각형을 찾아!

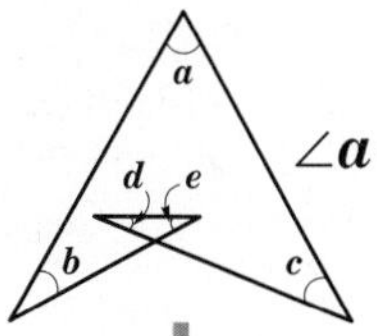

$\angle a+\angle b+\angle c+\angle d+\angle e$의 크기는?

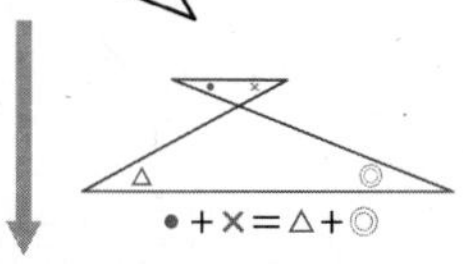

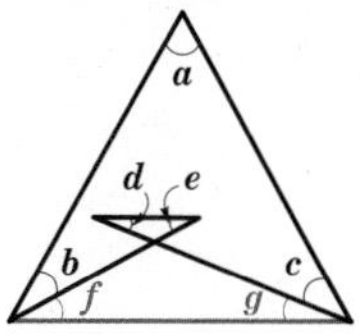

$\angle a+\angle b+\angle c+\angle f+\angle g = 180°$

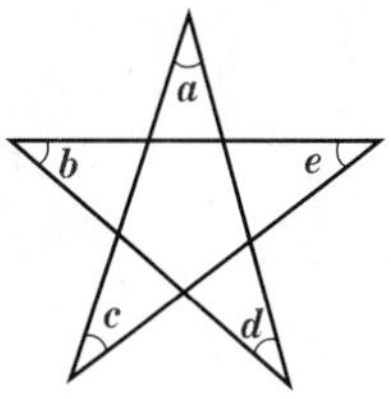

$\angle a+\angle b+\angle c+\angle d+\angle e$의 크기는?

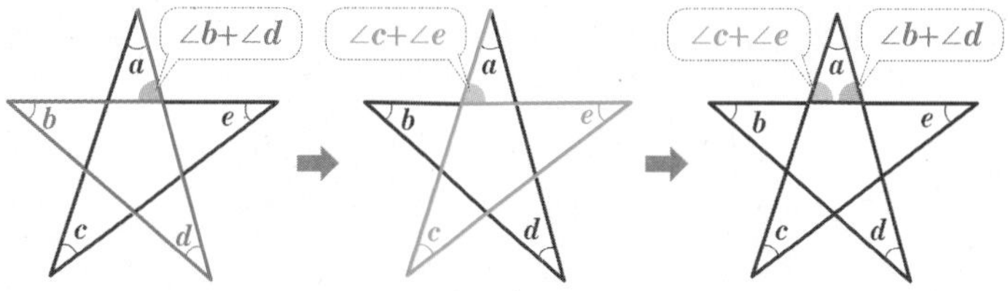

$\angle a+\angle b+\angle c+\angle d+\angle e = 180°$

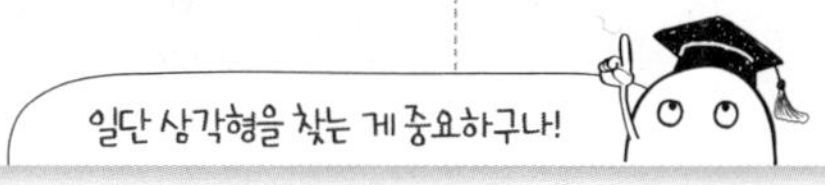

(1) 오목한 부분이 있는 다각형에서 각의 크기 구하기

두 꼭짓점을 연결하는 보조선을 그어 다각형의 내각의 크기의 합을 이용한다.

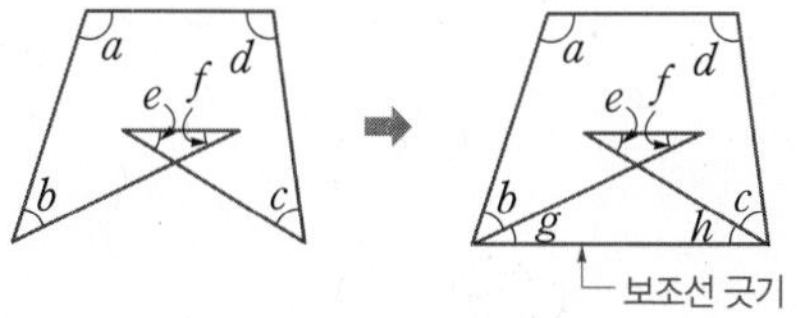

맞꼭지각의 성질에 의해 $\angle e+\angle f=\angle g+\angle h$이므로

$\angle a+\angle b+\angle c+\angle d+\angle e+\angle f=\angle a+\angle b+\angle c+\angle d+\angle g+\angle h$

$=$(사각형의 내각의 크기의 합)$=360°$

(2) 복잡한 도형에서 각의 크기 구하기

[방법 1] 적당한 삼각형을 찾아 한 외각의 크기는 그와 이웃하지 않는 두 내각의 크기의 합과 같음을 이용한다.

[방법 2] 다각형의 내각의 크기의 합과 외각의 크기의 합을 이용한다.

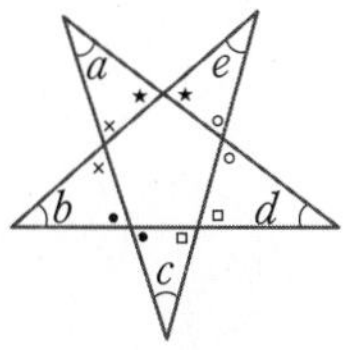

$\angle a+\angle b+\angle c+\angle d+\angle e$

$=$(삼각형 5개의 내각의 크기의 합)$-$(오각형의 외각의 크기의 합)$\times 2$

$=180° \times 5-360° \times 2=180°$

문제 해결의 실마리 '보조선'

도형에 관한 문제를 풀 때 주어진 도형에 없는 가상의 선, 즉 보조선을 잘 그으면 숨겨진 단서가 드러나 쉽게 풀리곤 해. 이때 보조선은 이미 배운 도형의 성질을 이용하여 문제를 해결하기 위해 긋는 선이므로, 다음과 같이 도형의 성질을 생각하며 적절한 곳에 그어야 해.

① 꺾이는 부분의 각의 크기를 구하는 경우 꺾이는 부분에서 평행선을 보조선으로 긋는다. 그 결과 $\angle x=20°+30°=50°$와 같이 꺾이는 부분의 각의 크기를 구할 수 있다.

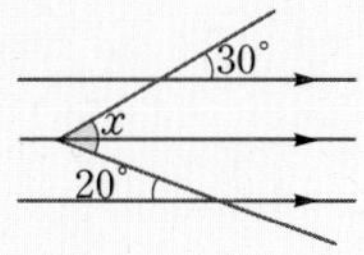

② 오목한 부분이 있는 다각형의 경우 오목한 부분이 없는 다각형으로 고치기 위해 보조선을 긋는다. 그 결과 삼각형과 사각형의 내각의 크기의 합을 이용하여 $\angle x=100°$임을 구할 수 있다.

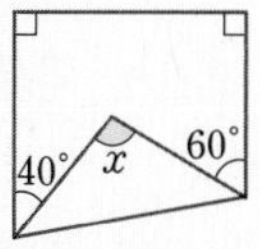

개념확인

1. 오른쪽 그림에서 $\angle a+\angle b+\angle c+\angle d$의 크기를 구하시오.

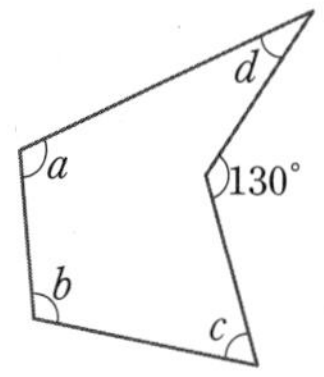

오목한 부분이 있는 다각형에서의 각의 크기

1 **오른쪽 그림에서 $\angle x$의 크기를 구하시오.**

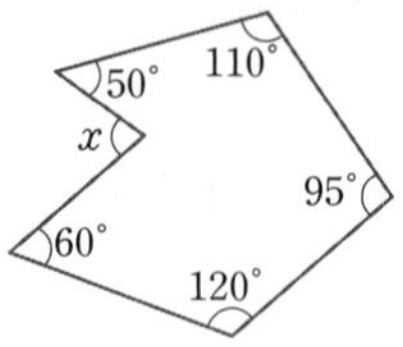

다음 그림의 오각형에서

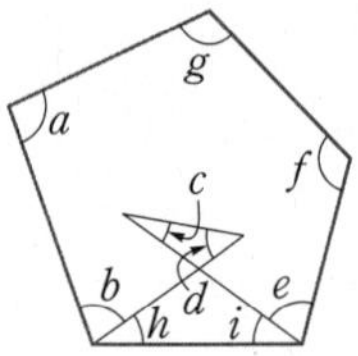

$\angle c+\angle d=\angle h+\angle i$
이므로
$\angle a+\angle b+\angle c+\angle d$
$+\angle e+\angle f+\angle g$
$=\angle a+\angle b+\angle h+\angle i$
$+\angle e+\angle f+\angle g$
$=540°$

1-1 오른쪽 그림에서 $\angle x+\angle y$의 크기는?

① 60° ② 65°
③ 70° ④ 75°
⑤ 80°

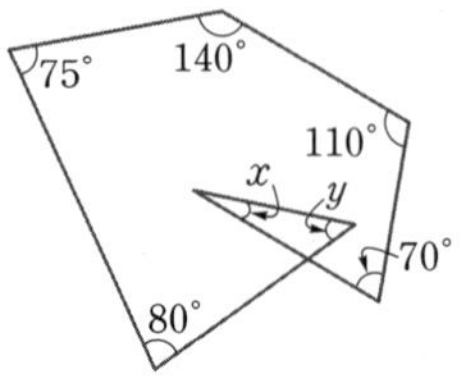

1-2 오른쪽 그림에서 $\angle a+\angle b+\angle c+\angle d+\angle e+\angle f$의 크기는?

① 360° ② 450°
③ 540° ④ 600°
⑤ 720°

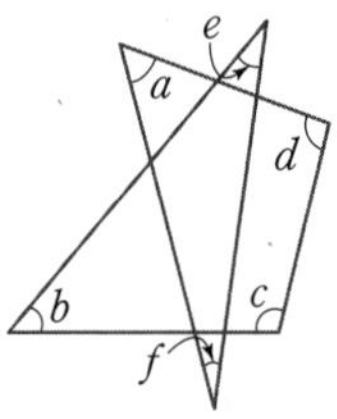

1-3 오른쪽 그림에서
$\angle a+\angle b+\angle c+\angle d+\angle e+\angle f+\angle g$
$+\angle h+\angle i+\angle j+\angle k$
의 크기는?

① 1180° ② 1200°
③ 1240° ④ 1260°
⑤ 1300°

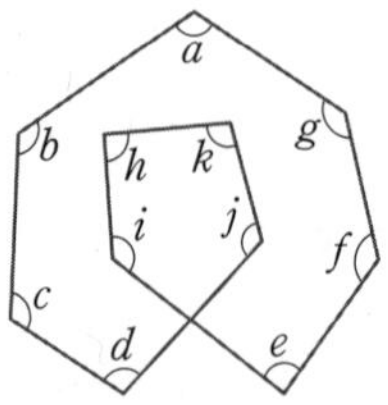

복잡한 도형에서의 각의 크기

2 **다음을 구하시오.**

(1) 오른쪽 그림에서 $\angle a+\angle b+\angle c+\angle d+\angle e+\angle f$의 크기

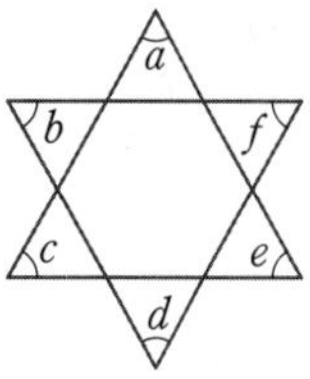

(2) 오른쪽 그림에서 $\angle a+\angle b+\angle c+\angle d+\angle e+\angle f+\angle g$의 크기

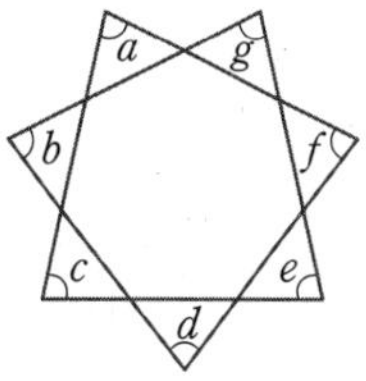

n각형의 각 변을 한 변으로 하는 n개의 삼각형이 둘러싸고 있는 도형에서 꼭지각의 크기의 합 구하기
$180^\circ \times n-(n$각형의 외각의 크기의 합$)\times 2$
$=180^\circ \times n-360^\circ \times 2$
$=180^\circ \times n-720^\circ$

2-1 오른쪽 그림에서 $\angle x$의 크기를 구하시오.

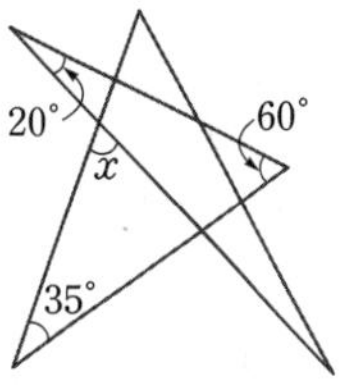

2-2 오른쪽 그림에서 $\angle x+\angle y$의 크기를 구하시오.

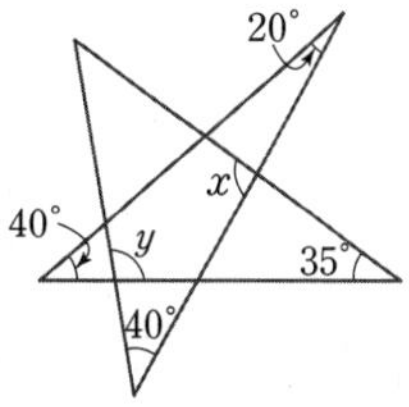

2-3 오른쪽 그림에서 $\angle a+\angle b+\angle c+\angle d+\angle e+\angle f$의 크기는?

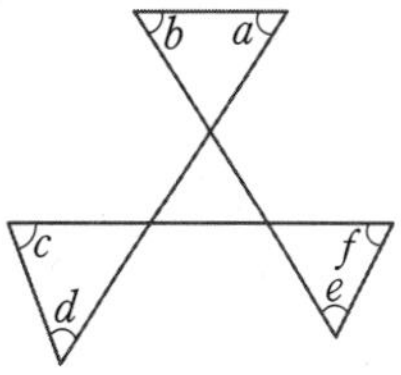

① 180°　② 270°
③ 360°　④ 450°
⑤ 540°

개념 특강

원리로 이해하는 다각형 총정리

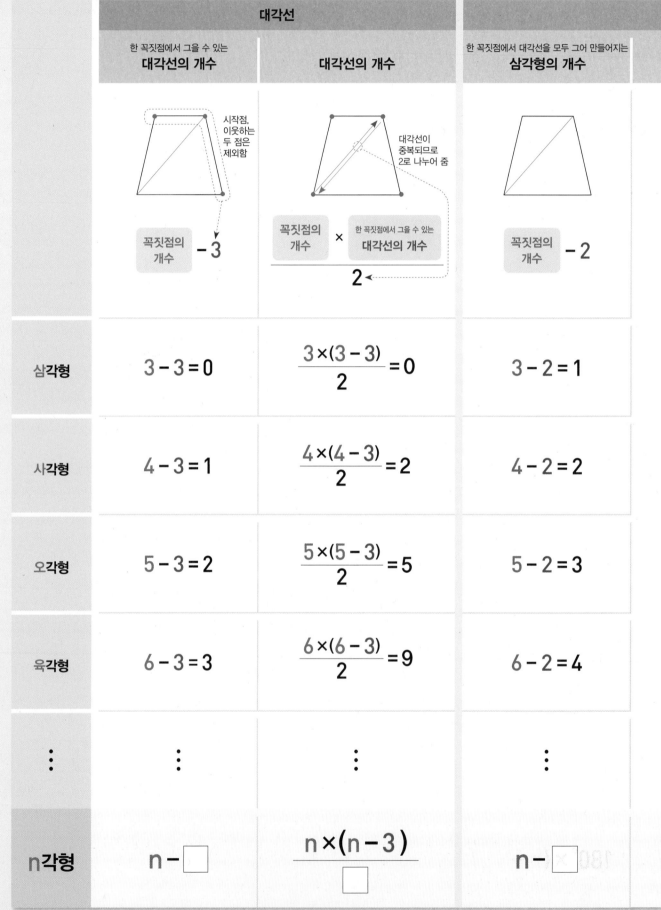

	대각선		
	한 꼭짓점에서 그을 수 있는 **대각선의 개수**	**대각선의 개수**	한 꼭짓점에서 대각선을 모두 그어 만들어지는 **삼각형의 개수**
	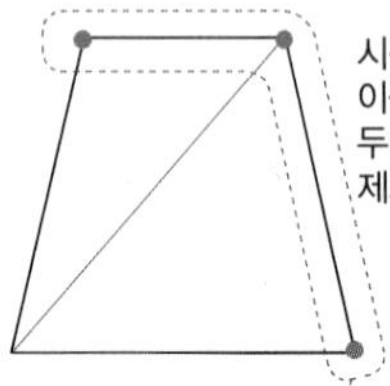	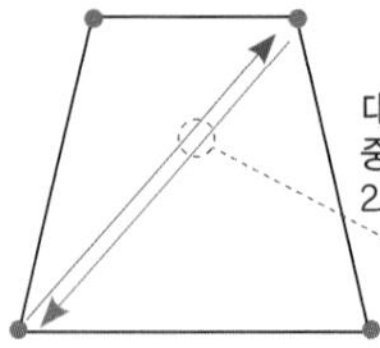	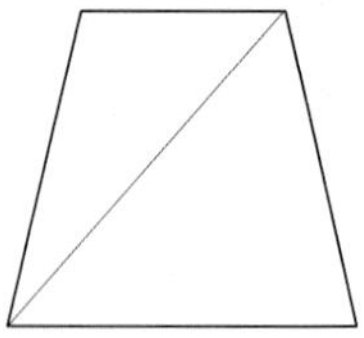
	(꼭짓점의 개수) − 3	$\frac{(\text{꼭짓점의 개수}) \times (\text{한 꼭짓점에서 그을 수 있는 대각선의 개수})}{2}$	(꼭짓점의 개수) − 2
삼각형	$3-3=0$	$\frac{3\times(3-3)}{2}=0$	$3-2=1$
사각형	$4-3=1$	$\frac{4\times(4-3)}{2}=2$	$4-2=2$
오각형	$5-3=2$	$\frac{5\times(5-3)}{2}=5$	$5-2=3$
육각형	$6-3=3$	$\frac{6\times(6-3)}{2}=9$	$6-2=4$
⋮	⋮	⋮	⋮
n각형	$n-\square$	$\frac{n\times(n-3)}{\square}$	$n-\square$

답 3, 2, 2

내각		외각	
내각의 크기의 합	정n각형의 한 내각의 크기	외각의 크기의 합	정n각형의 한 외각의 크기
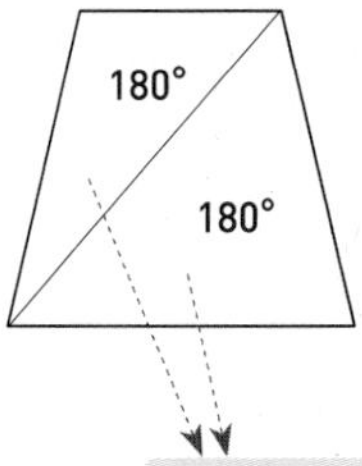 180° × 삼각형의 개수	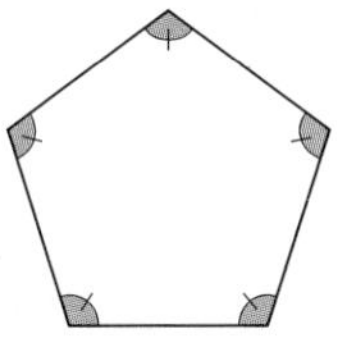 $\frac{\text{내각의 크기의 합}}{n}$	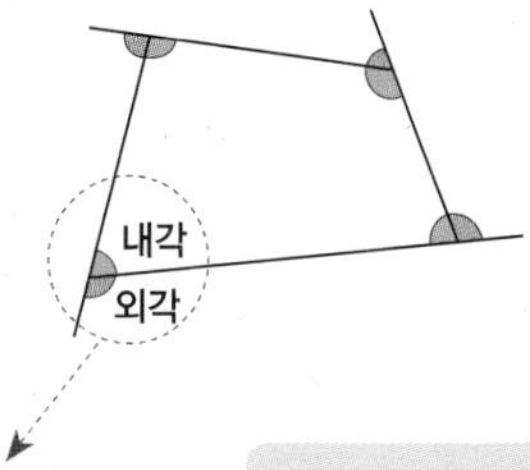 180° × n − 내각의 크기의 합	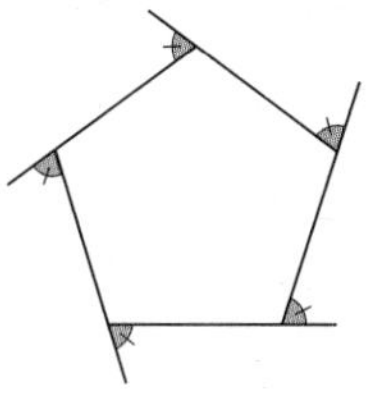 $\frac{\text{외각의 크기의 합}}{n}$
$180° \times (3-2) = 180°$	$\frac{180° \times (3-2)}{3} = 60°$	$180° \times n - 180° \times (n-2)$ (내각의 크기의 합) + (외각의 크기의 합) / 내각의 크기의 합 $= 180° \times 2$ $= 360°$	$\frac{360°}{n}$
$180° \times (4-2) = 360°$	$\frac{180° \times (4-2)}{4} = 90°$		
$180° \times (5-2) = 540°$	$\frac{180° \times (5-2)}{5} = 108°$		
$180° \times (6-2) = 720°$	$\frac{180° \times (6-2)}{6} = 120°$		
⋮	⋮		
$180° \times (n - \square)$	$\frac{180° \times (n-2)}{n}$	$\square°$	$\frac{\square°}{n}$

답 2, 360, 360

1 다각형의 성질

다음 중 다각형에 대한 설명으로 옳지 <u>않은</u> 것을 모두 고르면? (정답 2개)

① n각형은 n개의 선분으로 둘러싸인 도형으로 꼭짓점의 개수도 n이다.
② 네 변의 길이가 모두 같은 사각형은 정사각형이다.
③ 정삼각형의 한 외각의 크기는 $120°$이다.
④ 구각형의 대각선의 개수는 27이다.
⑤ 십칠각형의 한 꼭짓점에서 그을 수 있는 대각선의 개수는 15이다.

2 대각선의 개수 (1)

다음은 한 꼭짓점에서 그을 수 있는 대각선의 개수가 12인 다각형의 대각선의 개수를 구한 것이다. 잘못된 부분을 찾아 바르게 고치시오.

> n각형의 한 꼭짓점에서 그을 수 있는 대각선의 개수가 12이므로
> $n-2=12 \qquad \therefore n=14$
> 따라서 십사각형의 대각선의 개수는
> $\dfrac{14\times(14-3)}{2}=77$

3 삼각형의 내각과 외각의 성질

다음 그림에서 $\angle x$, $\angle y$의 크기를 각각 구하시오.

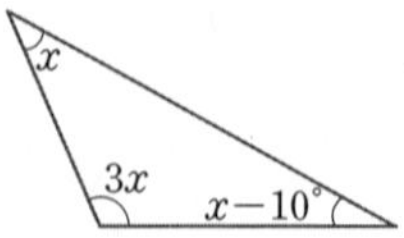

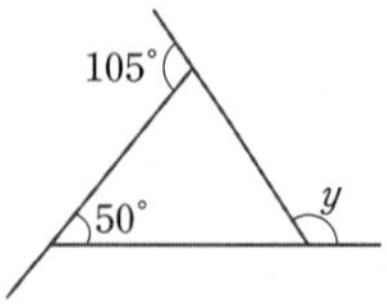

4 삼각형의 내각과 외각의 성질

오른쪽 그림에서 $\angle x$, $\angle y$의 크기를 각각 구하면?

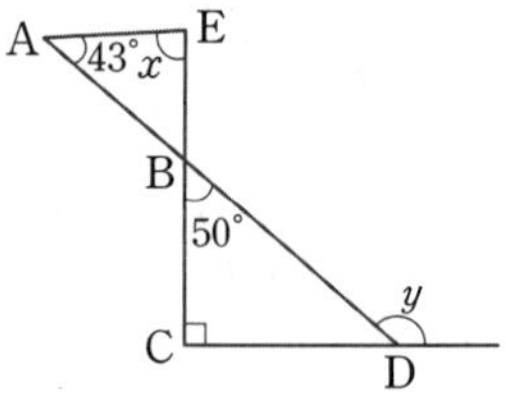

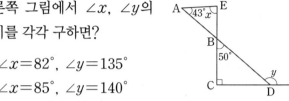

① $\angle x=82°$, $\angle y=135°$
② $\angle x=85°$, $\angle y=140°$
③ $\angle x=85°$, $\angle y=145°$
④ $\angle x=87°$, $\angle y=140°$
⑤ $\angle x=87°$, $\angle y=145°$

5 삼각형의 내각과 외각의 성질

오른쪽 그림에서 $\angle x$, $\angle y$의 크기를 각각 구하시오.

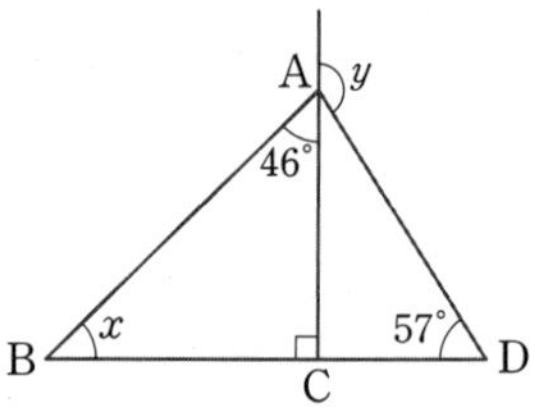

6 삼각형의 외각의 성질의 응용 (2)

오른쪽 그림에서 $\angle A=60°$이고, $\angle ABD=\angle DBC$, $\angle ACD=\angle DCE$일 때, $\angle x$의 크기는?

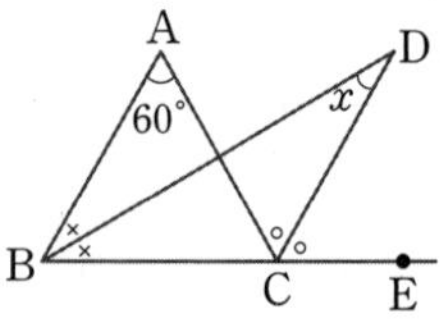

① $30°$　② $35°$　③ $40°$
④ $45°$　⑤ $50°$

7 정다각형의 한 외각의 크기

한 외각의 크기가 $72°$인 정다각형의 내각의 크기의 합은?

① $360°$ ② $540°$ ③ $720°$
④ $1080°$ ⑤ $1260°$

8 정다각형의 한 외각의 크기

한 내각과 한 외각의 크기의 비가 $4:1$인 정다각형의 꼭짓점의 개수를 구하시오.

9 정다각형의 성질

다음 중 정이십각형에 대한 설명으로 옳은 것을 모두 고르면? (정답 2개)

① 대각선의 개수는 170이다.
② 내각의 크기의 합은 $3600°$이다.
③ 한 꼭짓점에서 대각선을 모두 그어 만들어지는 삼각형은 18개이다.
④ 한 외각의 크기는 $20°$이다.
⑤ 한 내각의 크기는 $165°$이다.

10 오목한 부분이 있는 다각형에서의 각의 크기

오른쪽 그림에서 $\angle x$의 크기를 구하시오.

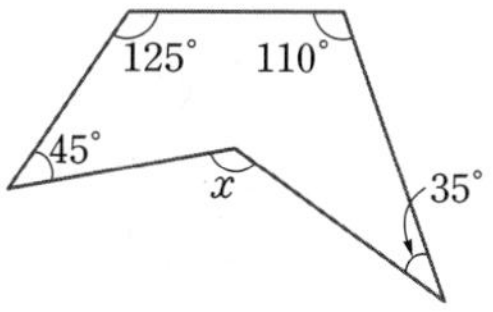

11 복잡한 도형에서의 각의 크기

다음 그림과 같이 평면 위에 한 변이 공통인 정육각형과 정팔각형이 있다. $\overline{AB}$와 $\overline{GH}$의 연장선이 만나는 점을 P라 할 때, $\angle APG$의 크기는?

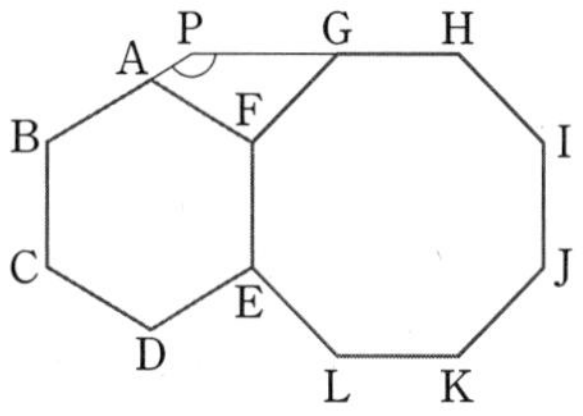

① $130°$ ② $135°$ ③ $140°$
④ $145°$ ⑤ $150°$

12 복잡한 도형에서의 각의 크기

오른쪽 그림에서
$\angle a+\angle b+\angle c+\angle d$
$+\angle e+\angle f+\angle g+\angle h$
의 크기를 구하시오.

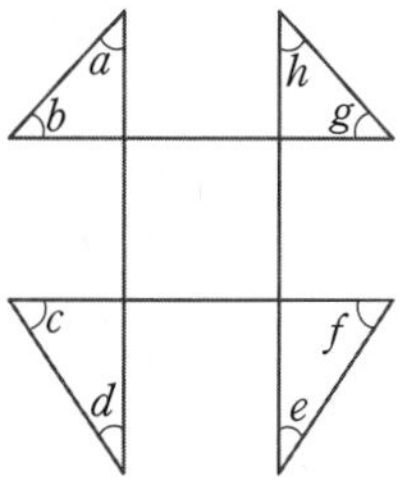

발전 문제

1 오른쪽 그림에서 $\angle DBC=\frac{1}{2}\angle ABD$, $\angle DCE=\frac{1}{2}\angle ACD$이고 $\angle A=60°$일 때, $\angle BDC$의 크기는?

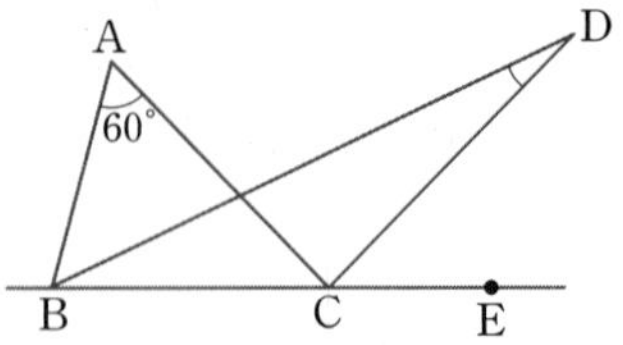

① 12° ② 16 ③ 20° ④ 24° ⑤ 28°

2 오른쪽 그림과 같이 $\overline{AB}=\overline{AC}$인 이등변삼각형 ABC에 대하여 $\overline{AB}$, $\overline{AC}$를 각각 한 변으로 하는 정삼각형 ADB, ACE를 각각 그렸다. $\angle ACB=73°$일 때, $\angle DBF$의 크기를 구하시오.

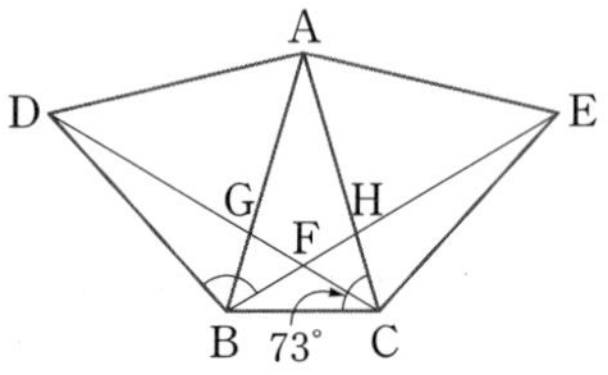

이등변삼각형을 찾아 그 성질을 이용하여 각각의 각의 크기를 구한다.

3 오른쪽 그림에서 $\angle a+\angle b$의 크기를 구하시오.

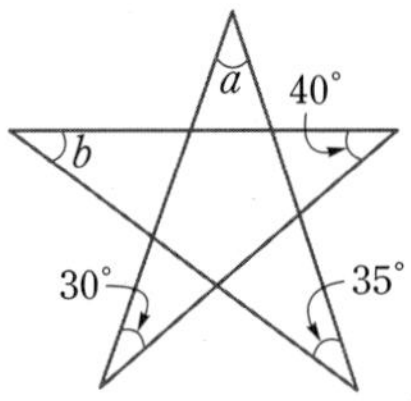

4 오른쪽 그림에서

$\angle A+\angle B+\angle C+\angle D+\angle E+\angle F+\angle G$

의 크기를 구하시오.

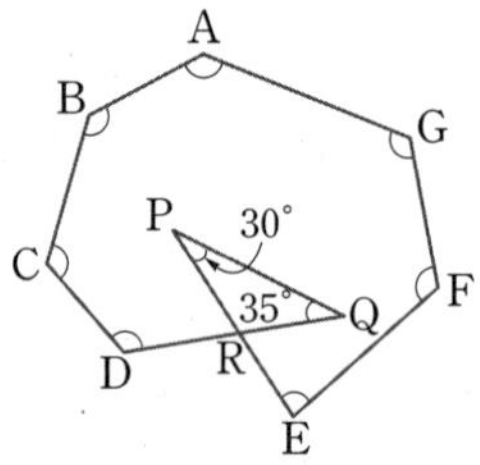

두 꼭짓점을 연결하는 보조선을 그어 다각형의 내각의 크기의 합을 이용한다.

5 오른쪽 그림은 서로 평행한 두 직선 l, m 사이에 정오각형이 끼어 있는 것이다. 이때 $\angle x$의 크기를 구하시오.

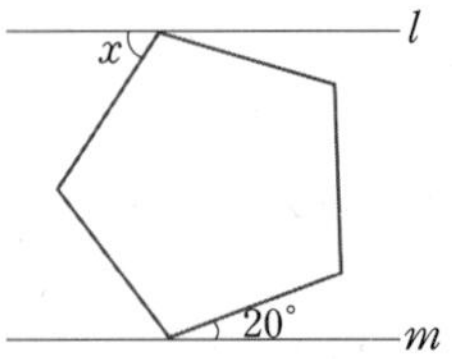

두 직선 l, m에 평행한 보조선을 그어 평행선의 성질을 이용한다.

6 서술형

오른쪽 그림의 △ABC에서 ∠B의 이등분선이 변 AC와 만나는 점을 D라 하고, 변 BC의 연장선 위의 한 점을 E라 하자. ∠ADB=70°, ∠ACE=140°일 때, ∠x의 크기를 구하기 위한 풀이 과정을 쓰고 답을 구하시오.

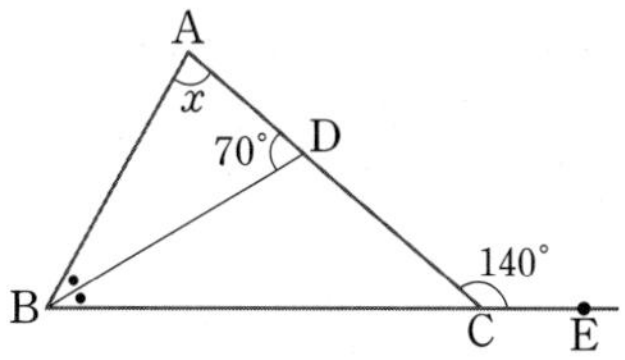

① 단계: ∠BDC와 ∠ACB의 크기 각각 구하기

∠ADB=70°이므로 ∠BDC=______________

∠ACE=140°이므로 ∠ACB=______________

② 단계: ∠DBC의 크기 구하기

△DBC에서 ∠DBC=180°−(∠BDC+∠BCD)

=____________________

③ 단계: ∠x의 크기 구하기

△ABD에서 ∠ABD=∠DBC=_______이므로

∠x=______________

▶ Check List
- ∠BDC와 ∠ACB의 크기를 각각 바르게 구하였는가?
- ∠DBC의 크기를 바르게 구하였는가?
- ∠x의 크기를 바르게 구하였는가?

7 서술형

한 내각의 크기가 156°인 정다각형의 대각선의 개수를 구하기 위한 풀이 과정을 쓰고 답을 구하시오.

① 단계: 정n각형이라 놓고 n의 값 구하기

____

____

____

② 단계: 대각선의 개수 구하기

____

____

____

▶ Check List
- 정n각형이라 놓고 n의 값을 바르게 구하였는가?
- 대각선의 개수를 바르게 구하였는가?

2 원과 부채꼴

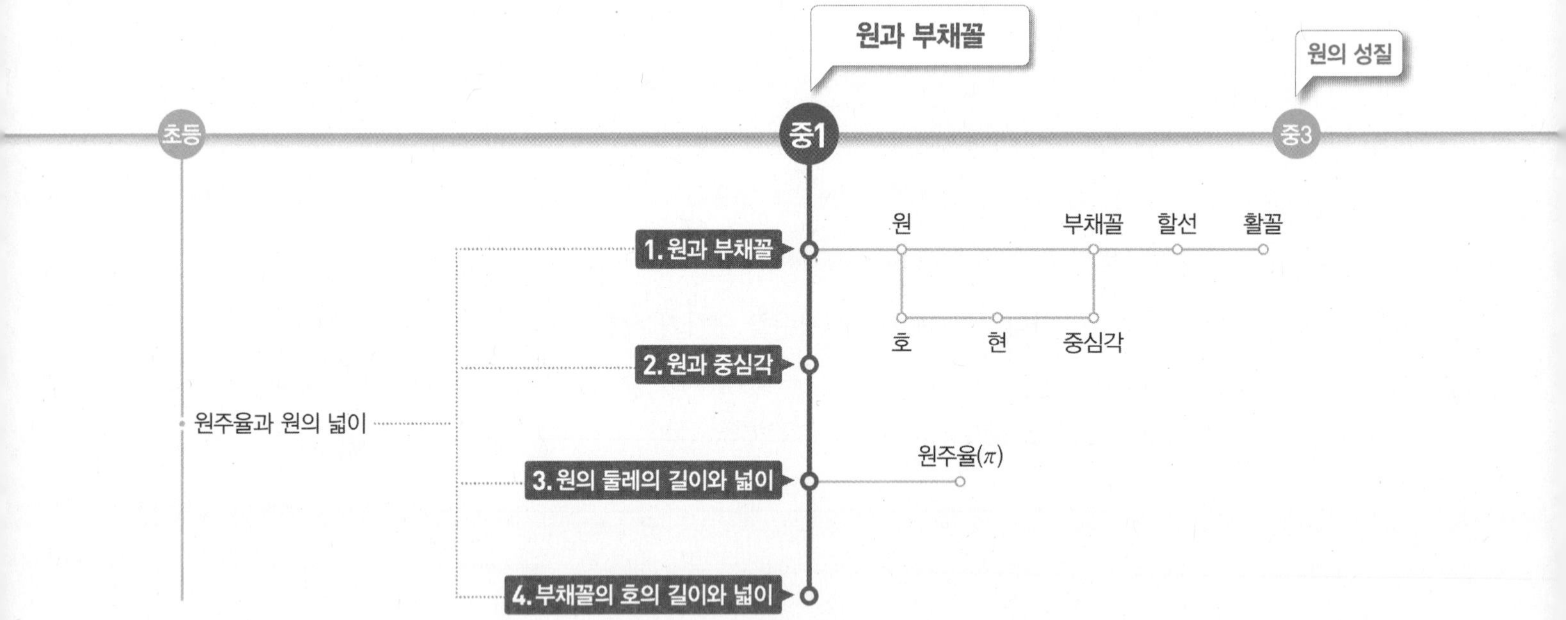

원과 부채꼴
원의 성질
초등
중1
중3
원주율과 원의 넓이
1. 원과 부채꼴
2. 원과 중심각
3. 원의 둘레의 길이와 넓이
4. 부채꼴의 호의 길이와 넓이
원
부채꼴
할선
활꼴
호
현
중심각
원주율(π)

원의 비밀을 푸는 열쇠, 원주율 π

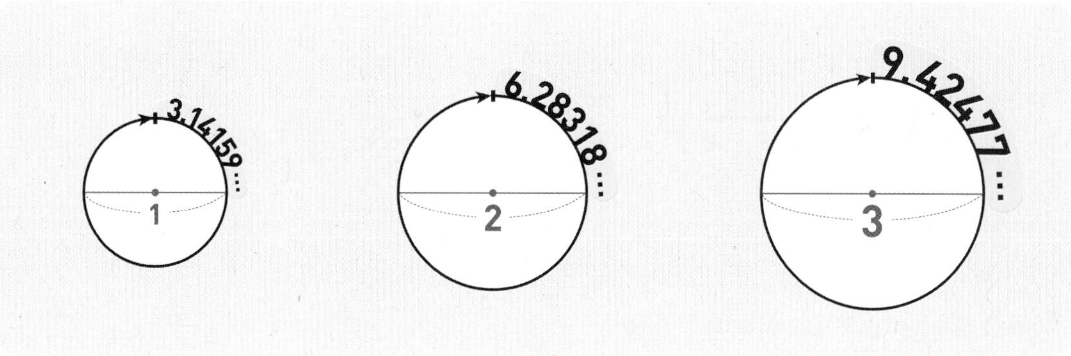

$$\frac{(\text{원둘레의 길이})}{(\text{지름의 길이})} = \frac{3.14159\cdots}{1} = \frac{6.28318\cdots}{2} = \frac{9.42477\cdots}{3}$$

$$= 3.14159\cdots = \pi(\text{원주율})$$

원둘레의 길이는 항상 지름의 길이의 π배

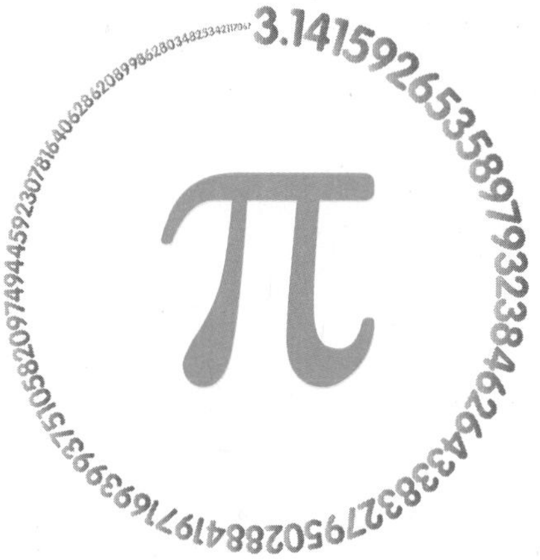

π를 통해 원과 관련된 문제를 해결할 수 있다!

1 원과 부채꼴

원과 선이 만드는 도형

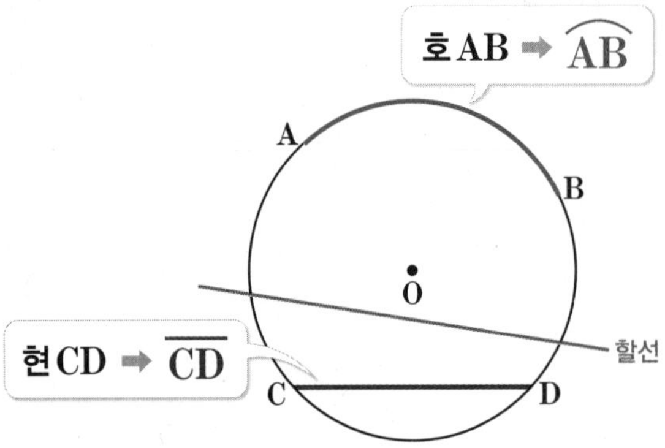

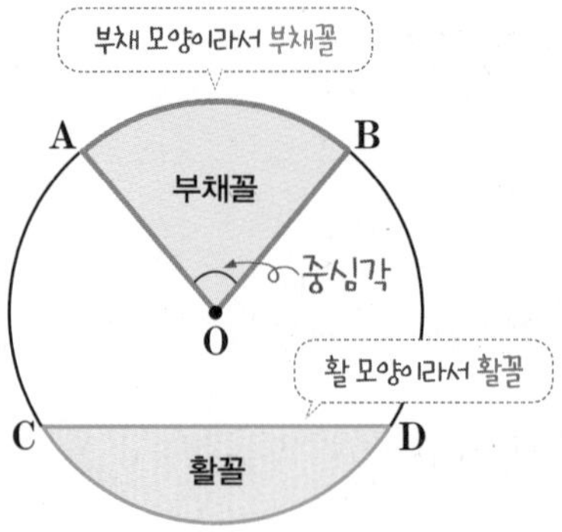

(1) **원:** 평면 위의 한 점 O로부터 일정한 거리에 있는 모든 점들로 이루어진 도형

(2) **호:** 원 위의 두 점을 양 끝으로 하는 원의 일부분

즉, 양 끝점이 A, B인 호를 호 AB라 하며, $\overset{\frown}{AB}$와 같이 나타낸다.

참고 $\overset{\frown}{AB}$는 보통 길이가 짧은 쪽의 호를 나타낸다.

(3) **현:** 원 위의 두 점을 이은 선분

즉, 양 끝점이 C, D인 현을 현 CD라 하며, $\overline{CD}$와 같이 나타낸다.

참고 원 O의 현 중에서 길이가 가장 긴 현은 원의 중심 O를 지나는 지름이다.

(4) **할선:** 원 위의 두 점을 지나는 직선

(5) **부채꼴:** 원 O에서 두 반지름 OA, OB와 호 AB로 이루어진 도형

(6) **중심각:** 부채꼴 AOB에서 두 반지름 OA, OB가 이루는 ∠AOB를 부채꼴 AOB의 중심각 또는 호 AB에 대한 중심각이라 한다.

(7) **활꼴:** 현 CD와 호 CD로 이루어진 도형

참고 반원은 활꼴인 동시에 부채꼴이다.

• 호(弧)
　└ 활 호

• 현(絃)
　└ 시위 현

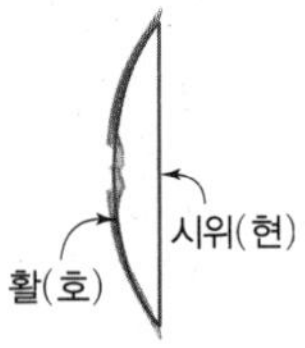

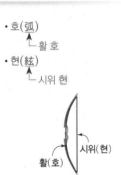

원 위의 두 점을 양 끝으로 하는 호는 1개뿐일까?

호는 원 위의 두 점을 양 끝으로 하는 원의 일부분이야.
오른쪽 그림과 같이 원 O 위에 두 점 A, B를 잡으면 원은 두 부분으로 나누어지고 호는 2개가 생겨. 따라서 오해를 피하기 위해 길이가 짧은 쪽의 호는 $\overset{\frown}{AB}$와 같이 나타내고, 길이가 긴 쪽의 호는 호 위에 점을 하나 더 잡아 $\overset{\frown}{APB}$와 같이 나타내.

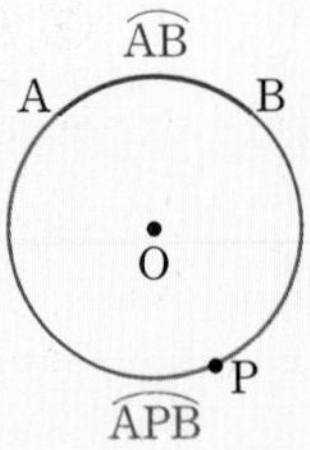

개념확인

1. 오른쪽 그림의 원 O에 대하여 다음을 기호로 나타내시오.

(1) 지름

(2) ∠AOB에 대한 호

(3) 원 O의 현

(4) $\overset{\frown}{AC}$에 대한 중심각

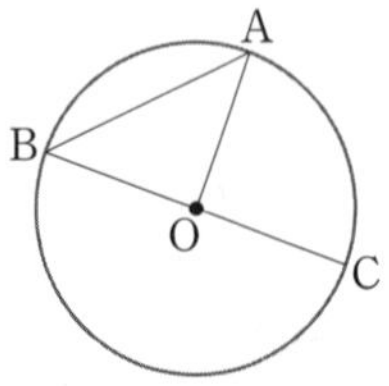

2. 다음 □ 안에 알맞은 것을 써넣으시오.

(1) 원의 현 중에서 가장 긴 현은 원의 □을 지나는 □이다.

(2) 반원은 □인 동시에 중심각의 크기가 180°인 □이다.

원과 부채꼴

1 **오른쪽 그림의 원 O에서 A, B, C, D, E가 나타내는 용어를 다음 보기에서 각각 고르시오.**

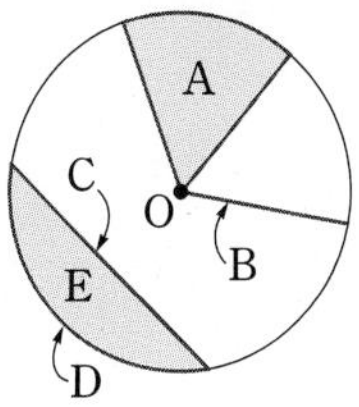

보기			
중심각	부채꼴	활꼴	현
반지름	지름	호	중심

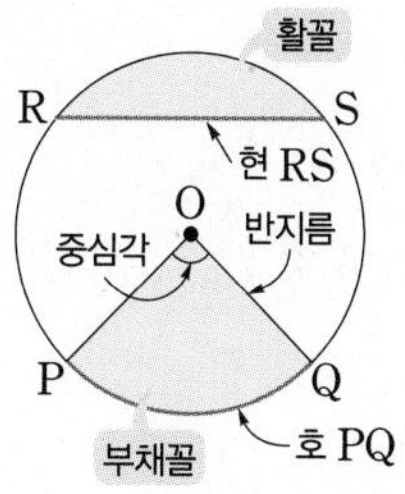

1-1 다음 중 옳지 않은 것을 모두 고르면? (정답 2개)

① 원 위의 두 점을 이은 선분을 현이라 한다.
② 원에서 같은 중심각에 대한 현과 호로 이루어진 도형은 부채꼴이다.
③ 원 위의 두 점을 양 끝으로 하는 원의 일부분을 호라 한다.
④ 원에서 호의 양 끝점을 이은 선분을 활꼴이라 한다.
⑤ 반원은 활꼴인 동시에 부채꼴이다.

원과 부채꼴의 기본 성질

2 **오른쪽 그림의 원 O에 대한 설명으로 옳지 않은 것은?**
(단, 세 점 A, O, C는 한 직선 위에 있다.)

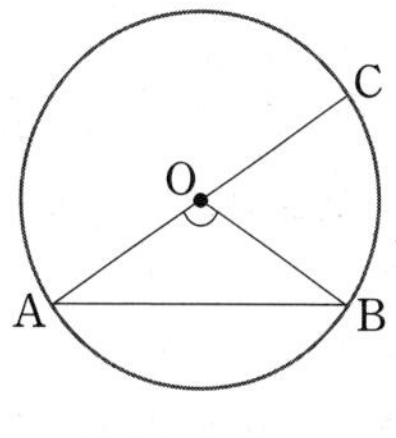

① $\overline{AB}$는 현이고, $\overline{OB}$는 반지름이다.
② ∠AOB는 호 AB에 대한 중심각이다.
③ $\overline{AC}$는 원 O의 현 중에서 가장 긴 현이다.
④ $\overline{AB}$와 $\widehat{AB}$로 이루어진 도형은 부채꼴이다.
⑤ 부채꼴이 활꼴이 될 때, 부채꼴의 중심각의 크기는 180°이다.

원의 현 중에서 길이가 가장 긴 현은 지름이다.

2-1 원 O에서 부채꼴 AOB의 반지름의 길이와 현 AB의 길이가 같을 때, 이 부채꼴 AOB의 중심각의 크기는?

① 30° ② 60° ③ 90°
④ 120° ⑤ 180°

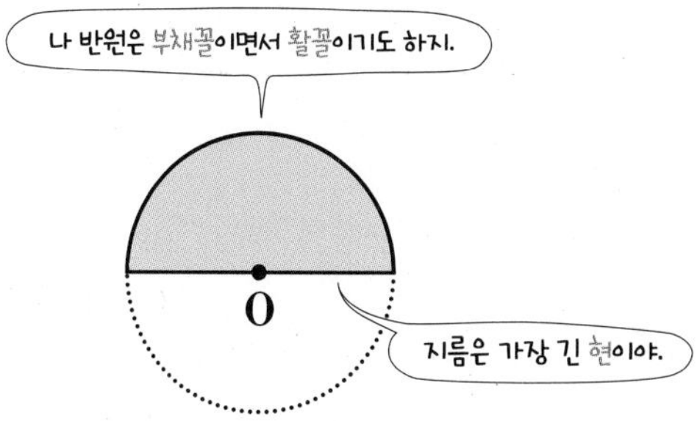

2 원과 중심각

부채꼴의 호의 길이와 넓이는 중심각의 크기에 정비례!

중심각의 크기가 같으면 부채꼴의 호의 길이도 같아!

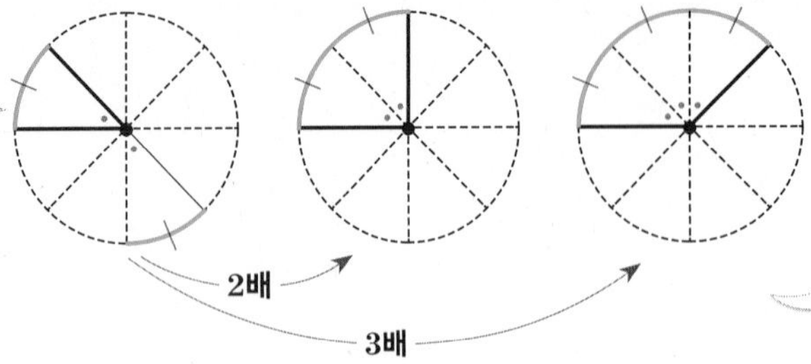

부채꼴의 호의 길이는 중심각의 크기에 정비례한다.

중심각의 크기가 같으면 부채꼴의 넓이도 같아!

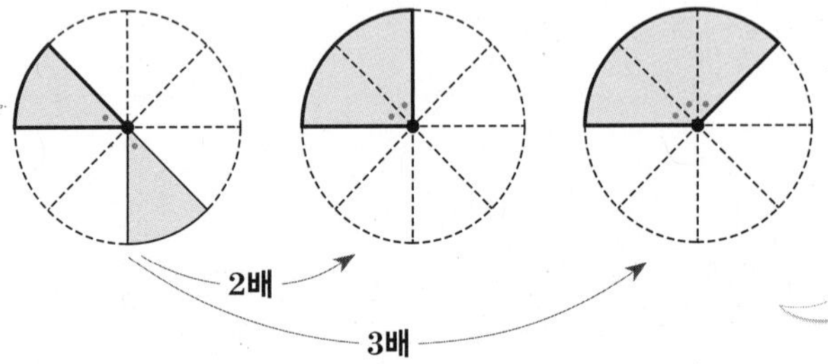

부채꼴의 넓이는 중심각의 크기에 정비례한다.

(1) 중심각의 크기와 호의 길이, 부채꼴의 넓이 사이의 관계

한 원 또는 합동인 두 원에서

① 같은 크기의 중심각에 대한 [호의 길이 / 부채꼴의 넓이]는 같다.

② [호의 길이 / 부채꼴의 넓이]는 중심각의 크기에 정비례한다.

• 한 원 또는 합동인 두 원에서 같은 호의 길이에 대한 중심각의 크기는 같다.

(2) 중심각의 크기와 현의 길이 사이의 관계

한 원 또는 합동인 두 원에서

① 같은 크기의 중심각에 대한 현의 길이는 같다.

② 현의 길이는 중심각의 크기에 정비례하지 않는다.

• 한 원 또는 합동인 두 원에서 같은 길이의 현에 대한 중심각의 크기는 같다.

현의 길이도 중심각의 크기에 정비례할까?

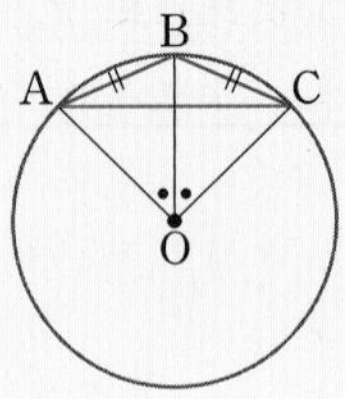

$\triangle$ACB에서 오른쪽 그림과 같이 중심각의 크기가 2배로 커지면 현의 길이도 길어져.
하지만 $\triangle$ACB에서 $\overline{AC}<\overline{AB}+\overline{BC}=2\overline{AB}$
즉, $\overline{AC}<2\overline{AB}$이므로 현의 길이가 2배가 되는 것은 아니야.
따라서 현의 길이는 중심각의 크기에 정비례하지 않아.

개념확인

1. 다음 그림의 원 O에서 x의 값을 구하시오.

(1)

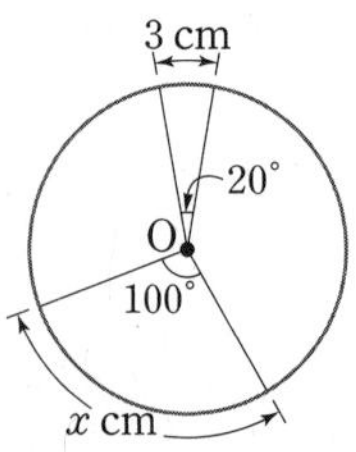

(2)

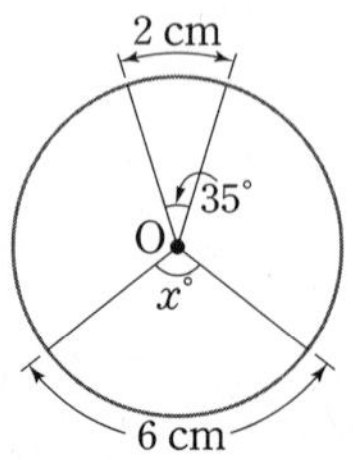

부채꼴의 중심각의 크기와 호, 현의 길이

1 **오른쪽 그림의 원 O에서 $\angle AOB = \angle BOC$일 때, 다음 □ 안에 $=$ 또는 $\neq$를 써넣으시오.**

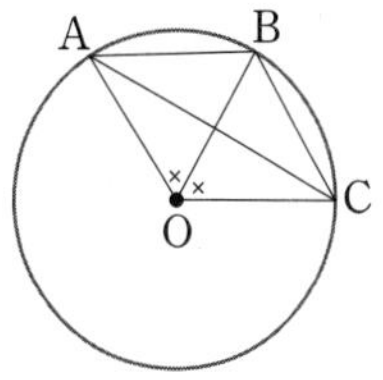

(1) $\widehat{AB}$ □ $\widehat{BC}$

(2) $\widehat{AC}$ □ $2\widehat{AB}$

(3) $\overline{AC}$ □ $2\overline{AB}$

원 O에서 $\angle AOB = \angle BOC$이므로 $\overline{AB} = \overline{BC}$이고, $\triangle ACB$에서 두 변의 길이의 합은 나머지 한 변의 길이보다 크므로 $\overline{AB} + \overline{BC} > \overline{AC}$
$\therefore 2\overline{AB} > \overline{AC}$

1-1 오른쪽 그림의 원 O에서 $\widehat{AB} : \widehat{BC} : \widehat{CA} = 4 : 3 : 2$일 때, $\widehat{BC}$에 대한 중심각의 크기는?

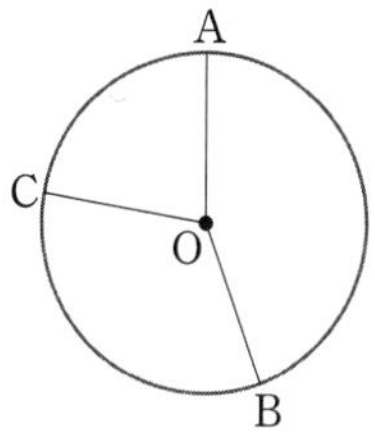

① $115°$ ② $120°$ ③ $125°$
④ $130°$ ⑤ $135°$

부채꼴의 중심각의 크기와 넓이

2 **다음 그림에서 x의 값을 구하시오.**

(1)

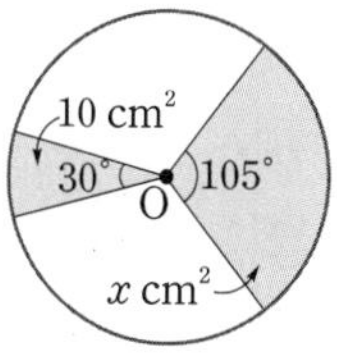

(2)

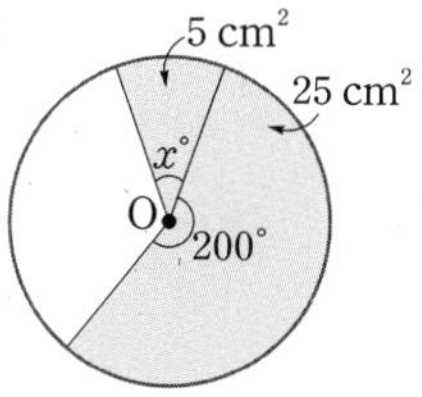

부채꼴의 넓이는 중심각의 크기에 정비례하므로 비례식을 세워 구한다.

2-1 오른쪽 그림의 원 O에서 부채꼴 AOB의 넓이가 $30\ cm^2$일 때, 이 원의 넓이는?

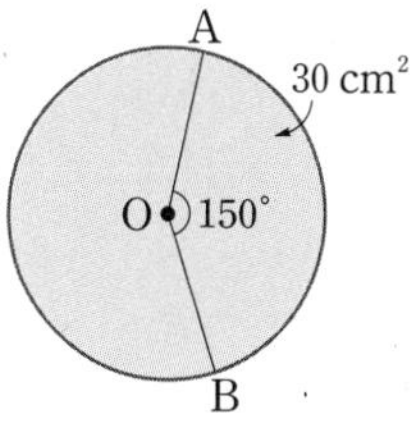

① $64\ cm^2$ ② $68\ cm^2$ ③ $70\ cm^2$
④ $72\ cm^2$ ⑤ $75\ cm^2$

부채꼴의 중심각의 크기와 호, 현의 길이와 넓이의 응용

3 **오른쪽 그림의 원 O에서 $\angle COD = 2\angle AOB$일 때, 다음 중 옳은 것을 모두 고르면? (정답 2개)**

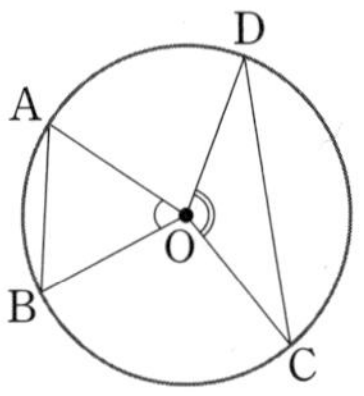

① $\overline{CD} > 2\overline{AB}$　② $\widehat{AB} = \frac{1}{2}\widehat{CD}$

③ $\overline{CD} = 2\overline{AB}$　④ $\triangle AOB = \frac{1}{2}\triangle COD$

⑤ (부채꼴 AOB의 넓이)$=\frac{1}{2}\times$(부채꼴 COD의 넓이)

중심각의 크기에 정비례하는 것
- 호의 길이 (○)
- 부채꼴의 넓이 (○)
- 현의 길이 (×)
- 삼각형의 넓이 (×)

3-1 오른쪽 그림과 같이 $\overline{AB}$를 지름으로 하는 원 O에서 $\angle EOD = \angle DOC = \angle COB$일 때, 다음 중 옳지 <u>않은</u> 것은?

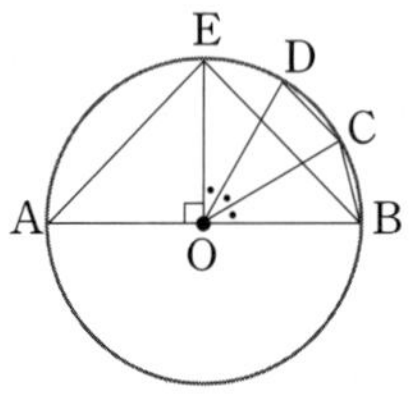

① $\overline{AE} = \overline{BE}$　② $\overline{BC} = \overline{CD}$

③ $\widehat{BC} = \frac{1}{3}\widehat{AE}$　④ $3\overline{CD} = \overline{AE}$

⑤ $2\widehat{BC} = \widehat{CE}$

원에 평행선이 있는 경우 호의 길이

4 **오른쪽 그림의 원 O에서 $\overline{AB} /\!/ \overline{CD}$이고 $\angle COD = 100°$이다. 원의 둘레의 길이가 18 cm일 때, $\widehat{AC}$의 길이를 구하시오.**

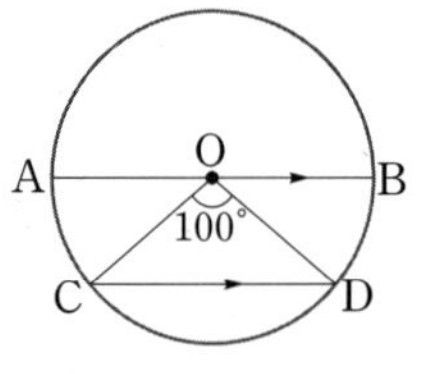

평행선이 한 직선과 만나서 생기는 동위각과 엇각의 크기는 각각 같다.

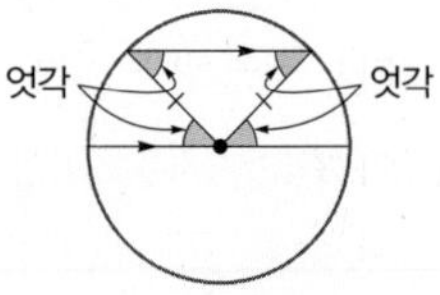

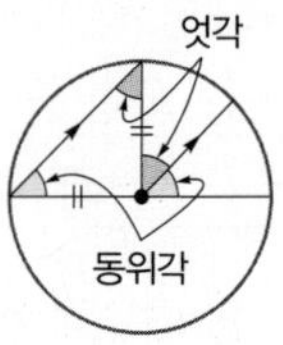

4-1 오른쪽 그림의 원 O에서 $\overline{AB}$는 지름이고 $\angle DOB = 30°$, $\widehat{DB} = 9$ cm, $\overline{AC} /\!/ \overline{OD}$일 때, $\widehat{AC}$의 길이는?

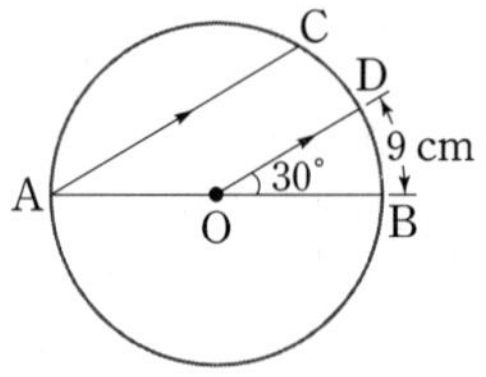

① 18 cm　② 21 cm　③ 27 cm

④ 32 cm　⑤ 36 cm

3 원의 둘레의 길이와 넓이

원의 지름을 알면 둘레와 넓이를 구할 수 있어!

$$\text{원주율} = \frac{\text{원의 둘레의 길이}}{\text{원의 지름의 길이}} = \pi$$

나는 원의 크기와 관계없이 항상 일정해!

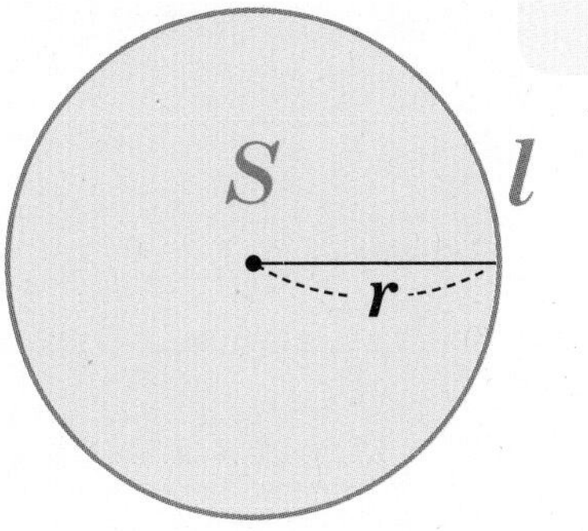

둘레의 길이

$(\text{원주율}) \times \underbrace{(\text{지름의 길이})}_{2r}$

$$l = 2\pi r$$

넓이

$\frac{1}{2} \times \underbrace{(\text{원의 둘레의 길이})}_{2\pi r} \times (\text{반지름의 길이})$

$$S = \frac{1}{2} \times 2\pi r \times r = \pi r^2$$

(1) **원주율(π)** : 원의 지름의 길이에 대한 원의 둘레의 길이의 비율을 원주율이라 하고, π로 나타내며 '파이'라 읽는다.

$$(\text{원주율}) = \frac{(\text{원의 둘레의 길이})}{(\text{원의 지름의 길이})} = \pi$$

(2) **원의 둘레의 길이와 넓이**

반지름의 길이가 r인 원의 둘레의 길이를 l, 넓이를 S라 하면

① 원의 둘레의 길이 : $l = 2\pi r$

② 원의 넓이 : $S = \pi r^2$

◉ 반지름의 길이가 3 cm인 원의 둘레는 길이는 $2\pi \times 3 = 6\pi$(cm),
 넓이는 $\pi \times 3^2 = 9\pi$(cm^2)

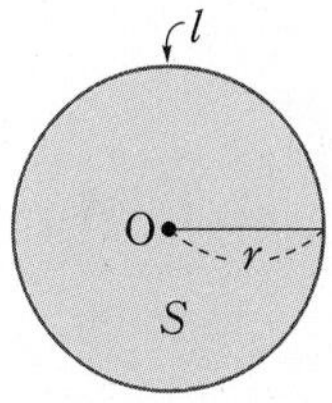

> **원주율 π**
>
> $\pi = 3.141592\cdots$와 같이 불규칙하게 무한히 계속되는 수이다. 초등에서는 이 값을 소수 셋째 자리에서 반올림하여 3.14로 사용했지만 중등에서는 π를 사용하여 나타낸다.
>
> · r: 반지름(radius)
> · l: 길이(length)
> · S: 넓이(square)

원의 넓이를 구하는 원리

오른쪽 그림과 같이 반지름의 길이가 r인 원을 무수히 많은 작은 부채꼴로 등분하여 다시 배열하면 가로의 길이가 $\frac{1}{2} \times 2\pi r = \pi r$이고 세로의 길이가 r인 직사각형에 가까워져.

즉, 원의 넓이 S는 직사각형의 넓이와 같다고 볼 수 있으므로

$$S = \pi r \times r = \pi r^2$$

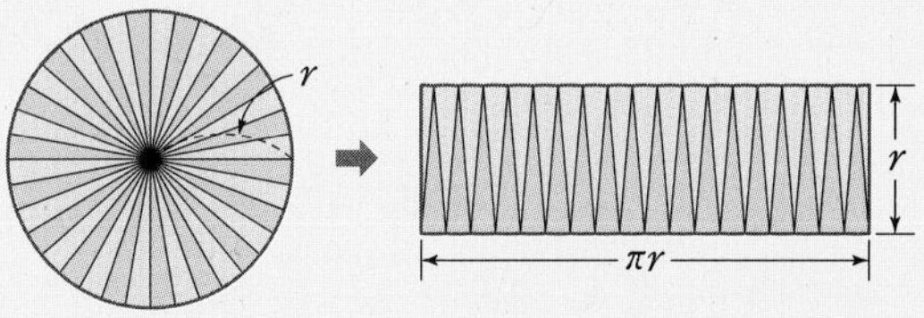

✅ **개념확인**

1. 다음 그림과 같은 원 O의 둘레의 길이와 넓이를 차례대로 구하시오.

(1) (2)

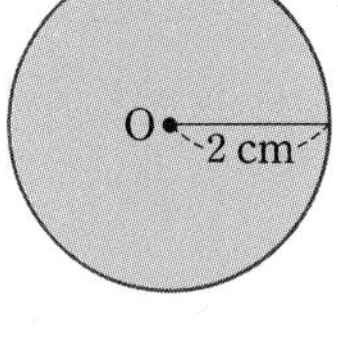

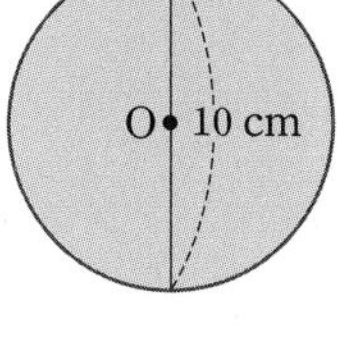

2. 반지름의 길이가 8 cm인 원의 둘레의 길이와 넓이를 차례대로 구하시오.

원의 둘레의 길이와 넓이

1 **오른쪽 그림에서 원 O의 둘레의 길이가 14π cm일 때, 원 O의 넓이는?**

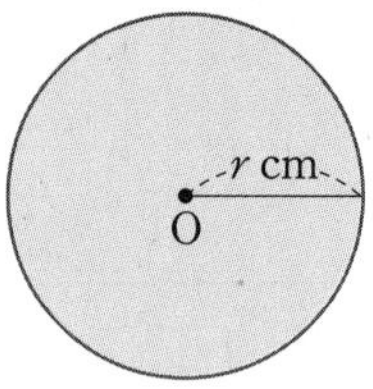

① 8π cm^2　② 16π cm^2
③ 32π cm^2　④ 49π cm^2
⑤ 64π cm^2

반지름의 길이가 r인 원의 둘레의 길이를 l, 넓이를 S라 하면
(1) 둘레의 길이: $l=2\pi r$
(2) 넓이: $S=\pi r^2$

1-1 넓이가 81π cm^{2}인 원의 둘레의 길이를 구하시오.

색칠한 부분의 둘레의 길이와 넓이

2 **오른쪽 그림의 색칠한 부분에 대하여 다음을 구하시오.**

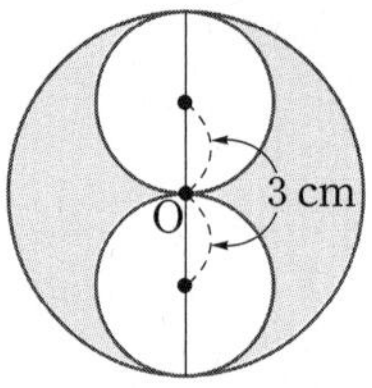

(1) 둘레의 길이
(2) 넓이

일부분이 비어 있는 도형의 둘레의 길이와 넓이를 구할 때
① 둘레의 길이는 비어 있는 부분의 둘레의 길이도 더한다.
② 넓이는 비어 있는 부분의 넓이를 뺀다.

2-1 오른쪽 그림에서 원 O의 지름 AB의 길이는 24 cm이다. 두 점 C, D가 $\overline{AB}$를 삼등분하는 점일 때, 색칠한 부분의 둘레의 길이와 넓이를 차례대로 구하시오.

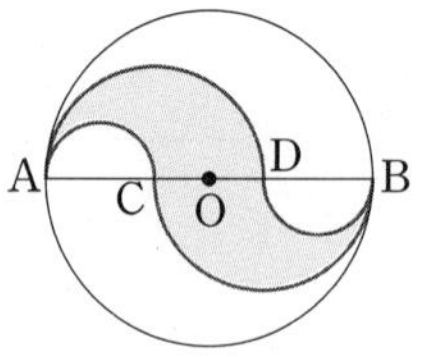

4 부채꼴의 호의 길이와 넓이

부채꼴의 호의 길이와 넓이는 중심각의 크기에 정비례!

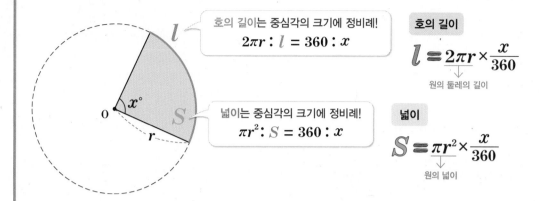

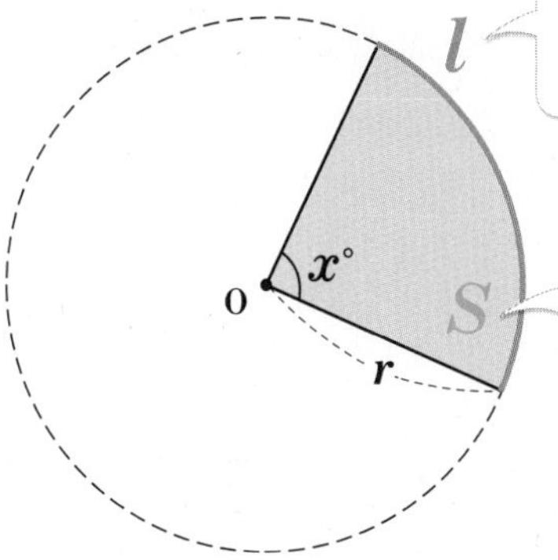

호의 길이는 중심각의 크기에 정비례!
$2\pi r : l = 360 : x$

넓이는 중심각의 크기에 정비례!
$\pi r^2 : S = 360 : x$

호의 길이

$l = 2\pi r \times \frac{x}{360}$ ($2\pi r$: 원의 둘레의 길이)

넓이

$S = \pi r^2 \times \frac{x}{360}$ (πr^2: 원의 넓이)

반지름의 길이가 r, 중심각의 크기가 $x°$인 부채꼴의 호의 길이를 l, 넓이를 S라 하면

(1) **부채꼴의 호의 길이:** $l = 2\pi r \times \frac{x}{360}$

(2) **부채꼴의 넓이:** $S = \pi r^2 \times \frac{x}{360}$

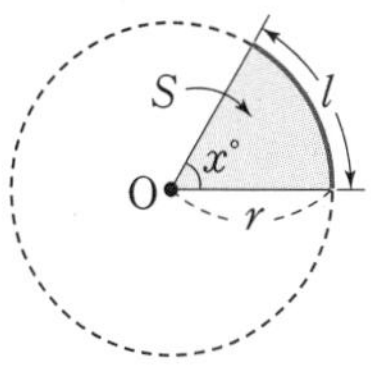

(3) **부채꼴의 호의 길이와 넓이 사이의 관계:** $S = \frac{1}{2}rl$

$l = 2\pi r \times \frac{x}{360}$에서 $\frac{x}{360} = \frac{l}{2\pi r}$이므로

$S = \pi r^2 \times \frac{x}{360} = \pi r^2 \times \frac{l}{2\pi r} = \frac{1}{2}rl$

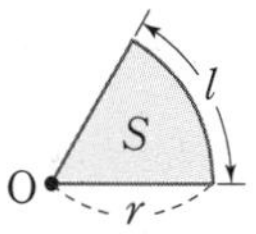

중심각의 크기를 모를 때 $S = \frac{1}{2}rl$을 이용한다.

반지름의 길이와 호의 길이로 부채꼴의 넓이를 구할 수 있어!

원의 넓이를 구하는 원리와 마찬가지로 오른쪽 그림과 같이 반지름의 길이가 r, 호의 길이가 l인 부채꼴을 무수히 많은 작은 부채꼴로 등분하여 다시 배열 하면 가로의 길이가 $\frac{1}{2}l$이고, 세로의 길이가 r인 직사각형에 가까워져. 즉, 부채꼴의 넓이는 직사각형의 넓이와 같다고 볼 수 있으므로 $S = \frac{1}{2}l \times r = \frac{1}{2}rl$

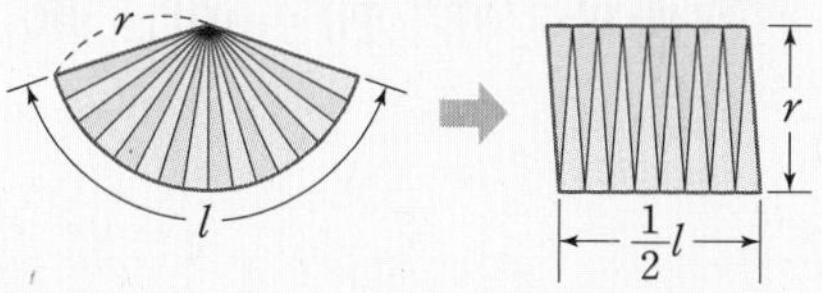

개념확인

1. 다음 그림과 같은 부채꼴의 호의 길이와 넓이를 차례대로 구하시오.

(1)

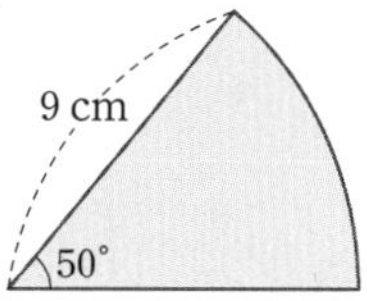

(2)

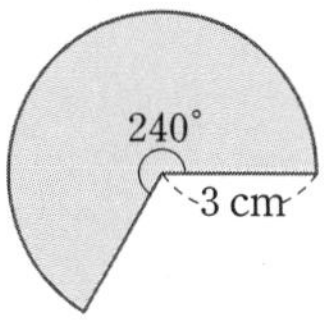

2. 오른쪽 그림과 같은 부채꼴의 호의 길이가 8π cm이고 반지름의 길이가 5 cm일 때, 부채꼴의 넓이를 구하시오.

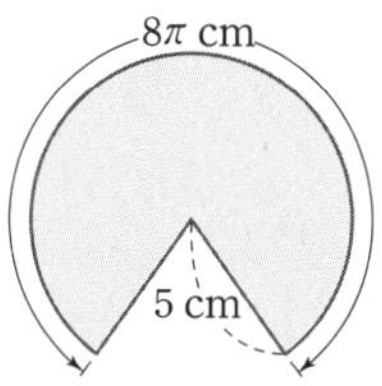

부채꼴의 호의 길이

1 **오른쪽 그림과 같은 부채꼴 AOB에서 $\angle AOB = 60^\circ$, $\overset{\frown}{AB} = 3\pi$ cm일 때, x의 값을 구하시오.**

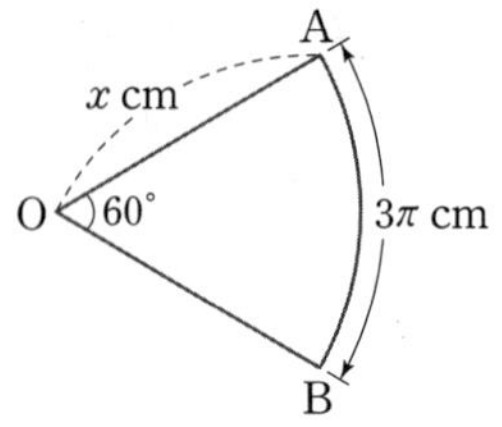

반지름의 길이가 r, 중심각의 크기가 x°인 부채꼴의 호의 길이를 l이라 하면
$l = 2\pi r \times \frac{x}{360}$

1-1 오른쪽 그림과 같은 부채꼴 AOB에서 $\overline{AO} = 12$ cm, $\overset{\frown}{AB} = 6\pi$ cm일 때, 중심각의 크기를 구하시오.

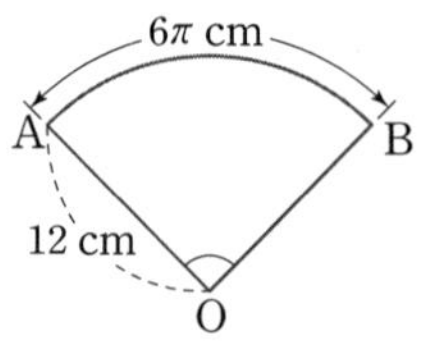

부채꼴의 넓이

2 **반지름의 길이가 10 cm이고 넓이가 20π cm^{2}인 부채꼴의 중심각의 크기를 구하시오.**

반지름의 길이가 r, 중심각의 크기가 x°인 부채꼴의 넓이를 S라 하면
$S = \pi r^2 \times \frac{x}{360}$

2-1 오른쪽 그림과 같이 원 O의 반지름의 길이는 15 cm이다. $\overset{\frown}{AB} : \overset{\frown}{BC} : \overset{\frown}{CA} = 6 : 5 : 4$일 때, 색칠한 부분의 넓이를 구하시오.

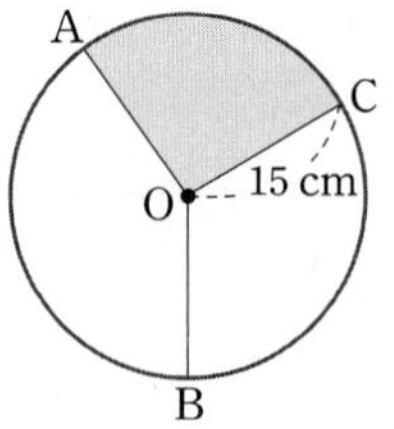

변형된 도형의 둘레의 길이와 넓이

3 **오른쪽 그림에서 색칠한 부분의 둘레의 길이와 넓이를 차례대로 구하시오.**

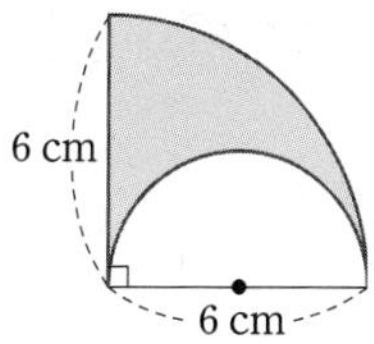

반지름의 길이가 r, 중심각의 크기가 $x°$인 부채꼴에서

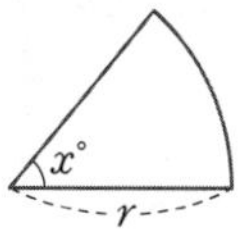

(부채꼴의 둘레의 길이)
$=$(호의 길이)$+2r$
$=2\pi r\times\frac{x}{360}+2r$

3-1 다음 그림에서 색칠한 부분의 둘레의 길이와 넓이를 차례대로 구하시오.

(1)

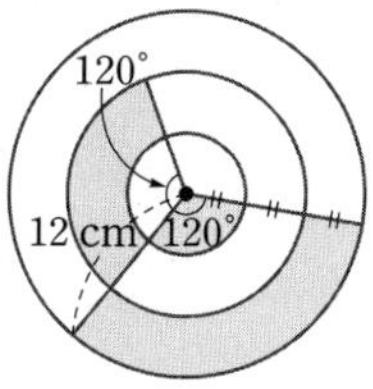

(2)

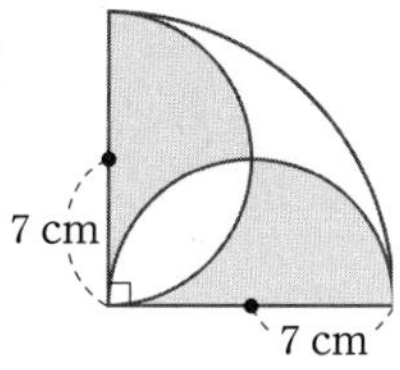

부채꼴의 호의 길이와 넓이의 응용

4 **오른쪽 그림과 같이 밑면의 반지름의 길이가 6 cm인 세 개의 원기둥을 묶을 때, 필요한 끈의 최소 길이를 구하시오. (단, 끈의 매듭의 길이는 생각하지 않는다.)**

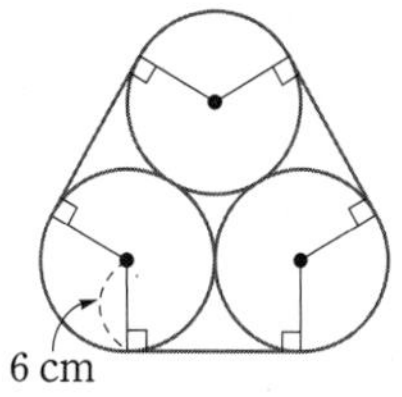

부채꼴의 호로 이루어진 부분과 선분으로 이루어진 부분을 나누어 생각한다.

4-1 오른쪽 그림과 같이 가로의 길이가 8 cm, 세로의 길이가 5 cm인 직사각형의 둘레를 따라 반지름의 길이가 1 cm인 원이 직사각형 전체를 한 바퀴 돌았을 때, 원이 지나간 자리의 넓이를 구하시오.

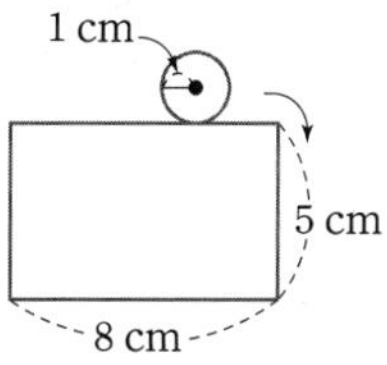

도형을 회전시켰을 때, 점이 움직인 거리

중심, 반지름, 회전각을 찾아라!

직사각형의 회전

가로의 길이가 12 cm, 세로의 길이가 16 cm, 대각선의 길이가 20 cm인 직사각형 모양의 책을 직선 위에서 다음과 같이 굴렸을 때, 직사각형 위의 특정한 한 점 P가 움직인 거리를 구하시오.

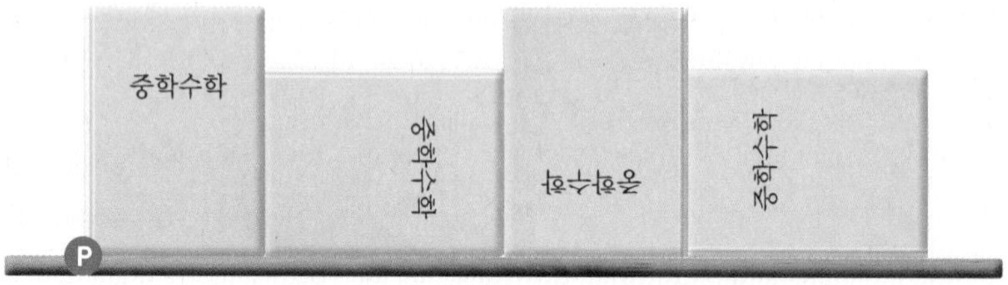

중심, 반지름, 회전각을 찾는다. → 부채꼴의 호의 길이를 구한다. → 움직인 거리의 총합을 구한다.

1 회전

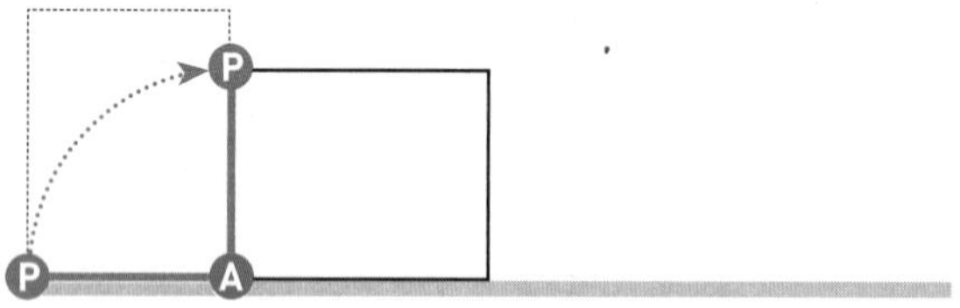

중심	반지름	회전각
점 A	$\overline{AP}$=12 cm	90°

움직인 거리 : $2\pi\times12\times\frac{90}{360}=6\pi$(cm)

2 회전

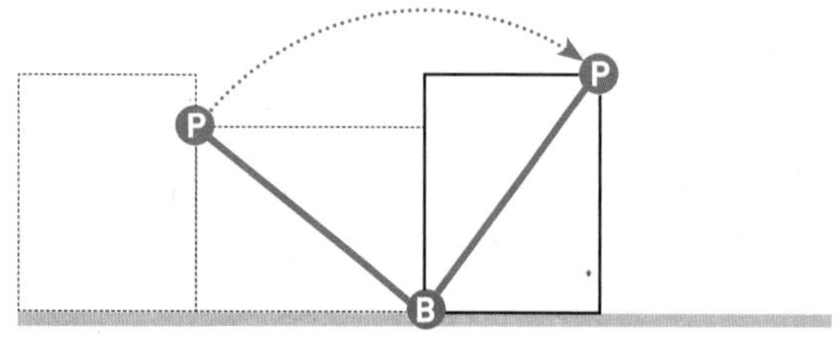

중심	반지름	회전각
점 B	$\overline{BP}$=20 cm	90°

움직인 거리 : $2\pi\times20\times\frac{90}{360}=10\pi$(cm)

3 회전

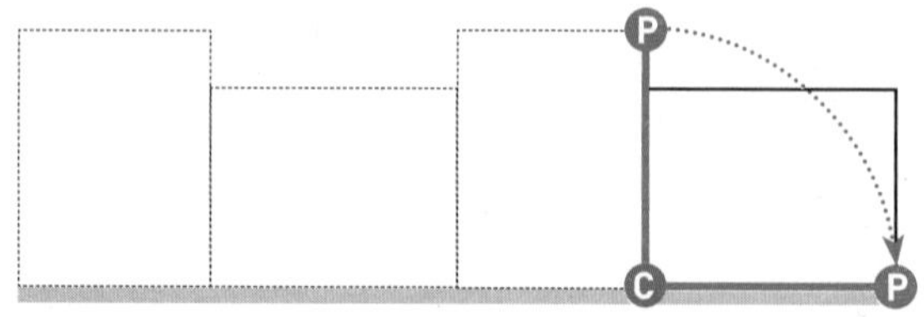

중심	반지름	회전각

움직인 거리 : ☐(cm)

따라서 책 위의 특정한 한 점 P가 움직인 거리의 총합은

$6\pi+10\pi+$ ☐ $=$ ☐ (cm)

답 점 C, $\overline{CP}$=16 cm, 90°, $2\pi\times16\times\frac{90}{360}=8\pi$, 8π, 24π

정삼각형의 회전

한 변의 길이가 9 cm인 정삼각형 모양의 삼각김밥을 직선 위에서 다음과 같이 굴렸을 때, 삼각김밥 위의 특정한 한 점 P가 움직인 거리를 구하시오.

1 회전

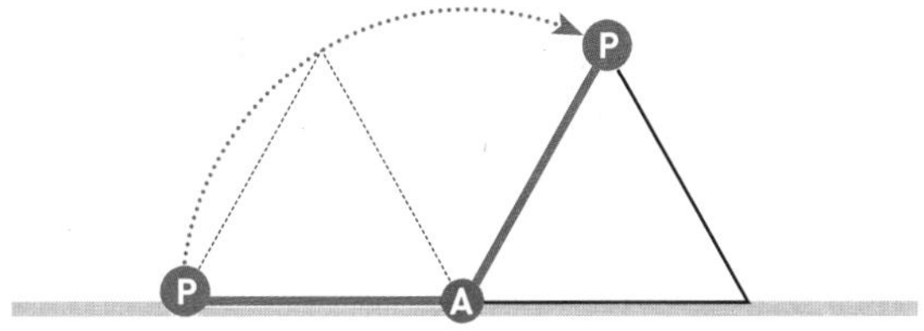

중심	반지름	회전각
점 A	$\overline{AP}$=9 cm	120°

움직인 거리 : $2\pi\times9\times\frac{120}{360}=6\pi$(cm)

2 회전

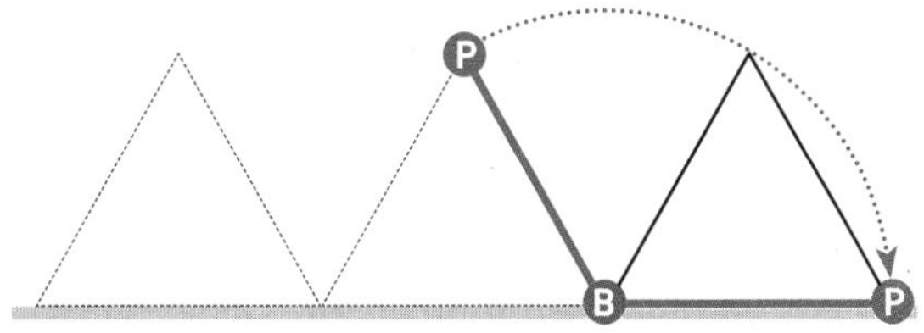

중심	반지름	회전각

움직인 거리 : ☐(cm)

따라서 삼각김밥 위의 특정한 한 점 P가 움직인 거리의 총합은

$6\pi+$ ☐ $=$ ☐(cm)

답 점 B, $\overline{BP}=9$ cm, 120°, $2\pi\times9\times\frac{120}{360}=6\pi$, 6π, 12π

MATH Reading

원의 회전

중학교 교육과정에서 다루고 있지는 않지만, 원을 직선 위에서 굴렸을 때 원 위의 특정한 한 점 P는 어떤 움직임을 보일까? 실제로 자전거 바퀴의 한 지점에 전구를 붙여 움직이는 흔적을 촬영하면 아래 그림과 같이 호빵 모양의 곡선이 나타난다. 이처럼 회전하는 원의 한 점의 자취를 나타낸 특이한 모양의 곡선을 '사이클로이드'라고 부른다.

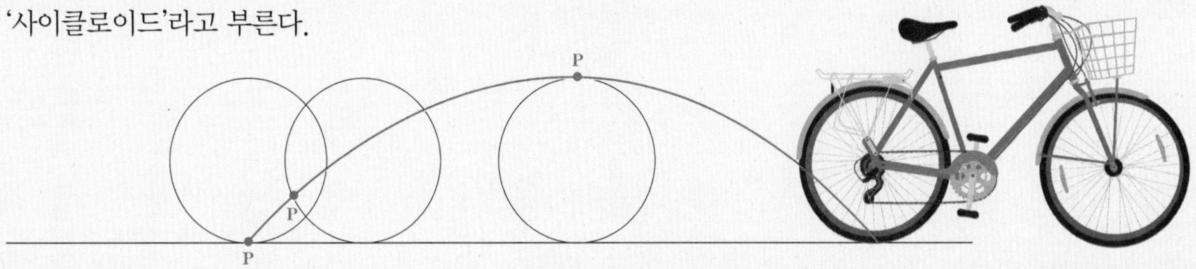

1 원과 부채꼴의 기본 성질

다음 설명 중 옳은 것은?

① 한 원에서 같은 크기의 중심각에 대한 현의 길이는 같다.
② 한 원에서 중심각의 크기가 180°인 부채꼴의 넓이는 그 원의 넓이와 같다.
③ 한 원에서 중심각의 크기와 그 중심각에 대한 현의 길이는 정비례한다.
④ 한 원에서 호의 길이는 그 호에 대한 중심각의 크기에 정비례하지 않는다.
⑤ 원의 호와 현으로 둘러싸인 도형을 부채꼴이라 한다.

2 부채꼴의 중심각의 크기와 호, 현의 길이

오른쪽 그림의 원 O에서 $\widehat{AB} : \widehat{BC} : \widehat{CA} = 11 : 12 : 13$일 때, ∠AOB의 크기를 구하시오.

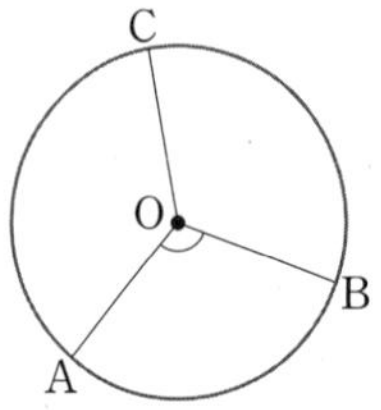

3 부채꼴의 중심각의 크기와 호, 현의 길이

오른쪽 그림과 같은 반원 O에서 $\widehat{BC} = 2$ cm, $\widehat{AC} = 10$ cm일 때, ∠AOC의 크기는?

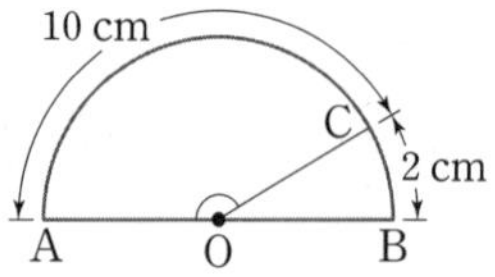

① 120°　② 130°　③ 140°
④ 150°　⑤ 160°

4 부채꼴의 중심각의 크기와 호, 현의 길이

오른쪽 그림의 원 O에서 $\widehat{AB} : \widehat{CD} = 2 : 3$이고 ∠BOC=85°이다. 이때 ∠AOB의 크기는?

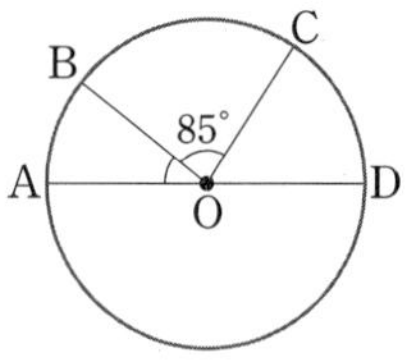

① 32°　② 34°　③ 36°
④ 38°　⑤ 40°

5 부채꼴의 중심각의 크기와 넓이

오른쪽 그림은 원 O의 원주를 12등분한 것이다. 부채꼴 AOJ의 넓이가 9 cm^2일 때, 부채꼴 COG의 넓이를 구하시오.

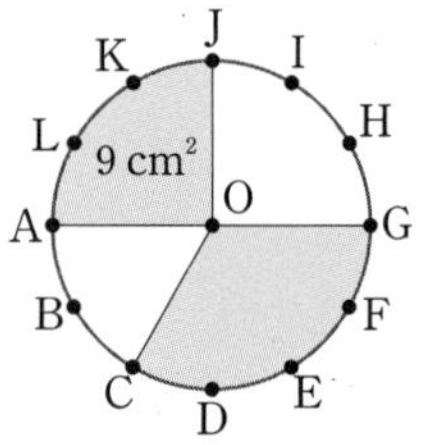

6 부채꼴의 중심각의 크기와 넓이

오른쪽 그림에서 $\overline{AD}$, $\overline{BE}$, $\overline{CF}$는 원 O의 지름이고, ∠COD=90°, ∠BOC : ∠AOE=1 : 4이다. 이때 부채꼴 AOE의 넓이와 부채꼴 AOB의 넓이의 비는?

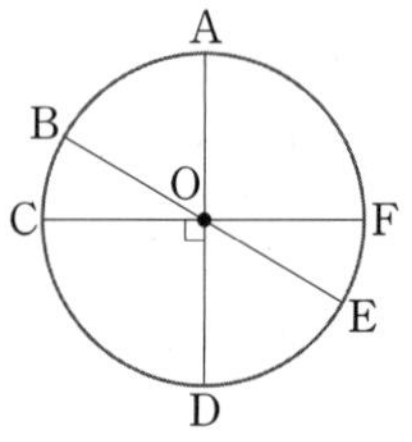

① 2 : 1　② 3 : 1　③ 3 : 2
④ 4 : 3　⑤ 5 : 3

7 부채꼴의 중심각의 크기와 호, 현의 길이와 넓이의 응용

오른쪽 그림의 원 O에서 $\angle AOB=60°$, $\angle COD=20°$일 때, 다음 중 잘못 말한 학생을 찾아 바르게 고치시오.

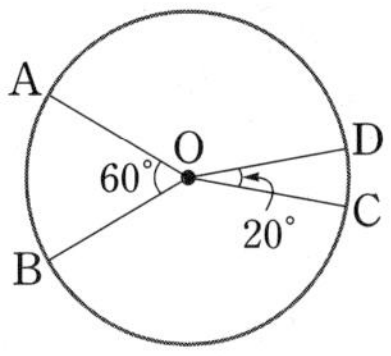

미경: 현의 길이는 중심각의 크기에 정비례하므로 $\overline{AB}=3\overline{CD}$야.
수정: $\angle AOB=3\angle COD$이므로 $\overset{\frown}{AB}=3\overset{\frown}{CD}$야.
희중: $\angle AOB=3\angle COD$이므로 $\overline{AB}<3\overline{CD}$야.
진수: 부채꼴의 넓이는 중심각의 크기에 정비례하므로 (부채꼴 AOB의 넓이)$=3\times$(부채꼴 COD의 넓이)야.

8 부채꼴의 중심각의 크기와 호, 현의 길이와 넓이의 응용

오른쪽 그림과 같이 원 O에서 $\overline{AG}$는 원 O의 지름이고, $\angle AOG$를 6등분하여 5개의 점 B, C, D, E, F를 잡았다. 다음 중 옳지 않은 것은?

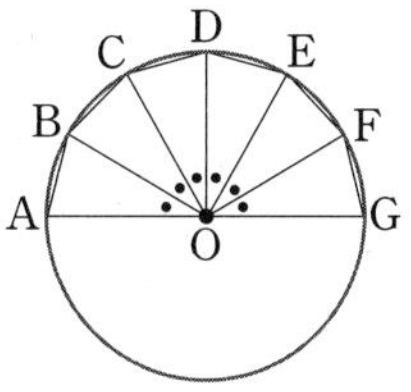

① $\overline{AB}=\overline{FG}$ ② $\overline{AC}=\overline{DF}$
③ $\overset{\frown}{AB}=\frac{1}{4}\overset{\frown}{CG}$ ④ $\overset{\frown}{AC}=\frac{1}{3}\overset{\frown}{ADG}$
⑤ $\triangle AOC=\frac{1}{2}\triangle COG$

9 원에 평행선이 있는 경우 호의 길이

오른쪽 그림의 반원 O에서 $\overline{AC}/\!/\overline{OD}$이고, $\angle BOD=50°$, $\overset{\frown}{BD}=4$ cm일 때, $\overset{\frown}{CD}$의 길이는?

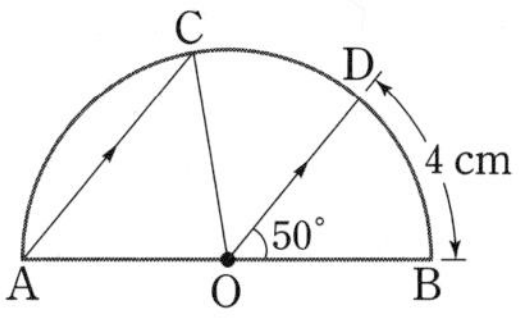

① 4 cm ② 5 cm ③ 6 cm
④ 7 cm ⑤ 8 cm

10 부채꼴의 넓이

반지름의 길이가 6 cm, 호의 길이가 5π cm인 부채꼴의 넓이는?

① 15 cm^2 ② 15π cm^2 ③ 30 cm^2
④ 30π cm^2 ⑤ 36π cm^2

11 변형된 도형의 둘레의 길이와 넓이

오른쪽 그림의 부채꼴에서 색칠한 부분의 둘레의 길이를 구하시오.

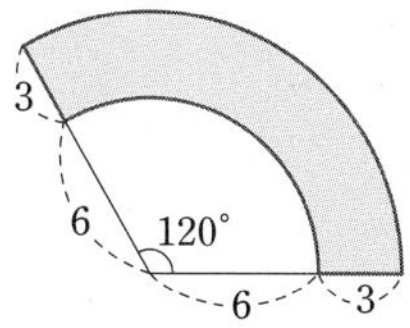

12 변형된 도형의 둘레의 길이와 넓이

오른쪽 그림과 같이 정사각형에 내접하는 원 O의 반지름의 길이가 9 cm이고, 네 점 A, B, C, D는 원 O의 둘레를 4등분하는 점이다. 이때 색칠한 부분의 둘레의 길이를 구하시오.

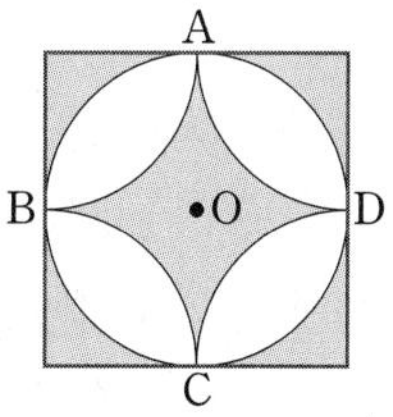

13 변형된 도형의 둘레의 길이와 넓이

원 O와 원 O′은 둘레의 길이가 20π로 같고 두 점 A, B에서 만난다. $\angle AOB=90°$일 때, 원 O에서 색칠한 부분의 넓이는?

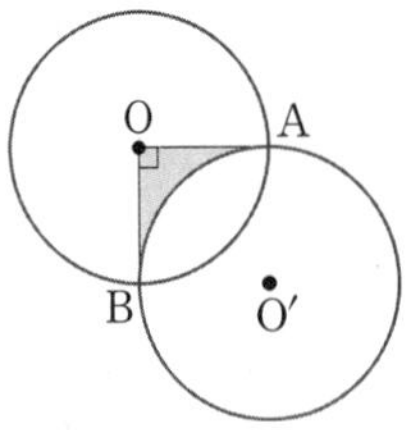

① $100-25\pi$ ② $25\pi-50$
③ $100-20\pi$ ④ $25\pi-10$
⑤ 25π

14 변형된 도형의 둘레의 길이와 넓이

오른쪽 그림은 직각삼각형 ABC의 각 변을 지름으로 하는 반원을 그린 것이다. 색칠한 부분의 넓이는?

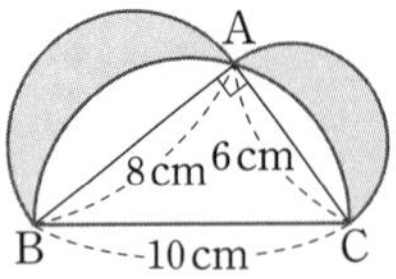

① 24 cm^2 ② 26 cm^2 ③ 28 cm^2
④ 30 cm^2 ⑤ 32 cm^2

15 부채꼴의 호의 길이와 넓이의 응용

오른쪽 그림은 △ABC를 점 B를 중심으로 점 C가 변 AB의 연장선 위의 점 D에 오도록 회전시킨 것이다. $\overline{AB}=12$, $\overline{BC}=6$일 때, 점 A가 움직인 거리를 구하시오.

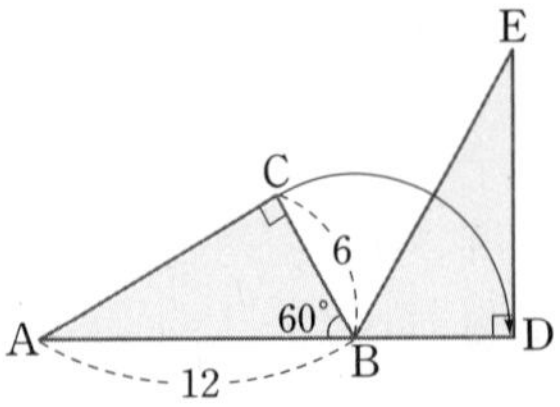

16 부채꼴의 호의 길이와 넓이의 응용

오른쪽 그림은 직사각형 ABCE와 부채꼴 ABD를 겹쳐 놓은 것이다. 색칠한 두 부분의 넓이가 같을 때, x의 값은?

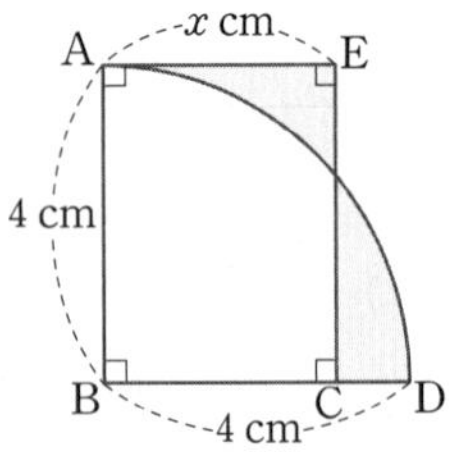

① $\frac{1}{2}\pi$ ② π
③ $\frac{3}{2}\pi$ ④ 2π
⑤ $\frac{5}{2}\pi$

17 부채꼴의 호의 길이와 넓이의 응용

오른쪽 그림과 같이 밑면의 반지름의 길이가 3 cm인 원기둥 모양의 참치 캔 6개를 끈으로 묶으려고 한다. 이때 필요한 끈의 최소 길이를 구하시오. (단, 끈의 매듭의 길이는 생각하지 않는다.)

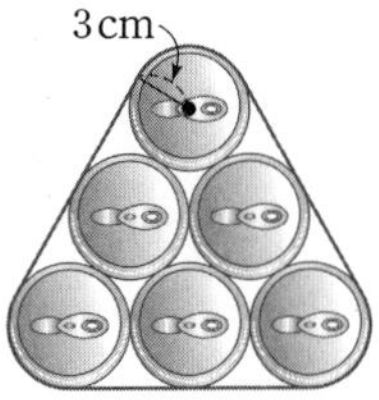

18 부채꼴의 호의 길이와 넓이의 응용

다음 그림과 같이 $\overline{AB}$를 지름으로 하는 반원 O를 직선 l 위에서 점 B가 점 B′에 오도록 1회전 시켰다. 반원 O의 반지름의 길이가 6 cm일 때, 점 O가 움직인 거리를 구하시오.

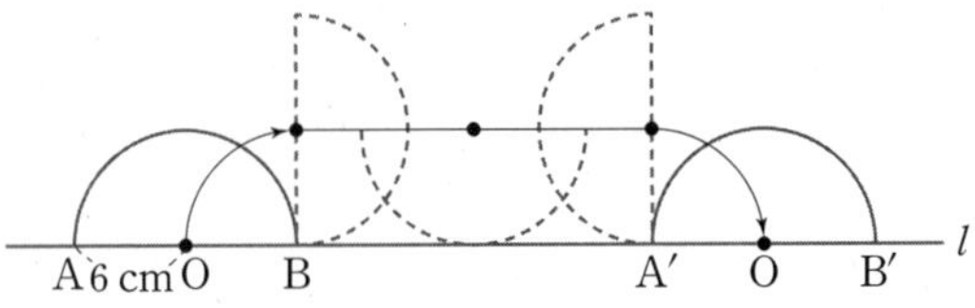

개념 완성

발전 문제

1 오른쪽 그림의 반원 O에서 점 A는 $\overline{BC}$의 연장선과 $\overline{DE}$의 연장선의 교점이고 $\overline{AD}=\overline{OD}$일 때, $\overset{\frown}{BD}$와 $\overset{\frown}{CE}$의 길이의 비는?

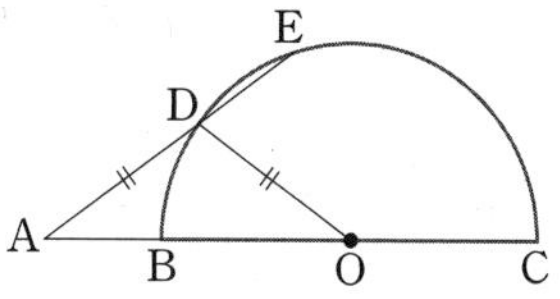

① 1 : 2 ② 1 : 3 ③ 1 : 4
④ 2 : 3 ⑤ 2 : 5

$\overline{EO}$를 긋고 호의 길이는 중심각의 크기에 정비례함을 이용한다.

2 오른쪽 그림에서 합동인 3개의 작은 원들의 넓이가 각각 $4\pi\ cm^2$일 때, 큰 원의 둘레의 길이는? (단, 작은 원들의 중심은 모두 큰 원의 지름 위에 있다.)

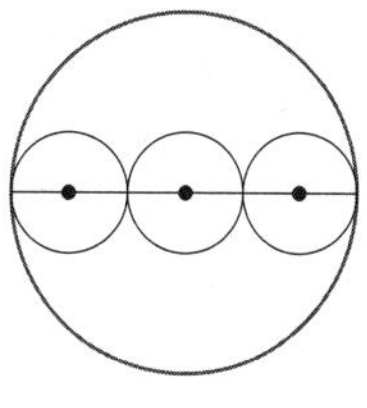

① 12π cm ② 15π cm ③ 18π cm
④ 21π cm ⑤ 24π cm

먼저 작은 원의 반지름의 길이를 구한 후 큰 원의 반지름의 길이를 구한다.

3 오른쪽 그림과 같이 중심이 같은 두 원의 반지름의 길이는 각각 $\overline{OA}$=3 cm, $\overline{OD}$=6 cm이고, 부채꼴 OCD의 중심각의 크기가 120°일 때, 색칠한 부분의 넓이는?

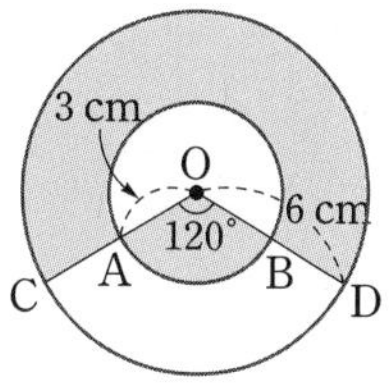

① $15\pi\ cm^2$ ② $18\pi\ cm^2$ ③ $21\pi\ cm^2$
④ $24\pi\ cm^2$ ⑤ $27\pi\ cm^2$

4 오른쪽 그림과 같이 한 변의 길이가 10 cm인 정사각형에서 색칠한 부분의 넓이는?

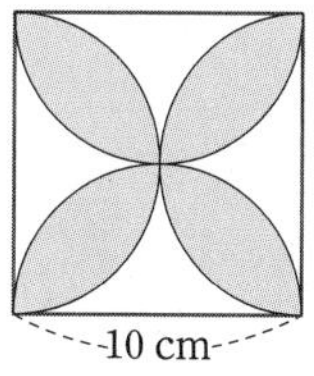

① $(50\pi-25)\ cm^2$ ② $(50\pi-100)\ cm^2$
③ $(100\pi-50)\ cm^2$ ④ $(100\pi-75)\ cm^2$
⑤ $(200\pi-100)\ cm^2$

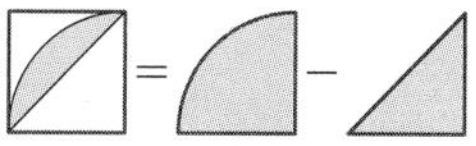

임을 이용하여 색칠한 부분의 넓이를 구한다.

5 다음 그림과 같이 가로, 세로의 길이가 각각 3 cm, 4 cm이고 대각선의 길이가 5 cm인 직사각형을 직선 l 위에서 점 A가 점 A′에 오도록 회전시켰을 때, 점 A가 움직인 거리를 구하시오.

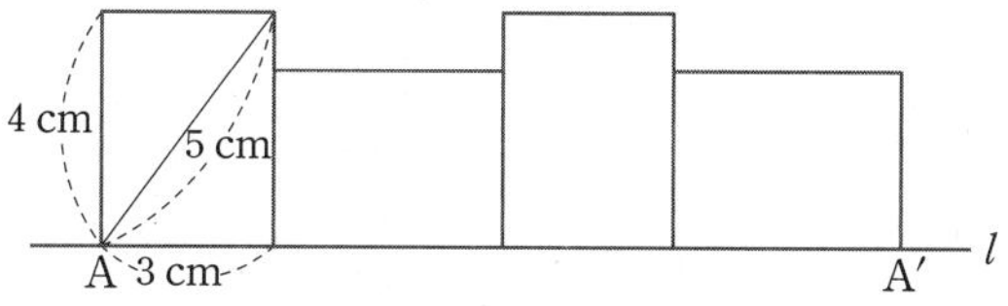

6 서술형

오른쪽 그림과 같은 원 O에서 $\widehat{APB} : \widehat{BC} : \widehat{CA} = 5 : 2 : 1$이고, $\angle AOC = \angle x$, $\angle BOC = \angle y$라 할 때, $\angle y - \angle x$의 크기를 구하기 위한 풀이 과정을 쓰고 답을 구하시오.

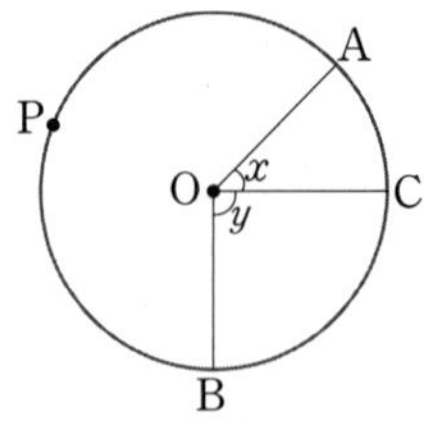

① 단계: 호의 길이의 비를 이용하여 각 부채꼴의 중심각의 크기의 비 구하기

($\widehat{APB}$의 중심각) : ($\widehat{BC}$의 중심각) : ($\widehat{CA}$의 중심각)

$= \widehat{APB}$: ____ : ____ = ________

② 단계: $\angle x$의 크기 구하기

$\angle x = \angle AOC =$ ________

③ 단계: $\angle y$의 크기 구하기

$\angle y = \angle BOC =$ ________

④ 단계: $\angle y - \angle x$의 크기 구하기

$\angle y - \angle x =$ ________

► Check List
- 각 부채꼴의 중심각의 크기의 비를 바르게 구하였는가?
- $\angle x$의 크기를 바르게 구하였는가?
- $\angle y$의 크기를 바르게 구하였는가?
- $\angle y - \angle x$의 크기를 바르게 구하였는가?

7 서술형

오른쪽 그림과 같이 한 변의 길이가 6 cm인 정사각형 ABCD에 대하여 색칠한 부분의 넓이를 구하기 위한 풀이 과정을 쓰고 답을 구하시오.

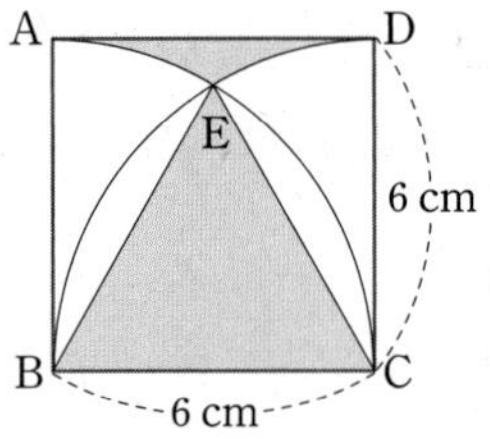

① 단계: 부채꼴 ABE와 부채꼴 ECD의 넓이를 차례대로 구하기

____

② 단계: 색칠한 부분의 넓이 구하기

____

► Check List
- 부채꼴 ABE와 부채꼴 ECD의 넓이를 각각 바르게 구하였는가?
- 색칠한 부분의 넓이를 바르게 구하였는가?

III

입체도형

1 다면체와 회전체

2 입체도형의 겉넓이와 부피

1 다면체와 회전체

다면체와 회전체
도형의 닮음
초등
중1
중2
직육면체와 정육면체
각기둥과 각뿔
원기둥과 원뿔
1. 다면체
2. 정다면체
3. 정다면체의 전개도
4. 회전체
5. 회전체의 전개도
면
모서리
꼭짓점
회전축
모선

평면도형에서 입체도형으로

	평면으로 **둘러싸인** 입체도형	평면을 **회전시킨** 입체도형
기둥	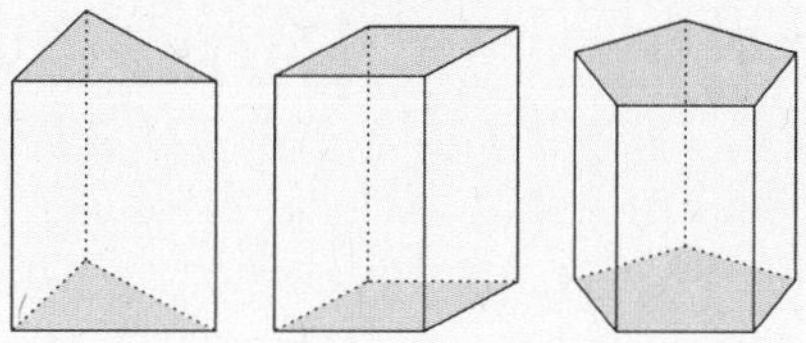	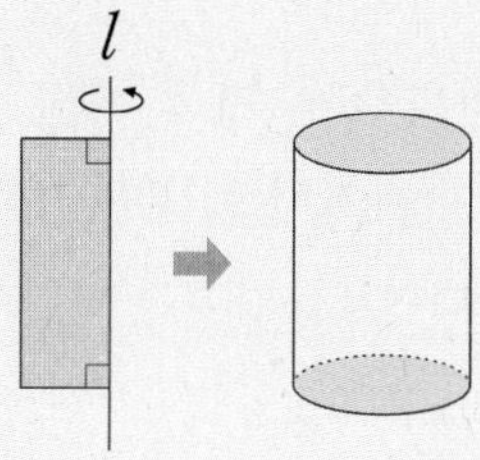
뿔	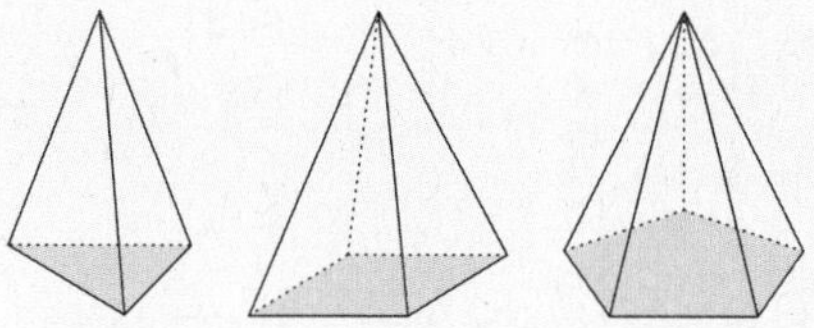	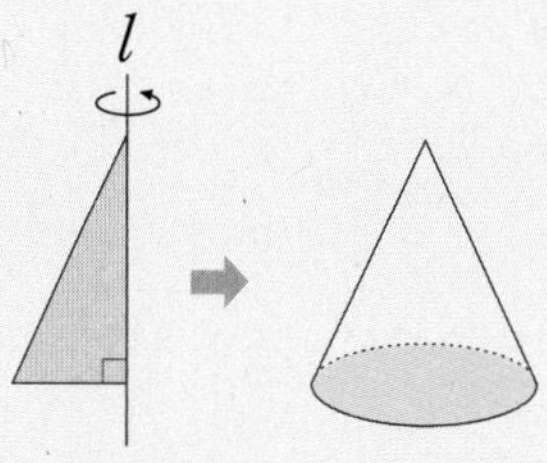
뿔대	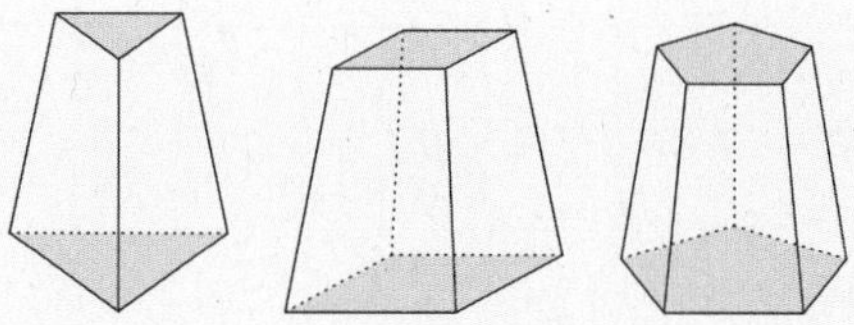	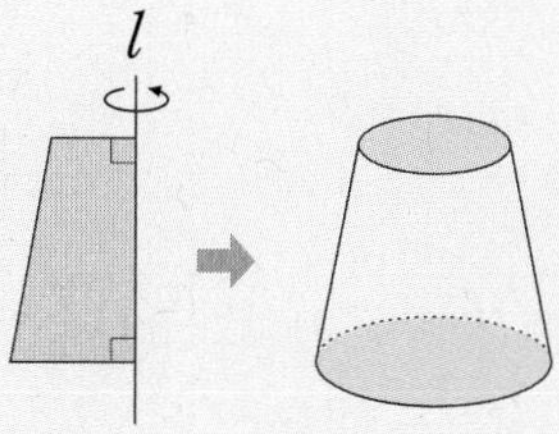

모든 면이 다각형이다.	반드시 원을 포함한다.
다면체	**회전체**

1 다면체

다각형으로 둘러싸인 도형

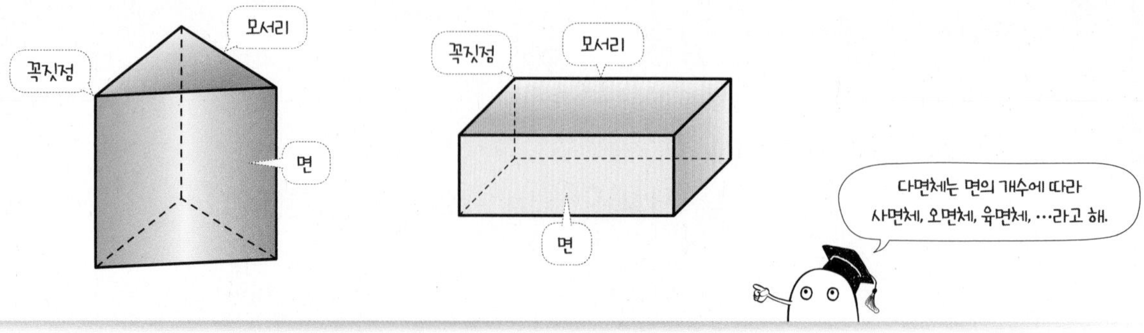

(1) 다면체: 다각형인 면으로만 둘러싸인 입체도형

① **면:** 다면체를 둘러싸고 있는 다각형

② **모서리:** 다면체를 이루는 다각형의 변

③ **꼭짓점:** 다면체를 이루는 다각형의 꼭짓점

(2) 다면체의 종류

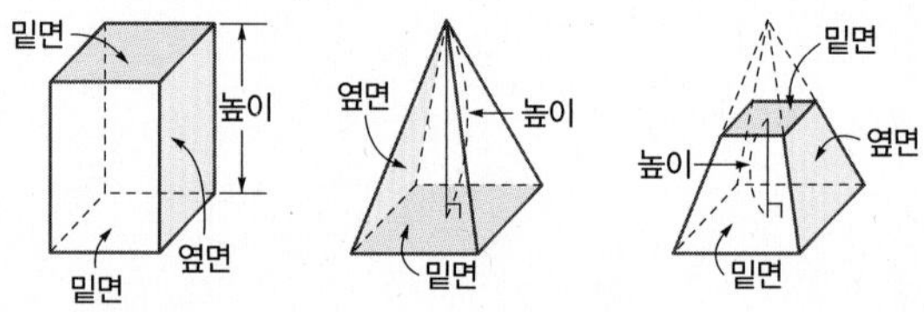

① **각기둥:** 두 밑면이 서로 평행하고 합동인 다각형이며, 옆면은 모두 직사각형인 다면체

② **각뿔:** 밑면은 다각형이고 옆면은 모두 삼각형인 다면체

③ **각뿔대:** 각뿔을 밑면에 평행한 평면으로 잘라서 생기는 두 입체도형 중에서 각뿔이 아닌 부분으로 옆면은 모두 사다리꼴인 다면체

	n각기둥	n각뿔	n각뿔대
밑면의 모양	n각형	n각형	n각형
옆면의 모양	직사각형	삼각형	사다리꼴
면의 개수	$n+2$	$n+1$	$n+2$
모서리의 개수	$3n$	$2n$	$3n$
꼭짓점의 개수	$2n$	$n+1$	$2n$

참고 각기둥, 각뿔, 각뿔대는 다면체를 그 모양에 따라 분류한 것이다.

개념확인

1. 다음 그림의 각기둥, 각뿔, 각뿔대에 대하여 그 이름과 옆면의 모양, 또한 몇 면체인지 차례대로 말하시오.

(1)

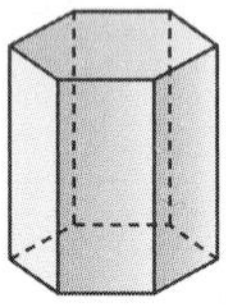

(2)

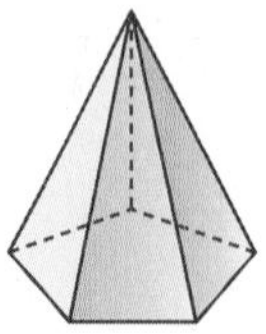

(3)

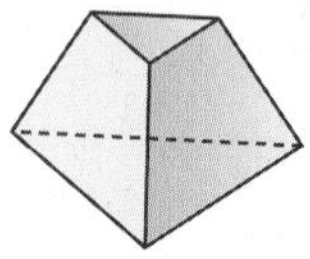

다면체의 이해

1 **다음 보기의 입체도형 중 다면체인 것을 모두 고르고, 그 다면체는 몇 면체인지 말하시오.**

> 둥근 부분이 있는 입체도형은 다각형인 면으로만 둘러싸인 입체도형이 아니므로 다면체가 아니다.

보기

ㄱ.
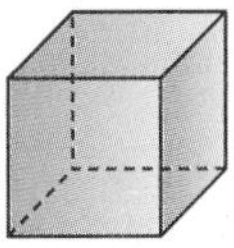

ㄴ.
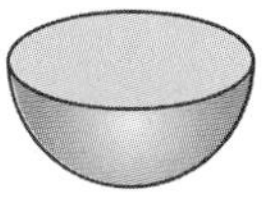

ㄷ.
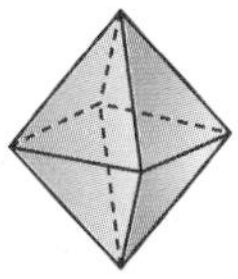

ㄹ.
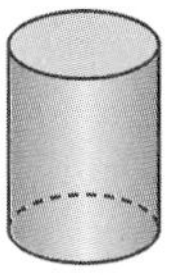

ㅁ.
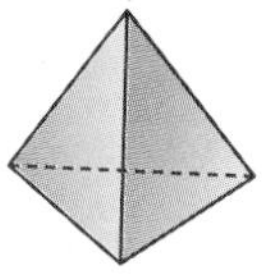

ㅂ.
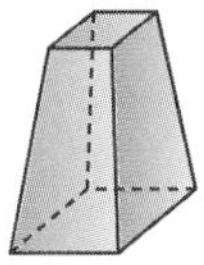

1-1 다음 **보기**의 입체도형 중에서 오면체인 것을 모두 고르시오.

보기

ㄱ. 삼각뿔　ㄴ. 삼각뿔대　ㄷ. 사각뿔　ㄹ. 사각뿔대
ㅁ. 삼각기둥　ㅂ. 사각기둥　ㅅ. 오각기둥　ㅇ. 오각뿔

다면체의 옆면의 모양

2 **다음 중 다면체와 그 옆면의 모양이 바르게 짝지어진 것을 모두 고르면? (정답 2개)**

> 다면체의 옆면의 모양
> ① 각기둥 ⇨ 직사각형
> ② 각뿔 ⇨ 삼각형
> ③ 각뿔대 ⇨ 사다리꼴

① 오각기둥 — 사다리꼴
② 삼각기둥 — 직사각형
③ 삼각뿔대 — 삼각형
④ 오각뿔 — 삼각형
⑤ 칠각뿔 — 칠각형

2-1 다음 중 다면체와 그 옆면의 모양을 짝지은 것으로 옳지 <u>않은</u> 것은?

① 사각기둥 — 직사각형
② 구각기둥 — 직사각형
③ 삼각뿔 — 삼각형
④ 오각뿔대 — 오각형
⑤ 육각뿔대 — 사다리꼴

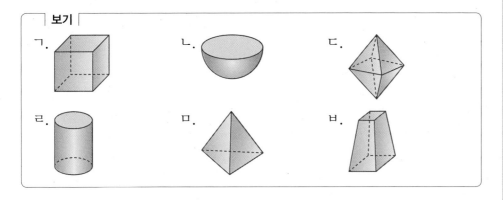

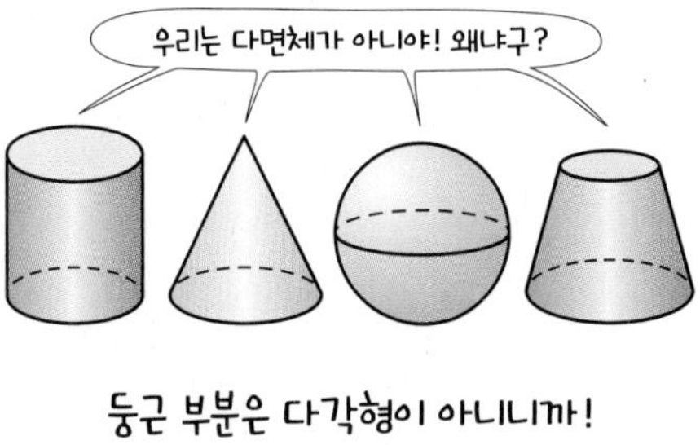

우리는 다면체가 아니야! 왜냐구?
둥근 부분은 다각형이 아니니까!

다면체의 꼭짓점, 모서리, 면의 개수

3 **오각뿔대의 꼭짓점의 개수를 v, 모서리의 개수를 e, 면의 개수를 f라 할 때, v, e, f의 값을 각각 구하시오.**

	n각기둥	n각뿔	n각뿔대
면의 개수	$n+2$	$n+1$	$n+2$
모서리의 개수	$3n$	$2n$	$3n$
꼭짓점의 개수	$2n$	$n+1$	$2n$

3-1 사각뿔의 꼭짓점의 개수를 v, 모서리의 개수를 e, 면의 개수를 f라 할 때, $v-e+f$의 값을 구하시오.

3-2 꼭짓점의 개수가 16인 각뿔대의 모서리의 개수를 구하시오.

조건을 만족하는 다면체

4 **다음 조건을 모두 만족하는 입체도형을 말하시오.**

조건
(가) 구면체이다.
(나) 옆면의 모양은 삼각형이다.

옆면의 모양은 다면체의 종류를 결정한다.
① 직사각형 ⇨ 각기둥
② 삼각형 ⇨ 각뿔
③ 사다리꼴 ⇨ 각뿔대

4-1 다음 **조건**을 모두 만족하는 입체도형을 말하시오.

조건
(가) 밑면의 모양은 칠각형이다.
(나) 두 밑면이 서로 평행하다.
(다) 옆면의 모양은 사다리꼴이다.

2 정다면체

모두 같은 정다각형으로 이루어진 입체도형

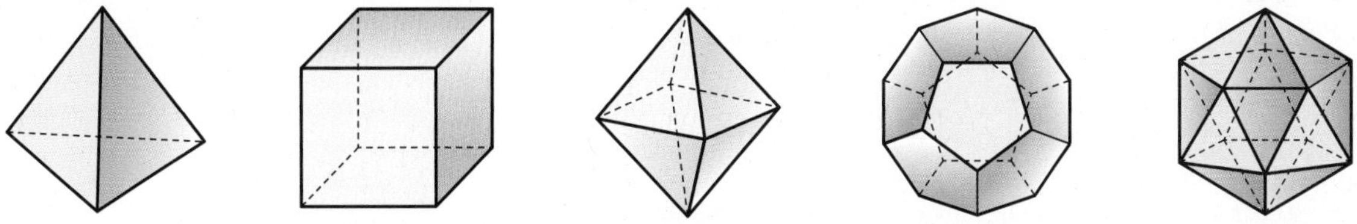

정사면체　　정육면체　　정팔면체　　정십이면체　　정이십면체

(1) **정다면체 :** 모든 면이 합동인 정다각형이고, 각 꼭짓점에 모인 면의 개수가 같은 다면체

주의 ① 모든 면이 합동인 정다각형이라고 해서 정다면체인 것은 아니다.

② 각 꼭짓점에 모인 면의 개수가 같다고 해서 정다면체인 것은 아니다.

→ ①, ②를 모두 만족해야 정다면체이다.

(2) **정다면체의 종류 :** 정사면체, 정육면체, 정팔면체, 정십이면체, 정이십면체의 5가지뿐이다.

정다면체는 왜 5가지뿐이야?

정다면체는 입체도형이므로 각 꼭짓점에서 3개 이상의 면이 만나야 하고, 각 꼭짓점에 모인 각의 크기의 합은 360°보다 작아야 해.
이 두 조건을 만족하면서 정다면체를 이룰 수 있는 정다각형은 정삼각형, 정사각형, 정오각형뿐이야. 각 꼭짓점에 3개의 정육각형, 정칠각형, …을 모아 놓으면 모인 각의 크기의 합이 360° 이상이 되어 다면체를 만들 수 없으므로 정육각형부터는 정다면체의 한 면이 될 수 없어.
따라서 정다면체는 다음과 같이 5가지뿐이야.

정삼각형으로 이루어진 정다면체			정사각형으로 이루어진 정다면체	정오각형으로 이루어진 정다면체
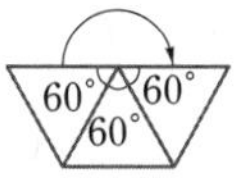	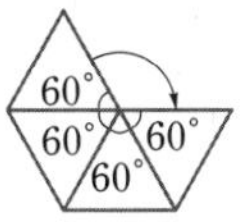	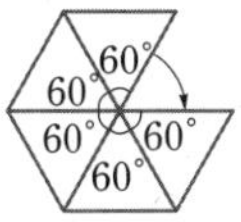	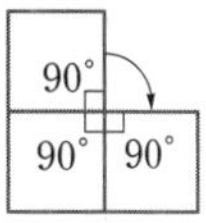	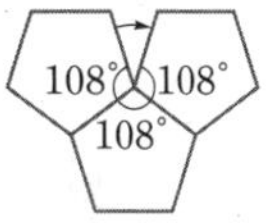
각 꼭짓점에 정삼각형 3개가 모이면 **정사면체**가 된다.	각 꼭짓점에 정삼각형 4개가 모이면 **정팔면체**가 된다.	각 꼭짓점에 정삼각형 5개가 모이면 **정이십면체**가 된다.	각 꼭짓점에 정사각형 3개가 모이면 **정육면체**가 된다.	각 꼭짓점에 정오각형 3개가 모이면 **정십이면체**가 된다.

개념확인

1. 다음 표를 완성하시오.

	정사면체	정육면체	정팔면체	정십이면체	정이십면체
면의 모양					
한 꼭짓점에 모인 면의 개수					
면의 개수					
꼭짓점의 개수					
모서리의 개수					

2. 오른쪽 그림의 다면체는 모든 면이 합동인 정삼각형으로 이루어져 있지만 정다면체는 아니다. 그 이유를 설명하시오.

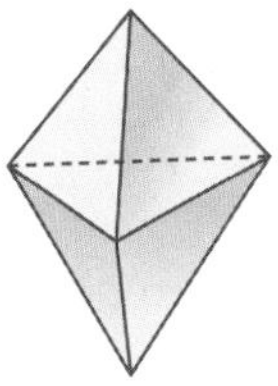

정다면체의 성질

1 **정다면체에 대한 다음 설명 중 옳은 것에는 ○표, 옳지 않은 것에는 ×표를 (　　) 안에 써넣으시오.**

(1) 정다면체의 종류는 5가지뿐이다. (　　)

(2) 정팔면체의 각 꼭짓점에 모인 면의 개수는 4로 모두 같다. (　　)

(3) 정다면체의 면의 모양은 정삼각형, 정사각형, 정오각형 중 하나이다. (　　)

(4) 면의 모양이 정삼각형인 것은 정사면체, 정팔면체, 정십이면체이다. (　　)

(5) 같은 크기의 두 정사면체의 한 면을 겹쳐 놓으면 정육면체가 된다. (　　)

정다면체는
① 모든 면이 합동인 정다각형이다.
② 각 꼭짓점에 모인 면의 개수가 같다.

1-1 다음 중 각 정다면체와 한 꼭짓점에 모인 면의 개수가 잘못 짝지어진 것은?

① 정사면체 — 3　② 정육면체 — 3　③ 정팔면체 — 4
④ 정십이면체 — 4　⑤ 정이십면체 — 5

조건을 만족하는 정다면체

2 **다음 조건을 모두 만족하는 입체도형을 말하시오.**

조건
(가) 다면체이다.
(나) 모든 면이 합동인 정삼각형이다.
(다) 각 꼭짓점에 모인 면의 개수는 5이다.

정다면체의 면의 모양
① 정삼각형
⇨ 정사면체, 정팔면체, 정이십면체
② 정사각형
⇨ 정육면체
③ 정오각형
⇨ 정십이면체

2-1 다음 **조건**을 모두 만족하는 입체도형을 말하시오.

조건
(가) 꼭짓점의 개수는 6이다.
(나) 각 꼭짓점에 모인 면의 개수는 4이다.
(다) 각 면이 합동인 정삼각형으로 이루어져 있다.

3 정다면체의 전개도

모두 같은 정다각형으로 이루어진 입체도형

겨냥도 전개도

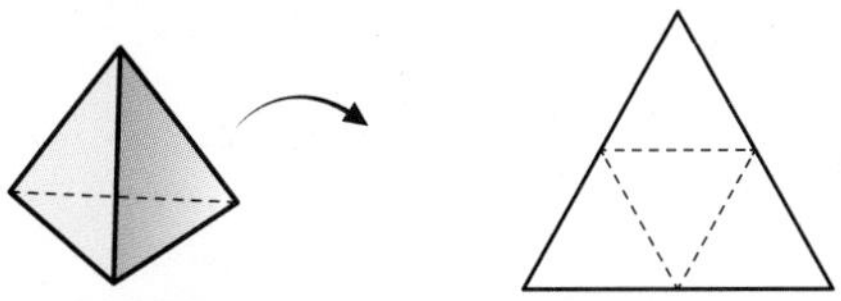

정사면체

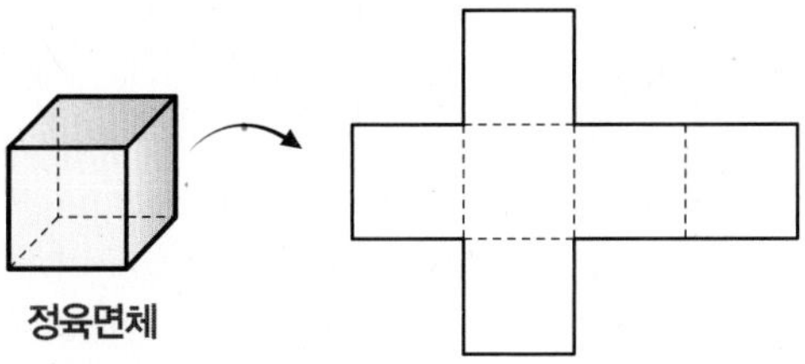

정육면체

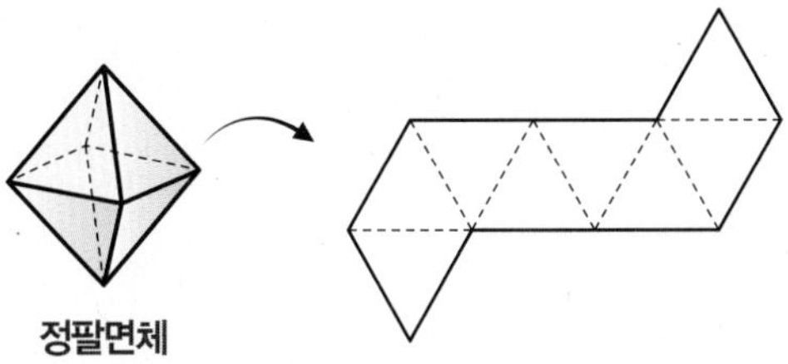

정팔면체

겨냥도 전개도

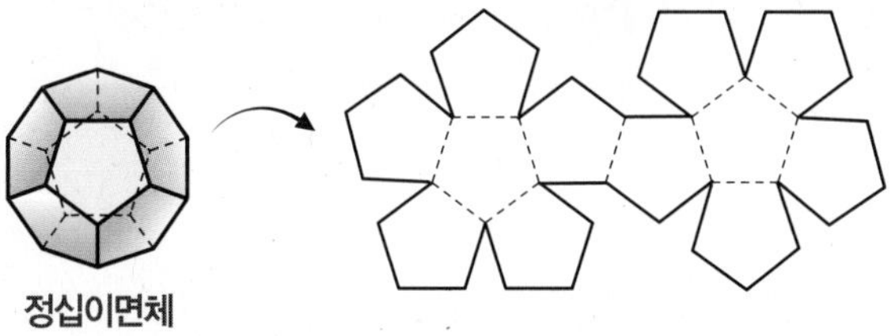

정십이면체

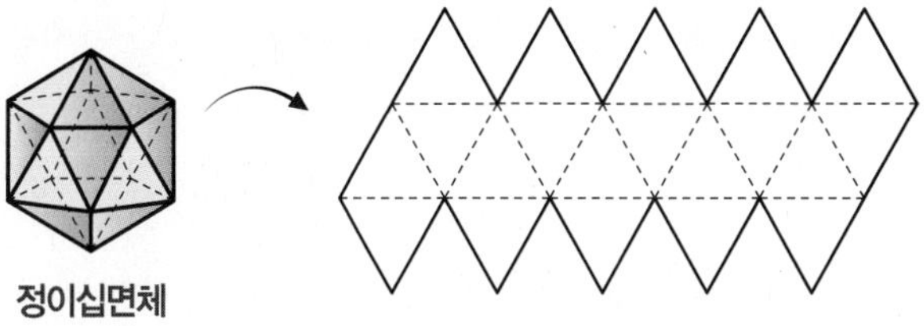

정이십면체

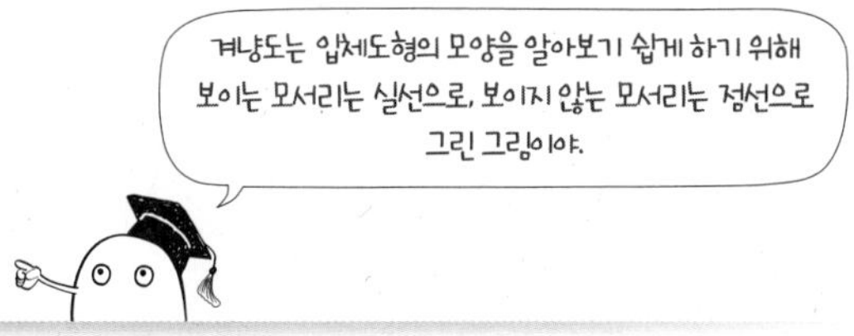

겨냥도는 입체도형의 모양을 알아보기 쉽게 하기 위해
보이는 모서리는 실선으로, 보이지 않는 모서리는 점선으로
그린 그림이야.

정다면체의 전개도는 정다면체의 어느 모서리를 자르느냐에 따라 여러 가지 모양이 나올 수 있다.

여러 가지 모양의 전개도

정다면체의 겨냥도는 한 가지이지만 전개도는 여러 가지 모양이 나올 수 있다. 예를 들어 정육면체의 전개도는 다음과 같이 모두 11가지가 있다.

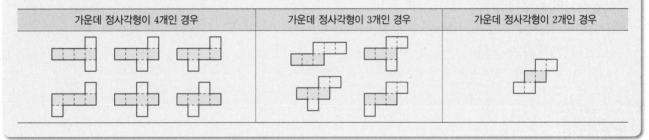

가운데 정사각형이 4개인 경우	가운데 정사각형이 3개인 경우	가운데 정사각형이 2개인 경우
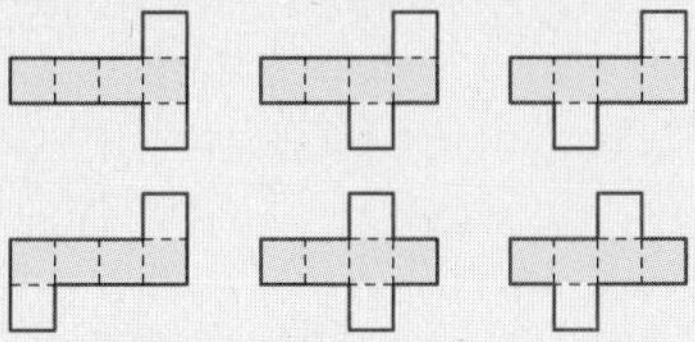	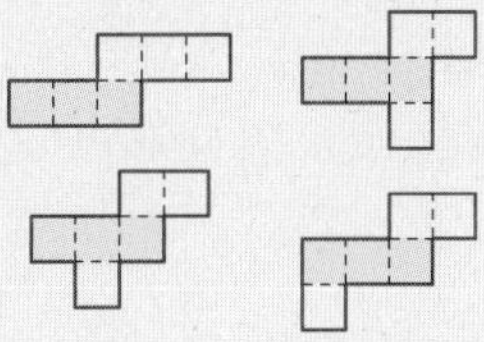	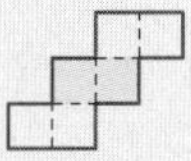

개념확인

1. 오른쪽 그림은 어느 정다면체의 전개도이다. 이 정다면체에 대하여 다음 물음에 답하시오.

(1) 이 정다면체의 이름을 말하시오.

(2) 한 꼭짓점에 모인 면의 개수를 구하시오.

(3) 점 A와 겹치는 꼭짓점을 모두 구하시오.

(4) $\overline{IJ}$와 겹치는 모서리를 구하시오.

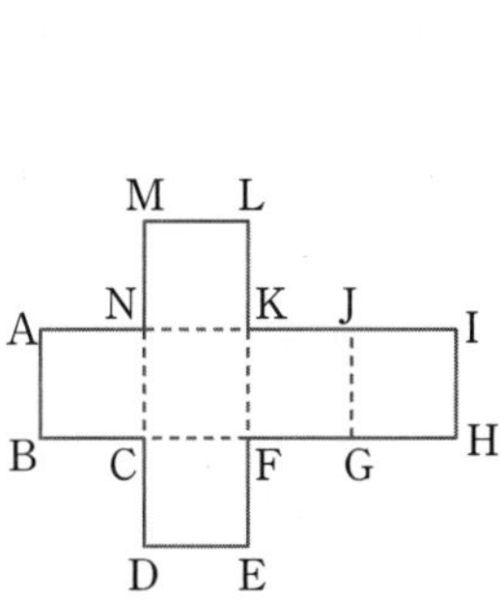

정다면체의 전개도 (1)

1 **오른쪽 그림은 어느 정다면체의 전개도이다. 다음 □ 안에 알맞은 것을 써넣으시오.**

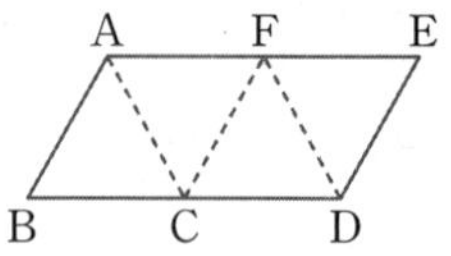

(1) 정다면체의 이름은 [   ]이고, 한 꼭짓점에 모인 면의 개수는 [ ]이다.

(2) 점 A와 겹치는 꼭짓점은 점 [ ]이고, $\overline{\text{EF}}$와 겹치는 모서리는 [   ]이다.

정다면체의 면의 모양
① 정사면체, 정팔면체, 정이십면체 ⇨ 정삼각형
② 정육면체 ⇨ 정사각형
③ 정십이면체 ⇨ 정오각형

1-1 오른쪽 그림과 같은 전개도로 만들어지는 정다면체에서 점 A와 겹치는 꼭짓점은?

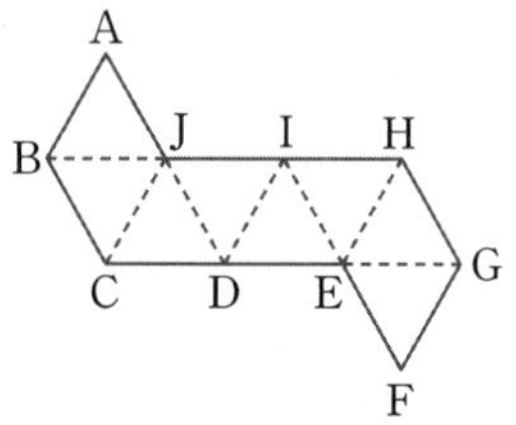

① 점 E　② 점 F
③ 점 G　④ 점 H
⑤ 점 I

정다면체의 전개도 (2)

2 **오른쪽 그림과 같은 전개도로 만들어지는 정다면체에 대하여 $\overline{\text{CD}}$와 꼬인 위치에 있는 모서리를 말하시오.**

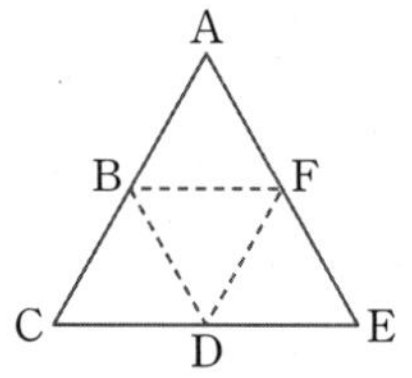

꼬인 위치
공간에서 두 직선이 만나지도 않고, 평행하지도 않을 때 꼬인 위치에 있다고 한다.

2-1 오른쪽 그림의 전개도로 만들어지는 정다면체의 한 꼭짓점에 모이는 면의 개수를 구하시오.

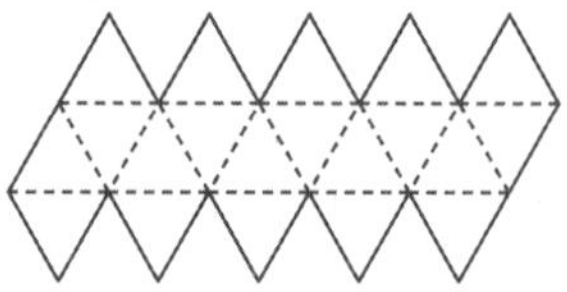

오일러의 아름다운 공식

스위스의 수학자 오일러(1707~1783)는 수많은 개념과 기호, 용어, 공식을 만들어 수학의 발전에 크게 기여하였다. 그는 도형의 꼭짓점, 모서리, 면의 개수의 관계에서 나타나는 규칙성을 아래와 같이 $v-e+f$의 공식으로 정리하였다.

※ 오일러 공식은 중학교 교육과정에서 다루는 내용은 아니지만, 알아두면 편리하다.

▲ 오일러 기념 우표

평면도형

	v (점의 개수)	−	e (선의 개수)	+	f (면의 개수)	
삼각형	3		3		1	
사각형	4	−	4	+	1	=1
오각형	5		5		1	
육각형	6		6		1	

입체도형

	v (점의 개수)	−	e (선의 개수)	+	f (면의 개수)	
정사면체	4		6		4	
정육면체	8		12		6	
정팔면체	6	−	12	+	8	=2
정십이면체	20		30		12	
정이십면체	12		30		20	

※ v=점(Vertex), e=선(Edge), f=면(Face)

4 회전체

평면을 회전시켜 만드는 입체도형

• 회전체

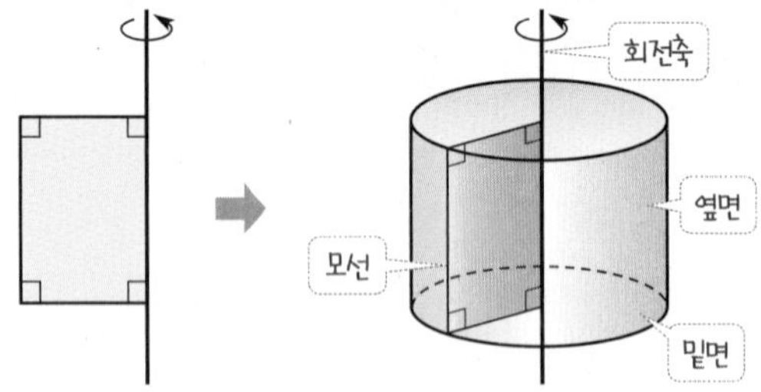

• 회전체의 종류

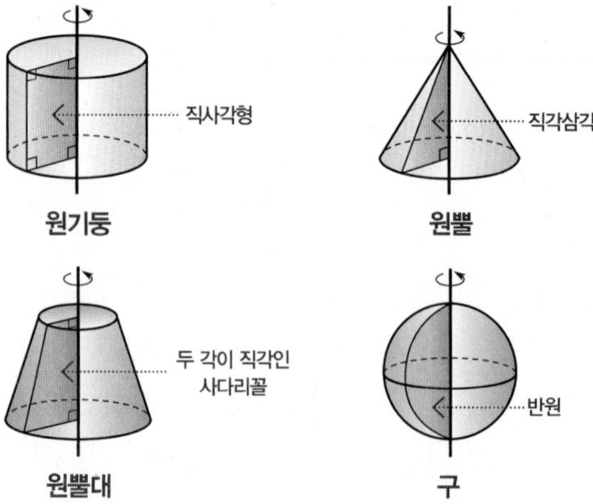

(1) 회전체: 평면도형을 한 직선을 회전축으로 하여 1회전 시킬 때 생기는 입체도형

① **회전축:** 회전시킬 때 축이 되는 직선

② **모선:** 회전체에서 옆면을 만드는 선분

(2) 원뿔대: 원뿔을 밑면에 평행한 평면으로 잘라서 생기는 두 입체도형 중에서 원뿔이 아닌 입체도형

(3) 회전체의 종류: 원기둥, 원뿔, 원뿔대, 구 등이 있다.

(4) 회전체의 단면의 모양

① 속이 꽉 찬 회전체를 회전축에 수직인 평면으로 자르면 그 단면은 항상 원이다.

② 회전체를 회전축을 포함하는 어느 평면으로 잘라도 그 단면은 모두 합동이고, 회전축에 대하여 선대칭도형이다.

• 구는 옆면이 없으므로 모선을 갖지 않는다.

구의 성질

① 회전축이 무수히 많다.

② 어떤 방향으로 잘라도 그 단면은 항상 원이다.

	원기둥	원뿔	원뿔대	구
회전축에 수직인 평면으로 자른 단면	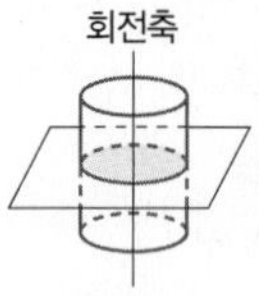 ➡ 원	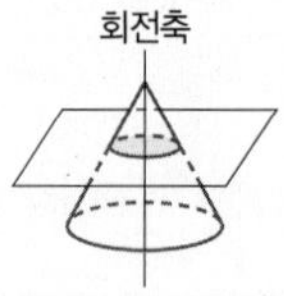 ➡ 원	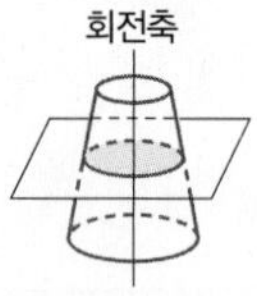 ➡ 원	 ➡ 원
회전축을 포함하는 평면으로 자른 단면	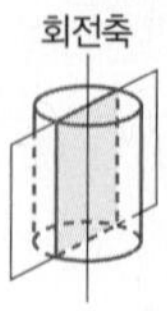 ➡ 직사각형	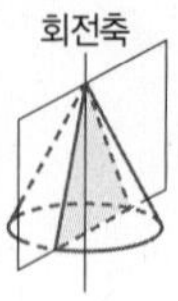 ➡ 이등변삼각형	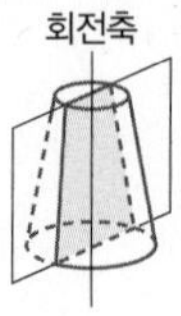 ➡ 사다리꼴	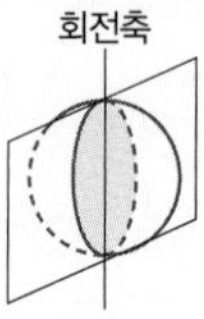 ➡ 원

개념확인

1. 다음 그림의 평면도형을 직선 l을 회전축으로 하여 1회전 시킬 때 생기는 입체도형을 그리고, 그 이름을 말하시오.

(1) 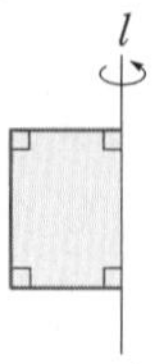

(2) 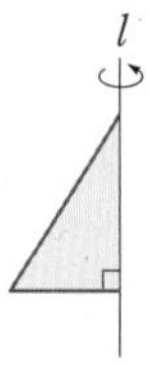

(3) 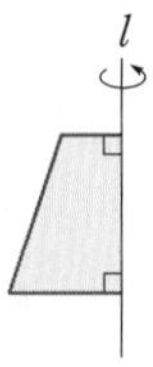

(4) 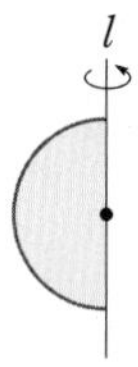

회전체

1 다음 보기의 입체도형 중 회전체가 아닌 것을 모두 고르시오.

보기

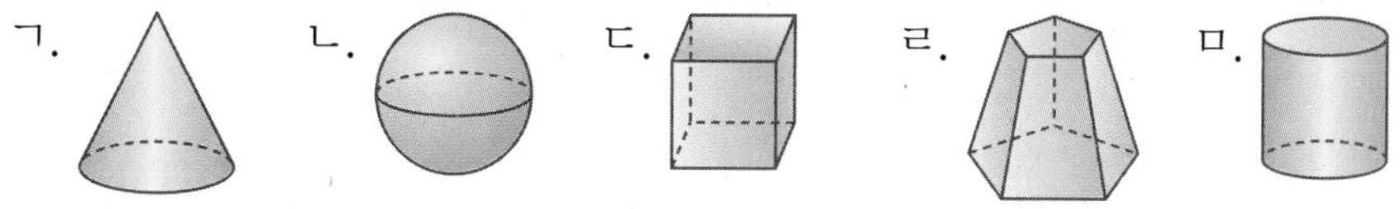

회전체
평면도형을 한 직선을 회전축으로 하여 1회전 시킬 때 생기는 입체도형

1-1 다음 **보기**의 입체도형 중 회전체인 것의 개수를 구하시오.

보기

ㄱ. 사각뿔	ㄴ. 정사면체	ㄷ. 원뿔	ㄹ. 육각기둥
ㅁ. 원기둥	ㅂ. 삼각뿔대	ㅅ. 구	ㅇ. 원뿔대

평면도형을 회전시킨 입체도형의 모양

2 오른쪽 그림의 평면도형을 직선 l을 회전축으로 하여 1회전 시킬 때 생기는 입체도형은?

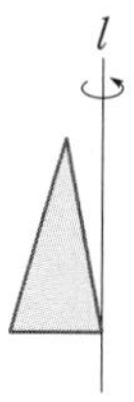

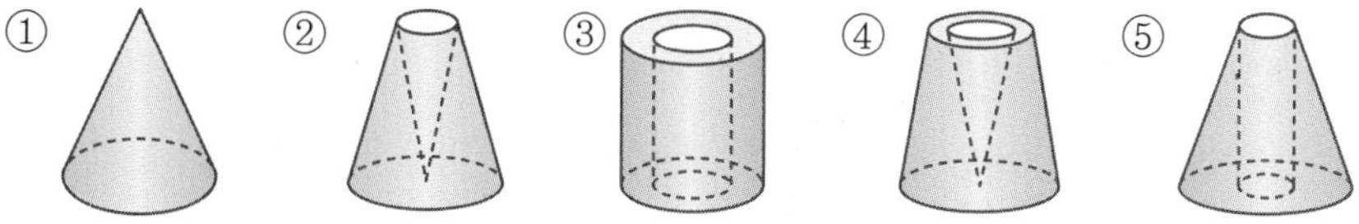

평면도형이 회전축에서 떨어져 있으면 회전체의 가운데가 비어 있게 된다.

2-1 오른쪽 그림의 입체도형은 다음 중 어떤 평면도형을 1회전 시킨 것인가?

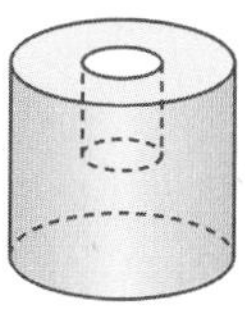

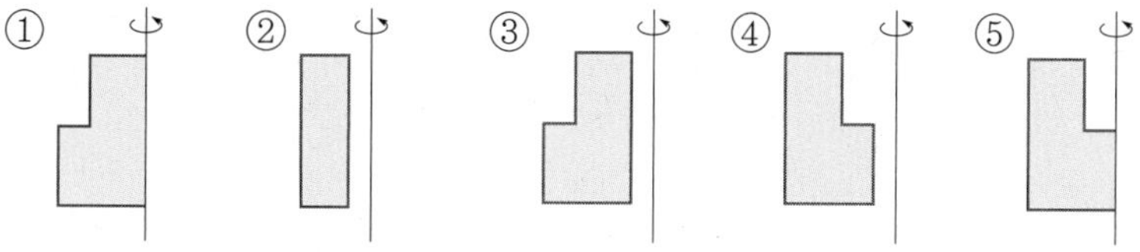

회전축

3 **다음 그림의 (가), (나), (다)는 오른쪽 그림과 같은 직각삼각형 ABC의 각 변을 회전축으로 하여 1회전 시킬 때 생기는 입체도형이다. 각각 어느 변을 회전축으로 한 것인지 구하시오.**

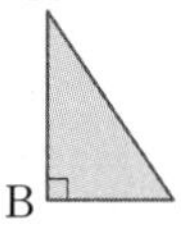

$\overline{AB}$, $\overline{BC}$, $\overline{AC}$를 각각 회전축으로 하였을 때 어떤 회전체가 생기는지 겨냥도를 그려 본다.

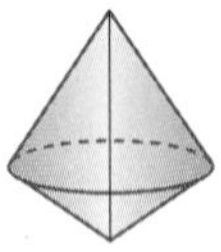
(가)

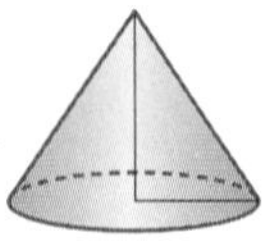
(나)

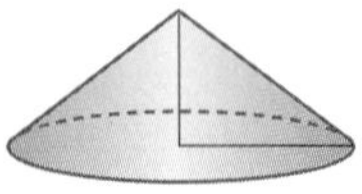
(다)

3-1 오른쪽 그림과 같은 도형에서 어느 변을 회전축으로 하여 1회전 시켜야 그 회전체가 원뿔대가 되는가?

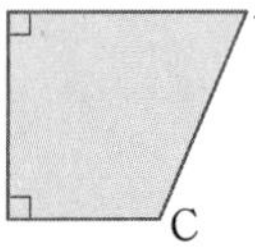

① $\overline{AB}$　　② $\overline{BC}$　　③ $\overline{CD}$
④ $\overline{AD}$　　⑤ 알 수 없다.

회전체의 단면의 모양

4 **어떤 회전체에 대하여 오른쪽 그림의 (가)는 회전축에 수직인 평면으로 잘랐을 때 생기는 단면이고, (나)는 회전축을 포함하는 평면으로 잘랐을 때 생기는 단면이다. 이 회전체의 이름을 말하시오.**

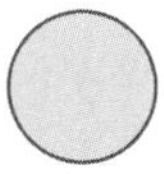
(가)

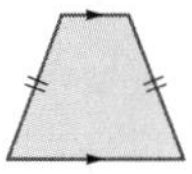
(나)

	회전축에 수직인 평면으로 자른 단면	회전축을 포함하는 평면으로 자른 단면
원기둥	원	직사각형
원뿔	원	이등변삼각형
원뿔대	원	사다리꼴
구	원	원

4-1 다음 중 회전체와 그 회전체를 회전축을 포함하는 평면으로 잘랐을 때 생기는 단면의 모양을 짝지은 것으로 옳지 않은 것을 모두 고르면? (정답 2개)

① 구 — 원　　② 원뿔대 — 평행사변형　　③ 반구 — 원
④ 원기둥 — 직사각형　　⑤ 원뿔 — 이등변삼각형

회전체의 단면의 넓이

5 **오른쪽 그림의 직사각형을 직선 l을 회전축으로 하여 1회전 시킬 때 생기는 회전체를 회전축을 포함하는 평면으로 잘랐을 때 생기는 단면의 넓이를 구하시오.**

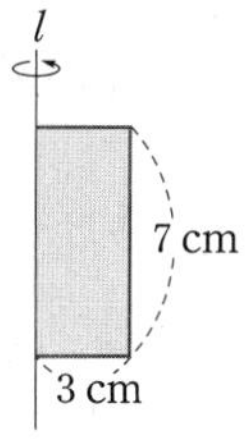

회전체를 그려 단면의 모양을 확인한다.

5-1 오른쪽 그림과 같은 사다리꼴을 $\overline{CD}$를 회전축으로 하여 1회전 시킬 때 생기는 입체도형을 회전축을 포함하는 평면으로 잘랐을 때 생기는 단면의 넓이를 구하시오.

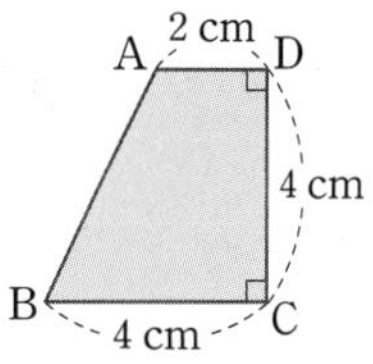

회전체의 성질

6 **다음 회전체에 대한 설명 중 옳지 않은 것은?**

① 원뿔과 구는 회전체이다.
② 구를 평면으로 자른 단면은 항상 원이다.
③ 원기둥을 회전축에 수직인 평면으로 자른 단면은 원이다.
④ 회전체를 회전축을 포함하는 평면으로 자른 단면은 항상 원이다.
⑤ 회전체를 회전축을 포함하는 평면으로 자른 단면은 모두 합동이다.

회전체의 단면의 모양은 자르는 평면이 회전축에 수직인 평면인지 회전축을 포함하는 평면인지에 따라 결정된다.

6-1 오른쪽 그림과 같은 직각삼각형을 직선 l을 회전축으로 하여 1회전 시킬 때 생기는 회전체에 대한 다음 설명 중 옳지 않은 것을 모두 고르면? (정답 2개)

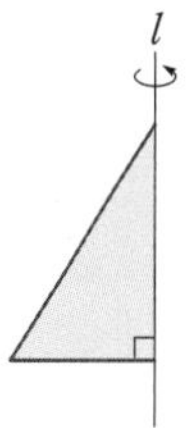

① 생기는 회전체는 원뿔대이다.
② 회전체를 회전축에 수직인 평면으로 자른 단면은 항상 원이다.
③ 회전체를 회전축에 수직인 평면으로 자른 단면은 모두 합동이다.
④ 회전체를 회전축을 포함하는 평면으로 자른 단면은 이등변삼각형이다.
⑤ 회전체를 회전축을 포함하는 평면으로 자른 단면은 회전축에 대하여 선대칭도형이다.

5 회전체의 전개도

평면을 회전시켜 만드는 입체도형

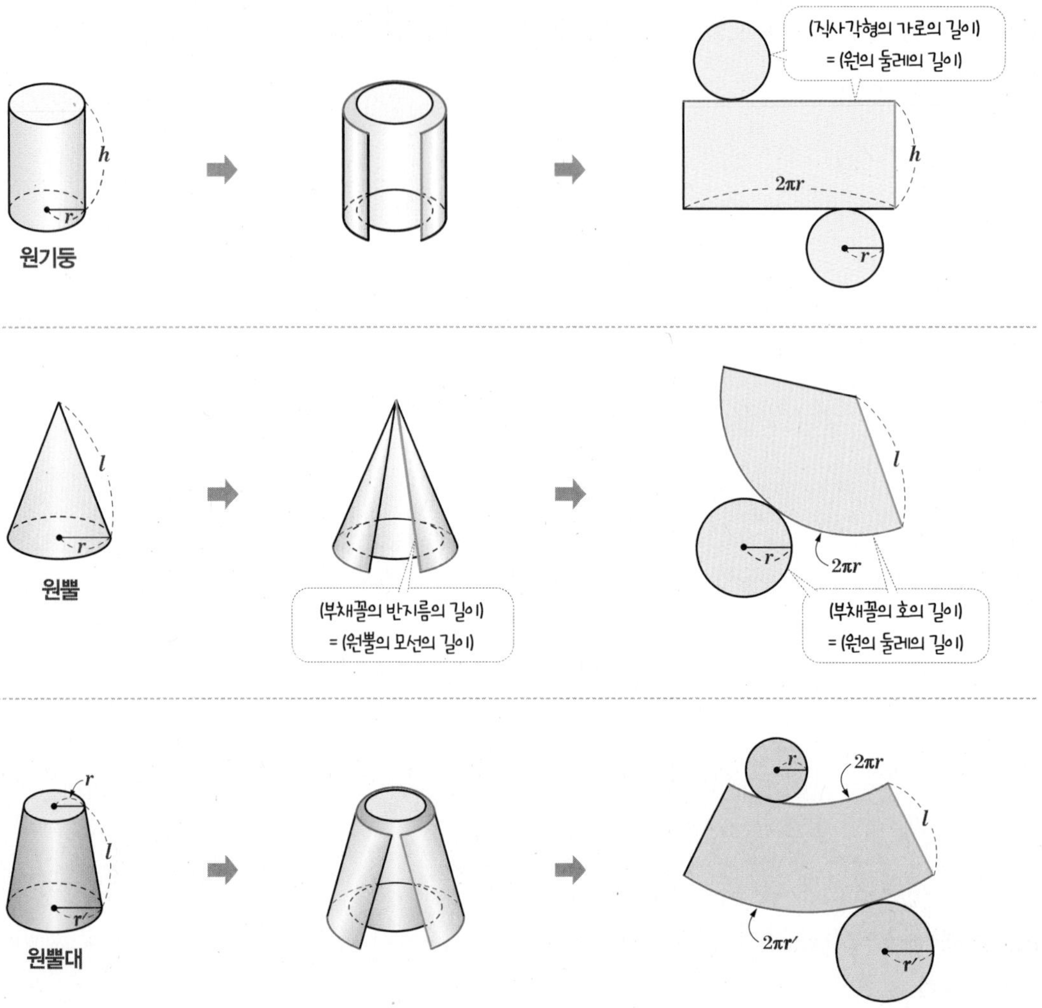

(1) 원기둥의 전개도

원기둥의 전개도에서 (직사각형의 가로의 길이) = (원의 둘레의 길이)

(2) 원뿔의 전개도

부채꼴의 전개도에서 (부채꼴의 호의 길이) = (원의 둘레의 길이)

(3) 원뿔대의 전개도

원뿔대의 전개도에서
- (작은 부채꼴의 호의 길이) = (작은 원의 둘레의 길이)
- (큰 부채꼴의 호의 길이) = (큰 원의 둘레의 길이)

참고 구는 전개도를 그릴 수 없다.

원뿔과 원뿔대는 모선의 길이가 일정하므로 전개도를 그릴 때 다음 그림과 같이 옆면의 모양을 잘못 그리지 않도록 주의한다.

(1) 원뿔

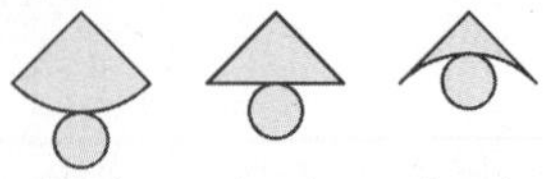

(○) (×) (×)

(2) 원뿔대

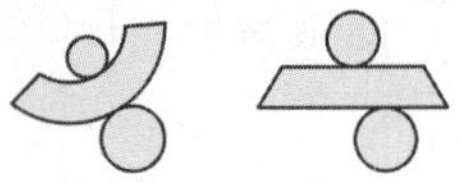

(○) (×)

개념확인

1. 오른쪽 그림은 원기둥의 전개도이다. 이 전개도에서 옆면이 되는 직사각형의 가로의 길이를 구하시오.

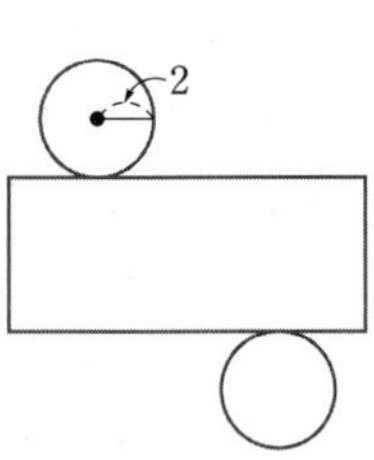

회전체의 전개도 (1)

1 **오른쪽 그림에서 (나)는 (가)의 직각삼각형을 직선 l을 회전축으로 하여 1회전 시킨 회전체의 전개도이다. 이 회전체의 이름을 말하고 a, b의 값을 각각 구하시오.**

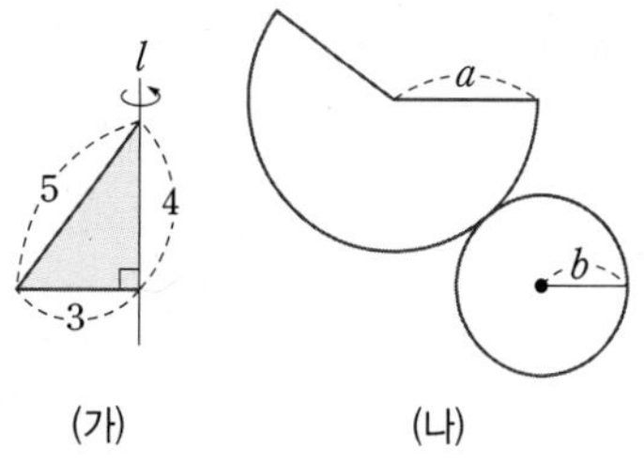

원뿔의 전개도
⇨ 부채꼴과 원이 맞닿아 있는 모양

1-1 오른쪽 그림은 어떤 회전체의 전개도이다. 이 회전체의 이름과 밑면인 원 (가)의 둘레의 길이와 같은 것을 차례대로 구하시오.

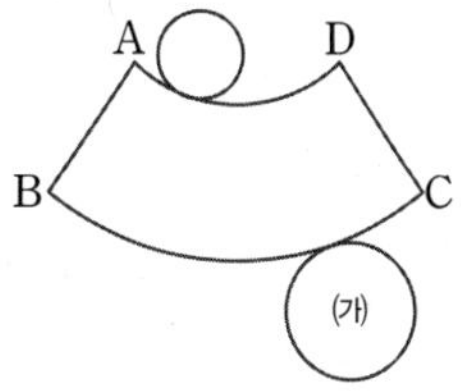

회전체의 전개도 (2)

2 **다음 중 회전체와 그 전개도를 바르게 짝지은 것은?**

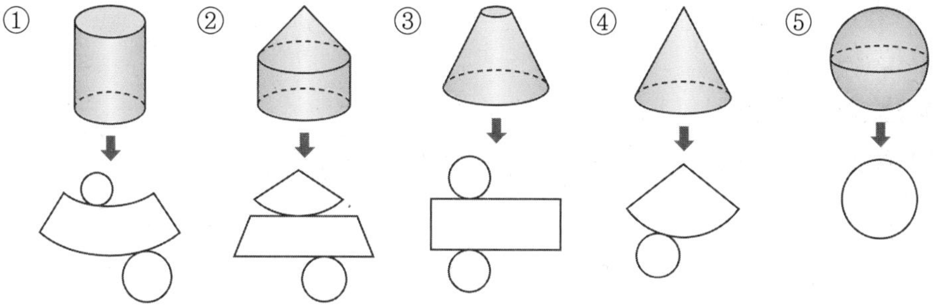

전개도를 그릴 수 없는 것
⇨ 구, 도넛 모양의 입체도형

2-1 오른쪽 그림은 원기둥의 전개도이다. 이 원기둥을 회전축을 포함하는 평면으로 잘랐을 때 생기는 단면과 회전축에 수직인 평면으로 잘랐을 때 생기는 단면의 넓이를 차례대로 구하시오.

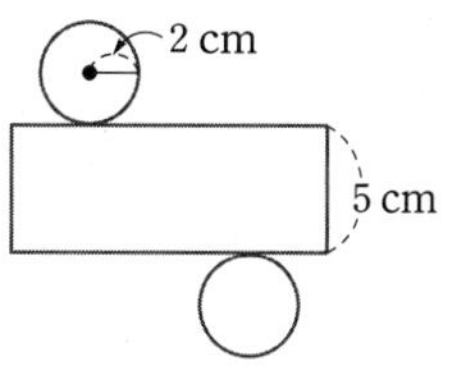

원리로 이해하는 다면체 총정리

	겨냥도	밑면의 모양	꼭짓점의 개수	모서리의 개수	면의 개수
각기둥	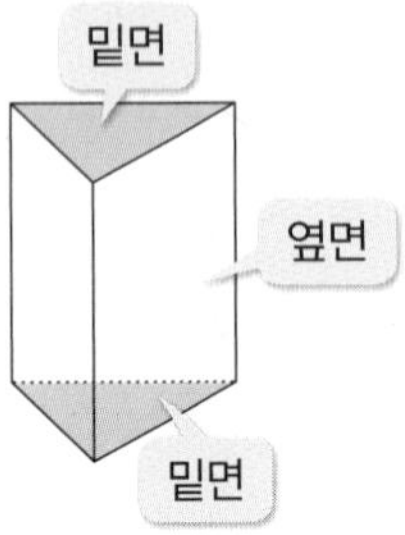 ※ 각기둥의 옆면은 항상 직사각형		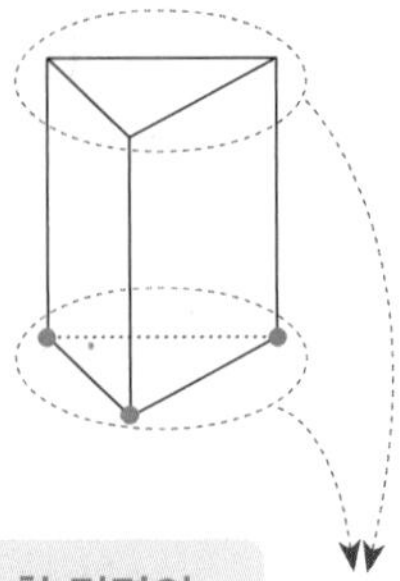 한 밑면의 꼭짓점의 개수 ×2	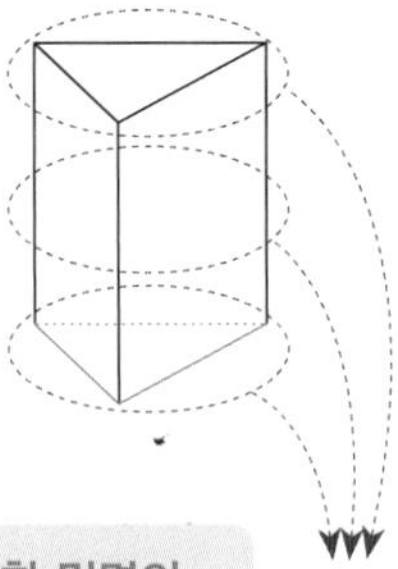 한 밑면의 모서리의 개수 ×3	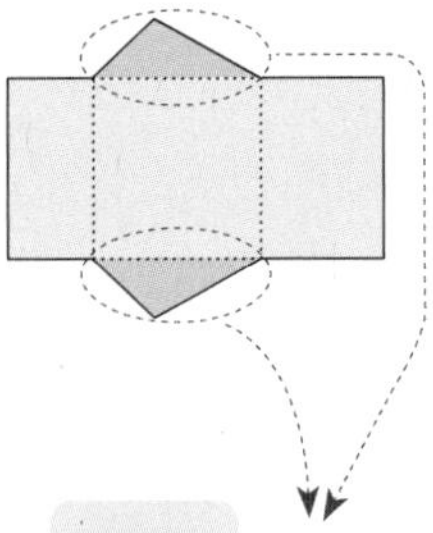 옆면의 개수 +2
삼각기둥	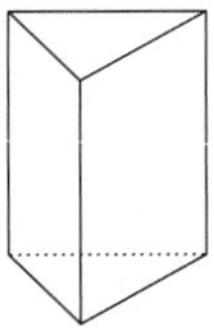	삼각형	$3\times2=6$	$3\times3=9$	$3+2=5$
사각기둥	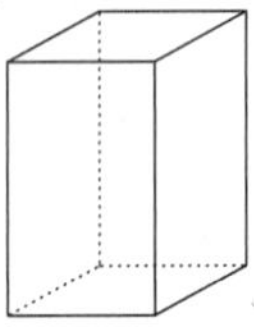	사각형	$4\times2=8$	$4\times3=12$	$4+2=6$
오각기둥	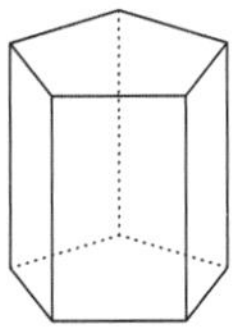	오각형	$5\times2=10$	$5\times3=15$	$5+2=7$
육각기둥	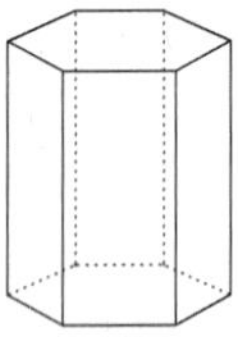	육각형	$6\times2=12$	$6\times3=18$	$6+2=8$
⋮	⋮	⋮	⋮	⋮	⋮
n각기둥		n각형	$n\times\square$	$n\times\square$	$n+\square$

답 2, 3, 2

	겨냥도	밑면의 모양	꼭짓점의 개수	모서리의 개수	면의 개수
각뿔	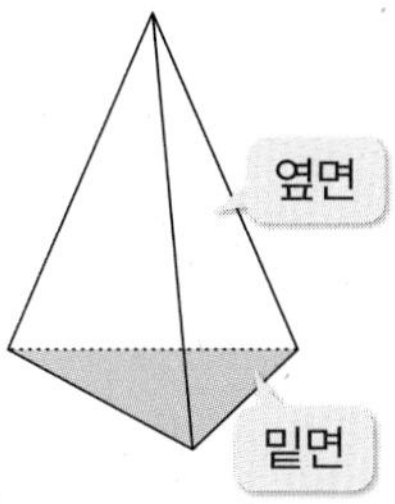 ※ 각뿔의 옆면은 항상 삼각형		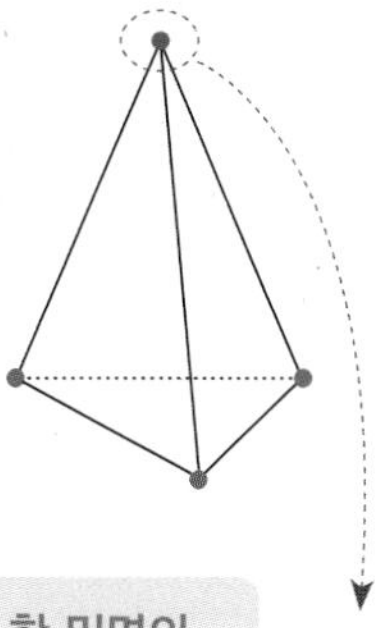 한 밑면의 꼭짓점의 개수 + 1	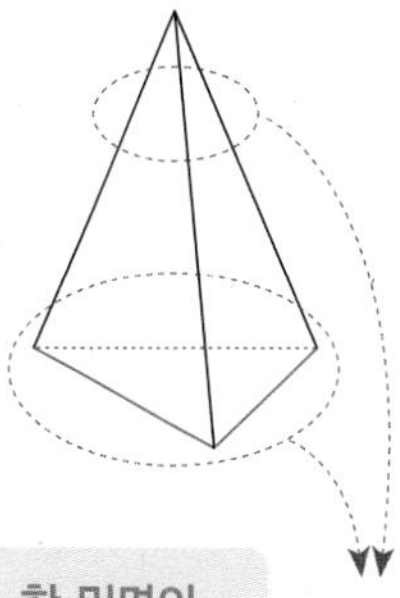 한 밑면의 모서리의 개수 × 2	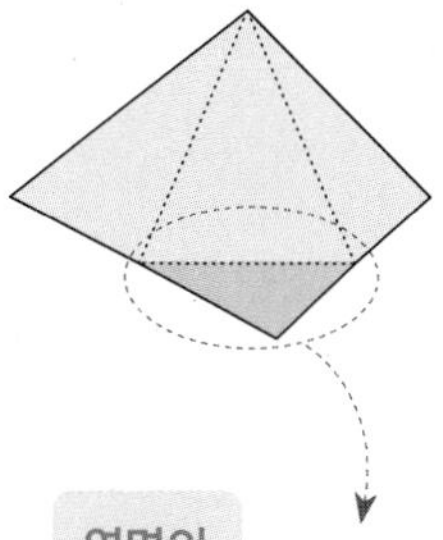 옆면의 개수 + 1
삼각뿔	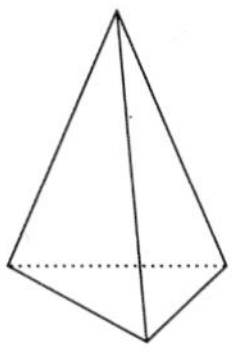	삼각형	$3+1=4$	$3\times2=6$	$3+1=4$
사각뿔	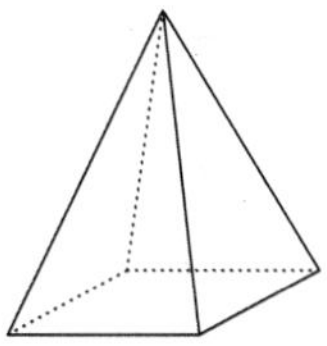	사각형	$4+1=5$	$4\times2=8$	$4+1=5$
오각뿔	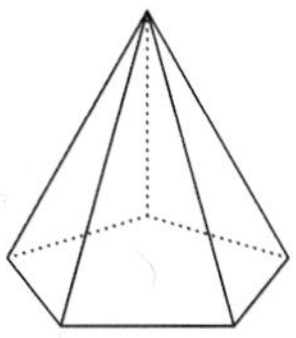	오각형	$5+1=6$	$5\times2=10$	$5+1=6$
육각뿔	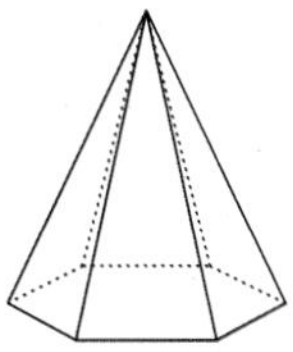	육각형	$6+1=7$	$6\times2=12$	$6+1=7$
⋮	⋮	⋮	⋮	⋮	⋮
n각뿔		n각형	$n+\square$	$n\times\square$	$n+\square$

답 1, 2, 1

원리로 이해하는 다면체 총정리

	겨냥도	밑면의 모양	꼭짓점의 개수	모서리의 개수	면의 개수
각뿔대	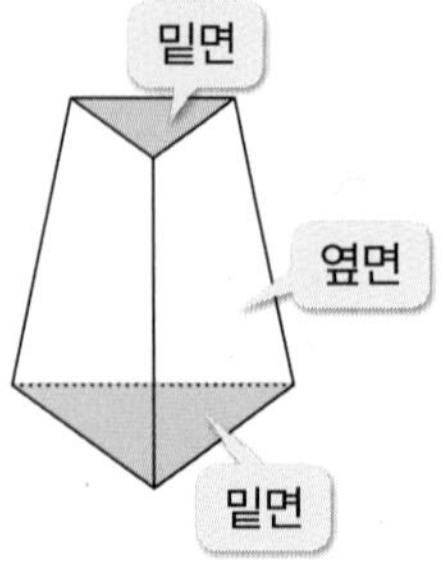 ※각뿔대의 옆면은 항상 사다리꼴		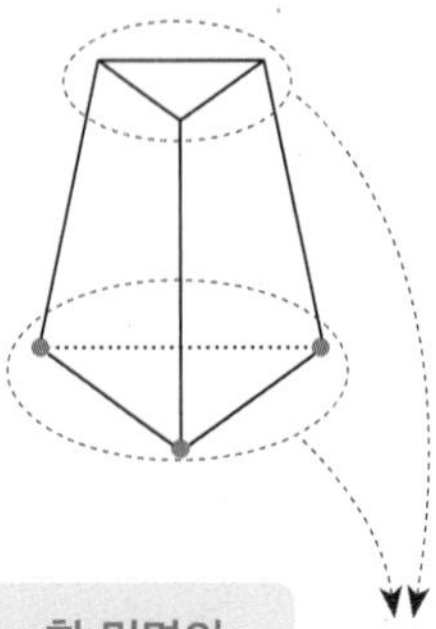 한 밑면의 꼭짓점의 개수 ×2	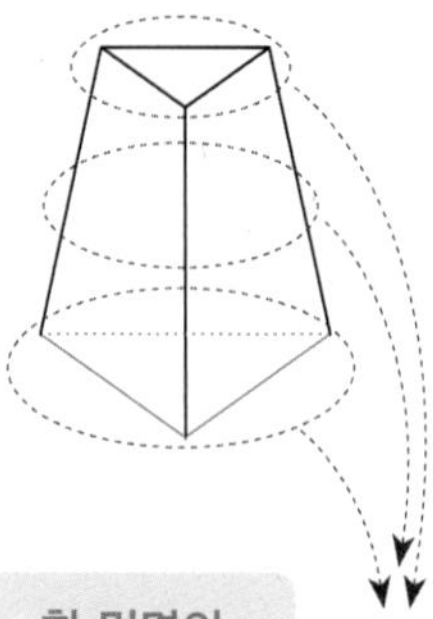 한 밑면의 모서리의 개수 ×3	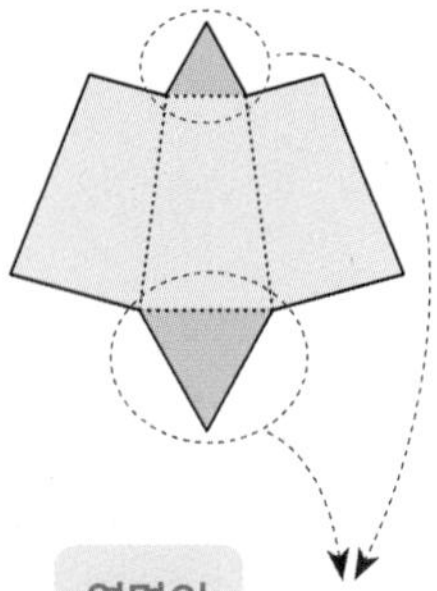 옆면의 개수 +2
삼각뿔대	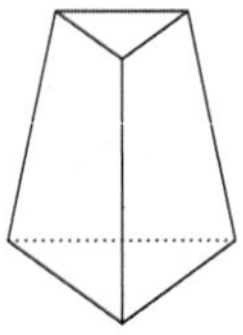	삼각형	$3\times2=6$	$3\times3=9$	$3+2=5$
사각뿔대	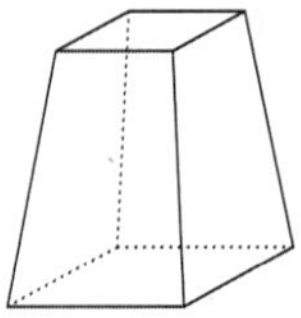	사각형	$4\times2=8$	$4\times3=12$	$4+2=6$
오각뿔대	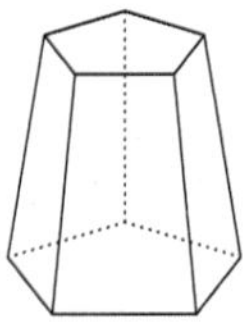	오각형	$5\times2=10$	$5\times3=15$	$5+2=7$
육각뿔대	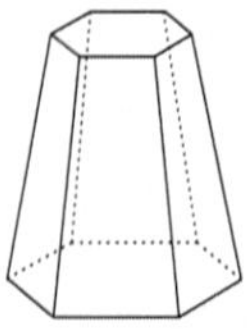	육각형	$6\times2=12$	$6\times3=18$	$6+2=8$
⋮	⋮	⋮	⋮	⋮	⋮
n각뿔대		**n각형**	$n\times\square$	$n\times\square$	$n+\square$

※'각뿔대'는 '각기둥'과 면의 모양이 다를 뿐 개수를 구하는 원리는 같다.

답 2, 3, 2

정다면체	면의 개수	한 꼭짓점에 모인 면의 개수	면의 모양	꼭짓점의 개수	모서리의 개수
	※이름을 통해 파악	※겨냥도를 통해 파악		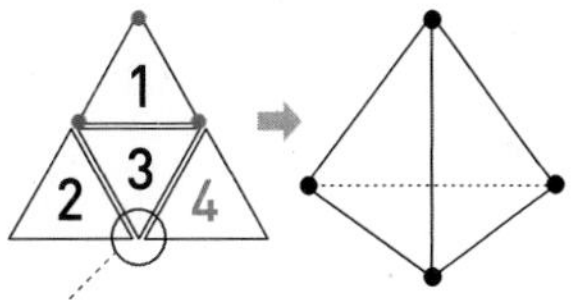 $\frac{4\times3}{3}=4$ 면의 개수 × 한 면의 꼭짓점의 개수 / 한 꼭짓점에 모인 면의 개수	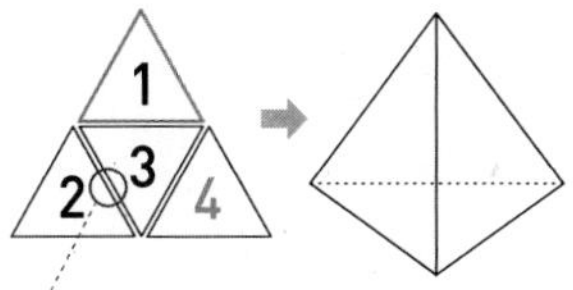 $\frac{4\times3}{2}=6$ 면의 개수 × 한 면의 모서리의 개수 / 한 모서리에 모인 면의 개수
정사면체	4	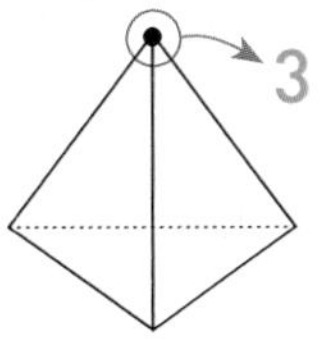	삼각형	$\frac{4\times3}{3}=4$	$\frac{4\times3}{2}=6$
정육면체	6	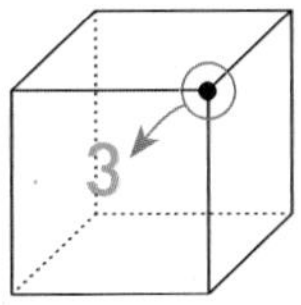	사각형	$\frac{6\times4}{3}=8$	$\frac{6\times4}{2}=12$
정팔면체	8	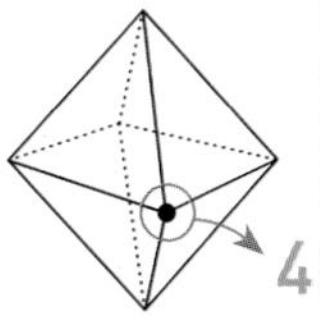	삼각형	$\frac{8\times3}{4}=6$	$\frac{8\times3}{2}=12$
정십이면체	12	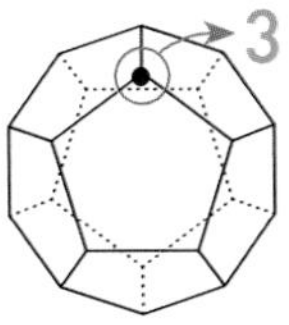	오각형	$\frac{12\times\square}{3}=20$	$\frac{12\times5}{2}=30$
정이십면체	20	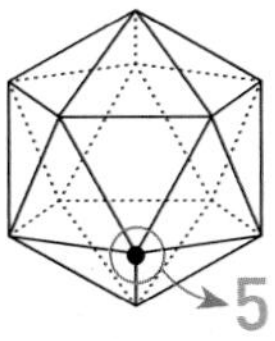	삼각형	$\frac{20\times3}{\square}=12$	$\frac{20\times3}{\square}=30$

답 5, 5, 2

개념 완성

기본 문제

1 다면체의 꼭짓점, 모서리, 면의 개수

다음 중 면의 개수가 가장 많은 것은?

① 사면체　② 오각뿔대　③ 육각기둥
④ 칠각뿔　⑤ 칠각뿔대

2 다면체의 꼭짓점, 모서리, 면의 개수

다음 중 각뿔에 대한 설명으로 옳지 않은 것은?

① 옆면과 밑면이 수직으로 만난다.
② n각뿔의 모서리의 개수는 $2n$이다.
③ 면의 개수와 꼭짓점의 개수가 같다.
④ 밑면은 다각형이고 옆면은 모두 삼각형이다.
⑤ 오각뿔을 밑면에 평행하게 자른 단면은 오각형이다.

3 다면체의 꼭짓점, 모서리, 면의 개수

밑면의 대각선의 개수가 14인 각뿔은 몇 면체인지 구하시오.

4 조건을 만족하는 다면체

다음 조건을 모두 만족하는 입체도형의 이름을 말하시오.

조건
(가) 십이면체이다.
(나) 두 밑면이 서로 평행하고 합동이다.
(다) 옆면의 모양이 직사각형이다.

5 정다면체의 성질

다음 정다면체 중 면의 모양이 정삼각형인 것을 모두 고르면? (정답 3개)

① 정사면체　② 정육면체　③ 정팔면체
④ 정십이면체　⑤ 정이십면체

6 정다면체의 전개도 (1)

다음 중 정육면체의 전개도가 아닌 것은?

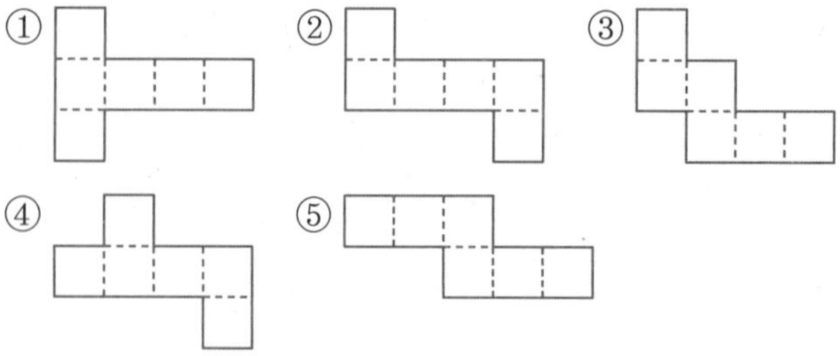

7 정다면체의 전개도 (2)

오른쪽 그림과 같은 전개도로 만들어지는 입체도형에서 $\overline{AB}$와 겹치는 모서리를 구하시오.

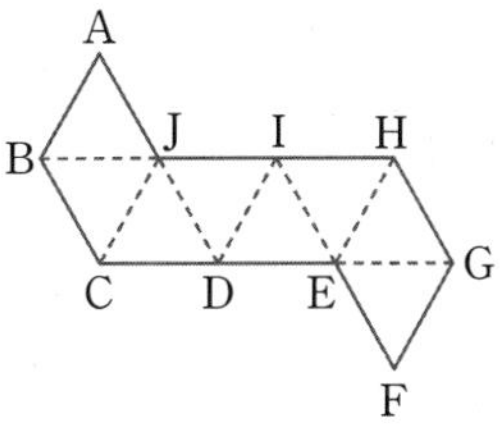

8 정다면체의 전개도 (2)

오른쪽 그림과 같은 전개도로 만들어지는 정다면체에 대한 다음 설명 중 옳지 않은 것은?

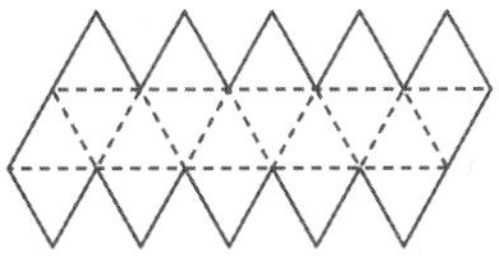

① 면은 모두 합동이다.
② 면의 개수는 20이다.
③ 꼭짓점의 개수는 12이다.
④ 모서리의 개수는 20이다.
⑤ 한 꼭짓점에 모인 면의 개수는 5이다.

9 평면도형을 회전시킨 입체도형의 모양

오른쪽 그림의 평행사변형 ABCD를 직선 l을 축으로 하여 1회전 시킬 때 생기는 입체도형은?

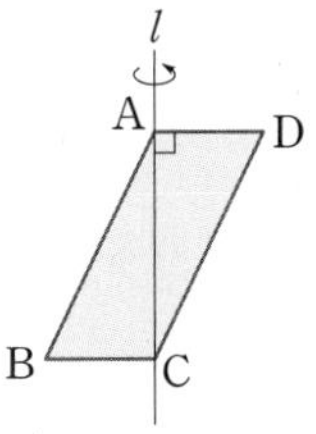

① 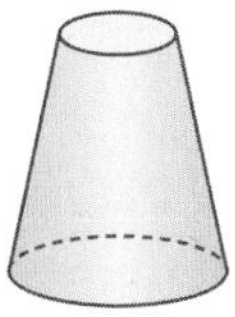
② 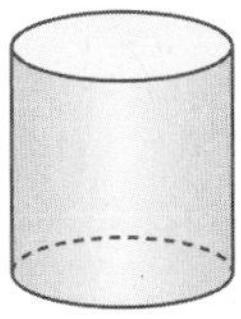
③ 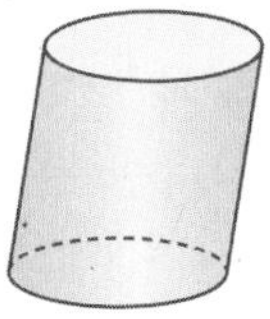
④ 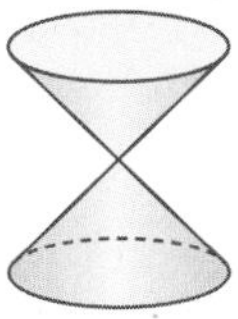
⑤ 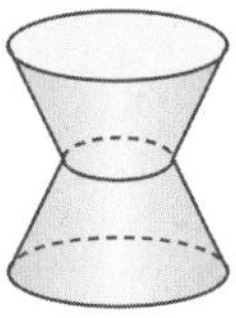

10 회전체의 단면의 모양

오른쪽 그림은 각각 어떤 회전체를 회전축에 수직인 평면과 회전축을 포함하는 평면으로 자른 단면의 모양일 때, 다음 중 이 회전체는?

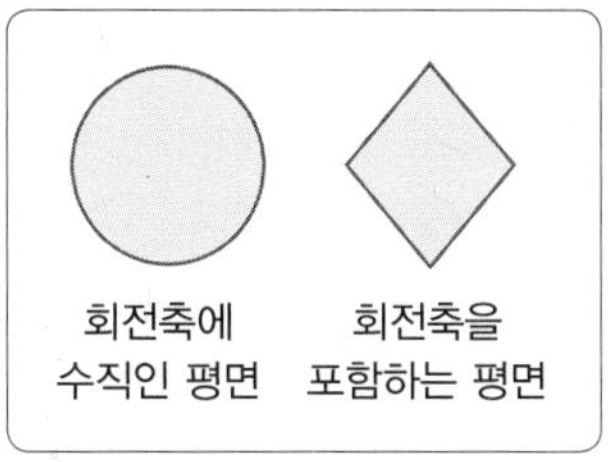

① 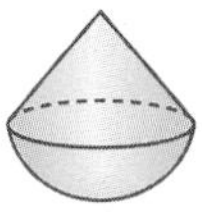
② 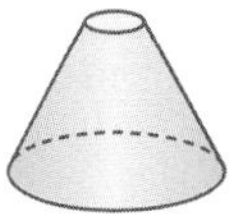
③ 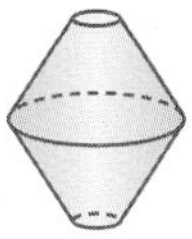
④ 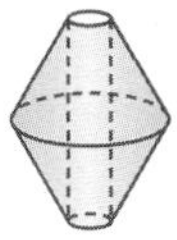
⑤ 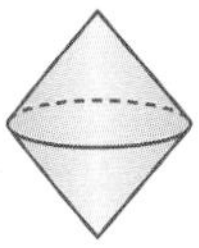

11 회전체의 단면의 모양

다음 중 원뿔을 한 평면으로 자를 때 생기는 단면의 모양이 될 수 없는 것은?

① 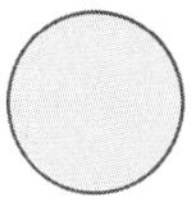
② 
③ 
④ 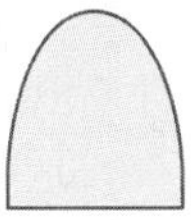
⑤ 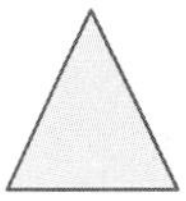

12 회전체의 성질

다음 중 회전체에 대한 설명으로 옳지 않은 것은?

① 구의 회전축은 무수히 많다.
② 원뿔의 회전축은 1개뿐이다.
③ 구를 평면으로 자른 단면은 항상 원이다.
④ 원뿔대를 회전축에 수직인 평면으로 자를 때 생기는 단면은 항상 합동이다.
⑤ 원뿔의 전개도에서 부채꼴의 호의 길이와 밑면인 원의 둘레의 길이는 같다.

개념 완성 발전 문제

1 모서리의 개수가 면의 개수보다 14만큼 많은 각뿔의 밑면은 몇 각형인지 구하시오.

n각뿔의 모서리의 개수와 면의 개수를 n에 대한 식으로 나타낸다.

2 오른쪽 그림의 전개도로 만들어지는 정다면체의 각 면의 한 가운데에 있는 점을 연결하여 만든 입체도형의 이름을 말하시오.

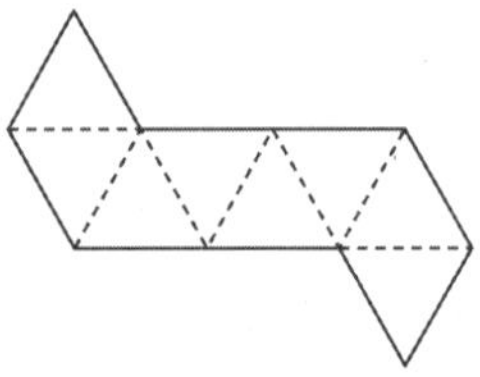

3 다면체에서 꼭짓점의 개수를 v, 모서리의 개수를 e, 면의 개수를 f라 할 때, $v-e+f=2$가 성립한다. 이때 $5v=2e$, $3f=2e$인 관계가 성립하는 정다면체를 구하시오.

4 오른쪽 그림의 전개도로 정육면체를 만들었더니 마주 보는 두 면에 적힌 수의 합이 모두 7이었다. 이때 $a-b+c$의 값을 구하시오.

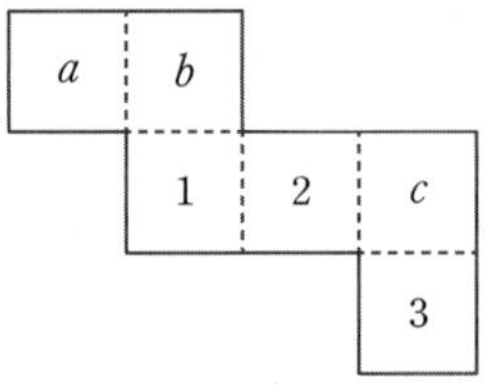

5 오른쪽 그림과 같이 반지름의 길이가 1 cm인 원 O를 직선 l을 회전축으로 하여 1회전 시켰다. 이때 생기는 회전체를 원의 중심 O를 지나면서 회전축에 수직인 평면으로 자를 때 생기는 단면의 넓이를 구하시오.

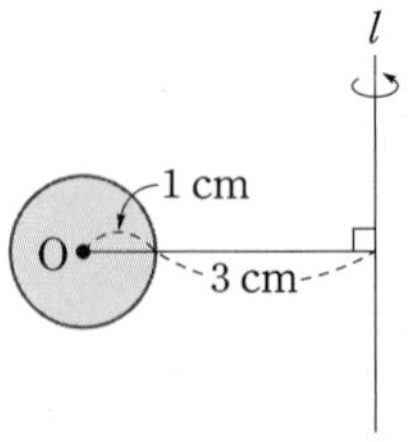

주어진 평면도형을 1회전 시킬 때 생기는 입체도형은 도넛 모양이다.

6 서술형

오른쪽 그림은 원기둥의 전개도이다. 이 원기둥을 회전축을 포함하는 평면으로 잘랐을 때 생기는 단면과 회전축에 수직인 평면으로 잘랐을 때 생기는 단면의 넓이를 각각 $a\text{ cm}^2$, $b\text{ cm}^2$라 할 때, $\frac{b}{a}$의 값을 구하기 위한 풀이 과정을 쓰고 답을 구하시오.

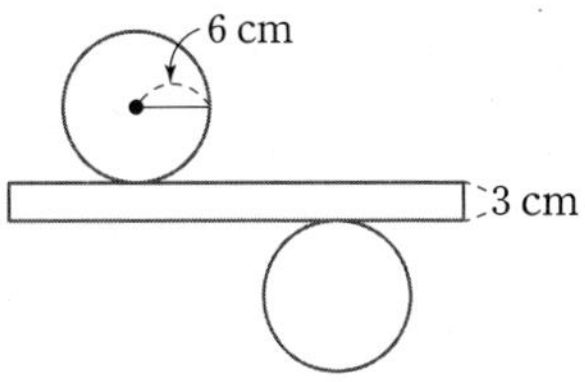

① 단계: a의 값 구하기

원기둥을 회전축을 포함하는 평면으로 잘랐을 때 생기는 단면은 가로의 길이가 ________이고, 세로의 길이가 ________인 직사각형이므로

(단면의 넓이)= ________________에서 $a=$ ________

② 단계: b의 값 구하기

원기둥을 회전축에 수직인 평면으로 잘랐을 때 생기는 단면은 반지름의 길이가 ________인 원이므로

(단면의 넓이)= ________________에서 $b=$ ________

③ 단계: $\frac{b}{a}$의 값 구하기

$\frac{b}{a}=$ ________

► Check List
- a의 값을 바르게 구하였는가?
- b의 값을 바르게 구하였는가?
- $\frac{b}{a}$의 값을 바르게 구하였는가?

7 서술형

모서리의 개수가 18인 각뿔대의 면의 개수와 꼭짓점의 개수를 각각 x, y라 할 때, xy의 값을 구하기 위한 풀이 과정을 쓰고 답을 구하시오.

① 단계: 몇 각뿔대인지 구하기

② 단계: x의 값 구하기

③ 단계: y의 값 구하기

④ 단계: xy의 값 구하기

► Check List
- 몇 각뿔대인지 바르게 구하였는가?
- x의 값을 바르게 구하였는가?
- y의 값을 바르게 구하였는가?
- xy의 값을 바르게 구하였는가?

2 입체도형의 겉넓이와 부피

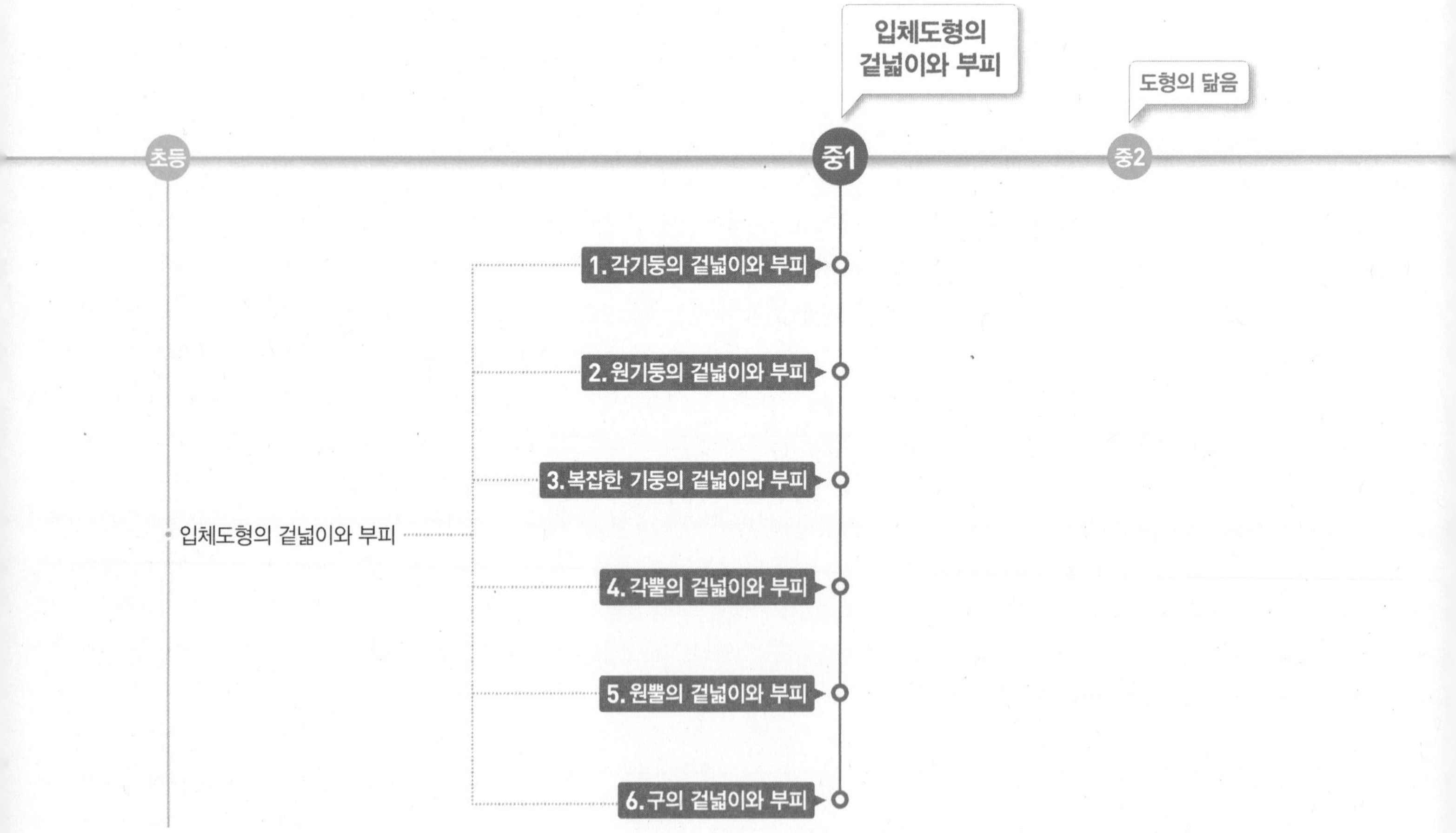

입체도형의 크기를 측정하다.

1 각기둥의 겉넓이와 부피

면의 크기와 공간의 크기

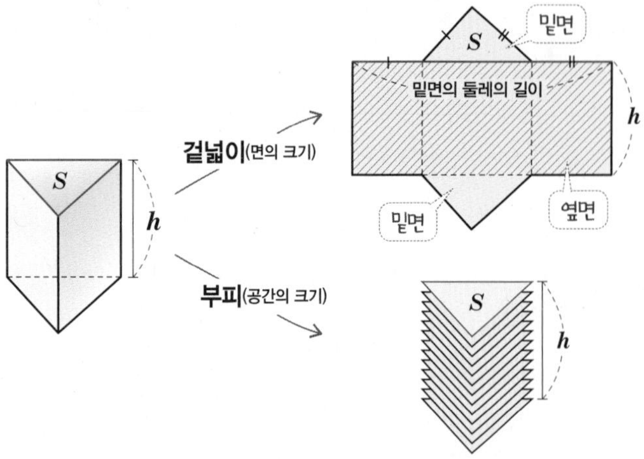

겉넓이

(밑넓이)×2+(옆넓이)

(밑면의 둘레의 길이)×(높이)

부피

(밑넓이)×(높이)

= Sh

(1) **각기둥의 겉넓이**

➡ (밑넓이)×2+(옆넓이) ← (밑면의 둘레의 길이)×(높이)

참고 각기둥의 겉넓이는 전개도를 그려서 생각한다.

(2) **각기둥의 부피**

밑넓이가 S, 높이가 h인 각기둥의 부피를 V라 하면

➡ $V=$(밑넓이)×(높이)

$=Sh$

• h: 높이(height)
• S: 넓이(square)
• V: 부피(volume)

바닥에 닿은 면이 밑면이 아닐 수도 있어!

오른쪽 그림과 같은 삼각기둥에 대하여 어떤 면이 밑면일까? 만약 바닥에 닿은 면을 밑면이라고 생각하면 부피를 구하기가 어려워질 수 있어. 하지만 각기둥은 평행한 두 밑면이 서로 합동이고 옆면은 모두 직사각형이므로 위와 같이 삼각기둥이 주어진 경우 다음 그림과 같이 삼각형을 밑면으로 보아야 해.

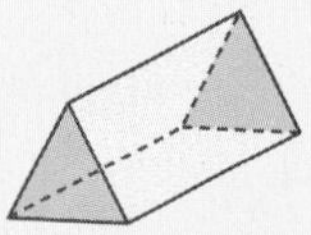

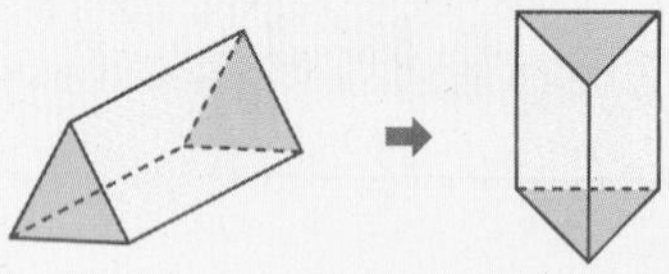

마찬가지로 생각하면 다음 그림과 같은 사각기둥에 대하여 평행하고 합동인 두 사각형을 밑면으로 보아야 해.

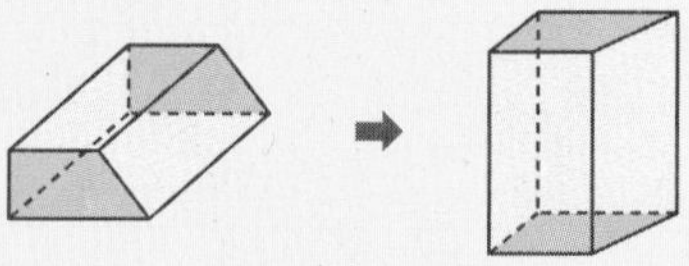

따라서 문제에서 주어진 각기둥의 평행한 두 면이 서로 합동이라면 그 면을 밑면으로 보고 문제를 해결해.

개념확인

1. 삼각기둥의 전개도가 아래 그림과 같을 때, 다음을 구하시오.

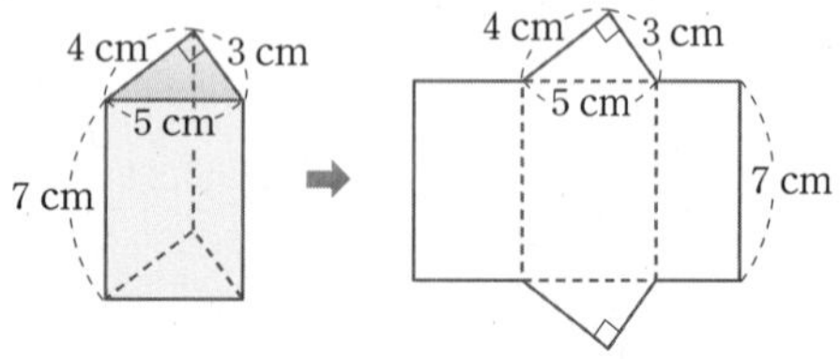

(1) 밑넓이 (2) 옆넓이
(3) 겉넓이

2. 오른쪽 그림과 같은 사각기둥에서 다음을 구하시오.

(1) 정사각형 ABCD의 넓이
(2) 사각기둥의 부피

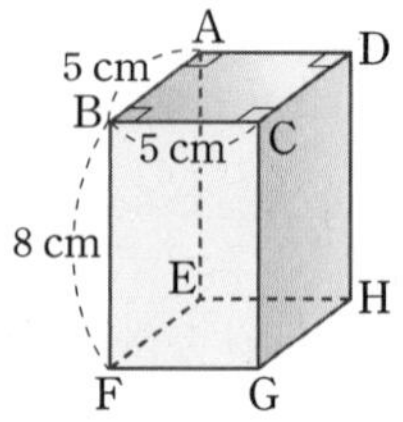

각기둥의 겉넓이

1 **오른쪽 그림과 같은 각기둥의 겉넓이를 구하시오.**

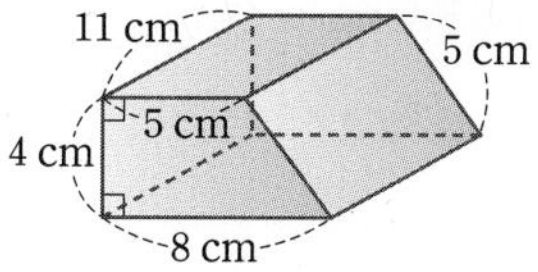

각기둥의 전개도를 그리면 옆면의 모양은 항상 직사각형이다.
(옆넓이)
=(밑면의 둘레의 길이)
×(높이)

1-1 오른쪽 그림과 같이 밑면의 한 변의 길이가 4 cm, 높이가 10 cm인 정육각기둥이 있다. 이 정육각기둥의 옆넓이를 구하시오.

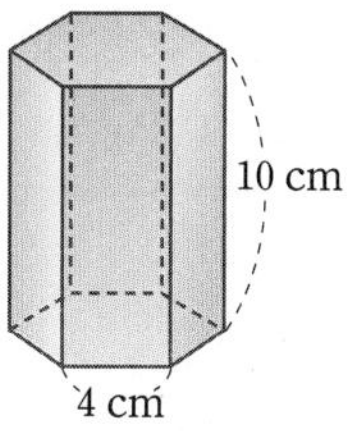

각기둥의 부피

2 **오른쪽 그림에서 $\overline{AB}=6$ cm, $\overline{AC}=8$ cm, $\overline{DN}=5$ cm, $\overline{BF}=10$ cm일 때, 이 각기둥의 부피를 구하시오.**

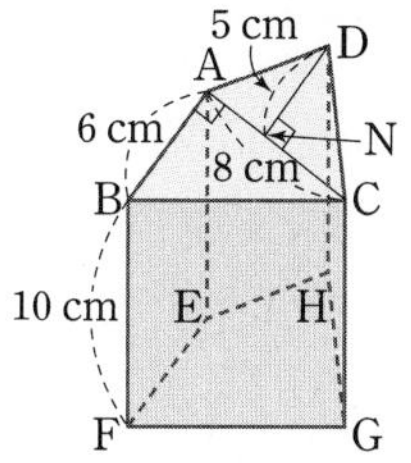

(각기둥의 부피)
=(밑넓이)×(높이)

2-1 다음 그림과 같은 각기둥의 부피를 구하시오.

(1)
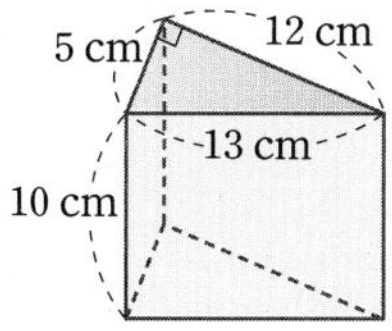

(2)
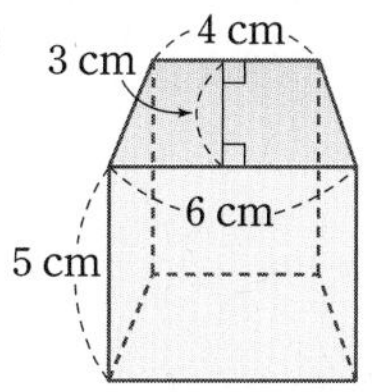

각기둥의 겉넓이가 주어진 경우

3 **오른쪽 그림과 같은 삼각기둥의 겉넓이가 $432\ \mathrm{cm}^2$일 때, 이 삼각기둥의 높이를 구하시오.**

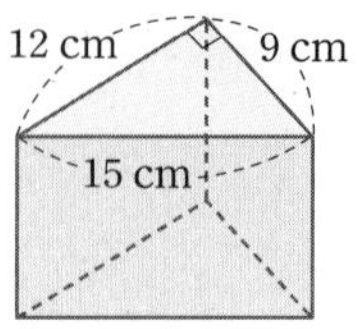

(각기둥의 겉넓이)
=(밑넓이)×2
+(옆넓이)

3-1 정육면체의 겉넓이가 $96\ \mathrm{cm}^2$일 때, 이 정육면체의 한 모서리의 길이를 구하시오.

각기둥의 부피가 주어진 경우

4 **오른쪽 그림은 어떤 삼각기둥의 전개도이다. 이 삼각기둥의 부피가 $384\ \mathrm{cm}^3$일 때, 높이를 구하시오.**

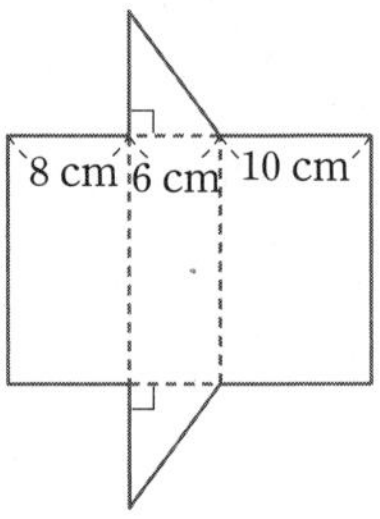

각기둥의 부피를 구할 때, 합동인 두 밑면을 정확히 찾도록 한다.

4-1 오른쪽 그림과 같은 사각기둥의 부피가 $108\ \mathrm{cm}^3$일 때, x의 값은?

① 1 ② 2 ③ 3
④ 4 ⑤ 5

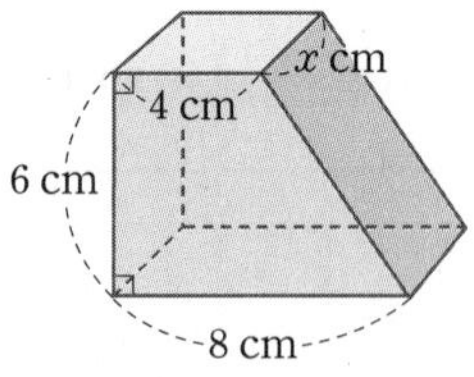

2 원기둥의 겉넓이와 부피

면의 크기와 공간의 크기

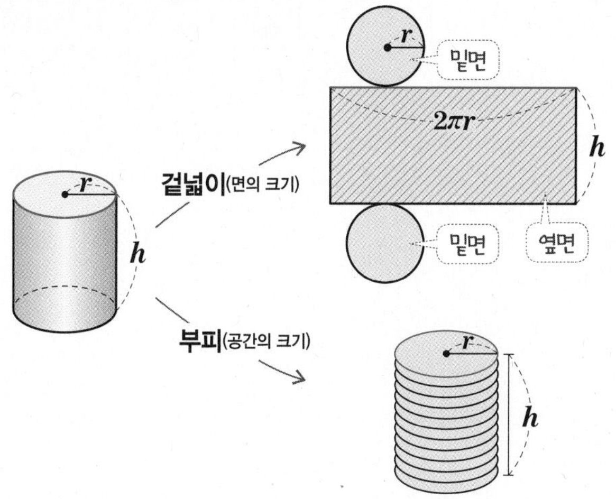

겉넓이

(밑넓이)×2+(옆넓이)

= $2\pi r^2+2\pi rh$

부피

(밑넓이)×(높이)

= $\pi r^2 h$

밑면의 반지름의 길이가 r, 높이가 h인 원기둥의 겉넓이를 S, 부피를 V라 하면

(1) 원기둥의 겉넓이

➡ $S=$(밑넓이)$\times 2+$(옆넓이)

$=2\pi r^2+2\pi rh$

(2) 원기둥의 부피

➡ $V=$(밑넓이)$\times$(높이)

$=\pi r^2 h$

원기둥의 부피를 구하는 원리

원기둥을 한없이 작게 잘라 엇갈리게 이어 붙이면 다음 그림과 같이 사각기둥에 가까워짐을 알 수 있다.

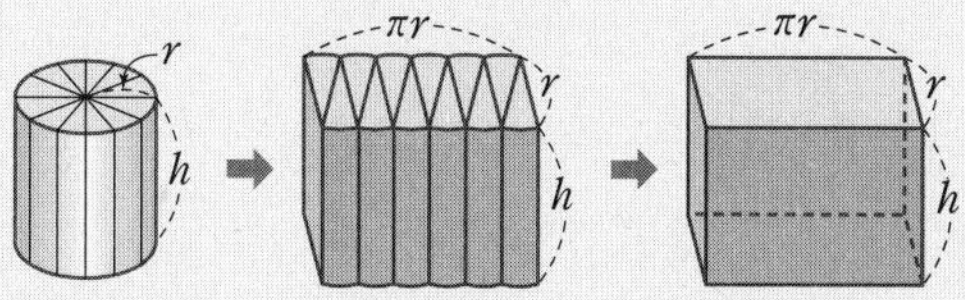

즉, 원기둥의 부피는 사각기둥의 부피와 같다고 볼 수 있으므로

(원기둥의 부피)$=$(밑넓이)$\times$(높이)$=(\pi r\times r)\times h=\pi r^2 h$

음료수 캔은 왜 항상 원기둥 모양일까?

둘레의 길이가 같은 모든 평면도형 중에서 그 넓이가 가장 큰 도형은 원이야. 따라서 캔을 원기둥 모양으로 만들면 재료를 아낄 수 있게 되어 최소의 비용으로 최대의 부피를 가질 수 있어. 사실 같은 부피를 가지면서 최소의 겉넓이를 갖는 입체도형은 구이지만 구는 진열하기 어렵기 때문에 원기둥이 캔의 모양으로 가장 적합해.

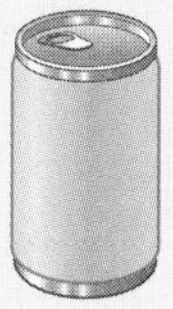

개념확인

1. 원기둥의 전개도가 아래 그림과 같을 때, 다음을 구하시오.

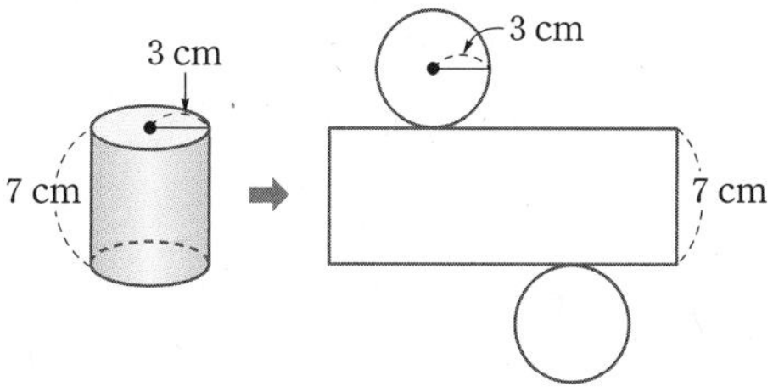

(1) 밑넓이 (2) 옆면의 가로의 길이

(3) 옆넓이 (4) 겉넓이

2. 오른쪽 그림과 같은 원기둥에서 다음을 구하시오.

(1) 밑넓이

(2) 부피

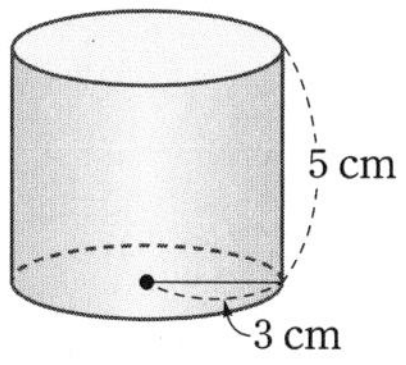

원기둥의 겉넓이와 부피

1 **오른쪽 그림과 같은 원기둥의 겉넓이와 부피를 차례대로 구하시오.**

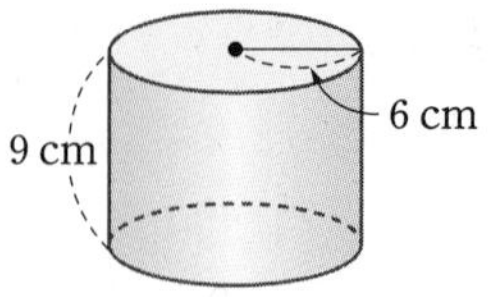

밑면의 반지름의 길이가 r, 높이가 h인 원기둥에서
① (겉넓이) $=2\pi r^2+2\pi rh$ (밑넓이, 옆넓이)
② (부피) $=\pi r^2 h$ (밑넓이, 높이)

1-1 오른쪽 그림과 같은 전개도로 만들어지는 원기둥의 부피를 구하시오.

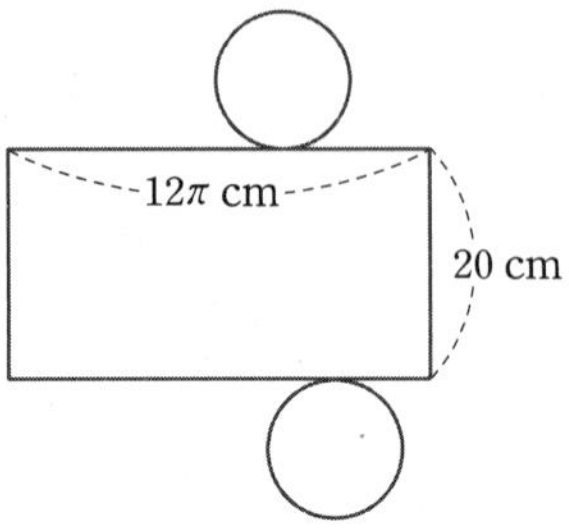

원기둥의 겉넓이 또는 부피가 주어진 경우

2 **오른쪽 그림과 같이 사각기둥 모양의 수조에 담겨 있는 물을 밑넓이가 $64\ \mathrm{cm}^2$인 원기둥 모양의 빈 수조에 옮겨 담았을 때, 원기둥 모양의 수조에 담긴 물의 높이를 구하시오.**

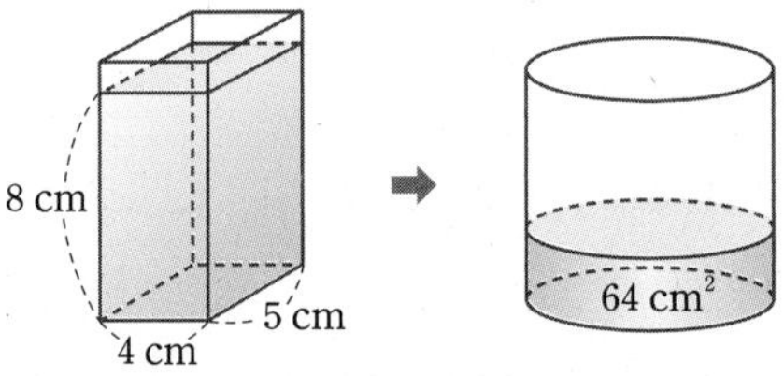

사각기둥 모양의 수조에 있는 물과 원기둥 모양의 수조에 있는 물의 부피가 같음을 이용한다.

2-1 오른쪽 그림과 같은 직사각형을 직선 l을 회전축으로 하여 1회전 시킬 때 생기는 입체도형의 겉넓이가 $130\pi\ \mathrm{cm}^2$일 때, h의 값을 구하시오.

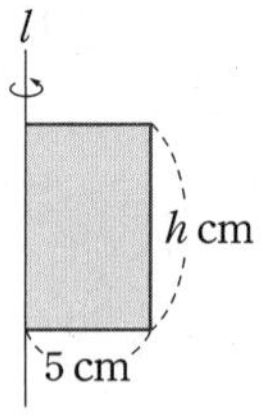

3 복잡한 기둥의 겉넓이와 부피

면의 크기와 공간의 크기

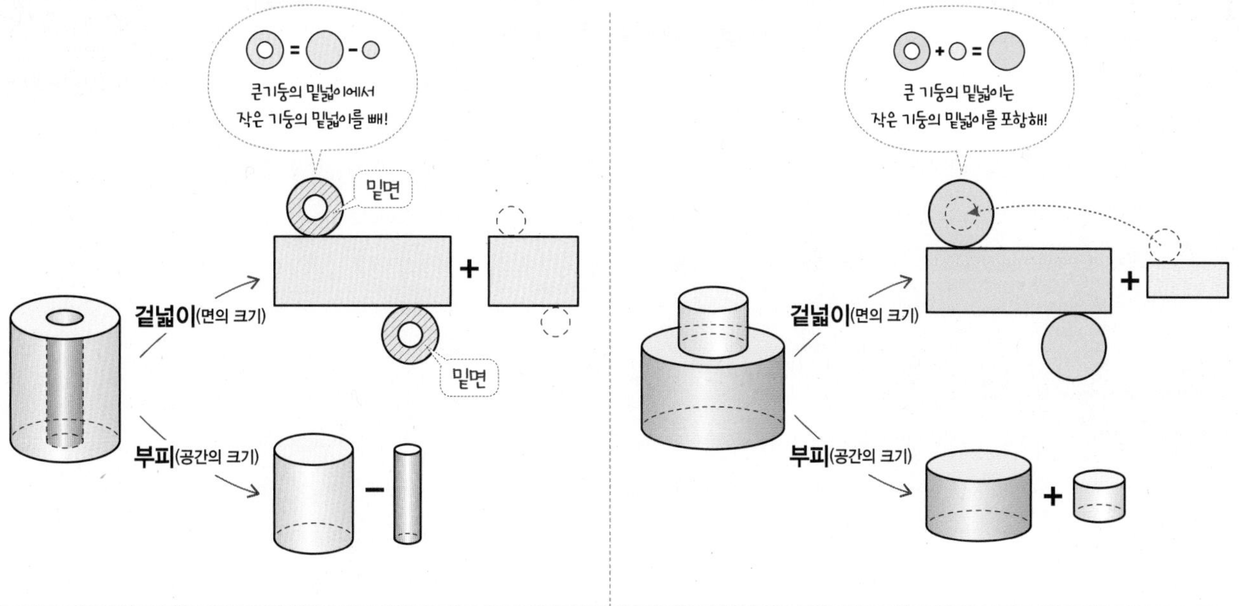

(1) 속이 뚫린 기둥의 겉넓이와 부피

① **겉넓이:** (밑넓이)×2+(큰 기둥의 옆넓이)+(작은 기둥의 옆넓이)

→ (작은 기둥의 옆넓이): 기둥 안쪽 면의 넓이를 빠트리지 않는다.

② **부피:** (큰 기둥의 부피)−(작은 기둥의 부피)=(밑넓이)×(높이)

→ (밑넓이): (큰 기둥의 밑넓이)−(작은 기둥의 밑넓이)

(2) 크기가 다른 두 기둥으로 이루어진 도형의 겉넓이와 부피

① **겉넓이:** (큰 기둥의 겉넓이)+(작은 기둥의 옆넓이)

→ (작은 기둥의 옆넓이): 작은 기둥의 겉넓이가 아니라 옆넓이를 구해야 함에 주의한다.

② **부피:** (큰 기둥의 부피)+(작은 기둥의 부피)

개념확인

1. 오른쪽 그림과 같이 큰 원기둥에서 작은 원기둥을 뺀 입체도형에서 다음을 구하시오.

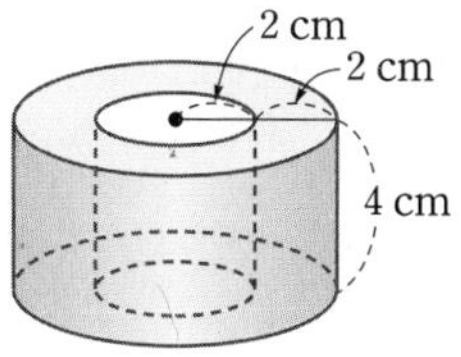

(1) 밑넓이
(2) 큰 원기둥의 옆넓이
(3) 작은 원기둥의 옆넓이
(4) 겉넓이
(5) 부피

속이 뚫린 기둥의 겉넓이와 부피

1 **오른쪽 그림과 같은 직사각형을 직선 l을 회전축으로 하여 1회전 시킬 때 생기는 회전체의 겉넓이와 부피를 차례대로 구하시오.**

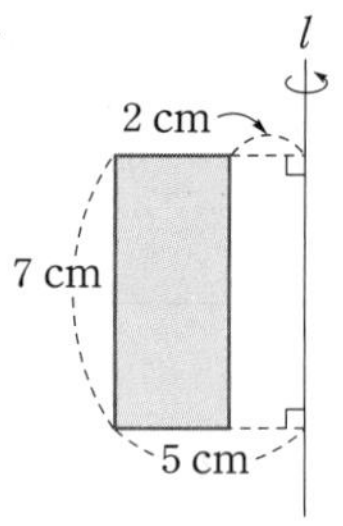

회전축과 떨어져 있는 직사각형을 회전시켜 생긴 회전체는 다음 그림과 같이 속이 뚫린 원기둥이다.

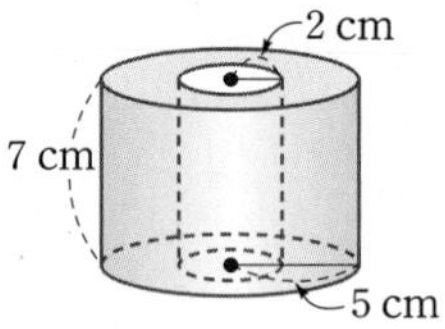

1-1 오른쪽 그림과 같이 속이 뚫린 직육면체의 겉넓이와 부피를 차례대로 구하시오.

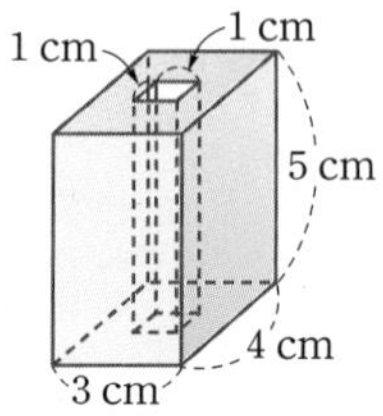

복잡한 기둥의 겉넓이와 부피

2 **오른쪽 그림과 같은 입체도형의 겉넓이와 부피를 차례대로 구하시오.**

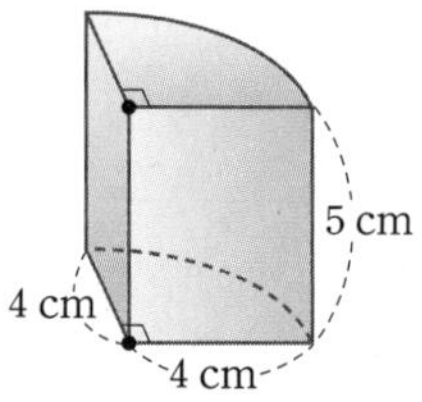

- (기둥의 겉넓이) =(밑넓이)×2 +(옆넓이)
- (기둥의 부피) =(밑넓이)×(높이)

2-1 다음 그림과 같은 입체도형의 겉넓이와 부피를 차례대로 구하시오.

(1)

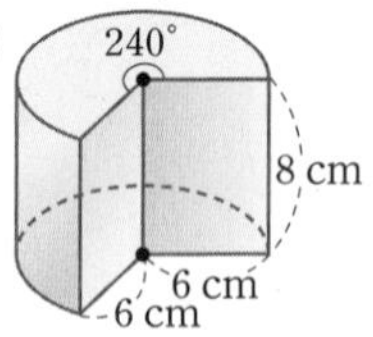

(2)

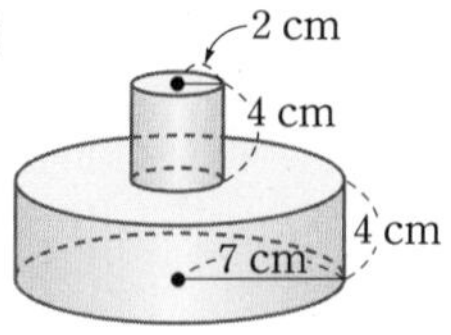

4 각뿔의 겉넓이와 부피

면의 크기와 공간의 크기

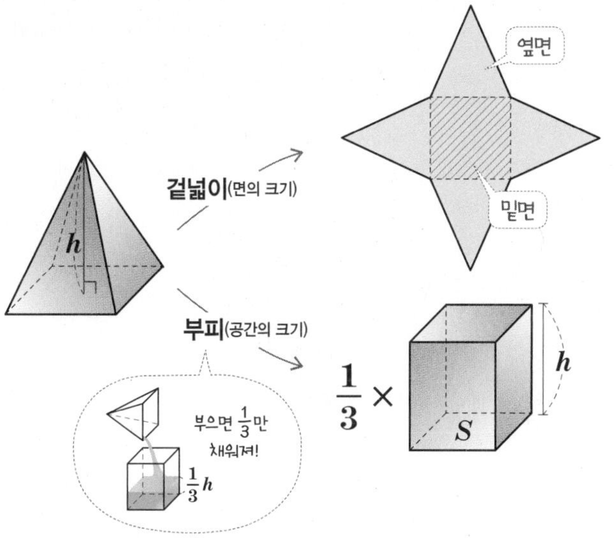

겉넓이

(밑넓이)+(옆넓이)

각뿔의 옆면은 모두 삼각형이다.

부피

$\frac{1}{3}\times$(각기둥의 부피)

$=\frac{1}{3}\times$(밑넓이)$\times$(높이)

$=\frac{1}{3}Sh$

(1) 각뿔의 겉넓이

➡ (밑넓이)+(옆넓이)

(2) 각뿔의 부피

밑넓이가 S, 높이가 h인 각뿔의 부피를 V라 하면

➡ $V=\frac{1}{3}\times$(각기둥의 부피)

$=\frac{1}{3}\times$(밑넓이)$\times$(높이)

$=\frac{1}{3}Sh$

각뿔의 옆넓이를 구할 때, 각뿔의 옆면은 삼각형이므로 삼각형의 높이를 알아야 한다.

각뿔의 부피는 각기둥의 부피의 $\frac{1}{3}$배야.

오른쪽 그림과 같이 한 모서리의 길이가 a인 정육면체의 중심과 각 꼭짓점을 이으면 서로 합동인 6개의 사각뿔이 생긴다.

각 사각뿔의 부피를 V라 하면 정육면체의 부피는 a^3이고, 각 사각뿔의 부피는 서로 같으므로 $V=\frac{1}{6}a^3$

이 식을 변형하면 $V=\frac{1}{6}a^3=\frac{1}{3}\times a^2\times\frac{1}{2}a$

이때 a^2은 사각뿔의 밑넓이이고, $\frac{1}{2}a$는 사각뿔의 높이이므로 (뿔의 부피)$=\frac{1}{3}\times$(밑넓이)$\times$(높이)이다.

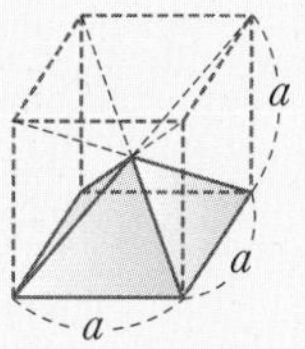

개념확인

1. 오른쪽 그림과 같은 정사각뿔의 겉넓이와 부피를 차례대로 구하시오.

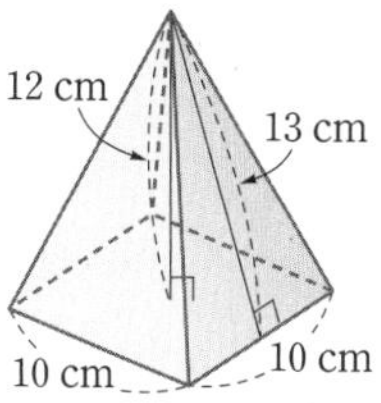

2. 오른쪽 그림과 같은 정사각뿔대의 겉넓이를 구하시오.

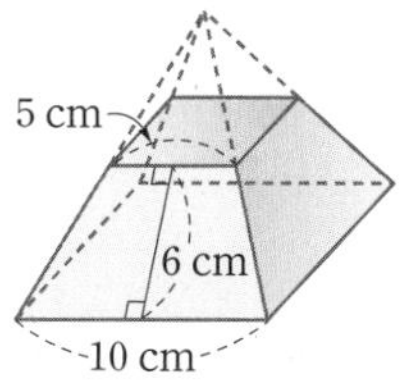

각뿔의 겉넓이와 부피

1 **오른쪽 그림은 밑넓이가 $27\ cm^2$, 부피가 $54\ cm^3$인 오각뿔이다. 이 오각뿔의 높이를 구하시오.**

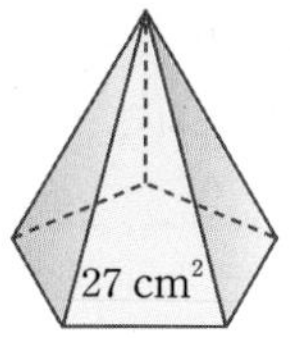

① (각뿔의 부피) $=\frac{1}{3}\times$(밑넓이) $\times$(높이)
② (각뿔대의 부피) $=$(큰 각뿔의 부피) $-$(작은 각뿔의 부피)

1-1 오른쪽 그림과 같은 정사각뿔의 겉넓이가 $95\ cm^2$일 때, h의 값을 구하시오.

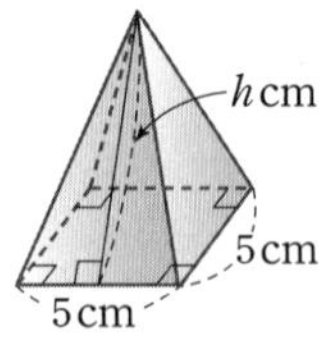

1-2 오른쪽 그림과 같은 정사각뿔대의 겉넓이와 부피를 차례대로 구하시오.

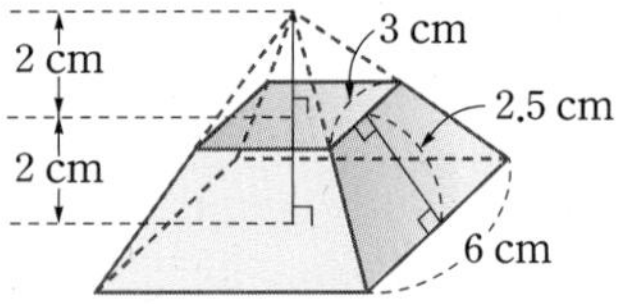

1-3 오른쪽 그림의 사각형 ABCD는 한 변의 길이가 8 cm인 정사각형이고 두 점 E, F는 각각 $\overline{AB}$, $\overline{BC}$의 중점이다. 사각형 ABCD를 $\overline{DE}$, $\overline{EF}$, $\overline{FD}$를 접는 선으로 하여 접었을 때 생기는 입체도형의 부피를 구하시오.

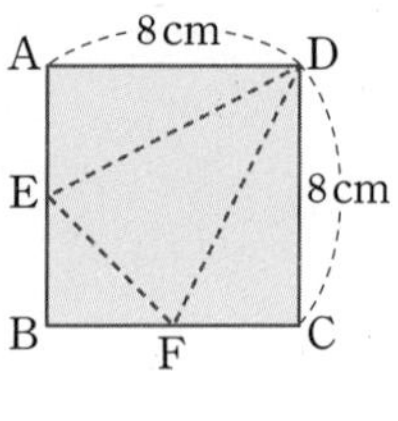

직육면체에서 잘라낸 각뿔의 부피

2 **오른쪽 그림과 같은 정육면체를 세 꼭짓점 A, F, C를 지나는 평면으로 자를 때 생기는 삼각뿔 B−AFC의 부피와 나머지 입체도형의 부피의 비는?**

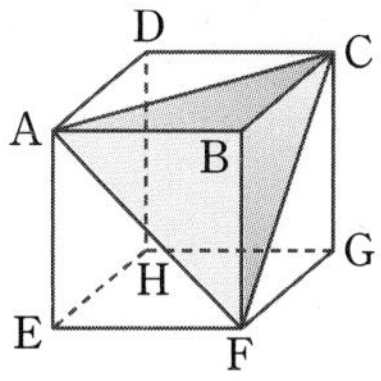

① 1 : 2 ② 1 : 3 ③ 1 : 5
④ 1 : 6 ⑤ 2 : 5

잘려진 각뿔에서 어떤 면을 밑면으로 하고, 어떤 모서리를 높이로 해야 부피를 구할 수 있는지 생각한다.

2-1 오른쪽 그림과 같이 직육면체 모양의 그릇을 기울여 물을 담았을 때, 물의 부피가 100 cm^3이었다. 이때 x의 값을 구하시오.

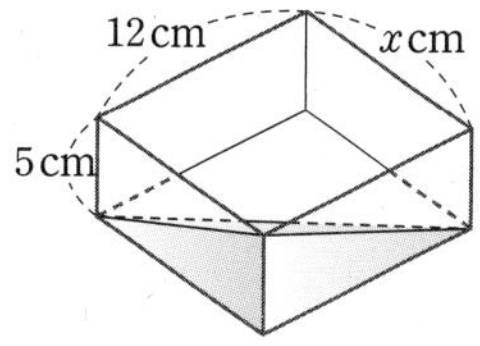

2-2 오른쪽 그림과 같은 직육면체를 두 꼭짓점 A, F와 $\overline{BC}$의 중점 M을 지나는 평면으로 자를 때 생기는 삼각뿔 B−AFM의 부피가 40 cm^3이다. 이때 $\overline{BC}$의 길이를 구하시오.

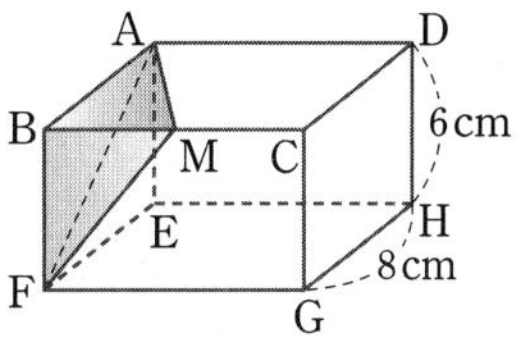

2-3 오른쪽 그림과 같이 두 직육면체를 평면으로 잘랐을 때, 색칠한 두 입체도형의 부피가 같다. 이때 x의 값을 구하시오.

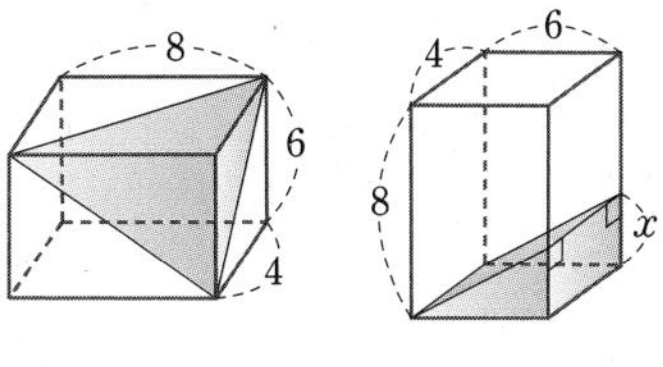

5 원뿔의 겉넓이와 부피

면의 크기와 공간의 크기

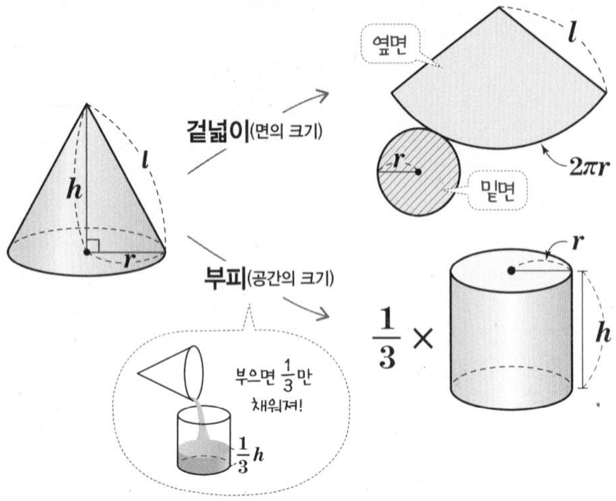

겉넓이

(밑넓이)+(옆넓이)

$= \pi r^2 + \pi r l$

$\frac{1}{2}\times$(반지름의 길이)$\times$(호의 길이)

$=\frac{1}{2}\times l\times 2\pi r=\pi rl$

부피

$\frac{1}{3}\times$**(원기둥의 부피)**

$=\frac{1}{3}\times$**(밑넓이)**$\times$**(높이)**

$=\frac{1}{3}\pi r^2 h$

밑면의 반지름의 길이가 r, 높이가 h, 모선의 길이가 l인 원뿔의 겉넓이를 S, 부피를 V라 하면

(1) 원뿔의 겉넓이

➡ $S=$(밑넓이)$+$(옆넓이)

$=\pi r^2+\pi rl$

(2) 원뿔의 부피

➡ $V=\frac{1}{3}\times$(원기둥의 부피)

$=\frac{1}{3}\times$(밑넓이)$\times$(높이)

$=\frac{1}{3}\pi r^2 h$

원뿔의 옆넓이 구하기

원뿔의 전개도에서 옆면은 부채꼴이다.

(부채꼴의 넓이)

$=\frac{1}{2}\times$(부채꼴의 반지름의 길이)$\times$(호의 길이)에서

(부채꼴의 반지름의 길이)$=$(원뿔의 모선의 길이)$=l$,

(부채꼴의 호의 길이)$=$(원뿔의 밑면인 원의 둘레의 길이)$=2\pi r$이므로

(부채꼴의 넓이)$=\frac{1}{2}\times l\times 2\pi r=\pi rl$

따라서 원뿔의 모선의 길이와 밑면인 원의 반지름의 길이를 알면 옆면인 부채꼴의 넓이를 구할 수 있다.

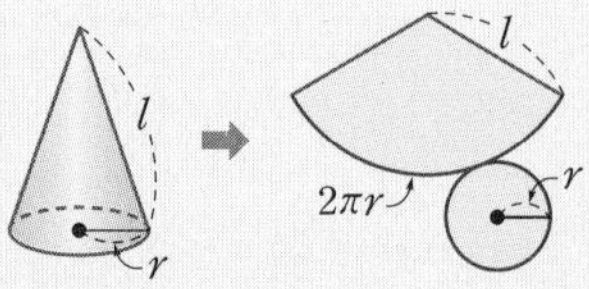

개념확인

1. 오른쪽 그림과 같은 원뿔의 겉넓이와 부피를 차례대로 구하시오.

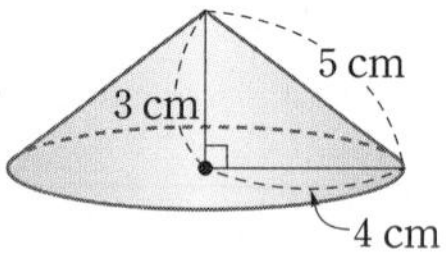

2. 오른쪽 그림과 같은 원뿔대의 겉넓이와 부피를 차례대로 구하시오.

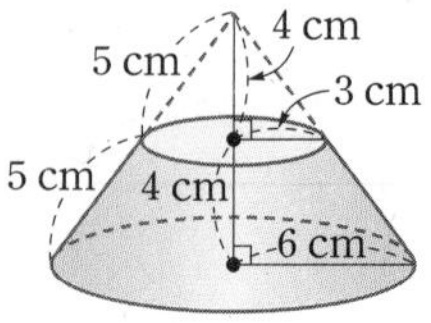

전개도가 주어진 원뿔의 겉넓이

1 **오른쪽 그림과 같은 전개도로 만들어지는 원뿔의 겉넓이를 구하시오.**

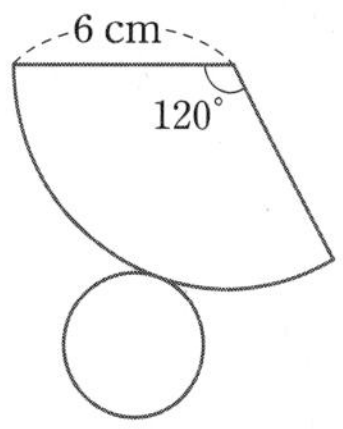

밑면의 반지름의 길이가 r, 높이가 h, 모선의 길이가 l인 원뿔에서
① (겉넓이)$=\pi r^2+\pi rl$ (밑넓이, 옆넓이)
② (부피)$=\frac{1}{3}\pi r^2 h$ (밑넓이, 높이)

1-1 오른쪽 그림과 같은 전개도로 만들어지는 원뿔대에 대하여 다음을 구하시오.

(1) 옆면의 넓이
(2) 겉넓이

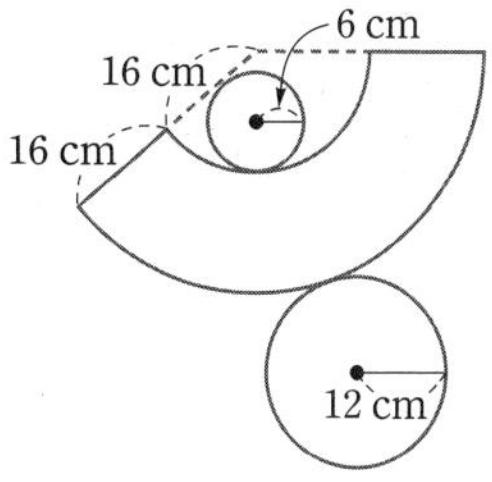

원뿔의 겉넓이와 부피

2 **오른쪽 그림과 같이 원뿔과 원기둥이 붙어 있는 입체도형의 겉넓이를 구하시오.**

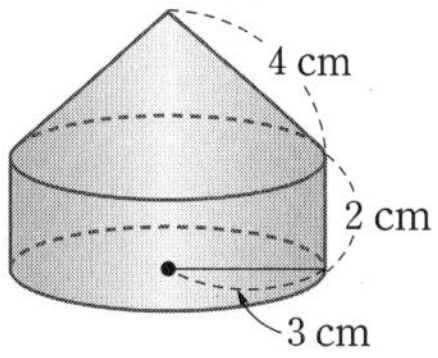

원뿔의 부피는 밑면이 합동이고 높이가 같은 원기둥의 부피의 $\frac{1}{3}$임을 다음 그림과 같이 물을 이용하여 확인할 수 있다.

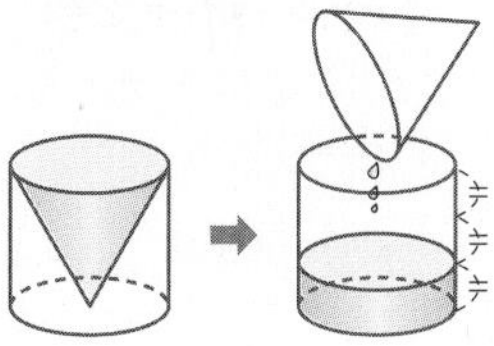

2-1 오른쪽 그림과 같은 직각삼각형을 직선 l을 회전축으로 하여 1회전 시킬 때 생기는 입체도형의 부피는?

① $640\pi\text{ cm}^3$ ② $400\pi\text{ cm}^3$ ③ $288\pi\text{ cm}^3$
④ $200\pi\text{ cm}^3$ ⑤ $96\pi\text{ cm}^3$

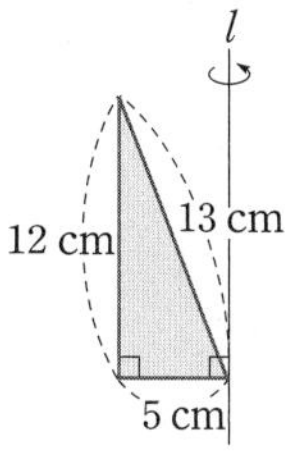

6 구의 겉넓이와 부피

면의 크기와 공간의 크기

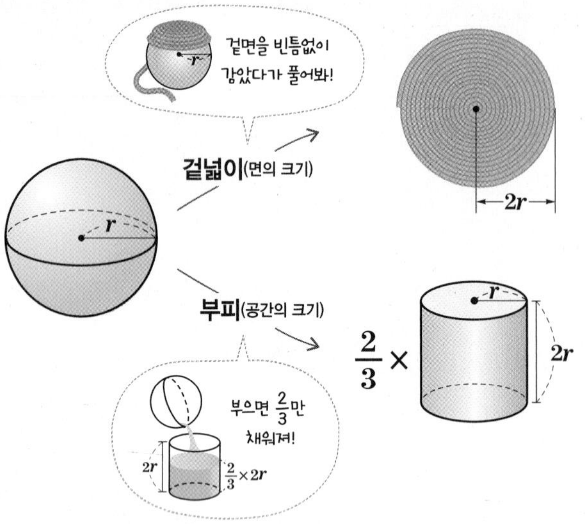

겉넓이

$\pi\times(2r)^2$

$=4\pi r^2$

부피

$\frac{2}{3}\times$(원기둥의 부피)

$=\frac{2}{3}\times(\pi r^2\times 2r)$

$=\frac{4}{3}\pi r^3$

반지름의 길이가 r인 구의 겉넓이를 S, 부피를 V라 하면

(1) 구의 겉넓이

➡ $S=4\pi r^2$

(2) 구의 부피

➡ $V=\frac{2}{3}\times$(원기둥의 부피)

$=\frac{2}{3}\times\pi r^2\times 2r=\frac{4}{3}\pi r^3$

구의 겉넓이를 이용하여 부피 구하기

오른쪽 그림과 같이 반지름의 길이가 r인 구의 겉면을 무수히 잘게 나누어 이 다각형을 밑면으로 하고 구의 반지름의 길이를 높이로 하는 무수히 많은 각뿔을 생각해 보자. 구의 겉넓이는 모든 각뿔의 밑넓이의 합과 같고, 구의 부피는 모든 각뿔의 부피의 합과 같다고 할 수 있으므로 구의 부피 V는

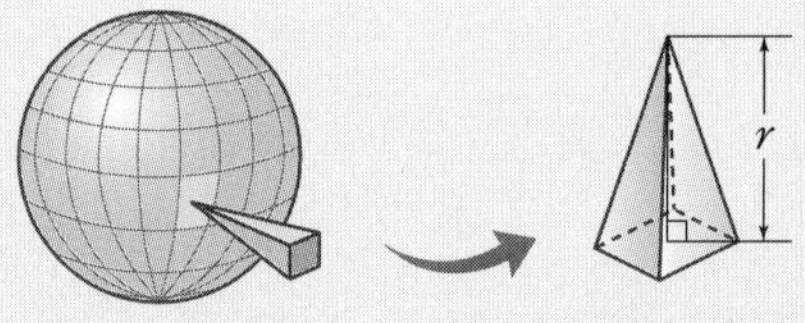

$V=\frac{1}{3}\times$(모든 각뿔의 밑넓이의 합)$\times$(각뿔의 높이)

$=\frac{1}{3}\times$(구의 겉넓이)$\times$(구의 반지름의 길이)$=\frac{1}{3}\times 4\pi r^2\times r=\frac{4}{3}\pi r^3$

아르키메데스가 발견한 아름다운 비율

아르키메데스는 오른쪽 그림과 같이 원기둥에 꼭 맞게 들어가는 구, 원뿔에 대하여 원뿔, 구, 원기둥 사이의 부피의 비가 $1:2:3$임을 밝혀냈어.

구의 반지름의 길이를 r라 하면 원뿔과 원기둥의 높이는 모두 $2r$이므로

(원뿔의 부피) : (구의 부피) : (원기둥의 부피)$=\left(\frac{1}{3}\times\pi r^2\times 2r\right):\left(\frac{4}{3}\pi r^3\right):(\pi r^2\times 2r)$

$=\frac{2}{3}\pi r^3:\frac{4}{3}\pi r^3:2\pi r^3$

$=1:2:3$

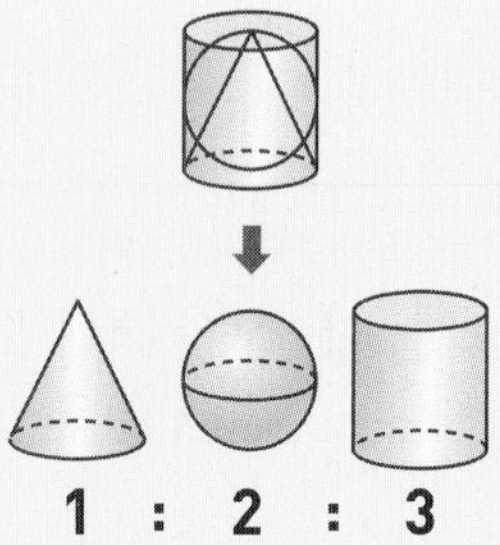

개념확인

1. 다음 그림과 같은 입체도형의 겉넓이와 부피를 차례대로 구하시오.

(1)

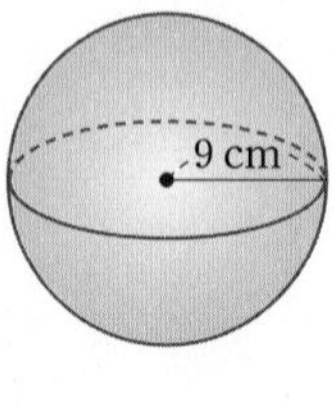

(2)

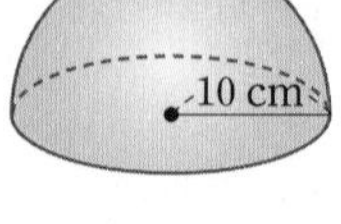

구의 겉넓이와 부피

1 **오른쪽 그림과 같이 반지름의 길이가 5 cm인 구와 그 구가 꼭 맞게 들어가는 정육면체가 있다. 구의 겉넓이와 정육면체의 겉넓이의 비를 구하시오.**

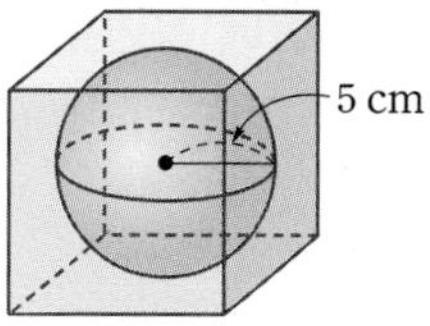

• (구의 겉넓이)
$=4\pi\times$(반지름의 길이)^2
• (정육면체의 겉넓이)
$=6\times$(한 면의 넓이)

1-1 겉넓이가 $36\pi\ \text{cm}^2$인 구의 부피는?

① $16\pi\ \text{cm}^3$ ② $26\pi\ \text{cm}^3$ ③ $36\pi\ \text{cm}^3$
④ $46\pi\ \text{cm}^3$ ⑤ $56\pi\ \text{cm}^3$

구의 일부를 포함하는 도형의 겉넓이와 부피

2 **오른쪽 그림과 같이 반지름의 길이가 4 cm인 구의 $\frac{1}{8}$이 잘린 입체도형의 부피를 구하시오.**

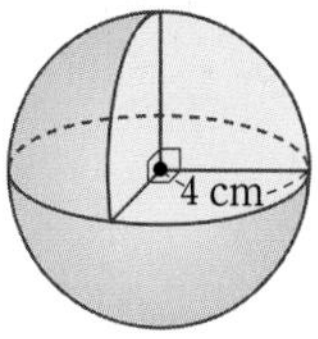

주어진 입체도형을 구의 일부분과 다른 입체도형으로 나누어 생각한다.

2-1 오른쪽 그림과 같은 입체도형의 겉넓이와 부피를 차례대로 구하시오.

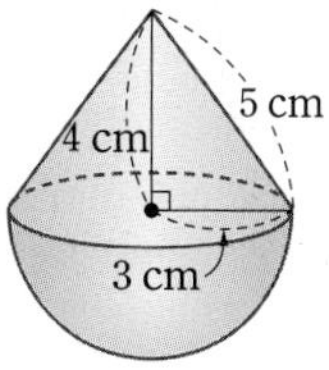

원기둥에 내접하는 원뿔, 구의 관계

3 **오른쪽 그림과 같이 원기둥에 꼭 맞는 구와 원뿔이 있다. 구의 부피가 36π cm³일 때, 원뿔과 원기둥의 부피를 차례대로 구하시오.**

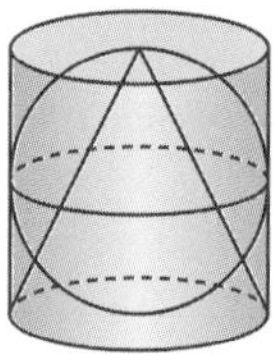

원기둥, 구, 원뿔의 관계

①

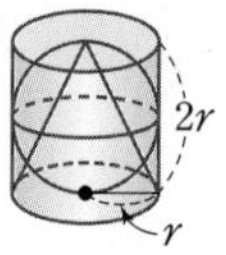

원기둥의 옆넓이는 $2\pi r \times 2r = 4\pi r^2$ 이고, 구의 겉넓이는 $4\pi r^2$이다.
⇨ (원기둥의 옆넓이) =(구의 겉넓이)

②

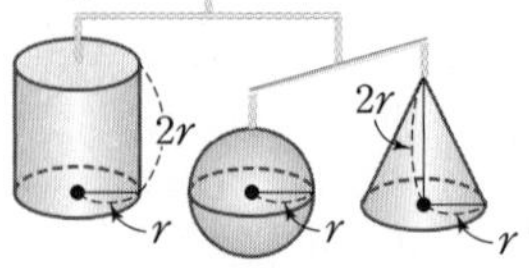

원기둥의 부피는 $2\pi r^3$, 구의 부피는 $\frac{4}{3}\pi r^3$, 원뿔의 부피는 $\frac{2}{3}\pi r^3$ 이다.
⇨ (원기둥의 부피) =(구의 부피) +(원뿔의 부피)

3-1 오른쪽 그림과 같이 부피가 500π cm³인 원기둥 모양의 통에 구가 꼭 맞게 들어 있다. 이때 구의 부피를 구하시오.

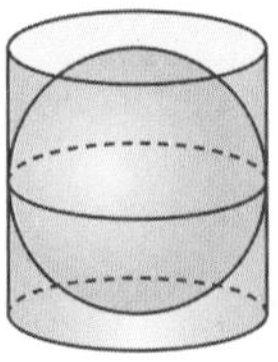

구의 겉넓이와 부피의 활용

4 **반지름의 길이가 3 cm인 쇠구슬을 오른쪽 그림과 같이 물이 들어 있는 원기둥 모양의 그릇에 넣으면 수면의 높이는 몇 cm 더 높아지는지 구하시오.**

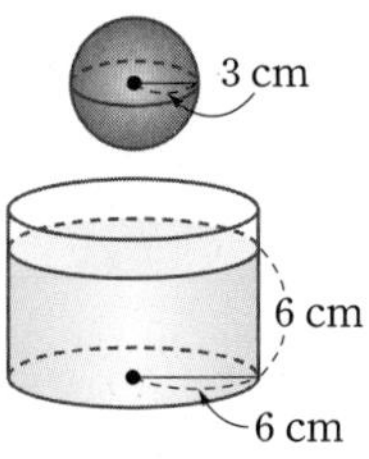

(구슬의 부피) =(높아진 수면의 높이 만큼의 물의 부피)

4-1 오른쪽 그림과 같이 부피가 256π cm³인 원기둥 안에 물을 가득 채운 후 원기둥에 꼭 맞게 두 개의 구를 넣었더니 물이 넘쳤다. 이때 원기둥에 남아 있는 물의 부피를 구하시오.

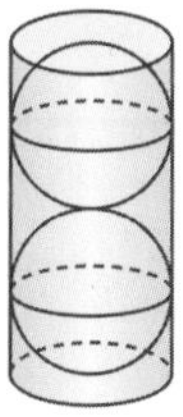

기본 문제

1 각기둥의 부피

겉넓이가 54 cm^2인 정육면체의 부피는?

① 18 cm^3 ② 21 cm^3 ③ 24 cm^3
④ 27 cm^3 ⑤ 30 cm^3

2 원기둥의 겉넓이와 부피

오른쪽 그림과 같은 전개도로 만들어지는 기둥의 겉넓이를 구하시오.

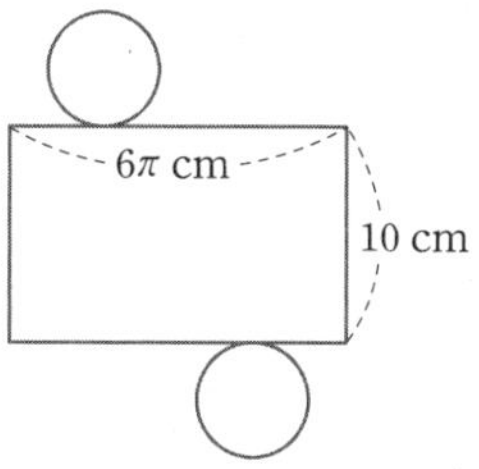

3 복잡한 기둥의 겉넓이와 부피

오른쪽 그림과 같이 직육면체에서 밑면이 부채꼴 모양인 기둥을 잘라내고 남은 입체도형의 부피는?

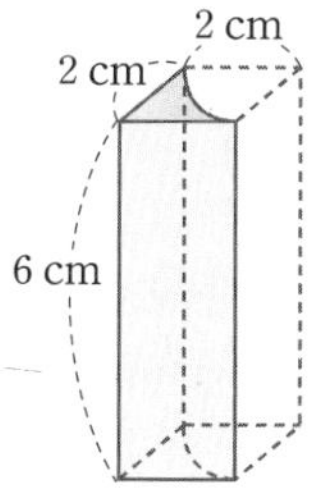

① $(24-6\pi)$ cm^3
② $(24-4\pi)$ cm^3
③ $(20-6\pi)$ cm^3
④ $(12-\pi)$ cm^3
⑤ $(6-\pi)$ cm^3

4 각뿔의 겉넓이와 부피

한 변의 길이가 9 cm인 정사각형을 밑면으로 하는 사각뿔의 부피가 216 cm^3일 때, 이 사각뿔의 높이를 구하시오.

5 정육면체에서 잘라낸 각뿔의 부피

오른쪽 그림과 같이 한 모서리의 길이가 4 cm인 정육면체를 세 꼭짓점 A, C, F를 지나는 평면으로 자를 때 생기는 삼각뿔 B$-$ACF의 부피를 구하시오.

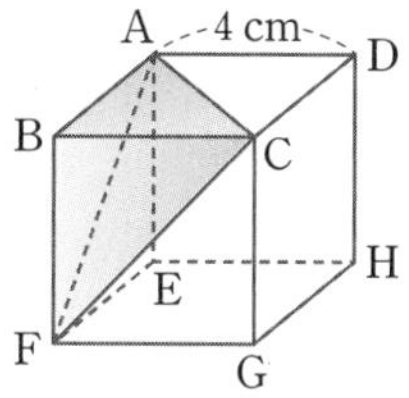

6 전개도가 주어진 원뿔의 겉넓이

오른쪽 그림과 같은 전개도로 만들어지는 원뿔의 겉넓이가 136π cm^2일 때, r의 값은?

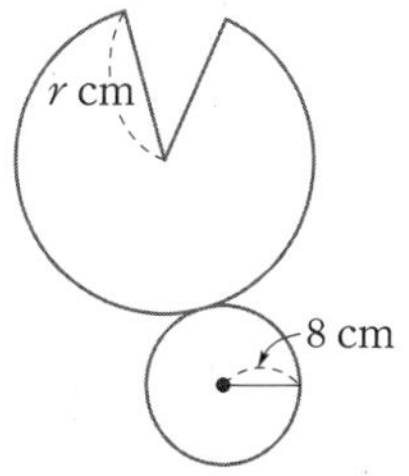

① 6 ② 7
③ 8 ④ 9
⑤ 10

7 원뿔의 겉넓이와 부피

다음 그림과 같이 밑면의 지름의 길이와 높이가 모두 2 cm인 원기둥의 부피를 a cm^3, 밑면의 지름의 길이와 높이가 모두 4 cm인 원뿔의 부피를 b cm^3라 할 때, 부피의 비 $a : b$는?

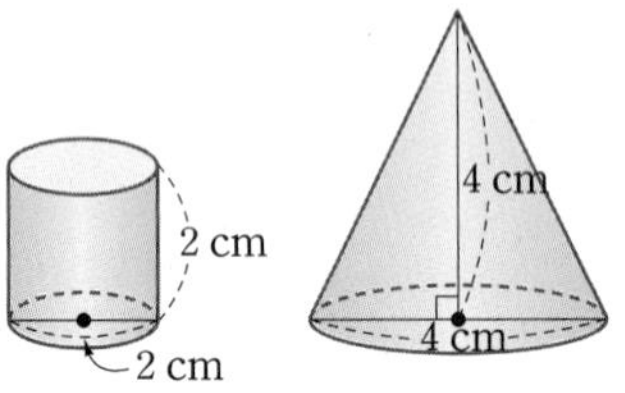

① 1 : 2　② 1 : 3　③ 2 : 3
④ 2 : 5　⑤ 3 : 8

8 원뿔의 겉넓이와 부피

오른쪽 그림과 같은 사각형 ABCD를 직선 l을 회전축으로 하여 1회전 시킬 때 생기는 입체도형의 부피는?

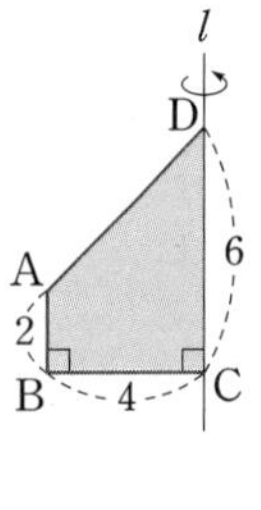

① 48π　② $\frac{148}{3}\pi$
③ $\frac{152}{3}\pi$　④ 52π
⑤ $\frac{160}{3}\pi$

9 원뿔의 겉넓이와 부피

다음 그림과 같이 원뿔 모양의 그릇에 물을 가득 담아 원기둥 모양의 그릇에 부었다. 이때 h의 값을 구하시오.

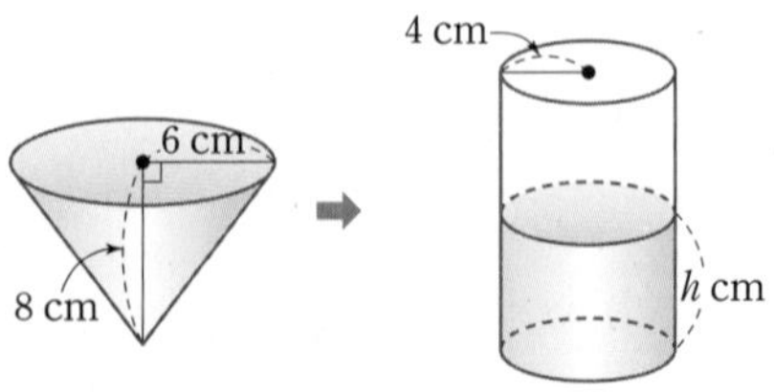

10 구의 겉넓이와 부피

지름의 길이가 2 cm인 쇠구슬이 16개 있다. 이 16개의 쇠구슬을 녹여서 지름의 길이가 4 cm인 쇠구슬을 만들려고 할 때, 지름의 길이가 4 cm인 쇠구슬을 모두 몇 개 만들 수 있는가?

① 13개　② 10개　③ 8개
④ 4개　⑤ 2개

11 구의 일부를 포함하는 도형의 겉넓이와 부피

오른쪽 그림과 같은 평면도형을 직선 l을 회전축으로 하여 180° 회전 시킬 때 생기는 입체도형의 부피를 구하시오.

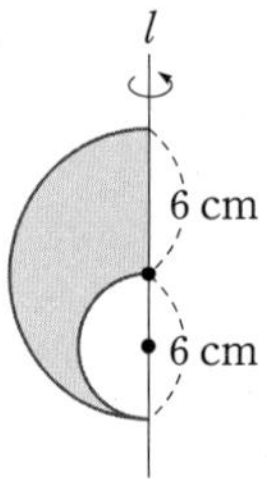

12 구의 겉넓이와 부피의 활용

오른쪽 그림과 같이 부피가 162π cm^3인 원기둥에 3개의 구가 꼭 맞게 들어 있다. 이때 3개의 구의 겉넓이의 합을 구하시오.

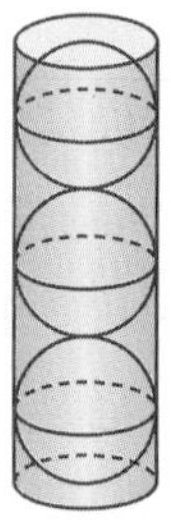

발전 문제

1 오른쪽 그림과 같은 직각삼각형을 직선 l을 회전축으로 하여 1회전 시킬 때 생기는 입체도형의 겉넓이는?

① $145\pi\ \text{cm}^2$　② $160\pi\ \text{cm}^2$　③ $180\pi\ \text{cm}^2$
④ $195\pi\ \text{cm}^2$　⑤ $210\pi\ \text{cm}^2$

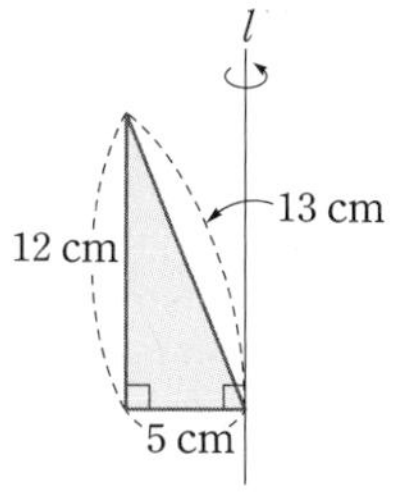

(주어진 입체도형의 겉넓이)
=(원뿔의 겉넓이)
+(원기둥의 옆넓이)

2 오른쪽 그림은 어떤 원뿔대의 겨냥도와 전개도이다. 모눈종이의 한 눈금의 길이가 1일 때, 이 원뿔대의 겉넓이는?

① $\frac{17}{4}\pi$　② $\frac{19}{4}\pi$　③ $\frac{21}{4}\pi$
④ $\frac{23}{4}\pi$　⑤ $\frac{25}{4}\pi$

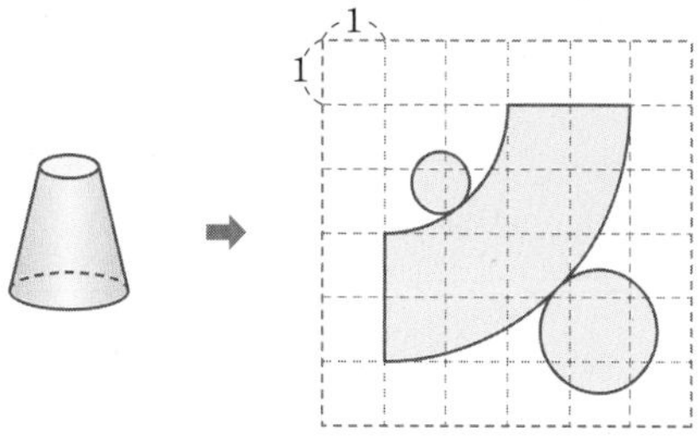

원의 둘레의 길이는 부채꼴의 호의 길이와 같음을 이용한다.

3 오른쪽 그림과 같이 밑면의 반지름의 길이가 2 cm인 원뿔을 바닥에 놓고 점 O를 중심으로 하여 굴렸더니 8번 회전하고 처음 위치로 돌아왔다. 이때 이 원뿔의 겉넓이를 구하시오.

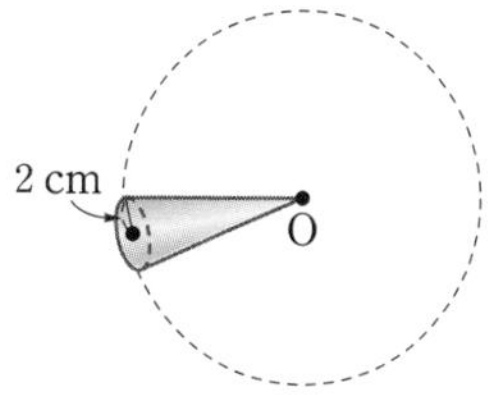

4 오른쪽 그림과 같이 원뿔 모양의 그릇에 물을 가득 채운 후 원기둥 모양의 그릇에 옮겨 담았다. 원기둥 모양의 그릇에 물을 가득 채웠을 때, 이 원뿔 모양의 그릇으로 몇 번을 부었는가?(단, 그릇의 두께는 무시한다.)

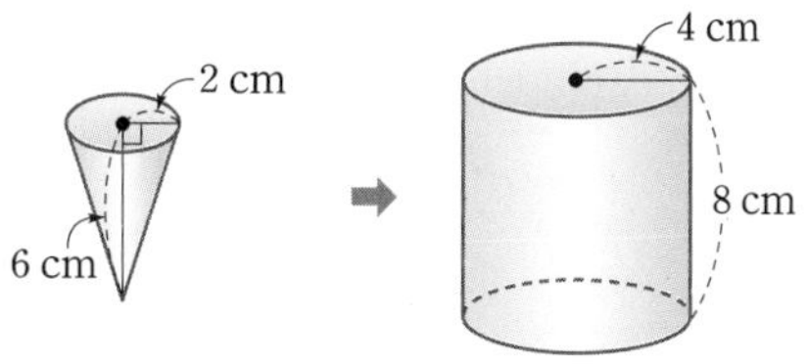

① 12번　② 13번　③ 14번　④ 15번　⑤ 16번

5 오른쪽 그림과 같이 반구 안에 정사각뿔이 꼭 맞게 들어 있다. 정사각뿔의 부피가 22 cm^3일 때, 반구의 부피를 구하시오.

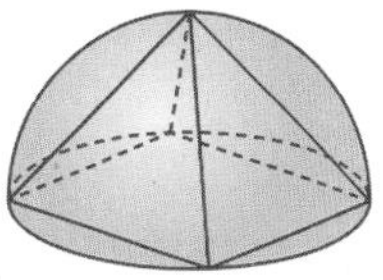

정사각뿔의 밑면인 정사각형의 대각선은 반구의 지름의 길이와 같다.

6 서술형

오른쪽 그림은 원뿔의 전개도이다. 이 원뿔의 겉넓이를 부채꼴의 중심각의 크기를 이용하여 구하기 위한 풀이 과정을 쓰고 답을 구하시오.

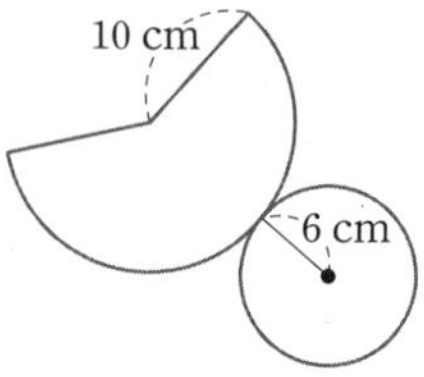

① 단계: 원뿔의 전개도에서 부채꼴의 호의 길이 구하기

부채꼴의 호의 길이는 $2\pi \times$ ________ $=$ ________

② 단계: 부채꼴의 중심각의 크기 구하기

부채꼴의 중심각의 크기를 $\angle x$라 하면

$2\pi \times$ ________ $\times \frac{x}{360} =$ ________

$\therefore \angle x =$ ________

③ 단계: 원뿔의 겉넓이 구하기

(옆넓이)= ____________

(밑넓이)= ____________

∴ (겉넓이)= ____________

Check List
- 전개도의 부채꼴에서 호의 길이와 중심각의 크기를 각각 바르게 구하였는가?
- 원뿔의 겉넓이를 바르게 구하였는가?

7 서술형

오른쪽 그림과 같이 한 모서리의 길이가 8 cm인 정육면체에서 모서리 BF와 CG의 중점을 각각 P, Q라 하자. 네 점 E, P, Q, H를 지나는 평면으로 잘랐을 때 생기는 삼각기둥의 부피 V_1과 나머지 입체도형의 부피 V_2의 비를 가장 간단한 자연수의 비로 나타내기 위한 풀이 과정을 쓰고 답을 구하시오.

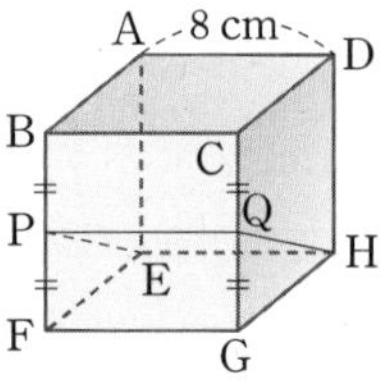

① 단계: 부피 V_1 구하기

____

____

____

② 단계: 부피 V_2 구하기

____

____

③ 단계: $V_1 : V_2$ 구하기

____

____

Check List
- 부피 V_1을 바르게 구하였는가?
- 부피 V_2를 바르게 구하였는가?
- $V_1 : V_2$를 바르게 구하였는가?

IV

통계

1 대푯값

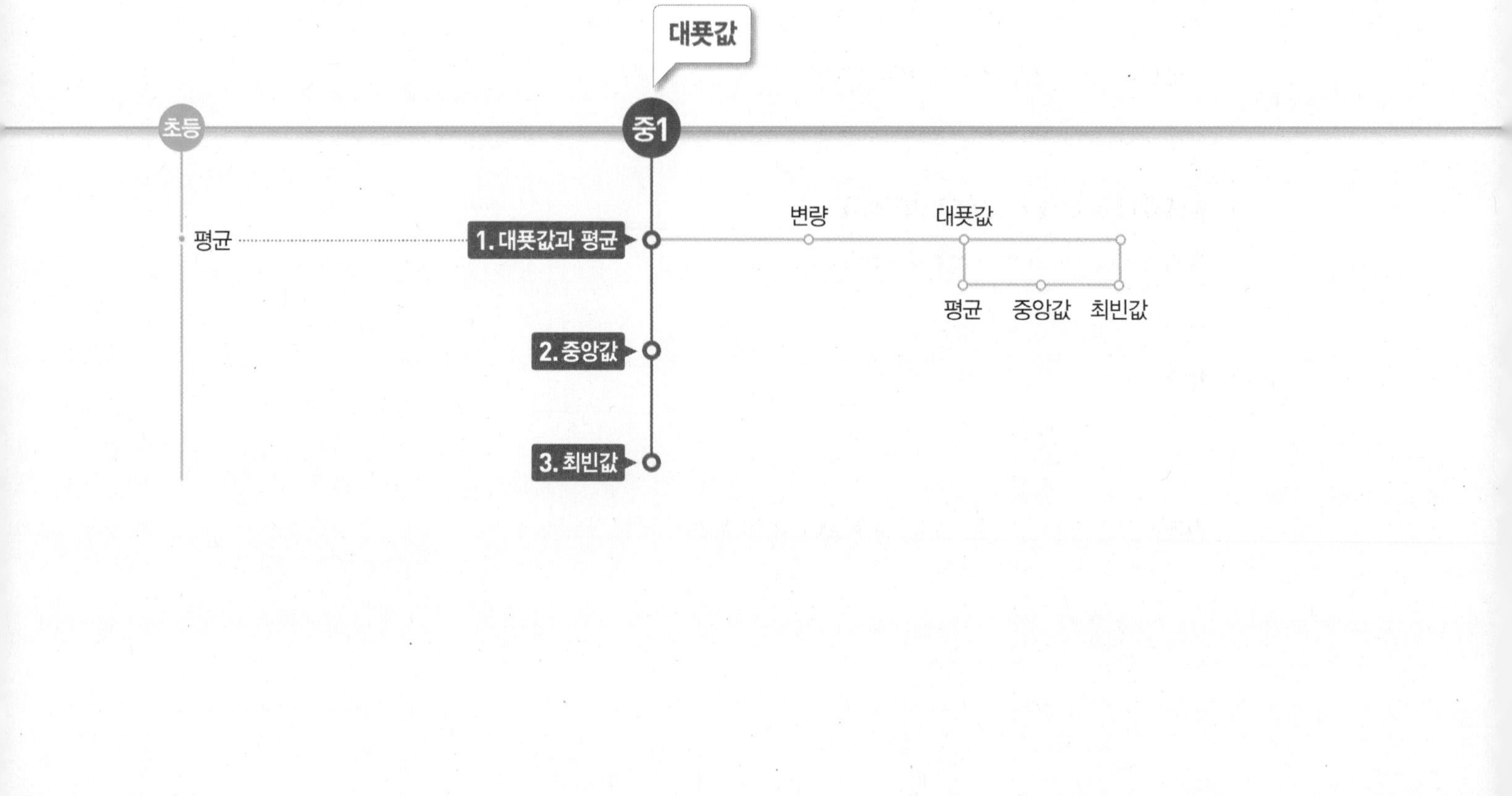

진실을 보는 눈 – 평균의 함정

지민이의 국·영·수 평균 점수

90점

성민이의 국·영·수 평균 점수

90점

평균 점수가 같으므로
지민이와 성민이의 수학 점수도 비슷할 것이다.

과연 그럴까?

지민이의 성적

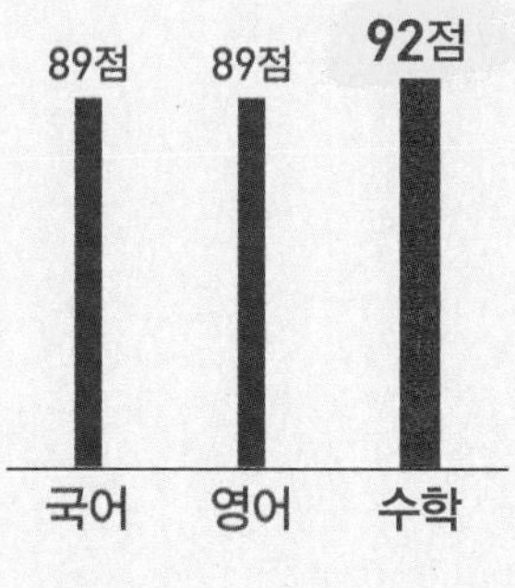

성민이의 성적

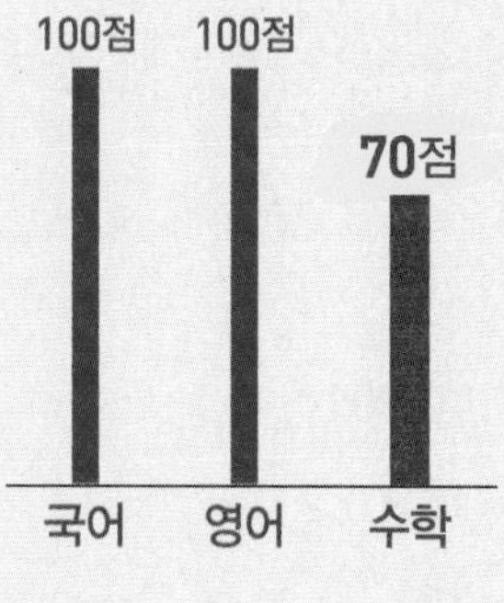

평균은 전체를 대표하는 값일 뿐이다.

1 대푯값과 평균

누구를 대표로?

3 7 7 8
7 5 2 3
6 1 6
대푯값을
누구로?
평균
계산을 통해 똑같이
만드니 역시 평균이지!!!
5 6 7
대푯값

(1) **변량:** 키, 몸무게, 점수 등의 자료를 수량으로 나타낸 것

예 은석이의 키 178 cm(자료) → 178(변량), 소진이의 키 163 cm(자료) → 163(변량)

(2) **대푯값:** 자료의 중심 경향을 하나의 수로 나타내어 자료 전체의 특징을 대표하는 값

➡ 대푯값에는 평균, 중앙값, 최빈값 등이 있다.

(3) **평균:** 전체 변량의 총합을 변량의 개수로 나눈 값

➡ $(\text{평균})=\dfrac{(\text{변량의 총합})}{(\text{변량의 개수})}$

• 대푯값 중에서 평균이 가장 많이 사용된다.

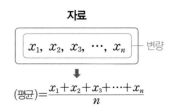

자료

$x_1,\ x_2,\ x_3,\ \cdots,\ x_n$ ― 변량

⬇

$(\text{평균})=\dfrac{x_1+x_2+x_3+\cdots+x_n}{n}$

평균이 아닌 대푯값은 왜 필요할까?

대푯값은 어떤 자료를 대표하는 값으로 그 자료의 경향을 잘 나타내는 값이야. 가장 흔하게 사용하는 대푯값은 평균이지만 모든 자료에서 평균을 대푯값으로 정하는 것이 합리적인 것은 아니지.
예를 들어 10번의 실험을 통해 얻은 값이 다음과 같을 때,

0	8	8	8	8	8	8	8	8	8

이 실험의 평균값인 7.2가 이 실험을 대표하는 값일까? 모두 8이 나왔는데 한 번의 실험값만 0이었다면 그 실험이 잘못되었을 가능성이 높아.

또 다른 예로

0	0	0	0	0	10	10	10	10	10

위와 같은 경우의 평균은 5야. 하지만 이 자료를 대표하는 값이 5라고 할 수 있을까? 이러한 경우 평균은 자료에 대해 제대로 설명할 수 없으므로 대푯값이 될 수 없어.
이처럼 평균이 자료를 대표하지 못할 때에는 평균이 아닌 다른 적절한 대푯값을 선택해야 해.

개념확인

1. 다음 자료의 평균을 구하시오.

(1) 1, 3, 5, 7, 9

(2) 10, 20, 30, 40

2. 오른쪽 표는 진욱이네 가족의 키를 조사하여 나타낸 것이다. 진욱이네 가족의 키의 평균을 구하시오.

가족	아빠	엄마	진욱	여동생
키(cm)	180	162	176	142

평균의 뜻과 성질

1 **다음 표는 소영이네 반 학생 5명의 수학 점수를 조사하여 나타낸 것이다. 학생 5명의 평균 점수가 70점일 때, 소영이의 수학 점수를 구하시오.**

학생	민정	석민	소영	태은	동주
수학 점수(점)	63	78		72	76

전체 변량의 총합을 변량의 개수로 나눈 값을 평균이라 한다.

⇨ (평균)$=\frac{\text{(변량의 총합)}}{\text{(변량의 개수)}}$

⇨ (변량의 총합)
=(평균)×(변량의 개수)

1-1 4개의 변량 A, B, C, D의 평균이 10일 때, 5개의 변량 A, B, C, D, 20의 평균은?

① 10 ② 11 ③ 12
④ 13 ⑤ 14

1-2 다음 자료는 진이네 반 학생 10명의 일주일 동안의 독서 시간을 조사하여 나타낸 것이다. 독서 시간의 평균이 6시간일 때, x의 값은?

(단위: 시간)

9 2 7 4 x 5 6 7 4 9

① 4 ② 5 ③ 6
④ 7 ⑤ 8

1-3 솔민이네 반 학생 30명의 몸무게의 평균은 50 kg이다. 한 학생이 전학을 간 후 몸무게의 평균이 49.5 kg일 때, 전학 간 학생의 몸무게를 구하시오.

2 중앙값

누구를 대표로?

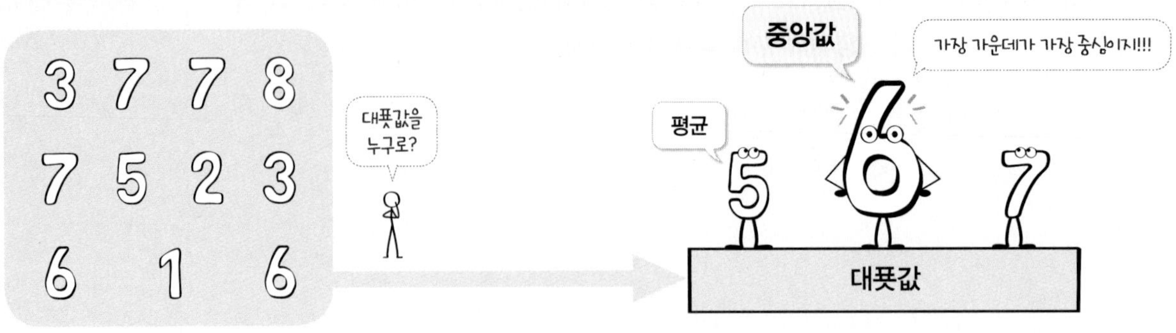

(1) 중앙값: 자료를 작은 값부터 크기순으로 나열할 때, 중앙에 위치하는 값

(2) 중앙값 구하기

중앙값은 자료를 작은 값부터 크기순으로 나열할 때

① 자료의 개수가 홀수이면 한가운데에 놓이는 값이 중앙값이다.

② 자료의 개수가 짝수이면 한가운데에 놓이는 두 값의 평균이 중앙값이다.

예 • 2, 4, 6, 8, 10 ➡ 자료의 개수가 홀수이므로 중앙값은 한가운데에 놓인 값인 6이다.

• 1, 3, 5, 7, 9, 11 ➡ 자료의 개수가 짝수이므로 중앙값은 한가운데에 놓인 5와 7의 평균인 $\frac{5+7}{2}=6$이다.

• 자료의 개수가 n개일 때, 중앙값
① n이 홀수
⇨ $\frac{n+1}{2}$번째 변량
② n이 짝수
⇨ $\frac{n}{2}$번째 변량과 $\left(\frac{n}{2}+1\right)$번째 변량의 평균

평균과 중앙값의 비교

	평균	중앙값
장점	모든 자료의 값을 포함하여 계산해.	자료의 값 중 매우 크거나 매우 작은 값이 있는 경우에 자료의 특징을 가장 잘 대표할 수 있어.
단점	자료의 값 중 매우 크거나 매우 작은 값이 있는 경우 그 값의 영향을 받아. 예를 들어 자료가 1, 2, 3, 3, 3, 72일 때, 대부분의 값이 3 이하이지만 평균은 14가 되어 커져.	특징이 다른 두 자료의 중앙값이 같을 수 있어. 예를 들어 두 자료 1, 2, 5, 7, 8과 2, 3, 5, 10, 36은 서로 다르지만 중앙값은 5로 같아.

개념확인

1. 다음은 주어진 자료의 중앙값을 구하는 과정이다. □ 안에 알맞은 수를 써넣으시오.

(1) 22, 57, 7, 6, 20, 18, 12

> 자료를 작은 값부터 크기순으로 나열하면 6, 7, 12, 18, 20, 22, 57이다.
> 이때 자료의 개수는 홀수이므로 중앙값은 □이다.

(2) 50, 15, 10, 80, 75, 25

> 자료를 작은 값부터 크기순으로 나열하면 10, 15, 25, 50, 75, 80이다.
> 이때 자료의 개수는 짝수이므로 중앙값은 중앙에 있는 두 값인 □와 □의 평균인 □이다.

중앙값의 뜻과 성질

1 **다음 자료는 진희네 반 두 모둠의 수학 수행평가 점수를 조사하여 나타낸 것이다. A 모둠의 중앙값을 x점, B 모둠의 중앙값을 y점이라 할 때, $x+y$의 값을 구하시오.**

(단위 : 점)

[A 모둠] 5, 6, 4, 10, 8, 7, 8, 6
[B 모둠] 7, 5, 10, 7, 9, 6, 10, 8, 9

중앙값은 자료를 작은 값부터 크기순으로 나열하였을 때
① 자료의 개수가 홀수이면 중앙에 있는 값
② 자료의 개수가 짝수이면 중앙에 있는 두 값의 평균

1-1 다음 자료는 학생 8명이 1분 동안 성공한 줄넘기 이단뛰기 횟수를 조사하여 나타낸 것이다. 줄넘기 이단뛰기 횟수의 중앙값을 구하시오.

(단위: 회)

13 16 20 15 17 8 19 12

중앙값이 주어질 때, 변량 구하기

2 **다음 자료는 작은 값부터 크기순으로 나열되어 있다. 6개의 변량들의 중앙값이 10일 때, x의 값을 구하시오.**

5 8 9 x 13 14

중앙값이 주어질 때
① 자료를 작은 값에서부터 크기순으로 나열한다.
② 주어진 중앙값을 이용하여 변량 x가 몇 번째 놓이는지 파악한 후 x의 값을 구한다.

2-1 4개의 변량 68, 47, x, 53의 중앙값이 56일 때, x의 값을 구하시오.

3 최빈값

누구를 대표로?

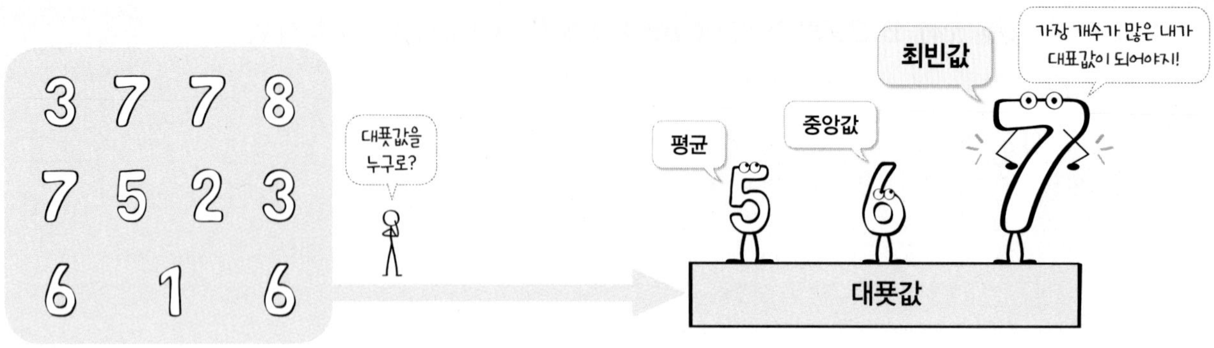

(1) 최빈값: 자료의 값 중에서 가장 많이 나타난 값, 즉 개수가 가장 많은 값

(2) 최빈값 구하기

① 개수가 가장 많은 값이 한 개 이상 있으면 그 값이 모두 최빈값이다.

② 각 자료의 값의 개수가 모두 같으면 최빈값은 없다.

예 • 1, 2, 2, 2, 3, 4, 4 ➡ 최빈값은 2이다.
• 1, 2, 3, 3, 4, 4, 5, 6 ➡ 최빈값은 3과 4이다.
• 1, 2, 3, 4, 5, 6, 7 ➡ 최빈값은 없다.

참고 최빈값은 선호도를 조사할 때 주로 사용되고, 좋아하는 과일이나 좋아하는 취미 생활처럼 숫자로 나타내지 못하는 자료의 경우에도 구할 수 있다.

• 최빈값은 한 개일 수도, 여러 개일 수도, 없을 수도 있다.
• 자료의 개수가 많은 경우에 최빈값이 대푯값으로 적절하다.

개념확인

1. 다음 자료는 학생 10명이 사용하는 USB의 용량을 조사하여 나타낸 것이다. □ 안에 알맞은 수를 써넣으시오.

(단위: GB)

256 16 128 32 256 16 64 32 16 128

➡ 32 GB, 128 GB, 256 GB를 사용하는 학생 수는 각각 □명, 16 GB를 사용하는 학생 수는 □명, 64 GB를 사용하는 학생 수는 □명이므로 USB 용량의 최빈값은 □ GB이다.

2. 다음 자료의 최빈값을 구하시오.

(1) 29, 26, 28, 24, 28, 33, 28, 26, 33

(2) 5, 15, 10, 20, 35, 55

(3) 12, 21, 7, 12, 23, 7, 35, 17

(4) 야구, 축구, 농구, 탁구, 축구, 태권도, 농구, 축구

최빈값의 뜻과 성질

1 **오른쪽 표는 진수네 반 학생 30명의 가장 좋아하는 취미 생활을 조사하여 나타낸 것이다. 취미 생활의 최빈값은?**

취미 생활	학생 수(명)
독서	9
여행	8
음악 감상	7
컴퓨터 게임	3
보드 게임	3
합계	30

① 독서　② 여행
③ 음악 감상　④ 컴퓨터 게임
⑤ 보드 게임

최빈값
⇨ 자료의 값 중에서 가장 많이 나타난 값
⇨ 개수가 가장 많은 값

1-1 다음 자료는 학생 14명의 몸무게를 조사하여 나타낸 것이다. 몸무게의 최빈값을 구하시오.

(단위: kg)

46	55	52	55	50	51	54
53	47	55	48	52	47	52

평균, 중앙값, 최빈값

2 **오른쪽 그래프는 학생 15명의 턱걸이 횟수를 조사하여 나타낸 막대그래프이다. 턱걸이 횟수의 평균을 a회, 중앙값을 b회, 최빈값을 c회라 할 때, $a+b+c$의 값을 구하시오.**

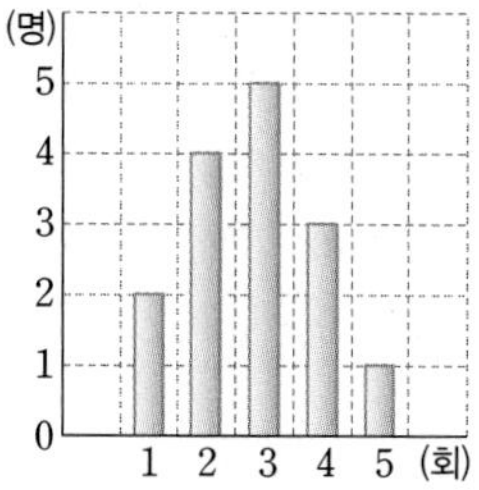

$(\text{평균})=\dfrac{(\text{변량의 총합})}{(\text{변량의 개수})}$

2-1 다음 자료는 상혁이가 7회에 걸쳐 실시한 턱걸이 횟수를 조사하여 나타낸 것이다. 턱걸이 횟수의 평균과 최빈값이 같을 때, 중앙값을 구하시오.

(단위: 회)

13	10	13	14	x	17	13

개념 완성

기본 문제

1 평균의 뜻과 성질

다음 자료의 평균이 16일 때, 상수 a의 값은?

$a-5$	$a+4$	$a+6$	$2a-1$

① 6　② 8　③ 10
④ 12　⑤ 14

2 평균의 뜻과 성질

여진이네 반 학생 25명의 몸무게의 평균은 55 kg이다. 한 학생이 전학을 간 후 몸무게의 평균이 54.5 kg일 때, 전학 간 학생의 몸무게는?

① 65 kg　② 65.5 kg　③ 66 kg
④ 66.5 kg　⑤ 67 kg

3 중앙값의 뜻과 성질

다음 두 자료 A, B 중에서 중앙값이 더 큰 것을 말하시오.

[자료 A] 2, 4, 5, 10, 4, 3
[자료 B] 4, 3, 2, 5, 9, 11, 8

4 중앙값이 주어질 때, 변량 구하기

5개의 변량을 크기순으로 나열하면 2, 4, 5, 7, x이고, 이 변량들의 평균과 중앙값이 같다고 할 때, x의 값은?

① 6　② 7　③ 8
④ 9　⑤ 10

5 최빈값의 뜻과 성질

다음 자료는 학생 12명의 실내화 사이즈를 조사하여 나타낸 것이다. 이 자료의 최빈값의 합을 구하시오.

(단위: mm)

260	230	235	245	250	245
255	265	275	270	265	240

6 평균, 중앙값, 최빈값

오른쪽 자료는 어느 동호회의 회원 25명의 나이를 조사하여 나타낸 것이다. 다음 물음에 답하시오.

(단위: 세)

36	32	29	28	28
27	27	26	26	26
26	26	25	25	24
24	24	24	23	23
23	22	21	21	20

(1) 나이의 중앙값을 구하시오.
(2) 나이의 최빈값을 구하시오.

7 평균, 중앙값, 최빈값

다음 자료의 평균과 최빈값이 모두 0일 때, $b-a$의 값을 구하시오. (단, $a<b$)

$-5 \quad 7 \quad -2 \quad a \quad 4 \quad b \quad 0$

8 평균, 중앙값, 최빈값

다음 자료는 성현이네 모둠 학생 12명의 턱걸이 횟수를 조사하여 나타낸 것이다. 물음에 답하시오.

(단위: 회)

7 9 11 8 10 11 6 5 10 11 7 10

(1) 턱걸이 횟수의 평균을 구하시오.
(2) 턱걸이 횟수의 중앙값을 구하시오.
(3) 턱걸이 횟수의 최빈값을 구하시오.

9 평균, 중앙값, 최빈값

다음 표는 청소년 로봇 동아리 회원 10명의 나이를 조사하여 나타낸 것이다. 회원 10명의 나이의 평균을 a세, 중앙값을 b세, 최빈값을 c세라 할 때, $a+b-c$의 값을 구하시오.

나이(세)	11	12	13	14	15	16
회원 수(명)	1	1	1	2	4	1

10 평균, 중앙값, 최빈값

오른쪽 그래프는 학생 15명의 턱걸이 횟수를 조사하여 나타낸 막대그래프이다. 턱걸이 횟수의 평균을 a회, 중앙값을 b회, 최빈값을 c회라 할 때, $a+b+c$의 값을 구하시오.

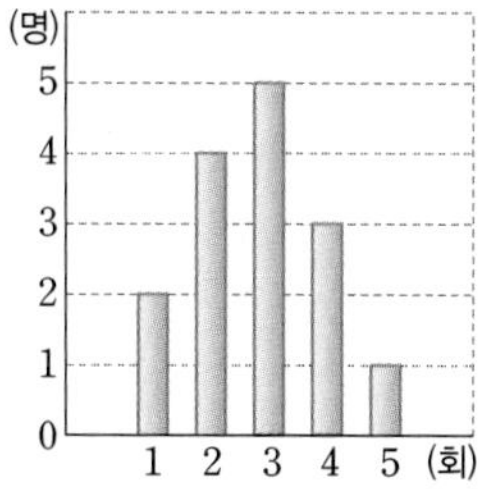

11 평균, 중앙값, 최빈값

다음 자료는 선미의 10일 동안 수면 시간을 조사하여 나타낸 것이다. 평균, 중앙값, 최빈값을 각각 A시간, B시간, C시간이라 할 때, A, B, C의 대소 관계를 구하시오.

(단위: 시간)

9 7 8 7 8 8 6 6 7 8

12 평균, 중앙값, 최빈값

오른쪽 표는 5회에 걸쳐 실시한 수학 수행 평가에서 민우와 효찬이가 받은 점수를 조사하여 나타낸 것이다. 민우와 효찬이의 점수에 대한 설명으로 옳지 않은 것을 모두 고르면? (정답 2개)

회	민우(점)	효찬(점)
1	8	8
2	9	3
3	10	7
4	8	5
5	5	7

① 민우의 점수의 평균이 효찬이의 점수의 평균보다 높다.
② 민우의 점수의 중앙값과 효찬이의 점수의 중앙값은 같다.
③ 민우의 점수의 최빈값이 효찬이의 점수의 최빈값보다 높다.
④ 민우의 점수의 중앙값과 최빈값은 같다.
⑤ 효찬이의 점수의 중앙값은 최빈값보다 낮다.

발전 문제

(변량의 총합) =(평균)×(변량의 개수)

1 석진이의 4회에 걸친 수학 시험의 평균 점수가 89점이고, 5번째 수학 시험 후에 5회까지의 평균 점수가 90점이 되었을 때, 5번째 수학 시험의 점수를 구하시오.

2 어떤 동아리 학생 8명의 수학 성적을 낮은 값부터 크기순으로 나열할 때, 4번째 학생의 점수는 76점이고, 수학 성적의 중앙값은 78점이다. 이 동아리에 수학 성적이 82점인 학생이 들어왔을 때, 9명의 수학 성적의 중앙값을 구하시오.

3 다음 자료는 수경이네 반 학생 6명의 1분 동안의 윗몸일으키기 횟수를 조사하여 나타낸 것이다. 윗몸일으키기 횟수의 평균과 최빈값이 같을 때, x의 값을 구하시오.

(단위: 회)

40　37　38　29　x　46

4 다음 **조건**을 만족하는 자연수 a를 모두 구하시오.

조건

(가) 다섯 개의 수 15, 20, 25, 30, a의 중앙값은 25이다.

(나) 네 개의 수 30, 40, 43, a의 중앙값은 35이다.

5 다음 두 조건을 모두 만족하는 두 자연수 a, b $(a>b)$에 대하여 $a+b$의 값을 구하기 위한 풀이 과정을 쓰고 답을 구하시오.
서술형

조건

(가) 7개의 수 a, b, 7, 5, 2, 3, 9의 중앙값은 6이다.
(나) 6개의 수 $a+2$, $b+2$, 6, 11, 13, 14의 중앙값은 10이다.

① 단계: b의 값 구하기

(가)에서 자료 a, b를 제외하고 작은 값부터 크기순으로 나열하면 2, 3, 5, 7, 9이다. 이때 중앙값이 6이고 $a>b$이므로 $b=$_____이다.

② 단계: a의 값 구하기

(나)에서 자료 $a+2$를 제외하고 작은 값부터 크기순으로 나열하면 6, _____, 11, 13, 14이고 중앙값이 10이므로 자료 $a+2$를 포함하여 크기순으로 나열하면 6, _____, _____, 11, 13, 14이다.

$(\text{중앙값})=\frac{\_\_\_\_+11}{2}=\frac{a+\_\_\_\_}{2}=10 \qquad \therefore a=\_\_\_\_$

③ 단계: $a+b$의 값 구하기

$\therefore a+b=\_\_\_\_+\_\_\_\_=\_\_\_\_$

Check List
- (가)에서 자료를 작은 값부터 크기순으로 나열하여 b의 값을 바르게 구하였는가?
- (나)에서 자료를 작은 값부터 크기순으로 나열하여 a의 값을 바르게 구하였는가?
- $a+b$의 값을 바르게 구하였는가?

6 다음 자료는 진이네 반 학생 10명의 일주일 동안의 독서 시간을 조사하여 나타낸 것이다. 독서 시간의 평균이 6시간일 때, 중앙값과 최빈값을 각각 구하기 위한 풀이 과정을 쓰고 답을 구하시오.
서술형

(단위: 시간)

9 2 7 4 x 5 6 7 4 9

① 단계: x의 값 구하기

② 단계: 중앙값 구하기

③ 단계: 최빈값 구하기

Check List
- 독서 시간의 평균을 이용하여 x의 값을 바르게 구하였는가?
- 중앙값을 바르게 구하였는가?
- 최빈값을 바르게 구하였는가?

2 도수분포표와 상대도수

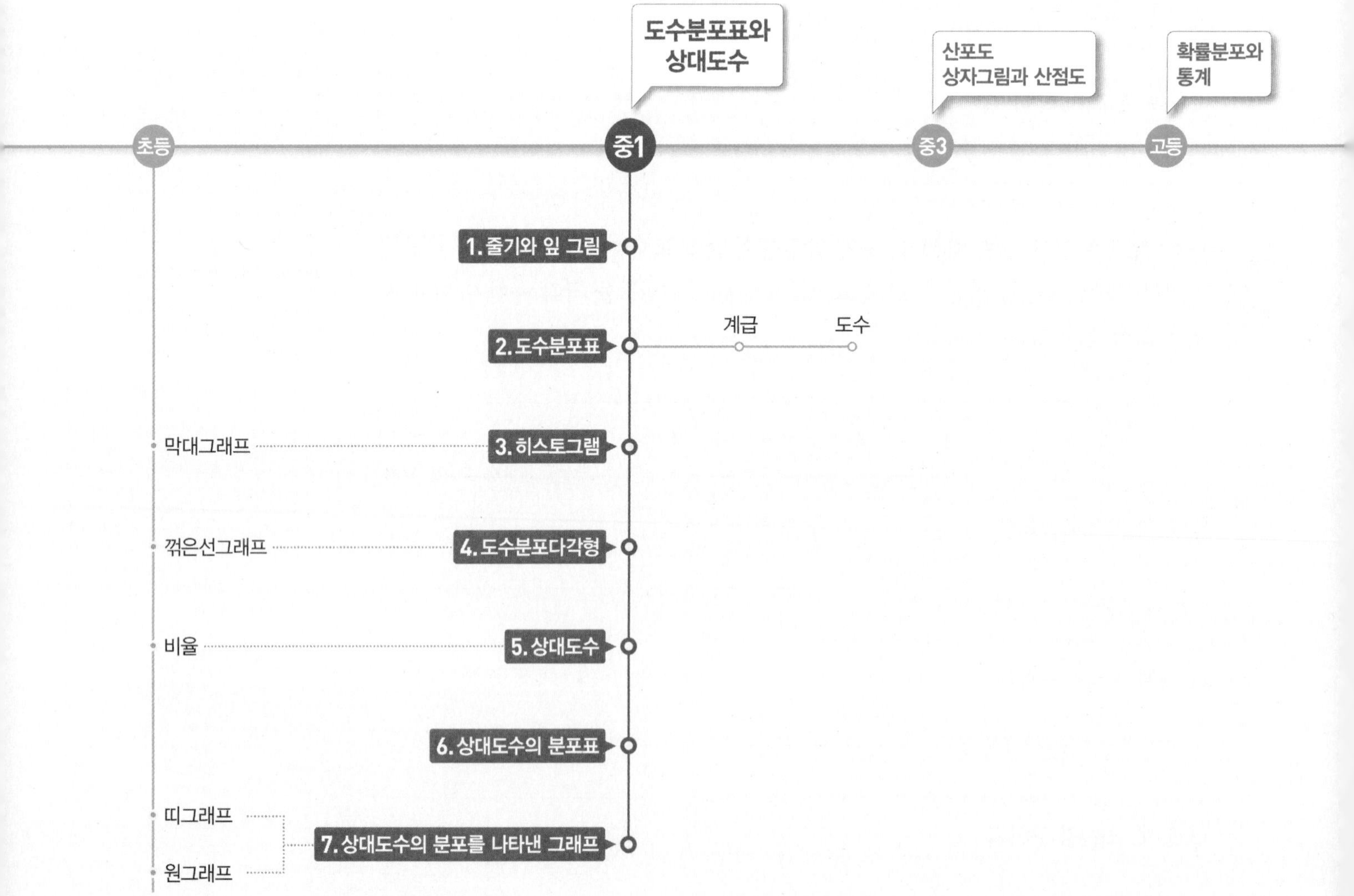

도수분포표와 상대도수
산포도
상자그림과 산점도
확률분포와 통계
초등
중1
중3
고등
1. 줄기와 잎 그림
2. 도수분포표
계급
도수
막대그래프
3. 히스토그램
꺾은선그래프
4. 도수분포다각형
비율
5. 상대도수
6. 상대도수의 분포표
띠그래프
원그래프
7. 상대도수의 분포를 나타낸 그래프

무질서한 자료를 질서 있게 정리하여 해석하다!

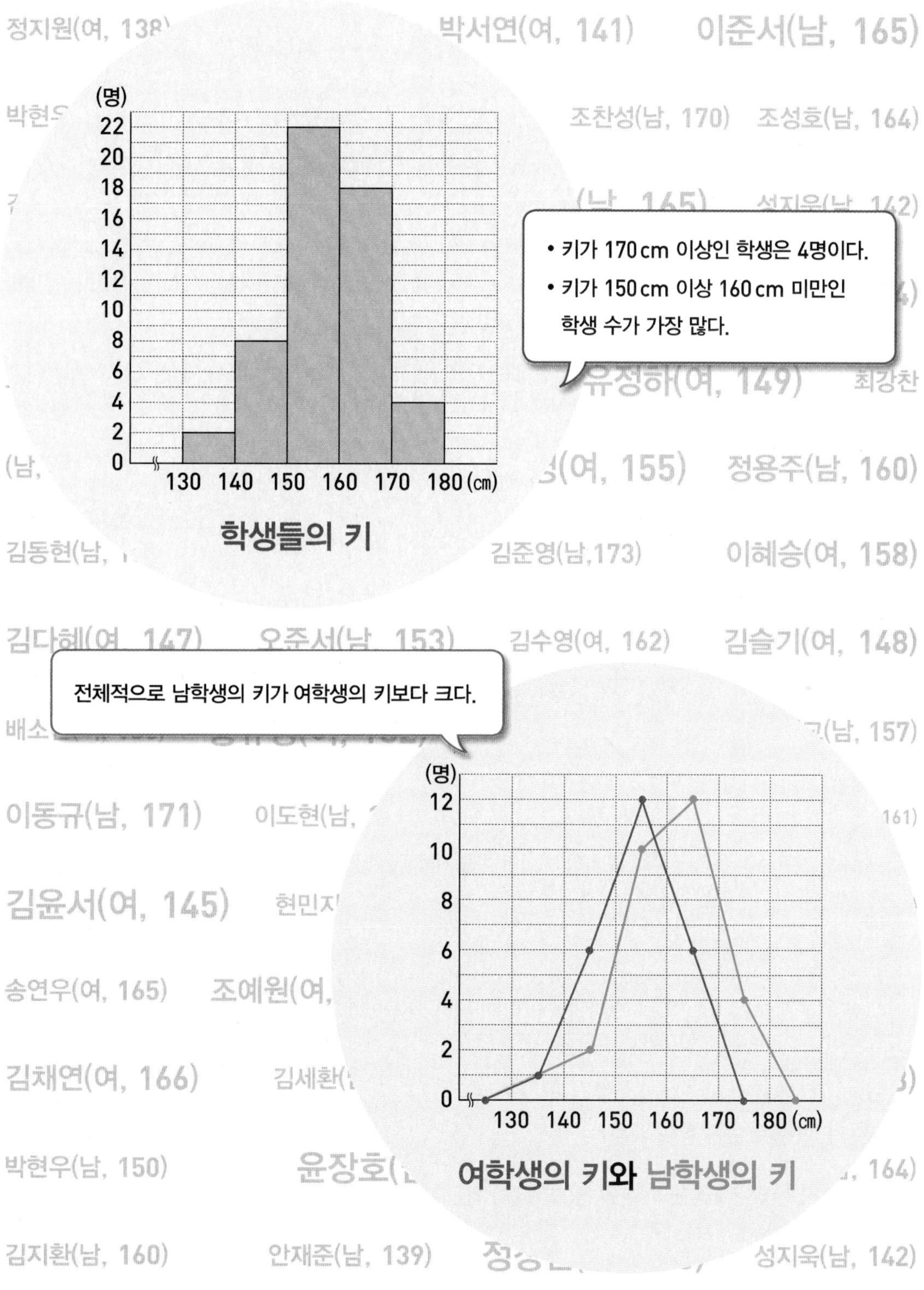

자료: **중학교 1학년 3반 54명의 키(단위: ㎝)

1 줄기와 잎 그림

가장 높은 점수는?

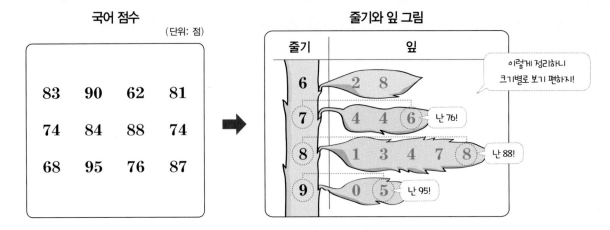

국어 점수

(단위: 점)

83	90	62	81
74	84	88	74
68	95	76	87

➡

줄기와 잎 그림

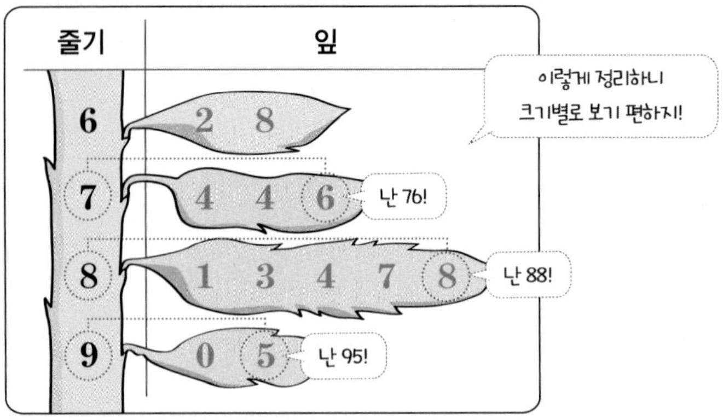

(1) **줄기와 잎 그림:** 줄기와 잎을 이용하여 자료를 나타낸 그림. 세로 선을 긋고, 세로 선을 중심으로 왼쪽에 있는 수를 줄기, 오른쪽에 있는 수를 잎으로 나타낸다.

주의 좋아하는 과일, 혈액형 등 수량으로 나타낼 수 없는 자료는 줄기와 잎 그림으로 나타낼 수 없다.

(2) **줄기와 잎 그림을 그리는 순서**

① 변량을 줄기와 잎으로 구분한다.

② 세로 선을 긋고, 세로 선을 중심으로 왼쪽에 줄기를 크기 순으로 세로로 쓴다.

③ 세로 선의 오른쪽에 각 줄기에 해당되는 잎을 크기 순으로 가로로 쓴다.

주의 잎은 크기가 작은 값부터 차례로 쓰고, 중복되는 잎도 모두 쓴다.

자료

(단위: 시간)

8	12	14	10	21
9	10	17	28	31

⬇

줄기와 잎 그림

(0|8은 8시간)

① 줄기	잎
② 0	8 9 ③
1	0 0 2 4 7
2	1 8
3	1

↑ 세로 선

✓ 개념확인

1. 오른쪽은 지혜가 친구들의 음악 점수를 조사하여 나타낸 줄기와 잎 그림이다. 다음을 구하시오.

(단위 : 점)

64	82	70	93	62	75	88	90	66	98	91	86

음악 점수

(6|2는 62점)

줄기	잎
6	2 ㉠ 6
7	0 5
8	㉡ 6 8
9	0 1 ㉢ 8

(1) ㉠, ㉡, ㉢에 알맞은 수

(2) 잎이 가장 많은 줄기

(3) 음악 점수가 5번째로 높은 학생의 점수

2. 오른쪽 그림은 하연이네 반 학생들의 일 년 동안의 봉사 활동 시간을 조사하여 나타낸 줄기와 잎 그림이다. 다음을 구하시오.

(1) 전체 학생 수

(2) 봉사 활동 시간이 20시간 미만인 학생 수

(3) 봉사 활동을 가장 많이 한 학생과 가장 적게 한 학생의 시간의 차

봉사 활동 시간

(1|3은 13시간)

줄기	잎
1	3 4 7 7
2	1 2 2 2 5 8
3	0 4 4
4	1 3

줄기와 잎 그림의 이해

1 **오른쪽 그림은 수지네 반 학생들의 수학 점수를 조사하여 나타낸 줄기와 잎 그림이다. 다음 보기 중 옳지 않은 것을 고르시오.**

수학 점수

(6|5는 65점)

줄기	잎
6	5 7
7	1 3 5 7
8	3 5 5 6 7 9
9	0 2 5

보기

ㄱ. 전체 학생 수는 15명이다.
ㄴ. 수학 점수가 86점 이상인 학생 수는 6명이다.
ㄷ. 수학 점수가 80점 미만인 학생 수는 전체의 45 %이다.

줄기와 잎 그림에서
(전체 학생 수)
=(잎의 총 개수)

1-1 오른쪽 그림은 해기네 반 남학생들의 100 m 달리기 기록을 조사하여 나타낸 줄기와 잎 그림이다. 기록이 14.8초보다 느린 학생은 전체의 몇 %인지 구하시오.

100 m 달리기 기록

(13|1은 13.1초)

줄기	잎
13	1 4 6 6 6 9
14	3 5 5 6 7 8
15	1 2 4 5

두 집단에서의 줄기와 잎 그림

2 **오른쪽 그림은 정원이네 반 남학생과 여학생의 몸무게를 조사하여 나타낸 줄기와 잎 그림이다. 남학생 중 몸무게가 가장 많이 나가는 학생과 여학생 중 몸무게가 가장 적게 나가는 학생의 몸무게의 차를 구하시오.**

남학생과 여학생의 몸무게

(3|5는 35 kg)

잎(남학생)	줄기	잎(여학생)
9	3	5 8
8 5 2	4	1 3 4 7
7 6 4 1	5	3

두 집단에서의 줄기와 잎 그림
서로 다른 두 집단의 자료를 한 눈에 볼 수 있다.

2-1 오른쪽 그림은 희수네 반 남학생과 여학생의 윗몸 일으키기 횟수를 조사하여 나타낸 줄기와 잎 그림이다. 윗몸 일으키기 횟수가 30회 이상인 학생은 전체의 몇 %인지 구하시오.

윗몸 일으키기 횟수

(1|2는 12회)

잎(남학생)	줄기	잎(여학생)
8	1	2 4 5 7
8 6	2	3 5
8 4 3	3	2
9	4	6

2 도수분포표

(표로) 정리하면 잘 보인다!

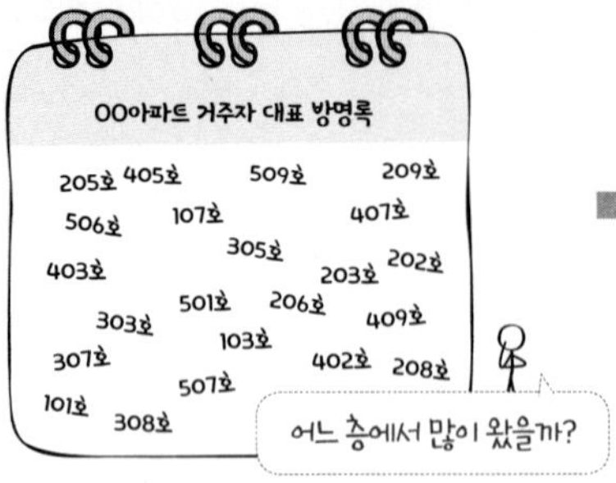

➡

1층	101호	103호	107호			
2층	202호	203호	205호	206호	208호	209호
3층	303호	305호	307호	308호		
4층	402호	403호	405호	407호	409호	
5층	501호	506호	507호	509호		

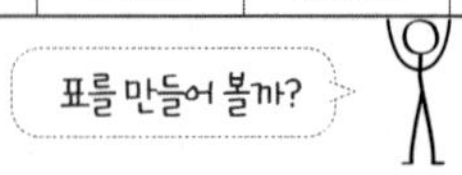

(1) 계급: 변량을 일정한 간격으로 나눈 구간

① **계급의 크기:** 계급의 양 끝 값의 차, 즉 구간의 너비

② **계급의 개수:** 변량을 나눈 구간의 수

참고 계급값: 계급을 대표하는 값으로 각 계급의 가운데 값

➡ $(\text{계급값})=\dfrac{(\text{계급의 양 끝 값의 합})}{2}$

(2) 도수: 각 계급에 속하는 변량의 개수

(3) 도수분포표: 주어진 자료를 몇 개의 계급으로 나누고, 각 계급에 속하는 도수를 조사하여 나타낸 표

(4) 도수분포표를 만드는 방법

① 주어진 자료에서 가장 작은 변량과 가장 큰 변량을 찾는다.

② 계급의 개수와 크기를 정한다.

③ 각 계급에 속하는 변량의 개수를 세어 계급의 도수를 구한다.

참고 • 일반적으로 도수분포표를 만들 때에는 계급의 크기는 모두 같게 하고, 계급의 개수는 보통 5~15개 정도로 한다.

• 계급, 계급의 크기, 도수는 단위를 함께 써서 나타낸다.

수학 성적

(단위: 점)

80	70	72	85	81
80	88	83	79	78
93	56	90	67	55
85	61	52	69	76

⬇

도수분포표

수학 성적(점)	학생 수(명)
50 이상 ~ 60 미만	3
60 ~ 70 (계급)	3 (도수)
70 ~ 80	5
80 ~ 90	7
90 ~ 100	2
합계	20

✓ 개념확인

1. 아래는 은주네 반 학생 20명을 대상으로 하루 동안의 인터넷 사용 시간을 조사하여 나타낸 것이다. 다음 물음에 답하시오.

인터넷 사용 시간

(단위: 분)

15	70	35	5	125
179	63	42	57	90
48	66	25	130	150
170	16	85	98	64

➡

사용 시간(분)	학생 수(명)
0 이상 ~ 45 미만	6
45 ~ 90	7
합계	20

(1) 위의 도수분포표를 완성하시오.

(2) 도수가 4명인 계급을 구하시오.

(3) 인터넷 사용 시간이 85분인 학생이 속하는 계급의 도수를 구하시오.

도수분포표에서의 용어

1 **다음 보기에서 옳은 것을 모두 고르시오.**

보기
ㄱ. 계급의 크기: 변량을 일정한 간격으로 나눈 구간
ㄴ. 계급의 개수: 변량을 나눈 구간의 수
ㄷ. 도수: 각 계급에 속하는 변량의 개수

- 계급: 변량을 일정한 간격으로 나눈 구간
- 계급의 크기: 계급의 양 끝 값의 차
- 계급의 개수: 변량을 나눈 구간의 수
- 도수: 각 계급에 속하는 변량의 개수

1-1 다음 **보기**에서 옳지 않은 것은 모두 몇 개인지 구하시오.

보기
ㄱ. 변량을 일정한 간격으로 나눈 구간을 계급이라 한다.
ㄴ. 계급의 개수는 많을수록 좋다.
ㄷ. 각 계급에 속하는 도수를 조사하여 나타낸 표를 도수표라 한다.

도수분포표의 이해

2 **오른쪽 표는 어느 반 학생 20명의 체육 실기 점수를 조사하여 나타낸 도수분포표이다. 다음 중 옳지 않은 것은?**

체육 실기 점수(점)	학생 수(명)
45 이상 ~ 50 미만	3
50 ~ 55	3
55 ~ 60	3
60 ~ 65	4
65 ~ 70	
합계	20

① 계급의 크기는 5점이다.
② 계급의 개수는 5개이다.
③ 점수가 56점인 학생은 3명이다.
④ 도수가 가장 큰 계급은 65점 이상 70점 미만이다.
⑤ 점수가 65점인 학생이 속하는 계급의 도수는 7명이다.

- a 이상 b 미만인 계급에서 계급의 크기는 $b-a$이다.
- 도수가 주어지지 않은 계급의 도수를 구할 때는 도수의 총합에서 나머지 계급의 도수를 모두 뺀다.

2-1 오른쪽 표는 서윤이네 반 학생 30명이 1년 동안 읽은 책의 수를 조사하여 나타낸 도수분포표이다. 다음을 구하시오.

(1) 계급의 개수
(2) A의 값
(3) 도수가 가장 큰 계급

책의 수(권)	학생 수(명)
0 이상 ~ 3 미만	15
3 ~ 6	6
6 ~ 9	A
9 ~ 12	3
12 ~ 15	1
합계	30

특정 계급의 백분율 구하기

3 **오른쪽 표는 지민이네 반 학생 40명의 하루 중 숙제를 하는 시간을 조사하여 나타낸 도수분포표이다. 숙제를 하는 시간이 20분 이상 40분 미만인 학생은 전체의 몇 %인지 구하시오.**

숙제를 하는 시간(분)	학생 수(명)
0 이상 ~ 20 미만	9
20 ~ 40	
40 ~ 60	8
60 ~ 80	2
80 ~ 100	3
합계	40

(특정 계급의 백분율)
$= \frac{(\text{그 계급의 도수})}{(\text{전체 도수})} \times 100(\%)$

3-1 오른쪽 표는 준호네 반 학생 25명의 허리 둘레를 조사하여 나타낸 도수분포표이다. 허리 둘레가 70 cm 미만인 학생은 전체의 몇 %인가?

① 25 % ② 30 %
③ 35 % ④ 40 %
⑤ 45 %

허리 둘레(cm)	학생 수(명)
64 이상 ~ 67 미만	A
67 ~ 70	B
70 ~ 73	10
73 ~ 76	4
76 ~ 79	1
합계	25

3 히스토그램

표보다 그림이 잘 보일 때?!!

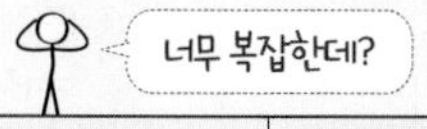

나이(세)	인구 수(명)
10 이상 ~ 20 미만	4651460
20 ~ 30	6197486
30 ~ 40	6575548
40 ~ 50	7922134
50 ~ 60	8695699
60 ~ 70	7630708
70 ~ 80	3966203
80 ~ 90	2353199

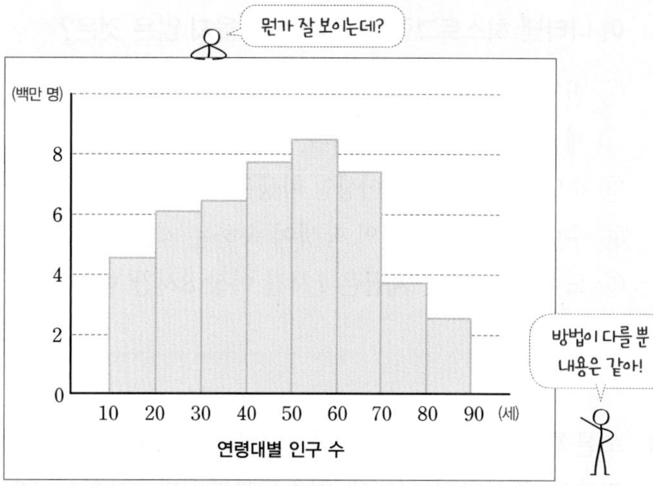

(1) 히스토그램: 도수분포표에서 각 계급을 가로축에, 그 계급의 도수를 세로축에 표시하여 직사각형으로 나타낸 그림

(2) 히스토그램을 그리는 방법

① 가로축에는 각 계급의 양 끝 값을, 세로축에는 도수를 차례로 나타낸다.

② 각 계급의 크기를 가로로, 그 도수를 세로로 하는 직사각형을 차례로 그린다.

(3) 히스토그램의 특징

① 도수의 분포 상태를 쉽게 알아볼 수 있다.

② 각 직사각형의 넓이는 각 계급의 도수에 정비례한다.

➡ (직사각형의 넓이) = (계급의 크기) × (그 계급의 도수)

③ (직사각형의 넓이의 합) = (계급의 크기) × (도수의 총합)

참고
- (직사각형의 가로의 길이) = (계급의 크기)
- (직사각형의 세로의 길이) = (각 계급의 도수)
- 히스토그램에서 직사각형의 넓이를 구할 때, 가로, 세로의 단위가 다르므로 넓이의 단위를 쓰지 않는다.

도수분포표

운동 시간(시간)	학생 수(명)
1 이상 ~ 2 미만	1
2 ~ 3	2
3 ~ 4	6
4 ~ 5	4
5 ~ 6	3
합계	16

⬇

히스토그램

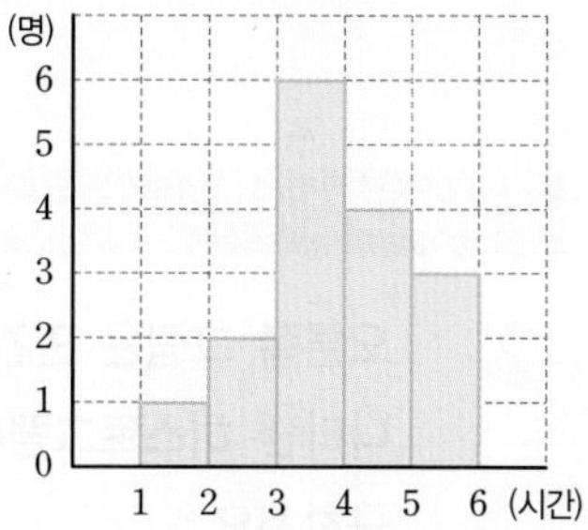

개념확인

1. 다음은 주하네 반 학생 25명이 한 달 동안 받은 용돈을 조사하여 나타낸 도수분포표이다. 도수분포표를 이용하여 히스토그램을 그리시오.

용돈(만 원)	학생 수(명)
1 이상 ~ 2 미만	2
2 ~ 3	7
3 ~ 4	9
4 ~ 5	5
5 ~ 6	2
합계	25

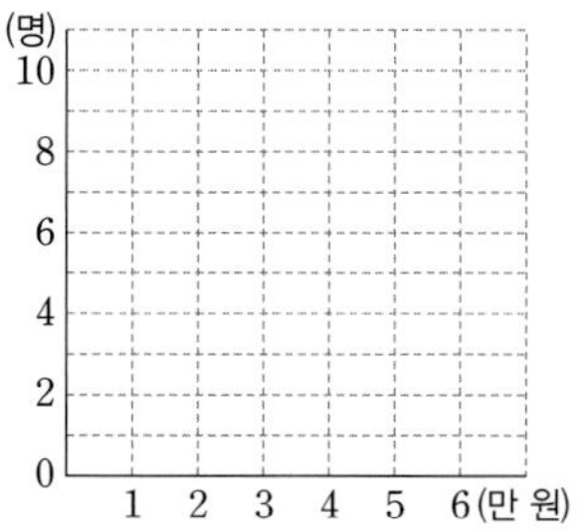

2. 오른쪽 그림은 하루네 중학교 선생님들의 나이를 조사하여 나타낸 히스토그램이다. 도수가 가장 큰 계급의 직사각형의 넓이를 구하시오.

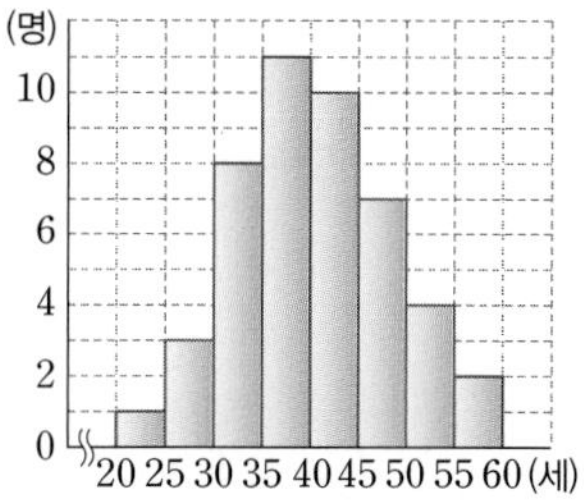

히스토그램의 이해

1 **오른쪽 그림은 지아네 반 학생들의 수면 시간을 조사하여 나타낸 히스토그램이다. 다음 중 옳지 <u>않은</u> 것은?**

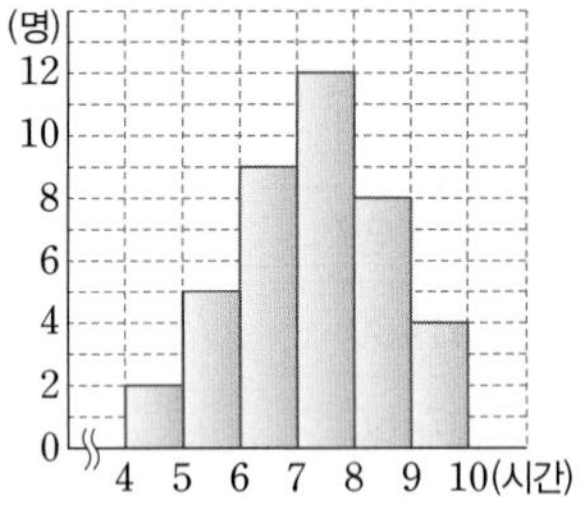

① 전체 학생 수는 40명이다.
② 계급의 크기는 1시간이다.
③ 수면 시간이 8시간 이상인 학생은 전체의 25 %이다.
④ 수면 시간이 6시간인 학생이 속하는 계급의 도수는 9명이다.
⑤ 도수가 가장 큰 계급은 7시간 이상 8시간 미만이다.

히스토그램에서
① (전체 학생 수) =(직사각형의 세로의 길이의 합)
② (계급의 크기) =(직사각형의 가로의 길이)
③ (백분율) $=\frac{\text{(해당 학생 수)}}{\text{(전체 학생 수)}}\times 100(\%)$
④ (도수) =(직사각형의 세로의 길이)

1-1 오른쪽 그림은 동현이네 반 학생들의 100 m 달리기 기록을 조사하여 나타낸 히스토그램이다. 기록이 16초 미만인 학생은 전체의 몇 %인지 구하시오.

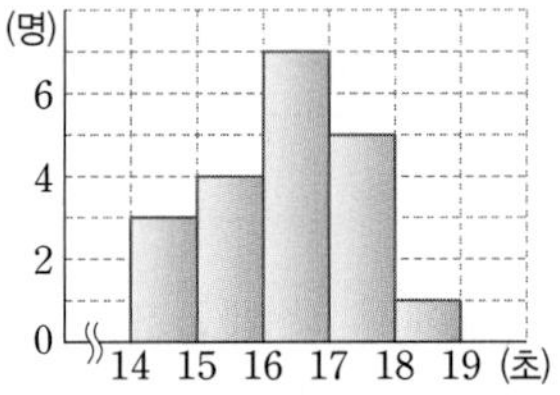

히스토그램에서의 직사각형의 넓이

2 **오른쪽 그림은 민건이네 반 학생들의 키를 조사하여 나타낸 히스토그램이다. 각 직사각형의 넓이의 합을 구하시오.**

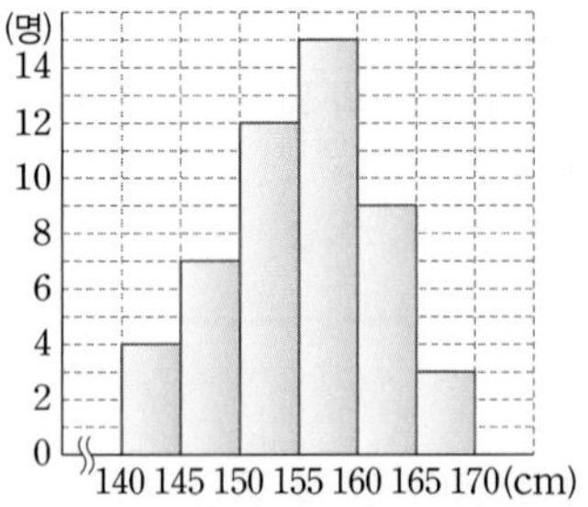

히스토그램에서
① (직사각형의 넓이) =(계급의 크기) ×(그 계급의 도수)
② (직사각형의 넓이의 합) =(계급의 크기) ×(도수의 총합)

2-1 오른쪽 그림은 시환이네 반 학생들의 수학 성적을 조사하여 나타낸 히스토그램이다. 도수가 가장 큰 계급의 직사각형의 넓이와 도수가 가장 작은 계급의 직사각형의 넓이의 합을 구하시오.

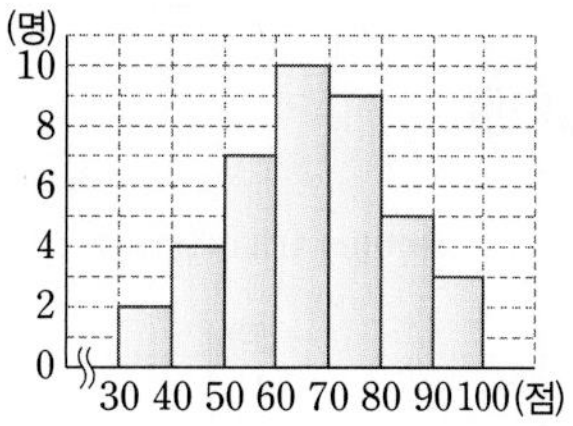

찢어진 히스토그램

3 **오른쪽 그림은 어느 중학교 학생 35명의 1년 동안 읽은 책의 권수에 대한 히스토그램인데 일부가 찢어져 보이지 않는다. 1년 동안 20권 이상 25권 미만 책을 읽은 학생 수는 몇 명인지 구하시오.**

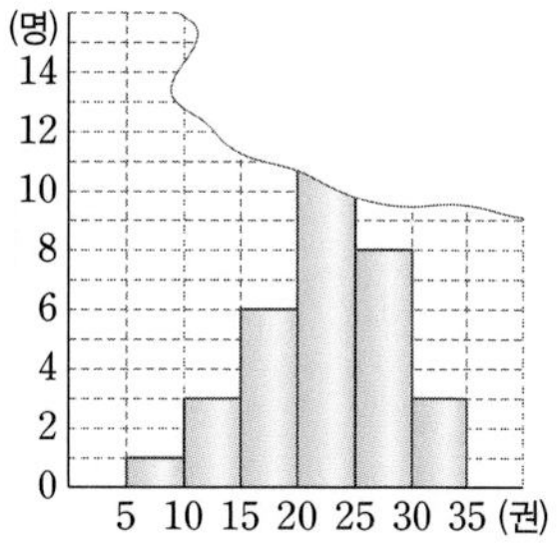

(보이지 않는 계급의 도수)
=(도수의 총합)
−(나머지 계급의 도수의 합)

3-1 오른쪽 그림은 어느 지역의 9월 한 달 동안의 일별 최고 기온을 조사하여 나타낸 히스토그램인데 일부가 찢어져 보이지 않는다. 최고 기온이 20 ℃ 이상인 날은 전체의 몇 %인지 구하시오.

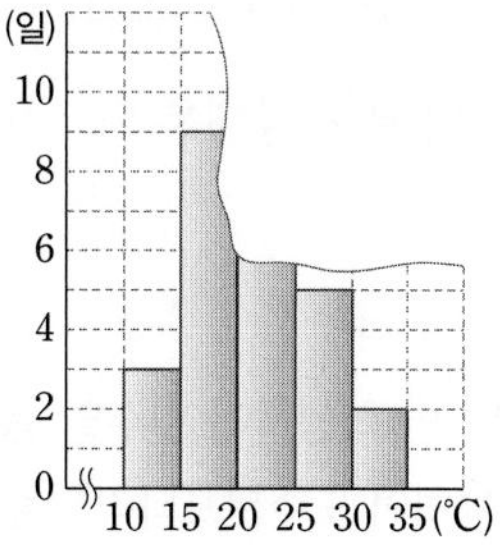

4 도수분포다각형

단순하게, 더! 단순하게!!

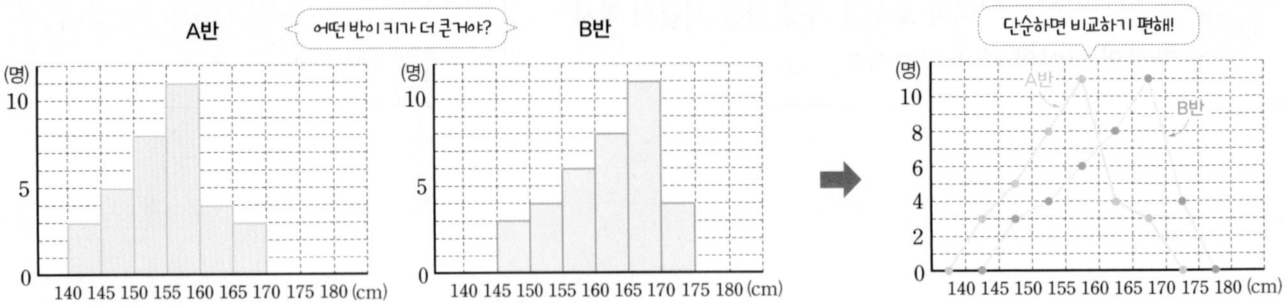

(1) **도수분포다각형 :** 히스토그램에서 각 직사각형의 윗변의 중앙의 점을 차례로 선분으로 연결하여 그린 그래프

(2) **도수분포다각형을 그리는 방법**

① 히스토그램에서 각 직사각형의 윗변의 중앙에 점을 찍는다.

② 양 끝에 도수가 0인 계급이 하나씩 더 있는 것으로 생각하여 그 중앙에 점을 찍는다.

③ ①, ②에서 찍은 점들을 차례대로 선분으로 연결한다.

참고 도수분포다각형에서 계급의 개수를 셀 때에는 양 끝에 도수가 0인 계급은 세지 않는다.

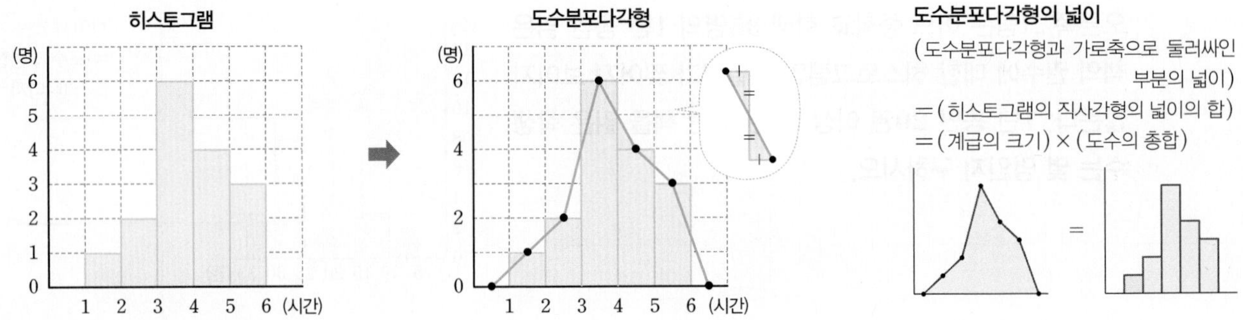

(3) **도수분포다각형의 특징**

① 도수의 분포 상태를 연속적으로 관찰할 수 있다.

② 두 개 이상의 자료의 분포 상태를 비교하는 데 편리하다.

개념확인

1. 오른쪽 그림은 수현이네 반 학생들이 일주일 동안 운동한 시간을 조사하여 나타낸 히스토그램이다. 히스토그램을 이용하여 도수분포다각형을 그리시오.

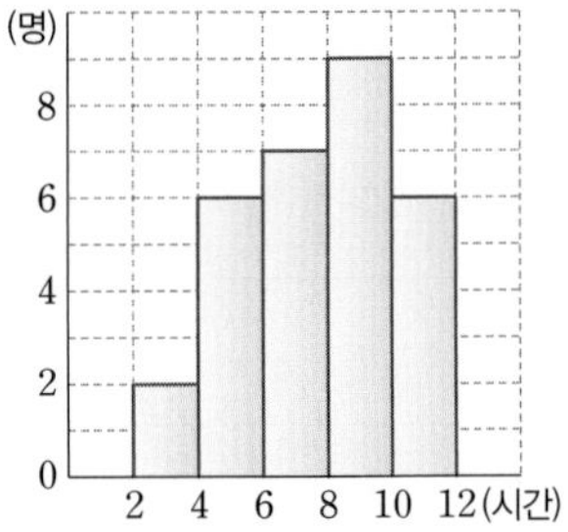

2. 오른쪽 그림은 현희네 반 학생들이 한 학기 동안 관람한 영화 편수를 조사하여 나타낸 도수분포다각형이다. 영화를 6편 미만 관람한 학생은 전체의 몇 %인지 구하시오.

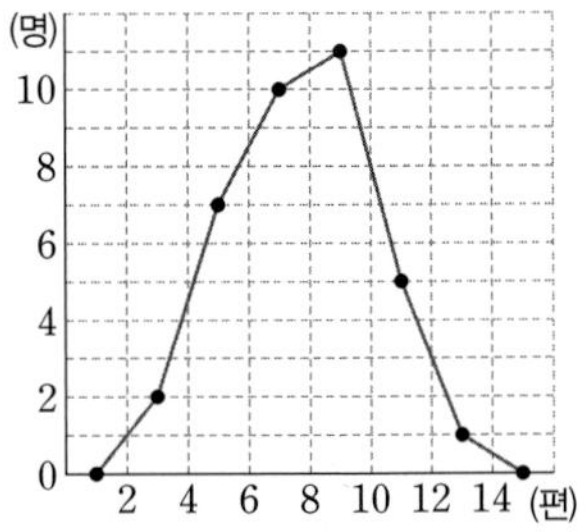

도수분포다각형의 이해

1 **오른쪽 그림은 혜리네 반 학생들의 100 m 달리기 기록을 조사하여 나타낸 도수분포다각형이다. 다음 중 옳지 않은 것은?**

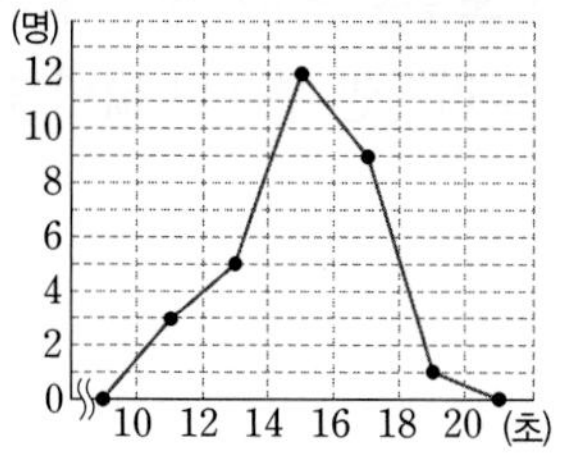

① 계급의 개수는 7개이다.
② 계급의 크기는 2초이다.
③ 달리기 기록이 16초 이상 18초 미만인 계급의 도수는 9명이다.
④ 달리기 기록이 16초 이상인 학생은 10명이다.
⑤ 달리기 기록이 빠른 쪽에서 4번째인 학생이 속하는 계급은 12초 이상 14초 미만이다.

- 계급의 개수: 변량을 나눈 구간의 수
- 계급의 크기: 구간의 너비

1-1 오른쪽 그림은 휘린이네 반 학생들의 키를 조사하여 나타낸 도수분포다각형이다. 이때 전체 학생 수와 키가 큰 쪽에서 5번째인 학생이 속하는 계급을 차례로 구하시오.

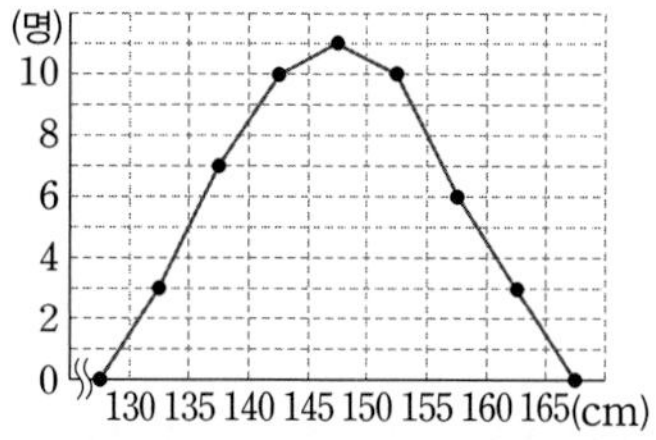

도수분포다각형의 넓이

2 **오른쪽 그림은 예솔이네 반 학생들의 몸무게를 조사하여 나타낸 히스토그램과 도수분포다각형이다. 다음을 구하시오.**

(1) 히스토그램의 직사각형의 넓이의 합
(2) 도수분포다각형과 가로축으로 둘러싸인 부분의 넓이

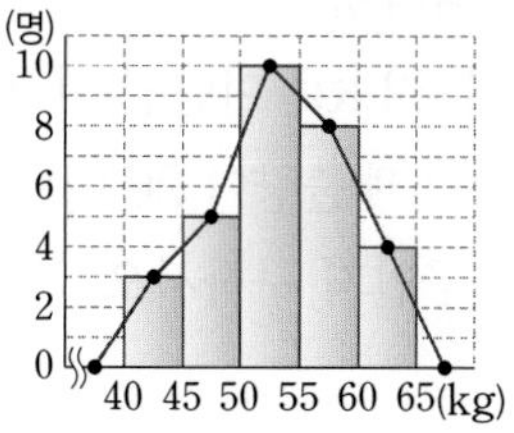

도수분포다각형의 넓이 구하기
(도수분포다각형과 가로축으로 둘러싸인 부분의 넓이)
=(히스토그램의 직사각형의 넓이의 합)
=(계급의 크기)×(도수의 총합)

2-1 오른쪽 그림은 연정이네 반 학생들의 멀리던지기 기록을 조사하여 나타낸 도수분포다각형이다. 도수분포다각형과 가로축으로 둘러싸인 부분의 넓이를 구하시오.

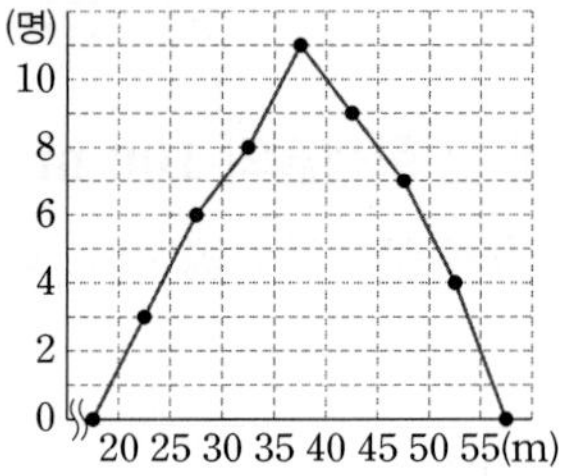

찢어진 도수분포다각형

3 **오른쪽 그림은 재석이네 반 학생 35명의 점심 식사 시간을 조사하여 나타낸 도수분포다각형인데 일부가 찢어져 보이지 않는다. 식사 시간이 20분 미만인 학생 수가 18명일 때, 20분 이상 25분 미만인 학생 수를 구하시오.**

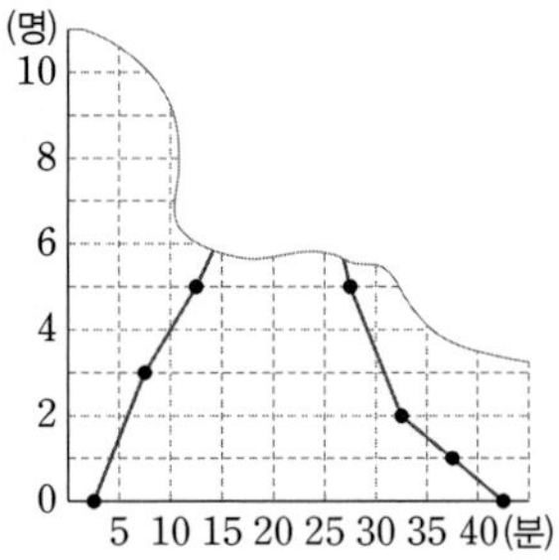

(20분 이상 25분 미만인 학생 수)
=(전체 학생 수)
−{(20분 미만인 학생 수)
+(25분 이상인 학생 수)}

3-1 오른쪽 그림은 어느 마을의 쓰레기 배출량을 조사하여 나타낸 도수분포다각형인데 일부가 보이지 않는다. 쓰레기 배출량이 22 kg 미만인 가구 수가 전체의 20 %일 때, 쓰레기 배출량이 26 kg 이상 30 kg 미만인 가구는 몇 가구인지 구하시오.

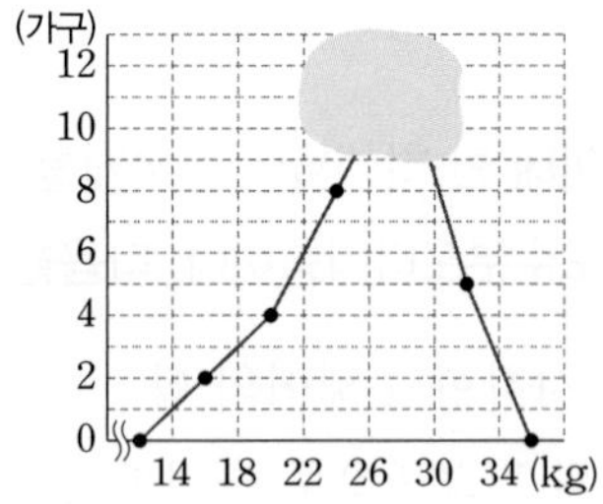

5 상대도수

누가 더 잘하나?

선수	던진 횟수	성공 횟수
A	10	3
B	8	2
C	12	4
D	5	2
E	8	3

➡

선수	성공률
A	0.3
B	0.25
C	0.333⋯
D	0.4
E	0.375

비율이 답이 될 수도!!!

도대체 자유투는 누가 제일 잘 던지는 거야?

기준이 달라서 ㅜㅜ

(1) 상대도수: 전체 도수에 대한 각 계급의 도수의 비율

➡ $(\text{어떤 계급의 상대도수})=\dfrac{(\text{그 계급의 도수})}{(\text{도수의 총합})}$

① $(\text{어떤 계급의 도수})=(\text{도수의 총합})\times(\text{그 계급의 상대도수})$

② $(\text{도수의 총합})=\dfrac{(\text{그 계급의 도수})}{(\text{어떤 계급의 상대도수})}$

(2) 도수의 총합이 다른 두 집단을 비교할 때, 상대도수를 이용하면 편리하다.

참고
- 상대도수는 분수보다 소수로 나타내는 것이 크기를 비교하기 좋으므로 일반적으로 소수로 나타낸다.
- 어떤 계급의 상대도수는 전체 도수에 대한 그 계급의 도수의 비율과 같다.

상대도수, 도수, 도수의 총합

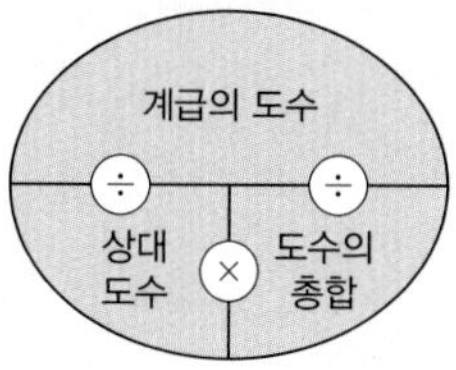

도수만으로 비교할 수 없을 때에는 상대도수를 이용해!

	A 선수	B 선수
전체 타수	20	30
안타 수	7	9

A 선수와 B 선수 중 누구의 타격 실력이 좋을까?
A 선수와 B 선수의 안타 수만 본다면 B 선수의 안타 수가 더 많으므로 B 선수의 타격 실력이 더 좋다고 말할 수 있어. 그러나 A 선수와 B 선수의 전체 타수가 각각 다르므로 이는 정확한 답이 될 수 없지.
두 선수의 타격 실력을 비교하기 위해서는 각 선수들의 타격 성적을 $\dfrac{(\text{안타 수})}{(\text{전체 타수})}$로 고쳐서 비교해 보아야 하는데, 야구에서는 이것을 타율이라고 해. 실제로 두 선수의 타율을 구해 보면

$$(\text{A 선수의 타율})=\frac{7}{20}=0.35 \qquad (\text{B 선수의 타율})=\frac{9}{30}=0.3$$

이므로 A 선수의 타율이 더 높아. 즉, A 선수의 타격 실력이 더 좋다는 것을 알 수 있어.
이처럼 단순히 도수만으로 비교하기 어려운 경우 상대도수를 활용하면 보다 정확히 비교할 수 있어.

개념확인

1. 오른쪽 표는 A, B 두 지역에서 1년 동안 태어난 아기 수를 조사하여 나타낸 것이다. 다음을 구하시오.

	A 지역	B 지역
전체 태어난 아기 수(명)	250	500
태어난 남자 아기 수(명)	150	280

(1) A 지역에서 태어난 남자 아기의 비율
(2) B 지역에서 태어난 남자 아기의 비율
(3) A, B 두 지역 중 상대적으로 남자 아기가 더 많이 태어난 지역

2. 전체 학생 수가 50명이고 어떤 계급의 상대도수가 0.18일 때, 이 계급의 학생 수를 구하시오.

상대도수

1 **오른쪽 그림은 민채네 반 학생들이 한 달 동안 패스트푸드점을 이용한 횟수를 조사하여 나타낸 히스토그램이다. 패스트푸드점 이용 횟수가 10회 이상 12회 미만인 학생의 상대도수를 구하시오.**

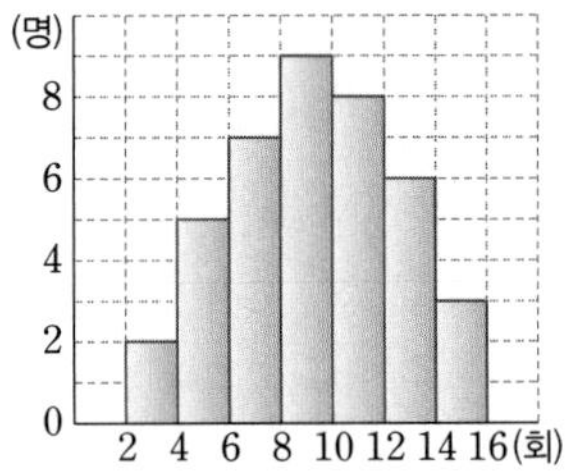

(어떤 계급의 상대도수)
$=\frac{\text{(그 계급의 도수)}}{\text{(도수의 총합)}}$

1-1 다음 표는 경태네 중학교 1학년 1반, 2반, 3반, 4반, 5반을 대상으로 안경을 낀 학생 수를 조사하여 나타낸 것이다. 안경을 낀 학생의 비율이 가장 높은 반을 구하시오.

	1반	2반	3반	4반	5반
전체 학생 수 (명)	40	50	45	48	44
안경을 낀 학생 수 (명)	18	22	18	12	11

상대도수, 도수, 도수의 총합

2 **도수가 24인 어떤 계급의 상대도수는 0.6이다. 상대도수가 0.15인 계급의 도수를 구하시오.**

(도수의 총합)
$=\frac{\text{(그 계급의 도수)}}{\text{(어떤 계급의 상대도수)}}$
임을 이용하여 도수의 총합을 먼저 구한다.

2-1 어떤 계급의 상대도수가 0.2이고 그 계급의 학생 수가 20명일 때, 전체 학생 수를 구하시오.

2-2 오른쪽 표는 하윤이네 중학교 1학년 남학생 60명, 여학생 40명 중에서 통학 시간이 1시간 이상인 학생의 상대도수를 조사하여 나타낸 것이다. 전체 학생 100명에 대하여 통학 시간이 1시간 이상인 학생의 상대도수를 구하시오.

상대도수	
남학생	여학생
0.3	0.2

6 상대도수의 분포표

비교할 수 있는 기준으로 표를 만들자!

도수분포표

앉은키(cm)	학생 수(명)
70 이상 ~ 73 미만	2
73 ~ 76	4
76 ~ 79	3
79 ~ 82	1
합계	10

＋ $\dfrac{\text{(각 계급의 도수)}}{\text{(도수의 총합)}}$ ➡

상대도수의 분포표

앉은키(cm)	학생 수(명)	상대도수
70 이상 ~ 73 미만	2	0.2
73 ~ 76	4	0.4
76 ~ 79	3	0.3
79 ~ 82	1	0.1
합계	10	1

2배 / 3배

도수분포표

도수가 2배가 되면 상대도수도 2배가 되고,
도수가 3배가 되면 상대도수도 3배가 된다.

(1) **상대도수의 분포표:** 각 계급의 상대도수를 나타낸 표

(2) **상대도수의 특징**

① 상대도수의 총합은 항상 1이다.

참고 (상대도수의 총합) $=\dfrac{\text{(각 계급의 도수의 합)}}{\text{(전체 도수)}}=\dfrac{\text{(도수의 총합)}}{\text{(도수의 총합)}}=1$

② 각 계급의 상대도수는 그 계급의 도수에 정비례한다.

어떤 계급의 백분율은 '(상대도수) $\times 100(\%)$'이다.

개념확인

1. 오른쪽 표는 재우네 반 학생 40명의 한 달 용돈을 조사하여 나타낸 상대도수의 분포표이다. 다음 물음에 답하시오.

(1) 오른쪽 표를 완성하시오.

(2) 상대도수가 가장 큰 계급을 구하시오.

용돈(만 원)	학생 수(명)	상대도수
2 이상 ~ 4 미만	12	
4 ~ 6	20	
6 ~ 8	6	
8 ~ 10	2	
합계	40	

2. 오른쪽 표는 효은이네 중학교 1학년 학생 100명의 수면 시간을 조사하여 나타낸 상대도수의 분포표이다. 수면 시간이 5시간 이상 6시간 미만인 학생이 9명일 때, 다음 물음에 답하시오.

(1) A, B, C의 값을 각각 구하시오.

(2) 수면 시간이 8시간 이상 9시간 미만인 학생 수를 구하시오.

(3) 수면 시간이 7시간 미만인 학생은 전체의 몇 $\%$인지 구하시오.

수면 시간(시간)	상대도수
4 이상 ~ 5 미만	0.06
5 ~ 6	A
6 ~ 7	0.15
7 ~ 8	B
8 ~ 9	0.3
9 ~ 10	0.15
합계	C

상대도수의 분포표의 이해

1 **오른쪽 표는 민규네 반 학생들의 몸무게를 조사하여 나타낸 상대도수의 분포표이다. A, B, C, D, E의 값을 각각 구하시오.**

몸무게(kg)	학생 수(명)	상대도수
40 이상 ~ 45 미만	A	0.16
45 ~ 50	7	0.28
50 ~ 55	B	0.32
55 ~ 60	6	C
합계	D	E

상대도수의 분포표에서
① 어떤 계급의 도수, 전체 도수, 상대도수 중 2가지가 주어지면 나머지 하나를 구할 수 있다.
② 상대도수의 총합은 항상 1이다.

1-1 오른쪽 표는 독서 동아리 학생들이 한 학기 동안 읽은 책의 수를 조사하여 나타낸 상대도수의 분포표이다. 한 학기 동안 책을 30권 이상 읽은 학생은 전체의 몇 %인지 구하시오.

책의 수(권)	학생 수(명)	상대도수
0 이상 ~ 30 미만		
30 ~ 60	18	0.36
60 ~ 90	14	
90 ~ 120	10	
합계		

찢어진 상대도수의 분포표

2 **오른쪽 표는 구슬이네 학교 1학년 학생들이 일주일동안 시청한 인터넷 강의 수를 조사하여 나타낸 상대도수의 분포표인데 일부가 찢어져 보이지 않는다. 시청한 인터넷 강의 수가 5개 이상 10개 미만인 계급의 상대도수를 구하시오.**

강의 수(개)	학생 수(명)	상대도수
0 이상 ~ 5 미만	8	0.08
5 ~ 10	20	

찢어진 상대도수의 분포표에서 전체 도수를 먼저 구하고, 강의 수가 5개 이상 10개 미만인 계급의 상대도수를 구한다.

2-1 오른쪽 표는 지호네 반 학생들의 수학 성적을 조사하여 나타낸 상대도수의 분포표인데 일부가 찢어져 보이지 않는다. 수학 성적이 70점 이상 80점 미만인 학생 수를 구하시오.

수학 성적(점)	학생 수(명)	상대도수
60 이상 ~ 70 미만	3	0.12
70 ~ 80		0.2

전체 도수가 다른 두 집단의 상대도수

3 **오른쪽 표는 예진이네 중학교 1학년 남학생과 여학생의 운동 시간을 조사하여 나타낸 도수분포표이다. 운동 시간이 5시간 이상 7시간 미만인 학생의 비율은 남학생과 여학생 중 어느 쪽이 더 높은지 구하시오.**

운동 시간(시간)	학생 수(명)	
	남학생	여학생
1 이상 ~ 3 미만	8	16
3 ~ 5	12	12
5 ~ 7	6	8
7 ~ 9	10	11
9 ~ 11	4	3
합계	40	50

전체 도수가 다른 두 집단의 분포 상태를 비교할 때에는 각 계급의 상대도수를 구하여 비교한다.

3-1 전체 도수가 다른 두 자료가 있다. 전체 도수의 비가 2 : 3이고, 어떤 계급의 도수의 비가 4 : 3일 때, 이 계급의 상대도수의 비는?

① 2 : 1　② 3 : 2　③ 3 : 4
④ 4 : 5　⑤ 5 : 4

7 상대도수의 분포를 나타낸 그래프

역시 그래프로 보면 간단해!

상대도수의 분포표

기록(시간)	상대도수
1 이상 ~ 2 미만	0.1
2 ~ 3	0.3
3 ~ 4	0.4
4 ~ 5	0.2
합계	1

➡

상대도수의 분포를 나타낸 그래프

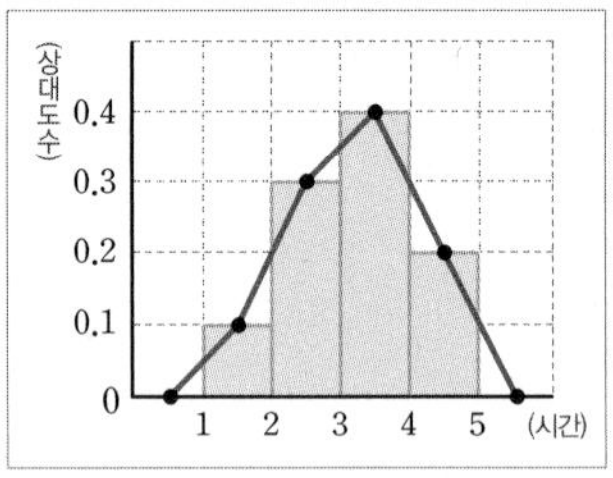

(1) 상대도수의 분포를 나타낸 그래프: 상대도수의 분포표를 히스토그램이나 도수분포다각형과 같은 모양으로 나타낸 그래프

(2) 상대도수의 분포를 나타낸 그래프 그리기

① 가로축에 각 계급의 양 끝 값을 차례로 나타낸다.

② 세로축에 상대도수를 차례로 나타낸다.

③ 히스토그램이나 도수분포다각형과 같은 모양으로 그린다.

(3) 상대도수의 분포를 나타낸 그래프의 특징

전체 도수가 다른 두 집단을 한 그래프에 나타내어 보면 두 집단의 분포 상태를 한 눈에 비교할 수 있다.

예

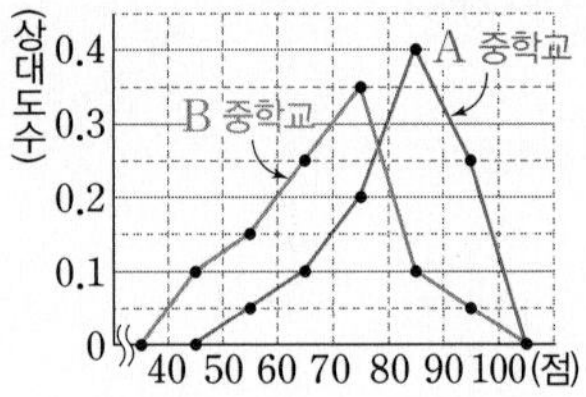

왼쪽 그림은 A 중학교와 B 중학교 학생들의 수학 성적에 대한 상대도수의 분포를 나타낸 그래프이다. 이때 두 학교의 학생 수는 알 수 없지만 상대적으로 A 중학교 학생들의 수학 점수가 B 중학교 학생들의 수학 점수보다 더 높음을 알 수 있다.

개념확인

1. 다음 표는 태경이네 반 학생 40명의 팔굽혀펴기 횟수를 조사하여 나타낸 상대도수의 분포표이다. 표를 완성하고, 이를 이용하여 상대도수의 분포를 도수분포다각형 모양의 그래프로 나타내시오.

팔굽혀펴기 횟수(회)	학생 수(명)	상대도수
5 이상 ~ 10 미만	2	0.05
10 ~ 15	14	
15 ~ 20	16	
20 ~ 25	6	
25 ~ 30	2	
합계	40	

➡

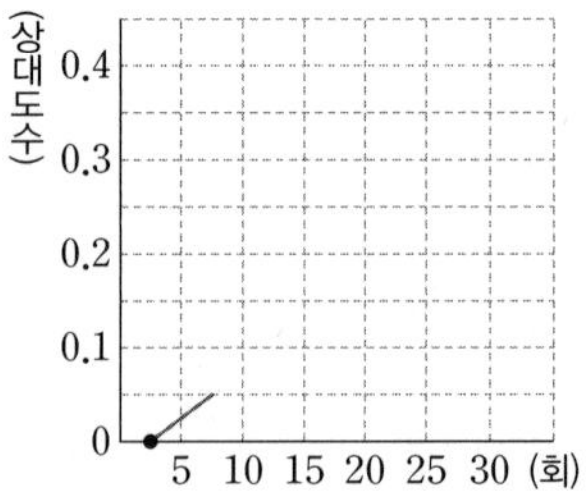

2. 오른쪽 그림은 은서네 반 학생 50명의 1분 동안의 맥박 수를 조사하여 상대도수의 분포를 나타낸 그래프이다. 다음을 구하시오.

(1) 맥박 수가 70회 이상 75회 미만인 학생 수

(2) 맥박 수가 높은 쪽에서 15번째인 학생이 속하는 계급의 상대도수

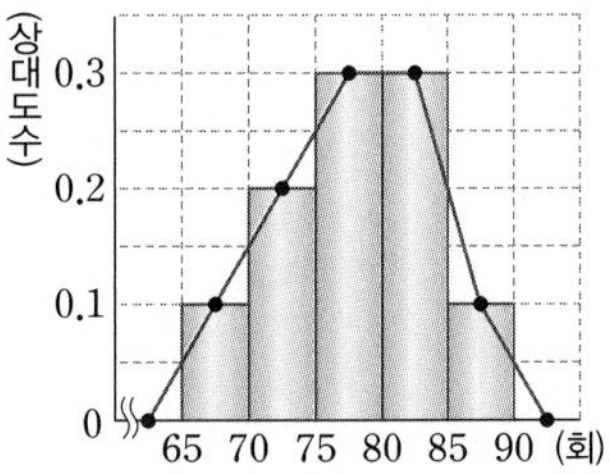

상대도수의 분포를 나타낸 그래프의 이해

1 **오른쪽 그림은 수미네 중학교 1학년 전체 학생의 사회 성적을 조사하여 상대도수의 분포를 나타낸 그래프이다. 상대도수가 두 번째로 큰 계급의 도수가 30명일 때, 1학년 전체 학생 수를 구하시오.**

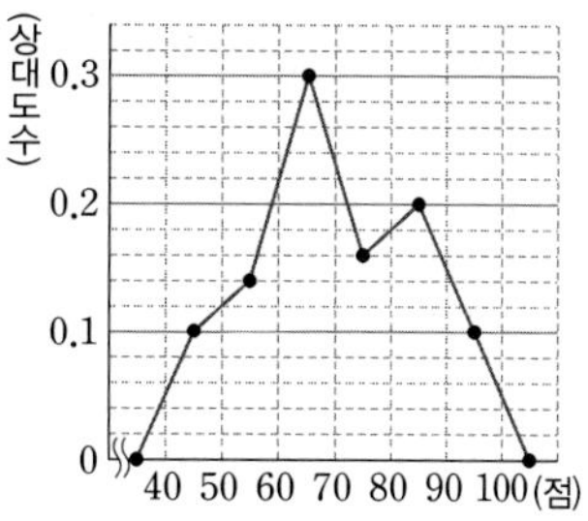

특정 계급의 도수가 주어질 때,
(도수의 총합)
$=\frac{\text{(그 계급의 도수)}}{\text{(어떤 계급의 상대도수)}}$
임을 이용하여 도수의 총합을 구한다.

1-1 오른쪽 그림은 라희네 반 학생들의 던지기 기록을 조사하여 상대도수의 분포를 나타낸 그래프이다. 15 m 이상 20 m 미만을 던진 학생 수가 10명일 때, 25 m 이상 던진 학생은 몇 명인지 구하시오.

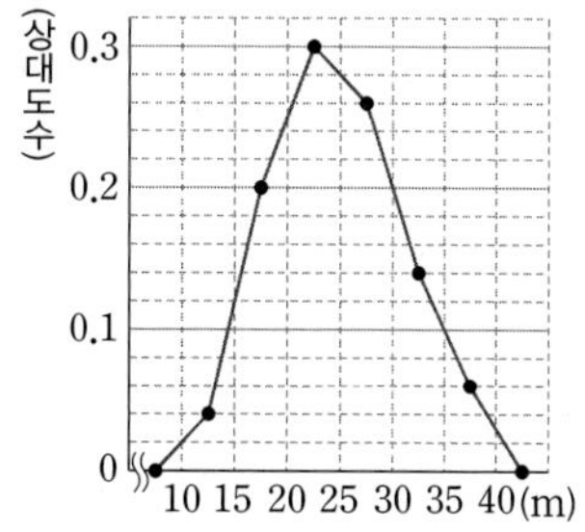

전체 도수가 다른 두 집단의 비교

2 **오른쪽 그림은 A 중학교 학생 80명과 B 중학교 학생 120명의 독서량을 조사하여 상대도수의 분포를 나타낸 그래프이다. 책을 6권 이상 8권 미만 읽은 학생 수가 더 많은 학교는 어느 중학교인지 구하시오.**

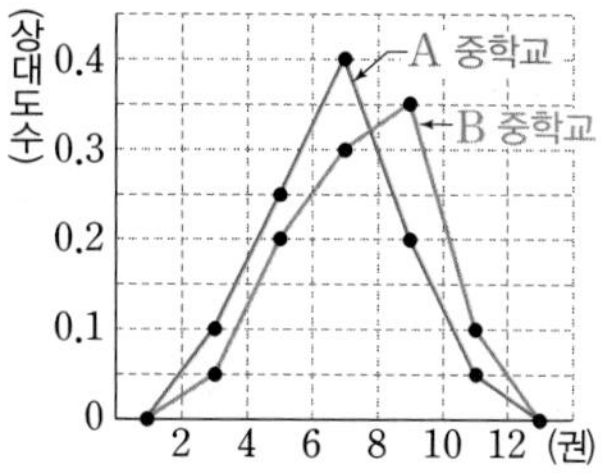

전체 도수가 다른 두 자료의 비교
(어떤 계급의 도수)
=(도수의 총합)
×(그 계급의 상대도수)
를 이용하여 도수를 비교할 수 있다.

2-1 오른쪽 그림은 예주네 중학교 1학년 전체 남학생과 여학생의 가방의 무게를 조사하여 상대도수의 분포를 나타낸 그래프이다. 가방의 무게가 1 kg 이상 2 kg 미만인 남학생과 여학생이 각각 11명, 39명일 때, 예주네 중학교 1학년 전체 학생 수를 구하시오.

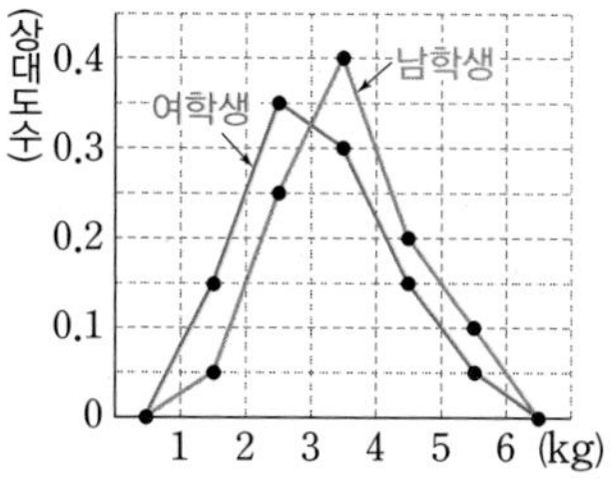

개념 특강

무엇에 주목하여 자료를 정리할까?

크기

초등

승주 가족의 팔굽혀펴기 개수

	첫째 날	둘째 날	셋째 날
아빠	12개	11개	9개
엄마	1개	1개	2개
승주	15개	12개	17개

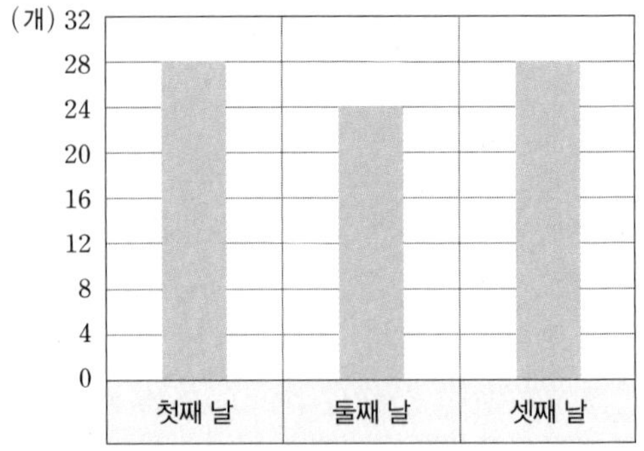

[막대그래프]

승주 가족이 팔굽혀펴기를 가장 적게 한 날은 ☐ 이다.

중등

승주네 반의 팔굽혀펴기 개수

남학생	준서 12개	철호 19개
	민우 23개	영민 17개
	정현 17개	유성 18개
	수현 18개	지훈 13개
	승주 16개	지석 7개
여학생	지혜 12개	채연 21개
	윤주 8개	수민 6개
	영선 13개	효리 11개
	승혜 16개	다은 12개

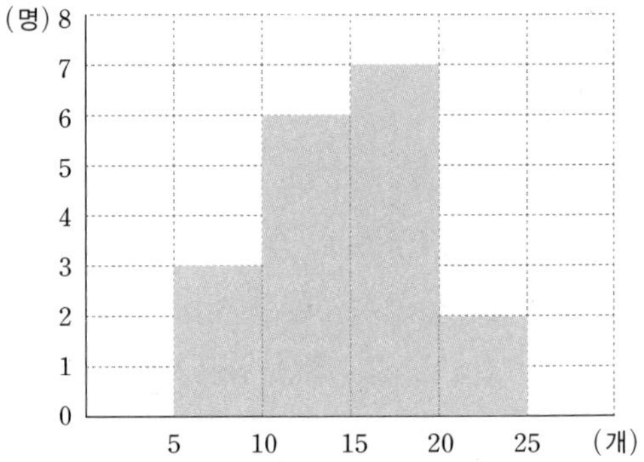

[히스토그램]

승주네 반에서 팔굽혀펴기를 20개 이상 한 학생은 ☐ 명이다.

• 자료(도수)의 크고 작음을 알 수 있다.

답 둘째 날, 2

변화

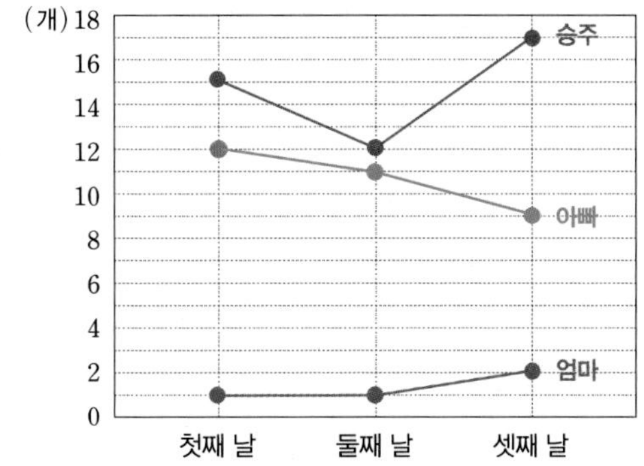

[꺾은선그래프]

승주의 팔굽혀펴기 개수는 줄었다가 늘었지만, 아빠는 점점 (줄어들고, 늘어나고) 있다.

비율

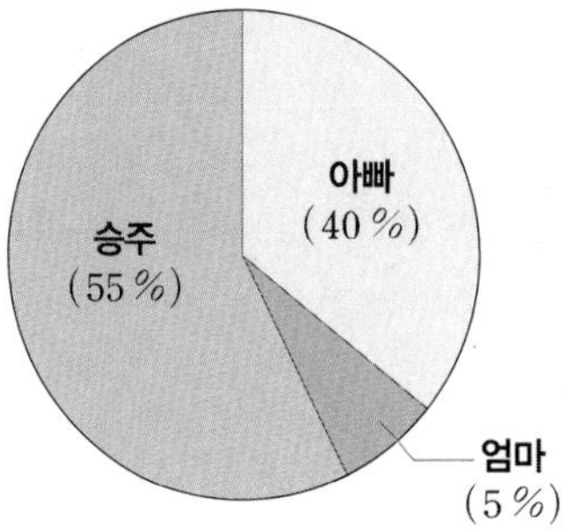

[원그래프]

엄마의 팔굽혀펴기 개수는 가족 전체 중에서 ☐%를 차지한다.

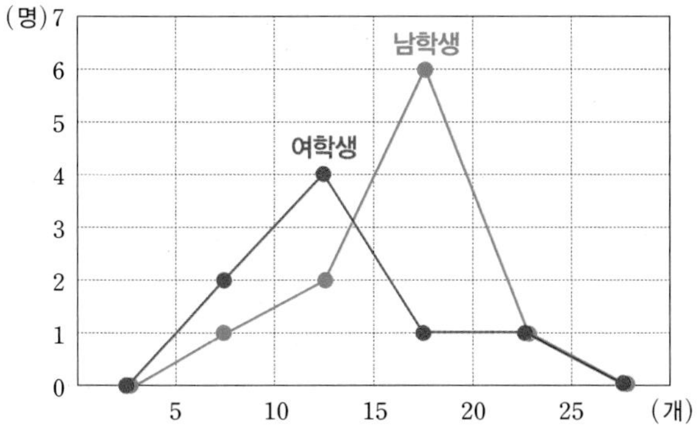

[도수분포다각형]

팔굽혀펴기를 15개 이상 한 학생은 남학생이 여학생보다 많고, 20개 이상 한 학생은 남학생과 여학생이 같다.

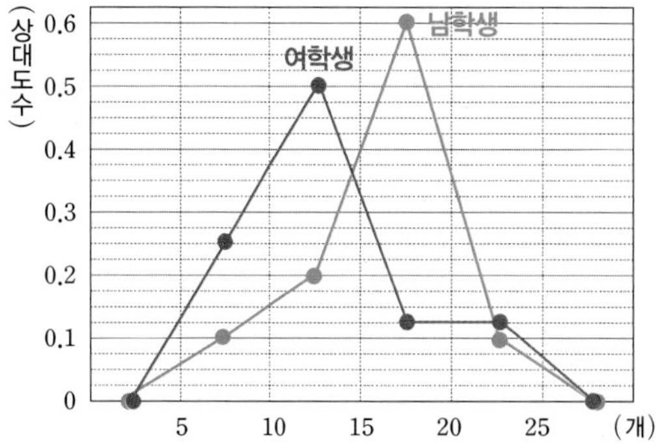

[상대도수의 분포를 나타낸 그래프]

팔굽혀펴기를 20개 이상 한 학생은 각각 남학생의 ☐%, 여학생의 12.5 %이다.

- **자료(도수)의 변화의 추이를 알 수 있다.**
- **2개 이상의 자료(도수)의 변화를 동시에 나타낼 수 있어 서로를 비교하는 데 편리하다.**

- **전체 안에서의 비율을 알 수 있다.**
- **자료(도수)의 총합이 다른 두 집단을 비교할 때 편리하다.**

답 줄어들고, 5, 12.5

개념 완성 기본 문제

[1~2] **오른쪽 그림은 현수네 반 학생들의 수학 점수를 조사하여 나타낸 줄기와 잎 그림이다. 다음 물음에 답하시오.**

수학 점수

(5|2는 52점)

줄기	잎
5	2 4 6 8 9
6	1 1 2 7
7	4 7 8 9 9
8	0 1 2 2 3 5 6 8 9
9	0 2 5 5 6 7 9

1 줄기와 잎 그림의 이해

잎이 가장 많은 줄기는?

① 5 ② 6 ③ 7
④ 8 ⑤ 9

2 줄기와 잎 그림의 이해

수학 점수가 67점 이상 85점 미만인 학생 수는?

① 10명 ② 11명 ③ 12명
④ 13명 ⑤ 14명

[3~4] **오른쪽 표는 효민이네 반 학생 40명의 100 m 달리기 기록을 조사하여 나타낸 도수분포표이다. 다음 물음에 답하시오.**

기록(초)	학생 수(명)
11 이상 ~ 13 미만	1
13 ~ 15	3
15 ~ 17	18
17 ~ 19	A
19 ~ 21	4
합계	40

3 도수분포표의 이해

계급의 크기를 a초라 할 때, $A+a$의 값은?

① 12 ② 14 ③ 16
④ 18 ⑤ 20

4 도수분포표의 이해

달리기 기록이 좋은 쪽에서 10번째인 학생이 속하는 계급의 도수는?

① 1명 ② 3명 ③ 4명
④ 14명 ⑤ 18명

5 자료 정리하기

다음은 어느 학급의 학생 16명을 대상으로 지난해 봉사 활동 시간을 조사하여 나타낸 자료이다.

(단위: 시간)

13	15	17	20	21	21	24	26
27	27	32	32	35	36	41	43

위의 자료를 바르게 정리한 것을 **보기**에서 모두 고른 것은?

보기

ㄱ. 줄기와 잎 그림

(1|3은 13시간)

줄기	잎
1	3 5 7
2	0 1 4 6 7
3	2 5 6
4	1 3

ㄴ. 도수분포표

계급(시간)	도수(명)
10 이상 ~ 20 미만	3
20 ~ 30	7
30 ~ 40	4
40 ~ 50	2
합계	16

ㄷ. 도수분포다각형

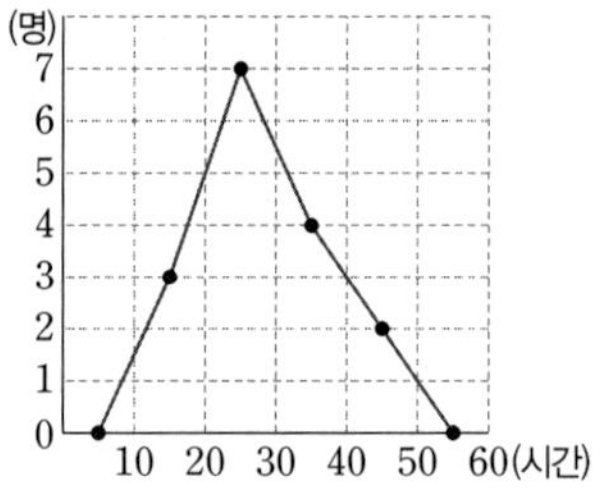

① ㄱ ② ㄷ ③ ㄱ, ㄴ
④ ㄴ, ㄷ ⑤ ㄱ, ㄴ, ㄷ

[6~7] **오른쪽 그림은 기태네 반 학생들의 하루 평균 수면 시간을 조사하여 나타낸 히스토그램이다. 다음 물음에 답하시오.**

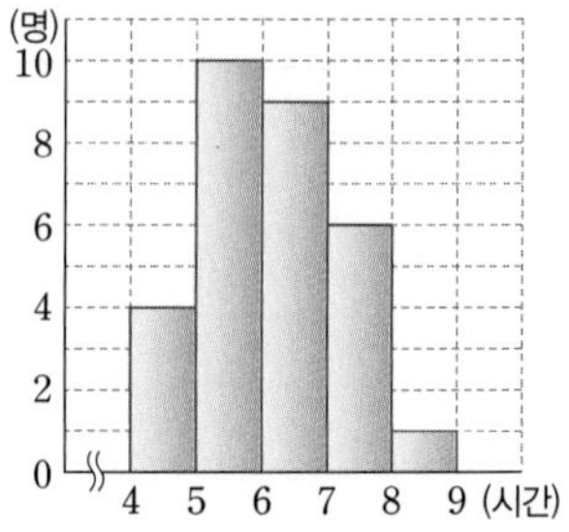

6 히스토그램의 이해

하루 평균 수면 시간이 6시간 이상 8시간 미만인 학생은 전체의 몇 %인가?

① 45 % ② 50 % ③ 55 %
④ 60 % ⑤ 65 %

7 히스토그램에서의 직사각형의 넓이

도수가 가장 큰 계급의 직사각형의 넓이와 도수가 가장 작은 계급의 직사각형의 넓이의 차를 구하시오.

8 도수분포다각형의 이해

오른쪽 그림은 지영이네 반 학생들의 하루 운동 시간을 조사하여 나타낸 도수분포다각형이다. 계급의 크기는 a분, 도수가 가장 큰 계급의 도수는 b명, 전체 학생 수는 c명일 때, $a+b+c$의 값은?

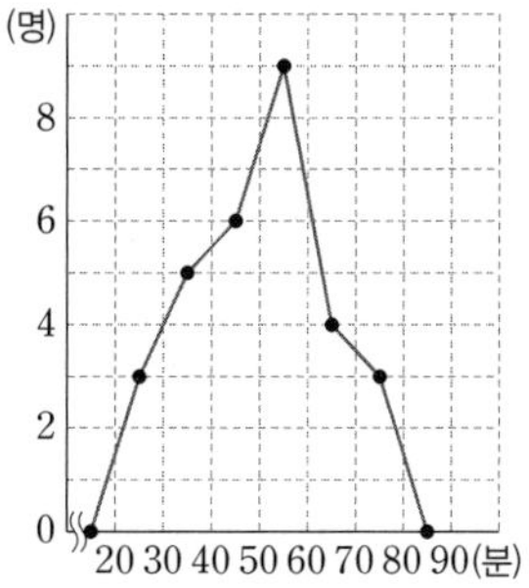

① 47 ② 48 ③ 49
④ 50 ⑤ 51

[9~10] 오른쪽 표는 어느 소방서에서 지난 한 달 동안 소방차가 화재 현장에 도착하는 데 걸린 시간을 조사하여 나타낸 상대도수의 분포표이다. 다음 물음에 답하시오.

걸린 시간(분)	횟수(회)	상대도수
0 이상 ~ 2 미만	9	A
2 ~ 4	B	0.24
4 ~ 6	18	0.36
6 ~ 8	6	C
8 ~ 10	D	0.1
합계	50	E

9 상대도수의 분포표의 이해

다음 중 A~E의 값으로 옳지 않은 것은?

① $A=0.18$ ② $B=12$ ③ $C=0.11$
④ $D=5$ ⑤ $E=1$

10 상대도수의 분포표의 이해

걸린 시간이 6분 이상인 횟수는 전체의 몇 %인가?

① 10 % ② 12 % ③ 16 %
④ 19 % ⑤ 22 %

11 전체 도수가 다른 두 집단의 상대도수

지난 일요일에 박물관을 관람한 남자 관람객 150명, 여자 관람객 100명의 나이를 각각 조사하여 나타낸 상대도수의 분포표이다. 다음 중 옳은 것은?

나이(세)	상대도수	
	남자 관람객	여자 관람객
10 이상 ~ 20 미만	0.12	0.05
20 ~ 30	0.2	0.15
30 ~ 40	0.3	0.3
40 ~ 50	0.26	0.38
50 ~ 60	0.12	0.12
합계	1	1

① 10대 남자 관람객은 12명이다.
② 20대 관람객은 전체의 35 %이다.
③ 30대 남녀 관람객의 수는 같다.
④ 남녀 모두 30대 관람객의 비율이 가장 높다.
⑤ 40세 이상 여자 관람객은 전체 여자 관람객의 50 %이다.

12 상대도수의 분포를 나타낸 그래프의 이해

오른쪽 그림은 50명의 소비자를 대상으로 할인 마트에서 지출하는 금액을 조사하여 상대도수의 분포를 나타낸 그래프이다. 지출한 금액이 10만 원 이상인 소비자는 몇 명인가?

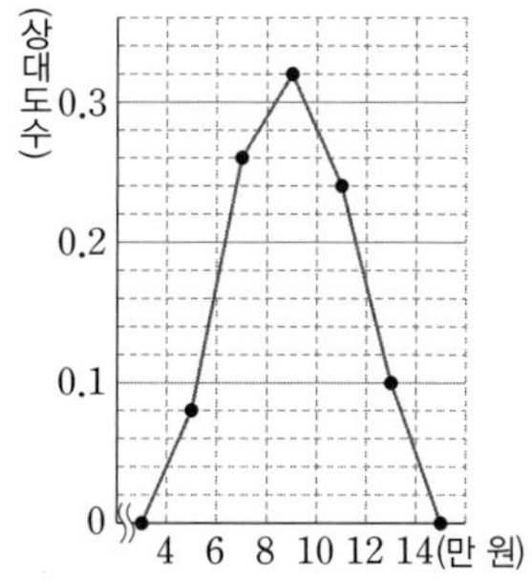

① 11명 ② 13명 ③ 15명
④ 17명 ⑤ 19명

발전 문제

1 오른쪽 그림은 어느 반 학생들의 체력장 점수를 조사하여 나타낸 줄기와 잎 그림이다. 점수가 좋은 쪽으로 전체 학생의 $\frac{1}{4}$을 뽑아서 체육대회에 출전시킬 때, 출전하는 학생 중에서 점수가 가장 높은 학생과 가장 낮은 학생의 점수의 차를 구하시오.

체력장 점수

(5|6는 56점)

줄기	잎
5	6 8 8 9 9
6	0 2 4 4 5 8
7	1 3 5 6 6 7
8	0 2 3 5 6 6 9

전체 학생 수는 잎의 개수와 같다.

2 오른쪽 표는 연경이네 반 학생 20명의 몸무게를 조사하여 나타낸 도수분포표이다. 몸무게가 50 kg 이상인 학생이 전체의 40 %일 때, A의 값은?

① 3 ② 4 ③ 5
④ 6 ⑤ 7

몸무게(kg)	학생 수(명)
35 이상 ~ 40 미만	2
40 ~ 45	6
45 ~ 50	A
50 ~ 55	B
55 ~ 60	3
합계	20

3 오른쪽 그림은 화진이의 동아리 학생들의 하루 동안 가족간의 대화 시간을 조사하여 상대도수의 분포를 나타낸 그래프인데 일부가 찢어져 보이지 않는다. 대화 시간이 60분 이상인 학생이 5명일 때, 대화 시간이 40분 미만인 학생 수를 구하시오.

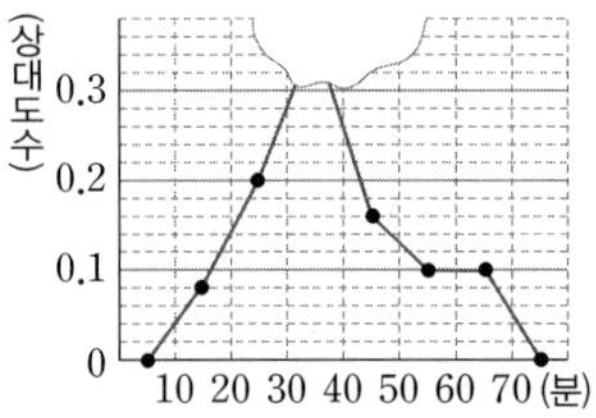

상대도수의 총합은 항상 1이다.

4 오른쪽 그림은 어느 동아리 A 반과 B 반의 음악 성적을 조사하여 상대도수의 분포를 나타낸 그래프이다. 다음 **보기** 중 옳은 것을 모두 고르시오.

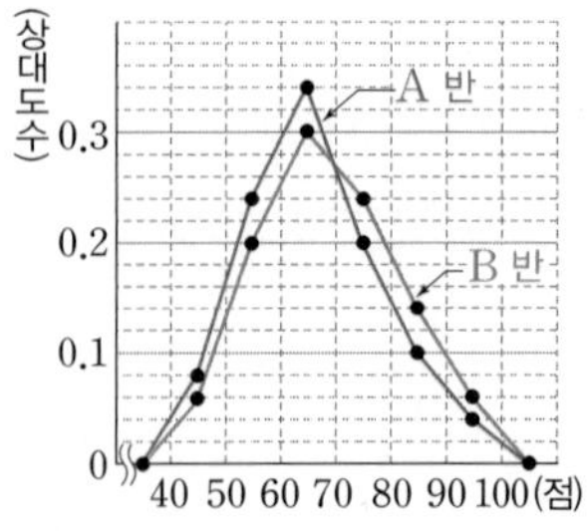

보기

ㄱ. 성적이 60점 이상 70점 미만인 학생 수는 A 반이 더 많다.
ㄴ. 성적이 80점 이상인 학생은 A 반과 B 반이 각각 전체의 14 %, 20 %이다.
ㄷ. A 반이 B 반보다 성적이 대체로 더 우수하다.
ㄹ. 각각의 그래프와 가로축으로 이루어진 다각형의 넓이는 같다.

5 서술형

오른쪽 그림은 어느 극장에서 상영 중인 영화들의 상영 시간을 조사하여 나타낸 히스토그램인데 일부가 찢어져 보이지 않는다. 모든 직사각형의 넓이의 합이 400이고, 100분 이상 110분 미만인 영화가 110분 이상 120분 미만인 영화보다 2편 더 많을 때, 상영 시간이 110분 이상인 영화는 몇 편인지 구하기 위한 풀이 과정을 쓰고 답을 구하시오.

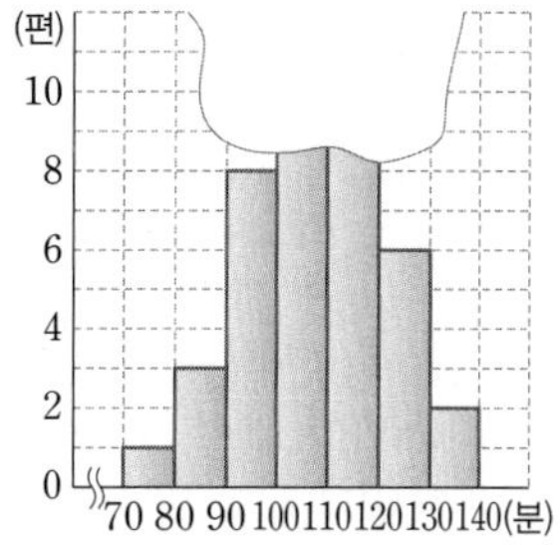

① 단계: 도수의 총합 구하기

계급의 크기가 _____분이고 모든 직사각형의 넓이의 합이 400이므로 도수의 총합은 __________(편)이다.

② 단계: 상영 시간이 110분 이상 120분 미만인 계급의 도수 구하기

상영 시간이 100분 이상 120분 미만인 계급의 도수는

40−(_______________)=_____(편)이므로 100분 이상 110분 미만인 계급의 도수는 _____편이고, 110분 이상 120분 미만인 계급의 도수는 _____편이다.

③ 단계: 상영 시간이 110분 이상인 영화는 몇 편인지 구하기

상영 시간이 110분 이상인 영화는 ____+____+____=_____(편)이다.

► Check List
- 도수의 총합을 바르게 구하였는가?
- 상영 시간이 110분 이상 120분 미만인 계급의 도수를 바르게 구하였는가?
- 상영 시간이 110분 이상인 영화는 몇 편인지 바르게 구하였는가?

6 서술형

오른쪽 표는 희수네 반 학생들의 하루 동안의 TV 시청 시간을 조사하여 나타낸 상대도수의 분포표이다. 시청 시간이 80분 이상 100분 미만인 계급의 학생은 전체의 몇 %인지 구하기 위한 풀이 과정을 쓰고 답을 구하시오.

TV 시청 시간(분)	학생 수(명)	상대도수
20 이상 ~ 40 미만	8	
40 ~ 60	14	0.35
60 ~ 80		0.3
80 ~ 100		
합계		

① 단계: 전체 학생 수 구하기

② 단계: 80분 이상 100분 미만인 계급의 상대도수 구하기

③ 단계: 시청 시간이 80분 이상 100분 미만인 학생의 백분율 구하기

► Check List
- 전체 학생 수를 바르게 구하였는가?
- 80분 이상 100분 미만인 계급의 상대도수를 바르게 구하였는가?
- 시청 시간이 80분 이상 100분 미만인 학생의 백분율을 바르게 구하였는가?

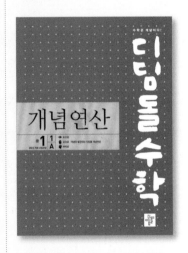

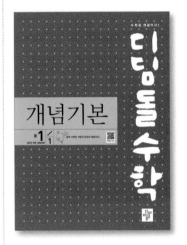

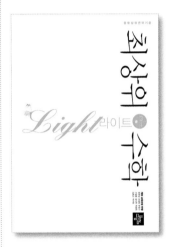

수학은 개념이다!

디딤돌수학

개념기본

중 1/2 정답과 풀이

'아! 이걸 묻는 거구나' 출제의 의도를
단박에 알게 해주는 정답과 풀이

수학은 개념이다!

디딤돌수학

개념기본

중 1 / 2	개념북 정답과 풀이	'아! 이걸 묻는 거구나' 출제의 의도를 단박에 알게 해주는 정답과 풀이

디딤돌

I 도형의 기초

1 기본 도형

1 점, 선, 면

개념북 10쪽

1 (1) 6 (2) 8 (3) 12

2 (1) 8 (2) 12 (3) 18

교점과 교선

개념북 11쪽

1 2 **1-1** 10

1 $a=4$, $b=6$ $\therefore b-a=6-4=2$

1-1 $a=6$, $b=9$, $c=5$ $\therefore a+b-c=6+9-5=10$

기본 도형의 이해

개념북 11쪽

2 ㄴ, ㄹ **2-1** ㄱ, ㄴ, ㄷ

2 ㄱ. 교점은 모두 6개이다.

ㄷ. 모서리 AF와 모서리 FE의 교점은 점 F이다.

따라서 옳은 것은 ㄴ, ㄹ이다.

2-1 ㄹ. 삼각뿔에서 교선의 개수는 모서리의 개수와 같다.

따라서 옳은 것은 ㄱ, ㄴ, ㄷ이다.

2 직선, 반직선, 선분

개념북 12쪽

1 (1) $\overline{PQ}$ (2) $\overleftrightarrow{PQ}$ (3) $\overrightarrow{QP}$ (4) $\overrightarrow{PQ}$

2 (1) $=$ (2) $\neq$

3 ②

3 $\overrightarrow{AC}$와 $\overrightarrow{BA}$의 공통 부분은 $\overline{AB}$이다.

직선, 반직선, 선분 (1)

개념북 13쪽

1 ③, ④ **1-1** ③, ④

1 ③ 서로 다른 두 점을 지나는 선분은 오직 하나뿐이다.

④ 직선과 반직선은 한없이 뻗어 나가는 선이므로 그 길이를 생각할 수 없다.

1-1 ③, ④ 두 반직선이 같으려면 시작점과 방향이 모두 같아야 한다.

직선, 반직선, 선분 (2)

개념북 13쪽

2 ②, ③ **2-1** ㄴ, ㄷ

2 ① $\overline{PQ}\neq\overline{QR}$ ④ $\overrightarrow{QP}\neq\overrightarrow{RP}$ ⑤ $\overleftrightarrow{PQ}=\overleftrightarrow{RQ}$

2-1 점 D에서 시작하여 점 B로 향하는 반직선을 찾는다.

따라서 $\overrightarrow{DB}$와 같은 것은 ㄴ, ㄷ이다.

직선, 반직선, 선분의 개수 (1)

개념북 14쪽

3 12 **3-1** ③

3 직선은 $\overleftrightarrow{AB}$, $\overleftrightarrow{AC}$, $\overleftrightarrow{BC}$의 3개이므로 $a=3$

반직선은 $\overrightarrow{AB}$, $\overrightarrow{AC}$, $\overrightarrow{BA}$, $\overrightarrow{BC}$, $\overrightarrow{CA}$, $\overrightarrow{CB}$의 6개이므로 $b=6$

선분은 $\overline{AB}$, $\overline{AC}$, $\overline{BC}$의 3개이므로 $c=3$

$\therefore a+b+c=3+6+3=12$

3-1 직선은 $\overleftrightarrow{AB}$, $\overleftrightarrow{AC}$, $\overleftrightarrow{AD}$, $\overleftrightarrow{BC}$, $\overleftrightarrow{BD}$, $\overleftrightarrow{CD}$의 6개이므로 $a=6$

반직선의 개수는 직선의 개수의 2배이므로

$b=6\times2=12$

선분의 개수는 직선의 개수와 같으므로 $c=6$

$\therefore a+b-c=6+12-6=12$

직선, 반직선, 선분의 개수 (2)

개념북 14쪽

4 $a=1$, $b=6$, $c=6$ **4-1** ③

4 직선은 l의 1개이므로 $a=1$

반직선은 $\overrightarrow{PQ}$, $\overrightarrow{QP}$, $\overrightarrow{QR}$, $\overrightarrow{RQ}$, $\overrightarrow{RS}$, $\overrightarrow{SR}$의 6개이므로 $b=6$

선분은 $\overline{PQ}$, $\overline{PR}$, $\overline{PS}$, $\overline{QR}$, $\overline{QS}$, $\overline{RS}$의 6개이므로 $c=6$

4-1 직선은 $\overleftrightarrow{DA}$, $\overleftrightarrow{DB}$, $\overleftrightarrow{DC}$, $\overleftrightarrow{AC}$의 4개이므로 $a=4$
반직선은 $\overrightarrow{AB}$, $\overrightarrow{AD}$, $\overrightarrow{BA}$, $\overrightarrow{BC}$, $\overrightarrow{BD}$, $\overrightarrow{CB}$, $\overrightarrow{CD}$, $\overrightarrow{DA}$, $\overrightarrow{DB}$, $\overrightarrow{DC}$의 10개이므로 $b=10$
$\therefore a+b=4+10=14$

3 두 점 사이의 거리

개념북 15쪽

1 (1) 8 cm (2) 7 cm
2 8 cm
3 $\overline{NB}=5$ cm, $\overline{AB}=15$ cm

1 (1) (선분 AB의 길이)$=8$ cm
(2) (선분 BC의 길이)$=7$ cm

2 $\overline{AM}=\frac{1}{2}\overline{AB}=\frac{1}{2}\times16=8(\text{cm})$

3 $\overline{NB}=\overline{AM}=\frac{1}{2}\overline{AN}=\frac{1}{2}\times10=5(\text{cm})$
$\overline{AB}=3\overline{AM}=3\times5=15(\text{cm})$

선분의 중점 개념북 16쪽

1 ㄱ, ㄴ, ㄷ **1-1** ⑤

1 ㄹ. $\overline{AM}=\frac{1}{2}\overline{AB}$이므로
$\overline{AN}=\frac{1}{2}\overline{AM}=\frac{1}{2}\times\frac{1}{2}\overline{AB}=\frac{1}{4}\overline{AB}$
따라서 옳은 것은 ㄱ, ㄴ, ㄷ이다.

1-1 ⑤ $\overline{AB}=\overline{BC}=\overline{CD}=\frac{1}{3}\overline{AD}$이므로 $\overline{BD}=\frac{2}{3}\overline{AD}$
$\therefore 2\overline{BD}=2\times\frac{2}{3}\overline{AD}=\frac{4}{3}\overline{AD}$

두 점 사이의 거리 개념북 16쪽

2 15 cm **2-1** 9 cm **2-2** 9 cm

2 $\overline{MN}=\overline{MB}+\overline{BN}=\frac{1}{2}\overline{AB}+\frac{1}{2}\overline{BC}$
$=\frac{1}{2}(\overline{AB}+\overline{BC})=\frac{1}{2}\overline{AC}$
$=\frac{1}{2}\times30=15(\text{cm})$

2-1 $\overline{BN}=\overline{AN}-\overline{AB}=14-10=4(\text{cm})$
$\overline{MB}=\frac{1}{2}\overline{AB}=\frac{1}{2}\times10=5(\text{cm})$
$\therefore \overline{MN}=\overline{MB}+\overline{BN}=5+4=9(\text{cm})$

2-2 $\overline{BC}=2\overline{AB}=2\times6=12(\text{cm})$이므로
$\overline{BN}=\frac{1}{2}\overline{BC}=\frac{1}{2}\times12=6(\text{cm})$
$\overline{MB}=\frac{1}{2}\overline{AB}=\frac{1}{2}\times6=3(\text{cm})$
$\therefore \overline{MN}=\overline{MB}+\overline{BN}=3+6=9(\text{cm})$
[다른 풀이]
$\overline{BC}=2\overline{AB}=2\times6=12(\text{cm})$이므로
$\overline{AC}=\overline{AB}+\overline{BC}=6+12=18(\text{cm})$
$\therefore \overline{MN}=\overline{MB}+\overline{BN}=\frac{1}{2}\overline{AB}+\frac{1}{2}\overline{BC}$
$=\frac{1}{2}(\overline{AB}+\overline{BC})=\frac{1}{2}\overline{AC}$
$=\frac{1}{2}\times18=9(\text{cm})$

4 각

개념북 17쪽

1 (1) ㄱ, ㅁ (2) ㄴ (3) ㄷ, ㅂ (4) ㄹ
2 (1) 155° (2) 25° (3) 115°

2 (1) $\angle AOC=65^\circ+90^\circ=155^\circ$
(2) $\angle COD=180^\circ-(65^\circ+90^\circ)=25^\circ$
(3) $\angle BOD=90^\circ+25^\circ=115^\circ$

각의 분류 개념북 18쪽

1 ㄱ, ㄴ, ㅂ **1-1** ④

1 ㄷ은 직각이고 ㄹ, ㅁ은 예각이다.
따라서 둔각인 것은 ㄱ, ㄴ, ㅂ이다.

1-1 ① 평각 ② 둔각 ③ 직각 ④ 예각
따라서 예각인 것은 ④이다.

각의 크기 개념북 18쪽

2 35° **2-1** 70° **2-2** ④

2 $(\angle x+10^\circ)+(4\angle x-5^\circ)=180^\circ$이므로
$5\angle x=175^\circ$ $\therefore \angle x=35^\circ$

2-1 $\angle AOC=90°$, $\angle BOD=90°$이므로

$(\angle AOB+\angle BOC)+(\angle BOC+\angle COD)=180°$

$\angle AOB+\angle COD+2\angle BOC=180°$

$40°+2\angle BOC=180°$, $2\angle BOC=140°$

$\therefore \angle BOC=70°$

[다른 풀이]

$\angle AOB+\angle BOC=90°$이므로

$\angle AOB=90°-\angle BOC$ ……㉠

$\angle BOC+\angle COD=90°$이므로

$\angle COD=90°-\angle BOC$ ……㉡

㉠, ㉡에서 $\angle AOB=\angle COD$

이때 $\angle AOB+\angle COD=40°$이므로

$\angle AOB=\frac{1}{2}\times 40°=20°$

$\therefore \angle BOC=\angle AOC-\angle AOB=90°-20°=70°$

2-2 $(4\angle x-10°)+(\angle x+20°)+40°=180°$이므로

$5\angle x=130°$ $\therefore \angle x=26°$

각의 등분 개념북 19쪽

3 90° **3-1** 60°

3 $\angle BOD=\angle BOC+\angle COD$

$=\frac{1}{2}(\angle AOC+\angle COE)$

$=\frac{1}{2}\times 180°=90°$

[다른 풀이]

$\angle AOB=\angle BOC=\angle a$, $\angle COD=\angle DOE=\angle b$라 하면

$2\angle a+2\angle b=180°$, $2(\angle a+\angle b)=180°$

$\therefore \angle a+\angle b=90°$

$\therefore \angle BOD=\angle a+\angle b=90°$

3-1 오른쪽 그림에서

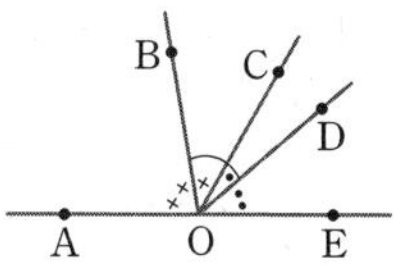

$\angle BOD=\angle BOC+\angle COD$

$=\frac{1}{3}(\angle AOC+\angle COE)$

$=\frac{1}{3}\times 180°=60°$

[다른 풀이]

$\angle BOC=\angle a$, $\angle COD=\angle b$라 하면

$\angle AOC=3\angle a$, $\angle COE=3\angle b$이므로

$3\angle a+3\angle b=180°$, $3(\angle a+\angle b)=180°$

$\therefore \angle a+\angle b=60°$

$\therefore \angle BOD=\angle a+\angle b=60°$

각의 크기의 비 개념북 19쪽

4 40° **4-1** 60° **4-2** 80°

4 $\angle c=180°\times\frac{2}{4+3+2}=180°\times\frac{2}{9}=40°$

[다른 풀이]

$\angle a:\angle b:\angle c=4:3:2$이므로

$\angle a=4k$, $\angle b=3k$, $\angle c=2k$라 하면

$4k+3k+2k=180°$, $9k=180°$ $\therefore k=20°$

$\therefore \angle c=2k=2\times 20°=40°$

4-1 $\angle y=180°\times\frac{2}{1+2+3}=180°\times\frac{1}{3}=60°$

[다른 풀이]

$\angle x:\angle y:\angle z=1:2:3$이므로

$\angle x=k$, $\angle y=2k$, $\angle z=3k$라 하면

$k+2k+3k=180°$, $6k=180°$ $\therefore k=30°$

$\therefore \angle y=2k=2\times 30°=60°$

4-2 $\angle COD=150°\times\frac{2}{3+1+2}=150°\times\frac{1}{3}=50°$

$\angle DOE=180°-\angle AOD=180°-150°=30°$

$\therefore \angle COE=\angle COD+\angle DOE=50°+30°=80°$

[다른 풀이]

$\angle AOB:\angle BOC:\angle COD=3:1:2$이므로

$\angle AOB=3k, \angle BOC=k, \angle COD=2k$라 하면

$3k+k+2k=150°$, $6k=150°$ $\therefore k=25°$

$\therefore \angle COD=2k=2\times 25°=50°$

$\angle DOE=180°-\angle AOD=180°-150°=30°$

$\therefore \angle COE=\angle COD+\angle DOE=50°+30°=80°$

5 맞꼭지각

개념북 20쪽

1 (1) $\angle BOD$ (2) $\angle DOE$ (3) $\angle AOF$

2 (1) $\angle a=45°$, $\angle b=45°$ (2) $\angle a=45°$, $\angle b=35°$

3 (1) 29° (2) 20°

2 (1) $\angle a=\angle b=180°-135°=45°$

3 (1) $2\angle x=58°$ $\quad\therefore \angle x=29°$

(2) 오른쪽 그림에서

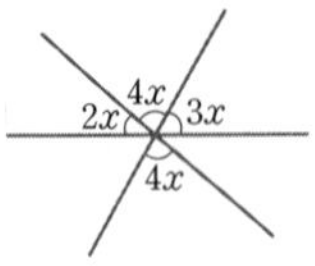

$2\angle x+4\angle x+3\angle x=180°$

$9\angle x=180°$ $\quad\therefore \angle x=20°$

맞꼭지각의 성질 개념북 21쪽

1 $\angle x=65°$, $\angle y=25°$

1-1 $70°$ **1-2** $\angle x=25°$, $\angle y=65°$

1 $\angle y=\angle x-40°$이므로

$(\angle x-50°)+(\angle x-40°)+(2\angle x+10°)=180°$

$4\angle x=260°$ $\quad\therefore \angle x=65°$

$\therefore \angle y=65°-40°=25°$

1-1 $\angle x+30°=2\angle x-40°$ $\quad\therefore \angle x=70°$

1-2 $\angle x+90°=115°$ $\quad\therefore \angle x=25°$

$\angle y=180°-115°=65°$

맞꼭지각의 쌍의 개수 개념북 21쪽

2 6쌍 **2-1** ③

2 두 직선 AB와 CD, 두 직선 AB와 EF, 두 직선 CD와 EF가 한 점에서 만나면 각각 2쌍의 맞꼭지각이 생기므로 모두 $3\times2=6$(쌍)의 맞꼭지각이 생긴다.

2-1 오른쪽 그림과 같이 5개의 직선을 각각 a, b, c, d, e라 하자. 두 직선 a와 b, 두 직선 a와 c, 두 직선 a와 d, 두 직선 a와 e, 두 직선 b와 c, 두 직선 b와 d, 두 직선 b와 e, 두 직선 c와 d, 두 직선 c와 e, 두 직선 d와 e가 한 점에서 만나면 각각 2쌍의 맞꼭지각이 생기므로 모두 $10\times2=20$(쌍)의 맞꼭지각이 생긴다.

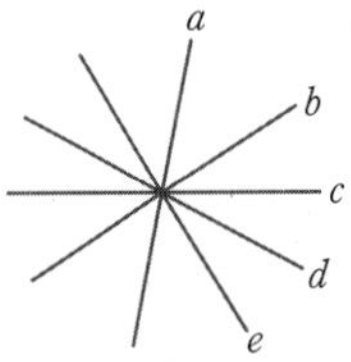

6 수직과 수선 개념북 22쪽

1 (1) $90°$ (2) 10 cm

2 (1) $\overline{BC}$ (2) 점 D (3) 4 cm

1 (2) $\overline{AO}=\overline{BO}=\frac{1}{2}\overline{AB}=\frac{1}{2}\times20=10$(cm)

2 (3) (점 A와 $\overline{BC}$ 사이의 거리)$=\overline{AD}=4$ cm

수직과 수선 개념북 23쪽

1 ④ **1-1** ⑤

1 ④ 점 D와 $\overline{BC}$ 사이의 거리는 $\overline{AB}$의 길와 같으므로 8 cm이다.

1-1 ⑤ 점 B와 선분 CD 사이의 거리는 $\overline{BH}$의 길이이다.

맞꼭지각과 수직, 수선 개념북 23쪽

2 $70°$ **2-1** $60°$

2 $\angle AOC=90°$이고 $\angle AOB=\angle DOE=20°$(맞꼭지각)이므로

$\angle BOC=\angle AOC-\angle AOB=90°-20°=70°$

2-1 $\angle y=\angle DOE=75°$(맞꼭지각)

$\angle x=\angle AOC-\angle y=90°-75°=15°$

$\therefore \angle y-\angle x=75°-15°=60°$

7 평면에서 점과 직선, 두 직선의 위치 관계 개념북 24쪽

1 (1) 점 A, 점 B, 점 C (2) 점 P, 점 Q

2 (1) 한 점에서 만난다. (2) 점 C (3) $\overleftrightarrow{BC}$

(4) $\overleftrightarrow{AD}$, $\overleftrightarrow{BC}$, $\overleftrightarrow{CD}$

점과 직선의 위치 관계 개념북 25쪽

1 (1) 점 A, 점 B (2) 점 B, 점 D (3) 점 B

1-1 ③

1-1 ③ 직선 l은 점 D를 지난다.

평면에서 두 직선의 위치 관계 개념북 25쪽

2 5 **2-1** (1) 변 AB, 변 DC (2) 변 DC

2 직선 AB와 한 점에서 만나는 직선은 $\overleftrightarrow{AF}$, $\overleftrightarrow{BC}$, $\overleftrightarrow{CD}$, $\overleftrightarrow{FE}$이므로 $a=4$

직선 CD와 평행한 직선은 $\overleftrightarrow{AF}$이므로 $b=1$

$\therefore a+b=4+1=5$

8 공간에서 두 직선의 위치 관계 개념북 26쪽

1 (1) 모서리 AD, 모서리 AE, 모서리 BC, 모서리 BF
(2) 모서리 DC, 모서리 EF, 모서리 HG
(3) 모서리 CG, 모서리 DH, 모서리 EH, 모서리 FG
2 (1) 모서리 BE, 모서리 DE, 모서리 EF
(2) 모서리 BC, 모서리 EF

1 (1) 점 A 또는 점 B를 지나는 모서리이므로 모서리 AD, 모서리 AE, 모서리 BC, 모서리 BF이다.
(2) 모서리 AB와 한 평면 위에 있고 만나지 않는 모서리이므로 모서리 DC, 모서리 EF, 모서리 HG이다.
(3) 모서리 AB와 만나지도 않고 평행하지도 않은 모서리이므로 모서리 CG, 모서리 DH, 모서리 EH, 모서리 FG이다.

2 (1) 모서리 AC와 만나지도 않고 평행하지도 않은 모서리이므로 모서리 BE, 모서리 DE, 모서리 EF이다.
(2) 모서리 AD와 만나지도 않고 평행하지도 않은 모서리이므로 모서리 BC, 모서리 EF이다.

꼬인 위치에 있는 모서리
개념북 27쪽

1 모서리 AD, 모서리 EH　　**1-1** ④, ⑤

1 모서리 BC와 평행한 모서리는 모서리 AD, 모서리 EH, 모서리 FG이고 모서리 CG와 꼬인 위치에 있는 모서리는 모서리 AB, 모서리 AD, 모서리 EF, 모서리 EH이다.
따라서 모서리 BC와 평행하면서 모서리 CG와 꼬인 위치에 있는 모서리는 모서리 AD, 모서리 EH이다.

1-1 모서리 OA와 만나지도 않고 평행하지도 않은 모서리는 모서리 BC, 모서리 CD이다.

공간에서 두 직선의 위치 관계 (1)
개념북 27쪽

2 11　　**2-1** 9

2 모서리 BC와 평행한 모서리는 모서리 FE, 모서리 HI, 모서리 LK이므로 $a=3$
모서리 BC와 꼬인 위치에 있는 모서리는 모서리 AG, 모서리 FL, 모서리 EK, 모서리 DJ, 모서리 GH, 모서리 IJ, 모서리 JK, 모서리 LG이므로 $b=8$
$\therefore a+b=3+8=11$

2-1 모서리 BF와 수직인 모서리는 모서리 AB, 모서리 BC, 모서리 EF, 모서리 FG이므로 $a=4$
모서리 AB와 꼬인 위치에 있는 모서리는 모서리 CG, 모서리 DH, 모서리 EH, 모서리 FG, 모서리 GH이므로 $b=5$
$\therefore a+b=4+5=9$

전개도에서 두 직선의 위치 관계
개념북 28쪽

3 ⑤　　**3-1** 5

3 전개도를 접어서 삼각기둥을 만들면 오른쪽 그림과 같다.
⑤ 모서리 HE와 모서리 CE는 한 점에서 만난다.

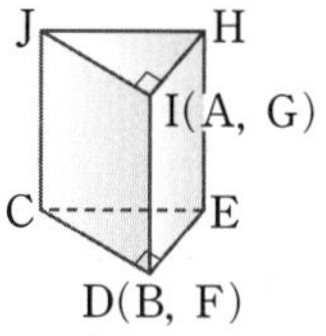

3-1 전개도를 접어서 삼각뿔을 만들면 오른쪽 그림과 같다.
모서리 AB와 한 점에서 만나는 모서리는 모서리 AD, 모서리 AF, 모서리 BD, 모서리 BF이므로 $a=4$
꼬인 위치에 있는 모서리는 모서리 DF이므로 $b=1$
$\therefore a+b=4+1=5$

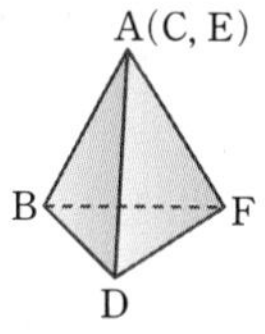

공간에서 두 직선의 위치 관계 (2)
개념북 28쪽

4 ③, ⑤　　**4-1** ④, ⑤

4 ① 평행한 두 직선은 한 평면 위에 있지만 만나지 않는다.
② 평행한 두 직선은 만나지 않지만 한 평면 위에 있다.
④ 꼬인 위치에 있는 두 직선을 포함하는 평면은 없다.

4-1 ④ 공간에서 한 직선에 수직인 서로 다른 두 직선은 한 점에서 만나거나 평행하거나 꼬인 위치에 있다.
⑤ 공간에서 한 직선과 꼬인 위치에 있는 서로 다른 두 직선은 한 점에서 만나거나 평행하거나 꼬인 위치에 있다.

9 공간에서 직선과 평면의 위치 관계 개념북 29쪽

1 (1) 면 ABCD, 면 BFGC
(2) 면 ABCD, 면 EFGH
(3) 면 AEHD, 면 CGHD
(4) 면 ABFE, 면 CGHD

2 (1) 면 ABC (2) 면 ADEB, 면 BEFC, 면 ADFC
(3) $\overline{EF}$

1 (1)
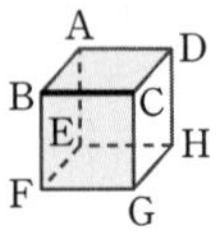

면 ABCD, 면 BFGC

(2)
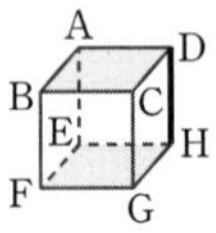

면 ABCD, 면 EFGH

(3)
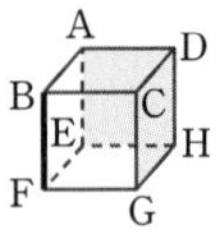

면 AEHD, 면 CGHD

(4)
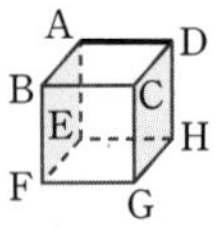

면 ABFE, 면 CGHD

공간에서 직선과 평면의 위치 관계 개념북 30쪽

1 ③, ④ **1-1** 10

1 ① 모서리 BC와 평행한 면은 면 FLKE, 면 GHIJKL의 2개이다.
② 면 ABCDEF와 점 J 사이의 거리는 $\overline{DJ}$이다.
③ 면 BHIC와 평행한 모서리는 모서리 FE, 모서리 LK, 모서리 AG, 모서리 FL, 모서리 EK, 모서리 DJ의 6개이다.
④ 모서리 BH와 수직인 면은 면 ABCDEF, 면 GHIJKL의 2개이다.
⑤ 면 FLKE와 면 AGLF의 교선은 $\overline{FL}$이다.

1-1 면 AEGC와 한 점에서 만나는 모서리는 모서리 AB, 모서리 BC, 모서리 CD, 모서리 AD, 모서리 EF, 모서리 FG, 모서리 GH, 모서리 EH이므로 $a=8$
모서리 CD와 수직인 면은 면 BFGC, 면 AEHD이므로 $b=2$
$\therefore a+b=8+2=10$

공간에서 여러 가지 위치 관계 개념북 30쪽

2 ㄴ, ㄷ **2-1** ㄹ

2 ㄱ. 두 직선 l, m은 한 점에서 만나거나 평행하거나 꼬인 위치에 있다.
ㄹ. 직선 m과 평면 P는 평행하거나 직선 m이 평면 P에 포함된다.
따라서 옳은 것은 ㄴ, ㄷ이다.

2-1 ㄱ. 두 평면 Q, R는 한 직선에서 만나거나 평행하다.
ㄴ. 두 평면 P, Q는 한 직선에서 만나거나 평행하다.
ㄷ. 두 평면 P, Q는 평행하다.
따라서 옳은 것은 ㄹ이다.

10 동위각과 엇각 개념북 31쪽

1 (1) $\angle d=80^\circ$ (2) $\angle b=120^\circ$ (3) $\angle e=100^\circ$
(4) $\angle d=80^\circ$

2 (1) $\angle g=70^\circ$, $\angle j=50^\circ$
(2) $\angle f=110^\circ$, $\angle i=130^\circ$

1 (1) ($\angle a$의 동위각)$=\angle d=180^\circ-100^\circ=80^\circ$
(2) ($\angle f$의 동위각)$=\angle b=180^\circ-60^\circ=120^\circ$
(3) ($\angle c$의 엇각)$=\angle e=100^\circ$
(4) ($\angle b$의 엇각)$=\angle d=80^\circ$

2 (1) $\angle b$의 동위각은 $\angle g$, $\angle i$이고 각의 크기는 각각 $\angle g=180^\circ-110^\circ=70^\circ$, $\angle i=50^\circ$
(2) $\angle c$의 엇각은 $\angle f$, $\angle h$이고 각의 크기는 각각 $\angle f=110^\circ$, $\angle h=180^\circ-50^\circ=130^\circ$

동위각, 엇각의 크기 개념북 32쪽

1 200° **1-1** ⑤

1 $\angle$FGB의 동위각의 크기는 $\angle DHB=70^\circ$
$\angle$CHB의 엇각의 크기는 $\angle AGF=130^\circ$
$\therefore 70^\circ+130^\circ=200^\circ$

1-1 ⑤ $\angle e=180^\circ-120^\circ=60^\circ$

세 직선이 세 점에서 만날 때 동위각, 엇각의 크기 개념북 32쪽

2 220° **2-1** ②

2 오른쪽 그림에서 $\angle x$의 엇각의 크기는 $180^\circ-85^\circ=95^\circ$, 125°이므로 $95^\circ+125^\circ=220^\circ$이다.

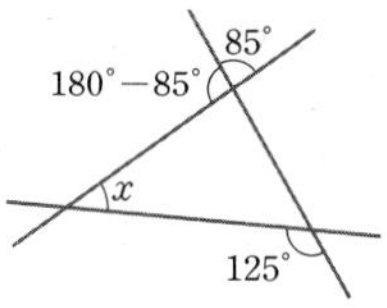

2-1 ② $\angle b$와 $\angle f$는 동위각이지만 크기가 같은지는 알 수 없다.

11 평행선의 성질

개념북 33쪽

1 (1) $\angle x=55^\circ$, $\angle y=60^\circ$ (2) $\angle x=60^\circ$, $\angle y=75^\circ$
2 (1) 직선 n, 직선 k (2) 직선 k

1 (1) 오른쪽 그림에서 $l /\!/ m$이므로
$\angle x=55^\circ$(엇각)
$\angle y=180^\circ-120^\circ=60^\circ$

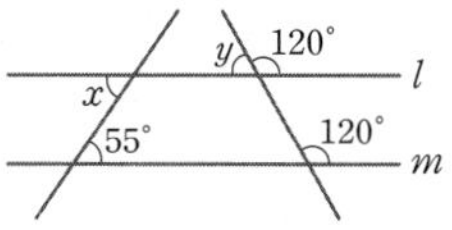

(2) 오른쪽 그림에서 $l /\!/ m$이므로
$\angle x=60^\circ$(동위각)
$\angle y=180^\circ-(45^\circ+60^\circ)$
$=75^\circ$

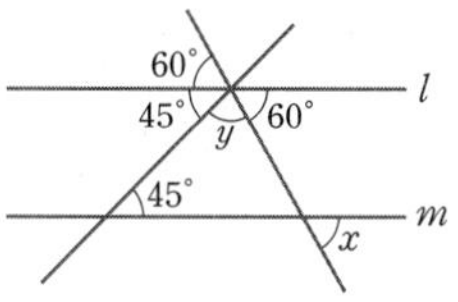

2 (1) 오른쪽 그림에서 세 직선 l, n, k는 동위각의 크기가 120°로 같으므로 평행하다.
∴ 직선 n, 직선 k

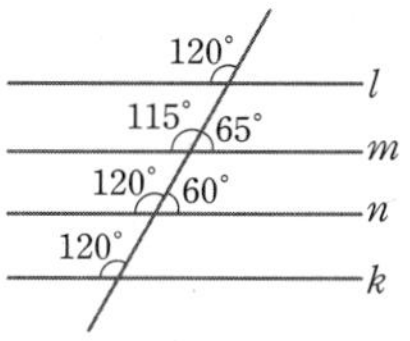

(2) 두 직선 l과 k는 엇각의 크기가 60°로 같으므로 평행하다.
∴ 직선 k

평행선에서 동위각, 엇각의 크기

개념북 34쪽

1 55° **1-1** 128°

1 오른쪽 그림에서 $l /\!/ m$이므로
$\angle x=180^\circ-(50^\circ+75^\circ)$
$=55^\circ$

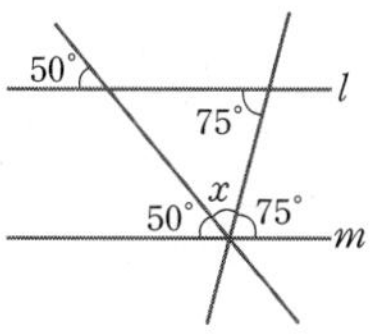

1-1 오른쪽 그림에서 $l /\!/ m$, $n /\!/ k$이므로
$\angle x=180^\circ-52^\circ$
$=128^\circ$(동위각)

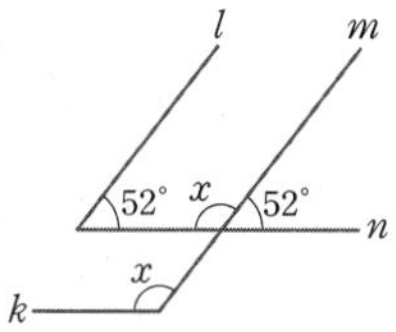

평행선에서 삼각형의 성질

개념북 34쪽

2 20° **2-1** 85°

2 오른쪽 그림에서 $l /\!/ m$이고 삼각형의 세 내각의 크기의 합이 180°이므로
$45^\circ+(2\angle x+25^\circ)$
$+(6\angle x-50^\circ)=180^\circ$
$8\angle x=160^\circ$
∴ $\angle x=20^\circ$

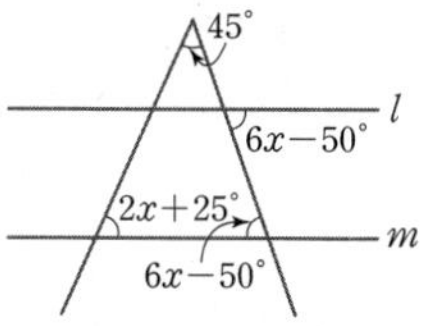

2-1 오른쪽 그림에서 $l /\!/ m$이고 삼각형의 세 내각의 크기의 합이 180°이므로
$45^\circ+40^\circ+(180^\circ-\angle x)$
$=180^\circ$
∴ $\angle x=45^\circ+40^\circ=85^\circ$

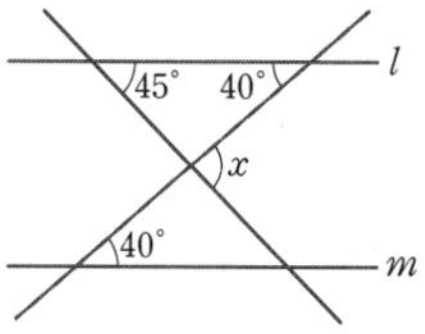

평행선이 되기 위한 조건

개념북 35쪽

3 ④ **3-1** ②

3 ④ 엇각의 크기가 같지 않으므로 두 직선 l, m은 평행하지 않다.

3-1 오른쪽 그림과 같이 두 직선 l, k에서 엇각의 크기가 50°로 같으므로 $l /\!/ k$

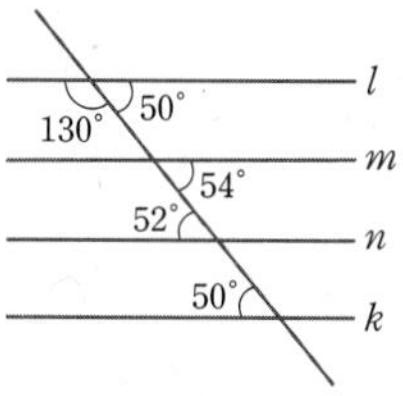

평행선에서 보조선을 1개 긋는 경우

개념북 35쪽

4 60° **4-1** 85° **4-2** ④

4 오른쪽 그림과 같이 두 직선 l, m에 평행한 직선 n을 그으면
$\angle x=25^\circ+35^\circ=60^\circ$

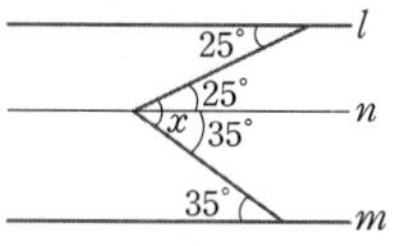

4-1 오른쪽 그림과 같이 두 직선 l, m에 평행한 직선 n을 그으면
$\angle x=65^\circ+20^\circ=85^\circ$

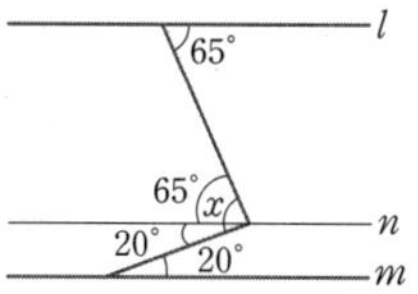

4-2 오른쪽 그림과 같이 두 직선 l, m에 평행한 직선 n을 그으면

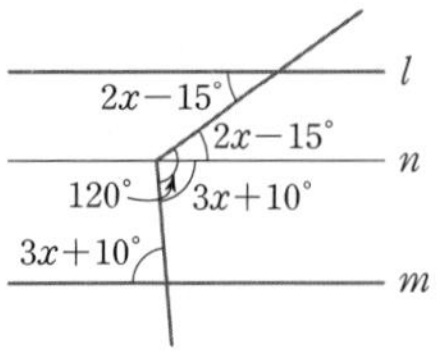

$(2\angle x-15^\circ)+(3\angle x+10^\circ)$
$=120^\circ$
$5\angle x=125^\circ \quad \therefore \angle x=25^\circ$

평행선에서 보조선을 2개 긋는 경우 개념북 36쪽

5 30° **5-1** (1) 111° (2) 65° **5-2** ② **5-3** ①

5 오른쪽 그림과 같이 두 직선 l, m에 평행한 두 직선 n, k를 그으면

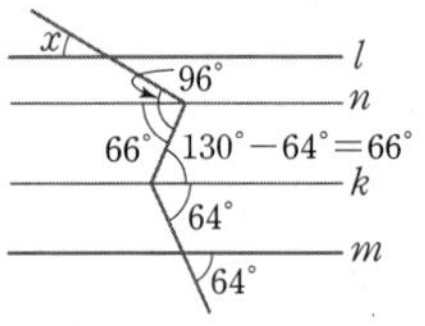

$\angle x=96^\circ-66^\circ=30^\circ$(동위각)

5-1 (1) 오른쪽 그림과 같이 두 직선 l, m에 평행한 두 직선 n, k를 그으면

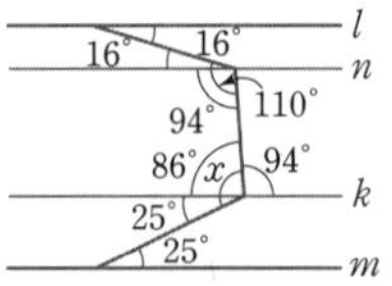

$\angle x=86^\circ+25^\circ=111^\circ$

(2) 오른쪽 그림과 같이 두 직선 l, m에 평행한 두 직선 n, k를 그으면 $\angle x=20^\circ+45^\circ=65^\circ$

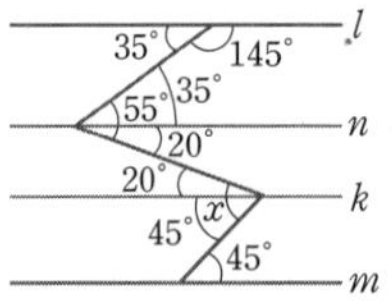

5-2 오른쪽 그림과 같이 두 직선 l, m에 평행한 두 직선 n, k를 그으면

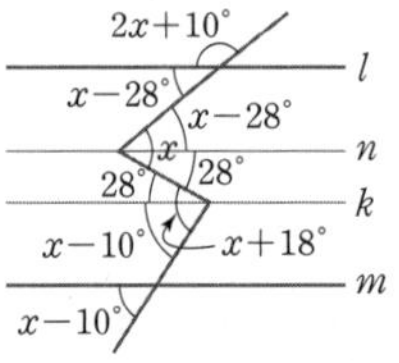

$(\angle x-28^\circ)+(2\angle x+10^\circ)$
$=180^\circ$
$3\angle x=198^\circ \quad \therefore \angle x=66^\circ$

5-3 오른쪽 그림과 같이 두 직선 l, m에 평행한 두 직선 n, k를 그으면
$\angle x=40^\circ$(엇각)

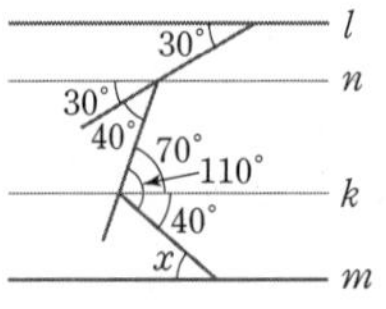

종이 접기 개념북 37쪽

6 68° **6-1** 26° **6-2** 20°

6 오른쪽 그림과 같이
$\angle GEF=\angle FEC$
$=56^\circ$(접은 각)

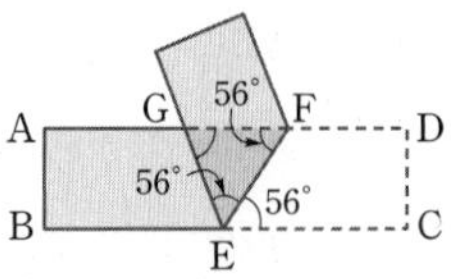

$\overline{AD}/\!/\overline{BC}$이므로 $\angle GFE=\angle FEC=56^\circ$(엇각)
따라서 $\triangle GEF$에서
$\angle EGF+56^\circ+56^\circ=180^\circ \quad \therefore \angle EGF=68^\circ$

6-1 오른쪽 그림과 같이
$\angle EGF=\angle AGH$
$=128^\circ$(맞꼭지각)

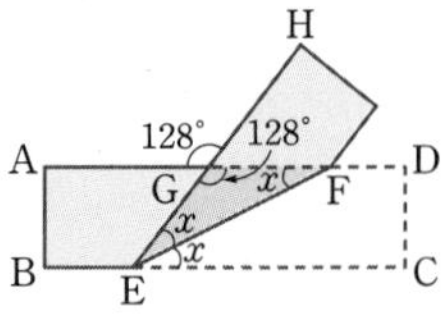

$\angle FEC=\angle GEF$
$=\angle x$(접은 각)
$\overline{AD}/\!/\overline{BC}$이므로 $\angle GFE=\angle FEC=\angle x$(엇각)
따라서 $\triangle GEF$에서
$128^\circ+\angle x+\angle x=180^\circ \quad \therefore \angle x=26^\circ$

6-2 오른쪽 그림과 같이
$\angle EFC=180^\circ-100^\circ=80^\circ$

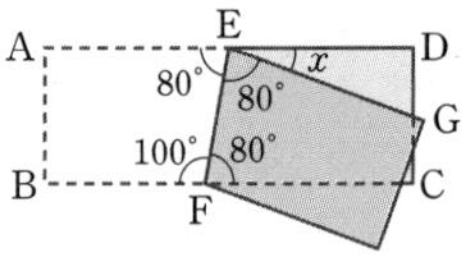

$\overline{AD}/\!/\overline{BC}$이므로
$\angle AEF=\angle EFC=80^\circ$(엇각)
$\angle FEG=\angle AEF=80^\circ$(접은 각)
따라서 $\angle EFB=\angle FED$(엇각)이므로
$100^\circ=80^\circ+\angle x \quad \therefore \angle x=20^\circ$

개념 완성 기본 문제 개념북 40~41쪽

1 2	**2** ③, ④	**3** 6 cm	**4** ③
5 ⑤	**6** ③, ⑤	**7** 11	**8** ⑤
9 ④	**10** 210°	**11** ①	**12** 75°

1 교점의 개수는 오각기둥의 꼭짓점의 개수와 같으므로
$a=10$
교선의 개수는 오각기둥의 모서리의 개수와 같으므로
$b=15$
면의 개수는 $5+2=7$이므로 $c=7$
$\therefore a-b+c=10-15+7=2$

2 ③ $\overline{AC}$: 점 A와 점 C를 양 끝점으로 하는 선분
④ $\overrightarrow{CA}$: 점 C를 시작점으로 하여 점 A의 방향으로 뻗어 나가는 반직선

3 오른쪽 그림에서

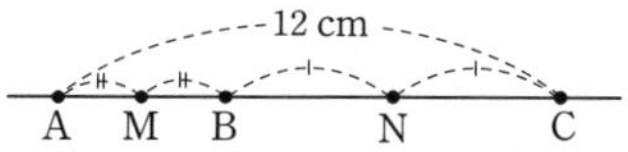

$\overline{MN}=\overline{MB}+\overline{BN}$

$=\frac{1}{2}\overline{AB}+\frac{1}{2}\overline{BC}$

$=\frac{1}{2}\overline{AC}=\frac{1}{2}\times 12=6(\text{cm})$

4 $90^\circ-\angle x=3\angle x+10^\circ$, $4\angle x=80^\circ$

$\therefore \angle x=20^\circ$

5 ⑤ 점 A와 $\overline{BC}$ 사이의 거리를 나타내는 선분은 $\overline{AB}$이다.

6 두 점 Q, S를 지나는 직선은 l이고 직선 l과 평행한 직선은 직선 m이므로 직선 m 위에 있는 점은 점 R, 점 T이다.

7 모서리 BG와 한 점에서 만나는 모서리는 모서리 AB, 모서리 BC, 모서리 FG, 모서리 GH이므로 $a=4$

모서리 AE와 꼬인 위치에 있는 모서리는 모서리 FG, 모서리 GH, 모서리 HI, 모서리 IJ, 모서리 BG, 모서리 CH, 모서리 DI이므로 $b=7$

$\therefore a+b=4+7=11$

8 ⑤ 면 DIJE와 모서리 GF는 평행하다.

9 ① 모서리 AB와 모서리 GH는 평행하다.

② 모서리 FG는 면 BFGC에 포함된다.

③ 모서리 AD와 모서리 CG는 꼬인 위치에 있다.

⑤ 모서리 BF와 면 AEHD는 평행하다.

10 오른쪽 그림과 같이

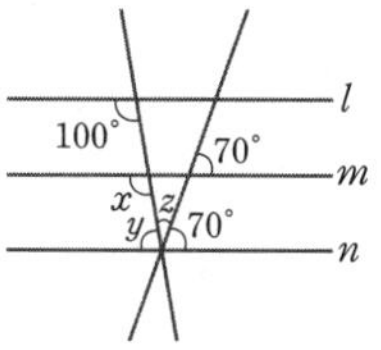

$l /\!/ m$이므로 $\angle x=100^\circ$(동위각)

$m /\!/ n$이므로

$\angle y+\angle z=180^\circ-70^\circ=110^\circ$

$\therefore \angle x+\angle y+\angle z=100^\circ+110^\circ=210^\circ$

11 $\angle y=26^\circ$(맞꼭지각)

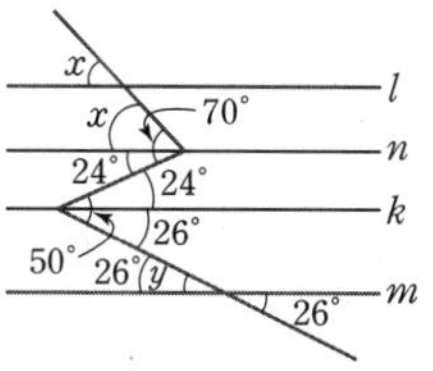

오른쪽 그림과 같이 두 직선 l, m에 평행한 두 직선 n, k를 그으면

$\angle x+24^\circ=70^\circ$ $\quad\therefore \angle x=46^\circ$

$\therefore \angle x+\angle y=46^\circ+26^\circ=72^\circ$

12 오른쪽 그림에서

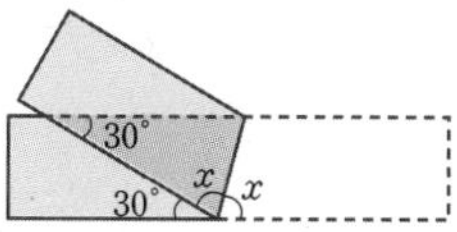

$30^\circ+\angle x+\angle x=180^\circ$

$2\angle x=150^\circ$

$\therefore \angle x=75^\circ$

개념완성 발전 문제 개념북 42~43쪽

1 10 **2** ②, ⑤ **3** ③, ⑤ **4** 230°

5 180°

6 ① 모서리 AB, 모서리 DC, 모서리 HG / 3

② 면 AEHD, 면 BFGC / 2

③ 5

7 ① $\overline{AP}=\frac{2}{5}\overline{AB}$, $\overline{AQ}=\frac{2}{3}\overline{AB}$

② $\overline{PQ}=\frac{4}{15}\overline{AB}$

③ 30 cm

1 만들 수 있는 서로 다른 선분은 $\overline{PQ}$, $\overline{PR}$, $\overline{PS}$, $\overline{PT}$, $\overline{QR}$, $\overline{QS}$, $\overline{QT}$, $\overline{RS}$, $\overline{RT}$, $\overline{ST}$의 10개이다.

2 ② 모서리 AB와 모서리 CG는 꼬인 위치에 있다.

⑤ 모서리 CG와 꼬인 위치에 있는 모서리는 모서리 AB, 모서리 AE, 모서리 BE, 모서리 DE, 모서리 EF의 5개이다.

3 ③ 한 직선에 수직인 서로 다른 두 직선은 한 점에서 만나거나 평행하거나 꼬인 위치에 있다.

⑤ 한 직선과 꼬인 위치에 있는 서로 다른 두 직선은 한 점에서 만나거나 평행하거나 꼬인 위치에 있다.

4 오른쪽 그림과 같이

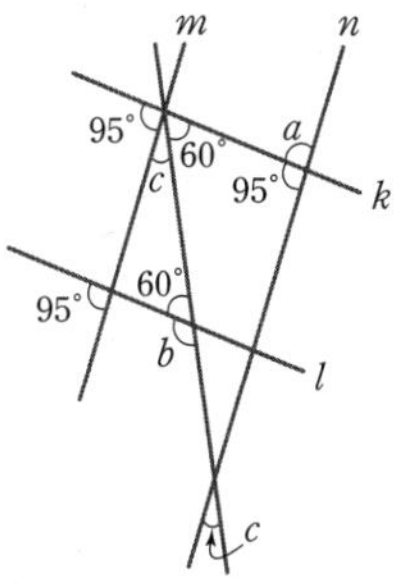

$k /\!/ l$, $m /\!/ n$이므로

$\angle a=180^\circ-95^\circ=85^\circ$

$k /\!/ l$이므로

$\angle b=180^\circ-60^\circ=120^\circ$

$m /\!/ n$이므로

$\angle c=180^\circ-(95^\circ+60^\circ)=25^\circ$

$\therefore \angle a+\angle b+\angle c$

$=85^\circ+120^\circ+25^\circ=230^\circ$

5 오른쪽 그림과 같이 두 직선 l, m에 평행한 세 직선 n, p, q를 그으면

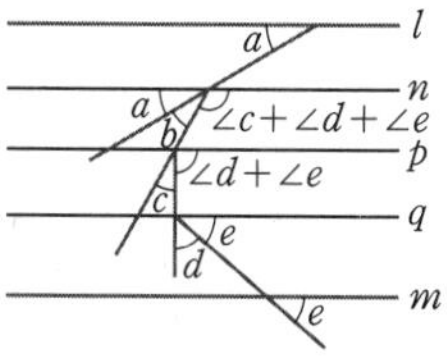

$\angle a+\angle b+\angle c+\angle d+\angle e$

$=180^\circ$

6 ① 모서리 EF와 평행한 모서리는 모서리 AB, 모서리 DC, 모서리 HG이므로 $a=3$

② 모서리 EF와 수직인 면은 면 AEHD, 면 BFGC 이므로 $b=2$

③ $a+b=3+2=5$

7 ① $\overline{AP}=\frac{2}{5}\overline{AB}$, $\overline{AQ}=\frac{2}{3}\overline{AB}$

② $\overline{PQ}=\overline{AQ}-\overline{AP}=\frac{2}{3}\overline{AB}-\frac{2}{5}\overline{AB}=\frac{4}{15}\overline{AB}$

③ 따라서 $\overline{PQ}=\frac{4}{15}\overline{AB}=8$ cm이므로

$\overline{AB}=8\times\frac{15}{4}=30(\text{cm})$

2 작도와 합동

1 작도 개념북 46쪽

1 컴퍼스

2 (1) ㉠, ㉣, ㉢ (2) $\overline{OQ}$, $\overline{O'P'}$

길이가 같은 선분의 작도 개념북 47쪽

1 ㉡ → ㉢ → ㉠ **1-1** ㉣ → ㉢ → ㉠ → ㉡

1 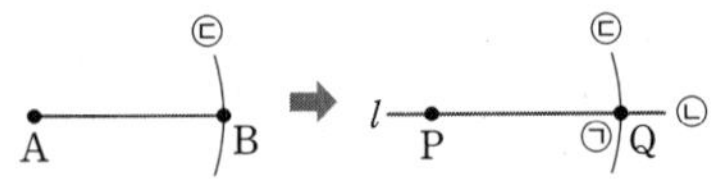

$\therefore \overline{AB}=\overline{PQ}$

∴ ㉡ → ㉢ → ㉠

1-1 ㉣ 임의의 직선을 긋는다.

㉢ 직선 위에 길이가 a인 $\overline{AB}$를 작도한다.

㉠ 점 A와 점 B를 중심으로 하고 반지름의 길이가 $\overline{AB}$인 두 원을 그려 그 교점을 C라 한다.

㉡ $\overline{AC}$, $\overline{BC}$를 긋는다.

∴ ㉣ → ㉢ → ㉠ → ㉡

평행선의 작도 개념북 47쪽

2 ② **2-1** ④

2 ② $\overline{CD}=\overline{AB}$

2 삼각형의 작도 개념북 48쪽

1 (1) ∠B (2) $\overline{AB}$ (3) ∠C (4) $\overline{AC}$

2 (1) × (2) ○ (3) × (4) ○

삼각형의 대각과 대변 개념북 49쪽

1 6 cm, ∠C **1-1** ⑤

1 ∠B의 대변의 길이는 $\overline{AC}=6$ cm

$\overline{AB}$의 대각은 ∠C

1-1 ⑤ $\overline{QR}$의 대각은 ∠P로 그 크기는 70°이다.

삼각형이 될 수 있는 조건 개념북 49쪽

2 ③ **2-1** 3개

2 ③ $7+2<12$이므로 가장 긴 변의 길이가 나머지 두 변의 길이의 합보다 크다.

따라서 삼각형을 작도할 수 없다.

2-1 네 개의 선분 중 세 개의 선분을 선택하면

(2, 4, 5), (2, 4, 6), (2, 5, 6), (4, 5, 6)이다.

(2, 4, 5)는 $2+4>5$이므로 삼각형을 작도할 수 있다.

(2, 4, 6)은 $2+4=6$이므로 삼각형을 작도할 수 없다.

(2, 5, 6)은 $2+5>6$이므로 삼각형을 작도할 수 있다.

(4, 5, 6)은 $4+5>6$이므로 삼각형을 작도할 수 있다.

따라서 작도할 수 있는 삼각형은 3개이다.

삼각형에서 미지수의 범위 개념북 50쪽

3 7 **3-1** ①

3 삼각형이 만들어지려면 가장 긴 변의 길이가 나머지 두 변의 길이의 합보다 작아야 한다.

(i) x cm가 가장 긴 변의 길이이면

$4+7>x$ $\therefore x<11$

(ii) 7 cm가 가장 긴 변의 길이이면

$4+x>7$ $\therefore x>3$

따라서 x의 값이 될 수 있는 자연수는 4, 5, 6, 7, 8, 9, 10의 7개이다.

3-1 (i) x cm가 가장 긴 변의 길이이면

$5+11>x$　　$\therefore x<16$

(ii) 11 cm가 가장 긴 변의 길이이면

$5+x>11$　　$\therefore x>6$

따라서 x의 값이 될 수 있는 자연수는 7, 8, 9, 10, 11, 12, 13, 14, 15이므로 x의 값이 될 수 없는 것은 ① 6 이다.

삼각형의 작도 개념북 50쪽

4 ㉡ → ㉢ → ㉣ → (㉠ ↔ ㉤) → ㉥

4-1 ①, ⑤

4 ㉡ → ㉢ → ㉣ ∠B와 크기가 같은 각을 작도한다.

㉠ 점 B를 중심으로 하고 반지름의 길이가 $\overline{AB}$인 원을 그려 그 교점을 A라 한다.

㉤ 점 B를 중심으로 하고 반지름의 길이가 $\overline{BC}$인 원을 그려 그 교점을 C라 한다.

㉥ 점 A와 점 C를 이어 △ABC를 작도한다.

∴ ㉡ → ㉢ → ㉣ → (㉠ ↔ ㉤) → ㉥

4-1 한 변의 길이와 그 양 끝 각의 크기가 주어질 때는 선분을 작도한 후 두 각을 작도하거나 한 각을 작도한 후 선분을 작도하고 나머지 각을 작도한다.

따라서 작도 순서로 옳지 않은 것은 ①, ⑤이다.

3 삼각형이 하나로 정해질 조건 개념북 51쪽

1 (1) × (2) ○ (3) × (4) ×

2 ①, ⑤

1 (1) $9=6+3$이므로 삼각형이 그려지지 않는다.

(2) ∠A, ∠B의 크기가 주어지면 ∠C의 크기도 알 수 있으므로 한 변의 길이와 그 양 끝 각의 크기가 주어진 경우이다.

(3) ∠C는 $\overline{AB}$, $\overline{BC}$의 끼인각이 아니므로 △ABC가 하나로 정해지지 않는다.

(4) 세 각의 크기가 주어진 경우이므로 무수히 많은 삼각형이 그려진다.

2 한 변의 길이가 주어졌으므로

(i) 다른 두 변의 길이 ➡ $\overline{BC}$와 $\overline{CA}$

(ii) 다른 한 변의 길이와 그 두 변의 끼인각의 크기
➡ $\overline{AC}$와 ∠A, $\overline{BC}$와 ∠B

(iii) 주어진 변의 양 끝 각의 크기
➡ ∠A와 ∠B (주어진 변의 양 끝 각이 아닌 두 각의 크기가 주어져도 나머지 한 각의 크기를 알 수 있다.)

를 만족하면 △ABC가 하나로 정해진다.

삼각형이 하나로 정해지는 경우 개념북 52쪽

1 ①, ④　　**1-1** ②, ④

1 ① 두 변의 길이와 그 끼인각의 크기가 주어진 경우이다.

② $\angle B+\angle C=120°+60°=180°$이므로 삼각형이 그려지지 않는다.

③ 세 각의 크기가 주어진 경우이므로 무수히 많은 삼각형이 그려진다.

④ $\angle C=180°-(70°+88°)=22°$이므로 한 변의 길이와 그 양 끝 각의 크기가 주어진 경우이다.

⑤ $20>9+8$이므로 삼각형이 그려지지 않는다.

1-1 ② $\angle C=180°-(50°+60°)=70°$이므로 한 변의 길이와 그 양 끝 각의 크기가 주어진 경우이다.

④ 두 변의 길이와 그 끼인각의 크기가 주어진 경우이다.

삼각형이 하나로 정해지지 않는 경우 개념북 52쪽

2 ②, ⑤　　**2-1** ㄴ, ㄹ

2 ② $21>8+12$이므로 삼각형이 그려지지 않는다.

⑤ ∠A는 $\overline{AB}$, $\overline{BC}$의 끼인각이 아니다.

2-1 ㄱ. ∠A의 크기를 알 수 있으므로 한 변의 길이와 그 양 끝 각의 크기가 주어진 경우이다.

ㄴ. 세 각의 크기가 주어진 경우이므로 무수히 많은 삼각형이 그려진다.

ㄷ. 두 변의 길이와 그 끼인각의 크기가 주어진 경우이다.

ㄹ. ∠B가 $\overline{AB}$와 $\overline{AC}$의 끼인각이 아니므로 삼각형이 하나로 정해지지 않는다.

4 도형의 합동

개념북 53쪽

1 (1) $\overline{EF}$ (2) ∠A (3) 점 F
2 (1) 80° (2) 10 cm (3) 75°

2 (1) ∠G=∠C=80°
(2) $\overline{EF}=\overline{AB}$=10 cm
(3) ∠D=∠H=115°이므로
∠A=360°−(90°+80°+115°)=75°

도형의 합동

개념북 54쪽

1 ④ **1-1** ㄴ, ㅁ

1 ④ 두 도형 P, Q가 서로 합동일 때, 기호 $P \equiv Q$로 나타낸다.

1-1 ㄴ. 오른쪽 그림과 같이 두 삼각형의 넓이는 같지만 합동이 아닐 수도 있다.

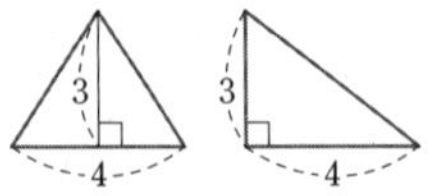

ㅁ. 오른쪽 그림과 같이 두 사각형의 둘레의 길이는 같지만 합동이 아닐 수도 있다.

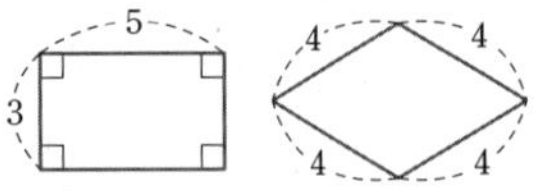

합동인 도형의 성질

개념북 54쪽

2 ③ **2-1** ②

2 ③ ∠B의 대응각은 ∠E이므로
∠B=∠E=180°−(60°+70°)=50°

2-1 $\overline{EF}$의 대응변은 $\overline{BC}$이므로 $\overline{EF}=\overline{BC}$=4 cm
∠F의 대응각은 ∠C이므로
∠F=∠C=180°−(45°+70°)=65°

5 삼각형의 합동 조건

개념북 55쪽

1 △ABC≡△NOM, SSS 합동
△DEF≡△QPR, ASA 합동
△GHI≡△KLJ, SAS 합동
2 (1) ○ (2) ○ (3) × (4) ○

2 (1) ASA 합동 (2) ASA 합동 (4) SSS 합동

두 삼각형이 합동일 조건

개념북 56쪽

1 ④ **1-1** ㄱ, ㄹ, ㅂ

1 ① SSS 합동
② ∠B=∠E이므로 ASA 합동
③ SAS 합동
④ ∠A, ∠D가 두 변의 끼인각이 아니므로 합동이 아니다.
⑤ ASA 합동

1-1 오른쪽 그림에서

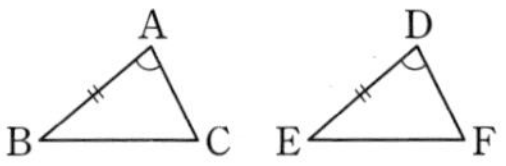

ㄱ. $\overline{AC}=\overline{DF}$이면 SAS 합동이다.
ㄹ. ∠B=∠E이면 ASA 합동이다.
ㅂ. ∠C=∠F이면 ∠B=∠E이므로 ASA 합동이다.

삼각형의 합동 조건 (1) – SSS 합동

개념북 56쪽

2 SSS 합동 **2-1** SSS 합동

2 △ABC와 △ADC에서
$\overline{AB}=\overline{AD}$, $\overline{BC}=\overline{DC}$, $\overline{AC}$는 공통이므로
△ABC≡△ADC(SSS 합동)

2-1 △ABC와 △CDA에서
$\overline{AB}=\overline{CD}$, $\overline{BC}=\overline{DA}$, $\overline{AC}$는 공통이므로
△ABC≡△CDA(SSS 합동)

삼각형의 합동 조건 (2) – SAS 합동

개념북 57쪽

3 ㄱ, ㄷ, ㅁ
3-1 △ABE≡△BCF, SAS 합동
3-2 정삼각형

3 △ABC와 △DBE에서
$\overline{AB}=\overline{DB}$(ㄱ), ∠B는 공통(ㄷ), $\overline{BC}=\overline{BE}$(ㅁ)
∴ △ABC≡△DBE (SAS 합동)

3-1 △ABE와 △BCF에서
$\overline{AB}=\overline{BC}$, ∠ABE=∠BCF=90°, $\overline{BE}=\overline{CF}$
∴ △ABE≡△BCF(SAS 합동)

3-2 $\overline{AB}=\overline{BC}=\overline{CA}$이고 $\overline{AD}=\overline{BE}=\overline{CF}$이므로
$\overline{AF}=\overline{BD}=\overline{CE}$, $\angle A=\angle B=\angle C=60°$
$\therefore$ $\triangle ADF\equiv\triangle BED\equiv\triangle CFE$ (SAS 합동)
따라서 $\overline{DF}=\overline{ED}=\overline{FE}$이므로 $\triangle DEF$는 정삼각형이다.

삼각형의 합동 조건 (3) – ASA 합동 개념북 58쪽

4 ASA 합동
4-1 ASA 합동 **4-2** 4 cm

4 $\triangle ABC$와 $\triangle ADE$에서
$\overline{BC}=\overline{DE}$, $\angle C=\angle E$이고
$\angle BAC=\angle DAE$ (맞꼭지각)이므로 $\angle B=\angle D$
$\therefore$ $\triangle ABC\equiv\triangle ADE$ (ASA 합동)

4-1 $\triangle AOP$와 $\triangle BOP$에서
$\angle AOP=\angle BOP$,
$\angle OAP=\angle OBP=90°$이므로 $\angle OPA=\angle OPB$,
$\overline{OP}$는 공통
$\therefore$ $\triangle AOP\equiv\triangle BOP$(ASA 합동)

4-2 $\triangle ABC$와 $\triangle CDA$에서
$\overline{AC}$는 공통, $\angle BAC=\angle DCA=80°+40°=120°$,
$\angle ACB=\angle CAD=40°$이므로
$\triangle ABC\equiv\triangle CDA$ (ASA 합동)
$\therefore$ $\overline{CD}=\overline{AB}=4$ cm

개념 완성 기본 문제 개념북 59~60쪽

1 ③	**2** ④	**3** ⑤	**4** ①
5 ㉡ → ㉢ → ㉠		**6** ㄷ, ㅁ	**7** ④
8 ③	**9** ②	**10** SAS 합동	
11 ②	**12** ④		

1 ③ 눈금 없는 자와 컴퍼스만을 사용하여 도형을 그리는 것을 작도라 한다.

2 ①, ③ $\overline{OP}=\overline{OQ}=\overline{O'P'}=\overline{O'Q'}$
④ $\angle OPQ=\angle O'P'Q'$
따라서 옳지 않은 것은 ④이다.

3 $\overline{OC}=\overline{OD}=\overline{PR}=\overline{PQ}$이지만 $\overline{QR}$의 길이는 같은 지 알 수 없다.

4 ① $8>2+5$이므로 삼각형을 작도할 수 없다.

6 ㄱ. 세 각의 크기가 주어진 경우이므로 무수히 많은 삼각형이 그려진다.
ㄴ. $9>6+2$이므로 삼각형이 그려지지 않는다.
ㄷ. $\angle C=180°-(40°+50°)=90°$이므로 한 변의 길이와 그 양 끝 각의 크기가 주어진 경우이다.
ㄹ. $\angle C$는 $\overline{AB}$, $\overline{BC}$의 끼인각이 아니다.
ㅁ. 세 변의 길이가 주어지고 $8<7+5$이므로 삼각형이 하나로 정해진다.

7 $\overline{DE}=\overline{AB}=6$ cm이므로 $x=6$
$\angle D=\angle A=180°-(100°+40°)=40°$이므로
$y=40$
$\therefore$ $x+y=6+40=46$

8 ① SAS 합동 ② ASA 합동
③ 세 각의 크기가 각각 같은 두 삼각형은 모양은 같으나 크기가 다를 수 있으므로 합동이 아니다.
④ ASA 합동 ⑤ SSS 합동

9 주어진 삼각형의 나머지 한 각의 크기는
$180°-(70°+60°)=50°$이므로 주어진 삼각형과 합동인 삼각형은 ㄱ(SAS 합동), ㄷ(ASA 합동)이다.

10 $\triangle ABE$와 $\triangle ACD$에서
$\overline{AB}=\overline{AC}$, $\angle A$는 공통, $\overline{AE}=\overline{AD}$이므로
$\triangle ABE\equiv\triangle ACD$ (SAS 합동)

11 $\angle AOB=180°-70°=110°$
$\triangle OAB$와 $\triangle OCD$에서
$\overline{AO}=\overline{CO}$, $\overline{BO}=\overline{DO}$이고,
$\angle AOB=\angle COD$(맞꼭지각)이므로
$\triangle OAB\equiv\triangle OCD$(SAS 합동)
$\therefore$ $\angle A=\angle C=40°$
$\therefore$ $\angle B=180°-(110°+40°)=30°$

12 △ADC에서

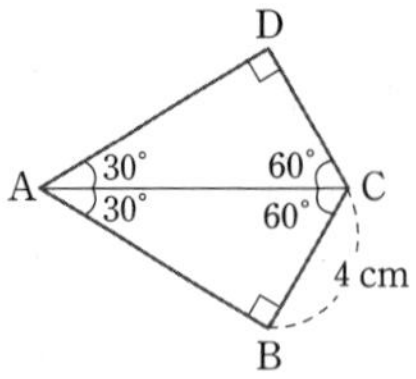

$\angle DAC = 180° - (90° + 60°)$
$= 30°$
△ABC에서
$\angle BCA = 180° - (30° + 90°) = 60°$
△ABC와 △ADC에서
$\overline{AC}$는 공통, $\angle BAC = \angle DAC = 30°$,
$\angle BCA = \angle DCA = 60°$
∴ △ABC≡△ADC(ASA 합동)
④ $\angle BCD = \angle DCA + \angle BCA = 60° + 60° = 120°$

개념 완성 발전 문제

개념북 61~62쪽

1 ㅅ, ㄴ, ㅁ, ㅂ **2** ④ **3** ③
4 ① **5** $4\ cm^2$
6 ① 9, $(x+2)+7$, $x>0$ ② $x+2$, $7+9$, $x<14$
③ 13
7 ① △ABE≡△ADC ② $\overline{DC}$

2 만들 수 있는 삼각형은 (4, 4, 6), (4, 6, 6), (4, 6, 8), (4, 8, 10), (6, 6, 8), (6, 6, 10), (6, 8, 10)의 7개이다.

3

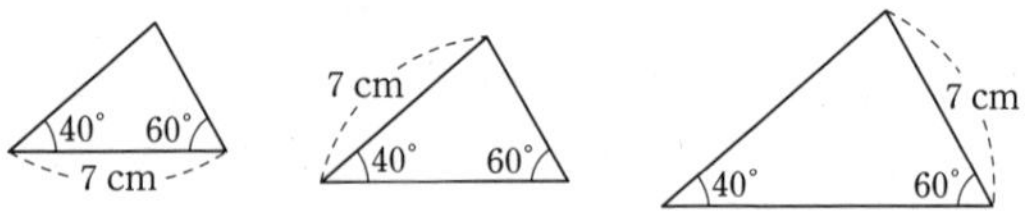

이므로 모두 3개이다.

4 △ACD와 △BCE에서
$\overline{AC} = \overline{BC}$, $\overline{CD} = \overline{CE}$
$\angle ACD = \angle ACE + 60° = \angle BCE$
∴ △ACD≡△BCE(SAS 합동)
②, ③, ④ △ACD≡△BCE이므로
$\angle CAD = \angle CBE$, $\overline{AD} = \overline{BE}$
⑤ $\angle ACB = \angle ECD = 60°$이므로
$\angle ACE = 180° - 2 \times 60° = 60°$

5 △OBH와 △OCI에서
$\overline{OB} = \overline{OC}$, $\angle OBH = \angle OCI = 45°$
$\angle BOH = \angle BOC - \angle HOC = 90° - \angle HOC$
$= \angle COI$
∴ △OBH≡△OCI(ASA 합동)
따라서 색칠한 부분의 넓이는
△OHC+△OCI=△OHC+△OBH=△OBC
$= \frac{1}{4}$□ABCD$= \frac{1}{4} \times (4 \times 4)$
$= 4(cm^2)$

6 ① 가장 긴 변의 길이가 9일 때
$9 < (x+2)+7$ ∴ $x > 0$ …… ㉠
② 가장 긴 변의 길이가 $x+2$일 때
$x+2 < 7+9$ ∴ $x < 14$ …… ㉡
③ ㉠, ㉡에서 x의 값이 될 수 있는 자연수는 1, 2, 3, 4, …, 12, 13으로 13개이다.

7 ① △ABE와 △ADC에서
$\overline{AB} = \overline{AD}$, $\overline{AE} = \overline{AC}$
$\angle BAE = \angle BAC + 60° = \angle DAC$
∴ △ABE≡△ADC (SAS 합동)
② △ABE≡△ADC이므로 $\overline{BE}$에 대응하는 변은 $\overline{DC}$이다.
따라서 $\overline{BE}$와 길이가 같은 선분은 $\overline{DC}$이다.

1 다각형의 성질

1 다각형

개념북 66쪽

1 ①, ④

2 105°

1 ② 도형 전체 또는 일부가 곡선으로 이루어져 있으므로 다각형이 아니다.

③ 선분의 끝점이 만나지 않으므로 다각형이 아니다.

⑤ 입체도형이므로 다각형이 아니다.

2 오른쪽 그림과 같이 다각형에서 한 내각의 크기와 그와 이웃한 한 외각의 크기의 합은 180°이므로

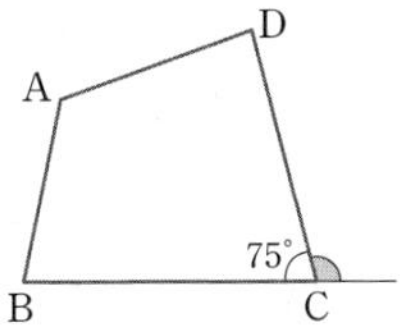

($\angle C$의 외각의 크기)

$=180^\circ-75^\circ=105^\circ$

다각형

개념북 67쪽

1 ①, ② **1-1** ③, ④

1 ① 사각뿔은 입체도형이므로 다각형이 아니다.

② 부채꼴은 두 개의 선분과 하나의 곡선으로 이루어져 있으므로 다각형이 아니다.

1-1 ① 3개 이상의 선분으로 둘러싸여 있지 않으므로 다각형이 아니다.

② 도형의 일부가 곡선으로 이루어져 있으므로 다각형이 아니다.

⑤ 입체도형이므로 다각형이 아니다.

정다각형

개념북 67쪽

2 ③, ⑤ **2-1** ㄱ, ㄷ

2 ① 부채꼴 ② 직사각형 ③ 정삼각형 ④ 마름모 ⑤ 정육각형이므로 모든 변의 길이가 같고, 모든 내각의 크기가 같은 정다각형은 ③, ⑤이다.

2-1 ㄴ. 정육각형의 경우 대각선의 길이가 다르다.

내각과 외각

개념북 68쪽

3 (1) $\angle CBF$ (2) 115°

3-1 (1) 130° (2) 100° **3-2** ③ **3-3** ①

3 (1) $\angle ABC$의 외각은 $\angle CBF$

(2) $\angle ADC=180^\circ-\angle HDA=180^\circ-65^\circ=115^\circ$

3-1 (1) $\angle x=180^\circ-50^\circ=130^\circ$

(2) $\angle x=180^\circ-80^\circ=100^\circ$

3-2 다각형의 한 꼭짓점에서 내각과 외각의 크기의 합은 180°이므로

(구하는 내각의 크기)$=180^\circ-109^\circ=71^\circ$

3-3 다각형의 한 꼭짓점에서 내각과 외각의 크기의 합은 180°이므로 주어진 오각형의 내각의 크기는 오른쪽 그림과 같다.

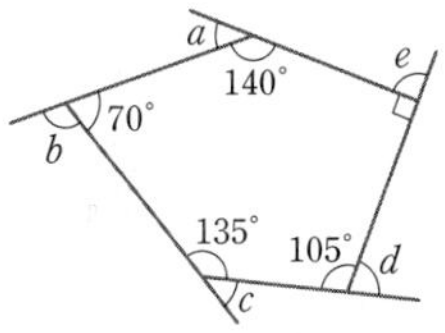

따라서 주어진 오각형의 내각의 크기가 아닌 것은 ①이다.

2 다각형의 대각선

개념북 69쪽

1 (위부터 차례로) 3, 3, 3, 4, 3, 9, 7, 4, 14

1

	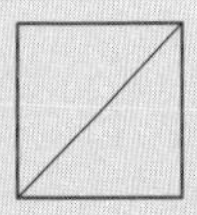 사각형	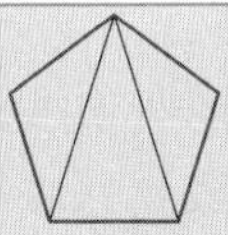 오각형	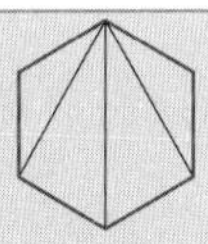 육각형	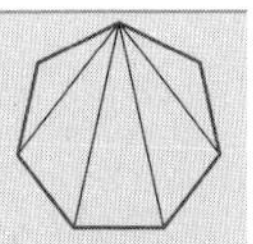 칠각형
한 꼭짓점에서 그을 수 있는 대각선의 개수	$4-3=1$	$5-3=2$	$6-\boxed{3}=\boxed{3}$	$7-\boxed{3}=\boxed{4}$
대각선의 개수	$\frac{4\times1}{2}=2$	$\frac{5\times2}{2}=5$	$\frac{6\times\boxed{3}}{2}=\boxed{9}$	$\frac{\boxed{7}\times\boxed{4}}{2}=\boxed{14}$

한 꼭짓점에서 그을 수 있는 대각선의 개수 (1)

개념북 70쪽

1 (1) 7 (2) 17 **1-1** ⑤

1 (1) $10-3=7$ (2) $20-3=17$

1-1 $a=7-3=4$

$b=7$

$\therefore a+b=4+7=11$

한 꼭짓점에서 그을 수 있는 대각선의 개수 (2) 개념북 70쪽

2 ④ **2-1** ④ **2-2** 23

2 구하는 다각형을 n각형이라 하면 n각형의 한 꼭짓점에서 그을 수 있는 대각선의 개수는 $n-3$이므로

$n-3=8$ $\therefore n=11$

따라서 구하는 다각형은 십일각형이다.

2-1 구하는 다각형을 n각형이라 하면

$n-3=11$ $\therefore n=14$

따라서 십사각형의 꼭짓점의 개수는 14이다.

2-2 구하는 다각형을 n각형이라 하면

$n-3=20$ $\therefore n=23$

따라서 이십삼각형의 변의 개수는 23이다.

대각선의 개수 (1) 개념북 71쪽

3 65 **3-1** 9번

3 구하는 다각형을 n각형이라 하면 n각형의 한 꼭짓점에서 그을 수 있는 대각선의 개수는 $n-3$이므로

$n-3=10$ $\therefore n=13$

따라서 십삼각형의 대각선의 개수는 $\dfrac{13\times10}{2}=65$

3-1 양옆의 사람을 제외한 두 사람씩 짝을 지으면 악수를 한 총 횟수는 육각형의 대각선의 개수와 같으므로

$\dfrac{6\times(6-3)}{2}=9$(번)

대각선의 개수 (2) 개념북 71쪽

4 ④ **4-1** 정십이각형

4 구하는 다각형을 n각형이라 하면 대각선의 개수가 90이므로 $\dfrac{n(n-3)}{2}=90$, $n(n-3)=180$

이때 $180=15\times12$이므로 $n=15$

따라서 구하는 다각형은 십오각형이다.

4-1 변의 길이가 모두 같고, 내각의 크기가 모두 같은 다각형은 정다각형이므로 구하는 다각형을 정n각형이라 하면

$\dfrac{n(n-3)}{2}=54$, $n(n-3)=108$

이때 $108=12\times9$이므로 $n=12$

따라서 구하는 다각형은 정십이각형이다

3 삼각형의 내각의 크기

개념북 72쪽

1 $\angle$ECD, 엇각, $\angle$ACE, 180°

2 30°

1 오른쪽 그림과 같은 △ABC의 꼭짓점 C에서 $\overline{BA}$에 평행한 반직선 CE를 그으면

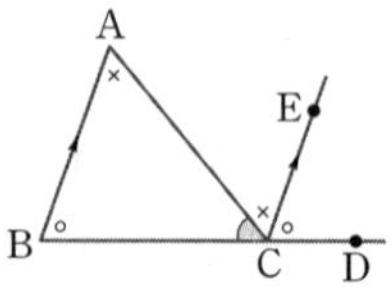

$\angle B=$ $\boxed{\angle ECD}$(동위각)

$\angle A=\angle ACE($ $\boxed{\text{엇각}}$ $)$

$\therefore \angle A+\angle B+\angle C=\boxed{\angle ACE}+\angle ECD+\angle C$

$=\boxed{180^\circ}$

2 $50^\circ+\angle x+100^\circ=180^\circ$

$\angle x+150^\circ=180^\circ$ $\therefore \angle x=30^\circ$

삼각형의 내각의 크기의 합 개념북 73쪽

1 65° **1-1** (1) 70° (2) 122°

1 △ABE에서 $\angle ABE=180^\circ-(70^\circ+55^\circ)=55^\circ$

$\angle CBD=\angle ABE=55^\circ$ (맞꼭지각)

$\therefore \angle x=180^\circ-(55^\circ+60^\circ)=65^\circ$

1-1 (1) $\angle ADB=180^\circ-\angle BDC=180^\circ-80^\circ=100^\circ$

$\angle DBC=\angle ABD=180^\circ-(50^\circ+100^\circ)=30^\circ$

$\therefore \angle x=180^\circ-(80^\circ+30^\circ)=70^\circ$

(2) △ABC에서 $\angle ACB=180^\circ-(70^\circ+90^\circ)=20^\circ$

△DBC에서 $\angle DBC=180^\circ-(52^\circ+90^\circ)=38^\circ$

따라서 △EBC에서

$\angle x=180^\circ-(38^\circ+20^\circ)=122^\circ$

세 각 사이의 관계가 주어진 경우 삼각형의 내각의 크기의 합 개념북 73쪽

2 ③ **2-1** 55°

2 삼각형의 세 내각의 크기의 합은 180°이므로 가장 작은 내각의 크기는

$180^\circ \times \frac{3}{3+4+5} = 180^\circ \times \frac{3}{12} = 45^\circ$

[다른 풀이]

삼각형의 세 내각의 크기의 비가 $3:4:5$이므로

세 내각의 크기를 각각 $3\angle x$, $4\angle x$, $5\angle x$라 하면

$3\angle x + 4\angle x + 5\angle x = 180^\circ$, $12\angle x = 180^\circ$

$\therefore \angle x = 15^\circ$

따라서 가장 작은 내각의 크기는

$3\angle x = 3\times 15^\circ = 45^\circ$

2-1 $\angle A = 4\angle C$, $\angle B = \angle C + 30^\circ$이므로

$4\angle C + (\angle C + 30^\circ) + \angle C = 180^\circ$

$6\angle C = 150^\circ \qquad \therefore \angle C = 25^\circ$

$\therefore \angle B = \angle C + 30^\circ = 25^\circ + 30^\circ = 55^\circ$

삼각형의 내각의 크기의 합의 응용 (1) – 두 내각의 이등분선 개념북 74쪽

3 (1) 90° (2) 45° (3) 135° **3-1** 50°

3 (1) $\triangle ABC$에서 $\angle B + \angle C = 180^\circ - 90^\circ = 90^\circ$

(2) 점 D가 $\angle B$와 $\angle C$의 이등분선의 교점이므로

$\angle DBC = \frac{1}{2}\angle B$, $\angle DCB = \frac{1}{2}\angle C$

$\therefore \angle DBC + \angle DCB = \frac{1}{2}(\angle B + \angle C)$

$= \frac{1}{2} \times 90^\circ = 45^\circ$

(3) $\triangle DBC$에서

$\angle x = 180^\circ - (\angle DBC + \angle DCB)$

$= 180^\circ - 45^\circ$

$= 135^\circ$

3-1 오른쪽 그림에서

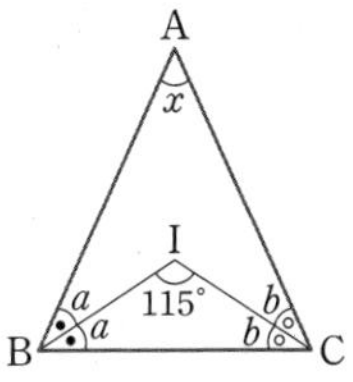

$\angle ABI = \angle IBC = \angle a$,

$\angle ACI = \angle ICB = \angle b$라 하면

$\triangle IBC$에서

$\angle a + \angle b = 180^\circ - 115^\circ = 65^\circ$

$\therefore \angle x = 180^\circ - 2(\angle a + \angle b)$

$= 180^\circ - 2\times 65^\circ = 50^\circ$

삼각형의 내각의 크기의 합의 응용 (2) – △ 모양 개념북 74쪽

4 95° **4-1** ② **4-2** ①

4 오른쪽 그림과 같이 $\overline{BC}$를 그으면

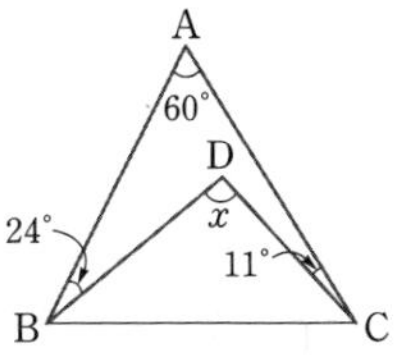

$\triangle ABC$에서

$\angle DBC + \angle DCB$

$= 180^\circ - (60^\circ + 24^\circ + 11^\circ)$

$= 85^\circ$

$\triangle DBC$에서

$\angle x = 180^\circ - (\angle DBC + \angle DCB)$

$= 180^\circ - 85^\circ$

$= 95^\circ$

4-1 오른쪽 그림과 같이 $\overline{BC}$를 그으면

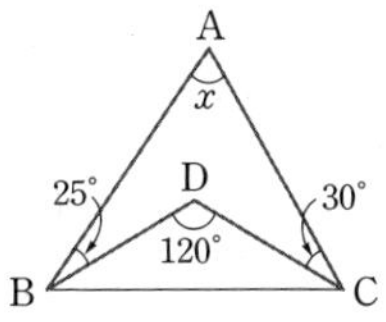

$\triangle DBC$에서

$\angle DBC + \angle DCB = 180^\circ - 120^\circ$

$= 60^\circ$

$\triangle ABC$에서

$\angle x = 180^\circ - (25^\circ + \angle DBC + \angle DCB + 30^\circ)$

$= 180^\circ - (25^\circ + 60^\circ + 30^\circ)$

$= 65^\circ$

4-2 오른쪽 그림과 같이 보조선을 그어 생기는 각의 크기를 각각 $\angle a$, $\angle b$라 하면

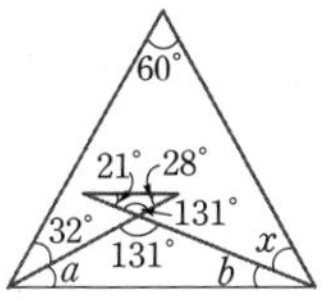

$\angle a + \angle b = 180^\circ - 131^\circ = 49^\circ$

삼각형의 내각의 크기의 합은 180°이므로

$60^\circ + 32^\circ + \angle a + \angle b + \angle x = 180^\circ$

$60^\circ + 32^\circ + 49^\circ + \angle x = 180^\circ$

$\angle x + 141^\circ = 180^\circ \qquad \therefore \angle x = 39^\circ$

4 삼각형의 외각의 크기 개념북 76쪽

1 (1) 75° (2) 77°

1 (1) $\angle x = 40^\circ + 35^\circ = 75^\circ$

(2) $\angle x + 58^\circ = 135^\circ \qquad \therefore \angle x = 77^\circ$

삼각형의 외각의 성질 개념북 77쪽

1 (1) 50° (2) 15°

1-1 (1) 30° (2) 60° **1-2** 85°

1 (1) $\angle x+2\angle x=150°$에서

$3\angle x=150°$ $\therefore \angle x=50°$

(2) $(\angle x+10°)+50°=5\angle x$에서

$4\angle x=60°$ $\therefore \angle x=15°$

1-1 (1) $(3\angle x-20°)+(\angle x+10°)=110°$

$4\angle x=120°$ $\therefore \angle x=30°$

(2) $80°+(\angle x-10°)=2\angle x+10°$

$\therefore \angle x=60°$

1-2 $\angle BAD=\angle CAD=\frac{1}{2}\angle BAC$

$=\frac{1}{2}\times(180°-110°)=35°$

$\angle ABD=180°-130°=50°$

따라서 $\triangle ABD$에서

$\angle x=\angle BAD+\angle ABD=35°+50°=85°$

삼각형의 외각의 크기의 합 개념북 77쪽

2 95° **2-1** (1) 145° (2) 70°

2 삼각형의 외각의 크기의 합은 360°이므로

$\angle x+130°+135°=360°$ $\therefore \angle x=95°$

2-1 (1) 삼각형의 외각의 크기의 합은 360°이므로

$\angle x+90°+125°=360°$ $\therefore \angle x=145°$

(2) 삼각형의 외각의 크기의 합은 360°이므로

$100°+(2\angle x-20°)+2\angle x=360°$

$4\angle x=280°$ $\therefore \angle x=70°$

삼각형의 외각의 성질의 응용 (1) – 이등변삼각형 개념북 78쪽

3 ③ **3-1** ⑤

3 $\triangle DBC$에서

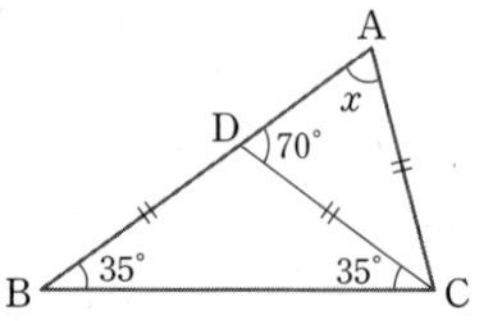

$\angle DCB=\angle B=35°$이고

$\angle ADC=35°+35°=70°$

$\triangle CAD$에서

$\angle x=\angle ADC=70°$

3-1 $\triangle ABC$에서

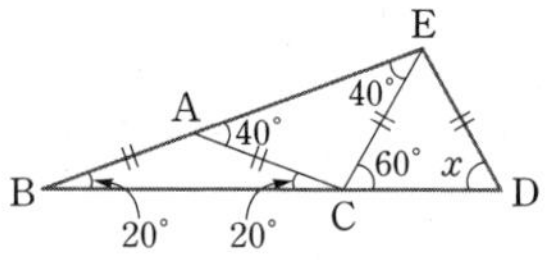

$\angle ACB=\angle B=20°$이고

$\angle EAC=20°+20°=40°$

$\triangle CEA$에서

$\angle CEA=\angle CAE=40°$

$\triangle EBC$에서

$\angle ECD=\angle EBC+\angle BEC=20°+40°=60°$

$\triangle ECD$에서 $\angle x=\angle ECD=60°$

삼각형의 외각의 성질의 응용 (2) – 한 내각과 한 외각의 이등분선 개념북 78쪽

4 15° **4-1** ③

4 $\angle ABD=\angle DBC=\angle a$,

$\angle ACD=\angle DCE=\angle b$라 하면

$\triangle ABC$에서

$2\angle b=2\angle a+30°$이므로

$\angle b=\angle a+15°$ …… ㉠

$\triangle DBC$에서 $\angle b=\angle a+\angle x$ …… ㉡

㉠, ㉡에서 $\angle a+15°=\angle a+\angle x$ $\therefore \angle x=15°$

4-1 $\angle ABD=\angle DBC=\angle a$,

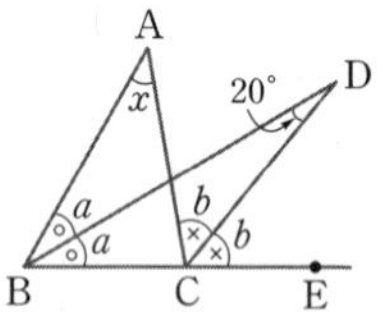

$\angle ACD=\angle DCE=\angle b$라 하면

$\triangle ABC$에서 $2\angle b=\angle x+2\angle a$

이므로

$\angle b=\frac{1}{2}\angle x+\angle a$ …… ㉠

$\triangle DBC$에서 $\angle b=20°+\angle a$ …… ㉡

㉠, ㉡에서 $\frac{1}{2}\angle x+\angle a=20°+\angle a$

$\frac{1}{2}\angle x=20$ $\therefore \angle x=40°$

5 다각형의 내각의 크기 개념북 80쪽

1 (1) 4 (2) 4, 180°, 4, 720° (3) 720°, 120°

1 (1), (2) 정육각형의 한 꼭짓점에서 대각선을 그으면 삼각형 4개로 나누어지므로 내각의 크기의 합은 $180°\times4=720°$이다.

(3) 정육각형의 내각의 크기는 모두 같으므로 한 내각의 크기는 $\frac{720°}{6}=120°$이다.

다각형의 내각의 크기의 합 개념북 81쪽

1 (1) $360°$ (2) $1080°$

1-1 ④ **1-2** $140°$

1 (1) 사각형 내각의 크기의 합은

$180° \times (4-2) = 360°$

(2) 팔각형의 내각의 크기의 합은

$180° \times (8-2) = 1080°$

1-1 구하는 다각형을 n각형이라 하면

$180° \times (n-2) = 1260°$, $n-2=7$ $\therefore n=9$

따라서 구각형의 변의 개수는 9이다.

1-2 육각형의 내각의 크기의 합은

$180° \times (6-2) = 720°$이므로

$(\angle x - 10°) + 100° + 115° + 110° + \angle x + 125°$

$= 720°$

$2\angle x + 440° = 720°$, $2\angle x = 280°$ $\therefore \angle x = 140°$

정다각형의 한 내각의 크기 개념북 81쪽

2 (1) $135°$ (2) $144°$ (3) $150°$ **2-1** 정구각형

2 (1) $\frac{180° \times (8-2)}{8} = 135°$

(2) $\frac{180° \times (10-2)}{10} = 144°$

(3) $\frac{180° \times (12-2)}{12} = 150°$

2-1 구하는 정다각형을 정n각형이라 하면

$\frac{180° \times (n-2)}{n} = 140°$, $180° \times n - 360° = 140° \times n$

$40° \times n = 360°$ $\therefore n=9$

따라서 구하는 정다각형은 정구각형이다.

다각형의 내각의 크기의 응용 개념북 82쪽

3 $36°$

3-1 $90°$ **3-2** ④ **3-3** $107.5°$

3 $\angle B$는 정오각형의 한 내각이므로

$\angle B = \frac{180° \times (5-2)}{5} = 108°$

$\triangle ABC$는 $\overline{BA} = \overline{BC}$인 이등변삼각형이므로

$\angle x = \frac{1}{2} \times (180° - 108°) = 36°$

3-1 정팔각형의 한 내각의 크기는

$\frac{180° \times (8-2)}{8} = 135°$

$\triangle CDE$는 $\overline{DC} = \overline{DE}$인 이등변삼각형이므로

$\angle DEC = \frac{1}{2} \times (180° - 135°) = 22.5°$

마찬가지로 $\angle FEG = 22.5°$

$\therefore \angle x = 135° - 22.5° \times 2 = 90°$

3-2 $\angle BAD = 180° - 40° = 140°$

사각형의 내각의 크기의 합은 $360°$이므로

사각형 ABCD에서

$\angle ABC + \angle DCB = 360° - (140° + 100°) = 120°$

$\therefore \angle EBC + \angle ECB = \frac{1}{2}(\angle ABC + \angle DCB)$

$= \frac{1}{2} \times 120° = 60°$

따라서 $\triangle EBC$에서

$\angle x = 180° - 60° = 120°$

3-3 $\angle BAD = 180° - 80° = 100°$

$\angle ADC = 180° - 65° = 115°$

사각형의 내각의 크기의 합은 $360°$이므로

사각형 ABCD에서

$\angle ABC + \angle DCB = 360° - (100° + 115°) = 145°$

$\therefore \angle EBC + \angle ECB = \frac{1}{2}(\angle ABC + \angle DCB)$

$= \frac{1}{2} \times 145° = 72.5°$

따라서 $\triangle EBC$에서

$\angle x = 180° - 72.5° = 107.5°$

6 다각형의 외각의 크기 개념북 83쪽

1 (1) $180°$ (2) 6, $1080°$ (3) $180°$, 6, $720°$

(4) $1080°$, $720°$, $360°$ (5) $360°$, $60°$

1 (1) 육각형의 각 꼭짓점에서 내각과 외각의 크기의 합은

$180°$(평각)이다.

다각형의 외각의 크기의 합 개념북 84쪽

1 (1) $77°$ (2) $65°$ **1-1** $137°$

1 (1) 다각형의 외각의 크기의 합은 360°이고
$\angle B$의 외각의 크기는 $180^\circ-75^\circ=105^\circ$이므로
$53^\circ+105^\circ+125^\circ+\angle x=360^\circ$
$\angle x+283^\circ=360^\circ$
$\therefore\ \angle x=77^\circ$

(2) $\angle C$의 외각의 크기는 $180^\circ-125^\circ=55^\circ$,
$\angle D$의 외각의 크기는 $180^\circ-90^\circ=90^\circ$이므로
$80^\circ+\angle x+55^\circ+90^\circ+70^\circ=360^\circ$
$\angle x+295^\circ=360^\circ$
$\therefore\ \angle x=65^\circ$

1-1 다각형의 외각의 크기의 합은 360°이고
$\angle B$의 외각의 크기는 $180^\circ-\angle x$이므로
$(180^\circ-\angle x)+80^\circ+77^\circ+75^\circ+85^\circ=360^\circ$
$497^\circ-\angle x=360^\circ \qquad \therefore\ \angle x=137^\circ$

정다각형의 한 외각의 크기 개념북 84쪽

2 정십각형 **2-1** ① **2-2** 54

2 구하는 정다각형을 정n각형이라 하면
$\dfrac{360^\circ}{n}=36^\circ \qquad \therefore\ n=10$
따라서 구하는 정다각형은 정십각형이다.

2-1 내각의 크기의 합이 2340°인 정다각형을 정n각형이라 하면
$180^\circ\times(n-2)=2340^\circ$, $n-2=13 \qquad \therefore\ n=15$
따라서 정십오각형의 한 외각의 크기는 $\dfrac{360^\circ}{15}=24^\circ$

2-2 한 외각의 크기는 $180^\circ\times\dfrac{1}{5+1}=30^\circ$
외각의 크기의 합은 항상 360°이므로 한 외각의 크기가 30°인 정다각형을 정n각형이라 하면
$\dfrac{360^\circ}{n}=30^\circ \qquad \therefore\ n=12$
따라서 정십이각형의 대각선의 개수는
$\dfrac{12\times(12-3)}{2}=54$

7 다각형의 내각과 외각의 활용 개념북 85쪽

1 310°

1 오른쪽 그림과 같이 보조선을 그어 생기는 각의 크기를 각각 $\angle x$, $\angle y$라 하면
$\angle x+\angle y=180^\circ-130^\circ=50^\circ$이므로

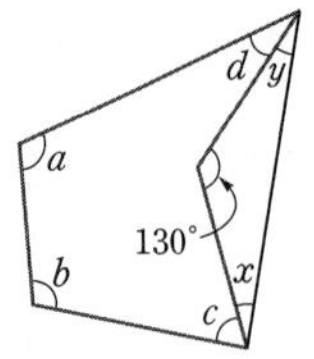

$\angle a+\angle b+\angle c+\angle d+\angle x+\angle y$
$=360^\circ$
$\angle a+\angle b+\angle c+\angle d+50^\circ=360^\circ$
$\therefore\ \angle a+\angle b+\angle c+\angle d=360^\circ-50^\circ=310^\circ$

오목한 부분이 있는 다각형에서의 각의 크기 개념북 86쪽

1 75°
1-1 ② **1-2** ① **1-3** ④

1 오른쪽 그림과 같이 보조선을 그어 생기는 각의 크기를 각각 $\angle a$, $\angle b$라 하면 오각형의 내각의 크기의 합은

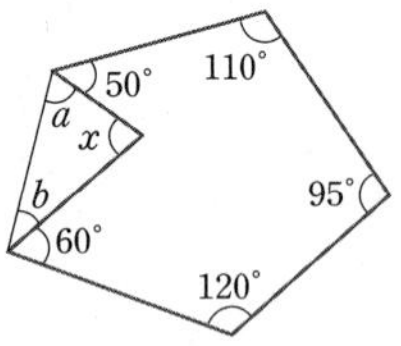

$180^\circ\times(5-2)=540^\circ$이므로
$50^\circ+\angle a+\angle b+60^\circ+120^\circ+95^\circ+110^\circ=540^\circ$
$\angle a+\angle b+435^\circ=540^\circ \qquad \therefore\ \angle a+\angle b=105^\circ$
$\angle a+\angle b+\angle x=180^\circ$이므로
$105^\circ+\angle x=180^\circ \qquad \therefore\ \angle x=75^\circ$

1-1 오른쪽 그림과 같이 보조선을 그어 생기는 각의 크기를 각각 $\angle a$, $\angle b$라 하면
$\angle x+\angle y=\angle a+\angle b$

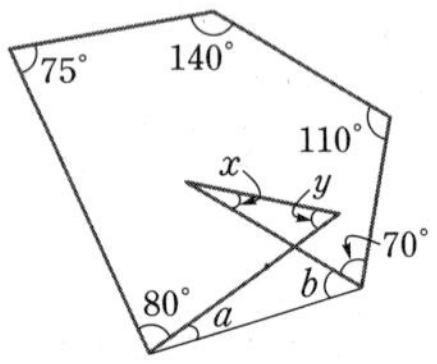

오각형의 내각의 크기의 합은
$180^\circ\times(5-2)=540^\circ$이므로
$140^\circ+75^\circ+80^\circ+\angle a+\angle b+70^\circ+110^\circ=540^\circ$
$\angle a+\angle b+475^\circ=540^\circ$, $\angle a+\angle b=65^\circ$
$\therefore\ \angle x+\angle y=65^\circ$

1-2 오른쪽 그림과 같이 보조선을 그어 생기는 각의 크기를 각각 $\angle x$, $\angle y$라 하면 $\angle e+\angle f=\angle x+\angle y$
사각형의 내각의 크기의 합은 360°이므로

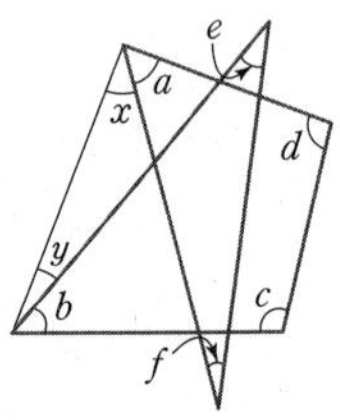

$\angle a+\angle b+\angle c+\angle d+\angle e+\angle f$
$=\angle a+\angle b+\angle c+\angle d+\angle x+\angle y$
$=360^\circ$

1-3 오른쪽 그림과 같이 보조선을 그어 생기는 각의 크기를 각각 $\angle x$, $\angle y$, $\angle u$, $\angle v$라 하면

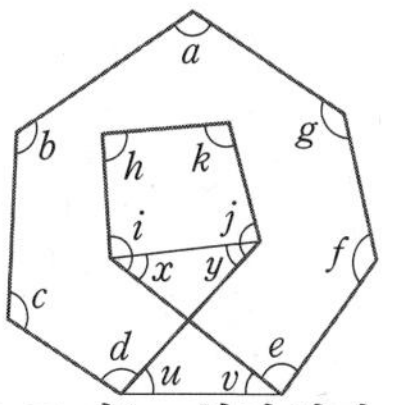

$\angle x+\angle y=\angle u+\angle v$이므로

$\angle a+\angle b+\angle c+\cdots+\angle j+\angle k$의 크기는 칠각형과 사각형의 내각의 크기의 합과 같다.

칠각형의 내각의 크기의 합은 $180^\circ\times(7-2)=900^\circ$

사각형의 내각의 크기의 합은 $180^\circ\times(4-2)=360^\circ$

따라서 구하는 각의 크기는

$900^\circ+360^\circ=1260^\circ$

복잡한 도형에서의 각의 크기 개념북 87쪽

2 (1) 360° (2) 540°

2-1 65° **2-2** 195° **2-3** ③

2 (1) $\angle a+\angle c+\angle e=180^\circ$, $\angle b+\angle d+\angle f=180^\circ$ 이므로

$\angle a+\angle b+\angle c+\angle d+\angle e+\angle f=360^\circ$

(2) $\angle a+\angle b+\angle c+\angle d+\angle e+\angle f+\angle g$

$=$(7개의 삼각형의 내각의 크기의 합)

$-$(칠각형의 외각의 크기의 합)$\times 2$

$=180^\circ\times 7-360^\circ\times 2=540^\circ$

2-1 오른쪽 그림의 $\triangle$AHD에서

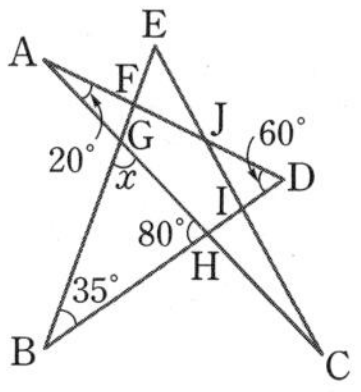

$\angle$AHB$=20^\circ+60^\circ=80^\circ$

따라서 $\triangle$GBH에서

$\angle x=180^\circ-(35^\circ+80^\circ)=65^\circ$

2-2 오른쪽 그림의 $\triangle$BDF에서

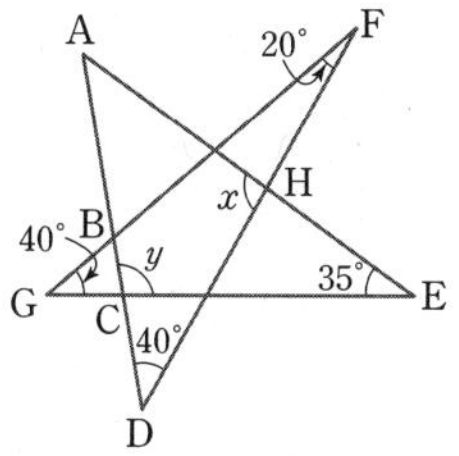

$\angle$GBC$=20^\circ+40^\circ=60^\circ$

이므로 $\triangle$BGC에서

$\angle y=40^\circ+60^\circ=100^\circ$

$\triangle$ACE에서

$\angle$A$=180^\circ-(100^\circ+35^\circ)=45^\circ$

이므로 $\triangle$ADH에서

$\angle x=180^\circ-(40^\circ+45^\circ)=95^\circ$

$\therefore\ \angle x+\angle y=95^\circ+100^\circ=195^\circ$

2-3 오른쪽 그림과 같이 삼각형의 외각의 성질에 의해

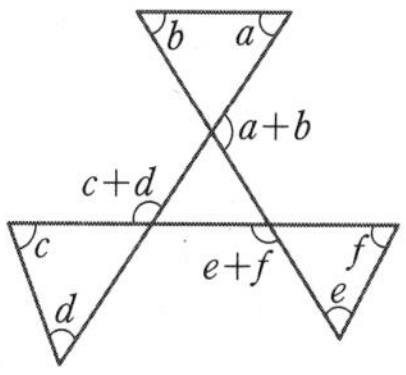

$\angle a+\angle b+\angle c+\angle d+\angle e+\angle f$

의 크기는 삼각형의 외각의 크기의 합인 360°와 같다.

개념 완성 기본 문제 개념북 90~91쪽

1 ②, ⑤	**2** 풀이 참조	**3** $\angle x=38^\circ$, $\angle y=125^\circ$	
4 ④	**5** $\angle x=44^\circ$, $\angle y=147^\circ$		**6** ①
7 ②	**8** 10	**9** ①, ③	**10** 135°
11 ⑤	**12** 360°		

1 ② 네 변의 길이가 모두 같다고 정다각형인 것은 아니다.

④ 구각형의 대각선의 개수는 $\dfrac{9\times(9-3)}{2}=27$이다.

⑤ 십칠각형의 한 꼭짓점에서 그을 수 있는 대각선의 개수는 $17-3=14$이다.

따라서 옳지 않은 것은 ②, ⑤이다.

2 n각형의 한 꼭짓점에서 그을 수 있는 대각선의 개수는 $n-3$이므로

$n-3=12$ $\therefore\ n=15$

따라서 십오각형의 대각선의 개수는

$\dfrac{15\times(15-3)}{2}=90$

3 $\angle x+3\angle x+(\angle x-10^\circ)=180^\circ$, $5\angle x=190^\circ$

$\therefore\ \angle x=38^\circ$

$\angle y=(180^\circ-105^\circ)+50^\circ=125^\circ$

4 오른쪽 그림에서

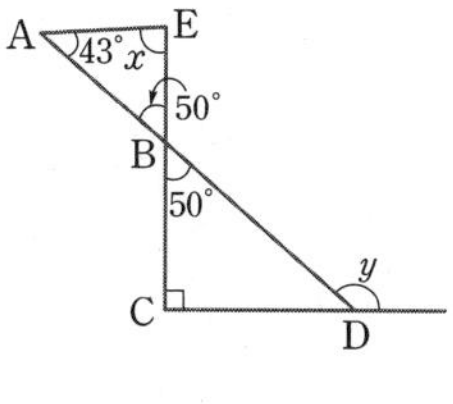

$\angle$ABE$=\angle$CBD$=50^\circ$이므로

$\triangle$ABE에서

$\angle x+43^\circ+50^\circ=180^\circ$

$\therefore\ \angle x=87^\circ$

$\triangle$BCD에서 $\angle y=50^\circ+90^\circ=140^\circ$

5 $\triangle$ABC에서

$\angle x=180^\circ-(90^\circ+46^\circ)=44^\circ$

$\triangle$ACD에서

$\angle y=90^\circ+57^\circ=147^\circ$

6 $\angle ABD=\angle DBC=\angle a$,

$\angle ACD=\angle DCE=\angle b$라 하면

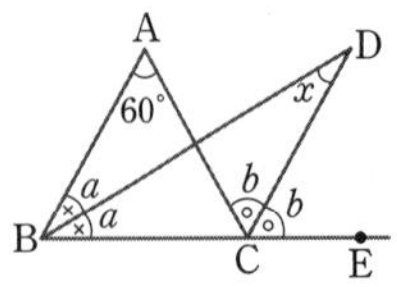

$\triangle$ABC에서

$2\angle b=2\angle a+60^\circ$이므로

$\angle b=\angle a+30^\circ$ …… ㉠

$\triangle$DBC에서 $\angle b=\angle a+\angle x$ …… ㉡

㉠, ㉡에서 $\angle a+30^\circ=\angle a+\angle x$

$\therefore\ \angle x=30^\circ$

7 구하는 정다각형을 정n각형이라 하면

$\dfrac{360^\circ}{n}=72^\circ$ $\quad\therefore\ n=5$

따라서 정오각형의 내각의 크기의 합은

$180^\circ\times(5-2)=540^\circ$

8 구하는 정다각형을 정n각형이라 하면

(정n각형의 한 외각의 크기)$=180^\circ\times\dfrac{1}{4+1}=36^\circ$

이므로

$\dfrac{360^\circ}{n}=36^\circ$ $\quad\therefore\ n=10$

따라서 정십각형의 꼭짓점의 개수는 10이다.

9 ① 대각선의 개수는 $\dfrac{20\times(20-3)}{2}=170$이다.

② 내각의 크기의 합은 $180^\circ\times(20-2)=3240^\circ$이다.

④ 한 외각의 크기는 $\dfrac{360^\circ}{20}=18^\circ$이다.

⑤ 한 내각의 크기는 $\dfrac{3240^\circ}{20}=162^\circ$이다.

따라서 옳은 것은 ①, ③이다.

10 오른쪽 그림과 같이 보조선을 그어 생기는 각의 크기를 각각 $\angle a$, $\angle b$라 하면

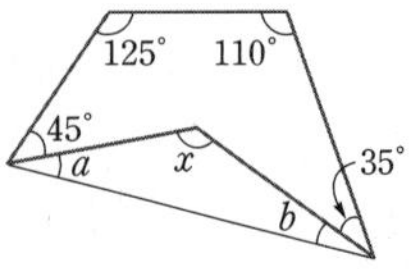

$125^\circ+45^\circ+\angle a+\angle b+35^\circ+110^\circ=360^\circ$

$315^\circ+\angle a+\angle b=360^\circ$ $\quad\therefore\ \angle a+\angle b=45^\circ$

$\therefore\ \angle x=180^\circ-(\angle a+\angle b)$

$=180^\circ-45^\circ$

$=135^\circ$

11 정육각형과 정팔각형의 한 외각의 크기는 각각

$\dfrac{360^\circ}{6}=60^\circ$, $\dfrac{360^\circ}{8}=45^\circ$이고

$\angle AFG=360^\circ-\angle AFE-\angle GFE$

$=360^\circ-120^\circ-135^\circ$

$=105^\circ$

이므로 사각형 AFGP에서

$\angle APG=360^\circ-(\angle PAF+\angle AFG+\angle PGF)$

$=360^\circ-(60^\circ+105^\circ+45^\circ)$

$=150^\circ$

12 오른쪽 그림과 같이 구하는 각의 크기의 합은 색칠한 다각형의 외각의 크기의 합과 같으므로 360°이다.

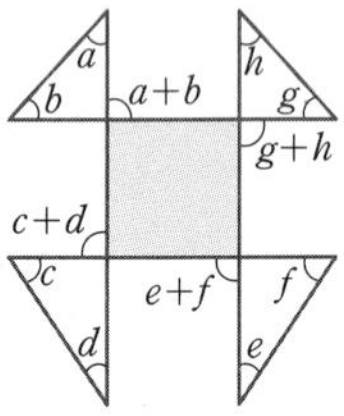

개념 완성 **발전 문제** 개념북 92~93쪽

1 ③ **2** 103° **3** 75° **4** 835°
5 56° **6** ① 110°, 40° ② 30° ③ 30°, 80°
7 ① 15 ② 90

1 $\angle DBC=\angle x$,

$\angle DCE=\angle y$라 하면

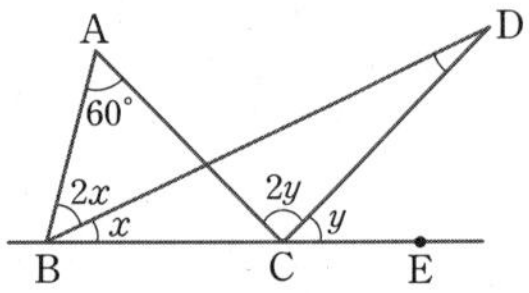

$\angle ABD=2\angle x$,

$\angle ACD=2\angle y$

$\triangle$ABC에서

$3\angle y=60^\circ+3\angle x$, $\angle y=20^\circ+\angle x$ …… ㉠

$\triangle$DBC에서 $\angle y=\angle x+\angle BDC$ …… ㉡

㉠, ㉡에서 $20^\circ+\angle x=\angle x+\angle BDC$

$\therefore\ \angle BDC=20^\circ$

2 $\triangle$ABC에서 $\angle ABC=\angle ACB=73^\circ$이므로

$\angle BAC=180^\circ-2\times73^\circ=180^\circ-146^\circ=34^\circ$

$\angle BAE=\angle BAC+\angle CAE=34^\circ+60^\circ=94^\circ$

$\triangle$ABE는 $\overline{AB}=\overline{AE}$인 이등변삼각형이므로

$\angle ABE=\dfrac{1}{2}\times(180^\circ-94^\circ)=\dfrac{1}{2}\times86^\circ=43^\circ$

$\therefore\ \angle DBF=\angle DBA+\angle ABE=60^\circ+43^\circ=103^\circ$

3 $\angle a+\angle b+30°+35°+40°$
$=$(삼각형의 내각의 크기의 합)$\times 5$
$-$(오각형의 외각의 크기의 합)$\times 2$
$=180°\times5-360°\times2=180°$
$\therefore \angle a+\angle b=180°-105°=75°$

4 오른쪽 그림과 같이 두 점 D, E 를 잇는 보조선을 그으면

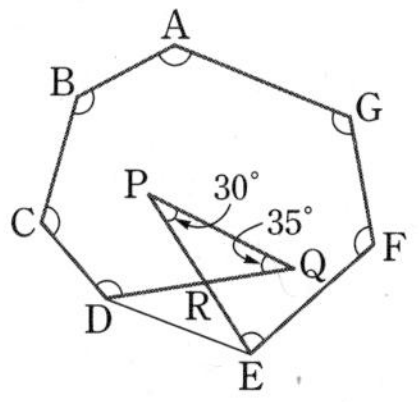

$\triangle$RDE에서
$\angle RDE+\angle RED=30°+35°$
$=65°$
$\angle A+\angle B+\angle C+\angle D+65°+\angle E+\angle F+\angle G$
$=$(칠각형의 내각의 크기의 합)
$\therefore \angle A+\angle B+\angle C+\angle D+\angle E+\angle F+\angle G$
$=180°\times(7-2)-65°=900°-65°=835°$

5 정오각형의 한 내각의 크기는 $\dfrac{180°\times(5-2)}{5}=108°$
오른쪽 그림과 같이 두 직선 l, m에 평행한 직선 n을 그으면
$\angle x=108°-52°=56°$(엇각)

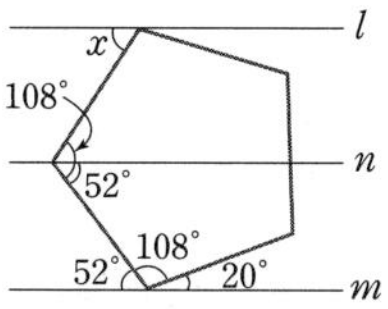

6 오른쪽 그림에서

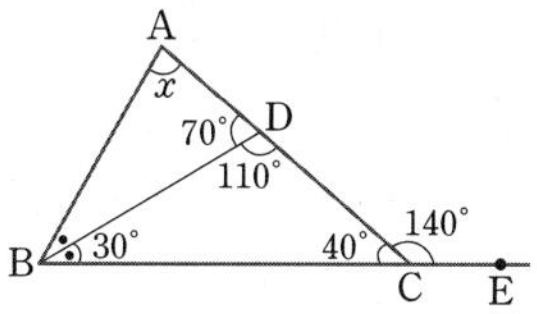

① $\angle ADB=70°$이므로
$\angle BDC=180°-70°$
$=110°$
$\angle ACE=140°$이므로
$\angle ACB=180°-140°=40°$
② $\triangle$DBC에서
$\angle DBC=180°-(\angle BDC+\angle BCD)$
$=180°-(110°+40°)=30°$
③ $\triangle$ABD에서 $\angle ABD=\angle DBC=30°$이므로
$\angle x=180°-(30°+70°)=80°$

7 ① 정다각형에서 한 내각과 한 외각의 크기의 합은 180°이므로 구하는 정다각형의 한 외각의 크기는
$180°-156°=24°$
구하는 정다각형을 정n각형이라 하면 다각형의 외각의 크기의 합은 360°이므로
$\dfrac{360°}{n}=24°\quad\therefore n=15$
② 따라서 정십오각형의 대각선의 개수는
$\dfrac{15\times(15-3)}{2}=90$

2 원과 부채꼴

1 원과 부채꼴 개념북 96쪽

1 (1) $\overline{BC}$ (2) $\widehat{AB}$ (3) $\overline{AB}$, $\overline{BC}$ (4) $\angle AOC$
2 (1) 중심, 지름 (2) 활꼴, 부채꼴

원과 부채꼴 개념북 97쪽

1 A: 부채꼴, B: 반지름, C: 현, D: 호, E: 활꼴
1-1 ②, ④

1 두 반지름과 호로 이루어진 도형은 부채꼴이고, 호와 현으로 이루어진 도형은 활꼴이므로
A: 부채꼴, B: 반지름, C: 현, D: 호, E: 활꼴

1-1 ② 원에서 같은 중심각에 대한 현과 호로 이루어진 도형은 활꼴이다.
④ 원에서 호의 양 끝점을 이은 선분은 현이다.

원과 부채꼴의 기본 성질 개념북 97쪽

2 ④ **2-1** ②

2 ④ $\overline{AB}$와 $\widehat{AB}$로 이루어진 도형은 활꼴이다.
⑤ 부채꼴이 활꼴이 되는 경우는 반원일 때이므로 부채꼴의 중심각의 크기는 180°이다.

2-1 반지름의 길이와 현의 길이가 같을 때, 반지름과 현으로 이루어진 삼각형 AOB는 정삼각형이므로 부채꼴의 중심각의 크기는 60°이다.

2 원과 중심각 개념북 98쪽

1 (1) 15 (2) 105

1 (1) $20:100=3:x$, $20x=300\quad\therefore x=15$
(2) $35:x=2:6$, $2x=210\quad\therefore x=105$

부채꼴의 중심각의 크기와 호, 현의 길이 개념북 99쪽

1 (1) $=$ (2) $=$ (3) $\neq$ **1-1** ②

1 (1) 같은 크기의 중심각에 대한 호의 길이는 같으므로
$\overset{\frown}{AB}=\overset{\frown}{BC}$
(2) 호의 길이는 중심각의 크기에 정비례하므로
$\overset{\frown}{AC}=2\overset{\frown}{AB}$
(3) 현의 길이는 중심각의 크기에 정비례하지 않으므로
$\overline{AC}\neq 2\overline{AB}$

1-1 호의 길이는 중심각의 크기에 정비례하므로
$\angle AOB : \angle BOC : \angle COA=\overset{\frown}{AB} : \overset{\frown}{BC} : \overset{\frown}{CA}$
$=4 : 3 : 2$
따라서 $\overset{\frown}{BC}$에 대한 중심각의 크기는
$\angle BOC=360^\circ\times\frac{3}{4+3+2}=120^\circ$

부채꼴의 중심각의 크기와 넓이 | 개념북 99쪽

2 (1) 35 (2) 40 **2-1** ④

2 (1) $30 : 105=10 : x$, $30x=1050$ $\therefore x=35$
(2) $x : 200=5 : 25$, $25x=1000$ $\therefore x=40$

2-1 원 O의 넓이를 x cm^{2}라 하면
$150 : 360=30 : x$, $150x=10800$ $\therefore x=72$
따라서 원의 넓이는 72 cm^{2}이다.

부채꼴의 중심각의 크기와 호, 현의 길이와 넓이의 응용 | 개념북 100쪽

3 ②, ⑤ **3-1** ④

3 ①, ③ $\overline{CD}<2\overline{AB}$
④ $\triangle AOB\neq\frac{1}{2}\triangle COD$

3-1 ③ $\overset{\frown}{BC}=\frac{1}{3}\overset{\frown}{BE}=\frac{1}{3}\overset{\frown}{AE}$
④ 한 원에서 현의 길이는 중심각의 크기에 정비례하지 않으므로 $3\overline{CD}>\overline{AE}$, 즉 $3\overline{CD}\neq\overline{AE}$

원에 평행선이 있는 경우 호의 길이 | 개념북 100쪽

4 2 cm **4-1** ⑤

4 $\angle COD=100^\circ$이고 $\overline{OC}=\overline{OD}$이므로
$\angle OCD=\angle ODC=\frac{1}{2}\times(180^\circ-100^\circ)=40^\circ$
$\overline{AB}/\!/\overline{CD}$이므로 $\angle AOC=\angle OCD=40^\circ$(엇각)
$360 : 40=18 : \overset{\frown}{AC}$, $360\overset{\frown}{AC}=720$
$\therefore \overset{\frown}{AC}=2$ cm

4-1 오른쪽 그림에서 $\overline{AC}/\!/\overline{OD}$이므로
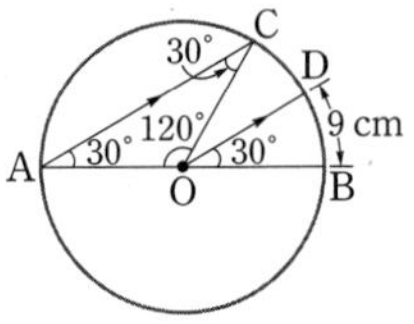

$\angle CAO=\angle DOB=30^\circ$(동위각)
이고 $\overline{OC}$를 그으면
$\triangle OCA$는 이등변삼각형이므로
$\angle OCA=\angle OAC=30^\circ$
$\angle AOC=180^\circ-2\times 30^\circ=120^\circ$이므로
$120 : 30=\overset{\frown}{AC} : 9$, $30\overset{\frown}{AC}=1080$
$\therefore \overset{\frown}{AC}=36$ cm

3 원의 둘레의 길이와 넓이

개념북 101쪽

1 (1) 4π cm, 4π cm^2 (2) 10π cm, 25π cm^2
2 16π cm, 64π cm^2

1 (1) (원의 둘레의 길이)$=2\pi\times 2=4\pi$(cm)
(원의 넓이)$=\pi\times 2^2=4\pi$(cm^2)
(2) (원의 둘레의 길이)$=2\pi\times 5=10\pi$(cm)
(원의 넓이)$=\pi\times 5^2=25\pi$(cm^2)

2 (원의 둘레의 길이)$=2\pi\times 8=16\pi$(cm)
(원의 넓이)$=\pi\times 8^2=64\pi$(cm^2)

원의 둘레의 길이와 넓이 | 개념북 102쪽

1 ④ **1-1** 18π cm

1 $2\pi r=14\pi$ $\therefore r=7$
따라서 원 O의 넓이는 $\pi\times 7^2=49\pi$(cm^2)

1-1 원의 반지름의 길이를 r cm라 하면
$\pi r^2=81\pi$ $\therefore r=9$ ($\because r>0$)
따라서 원의 둘레의 길이는 $2\pi\times 9=18\pi$(cm)

색칠한 부분의 둘레의 길이와 넓이 | 개념북 102쪽

2 (1) 24π cm (2) 18π cm^2
2-1 24π cm, 48π cm^2

2 (1) $2\pi\times 6+2\pi\times 3\times 2=24\pi$(cm)
(2) $\pi\times 6^2-\pi\times 3^2\times 2=18\pi$(cm^2)

2-1 $\overline{AB}=24\text{ cm}$이고 두 점 C, D가 $\overline{AB}$를 삼등분하는 점이므로

$\overline{AC}=\overline{CD}=\overline{DB}=\frac{1}{3}\overline{AB}=\frac{1}{3}\times24=8(\text{cm})$

$\therefore$ (색칠한 부분의 둘레의 길이)$=2\pi\times8+2\pi\times4$

$=24\pi(\text{cm})$

또, 오른쪽 그림과 같이 색칠한 부분을 이동하면

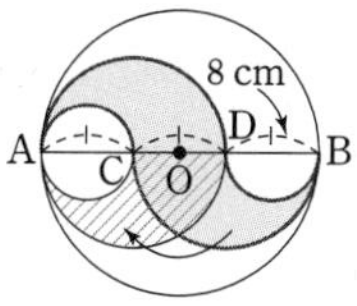

(색칠한 부분의 넓이)

$=\pi\times8^2-\pi\times4^2$

$=48\pi(\text{cm}^2)$

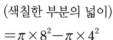

4 부채꼴의 호의 길이와 넓이 개념북 103쪽

1 (1) $\frac{5}{2}\pi$ cm, $\frac{45}{4}\pi$ cm^2 (2) 4π cm, 6π cm^2

2 20π cm^2

1 (1) 호의 길이: $2\pi\times9\times\frac{50}{360}=\frac{5}{2}\pi(\text{cm})$

넓이: $\pi\times9^2\times\frac{50}{360}=\frac{45}{4}\pi(\text{cm}^2)$

(2) 호의 길이: $2\pi\times3\times\frac{240}{360}=4\pi(\text{cm})$

넓이: $\pi\times3^2\times\frac{240}{360}=6\pi(\text{cm}^2)$

2 부채꼴의 반지름의 길이를 r, 호의 길이를 l, 넓이를 S라 하면

$S=\frac{1}{2}rl=\frac{1}{2}\times5\times8\pi=20\pi(\text{cm}^2)$

부채꼴의 호의 길이 개념북 104쪽

1 9 **1-1** 90°

1 호의 길이가 3π cm이므로

$2\pi\times x\times\frac{60}{360}=3\pi$ $\therefore x=9$

1-1 중심각의 크기를 $x°$라 하면 호의 길이가 6π cm이므로

$2\pi\times12\times\frac{x}{360}=6\pi$ $\therefore x=90$

따라서 중심각의 크기는 90°이다.

부채꼴의 넓이 개념북 104쪽

2 72° **2-1** 60π cm^2

2 중심각의 크기를 $x°$라 하면 넓이가 20π cm^{2}이므로

$\pi\times10^2\times\frac{x}{360}=20\pi$ $\therefore x=72$

따라서 중심각의 크기는 72°이다.

2-1 원 O의 둘레의 길이가 $2\pi\times15=30\pi(\text{cm})$이므로

$\widehat{CA}=30\pi\times\frac{4}{6+5+4}=8\pi(\text{cm})$

$\therefore$ (색칠한 부분의 넓이)$=\frac{1}{2}\times15\times8\pi$

$=60\pi(\text{cm}^2)$

[다른 풀이]

$\angle AOB:\angle COB:\angle AOC=6:5:4$이므로

$\angle AOC=360°\times\frac{4}{6+5+4}=96°$

$\therefore$ (색칠한 부분의 넓이)$=\pi\times15^2\times\frac{96}{360}=60\pi(\text{cm}^2)$

변형된 도형의 둘레의 길이와 넓이 개념북 105쪽

3 $(6\pi+6)$ cm, $\frac{9}{2}\pi$ cm^2

3-1 (1) $(24\pi+24)$ cm, 48π cm^2

(2) $(14\pi+28)$ cm, 98 cm^2

3 (둘레의 길이)$=2\pi\times6\times\frac{90}{360}+2\pi\times3\times\frac{1}{2}+6$

$=6\pi+6(\text{cm})$

(넓이)=(의 넓이)−(의 넓이)

$=\pi\times6^2\times\frac{90}{360}-\pi\times3^2\times\frac{1}{2}$

$=\frac{9}{2}\pi(\text{cm}^2)$

3-1 (1) (둘레의 길이)

$=2\pi\times4\times\frac{240}{360}+2\pi\times8\times\frac{240}{360}$

$+2\pi\times12\times\frac{120}{360}+12\times2$

$=\frac{16}{3}\pi+\frac{32}{3}\pi+8\pi+24$

$=24\pi+24(\text{cm})$

오른쪽 그림과 같이 색칠한 부분을 이동하면

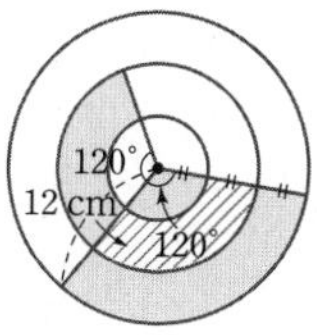

(넓이)$=\pi\times12^2\times\frac{120}{360}=48\pi(\text{cm}^2)$

(2) (둘레의 길이)$=2\pi\times7+14\times2$

$=14\pi+28$(cm)

오른쪽 그림과 같이 색칠한 부분을 이동하면

(넓이)$=\frac{1}{2}\times14\times14=98$($\text{cm}^2$)

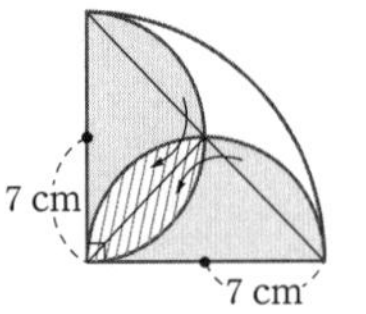

부채꼴의 호의 길이와 넓이의 응용 개념북 105쪽

4 $(12\pi+36)$ cm **4-1** $(4\pi+52)$ cm^2

4 오른쪽 그림에서 필요한 끈의 최소 길이는

$\left(2\pi\times6\times\frac{120}{360}\right)\times3+12\times3$

$=12\pi+36$(cm)

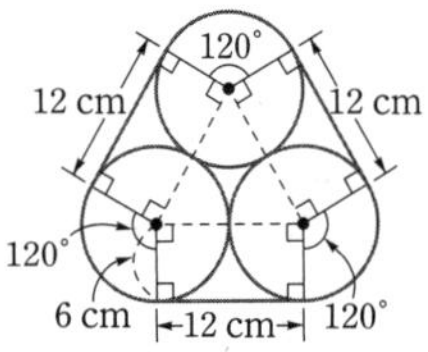

4-1 원이 지나간 자리는 오른쪽 그림과 같으므로 구하는 넓이는

$\pi\times2^2+2\times(2\times8+2\times5)$

$=4\pi+52$(cm^2)

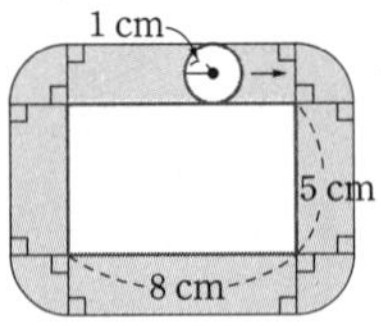

개념 완성 기본 문제 개념북 108~110쪽

1 ①	**2** 110°	**3** ④	**4** ④
5 12 cm^2	**6** ①	**7** 풀이 참조	**8** ⑤
9 ①	**10** ②	**11** $10\pi+6$	
12 $(36\pi+72)$ cm		**13** ①	**14** ①
15 8π	**16** ②	**17** $(6\pi+36)$ cm	
18 12π cm			

1 ② 한 원에서 중심각의 크기가 180°인 부채꼴의 넓이는 그 반원의 넓이와 같다.

③ 한 원에서 중심각의 크기와 그 중심각에 대한 현의 길이는 정비례하지 않는다.

④ 한 원에서 호의 길이는 그 호에 대한 중심각의 크기에 정비례한다.

⑤ 원의 호와 현으로 둘러싸인 도형을 활꼴이라 한다.

2 $\angle AOB:\angle BOC:\angle COA=\widehat{AB}:\widehat{BC}:\widehat{CA}$

$=11:12:13$

$\therefore \angle AOB=360°\times\frac{11}{11+12+13}=110°$

[다른 풀이]

$\angle AOB:\angle BOC:\angle COA=11:12:13$이므로

중심각의 크기를 각각 $11\angle x$, $12\angle x$, $13\angle x$라 하면

$11\angle x+12\angle x+13\angle x=360°$

$36\angle x=360°$ $\therefore \angle x=10°$

$\therefore \angle AOB=11\angle x=11\times10°=110°$

3 $\widehat{AC}:\widehat{BC}=10:2=5:1$

$\therefore \angle AOC=180°\times\frac{5}{5+1}=150°$

4 $\angle AOB+\angle COD=180°-85°=95°$이고

$\angle AOB:\angle COD=\widehat{AB}:\widehat{CD}=2:3$이므로

$\angle AOB=95°\times\frac{2}{2+3}=38°$

5 원 O의 원주를 12등분한 것이므로

$\angle AOJ:\angle COG=\widehat{AJ}:\widehat{CG}=3:4$

부채꼴 COG의 넓이를 x cm^2라 하면

$\angle AOJ:\angle COG=9:x$, $3:4=9:x$

$3x=36$ $\therefore x=12$

따라서 부채꼴 COG의 넓이는 12 cm^2이다.

6 오른쪽 그림에서

$\angle BOC=\angle EOF=\angle x$ (맞꼭지각)

로 놓으면 $\angle AOE=4\angle x$이므로

$\angle AOF=4\angle x-\angle x=90°$에서

$\angle x=30°$

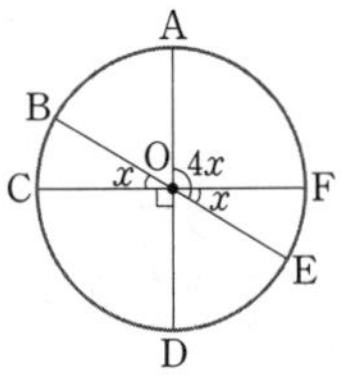

∴ (부채꼴 AOE의 넓이) : (부채꼴 AOB의 넓이)

$=\angle AOE:\angle AOB=4\angle x:(90°-\angle x)$

$=120°:60°=2:1$

7 미경 : 현의 길이는 중심각의 크기에 정비례하지 않으므로 $\overline{AB}\neq3\overline{CD}$야.

8 ⑤ 삼각형의 넓이는 중심각의 크기에 정비례하지 않으므로

$\triangle AOC\neq\frac{1}{2}\triangle COG$

9 오른쪽 그림에서 $\overline{AC} /\!/ \overline{OD}$이므로

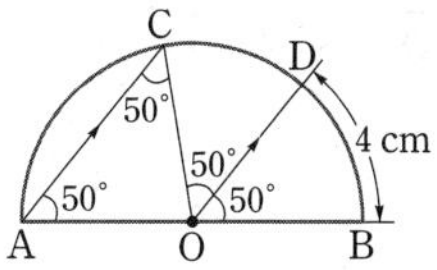

$\angle OAC = \angle BOD = 50°$(동위각)

$\overline{OA} = \overline{OC}$이므로

$\angle OCA = \angle OAC = 50°$

$\angle COD = \angle OCA = 50°$(엇각)

따라서 $\angle COD = \angle BOD = 50°$이므로

$\widehat{CD} = \widehat{BD} = 4$ cm

10 (부채꼴의 넓이)$= \dfrac{1}{2} \times 6 \times 5\pi = 15\pi(\text{cm}^2)$

11 (작은 부채꼴의 호의 길이)$= 2\pi \times 6 \times \dfrac{120}{360} = 4\pi$

(큰 부채꼴의 호의 길이)$= 2\pi \times 9 \times \dfrac{120}{360} = 6\pi$

$\therefore$ (구하는 둘레의 길이)$= 4\pi + 6\pi + 3 \times 2 = 10\pi + 6$

12 (색칠한 부분의 둘레의 길이)$= 2\pi \times 9 \times 2 + 9 \times 8$

$= 36\pi + 72(\text{cm})$

13 원 O와 원 O′의 둘레의 길이가 20π로 같으므로 두 원의 반지름의 길이가 같다.

두 원의 반지름의 길이를 r라 하면

$2\pi r = 20\pi \qquad \therefore r = 10$

오른쪽 그림과 같이

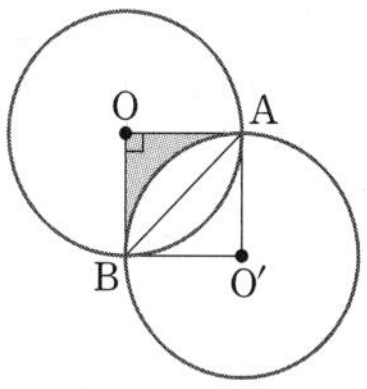

$\overline{AB}$, $\overline{O'A}$, $\overline{O'B}$를 그으면

$\triangle AOB$와 $\triangle AO'B$에서

$\overline{OA} = \overline{O'A}$, $\overline{OB} = \overline{O'B}$,

$\overline{AB}$는 공통이므로

$\triangle AOB \equiv \triangle AO'B$ (SSS 합동)

따라서 $\angle AO'B = 90°$이고 사각형 AOBO′이 정사각형이므로

(색칠한 부분의 넓이)

$=$(정사각형 AOBO′의 넓이)$-$(부채꼴 AO′B의 넓이)

$= 10^2 - \pi \times 10^2 \times \dfrac{90}{360} = 100 - 25\pi$

14 (색칠한 부분의 넓이)

$=$($\overline{AB}$가 지름인 반원의 넓이)

$+$($\overline{AC}$가 지름인 반원의 넓이)$+$($\triangle ABC$의 넓이)

$-$($\overline{BC}$가 지름인 반원의 넓이)

$= \pi \times 4^2 \times \dfrac{1}{2} + \pi \times 3^2 \times \dfrac{1}{2} + \dfrac{1}{2} \times 8 \times 6 - \pi \times 5^2 \times \dfrac{1}{2}$

$= 8\pi + \dfrac{9}{2}\pi + 24 - \dfrac{25}{2}\pi$

$= 24(\text{cm}^2)$

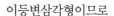

15 오른쪽 그림에서

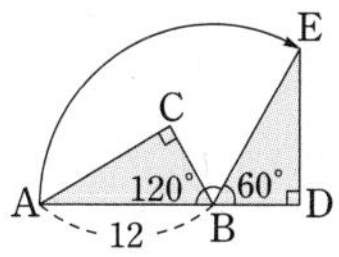

(점 A가 움직인 거리)

$= 2\pi \times 12 \times \dfrac{120}{360} = 8\pi$

16 색칠한 두 부분의 넓이가 같으므로 직사각형 ABCE와 부채꼴 ABD의 넓이가 같다.

$4 \times x = \pi \times 4^2 \times \dfrac{90}{360} \qquad \therefore x = \pi$

17 오른쪽 그림에서 필요한 끈의 최소 길이는

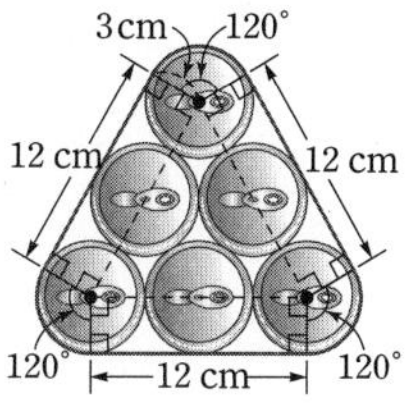

$2\pi \times 3 + 12 \times 3$

$= 6\pi + 36(\text{cm})$

18 점 O가 움직인 모양은 다음 그림과 같다.

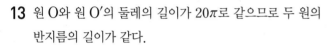

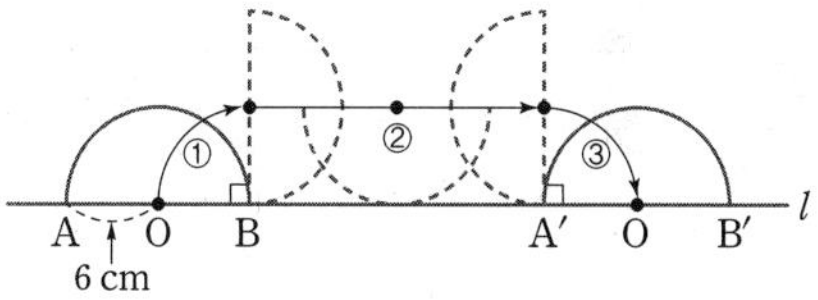

따라서 구하는 거리는

$\underbrace{2\pi \times 6 \times \dfrac{90}{360}}_{①} + \underbrace{2\pi \times 6 \times \dfrac{180}{360}}_{②} + \underbrace{2\pi \times 6 \times \dfrac{90}{360}}_{③}$

$= 3\pi + 6\pi + 3\pi$

$= 12\pi(\text{cm})$

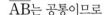

개념완성 발전 문제 개념북 111~112쪽

1 ② **2** ① **3** ③ **4** ②

5 6π cm

6 ① $\widehat{BC}$, $\widehat{CA}$, $5:2:1$ ② $45°$ ③ $90°$ ④ $45°$

7 ① $3\pi\ \text{cm}^2$, $3\pi\ \text{cm}^2$ ② $(36 - 6\pi)\ \text{cm}^2$

1 오른쪽 그림에서

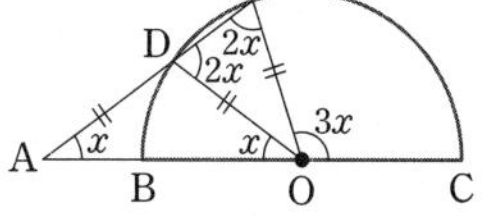

$\angle BOD = \angle x$라 하면

$\triangle DAO$는 $\overline{DA} = \overline{DO}$인 이등변삼각형이므로

$\angle DAO = \angle DOA = \angle x$

$\angle EDO = \angle DAO + \angle DOA = \angle x + \angle x = 2\angle x$

$\overline{OE}$를 그으면 $\triangle ODE$는 $\overline{OD} = \overline{OE}$인 이등변삼각형이므로

$\angle OED = \angle ODE = 2\angle x$

$\triangle EAO$에서

$\angle EOC = \angle EAO + \angle AEO = \angle x + 2\angle x = 3\angle x$

부채꼴의 호의 길이는 중심각의 크기에 정비례하므로

$\widehat{BD} : \widehat{CE} = \angle BOD : \angle EOC$

$= \angle x : 3\angle x$

$= 1 : 3$

2 작은 원의 반지름의 길이를 r cm라 하면

$\pi r^2 = 4\pi,\ r^2 = 4 \quad \therefore r = 2\ (\because r > 0)$

큰 원의 반지름의 길이는 $3r = 3 \times 2 = 6$(cm)

따라서 큰 원의 둘레의 길이는 $2\pi \times 6 = 12\pi$(cm)

3 (색칠한 부분의 넓이)

$=$(의 넓이)$+$(의 넓이)

$= \pi \times 3^2 \times \frac{120}{360} + \left(\pi \times 6^2 \times \frac{240}{360} - \pi \times 3^2 \times \frac{240}{360}\right)$

$= 3\pi + 24\pi - 6\pi$

$= 21\pi\,(\text{cm}^2)$

4 구하는 넓이는 오른쪽 그림에서 색칠한 부분의 넓이의 8배이다.

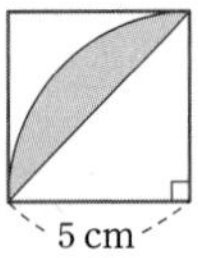

따라서 구하는 넓이는

$\left(\pi \times 5^2 \times \frac{90}{360} - \frac{1}{2} \times 5 \times 5\right) \times 8$

$= \left(\frac{25}{4}\pi - \frac{25}{2}\right) \times 8 = 50\pi - 100\,(\text{cm}^2)$

5 점 A가 움직인 모양은 다음 그림과 같다.

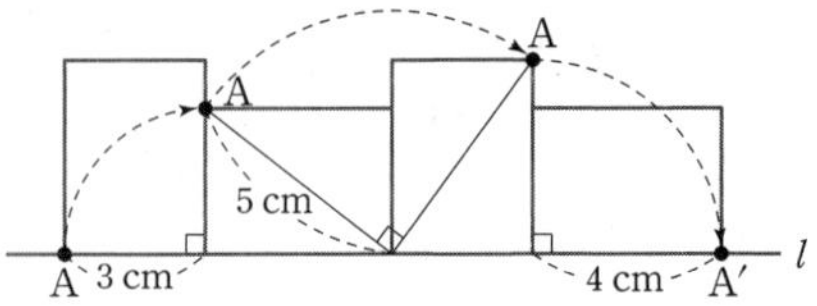

따라서 구하는 거리는

$2\pi \times 3 \times \frac{90}{360} + 2\pi \times 5 \times \frac{90}{360} + 2\pi \times 4 \times \frac{90}{360}$

$= \frac{3}{2}\pi + \frac{5}{2}\pi + 2\pi$

$= 6\pi$(cm)

6 ① ($\widehat{APB}$의 중심각) : ($\widehat{BC}$의 중심각) : ($\widehat{CA}$의 중심각)

$= \widehat{APB} : \widehat{BC} : \widehat{CA}$

$= 5 : 2 : 1$

② $\angle x = \angle AOC = 360° \times \frac{1}{5+2+1} = 45°$

③ $\angle y = \angle BOC = 360° \times \frac{2}{5+2+1} = 90°$

④ $\angle y - \angle x = 90° - 45° = 45°$

7 ① $\overline{BE}$, $\overline{EC}$는 부채꼴 ABE와 부채꼴 ECD의 반지름이므로 그 길이는 모두 6 cm이다.

$\triangle BCE$에서 $\overline{BE} = \overline{BC} = \overline{CE}$이므로 $\triangle BCE$는 정삼각형이다.

즉, $\angle EBC = \angle ECB = 60°$에서

$\angle ABE = \angle DCE = 90° - 60° = 30°$

이므로

(부채꼴 ABE의 넓이)$=$(부채꼴 ECD의 넓이)

$= \pi \times 6^2 \times \frac{30}{360}$

$= 3\pi\,(\text{cm}^2)$

② (색칠한 부분의 넓이)

$=$(사각형 ABCD의 넓이)

$-\{$(부채꼴 ABE의 넓이)$+$(부채꼴 ECD의 넓이)$\}$

$= 6 \times 6 - 3\pi \times 2$

$= 36 - 6\pi\,(\text{cm}^2)$

1 다면체와 회전체

1 다면체

개념북 116쪽

1 (1) 육각기둥, 직사각형, 팔면체
(2) 오각뿔, 삼각형, 육면체
(3) 삼각뿔대, 사다리꼴, 오면체

1 (1) 밑면이 육각형인 각기둥이므로 육각기둥이고 각기둥의 옆면은 항상 직사각형이다.
∴ 육각기둥, 직사각형, 팔면체
(2) 밑면이 오각형인 각뿔이므로 오각뿔이고 각뿔의 옆면은 항상 삼각형이다.
∴ 오각뿔, 삼각형, 육면체
(3) 삼각뿔을 밑면에 평행한 평면으로 자른 도형, 즉 밑면이 삼각형인 각뿔대이므로 삼각뿔대이고 각뿔대의 옆면은 항상 사다리꼴이다.
∴ 삼각뿔대, 사다리꼴, 오면체

다면체의 이해

개념북 117쪽

1 ㄱ: 육면체, ㄷ: 팔면체, ㅁ: 사면체, ㅂ: 육면체
1-1 ㄴ, ㄷ, ㅁ

1 ㄱ. 사각기둥이므로 육면체이다.
ㄷ. 두 개의 사각뿔의 밑면을 붙인 다면체로 팔면체이다.
ㅁ. 삼각뿔이므로 사면체이다.
ㅂ. 사각뿔대이므로 육면체이다.

1-1 ㄱ. 사면체 ㄹ. 육면체 ㅂ. 육면체 ㅅ. 칠면체
ㅇ. 육면체
따라서 오면체인 것은 ㄴ, ㄷ, ㅁ이다.

다면체의 옆면의 모양

개념북 117쪽

2 ②, ④ **2-1** ④

2 ① 오각기둥 – 직사각형 ③ 삼각뿔대 – 사다리꼴
⑤ 칠각뿔 – 삼각형

2-1 ④ 오각뿔대 – 사다리꼴

다면체의 꼭짓점, 모서리, 면의 개수

개념북 118쪽

3 $v=10$, $e=15$, $f=7$
3-1 2 **3-2** 24

3 오른쪽 그림과 같은 오각뿔대에서
꼭짓점은 10개, 즉 $v=10$
모서리는 15개, 즉 $e=15$
면은 7개, 즉 $f=7$

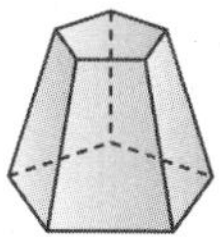

3-1 사각뿔에서 $v=5$, $e=8$, $f=5$ $\therefore v-e+f=2$

3-2 구하는 각뿔대를 n각뿔대라 하면
n각뿔대의 꼭짓점의 개수는 $2n=16$ $\therefore n=8$
따라서 팔각뿔대의 모서리의 개수는 $8\times3=24$

조건을 만족하는 다면체

개념북 118쪽

4 팔각뿔 **4-1** 칠각뿔대

4 (나)를 만족하는 입체도형은 각뿔이다.
이 각뿔을 n각뿔이라 하면 (가)에서
$n+1=9$ $\therefore n=8$
따라서 구하는 입체도형은 팔각뿔이다.

4-1 (나), (다)를 만족하는 입체도형은 각뿔대이다.
이때 (가)에 의해 구하는 입체도형은 칠각뿔대이다.

2 정다면체

개념북 119쪽

1 풀이 참조
2 각 꼭짓점에 모인 면의 개수가 다르다.

1

	정사면체	정육면체	정팔면체	정십이면체	정이십면체
면의 모양	정삼각형	정사각형	정삼각형	정오각형	정삼각형
한 꼭짓점에 모인 면의 개수	3	3	4	3	5
면의 개수	4	6	8	12	20
꼭짓점의 개수	4	8	6	20	12
모서리의 개수	6	12	12	30	30

정다면체의 성질 개념북 120쪽

1 (1) ○ (2) ○ (3) ○ (4) × (5) × **1-1** ④

1 (4) 면의 모양이 정삼각형인 것은 정사면체, 정팔면체, 정이십면체이다.

(5) 모든 면이 합동인 정삼각형이고 각 꼭짓점에 모인 면의 개수가 다르므로 정육면체가 아니다.

1-1 ④ 정십이면체 − 3

조건을 만족하는 정다면체 개념북 120쪽

2 정이십면체 **2-1** 정팔면체

2 모든 면이 합동인 정삼각형이고, 각 꼭짓점에 모인 면의 개수가 5로 같으므로 정다면체이다.
따라서 주어진 조건을 모두 만족하는 입체도형은 정이십면체이다.

2-1 모든 면이 합동인 정삼각형이고, 각 꼭짓점에 모인 면의 개수가 4로 같으므로 정다면체이다.
따라서 주어진 조건을 모두 만족하는 입체도형은 정팔면체이다.

3 정다면체의 전개도 개념북 121쪽

1 (1) 정육면체 (2) 3 (3) 점 M, 점 I (4) $\overline{ML}$

1 합동인 정사각형 6개로 이루어져 있는 입체도형이므로 겨냥도를 그리면 오른쪽 그림과 같은 정육면체이다.

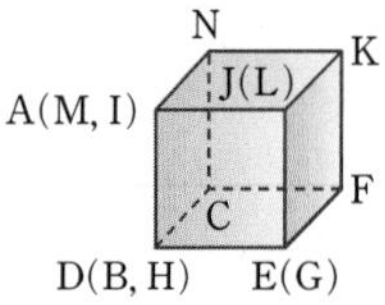

정다면체의 전개도 (1) 개념북 122쪽

1 (1) 정사면체, 3 (2) E, $\overline{AF}$ **1-1** ⑤

1 주어진 전개도로 만든 정다면체는 오른쪽 그림과 같은 정사면체가 되므로

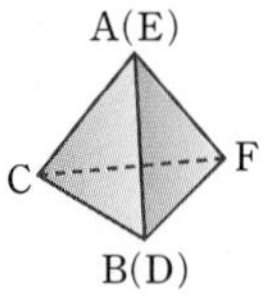

(1) 정다면체의 이름은 정사면체이고, 한 꼭짓점에 모인 면의 개수는 3이다.

(2) 점 A와 겹치는 꼭짓점은 점 E이고, $\overline{EF}$와 겹치는 모서리는 $\overline{AF}$이다.

1-1 주어진 전개도로 만들어지는 정다면체는 오른쪽 그림과 같은 정팔면체이므로 점 A와 겹치는 꼭짓점은 점 I이다.

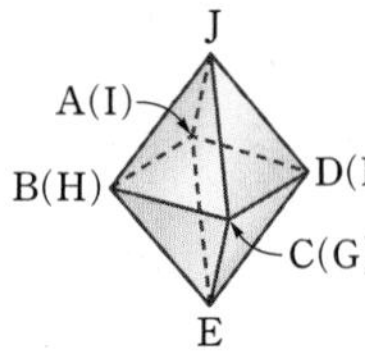

정다면체의 전개도 (2) 개념북 122쪽

2 $\overline{BF}$ **2-1** 5

2 주어진 전개도로 만들어지는 정다면체는 오른쪽 그림과 같은 정사면체이므로 $\overline{CD}$와 꼬인 위치에 있는 모서리는 $\overline{BF}$이다.

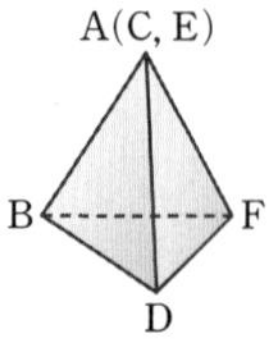

2-1 주어진 전개도로 만들어지는 정다면체는 정이십면체이므로 한 꼭짓점에 모이는 면의 개수는 5이다.

4 회전체 개념북 124쪽

1 (1) 원기둥 (2) 원뿔 (3) 원뿔대 (4) 구

1 (1) 원기둥

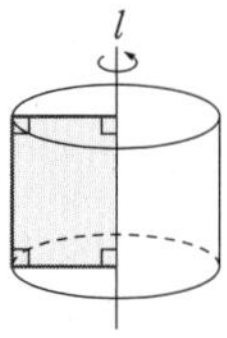

(2) 원뿔

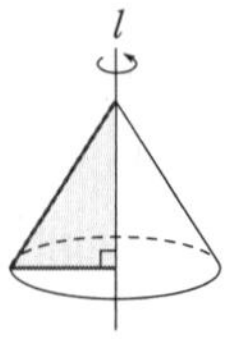

(3) 원뿔대

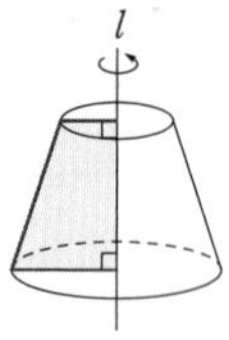

(4) 구

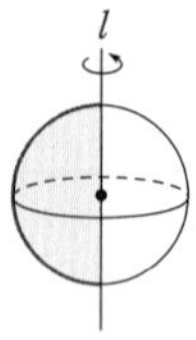

회전체 개념북 125쪽

1 ㄷ, ㄹ **1-1** 4

1 ㄱ. 원뿔 ㄴ. 구 ㄷ. 사각기둥
ㄹ. 오각뿔대 ㅁ. 원기둥
따라서 회전체인 것은 ㄱ, ㄴ, ㅁ이고, 회전체가 아닌 것은 ㄷ, ㄹ이다.

1-1 회전체인 것의 개수는 ㄷ, ㅁ, ㅅ, ㅇ의 4이다.

개념북

평면도형을 회전시킨 입체도형의 모양 개념북 125쪽

2 ② **2-1** ⑤

2 오른쪽 그림과 같이 직선 l을 회전축으로 하여 1회전 시키면 평면도형이 회전축에서 떨어져 있는 부분은 회전체의 비어 있는 부분이 된다.

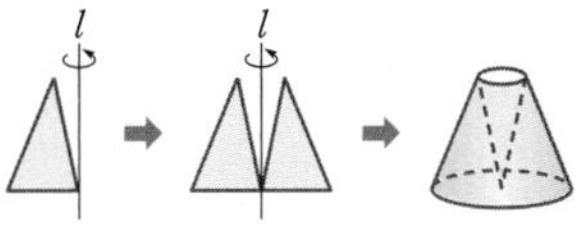

2-1 오른쪽 그림과 같이 회전축을 포함하는 평면으로 자른 단면의 모양을 그리면 회전축에 대하여 선대칭도형이므로 한 쪽의 도형만 남긴다.

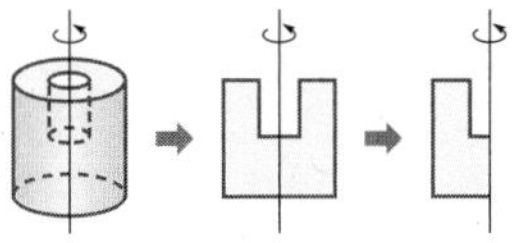

회전축 개념북 126쪽

3 (가) $\overline{AC}$ (나) $\overline{AB}$ (다) $\overline{BC}$ **3-1** ①

3

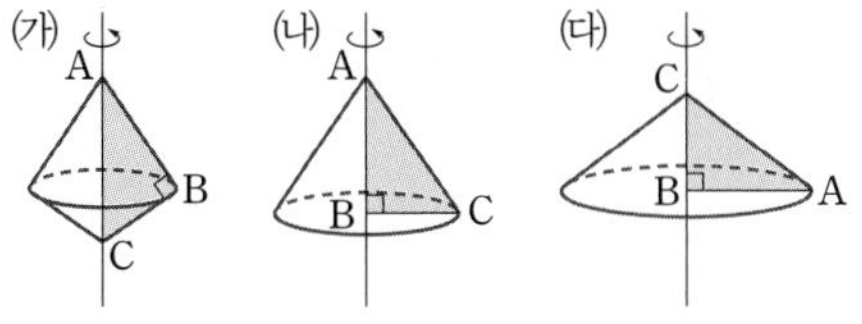

축: $\overline{AC}$ 축: $\overline{AB}$ 축: $\overline{BC}$

3-1 ①

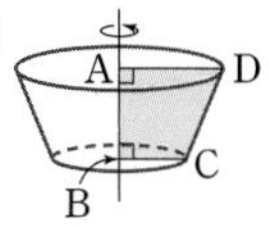

②

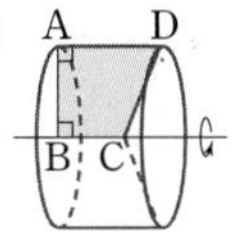

③

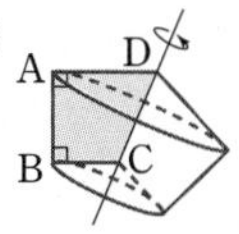

④

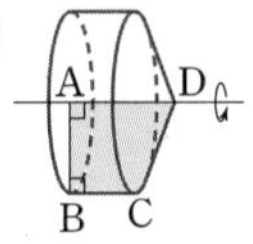

회전체의 단면의 모양 개념북 126쪽

4 원뿔대 **4-1** ②, ③

4 회전축에 수직인 평면으로 잘랐을 때 생기는 단면이 원이고, 회전축을 포함하는 평면으로 잘랐을 때 생기는 단면이 두 변의 길이가 같은 사다리꼴이므로 이 회전체는 원뿔대이다.

4-1 ② 원뿔대 – 사다리꼴 ③ 반구 – 반원

회전체의 단면의 넓이 개념북 127쪽

5 42 cm^2 **5-1** 24 cm^2

5 회전체는 오른쪽 그림과 같으므로 구하는 단면의 넓이는

$(3+3)\times7=42(\text{cm}^2)$

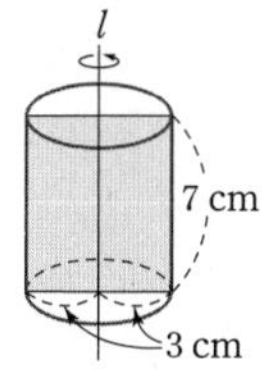

5-1 회전체는 오른쪽 그림과 같으므로 구하는 단면의 넓이는

$\frac{1}{2}\times(4+8)\times4=24(\text{cm}^2)$

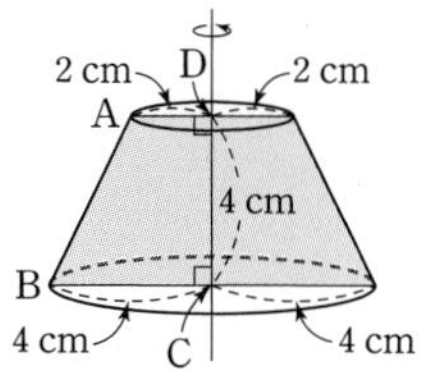

회전체의 성질 개념북 127쪽

6 ④ **6-1** ①, ③

6 ④ 회전체를 회전축을 포함하는 평면으로 자른 단면은 회전축에 대하여 선대칭도형으로 직사각형, 이등변삼각형, 사다리꼴, 원 등 여러 가지이다.

6-1 ① 생기는 회전체는 원뿔이다.

③ 회전체를 회전축에 수직인 평면으로 자른 단면은 모두 원이지만 합동은 아니다.

5 회전체의 전개도 개념북 128쪽

1 4π

1 옆면이 되는 직사각형의 가로의 길이는 원기둥의 밑면인 원의 둘레의 길이와 같으므로 $2\pi\times2=4\pi$

회전체의 전개도 (1) 개념북 129쪽

1 원뿔, $a=5$, $b=3$ **1-1** 원뿔대, $\overset{\frown}{BC}$

1 (가)의 직각삼각형을 직선 l을 회전축으로 하여 1회전 시키면 오른쪽 그림과 같은 원뿔이 된다.

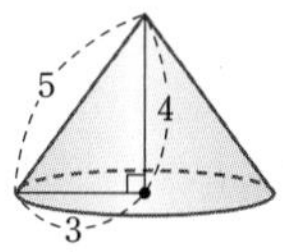

따라서 a는 원뿔의 모선의 길이이므로 $a=5$이고, b는 밑면인 원의 반지름의 길이이므로 $b=3$이다.

1-1 이 회전체는 원뿔대이고 원뿔대의 밑면인 (가)의 둘레의 길이는 $\overset{\frown}{BC}$의 길이와 같다.

회전체의 전개도 (2) 개념북 129쪽

2 ④ **2-1** 20 cm^2, 4π cm^2

2 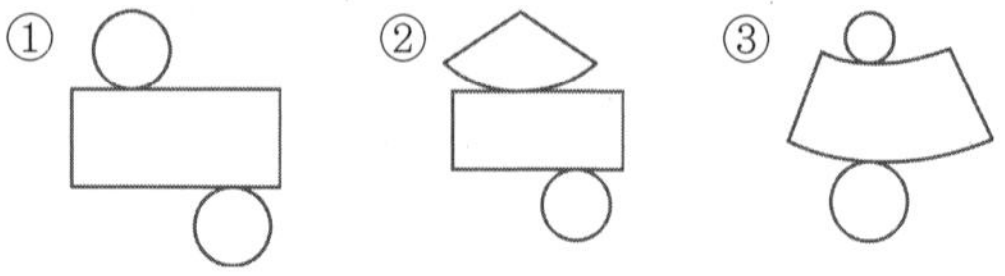

⑤ 그릴 수 없다.

2-1 전개도로 만든 원기둥은 오른쪽 그림과 같으므로 회전축을 포함하는 평면으로 잘랐을 때 생기는 단면의 넓이는

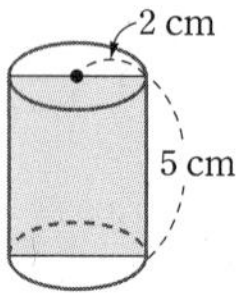

$4\times5=20(cm^2)$

또, 회전축에 수직인 평면으로 잘랐을 때 생기는 단면의 넓이는 밑면인 원의 넓이와 같으므로

$\pi\times2^2=4\pi(cm^2)$

개념 완성 기본 문제

개념북 134~135쪽

1 ⑤	**2** ①	**3** 팔면체	**4** 십각기둥
5 ①, ③, ⑤	**6** ③	**7** $\overline{IH}$	**8** ④
9 ⑤	**10** ⑤	**11** ②	**12** ④

1 다면체의 면의 개수는 각각 다음과 같다.

① 4 ② 7 ③ 8 ④ 8 ⑤ 9

따라서 면의 개수가 가장 많은 것은 ⑤이다.

2 ① 옆면과 밑면이 수직으로 만나는 입체도형은 각기둥이다.

3 구하는 각뿔을 n각뿔이라 하면 밑면은 n각형이므로

$\frac{n(n-3)}{2}=14$, $n(n-3)=28$

$7\times4=28$이므로 $n=7$

따라서 밑면이 칠각형인 각뿔, 즉 칠각뿔이므로 팔면체이다.

4 ㈏, ㈐를 만족하는 이 입체도형은 각기둥이다.

이 각기둥을 n각기둥이라 하면 ㈎에서

$n+2=12$ $\therefore n=10$

따라서 구하는 입체도형은 십각기둥이다.

5 ①, ③, ⑤ 정삼각형 ② 정사각형 ④ 정오각형

7 주어진 전개도로 만들어지는 입체도형은 오른쪽 그림과 같은 정팔면체이므로 $\overline{AB}$와 겹치는 모서리는 $\overline{IH}$이다.

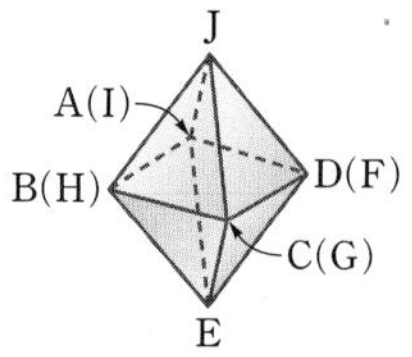

8 주어진 전개도로 만들어지는 정다면체는 정이십면체이다.

④ 모서리의 개수는 30이다.

9 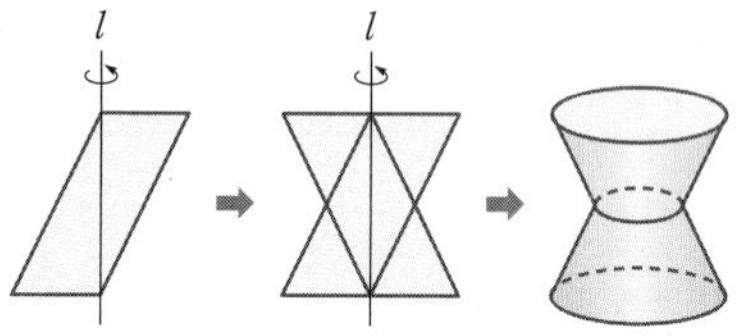

10 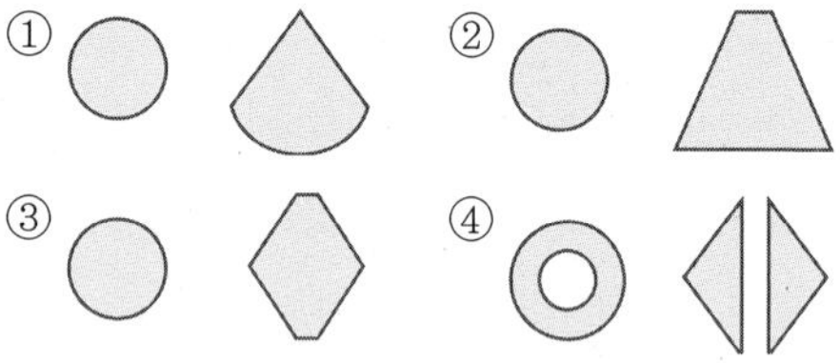

11 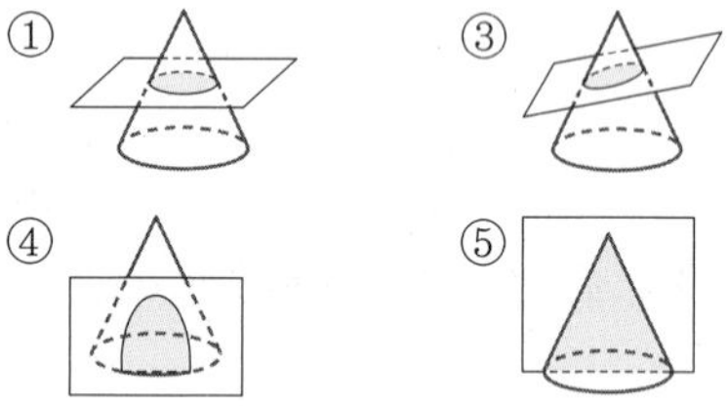

12 ④ 원뿔대를 회전축에 수직인 평면으로 자를 때 생기는 단면은 모두 원이지만 그 크기는 다를 수 있으므로 항상 합동인 것은 아니다.

개념 완성 발전 문제

개념북 136~137쪽

1 십오각형 **2** 정육면체 **3** 정이십면체

4 7 **5** 16π cm^2

6 ① 12 cm, 3 cm, 36 cm^2, 36

② 6 cm, 36π cm^2, 36π

③ π

7 ① 육각뿔대 ② 8 ③ 12 ④ 96

1 주어진 각뿔을 n각뿔이라고 하면 모서리의 개수는 $2n$이고, 면의 개수는 $(n+1)$이므로

$2n=(n+1)+14 \qquad \therefore n=15$

따라서 십오각뿔의 밑면의 모양은 십오각형이다.

2 주어진 전개도로 만들어지는 입체도형은 오른쪽 그림과 같은 정팔면체이다.

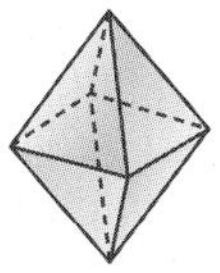

따라서 정팔면체의 각 면의 한가운데에 있는 점을 연결하여 만든 입체도형은 꼭짓점의 개수가 8인 정다면체이므로 정육면체이다.

3 $v-e+f=2$이고

$v=\frac{2}{5}e,\ f=\frac{2}{3}e$이므로

$\frac{2}{5}e-e+\frac{2}{3}e=2,\ \frac{1}{15}e=2 \qquad \therefore e=30$

따라서 $v=12,\ f=20$이므로 구하는 다면체는 정이십면체이다.

4 주어진 전개도로 만들어지는 정육면체에서 마주 보는 두 면에 적힌 수는 각각 a와 2, b와 3, c와 1이므로

$a+2=7$에서 $a=5$

$b+3=7$에서 $b=4$

$c+1=7$에서 $c=6$

$\therefore a-b+c=5-4+6=7$

5 주어진 원을 직선 l을 회전축으로 하여 1회전 시킬 때 생기는 회전체는 가운데가 비어 있는 도넛 모양이다.

이때 원의 중심 O를 지나면서 회전축에 수직인 평면으로 자른 단면은 오른쪽 그림과 같으므로

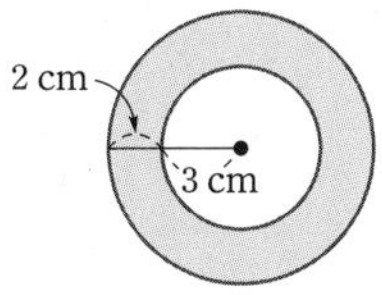

(구하는 단면의 넓이)

$=$(큰 원의 넓이)$-$(작은 원의 넓이)

$=\pi\times5^2-\pi\times3^2$

$=25\pi-9\pi=16\pi(\text{cm}^2)$

6 ① 원기둥을 회전축을 포함하는 평면으로 잘랐을 때 생기는 단면은 가로의 길이가 12 cm이고, 세로의 길이가 3 cm인 직사각형이므로

(단면의 넓이)$=12\times3=36(\text{cm}^2)$에서 $a=36$

② 원기둥을 회전축에 수직인 평면으로 잘랐을 때 생기는 단면은 반지름의 길이가 6 cm인 원이므로

(단면의 넓이)$=\pi\times6^2=36\pi(\text{cm}^2)$에서 $b=36\pi$

③ $\frac{b}{a}=\pi$

7 ① 주어진 각뿔대를 n각뿔대라 하면 모서리의 개수가 18이므로 $3n=18 \qquad \therefore n=6$

따라서 육각뿔대이다.

② 육각뿔대의 면의 개수는 $6+2=8$이므로 $x=8$

③ 꼭짓점의 개수는 $6\times2=12$이므로 $y=12$

④ $xy=8\times12=96$

2 입체도형의 겉넓이와 부피

1 각기둥의 겉넓이와 부피

개념북 140쪽

1 (1) 6 cm^2 (2) 84 cm^2 (3) 96 cm^2

2 (1) 25 cm^2 (2) 200 cm^3

1 (1) (밑넓이)$=\frac{1}{2}\times4\times3=6(\text{cm}^2)$

(2) (옆넓이)$=(4+5+3)\times7=84(\text{cm}^2)$

(3) (겉넓이)$=$(밑넓이)$\times2+$(옆넓이)

$=6\times2+84=96(\text{cm}^2)$

2 (1) (넓이)$=5\times5=25(\text{cm}^2)$

(2) (부피)$=$(밑넓이)$\times$(높이)$=25\times8=200(\text{cm}^3)$

각기둥의 겉넓이

개념북 141쪽

1 294 cm^2 **1-1** 240 cm^2

1 (밑넓이)$=\frac{1}{2}\times(5+8)\times4=26(\text{cm}^2)$

(옆넓이)$=(5+4+8+5)\times11=242(\text{cm}^2)$

$\therefore$ (겉넓이)$=26\times2+242=294(\text{cm}^2)$

1-1 (옆넓이)$=(4\times6)\times10=240(\text{cm}^2)$

각기둥의 부피

개념북 141쪽

2 440 cm^3 **2-1** (1) 300 cm^3 (2) 75 cm^3

2 (부피)$=\left(\frac{1}{2}\times6\times8+\frac{1}{2}\times8\times5\right)\times10$

$=440(\text{cm}^3)$

2-1 (1) (부피)$=\left(\frac{1}{2}\times5\times12\right)\times10=300(\text{cm}^3)$

(2) (부피)$=\left\{\frac{1}{2}\times(4+6)\times3\right\}\times5=75(\text{cm}^3)$

각기둥의 겉넓이가 주어진 경우 개념북 142쪽

3 9 cm **3-1** 4 cm

3 삼각기둥의 높이를 x cm라 하면

$\left(\frac{1}{2}\times9\times12\right)\times2+(9+12+15)\times x=432$

$36x=324 \quad \therefore x=9$

따라서 삼각기둥의 높이는 9 cm이다.

3-1 정육면체의 한 모서리의 길이를 a cm라 하면

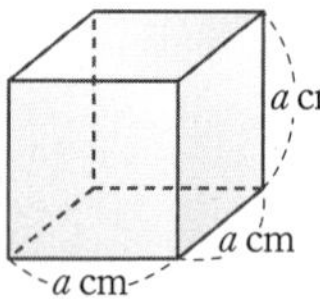

(겉넓이)=(한 면의 넓이)×6

$=a^2\times6=6a^2$

$6a^2=96,\ a^2=16 \quad \therefore a=4\ (\because a>0)$

따라서 한 모서리의 길이는 4 cm이다.

각기둥의 부피가 주어진 경우 개념북 142쪽

4 16 cm **4-1** ③

4 삼각기둥의 높이를 h cm라 하면

$\left(\frac{1}{2}\times6\times8\right)\times h=384,\ 24h=384 \quad \therefore h=16$

따라서 높이는 16 cm이다.

4-1 (밑넓이)$=\frac{1}{2}\times(4+8)\times6=36(\text{cm}^2)$이므로

$36x=108 \quad \therefore x=3$

2 원기둥의 겉넓이와 부피 개념북 143쪽

1 (1) 9π cm^2 (2) 6π cm (3) 42π cm^2 (4) 60π cm^2

2 (1) 9π cm^2 (2) 45π cm^3

1 (1) $\pi\times3^2=9\pi(\text{cm}^2)$

(2) $2\pi\times3=6\pi(\text{cm})$

(3) $6\pi\times7=42\pi(\text{cm}^2)$

(4) $9\pi\times2+42\pi=60\pi(\text{cm}^2)$

2 (1) $\pi\times3^2=9\pi(\text{cm}^2)$

(2) $9\pi\times5=45\pi(\text{cm}^3)$

원기둥의 겉넓이와 부피 개념북 144쪽

1 180π cm^2, 324π cm^3 **1-1** 720π cm^3

1 (겉넓이)$=(\pi\times6^2)\times2+(2\pi\times6)\times9$

$=72\pi+108\pi=180\pi(\text{cm}^2)$

(부피)$=(\pi\times6^2)\times9=324\pi(\text{cm}^3)$

1-1 오른쪽 그림과 같이 밑면의 반지름의 길이를 r cm라 하면

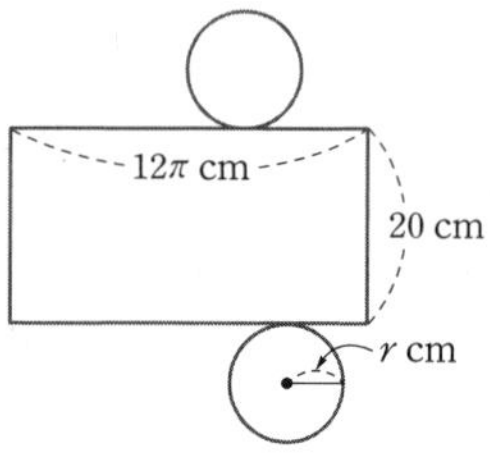

$2\pi r=12\pi,\ r=6$

$\therefore$ (부피)$=(\pi\times6^2)\times20$

$=720\pi(\text{cm}^3)$

원기둥의 겉넓이 또는 부피가 주어진 경우 개념북 144쪽

2 $\frac{5}{2}$ cm **2-1** 8

2 (사각기둥 모양의 수조에 담겨 있는 물의 부피)

$=(4\times5)\times8=160(\text{cm}^3)$

원기둥 모양의 수조에 담긴 물의 높이를 h cm라 하면

(원기둥 모양의 수조에 담긴 물의 부피)$=64h$ cm^3

두 수조에 담긴 물의 부피가 같으므로

$160=64h \quad \therefore h=\frac{5}{2}$

따라서 원기둥 모양의 수조에 담긴 물의 높이는 $\frac{5}{2}$ cm이다.

2-1 1회전 시킬 때 생기는 입체도형은 오른쪽 그림과 같으므로

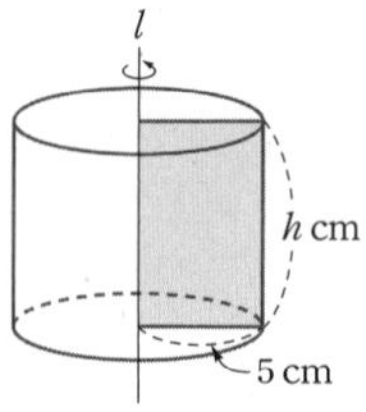

$(\pi\times5^2)\times2+(2\pi\times5)\times h$

$=130\pi$

$10h\pi=80\pi \quad \therefore h=8$

3 복잡한 기둥의 겉넓이와 부피 개념북 145쪽

1 (1) 12π cm^2 (2) 32π cm^2 (3) 16π cm^2

(4) 72π cm^2 (5) 48π cm^3

1 (1) (큰 원기둥의 밑넓이)$-$(작은 원기둥의 밑넓이)

$=\pi\times4^2-\pi\times2^2=12\pi(\text{cm}^2)$

(2) $2\pi\times4\times4=32\pi(\text{cm}^2)$

(3) $2\pi\times2\times4=16\pi(\text{cm}^2)$

(4) (밑넓이)$\times2+$(큰 원기둥의 옆넓이)

$+$(작은 원기둥의 옆넓이)

$=12\pi\times2+32\pi+16\pi=72\pi(\text{cm}^2)$

(5) $12\pi\times4=48\pi(\text{cm}^3)$

속이 뚫린 기둥의 겉넓이와 부피 개념북 146쪽

1 140π cm², 147π cm³

1-1 112 cm², 55 cm³

1 (밑넓이)$=\pi\times5^2-\pi\times2^2=21\pi(\text{cm}^2)$

(옆넓이)$=(2\pi\times5)\times7+(2\pi\times2)\times7=98\pi(\text{cm}^2)$

$\therefore$ (겉넓이)$=$(밑넓이)$\times2+$(옆넓이)

$=21\pi\times2+98\pi=140\pi(\text{cm}^2)$

$\therefore$ (부피)$=21\pi\times7=147\pi(\text{cm}^3)$

1-1 (겉넓이)$=(3\times4-1\times1)\times2$

$+(3+4+3+4)\times5+(1\times4)\times5$

$=22+70+20=112(\text{cm}^2)$

(부피)$=(3\times4-1\times1)\times5=55(\text{cm}^3)$

복잡한 기둥의 겉넓이와 부피 개념북 146쪽

2 $(18\pi+40)$ cm², 20π cm³

2-1 (1) $(112\pi+96)$ cm², 192π cm³

(2) 170π cm², 212π cm³

2 (겉넓이)

$=\left(\pi\times4^2\times\frac{90}{360}\right)\times2+\left(4+4+2\pi\times4\times\frac{90}{360}\right)\times5$

$=8\pi+40+10\pi=18\pi+40(\text{cm}^2)$

(부피)$=\left(\pi\times4^2\times\frac{90}{360}\right)\times5=20\pi(\text{cm}^3)$

2-1 (1) (겉넓이)

$=\left(\pi\times6^2\times\frac{240}{360}\right)\times2$

$+\left(6+6+2\pi\times6\times\frac{240}{360}\right)\times8$

$=48\pi+96+64\pi=112\pi+96(\text{cm}^2)$

(부피)$=\left(\pi\times6^2\times\frac{240}{360}\right)\times8=192\pi(\text{cm}^3)$

(2) (겉넓이)$=\pi\times7^2\times2+2\pi\times2\times4+2\pi\times7\times4$

$=98\pi+16\pi+56\pi$

$=170\pi(\text{cm}^2)$

(부피)$=\pi\times2^2\times4+\pi\times7^2\times4$

$=16\pi+196\pi=212\pi(\text{cm}^3)$

4 각뿔의 겉넓이와 부피

개념북 147쪽

1 360 cm², 400 cm³

2 305 cm²

1 (밑넓이)$=10\times10=100(\text{cm}^2)$

(옆넓이)$=\left(\frac{1}{2}\times10\times13\right)\times4=260(\text{cm}^2)$

$\therefore$ (겉넓이)$=$(밑넓이)$+$(옆넓이)

$=100+260=360(\text{cm}^2)$

(부피)$=\frac{1}{3}\times(10\times10)\times12=400(\text{cm}^3)$

2 (겉넓이)

$=$(아랫면의 넓이)$+$(윗면의 넓이)$+$(옆넓이)

$=10\times10+5\times5+\left\{\frac{1}{2}\times(5+10)\times6\right\}\times4$

$=100+25+180=305(\text{cm}^2)$

각뿔의 겉넓이와 부피 개념북 148쪽

1 6 cm　　1-1 7

1-2 90 cm², 42 cm³　　1-3 $\frac{64}{3}$ cm³

1 오각뿔의 높이를 h cm라 하면

$\frac{1}{3}\times27\times h=54$　　$\therefore h=6$

따라서 오각뿔의 높이는 6 cm이다.

1-1 $5\times5+\left(\frac{1}{2}\times5\times h\right)\times4=95$

$25+10h=95$　　$\therefore h=7$

1-2 (아랫면의 넓이)$+$(윗면의 넓이)$=6\times6+3\times3$

$=45(\text{cm}^2)$

(옆넓이)$=\left\{\frac{1}{2}\times(3+6)\times2.5\right\}\times4=45(\text{cm}^2)$

$\therefore$ (겉넓이)

$=$(아랫면의 넓이)$+$(윗면의 넓이)$+$(옆넓이)

$=45+45=90(\text{cm}^2)$

(부피)$=\frac{1}{3}\times(6\times6)\times4-\frac{1}{3}\times(3\times3)\times2$

$=42(\text{cm}^3)$

1-3 주어진 정사각형을 접었을 때 생기는 입체도형은 오른쪽 그림과 같다.

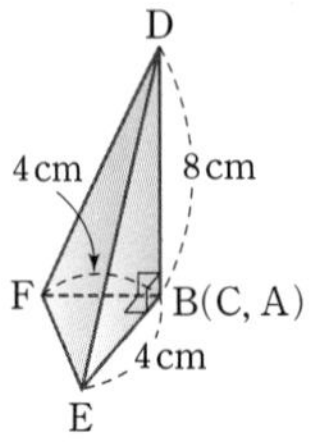

$\therefore$ (부피)$=\frac{1}{3}\times\left(\frac{1}{2}\times4\times4\right)\times8$

$=\frac{64}{3}(\text{cm}^3)$

직육면체에서 잘라낸 각뿔의 부피 개념북 149쪽

2 ③ **2-1** 10

2-2 10 cm **2-3** $\frac{8}{3}$

2 정육면체의 한 모서리의 길이를 a라 하면

(삼각뿔 B$-$AFC의 부피)

$=\frac{1}{3}\times\left(\frac{1}{2}\times a\times a\right)\times a=\frac{1}{6}a^3$

(나머지 입체도형의 부피)$=a^3-\frac{1}{6}a^3=\frac{5}{6}a^3$

따라서 두 입체도형의 부피의 비는

$\frac{1}{6}a^3:\frac{5}{6}a^3=1:5$

2-1 $\frac{1}{3}\times\left(\frac{1}{2}\times12\times x\right)\times5=100$ $\therefore x=10$

2-2 $\overline{\text{BC}}=2x$ cm라 하면 $\overline{\text{BM}}=x$ cm이므로

$\frac{1}{3}\times\left(\frac{1}{2}\times8\times x\right)\times6=40$ $\therefore x=5$

$\therefore \overline{\text{BC}}=2\times5=10(\text{cm})$

2-3 $\frac{1}{3}\times\left(\frac{1}{2}\times4\times8\right)\times6=\left(\frac{1}{2}\times6\times x\right)\times4$

$\therefore x=\frac{8}{3}$

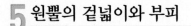

5 원뿔의 겉넓이와 부피

개념북 150쪽

1 36π cm^2, 16π cm^3

2 90π cm^2, 84π cm^3

1 (겉넓이)$=\pi\times4^2+\pi\times4\times5=36\pi(\text{cm}^2)$

(부피)$=\frac{1}{3}\times\pi\times4^2\times3=16\pi(\text{cm}^3)$

2 (겉넓이)$=\pi\times3^2+\pi\times6^2+(\pi\times6\times10-\pi\times3\times5)$

$=9\pi+36\pi+60\pi-15\pi$

$=90\pi(\text{cm}^2)$

(부피)$=\frac{1}{3}\times(\pi\times6^2)\times8-\frac{1}{3}\times(\pi\times3^2)\times4$

$=96\pi-12\pi=84\pi(\text{cm}^3)$

전개도가 주어진 원뿔의 겉넓이 개념북 151쪽

1 16π cm^2

1-1 (1) 288π cm^2 (2) 468π cm^2

1 밑면의 반지름의 길이를 r cm라 하면

$2\pi\times6\times\frac{120}{360}=2\pi\times r$ $\therefore r=2$

$\therefore$ (겉넓이)$=\pi\times2^2+\pi\times2\times6=16\pi(\text{cm}^2)$

1-1 (1) $\pi\times12\times32-\pi\times6\times16=288\pi(\text{cm}^2)$

(2) $\pi\times6^2+\pi\times12^2+288\pi=468\pi(\text{cm}^2)$

원뿔의 겉넓이와 부피 개념북 151쪽

2 33π cm^2 **2-1** ④

2 (구하는 겉넓이)

$=$(밑넓이)$+$(원기둥의 옆넓이)$+$(원뿔의 옆넓이)

$=\pi\times3^2+(2\pi\times3)\times2+\pi\times3\times4$

$=9\pi+12\pi+12\pi=33\pi(\text{cm}^2)$

2-1 (구하는 부피)

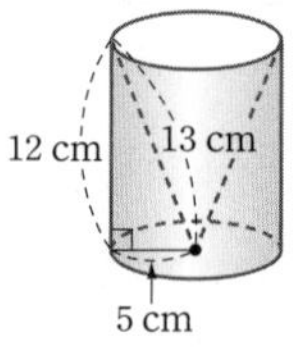

$=$(원기둥의 부피)$-$(원뿔의 부피)

$=\pi\times5^2\times12-\frac{1}{3}\times\pi\times5^2\times12$

$=300\pi-100\pi=200\pi(\text{cm}^3)$

6 구의 겉넓이와 부피

개념북 152쪽

1 (1) 324π cm^2, 972π cm^3

(2) 300π cm^2, $\frac{2000}{3}\pi$ cm^3

1 (1) (겉넓이)$=4\pi\times9^2=324\pi(\text{cm}^2)$

(부피)$=\dfrac{4}{3}\pi\times9^3=972\pi(\text{cm}^3)$

(2) (겉넓이)$=\dfrac{1}{2}\times4\pi\times10^2+\pi\times10^2=300\pi(\text{cm}^2)$

(부피)$=\dfrac{1}{2}\times\dfrac{4}{3}\pi\times10^3=\dfrac{2000}{3}\pi(\text{cm}^3)$

구의 겉넓이와 부피

개념북 153쪽

1 $\pi:6$ **1-1** ③

1 구의 반지름의 길이가 5 cm이므로 정육면체의 한 모서리의 길이는 10 cm이다.

(구의 겉넓이) : (정육면체의 겉넓이)

$=(4\pi\times5^2):(6\times10^2)=\pi:6$

1-1 구의 반지름의 길이를 r cm라 하면

$4\pi r^2=36\pi$, $r^2=9$ $\quad\therefore r=3\ (\because r>0)$

$\therefore$ (부피)$=\dfrac{4}{3}\pi\times3^3=36\pi(\text{cm}^3)$

구의 일부를 포함하는 도형의 겉넓이와 부피

개념북 153쪽

2 $\dfrac{224}{3}\pi\ \text{cm}^3$ **2-1** $33\pi\ \text{cm}^2$, $30\pi\ \text{cm}^3$

2 (부피)$=\left(\dfrac{4}{3}\pi\times4^3\right)\times\dfrac{7}{8}=\dfrac{224}{3}\pi(\text{cm}^3)$

2-1 (겉넓이)$=\pi\times3\times5+(4\pi\times3^2)\times\dfrac{1}{2}$

$=15\pi+18\pi=33\pi(\text{cm}^2)$

(부피)$=\dfrac{1}{3}\times(\pi\times3^2)\times4+\left(\dfrac{4}{3}\pi\times3^3\right)\times\dfrac{1}{2}$

$=12\pi+18\pi=30\pi(\text{cm}^3)$

원기둥에 내접하는 원뿔, 구의 관계

개념북 154쪽

3 $18\pi\ \text{cm}^3$, $54\pi\ \text{cm}^3$ **3-1** $\dfrac{1000}{3}\pi\ \text{cm}^3$

3 구의 반지름의 길이를 r cm라 하면

$\dfrac{4}{3}\pi r^3=36\pi$, $r^3=27$에서 $r=3$이므로

(원뿔의 부피)$=\dfrac{1}{3}\times\pi\times3^2\times6=18\pi(\text{cm}^3)$

(원기둥의 부피)$=\pi\times3^2\times6=54\pi(\text{cm}^3)$

[다른 풀이]

부피의 비는 (원뿔) : (구) : (원기둥)$=1:2:3$이므로

(원뿔의 부피)$=\dfrac{1}{2}\times36\pi=18\pi(\text{cm}^3)$

(원기둥의 부피)$=18\pi\times3=54\pi(\text{cm}^3)$

3-1 구의 반지름의 길이를 r cm라 하면

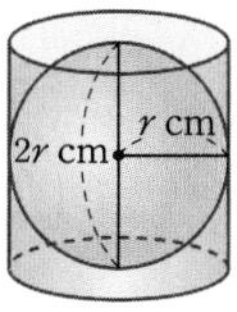

$\pi r^2\times2r=2\pi r^3=500\pi$에서 $r^3=250$

$\therefore$ (구의 부피)$=\dfrac{4}{3}\pi\times r^3=\dfrac{4}{3}\pi\times250$

$=\dfrac{1000}{3}\pi(\text{cm}^3)$

[다른 풀이]

(구의 부피) : (원기둥의 부피)$=2:3$이므로

(구의 부피) : $500\pi=2:3$

$\therefore$ (구의 부피)$=\dfrac{1000}{3}\pi(\text{cm}^3)$

구의 겉넓이와 부피의 활용

개념북 154쪽

4 1 cm **4-1** $\dfrac{256}{3}\pi\ \text{cm}^3$

4 수면의 높이가 h cm 더 높아졌다고 하면

(구슬의 부피)=(높아진 수면의 높이 만큼의 물의 부피)

이므로

$\dfrac{4}{3}\pi\times3^3=\pi\times6^2\times h$ $\quad\therefore h=1$

따라서 수면의 높이는 1 cm 더 높아진다.

4-1 원기둥의 밑면의 반지름의 길이를 r cm라 하면 원기둥의 높이는 $4r$ cm 이므로

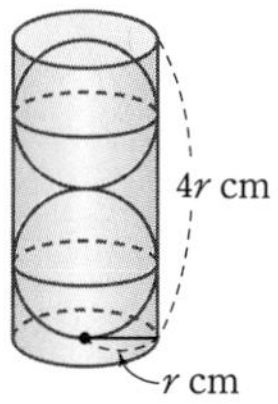

$\pi\times r^2\times4r=256\pi$에서 $r^3=64$

즉, 구 1개의 부피는

$\dfrac{4}{3}\pi\times r^3=\dfrac{4}{3}\pi\times64=\dfrac{256}{3}\pi(\text{cm}^3)$

따라서 원기둥에 남아 있는 물의 부피는

(원기둥의 부피)$-$(구 2개의 부피)

$=256\pi-\dfrac{256}{3}\pi\times2=\dfrac{256}{3}\pi(\text{cm}^3)$

개념 완성 기본 문제 개념북 155~156쪽

1 ④	**2** $78\pi\ \text{cm}^2$		**3** ①
4 8 cm	**5** $\frac{32}{3}\ \text{cm}^3$	**6** ④	**7** ⑤
8 ⑤	**9** 6	**10** ⑤	**11** $126\pi\ \text{cm}^3$
12 $108\pi\ \text{cm}^2$			

1 정육면체의 한 모서리의 길이를 a cm라 하면

$6\times a^2=54,\ a^2=9 \qquad \therefore a=3$

$\therefore$ (부피)$=3\times3\times3=27(\text{cm}^3)$

2 주어진 전개도로 만들어지는 입체도형은 원기둥이고, 원기둥의 밑면의 둘레의 길이가 6π cm이므로 반지름의 길이를 r cm라 하면

$2\pi r=6\pi \qquad \therefore r=3$

따라서 원기둥의 겉넓이는

$(\pi\times3^2)\times2+6\pi\times10=18\pi+60\pi=78\pi(\text{cm}^2)$

3 (부피)

$=$(직육면체의 부피)$-$(밑면이 부채꼴인 기둥의 부피)

$=(2\times2)\times6-\left(\pi\times2^2\times\frac{90}{360}\right)\times6$

$=24-6\pi(\text{cm}^3)$

4 사각뿔의 높이를 h cm라 하면

$\frac{1}{3}\times(9\times9)\times h=216 \qquad \therefore h=8$

따라서 사각뿔의 높이는 8 cm이다.

5 △ABC를 밑면, 모서리 BF를 높이로 하는 삼각뿔의 부피를 구하면 된다.

$\therefore$ (삼각뿔 B$-$ACF의 부피)

$=\frac{1}{3}\times\left(\frac{1}{2}\times4\times4\right)\times4=\frac{32}{3}(\text{cm}^3)$

6 $\pi\times8^2+\pi\times8\times r=136\pi$

$8\pi r=72\pi \qquad \therefore r=9$

7 원기둥의 부피는 $\pi\times1^2\times2=2\pi(\text{cm}^3)$이므로 $a=2\pi$

원뿔의 부피는 $\frac{1}{3}\times\pi\times2^2\times4=\frac{16}{3}\pi(\text{cm}^3)$이므로

$b=\frac{16}{3}\pi$

$\therefore a : b=2\pi : \frac{16}{3}\pi=3 : 8$

8 1회전 시킬 때 생기는 입체도형은 오른쪽 그림과 같으므로

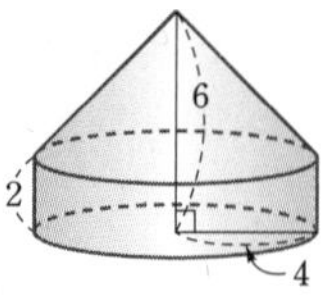

(구하는 부피)

$=$(원기둥의 부피)$+$(원뿔의 부피)

$=(\pi\times4^2)\times2+\frac{1}{3}\times(\pi\times4^2)\times4$

$=32\pi+\frac{64}{3}\pi=\frac{160}{3}\pi$

9 원뿔 모양의 그릇에 담긴 물의 부피는

$\frac{1}{3}\times(\pi\times6^2)\times8=96\pi(\text{cm}^3)$

원기둥 모양의 그릇에 담긴 물의 부피는

$(\pi\times4^2)\times h=16h\pi(\text{cm}^3)$

두 그릇에 담긴 물의 부피는 같으므로

$96\pi=16h\pi$

$\therefore h=6$

10 지름의 길이가 2 cm인 쇠구슬 16개의 부피와 지름의 길이가 4 cm인 쇠구슬 x개의 부피가 같다고 하면

$\left(\frac{4}{3}\pi\times1^3\right)\times16=\left(\frac{4}{3}\pi\times2^3\right)\times x \qquad \therefore x=2$

따라서 지름의 길이가 4 cm인 쇠구슬을 2개 만들 수 있다.

11 180° 회전 시킬 때 생기는 입체도형은 오른쪽 그림과 같으므로

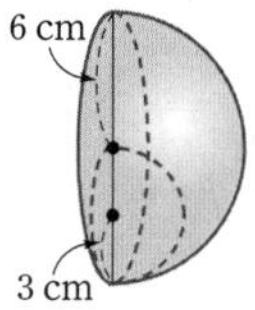

(구하는 부피)

$=$(큰 반구의 부피)$-$(작은 반구의 부피)

$=\left(\frac{4}{3}\pi\times6^3\right)\times\frac{1}{2}-\left(\frac{4}{3}\pi\times3^3\right)\times\frac{1}{2}$

$=144\pi-18\pi$

$=126\pi(\text{cm}^3)$

12 원기둥의 밑면의 반지름의 길이를 r cm라 하면 원기둥의 높이는 $6r$ cm이므로

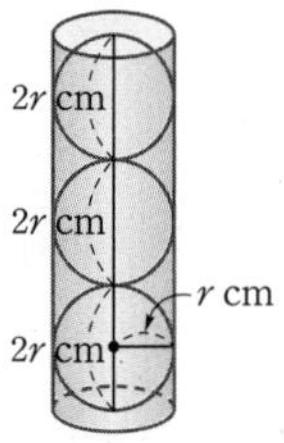

$\pi r^2\times6r=162\pi,\ r^3=27$에서 $r=3$

$\therefore$ (구 3개의 겉넓이의 합)

$=(4\pi\times3^2)\times3$

$=108\pi(\text{cm}^2)$

발전 문제

개념북 157~158쪽

1 ⑤ **2** ① **3** $36\pi\ \text{cm}^2$

4 ⑤ **5** $22\pi\ \text{cm}^3$

6 ① 6, 12π cm ② 10, 12π, $216°$

③ $60\pi\ \text{cm}^2$, $36\pi\ \text{cm}^2$, $96\pi\ \text{cm}^2$

7 ① $128\ \text{cm}^3$ ② $384\ \text{cm}^3$ ③ $1:3$

1 1회전 시킬 때 생기는 입체도형은 오른쪽 그림과 같으므로

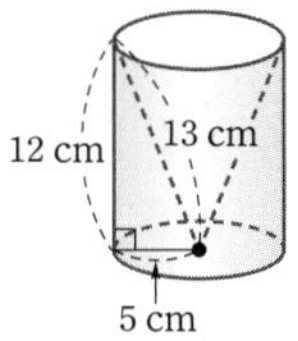

(구하는 겉넓이)

=(원뿔의 겉넓이)+(원기둥의 옆넓이)

$=\pi\times5^2+\pi\times5\times13+2\pi\times5\times12$

$=25\pi+65\pi+120\pi$

$=210\pi(\text{cm}^2)$

2 작은 밑면의 반지름의 길이를 r라 하면

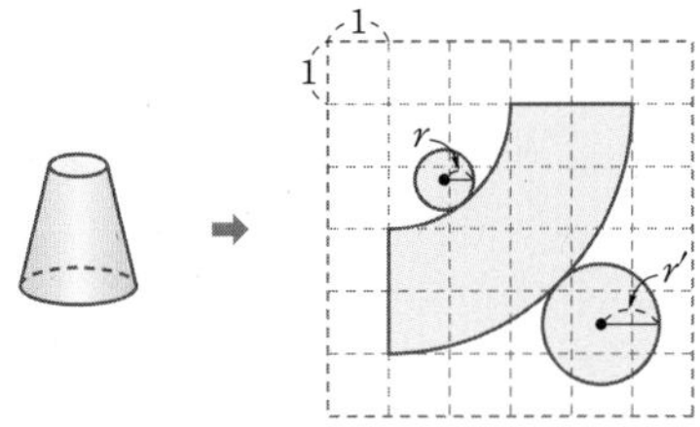

$2\pi\times2\times\frac{90}{360}$

$=2\pi\times r$

$\therefore r=\frac{1}{2}$

큰 밑면의 반지름의 길이를 r'이라 하면

$2\pi\times4\times\frac{90}{360}=2\pi\times r'$

$\therefore r'=1$

따라서 두 밑면의 넓이는 각각 $\frac{1}{4}\pi$, π이고 원뿔대의 옆넓이는

$\pi\times4^2\times\frac{90}{360}-\pi\times2^2\times\frac{90}{360}=4\pi-\pi=3\pi$

이므로 이 원뿔대의 겉넓이는

$\frac{1}{4}\pi+\pi+3\pi=\frac{17}{4}\pi$

3 원 O의 반지름의 길이를 r cm라 하면

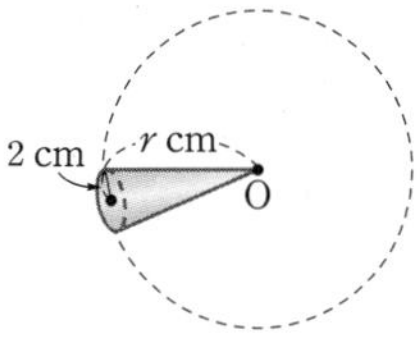

(원 O의 둘레의 길이)

=(원뿔의 밑면의 둘레의 길이)×8

이므로

$2\pi r=(2\pi\times2)\times8 \qquad \therefore r=16$

$\therefore$ (원뿔의 겉넓이)$=\pi\times2^2+\pi\times2\times16$

$=36\pi(\text{cm}^2)$

4 원뿔 모양의 그릇의 부피는

$\frac{1}{3}\times(\pi\times2^2)\times6=8\pi(\text{cm}^3)$

원기둥 모양의 그릇의 부피는

$(\pi\times4^2)\times8=128\pi(\text{cm}^3)$

$\therefore 128\pi\div8\pi=16$

따라서 원뿔 모양의 그릇으로 16번 부었다.

5 정사각뿔의 밑면은 정사각형이므로 반구의 반지름의 길이를 r cm라 하면 오른쪽 그림에서

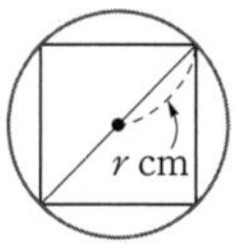

(정사각뿔의 밑넓이)$=\frac{1}{2}\times2r\times2r$

$=2r^2(\text{cm}^2)$

이때 정사각뿔의 부피가 $22\ \text{cm}^3$이므로

$\frac{1}{3}\times2r^2\times r=22 \qquad \therefore r^3=33$

$\therefore$ (반구의 부피)$=\frac{1}{2}\times\frac{4}{3}\pi r^3$

$=\frac{2}{3}\pi\times33$

$=22\pi(\text{cm}^3)$

6 ① 부채꼴의 호의 길이는 $2\pi\times6=12\pi(\text{cm})$

② 부채꼴의 중심각의 크기를 $\angle x$라 하면

$2\pi\times10\times\frac{x}{360}=12\pi \qquad \therefore \angle x=216°$

③ (옆넓이)$=\pi\times10^2\times\frac{216}{360}=60\pi(\text{cm}^2)$

(밑넓이)$=\pi\times6^2=36\pi(\text{cm}^2)$

$\therefore$ (겉넓이)$=60\pi+36\pi=96\pi(\text{cm}^2)$

7 ① 삼각기둥의 밑넓이를 $\triangle QGH$, 높이를 $\overline{PQ}$라 하면

V_1=(삼각기둥의 부피)

=(밑넓이)×(높이)

$=\left(\frac{1}{2}\times\overline{GH}\times\overline{QG}\right)\times\overline{PQ}$

$=\left(\frac{1}{2}\times8\times4\right)\times8$

$=128(\text{cm}^3)$

② V_2=(정육면체의 부피)$-V_1$

$=(8\times8\times8)-V_1$

$=512-128$

$=384(\text{cm}^3)$

③ $V_1:V_2=128:384=1:3$

1 대표값

1 대표값과 평균

개념북 162쪽

1 (1) 5 (2) 25
2 165 cm

1 (1) (평균)$=\dfrac{1+3+5+7+9}{5}=5$

(2) (평균)$=\dfrac{10+20+30+40}{4}=25$

2 진욱이네 가족의 키의 평균은

$\dfrac{180+162+176+142}{4}=\dfrac{660}{4}=165(\text{cm})$

평균의 뜻과 성질

개념북 163쪽

1 61점 **1-1** ③ **1-2** ④
1-3 64.5 kg

1 소영이의 수학 점수를 x점이라 하면 수학 점수의 평균이 70점이므로

$\dfrac{63+78+x+72+76}{5}=70$

$289+x=350$ $\therefore x=61$

따라서 소영이의 수학 점수는 61점이다.

1-1 4개의 변량 A, B, C, D의 평균이 10이므로

$\dfrac{A+B+C+D}{4}=10$

$\therefore A+B+C+D=40$

따라서 5개의 변량 A, B, C, D, 20의 평균은

$\dfrac{A+B+C+D+20}{5}=\dfrac{40+20}{5}=\dfrac{60}{5}=12$

1-2 학생 10명의 독서 시간의 평균이 6시간이므로

$\dfrac{9+2+7+4+x+5+6+7+4+9}{10}=6$

$\dfrac{53+x}{10}=6$, $53+x=60$

$\therefore x=7$

1-3 학생 30명의 몸무게의 평균이 50 kg이므로 솔민이네 반 학생 30명의 몸무게의 총합은

$50\times30=1500(\text{kg})$

이때 전학 간 학생의 몸무게를 x kg이라 하면

$\dfrac{1500-x}{29}=49.5$, $1500-x=1435.5$

$\therefore x=64.5$

따라서 전학 간 학생의 몸무게는 64.5 kg이다.

2 중앙값

개념북 164쪽

1 (1) 18 (2) 25, 50, 37.5

1 (2) (중앙값)$=\dfrac{25+50}{2}=37.5$

중앙값의 뜻과 성질

개념북 165쪽

1 14.5 **1-1** 15.5회

1 A 모둠의 점수를 크기순으로 나열하면

4, 5, 6, 6, 7, 8, 8, 10(점)

이므로 중앙값은 4번째 값과 5번째 값의 평균인

$\dfrac{6+7}{2}=6.5$(점)이다. $\therefore x=6.5$

B 모둠의 점수를 크기순으로 나열하면

5, 6, 7, 7, 8, 9, 9, 10, 10(점)

이므로 중앙값은 5번째 값인 8점이다. $\therefore y=8$

$\therefore x+y=6.5+8=14.5$

1-1 자료를 크기순으로 나열하면

8, 12, 13, 15, 16, 17, 19, 20(회)

이므로 중앙값은 4번째 값과 5번째 값의 평균이다.

$\therefore$ (중앙값)$=\dfrac{15+16}{2}=15.5$(회)

중앙값이 주어질 때, 변량 구하기

개념북 165쪽

2 11 **2-1** 59

2 자료는 크기순으로 나열되어 있고, 자료의 개수가 짝수이므로 중앙값은 3번째 값과 4번째 값의 평균이다.

즉, (중앙값)$=\frac{9+x}{2}=10$, $9+x=20$ $\therefore x=11$

2-1 x를 제외한 나머지 변량을 크기순으로 나열하면

47, 53, 68

중앙값이 56이므로 x는 53과 68 사이의 수이어야 하고, 전체 자료를 크기순으로 나열하면

47, 53, x, 68

즉, (중앙값)$=\frac{53+x}{2}=56$, $53+x=112$

$\therefore x=59$

3 최빈값

개념북 166쪽

1 2, 3, 1, 16

2 (1) 28 (2) 없다. (3) 7, 12 (4) 축구

2 (1) 28의 개수가 3으로 가장 많으므로 최빈값은 28이다.

(2) 모든 변량의 개수가 1이므로 최빈값은 없다.

(3) 7과 12의 개수가 2로 가장 많으므로 최빈값은 7과 12이다.

(4) 축구의 개수가 3으로 가장 많으므로 최빈값은 축구이다.

최빈값의 뜻과 성질

개념북 167쪽

1 ① **1-1** 52 kg, 55 kg

1 독서를 좋아하는 학생 수가 9명으로 가장 많으므로 취미 생활의 최빈값은 독서이다.

1-1 주어진 자료를 크기순으로 나열하면

46, 47, 47, 48, 50, 51, 52, 52, 52, 53, 54, 55, 55, 55(kg)

따라서 몸무게가 52 kg과 55 kg인 학생 수가 3명으로 가장 많으므로 최빈값은 52 kg과 55 kg이다.

평균, 중앙값, 최빈값

개념북 167쪽

2 8.8 **2-1** 13회

2 (평균)$=\frac{1\times2+2\times4+3\times5+4\times3+5\times1}{15}$

$=\frac{42}{15}=2.8$(회)

이므로 $a=2.8$

작은 값부터 크기순으로 나열하였을 때, 8번째 자료의 값이 3회이므로 $b=3$

최빈값은 3회이므로 $c=3$

$\therefore a+b+c=2.8+3+3=8.8$

2-1 x를 제외한 자료 중 13회의 개수가 3이고, 다른 자료의 값의 개수는 모두 1이므로 x의 값에 관계없이 최빈값은 13회이다.

평균과 최빈값이 같으므로

$\frac{13+10+13+14+x+17+13}{7}=\frac{80+x}{7}=13$

$\therefore x=11$

따라서 자료를 작은 값부터 크기순으로 나열하면

10, 11, 13, 13, 13, 14, 17(회)

이므로 중앙값은 13회이다.

개념 완성 기본 문제

개념북 168~169쪽

1 ④	**2** ⑤	**3** 자료 B	**4** ②
5 510 mm	**6** (1) 25세 (2) 26세		**7** 4
8 (1) 8.75회 (2) 9.5회 (3) 10회, 11회			**9** 13.5
10 8.8	**11** $A<B<C$		**12** ②, ⑤

1 (평균)$=\frac{(a-5)+(a+4)+(a+6)+(2a-1)}{4}$

$=16$

이므로

$5a+4=64$, $5a=60$

$\therefore a=12$

2 학생 25명의 몸무게의 평균이 55 kg이므로 여진이네 반 학생 25명의 몸무게의 총합은

$55\times25=1375(\text{kg})$

이때 전학 간 학생의 몸무게를 x kg이라 하면

$\frac{1375-x}{24}=54.5$, $1375-x=1308$ $\therefore x=67$

따라서 전학 간 학생의 몸무게는 67 kg이다.

3 자료 A를 크기순으로 나열하면 2, 3, 4, 4, 5, 10이므로 중앙값은 3번째 값과 4번째 값의 평균인 $\frac{4+4}{2}=4$이다.

자료 B를 크기순으로 나열하면 2, 3, 4, 5, 8, 9, 11이므로 중앙값은 4번째 값인 5이다.

따라서 중앙값이 더 큰 것은 자료 B이다.

4 중앙값은 3번째 변량인 5이고, 평균과 중앙값이 같으므로 평균도 5이다.

즉, $\frac{2+4+5+7+x}{5}=5$

$18+x=25$ $\therefore x=7$

5 자료를 크기순으로 나열하면

230, 235, 240, 245, 245, 250, 255, 260, 265, 265, 270, 275(mm)

이때 실내화 사이즈가 245 mm, 265 mm인 학생 수가 2명으로 가장 많으므로 최빈값은 245 mm, 265 mm이다.

따라서 최빈값의 합은 $245+265=510(\text{mm})$

6 (1) 중앙값은 25개의 변량을 크기순으로 나열했을 때 중앙에 있는 13번째의 값인 25세이다.

(2) 최빈값은 인원 수가 5명으로 가장 많은 26세이다.

7 $(\text{평균})=\frac{-5+7-2+a+4+b+0}{7}=\frac{a+b+4}{7}=0$

이므로 $a+b=-4$

이때 최빈값이 0이므로 a, b의 값 중에서 하나는 0이다.

그런데 $a<b$이므로 $a=-4$, $b=0$

$\therefore b-a=0-(-4)=4$

8 (1) $(\text{평균})=\frac{7+9+11+8+10+11+6+5+10+11+7+10}{12}$

$=\frac{105}{12}=8.75(\text{회})$

(2) 자료를 크기순으로 나열하면 5, 6, 7, 7, 8, 9, 10, 10, 10, 11, 11, 11(회)이므로 중앙값은 6번째 값과 7번째 값의 평균인 $\frac{9+10}{2}=9.5(\text{회})$

(3) 최빈값은 학생 수가 각각 3명으로 가장 많은 10회와 11회이다.

9 $(\text{평균})=\frac{11+12+13+14\times2+15\times4+16}{10}$

$=\frac{140}{10}=14(\text{세})$

$\therefore a=14$

자료를 크기순으로 나열하였을 때, 중앙값은 5번째 값과 6번째 값의 평균이므로

$(\text{중앙값})=\frac{14+15}{2}=14.5(\text{세})$ $\therefore b=14.5$

15세인 회원 수가 4명으로 가장 많으므로 최빈값은 15세이다.

$\therefore c=15$

$\therefore a+b-c=14+14.5-15=13.5$

10 $(\text{평균})=\frac{1\times2+2\times4+3\times5+4\times3+5\times1}{15}$

$=\frac{42}{15}=2.8(\text{회})$

$\therefore a=2.8$

자료를 크기순으로 나열하였을 때, 8번째 자료의 값이 3회이므로 중앙값은 3회이다.

$\therefore b=3$

최빈값은 학생 수가 5명으로 가장 많은 3회이므로 $c=3$

$\therefore a+b+c=2.8+3+3=8.8$

11 $A=\frac{9+7+8+7+8+8+6+6+7+8}{10}$

$=\frac{74}{10}=7.4$

자료를 크기순으로 나열하면 6, 6, 7, 7, 7, 8, 8, 8, 8, 9(시간)이므로

$B=\frac{7+8}{2}=7.5$

8시간의 횟수가 4일로 가장 많으므로 $C=8$

$\therefore A<B<C$

12

	평균	중앙값	최빈값
민우	$\frac{8+9+10+8+5}{5}=\frac{40}{5}=8(\text{점})$	8점	8점
효찬	$\frac{8+3+7+5+7}{5}=\frac{30}{5}=6(\text{점})$	7점	7점

② 민우의 점수의 중앙값이 효찬이의 점수의 중앙값보다 높다.

⑤ 효찬이의 점수의 중앙값과 최빈값은 같다.

따라서 옳지 않은 것은 ②, ⑤이다.

발전 문제 개념북 170~171쪽

1 94점 **2** 80점 **3** 38

4 25, 26, 27, 28, 29, 30

5 ① 6 ② 8, 8, $a+2$, $a+2$, 13, 7 ③ 7, 6, 13

6 ① 7 ② 6.5시간 ③ 7시간

1 4회까지의 수학 시험의 점수의 총합은

$89\times4=356$(점)

5번째 수학 시험의 점수를 x점이라 하면

(5회까지의 평균)$=\frac{356+x}{5}=90$(점)이므로

$356+x=450$

$\therefore x=94$

따라서 5번째 수학 시험의 점수는 94점이다.

2 학생 8명의 수학 성적을 낮은 값부터 크기순으로 나열할 때, 5번째 학생의 점수를 x점이라 하면

(중앙값)$=\frac{76+x}{2}=78$, $76+x=156$

$\therefore x=80$

이때 수학 성적이 82점인 학생이 들어왔으므로 9명 중 5번째 학생의 점수는 여전히 80점이다.

따라서 9명의 수학 성적의 중앙값은 5번째 값인 80점이다.

3 x를 제외한 나머지 변량들의 개수가 모두 1이고 최빈값이 존재하므로 x는 나머지 변량들 중 하나와 그 값이 같다.

따라서 x의 개수가 2로 가장 많으므로 최빈값은 x회이다.

이때 평균과 최빈값이 같으므로

(평균)$=\frac{40+37+38+29+x+46}{6}=x$

$x+190=6x$, $5x=190$

$\therefore x=38$

4 ㈎에서 중앙값이 25이므로 크기순으로 나열했을 때, 세 번째 수가 25이어야 한다.

즉, $a\geq25$ ...... ㉠

㈏에서 중앙값이 35이므로 크기순으로 나열했을 때, 30과 40이 중앙의 두 수이어야 한다.

즉, $a\leq30$ ...... ㉡

따라서 ㉠, ㉡에서 두 조건 ㈎와 ㈏를 모두 만족하는 자연수 a는 25, 26, 27, 28, 29, 30이다.

5 ① ㈎에서 자료 a, b를 제외하고 작은 값부터 크기순으로 나열하면 2, 3, 5, 7, 9이다.

이때 중앙값이 6이고 $a>b$이므로 중앙값은 $b=6$이다.

② ㈏에서 자료 $a+2$를 제외하고 작은 값부터 크기순으로 나열하면 6, 8, 11, 13, 14이고 중앙값이 10이므로 자료 $a+2$를 포함하여 크기순으로 나열하면 6, 8, $a+2$, 11, 13, 14이다.

(중앙값)$=\frac{a+2+11}{2}=\frac{a+13}{2}=10$ $\therefore a=7$

③ $\therefore a+b=7+6=13$

6 ① 학생 10명의 독서 시간의 평균이 6시간이므로

$\frac{9+2+7+4+x+5+6+7+4+9}{10}=6$,

$\frac{53+x}{10}=6$, $53+x=60$

$\therefore x=7$

② 자료를 작은 값부터 크기순으로 나열하면 2, 4, 4, 5, 6, 7, 7, 7, 9, 9(시간)이고 자료의 개수가 짝수이므로 중앙값은 $\frac{6+7}{2}=6.5$(시간)이다.

③ 자료 중 가장 많이 나타나는 시간은 7시간이므로 최빈값은 7시간이다.

2 도수분포표와 상대도수

1 줄기와 잎 그림 개념북 174쪽

1 (1) ㉠ 4, ㉡ 2, ㉢ 3 (2) 9 (3) 88점

2 (1) 15명 (2) 4명 (3) 30시간

2 (1) $4+6+3+2=15$(명)

(3) $43-13=30$(시간)

줄기와 잎 그림의 이해 개념북 175쪽

1 ㄷ **1-1** 25 %

1 ㄱ. 전체 학생 수는 $2+4+6+3=15$(명)

ㄴ. 수학 점수가 86점 이상인 학생 수는 $3+3=6$(명)

ㄷ. 수학 점수가 80점 미만인 학생 수는 $2+4=6$(명)이므로 전체의 $\frac{6}{15}\times100=40(\%)$

따라서 옳지 않은 것은 ㄷ이다.

1-1 전체 학생 수는 $6+6+4=16$(명)이고 기록이 14.8초보다 느린 학생은 15.1초, 15.2초, 15.4초, 15.5초의 4명이므로

전체의 $\frac{4}{16}\times100=25(\%)$

두 집단에서의 줄기와 잎 그림 개념북 175쪽

2 22 kg **2-1** 40 %

2 남학생 중 몸무게가 가장 많이 나가는 학생의 몸무게는 57 kg이고, 여학생 중 몸무게가 가장 적게 나가는 학생의 몸무게는 35 kg이다.

$\therefore 57-35=22$(kg)

2-1 남학생 수는 $1+2+3+1=7$(명), 여학생 수는 $4+2+1+1=8$(명)이므로 전체 학생 수는 $7+8=15$(명)

윗몸 일으키기 횟수가 30회 이상인 학생은 32회, 33회, 34회, 38회, 46회, 49회의 6명이므로

전체의 $\frac{6}{15}\times100=40(\%)$

2 도수분포표 개념북 176쪽

1 (1) 풀이 참조 (2) 90분 이상 135분 미만 (3) 7명

1 (1)

사용 시간(분)	학생 수(명)
0 이상 ~ 45 미만	6
45 ~ 90	7
90 ~ 135	4
135 ~ 180	3
합계	20

(2) 도수가 4명인 계급은 90분 이상 135분 이하이다.

(3) 인터넷 사용 시간이 85분인 학생이 속하는 계급은 45분 이상 90분 미만이므로 도수는 7명이다.

도수분포표에서의 용어 개념북 177쪽

1 ㄴ, ㄷ **1-1** 2개

1 ㄱ. 계급의 크기는 계급의 양 끝 값의 차, 즉 구간의 너비이다.

따라서 옳은 것은 ㄴ, ㄷ이다.

1-1 ㄴ. 계급의 개수는 보통 5~15개가 적당하다.

ㄷ. 각 계급에 속하는 도수를 조사하여 나타낸 표를 도수분포표라 한다.

따라서 옳지 않은 것은 ㄴ, ㄷ의 2개이다.

도수분포표의 이해 개념북 177쪽

2 ③ **2-1** (1) 5개 (2) 5 (3) 0권 이상 3권 미만

2 ① 계급의 크기는 $50-45=5$(점)이다.

③ 점수가 56점인 학생 수는 알 수 없다.

④, ⑤ 점수가 65점 이상 70점 미만인 계급의 도수는 $20-(3+3+3+4)=7$(명)이므로 도수가 가장 큰 계급은 65점 이상 70점 미만이고 점수가 65점인 학생이 속하는 계급의 도수는 7명이다.

2-1 (1) 계급의 개수는 5개이다.

(2) $A=30-(15+6+3+1)=5$

(3) 도수가 가장 큰 계급은 0권 이상 3권 미만이다.

특정 계급의 백분율 구하기 개념북 178쪽

3 45 % **3-1** ④

3 숙제를 하는 시간이 20분 이상 40분 미만인 계급의 도수는 $40-(9+8+2+3)=18$(명)이므로

전체의 $\frac{18}{40}\times100=45(\%)$

3-1 $A+B=25-(10+4+1)=10$

즉, 허리 둘레가 70 cm 미만인 학생 수는 10명이므로

전체의 $\frac{10}{25}\times100=40(\%)$

3 히스토그램

개념북 179쪽

1 풀이 참조 **2** 55

1

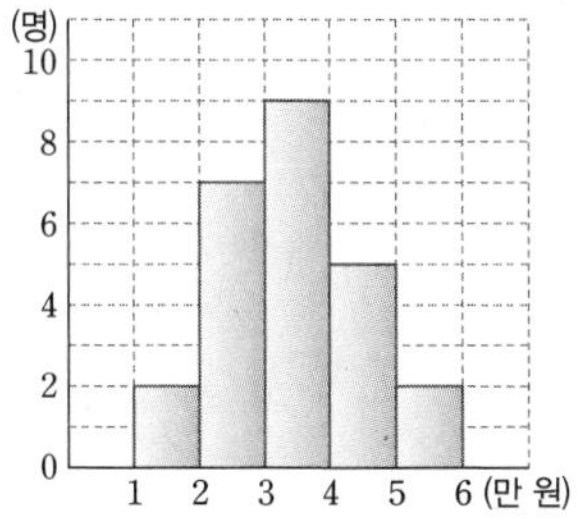

2 도수가 가장 큰 계급은 35세 이상 40세 미만이므로 계급의 크기는 $40-35=5$(세), 그 계급의 도수는 11명이다. 따라서 직사각형의 넓이는 $5\times11=55$

히스토그램의 이해

개념북 180쪽

1 ③ **1-1** 35 %

1 ③ 수면 시간이 8시간 이상인 학생 수는 $8+4=12$(명)이므로 전체의 $\frac{12}{40}\times100=30(\%)$

1-1 전체 학생 수는 $3+4+7+5+1=20$(명)이고 기록이 16초 미만인 학생 수는 $3+4=7$(명)이므로 전체의 $\frac{7}{20}\times100=35(\%)$

히스토그램에서의 직사각형의 넓이

개념북 180쪽

2 250 **2-1** 120

2 계급의 크기는 $145-140=5$(cm)이고, 도수의 총합은 $4+7+12+15+9+3=50$(명)이므로 각 직사각형의 넓이의 합은 $5\times50=250$

2-1 계급의 크기는 $40-30=10$(점)
도수가 가장 큰 계급의 직사각형의 넓이는
$10\times10=100$
도수가 가장 작은 계급의 직사각형의 넓이는
$10\times2=20$
따라서 그 합은 $100+20=120$

찢어진 히스토그램

개념북 181쪽

3 14명 **3-1** 60 %

3 (20권 이상 25권 미만 책을 읽은 학생 수)
$=35-(1+3+6+8+3)$
$=14$(명)

3-1 일별 최고 기온이 20 ℃ 이상 25 ℃ 미만인 계급의 도수는 $30-(3+9+5+2)=11$(일)
최고 기온이 20 ℃ 이상인 날은 $11+5+2=18$(일)이므로 전체의 $\frac{18}{30}\times100=60(\%)$
[다른 풀이]
일별 최고 기온이 20 ℃ 미만인 날이 $3+9=12$(일)이므로 일별 최고 기온이 20 ℃ 이상인 날은
$30-12=18$(일)
따라서 전체의 $\frac{18}{30}\times100=60(\%)$

4 도수분포다각형

개념북 182쪽

1 풀이 참조 **2** 25 %

1

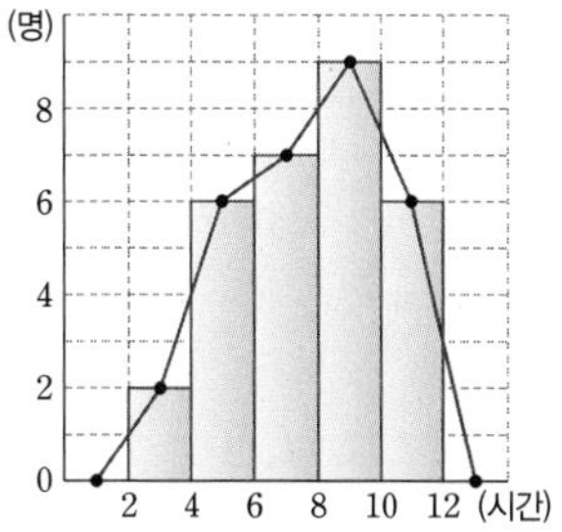

2 현희네 반 전체 학생 수는
$2+7+10+11+5+1=36$(명)이고
영화를 6편 미만 관람한 학생은 $2+7=9$(명)이므로
전체의 $\frac{9}{36}\times100=25(\%)$

도수분포다각형의 이해

개념북 183쪽

1 ①

1-1 50명, 155 cm 이상 160 cm 미만

1 ① 계급의 개수는 5개이다.
② 계급의 크기는 $12-10=2$(초)이다.

④ 달리기 기록이 16초 이상인 학생은 $9+1=10$(명)이다.

⑤ 달리기 기록이 12초 미만인 학생이 3명, 14초 미만인 학생이 $3+5=8$(명)이므로 달리기 기록이 빠른 쪽에서 4번째인 학생이 속하는 계급은 12초 이상 14초 미만이다.

따라서 옳지 않은 것은 ①이다.

1-1 전체 학생 수는 $3+7+10+11+10+6+3=50$(명)이고, 키가 160 cm 이상 165 cm 미만인 학생이 3명, 155 cm 이상 160 cm 미만인 학생이 6명이므로 키가 큰 쪽에서 5번째인 학생이 속하는 계급은 155 cm 이상 160 cm 미만이다.

도수분포다각형의 넓이 개념북 183쪽

2 (1) 150 (2) 150 **2-1** 240

2 (1) (직사각형의 넓이의 합)
$=5\times(3+5+10+8+4)$
$=5\times30=150$

(2) (도수분포다각형과 가로축으로 둘러싸인 부분의 넓이)
=(히스토그램의 직사각형의 넓이의 합)
$=150$

2-1 계급의 크기는 $25-20=5$(m)이고, 전체 도수는 $3+6+8+11+9+7+4=48$(명)이므로
(도수분포다각형과 가로축으로 둘러싸인 부분의 넓이)
$=5\times48=240$

찢어진 도수분포다각형 개념북 184쪽

3 9명 **3-1** 11가구

3 식사 시간이 20분 미만인 학생 수는 18명, 25분 이상인 학생 수는 $5+2+1=8$(명)이므로 20분 이상 25분 미만인 학생 수는 $35-(18+8)=9$(명)

3-1 쓰레기 배출량이 22 kg 미만인 가구 수는 $2+4=6$(가구)
전체 가구 수를 x가구라 하면

$x\times\frac{20}{100}=6 \qquad \therefore x=30$

따라서 쓰레기 배출량이 26 kg 이상 30 kg 미만인 가구 수는 $30-(2+4+8+5)=11$(가구)

5 상대도수

개념북 185쪽

1 (1) 0.6 (2) 0.56 (3) A 지역
2 9명

1 (1) $\frac{150}{250}=0.6$

(2) $\frac{280}{500}=0.56$

(3) A 지역이 상대적으로 남자 아기가 더 많이 태어났다.

2 (어떤 계급의 도수)=(도수의 총합)×(그 계급의 상대도수)이므로 (구하는 학생 수)$=50\times0.18=9$(명)

상대도수 개념북 186쪽

1 0.2 **1-1** 1반

1 전체 학생 수는 $2+5+7+9+8+6+3=40$(명)이고 이용 횟수가 10회 이상 12회 미만인 학생 수는 8명이므로
(상대도수)$=\frac{8}{40}=0.2$

1-1 각 반의 전체 학생 수에서 안경을 낀 학생 수가 차지하는 비율은 각각

1반 : $\frac{18}{40}=0.45$, 2반 : $\frac{22}{50}=0.44$, 3반 : $\frac{18}{45}=0.4$,

4반 : $\frac{12}{48}=0.25$, 5반 : $\frac{11}{44}=0.25$

따라서 안경을 낀 학생의 비율이 가장 높은 반은 1반이다.

상대도수, 도수, 도수의 총합 개념북 186쪽

2 6 **2-1** 100명 **2-2** 0.26

2 (도수의 총합)$=\frac{24}{0.6}=40$이므로 상대도수가 0.15인 계급의 도수는 $40\times0.15=6$

2-1 (전체 학생 수)$=\frac{(\text{그 계급의 학생 수})}{(\text{어떤 계급의 상대도수})}$
$=\frac{20}{0.2}$
$=100$(명)

2-2 (통학 시간이 1시간 이상인 남학생 수)$=60\times0.3$
$=18$(명)

(통학 시간이 1시간 이상인 여학생 수)$=40\times0.2$
$=8$(명)
(통학 시간이 1시간 이상인 학생 수)$=18+8$
$=26$(명)
$\therefore$ (구하는 상대도수)$=\frac{26}{100}=0.26$

6 상대도수의 분포표 개념북 187쪽

1 (1) 풀이 참조 (2) 4만 원 이상 6만 원 미만
2 (1) $A=0.09$, $B=0.25$, $C=1$ (2) 30명 (3) 30 %

1 (1)

용돈(만 원)	학생 수(명)	상대도수
2 이상 ~ 4 미만	12	0.3
4 ~ 6	20	0.5
6 ~ 8	6	0.15
8 ~ 10	2	0.05
합계	40	1

2 (1) $A=\frac{9}{100}=0.09$
$B=1-(0.06+0.09+0.15+0.3+0.15)=0.25$
$C=1$
(2) $100\times0.3=30$(명)
(3) $(0.06+0.09+0.15)\times100=30(\%)$

상대도수의 분포표의 이해 개념북 188쪽

1 $A=4$, $B=8$, $C=0.24$, $D=25$, $E=1$
1-1 84 %

1 상대도수의 총합은 항상 1이므로 $E=1$
$D=\frac{7}{0.28}=25$, $A=25\times0.16=4$
$B=25\times0.32=8$, $C=\frac{6}{25}=0.24$

1-1 전체 학생 수는 $\frac{18}{0.36}=50$(명)이고,
60권 이상 90권 미만인 계급의 상대도수는 $\frac{14}{50}=0.28$,
90권 이상 120권 미만인 계급의 상대도수는 $\frac{10}{50}=0.2$
이므로 책을 30권 이상 읽은 학생은 전체의
$(0.36+0.28+0.2)\times100=84(\%)$

[다른 풀이]
전체 학생 수는 $\frac{18}{0.36}=50$(명)이고, 한 학기 동안 책을 30권 이상 읽은 학생 수는 $18+14+10=42$(명)이므로 전체의 $\frac{42}{50}\times100=84(\%)$

찢어진 상대도수의 분포표 개념북 188쪽

2 0.2 **2-1** 5명

2 전체 학생 수는 $\frac{8}{0.08}=100$(명)이므로 5개 이상 10개 미만인 계급의 상대도수는 $\frac{20}{100}=0.2$

2-1 전체 학생 수는 $\frac{3}{0.12}=25$(명)이므로 70점 이상 80점 미만인 학생 수는 $25\times0.2=5$(명)

전체 도수가 다른 두 집단의 상대도수 개념북 189쪽

3 여학생 **3-1** ①

3 5시간 이상 7시간 미만인 계급의 상대도수는 각각
(남학생의 상대도수)$=\frac{6}{40}=0.15$
(여학생의 상대도수)$=\frac{8}{50}=0.16$
이므로 여학생의 비율이 더 높다.

3-1 전체 도수를 각각 $2a$, $3a$라 하고 어떤 계급의 도수를 각각 $4b$, $3b$라 하면 상대도수의 비는 $\frac{4b}{2a}:\frac{3b}{3a}=2:1$

7 상대도수의 분포를 나타낸 그래프 개념북 190쪽

1 풀이 참조 **2** (1) 10명 (2) 0.3

1

팔굽혀펴기 횟수(회)	학생 수(명)	상대도수
5 이상 ~ 10 미만	2	0.05
10 ~ 15	14	$\frac{14}{40}=0.35$
15 ~ 20	16	$\frac{16}{40}=0.4$
20 ~ 25	6	$\frac{6}{40}=0.15$
25 ~ 30	2	$\frac{2}{40}=0.05$
합계	40	1

➡ 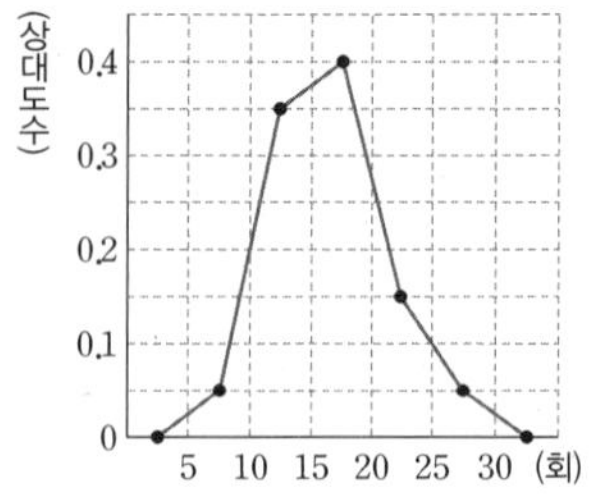

2 (1) 맥박 수가 70회 이상 75회 미만인 계급의 상대도수는 0.2이므로 학생 수는 $50\times0.2=10$(명)

(2) 맥박 수가 85회 이상 90회 미만인 학생 수는 $50\times0.1=5$(명)이고, 맥박 수가 80회 이상 85회 미만인 학생 수는 $50\times0.3=15$(명)이므로 맥박 수가 높은 쪽에서 15번째인 학생이 속하는 계급은 80회 이상 85회 미만이고 이 계급의 상대도수는 0.3이다.

상대도수의 분포를 나타낸 그래프의 이해

개념북 191쪽

1 150명　**1-1** 23명

1 상대도수가 두 번째로 큰 계급은 80점 이상 90점 미만이고 이 계급의 상대도수가 0.2이므로

(전체 학생 수)$=\dfrac{30}{0.2}=150$(명)

1-1 15 m 이상 20 m 미만인 계급의 상대도수가 0.2이므로
전체 학생 수는 $\dfrac{10}{0.2}=50$(명)이고
25 m 이상 던진 학생의 상대도수가
$0.26+0.14+0.06=0.46$이므로
구하는 학생 수는 $50\times0.46=23$(명)

전체 도수가 다른 두 집단의 비교

개념북 191쪽

2 B 중학교　**2-1** 480명

2 책을 6권 이상 8권 미만 읽은 A 중학교 학생 수는 $80\times0.4=32$(명)이고 B 중학교 학생 수는 $120\times0.3=36$(명)이므로 구하는 학생 수가 더 많은 학교는 B 중학교이다.

2-1 (전체 남학생 수)$=\dfrac{11}{0.05}=220$(명)

(전체 여학생 수)$=\dfrac{39}{0.15}=260$(명)

$\therefore$ (전체 학생 수)$=220+260=480$(명)

개념완성 기본 문제

개념북 194~195쪽

1 ④	**2** ②	**3** ③	**4** ⑤
5 ④	**6** ②	**7** 9	**8** ③
9 ③	**10** ⑤	**11** ⑤	**12** ④

1 줄기 5, 6, 7, 8, 9의 잎의 개수는 각각 5개, 4개, 5개, 9개, 7개이므로 잎이 가장 많은 줄기는 8이다.

2 67점 이상 85점 미만인 학생의 점수는 67점, 74점, 77점, 78점, 79점, 79점, 80점, 81점, 82점, 82점, 83점이므로 학생 수는 11명이다.

3 $A=40-(1+3+18+4)=14$
계급의 크기는 $13-11=2$(초)이므로 $a=2$
$\therefore A+a=14+2=16$

4 달리기 기록이 11초 이상 15초 미만인 학생 수는 $1+3=4$(명)이고 11초 이상 17초 미만인 학생 수는 $1+3+18=22$(명)이므로 달리기 기록이 좋은 쪽에서 10번째인 학생이 속하는 계급은 15초 이상 17초 미만이다. 따라서 이 계급의 도수는 18명이다.

5 ㄱ. 줄기와 잎 그림에서 중복된 자료의 값을 중복된 횟수만큼 나열해야 한다.
따라서 바르게 정리한 것은 ㄴ, ㄷ이다.

6 전체 학생 수는 $4+10+9+6+1=30$(명)이고,
수면 시간이 6시간 이상 8시간 미만인 학생 수는
$9+6=15$(명)이므로
전체의 $\dfrac{15}{30}\times100=50(\%)$

7 도수가 가장 큰 계급의 직사각형의 넓이는 $1\times10=10$이고, 도수가 가장 작은 계급의 직사각형의 넓이는 $1\times1=1$이므로 넓이의 차는 $10-1=9$

8 계급의 크기는 $30-20=10$(분)이므로 $a=10$
도수가 가장 큰 계급의 도수는 9명이므로 $b=9$
전체 학생 수는 $3+5+6+9+4+3=30$(명)이므로
$c=30$
$\therefore a+b+c=10+9+30=49$

9 ① $A=\dfrac{9}{50}=0.18$　② $B=50\times0.24=12$

③ $C=\frac{6}{50}=0.12$ ④ $D=50\times0.1=5$

⑤ 상대도수의 총합은 항상 1이므로 $E=1$

10 걸린 시간이 6분 이상인 계급의 상대도수는
$0.12+0.1=0.22$이므로 전체의 $0.22\times100=22(\%)$

11 ① 10대 남자 관람객은 $150\times0.12=18$(명)이다.

② 20대 남자 관람객은 $150\times0.2=30$(명), 여자 관람객은 $100\times0.15=15$(명)이므로 20대 관람객은 전체의 $\frac{30+15}{150+100}\times100=18(\%)$

③ 30대 남자 관람객은 $150\times0.3=45$(명), 여자 관람객은 $100\times0.3=30$(명)이므로 남녀 관람객의 수는 같지 않다.

④ 남자는 30대 관람객의 비율이 가장 높고, 여자는 40대 관람객의 비율이 가장 높다.

⑤ 40세 이상 여자 관람객의 상대도수는
$0.38+0.12=0.5$이므로 전체 여자 관람객의
$0.5\times100=50(\%)$이다.

따라서 옳은 것은 ⑤이다.

12 지출한 금액이 10만 원 이상인 계급의 상대도수는
$0.24+0.1=0.34$이므로 구하는 소비자 수는
$50\times0.34=17$(명)

개념 완성 발전 문제

개념북 196~197쪽

1 7점 **2** ② **3** 32명 **4** ㄴ, ㄹ

5 ① 10, 40 ② 1+3+8+6+2, 20, 11, 9
③ 9, 6, 2, 17

6 ① 40명 ② 0.15 ③ 15 %

1 전체 학생 수는 $5+6+6+7=24$(명)이므로
전체 학생의 $\frac{1}{4}$은 $24\times\frac{1}{4}=6$(명)
따라서 출전하는 학생 중에서 점수가 가장 높은 학생은 89점, 가장 낮은 학생은 82점이므로 두 점수의 차는
$89-82=7$(점)

2 몸무게가 50 kg 이상인 학생 수는
$20\times\frac{40}{100}=8$(명)이므로
$B+3=8$ $\therefore B=5$
$\therefore A=20-(2+6+5+3)=4$

[다른 풀이]
몸무게가 50 kg 이상인 학생이 전체의 40 %이므로 몸무게가 50 kg 미만인 학생은 전체의 60 %이다.
즉, $20\times\frac{60}{100}=12$(명)이므로
$2+6+A=12$ $\therefore A=4$

3 대화 시간이 60분 이상인 계급의 상대도수가 0.1이고 도수가 5명이므로
(도수의 총합)$=\frac{5}{0.1}=50$(명)
대화 시간이 40분 이상인 계급의 상대도수는
$0.16+0.1+0.1=0.36$이므로
40분 미만인 계급의 상대도수는 $1-0.36=0.64$
따라서 대화 시간이 40분 미만인 학생 수는
$50\times0.64=32$(명)

4 ㄱ. 상대도수의 그래프로는 학생 수를 알 수 없다.
ㄷ. B 반이 A 반보다 성적이 대체로 더 우수하다.
따라서 옳은 것은 ㄴ, ㄹ이다.

5 ① 계급의 크기가 $80-70=10$(분)이고 모든 직사각형의 넓이의 합이 400이므로 도수의 총합은
$\frac{400}{10}=40$(편)이다.

② 상영 시간이 100분 이상 120분 미만인 계급의 도수는 $40-(1+3+8+6+2)=20$(편)이므로 100분 이상 110분 미만인 계급의 도수는 11편이고, 110분 이상 120분 미만인 계급의 도수는 9편이다.

③ 상영 시간이 110분 이상인 영화는
$9+6+2=17$(편)이다.

6 ① TV 시청 시간이 40분 이상 60분 미만인 계급의 도수가 14명, 상대도수가 0.35이므로 전체 학생 수는
$\frac{14}{0.35}=40$(명)

② 20분 이상 40분 미만인 계급의 상대도수는
$\frac{8}{40}=0.2$
상대도수의 총합은 항상 1이므로 80분 이상 100분 미만인 계급의 상대도수는
$1-(0.2+0.35+0.3)=0.15$

③ 시청 시간이 80분 이상 100분 미만인 학생은 전체의 $0.15\times100=15(\%)$이다.

수학은 개념이다!

디딤돌수학

개념기본

중 1/2

익힘북 정답과 풀이

'아! 이걸 묻는 거구나' 출제의 의도를 단박에 알게 해주는 정답과 풀이

디딤돌

I 도형의 기초

1 기본 도형

개념적용익힘

익힘북 4~22쪽

1 ㄴ　2 ④　3 ⑤　4 ㄱ, ㄷ
5 ④　6 ㄱ, ㄴ, ㄷ　7 ①　8 ⑤
9 ⑤　10 ②　11 ④
12 $\overleftrightarrow{AB}$, $\overleftrightarrow{AC}$, $\overleftrightarrow{BC}$ / $\overrightarrow{AC}$, $\overleftarrow{CA}$ / $\overrightarrow{CA}$, $\overrightarrow{CB}$
13 ⑤　14 ③　15 ③　16 30
17 $a=1$, $b=4$, $c=3$　18 ③　19 10개
20 14　21 ④
22 (1) $\frac{1}{2}$　(2) $\frac{1}{2}$　(3) 4　(4) $\frac{3}{4}$　23 풀이 참조
24 ②　25 ④　26 8 cm　27 ③
28 5 cm　29 ②　30 16 cm　31 ③
32 (1) ㄱ, ㅂ　(2) ㄴ　(3) ㄷ, ㅁ　(4) ㄹ　33 ④
34 ㄷ　35 ②　36 ②　37 18°
38 35°　39 ①　40 ⑤　41 ④
42 30°　43 60°　44 ②　45 ②
46 30°　47 ②
48 (1) 40°　(2) 60°　(3) 80°　(4) 140°　49 90°
50 (1) 30°　(2) 20°　51 60°　52 2쌍
53 ④　54 ③　55 ③　56 ②, ⑤
57 (1) 점 C　(2) 4.8 cm　58 ⑤　59 ④
60 ③　61 ⑤　62 ⑤　63 ㄷ, ㄹ
64 ⑤　65 ③　66 평행하다.　67 6개
68 ②, ③
69 모서리 BC, 모서리 CD, 모서리 DE, 모서리 GH, 모서리 HI, 모서리 IJ
70 ⑤
71 (1) 한 점에서 만난다.　(2) 평행하다.
(3) 꼬인 위치에 있다.
72 모서리 AB, 모서리 AE, 모서리 FG, 모서리 FJ
73 3개　74 모서리 BF, 모서리 DH
75 11　76 −2　77 ⑤　78 4
79 ①, ⑤　80 ㄴ, ㄷ　81 ③　82 ①, ④
83 ②, ④　84 ㄴ, ㄹ　85 6　86 ②, ⑤
87 ①　88 ⑤　89 ⑤　90 ②
91 ②　92 ①, ⑤　93 ④, ⑤　94 ③, ④
95 ④　96 (1) 65°　(2) 125°　97 ④
98 ③　99 ③　100 ②　101 ②
102 240°　103 ④　104 ③　105 70°
106 ①　107 ①　108 38°　109 100°
110 35°　111 92°　112 ③　113 ③, ⑤
114 ①, ④　115 ③　116 ④　117 ②
118 100°　119 118°　120 50°　121 ②
122 100°　123 50°　124 ③　125 95°

1 ㄱ, ㄹ은 교선이 모두 직선이고, ㄷ은 교선이 없다.

2 (교점의 개수)=(꼭짓점의 개수)=8
(교선의 개수)=(모서리의 개수)=12
(면의 개수)=6

3 교점의 개수는 6, 교선의 개수는 12, 면의 개수는 8이므로
$a=6$, $b=12$, $c=8$
$\therefore a-b+c=6-12+8=2$

4 ㄴ. 교선은 모두 8개이다.
ㄹ. 면 BCDE와 면 AED가 만나서 생기는 교선은 모서리 DE이다.

5 ④ 면과 면이 만나서 생기는 교선은 직선 또는 곡선이다.
⑤ 구의 경우 교점이나 교선이 없다.

6 ㄹ. 입체도형에서 교점의 개수는 꼭짓점의 개수와 같다.

7 ② 두 반직선이 같으려면 시작점과 방향이 모두 같아야 한다.
③ 서로 다른 두 점을 지나는 직선은 오직 하나뿐이다.
④ 직선과 반직선은 한없이 뻗어 나가는 선이므로 그 길이를 생각할 수 없다.
⑤ 한 점을 지나는 직선은 무수히 많다.

8 ⑤ $\overrightarrow{AB}$와 $\overrightarrow{BA}$는 시작점과 방향이 모두 다르므로 같지 않다.

9 ⑤ 방향이 같아도 시작점이 다른 두 반직선은 같지 않다.

11 ①, ②, ③, ⑤ $\overleftrightarrow{QR}=\overleftrightarrow{RP}=\overleftrightarrow{PR}=\overleftrightarrow{RQ}$

13 ⑤ $\overrightarrow{BA}$는 점 B를 시작점으로 하여 점 A의 방향으로 뻗어 나가는 반직선이므로 $\overline{BC}$를 포함하지 않는다.

14 직선은 $\overleftrightarrow{AB}$, $\overleftrightarrow{AC}$, $\overleftrightarrow{BC}$의 3개이다.

15 선분은 $\overline{AB}$, $\overline{AC}$, $\overline{AD}$, $\overline{BC}$, $\overline{BD}$, $\overline{CD}$의 6개이다.

16 직선은 $\overleftrightarrow{PQ}$, $\overleftrightarrow{PR}$, $\overleftrightarrow{PS}$, $\overleftrightarrow{PT}$, $\overleftrightarrow{QR}$, $\overleftrightarrow{QS}$, $\overleftrightarrow{QT}$, $\overleftrightarrow{RS}$, $\overleftrightarrow{RT}$, $\overleftrightarrow{ST}$의 10개이므로 $a=10$
반직선의 개수는 직선의 개수의 2배이므로
$b=10\times2=20$
$\therefore a+b=10+20=30$

17 직선은 l의 1개이므로 $a=1$
반직선은 $\overrightarrow{AB}$, $\overrightarrow{BA}$, $\overrightarrow{BC}$, $\overrightarrow{CA}$의 4개이므로 $b=4$
선분은 $\overline{AB}$, $\overline{AC}$, $\overline{BC}$의 3개이므로 $c=3$

18 만들 수 있는 서로 다른 직선은 $\overleftrightarrow{AB}$, $\overleftrightarrow{AD}$, $\overleftrightarrow{BD}$, $\overleftrightarrow{CD}$의 4개이다.

19 만들 수 있는 서로 다른 선분은 $\overline{AB}$, $\overline{AC}$, $\overline{AD}$, $\overline{AE}$, $\overline{BC}$, $\overline{BD}$, $\overline{BE}$, $\overline{CD}$, $\overline{CE}$, $\overline{DE}$의 10개이다.

20 만들 수 있는 서로 다른 반직선은
$\overrightarrow{AB}$, $\overrightarrow{AE}$, $\overrightarrow{BA}$, $\overrightarrow{BC}$, $\overrightarrow{BE}$, $\overrightarrow{CA}$, $\overrightarrow{CD}$, $\overrightarrow{CE}$, $\overrightarrow{DA}$, $\overrightarrow{DE}$, $\overrightarrow{EA}$, $\overrightarrow{EB}$, $\overrightarrow{EC}$, $\overrightarrow{ED}$의 14개이다.

21 ④ $\overline{PR}=2\overline{PQ}$

22 (1) $\overline{BM}=\overline{AM}=\frac{1}{2}\overline{AB}$
(2) $\overline{MN}=\overline{AN}=\frac{1}{2}\overline{AM}$
(3) $\overline{AM}=2\overline{AN}$이므로
$\overline{AB}=2\overline{AM}=2\times2\overline{AN}=4\overline{AN}$
(4) $\overline{NM}=\frac{1}{2}\overline{AM}=\frac{1}{2}\times\frac{1}{2}\overline{AB}=\frac{1}{4}\overline{AB}$
$\overline{MB}=\frac{1}{2}\overline{AB}$
$\therefore \overline{BN}=\overline{NM}+\overline{MB}=\frac{1}{4}\overline{AB}+\frac{1}{2}\overline{AB}=\frac{3}{4}\overline{AB}$

23 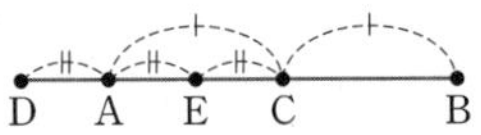

또는 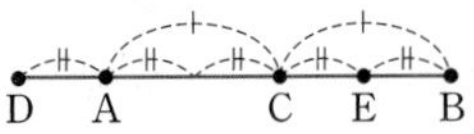

24 $\overline{NM}=\frac{1}{2}\overline{AM}=\frac{1}{2}\times\frac{1}{2}\overline{AB}=\frac{1}{4}\overline{AB}$
$=\frac{1}{4}\times8=2(\text{cm})$

25 $\overline{PQ}=2\overline{MQ}=2\times2\overline{MN}=4\overline{MN}=4\times3=12(\text{cm})$

26 $\overline{MB}=\overline{AM}=3\text{ cm}$, $\overline{BN}=\overline{NC}=5\text{ cm}$
$\therefore \overline{MN}=\overline{MB}+\overline{BN}=3+5=8(\text{cm})$

27 $\overline{AC}=2\overline{MC}$, $\overline{CB}=2\overline{CN}$
$\therefore \overline{AB}=\overline{AC}+\overline{CB}=2\overline{MC}+2\overline{CN}$
$=2(\overline{MC}+\overline{CN})=2\overline{MN}$
$=2\times6=12(\text{cm})$

28 $\overline{AB}=\overline{BC}$이고 $\overline{BC}=\overline{CD}$이므로
$\overline{AB}=\overline{BC}=\overline{CD}=\frac{1}{3}\overline{AD}=\frac{1}{3}\times15=5(\text{cm})$

29 $\overline{AD}=\overline{AC}+\overline{CD}=2\overline{CD}+\overline{CD}=3\overline{CD}=18(\text{cm})$
$\therefore \overline{CD}=6\text{ cm}$
$\overline{AC}=2\overline{CD}=2\times6=12(\text{cm})$
$\overline{AC}=\overline{AB}+\overline{BC}=3\overline{BC}+\overline{BC}=4\overline{BC}=12(\text{cm})$
$\therefore \overline{BC}=3\text{ cm}$

30 $\overline{AB}=2\overline{AM}=2\times12=24(\text{cm})$
$\overline{BC}=\frac{1}{3}\overline{AB}=\frac{1}{3}\times24=8(\text{cm})$
$\overline{BN}=\frac{1}{2}\overline{BC}=\frac{1}{2}\times8=4(\text{cm})$
$\therefore \overline{MN}=\overline{BM}+\overline{BN}=\overline{AM}+\overline{BN}$
$=12+4=16(\text{cm})$
[다른 풀이]
$\overline{AB}=2\overline{AM}=2\times12=24(\text{cm})$,
$\overline{BC}=\frac{1}{3}\overline{AB}=\frac{1}{3}\times24=8(\text{cm})$이므로
$\overline{AC}=\overline{AB}+\overline{BC}=24+8=32(\text{cm})$
$\therefore \overline{MN}=\frac{1}{2}\overline{AC}=\frac{1}{2}\times32=16(\text{cm})$

31 $\overline{AO}:\overline{OB}=2:3$이므로
$\overline{AO}=\frac{2}{2+3}\times\overline{AB}=\frac{2}{5}\times20=8(\text{cm})$
$\therefore \overline{AM}=\frac{1}{2}\overline{AO}=\frac{1}{2}\times8=4(\text{cm})$

33 (예각)<(직각)<(둔각)<(평각)이므로
크기가 작은 것부터 차례로 나열하면 ㄴ, ㄱ, ㄹ, ㄷ이다.

34 ㄱ. ㄴ. ㄷ. ㄹ.

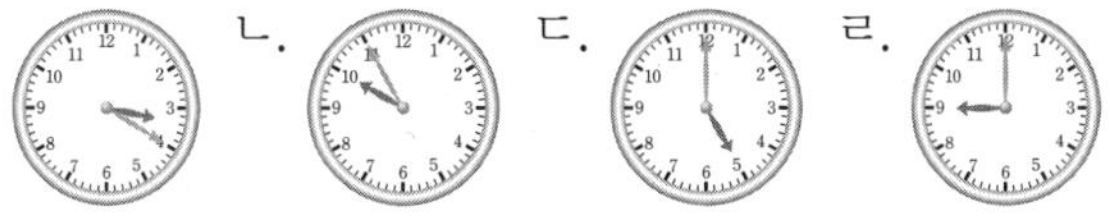

예각 예각 둔각 직각

따라서 각의 크기가 가장 큰 것은 ㄷ이다.

35 $\angle x+(3\angle x+10^\circ)=90^\circ$

$4\angle x=80^\circ \quad \therefore \angle x=20^\circ$

36 $40^\circ+\angle BOC=90^\circ \quad \therefore \angle BOC=50^\circ$

$\angle BOC+\angle x=90^\circ$이므로 $50^\circ+\angle x=90^\circ$

$\therefore \angle x=40^\circ$

[다른 풀이]

$\angle AOB+\angle BOC=90^\circ$, $\angle BOC+\angle COD=90^\circ$이므로

$\angle AOB=\angle COD$

$\therefore \angle x=\angle COD=\angle AOB=40^\circ$

37 $\angle x+2\angle x+3\angle x+4\angle x=180^\circ$

$10\angle x=180^\circ \quad \therefore \angle x=18^\circ$

38 $(\angle x+30^\circ)+(2\angle x+10^\circ)+\angle x=180^\circ$

$4\angle x=140^\circ \quad \therefore \angle x=35^\circ$

39 $25^\circ+\angle x=90^\circ \quad \therefore \angle x=65^\circ$

$60^\circ+90^\circ+\angle y=180^\circ \quad \therefore \angle y=30^\circ$

$\therefore \angle x-\angle y=65^\circ-30^\circ=35^\circ$

40 $\angle AOC=90^\circ$, $\angle BOD=90^\circ$이므로

$\angle AOB+\angle BOC+\angle BOC+\angle COD=180^\circ$

$\angle AOB+\angle COD+2\angle BOC=180^\circ$

$50^\circ+2\angle BOC=180^\circ$, $2\angle BOC=130^\circ$

$\therefore \angle BOC=65^\circ$

[다른 풀이]

$\angle AOB+\angle BOC=90^\circ$, $\angle BOC+\angle COD=90^\circ$이므로

$\angle AOB=\angle COD$

이때 $\angle AOB+\angle COD=50^\circ$이므로

$2\angle AOB=50^\circ \quad \therefore \angle AOB=25^\circ$

$\therefore \angle BOC=\angle AOC-\angle AOB$

$=90^\circ-25^\circ=65^\circ$

41 $\angle BOD=\angle BOC+\angle COD$

$=\frac{1}{2}(\angle AOC+\angle COE)$

$=\frac{1}{2}\times 180^\circ=90^\circ$

[다른 풀이]

$\angle AOB=\angle BOC=\angle a$, $\angle COD=\angle DOE=\angle b$라 하면

$2\angle a+2\angle b=180^\circ$, $2(\angle a+\angle b)=180^\circ$

$\therefore \angle a+\angle b=90^\circ$

$\therefore \angle BOD=\angle a+\angle b=90^\circ$

42 $\angle AOB+\angle BOC+\angle COD=180^\circ$

$\angle AOB+90^\circ+2\angle AOB=180^\circ$

$3\angle AOB=90^\circ \quad \therefore \angle AOB=30^\circ$

43 $\angle AOC=4\angle BOC$에서 $\angle AOB=3\angle BOC$이므로

$90^\circ=3\angle BOC \quad \therefore \angle BOC=30^\circ$

$\angle COE=60^\circ$이므로

$\angle COD=\frac{1}{2}\angle COE=\frac{1}{2}\times 60^\circ=30^\circ$

$\therefore \angle BOD=\angle BOC+\angle COD=30^\circ+30^\circ=60^\circ$

44 $\angle BOD$

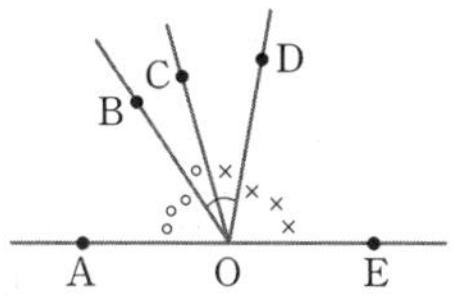

$=\angle BOC+\angle COD$

$=\frac{1}{4}\angle AOC+\frac{1}{4}\angle COE$

$=\frac{1}{4}(\angle AOC+\angle COE)=\frac{1}{4}\times 180^\circ=45^\circ$

[다른 풀이]

$\angle BOC=\angle a$, $\angle COD=\angle b$라 하면

$\angle AOC=4\angle a$, $\angle COE=4\angle b$이므로

$4\angle a+4\angle b=180^\circ$, $4(\angle a+\angle b)=180^\circ$

$\therefore \angle a+\angle b=45^\circ$

$\therefore \angle BOD=\angle a+\angle b=45^\circ$

45 $\angle x+\angle y+\angle z=180^\circ$이고

$\angle x : \angle y : \angle z=3:2:5$이므로

$\angle y=\frac{2}{3+2+5}\times 180^\circ=36^\circ$

[다른 풀이]

$\angle x : \angle y : \angle z=3:2:5$이므로

$\angle x=3k$, $\angle y=2k$, $\angle z=5k$라 하면

$3k+2k+5k=180^\circ$, $10k=180^\circ \quad \therefore k=18^\circ$

$\therefore \angle y=2k=2\times 18^\circ=36^\circ$

46 $\angle x+\angle y+\angle z=180°$이고

$\angle x : \angle y : \angle z=2 : 7 : 3$이므로

$\angle x=\frac{2}{2+7+3}\times180°=30°$

[다른 풀이]

$\angle x : \angle y : \angle z=2 : 7 : 3$이므로

$\angle x=2k$, $\angle y=7k$, $\angle z=3k$라 하면

$2k+7k+3k=180°$, $12k=180°$ $\quad\therefore k=15°$

$\therefore \angle x=2k=2\times15°=30°$

47 $\angle a : \angle b=2 : 3$, $\angle a : \angle c=1 : 2$에서

$\angle a : \angle b : \angle c=2 : 3 : 4$이고

$\angle a+\angle b+\angle c=180°$이므로

$\angle a=\frac{2}{2+3+4}\times180°=40°$

[다른 풀이]

$\angle a : \angle b : \angle c=2 : 3 : 4$이므로

$\angle a=2k$, $\angle b=3k$, $\angle c=4k$라 하면

$2k+3k+4k=180°$, $9k=180°$ $\quad\therefore k=20°$

$\therefore \angle a=2k=2\times20°=40°$

48 (1) $\angle BOC=\angle EOF=40°$

(2) $\angle DOE=\angle AOB=60°$

(3) $\angle AOF=180°-(60°+40°)=80°$

(4) $\angle COE=\angle BOF=\angle BOA+\angle AOF$

$=60°+80°=140°$

49 $2\angle x-40°=\angle x+50°$

$\therefore \angle x=90°$

50 (1) $(\angle x+50°)+\angle x+(2\angle x+10°)$

$=180°$

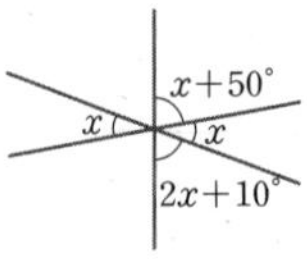

$4\angle x+60°=180°$,

$4\angle x=120°$ $\quad\therefore \angle x=30°$

(2) $90°+2\angle x+(\angle x+30°)=180°$,

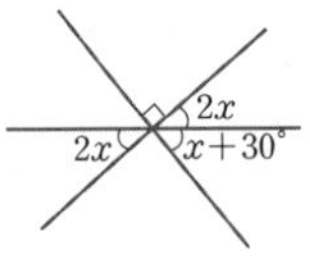

$3\angle x+120°=180°$, $3\angle x=60°$

$\therefore \angle x=20°$

51 $\angle a+\angle b+\angle c=180°$이므로

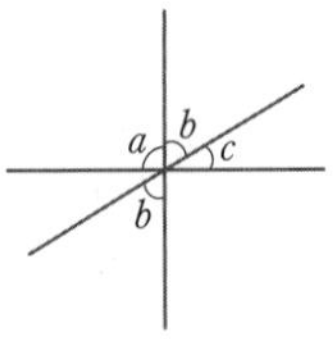

$\angle b=\frac{2}{3+2+1}\times180°=60°$

[다른 풀이]

$\angle a : \angle b : \angle c=3 : 2 : 1$이므로

$\angle a=3k$, $\angle b=2k$, $\angle c=k$라 하면

$3k+2k+k=180°$, $6k=180°$ $\quad\therefore k=30°$

$\therefore \angle b=2k=2\times30°=60°$

52 $\angle AOB$와 $\angle COD$, $\angle AOD$와 $\angle COB$의 2쌍이다.

53 두 직선 AD와 BE, 두 직선 AD와 CF, 두 직선 BE와 CF가 한 점에서 만나면 각각 2쌍의 맞꼭지각이 생기므로 모두 $3\times2=6$(쌍)의 맞꼭지각이 생긴다.

54 오른쪽 그림과 같이 4개의 직선을 각각 a, b, c, d라 하자. 두 직선 a와 b, 두 직선 a와 c, 두 직선 a와 d, 두 직선 b와 c, 두 직선 b와 d, 두 직선 c와 d가 한 점에서 만나면 각각 2쌍의 맞꼭지각이 생기므로 모두 $6\times2=12$(쌍)의 맞꼭지각이 생긴다.

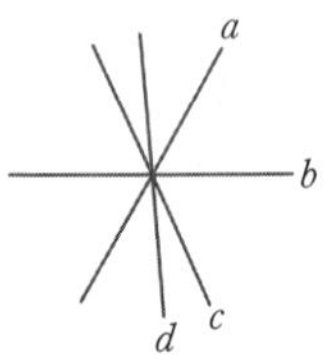

55 점 P에서 직선 l에 내린 수선의 발 C까지의 거리이므로 점 P와 직선 l 사이의 거리는 $\overline{PC}$의 길이이다.

56 ② $\overline{BC}\perp\overline{CD}$

⑤ 점 A와 $\overline{CD}$ 사이의 거리를 나타내는 선분은 $\overline{BC}$이다.

57 (2) 점 C와 $\overline{AB}$ 사이의 거리는 점 C에서 $\overline{AB}$에 내린 수선의 발 H까지의 거리이다. 즉 $\overline{CH}$의 길이이므로 4.8 cm이다.

58 $\angle y=\angle BOC=30°$(맞꼭지각)

$\angle x=\angle BOD-\angle BOC=90°-30°=60°$

$\therefore \angle x-\angle y=60°-30°=30°$

59 $\angle y=\angle x+90°$이므로 $\angle y-\angle x=90°$

60 $\angle AOD=90°$이므로 $(\angle x+15°)+30°=90°$

$\therefore \angle x=45°$

$\angle y-25°=90°+30°=120°$(맞꼭지각)이므로

$\angle y=145°$

$\therefore \angle y-\angle x=145°-45°=100°$

61 ⑤ 직선 l은 두 점 A, C를 지나고 두 점 B, D를 지나지 않는다.

62 ⑤ 점 D는 직선 l 위에 있고, 직선 m 위에 있지 않다.

63 ㄱ. 직선 l 위에 있지 않은 점은 점 C, 점 D, 점 E의 3개이다.

ㄴ. 세 점 A, B, E가 평면 P 위에 있다.

64 ④ 서로 직교하는 경우는 한 점에서 만나는 특수한 경우이다.

⑤ 한 평면 위에 있는 두 직선은 평행하거나 만난다.

65 ③ 점 A는 $\overleftrightarrow{CD}$ 위에 있지 않다.

66 $l \perp m$, $m \perp n$이므로 오른쪽 그림과 같이 나타낼 수 있다.

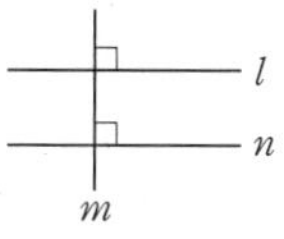

따라서 두 직선 l과 n은 **평행하다.**

67 직선 AB와 한 점에서 만나는 직선은 $\overleftrightarrow{BC}$, $\overleftrightarrow{CD}$, $\overleftrightarrow{DE}$, $\overleftrightarrow{FG}$, $\overleftrightarrow{GH}$, $\overleftrightarrow{AH}$의 6개이다.

68 모서리 DF와 꼬인 위치에 있는 모서리는 모서리 AB, 모서리 BC, 모서리 BE이다.

70 모서리 BG와 꼬인 위치에 있는 모서리는 모서리 AD, 모서리 AE, 모서리 DH, 모서리 EF, 모서리 EH의 5개이다.

73 모서리 BC와 평행한 모서리는 모서리 AD, 모서리 FG, 모서리 EH의 3개이다.

75 모서리 BC와 한 점에서 만나는 모서리는 모서리 AB, 모서리 DC, 모서리 BF, 모서리 CG의 4개이므로

$a=4$

모서리 AD에 평행한 모서리는 모서리 BC, 모서리 FG, 모서리 EH의 3개이므로 $b=3$

모서리 DH와 꼬인 위치에 있는 모서리는 모서리 AB, 모서리 EF, 모서리 BC, 모서리 FG의 4개이므로

$c=4$

$\therefore a+b+c=4+3+4=11$

76 모서리 BC와 평행한 모서리는 모서리 AD, 모서리 EH, 모서리 FG의 3개이므로 $a=3$

모서리 AB와 꼬인 위치에 있는 모서리는 모서리 DH, 모서리 CG, 모서리 EH, 모서리 HG, 모서리 FG의 5개이므로 $b=5$

$\therefore a-b=3-5=-2$

77 주어진 전개도로 만든 정육면체는 오른쪽 그림과 같으므로 모서리 BC와 꼬인 위치에 있는 모서리는 ⑤ 모서리 NK이다.

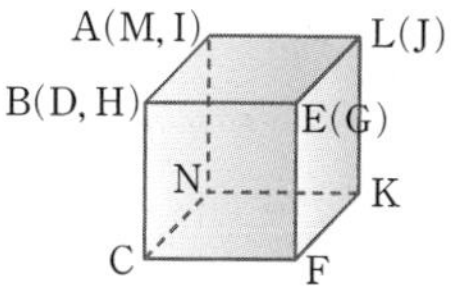

78 주어진 전개도로 만든 삼각기둥은 오른쪽 그림과 같으므로 모서리 AB와 평행한 모서리는 모서리 JC, 모서리 HE의 2개이므로 $a=2$

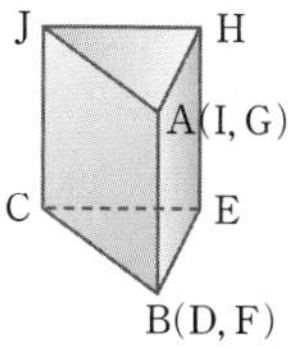

모서리 HE와 꼬인 위치에 있는 모서리는

모서리 JI(=AJ), 모서리 CD(=BC)의 2개이므로

$b=2$

$\therefore a+b=2+2=4$

79 주어진 전개도로 만든 정팔면체는 오른쪽 그림과 같으므로

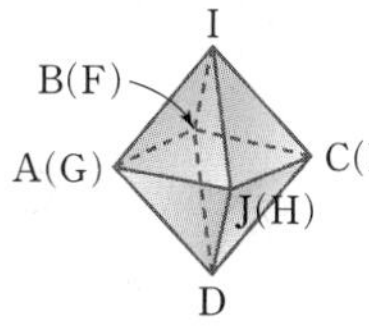

모서리 AJ와 꼬인 위치에 있는 모서리는 모서리 BD, 모서리 CD(=DE), 모서리 FI, 모서리 EI이다.

① 모서리 AJ와 모서리 BC는 평행하다.

⑤ 모서리 AJ와 모서리 GI는 한 점에서 만난다.

80 ㄱ. 서로 평행한 두 직선은 한 평면 위에 있다.

ㄹ. 공간에서 만나지 않는 서로 다른 두 직선은 평행하거나 꼬인 위치에 있다.

81 ① 한 직선에 수직인 서로 다른 두 직선은 한 점에서 만나거나 평행하거나 꼬인 위치에 있다.

② 서로 다른 두 직선이 만나지 않으면 평행하거나 꼬인 위치에 있다.

④ 꼬인 위치에 있는 두 직선을 포함하는 평면은 없다.

⑤ 한 직선과 꼬인 위치에 있는 서로 다른 두 직선은 한 점에서 만나거나 평행하거나 꼬인 위치에 있다.

82 ① 공간에서 서로 만나지 않는 두 직선은 평행하거나 꼬인 위치에 있다.

④ 꼬인 위치에 있는 두 직선은 한 평면 위에 있지 않다.

83 ① 면 BGFA, 면 AFJE, 면 DIJE의 3개이다.

③ 모서리 CD는 면 CHID에 포함된다.

⑤ 모서리 AE는 면 FGHIJ와 평행하다.

84 ㄱ. 면 BFGC와 수직인 모서리는 모서리 AB, 모서리 CD, 모서리 EF, 모서리 GH의 4개이다.
ㄴ. 점 A와 $\overline{EF}$를 포함하는 면은 면 ABFE의 1개이다.
ㄷ. $\overline{BD}$와 평행한 면은 면 EFGH이다.
ㄹ. $\overline{CG}$와 수직인 면은 면 ABCD, 면 EFGH의 2개이다.

85 면 ABC에 포함되는 모서리는 모서리 AB, 모서리 BC, 모서리 CA이므로 $a=3$
면 DEF와 수직인 모서리는 모서리 AD, 모서리 BE, 모서리 CF이므로 $b=3$
$\therefore a+b=3+3=6$

86 주어진 전개도로 만든 삼각기둥은 오른쪽 그림과 같다.

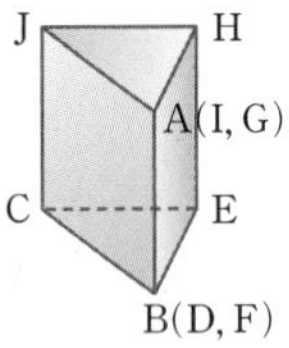

② 모서리 BC는 면 CDE에 포함된다.
⑤ 모서리 HE는 면 CDE와 수직이다.

87 면 CGHD와 평행한 모서리는 모서리 BF, 모서리 AE의 2개이다.

88 ① 면 AEF, 면 DHG, 면 AEHD의 3개
② 모서리 EH의 1개
③ 모서리 EH, 모서리 DH, 모서리 GH의 3개
④ 모서리 DH, 모서리 DG, 모서리 GH의 3개
⑤ 모서리 AD, 모서리 EH, 모서리 FG의 3개이다.

89 주어진 전개도로 만든 정육면체는 오른쪽 그림과 같다.

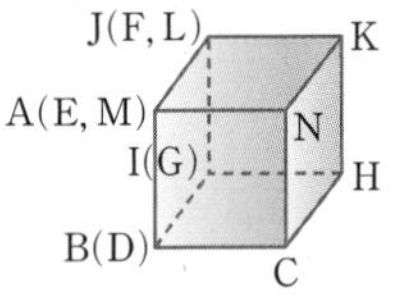

⑤ 면 ABCN과 면 KHIJ는 평행하다.

91 오른쪽 그림과 같이 두 평면 Q와 R는 수직으로 만난다.

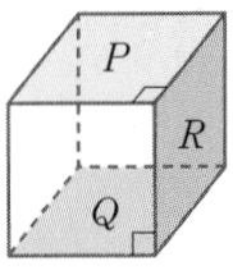

즉, $P /\!/ Q$, $P \perp R$이면 $Q \perp R$이다.

92 ② 한 평면에 평행한 서로 다른 두 직선은 한 점에서 만나거나 평행하거나 꼬인 위치에 있다.
③ 한 직선에 수직인 서로 다른 두 직선은 한 점에서 만나거나 평행하거나 꼬인 위치에 있다.
④ 한 평면에 수직인 서로 다른 두 평면은 한 직선에서 만나거나 평행하다.

94 ① $l /\!/ P$, $m /\!/ P$이면 오른쪽 그림과 같이 두 직선 l, m은 한 점에서 만나거나 평행하거나 꼬인 위치에 있다.

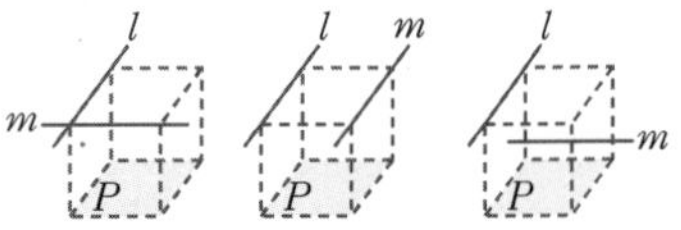

② $l /\!/ P$, $m \perp P$이면 오른쪽 그림과 같이 두 직선 l, m은 한 점에서 만나거나 꼬인 위치에 있다.

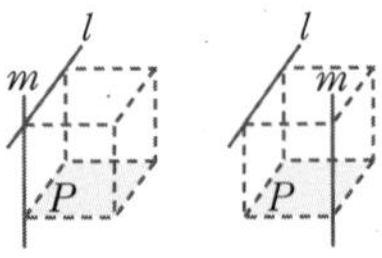

⑤ $P \perp Q$, $Q \perp R$이면 오른쪽 그림과 같이 두 평면 P, R는 한 직선에서 만나거나 평행하다.

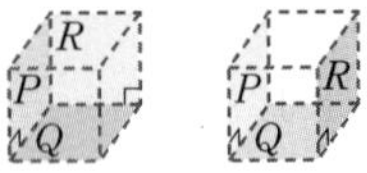

95 ① $\angle a$의 동위각은 $\angle e$이고, $\angle a$의 엇각은 존재하지 않는다.
② $\angle d$의 엇각은 존재하지 않는다.
③ $\angle b$의 동위각은 $\angle f$이다.
⑤ $\angle b$의 엇각은 $\angle h$이다.

96 (2) $180^\circ-55^\circ=125^\circ$

97 ④ $\angle b$의 동위각의 크기는 30°이다.

98 두 직선 l, n이 다른 한 직선 m과 만나서 생기는 각 중에서 $\angle d$의 동위각은 $\angle h$이고,
두 직선 m, n이 다른 한 직선 l과 만나서 생기는 각 중에서 $\angle d$의 동위각은 $\angle r$이다.

100 오른쪽 그림과 같이 $\angle a$의 모든 동위각의 크기의 합은

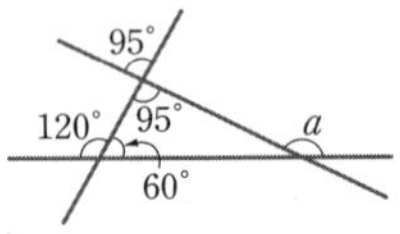

$95^\circ+60^\circ=155^\circ$

101 $l /\!/ m$이므로
$\angle x=70^\circ$(엇각), $\angle y=110^\circ$(동위각)
$\therefore \angle x+\angle y=70^\circ+110^\circ=180^\circ$

102 오른쪽 그림에서 $l /\!/ m$이므로

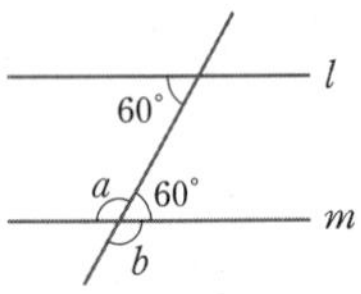

$\angle a=180^\circ-60^\circ=120^\circ$
$\angle b=\angle a=120^\circ$(맞꼭지각)
$\therefore \angle a+\angle b=120^\circ+120^\circ=240^\circ$

103 오른쪽 그림에서 $l /\!/ m$이므로

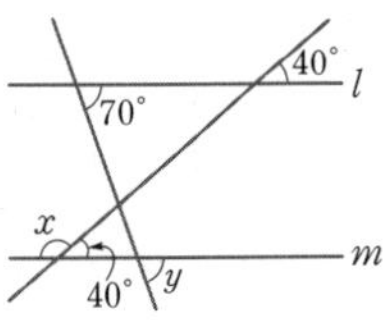

$\angle x=180^\circ-40^\circ=140^\circ$
$\angle y=70^\circ$(동위각)
$\therefore \angle x+\angle y=140^\circ+70^\circ$
$=210^\circ$

104 오른쪽 그림에서 $n /\!/ k$이므로

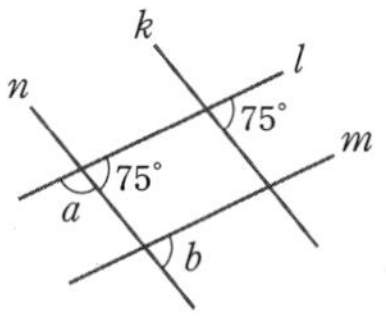

$\angle a=180°-75°=105°$

$l /\!/ m$이므로

$\angle b=75°$(동위각)

$\therefore\ \angle a-\angle b=105°-75°=30°$

105 오른쪽 그림에서 $l /\!/ m$이므로

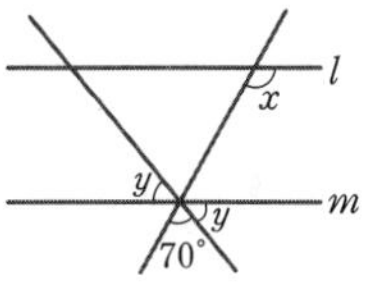

$\angle x=70°+\angle y$(동위각)

$\therefore\ \angle x-\angle y=70°$

106 오른쪽 그림에서 $l /\!/ m /\!/ n$이므로

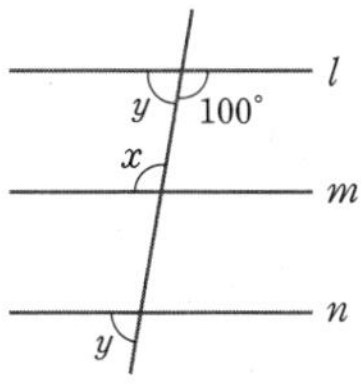

$\angle x=100°$(엇각)

$\angle y=180°-100°=80°$(동위각)

$\therefore\ \angle x-\angle y=100°-80°=20°$

107 오른쪽 그림에서 $l /\!/ m$이므로

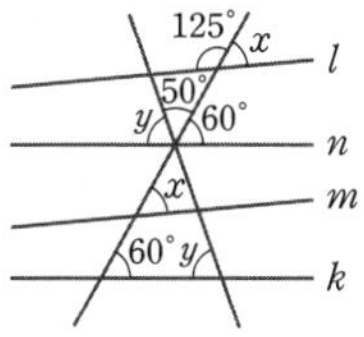

$\angle x=180°-125°=55°$(동위각)

$n /\!/ k$이므로

$\angle y=180°-(50°+60°)$

$=70°$(동위각)

$\therefore\ \angle x+\angle y=55°+70°=125°$

108 오른쪽 그림에서 $l /\!/ m$이고 삼각형의 세 내각의 크기의 합은 180°이므로

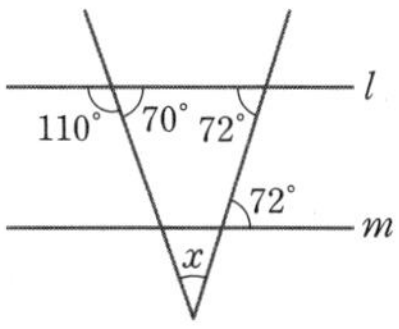

$\angle x=180°-(70°+72°)$

$=38°$

109 오른쪽 그림에서 $l /\!/ m$이고 삼각형의 세 내각의 크기의 합은 180°이므로

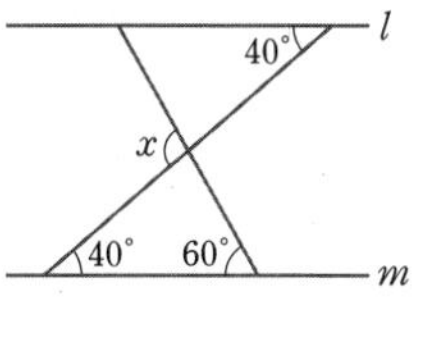

$40°+60°+(180°-\angle x)=180°$

$\therefore\ \angle x=40°+60°=100°$

110 오른쪽 그림에서 $l /\!/ m$이고, 삼각형의 세 내각의 크기의 합은 180°이므로

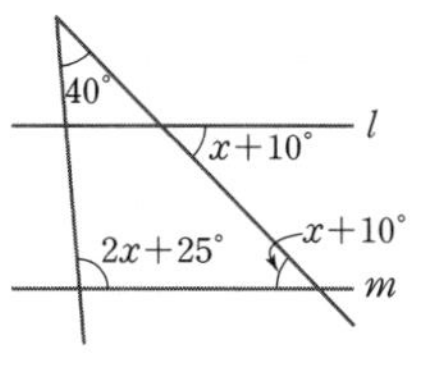

$40°+(2\angle x+25°)+(\angle x+10°)$

$=180°$

$3\angle x=105°\qquad\therefore\ \angle x=35°$

111 오른쪽 그림에서 $l /\!/ m$이고, 정삼각형 ABC의 한 내각의 크기는 60°이므로

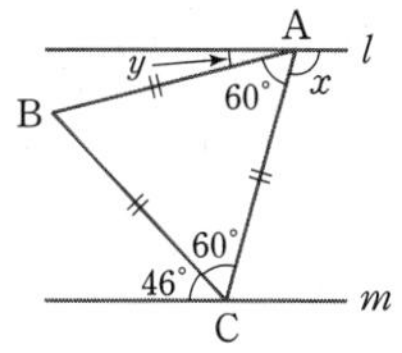

$\angle x=46°+60°=106°$(엇각)

$\angle y+60°+\angle x=180°$이므로

$\angle y+60°+106°=180°\qquad\therefore\ \angle y=14°$

$\therefore\ \angle x-\angle y=106°-14°=92°$

112 ③ 오른쪽 그림에서 동위각의 크기가 같지 않으므로 두 직선 l과 m은 평행하지 않다.

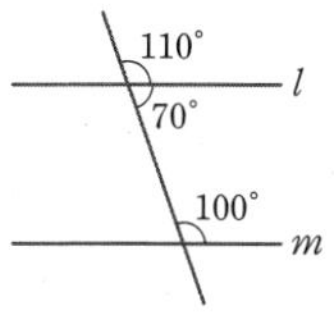

④ 오른쪽 그림에서 동위각의 크기가 같으므로 두 직선 l과 m은 평행하다.

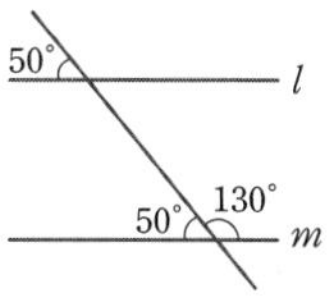

113 두 직선 m, n에서 $180°-102°=78°$

즉, 동위각(또는 엇각)의 크기가 78°로 같으므로

$m /\!/ n$

또, 두 직선 p, q에서 엇각의 크기가 78°로 같으므로

$p /\!/ q$

114 오른쪽 그림과 같이

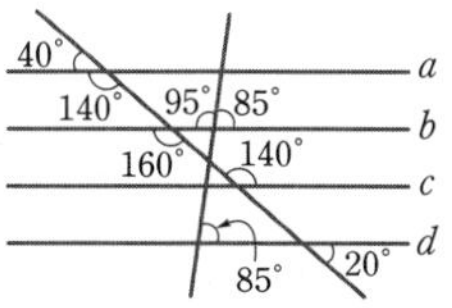

① 두 직선 a, c에서 엇각의 크기가 140°로 같으므로 $a /\!/ c$

④ 두 직선 b, d에서 동위각의 크기가 85°로 같으므로 $b /\!/ d$

115 오른쪽 그림과 같이 두 직선 l, m에 평행한 직선 n을 그으면

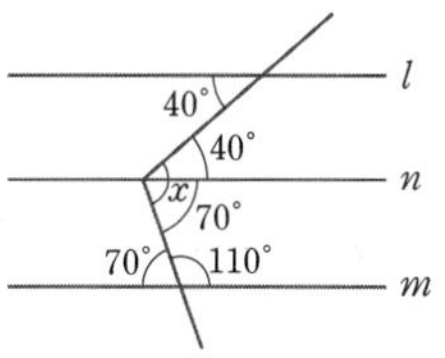

$\angle x=40°+70°=110°$

116 오른쪽 그림과 같이 두 직선 l, m에 평행한 직선 n을 그으면

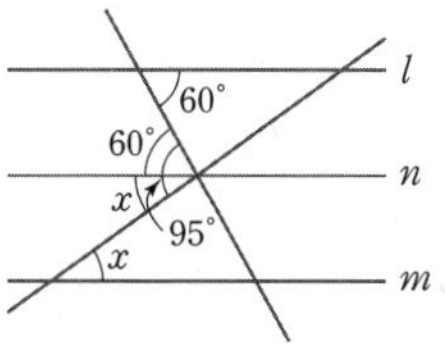

$95°=60°+\angle x$

$\therefore\ \angle x=35°$

117 오른쪽 그림과 같이 점 C를 지나고 두 직선 l, m에 평행한 직선 n을 긋고

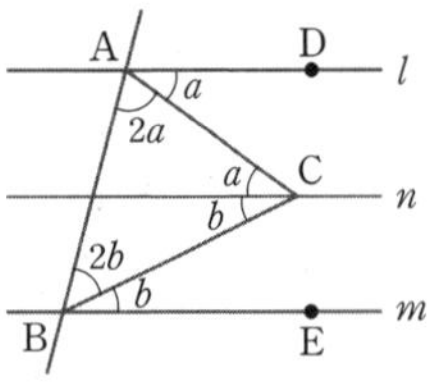

$\angle DAC=\angle a$, $\angle CBE=\angle b$

라 하면 $\angle BAC=2\angle a$, $\angle ABC=2\angle b$

삼각형 ABC에서 $2\angle a+2\angle b+(\angle a+\angle b)=180°$

$3\angle a+3\angle b=180°$, $\angle a+\angle b=60°$

$\therefore\ \angle ACB=\angle a+\angle b=60°$

118 오른쪽 그림과 같이 두 직선 l, m에 평행한 두 직선 n, p를 그으면

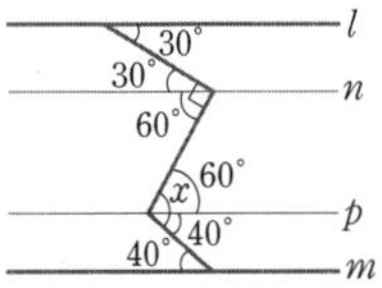

$\angle x=60°+40°=100°$

119 오른쪽 그림과 같이 두 직선 l, m에 평행한 두 직선 n, p를 그으면

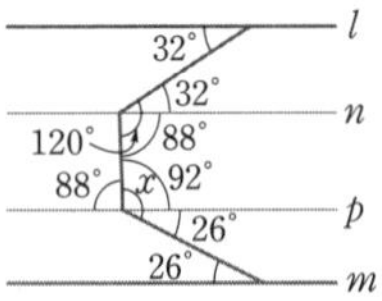

$\angle x=92°+26°=118°$

120 오른쪽 그림과 같이 두 직선 l, m에 평행한 두 직선 n, p를 그으면

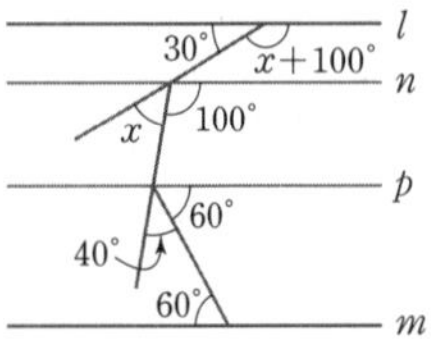

$30°+\angle x+100°=180°$

$\therefore\ \angle x=50°$

121 오른쪽 그림과 같이 두 직선 l, m에 평행한 두 직선 n, p를 그으면

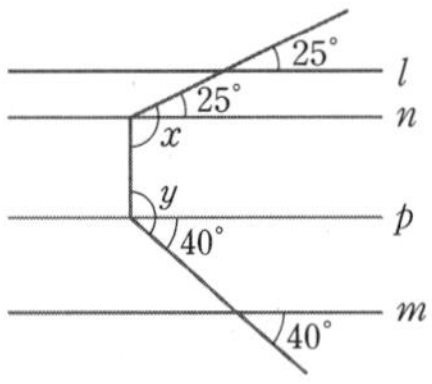

$\angle x+\angle y=180°+25°+40°$

$=245°$

122 오른쪽 그림에서

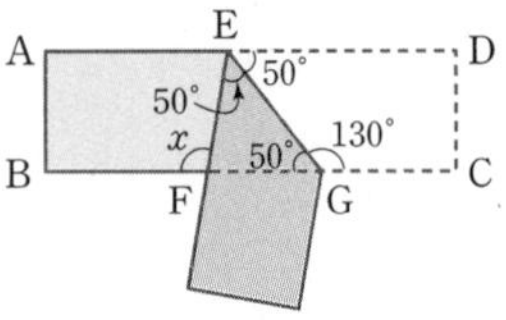

$\angle EGF=180°-130°$

$=50°$

이고

$\angle DEG=\angle EGF=50°$(엇각)

$\angle FEG=\angle DEG=50°$(접은 각)

$\angle x=\angle DEF$(엇각)이므로 $\angle x=50°+50°=100°$

123 오른쪽 그림에서

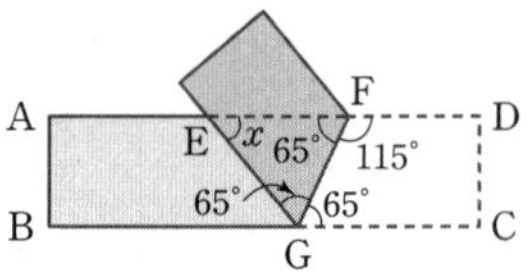

$\angle EFG=180°-115°$

$=65°$

$\angle FGC=\angle EFG=65°$(엇각)

$\angle EGF=\angle FGC=65°$(접은 각)

$\triangle EGF$에서 $\angle x=180°-(65°+65°)=50°$

124 오른쪽 그림과 같이 두 변에 평행한 직선 l을 그으면

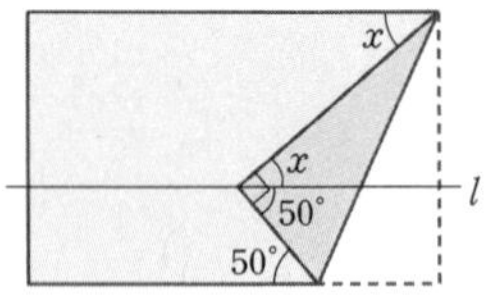

$\angle x+50°=90°$

$\therefore\ \angle x=40°$

125 오른쪽 그림에서

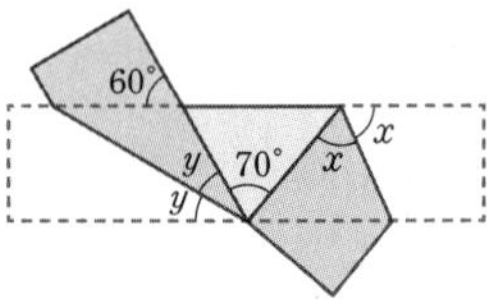

$2\angle y=60°$(동위각)

$\therefore\ \angle y=30°$

$2\angle y+70°=2\angle x$(엇각)

$2\angle x=2\times30°+70°=130°$

$\therefore\ \angle x=65°$

$\therefore\ \angle x+\angle y=65°+30°=95°$

개념완성익힘

익힘북 23~24쪽

1 ④	**2** ④	**3** ⑤	**4** ⑤
5 ③	**6** ⑤	**7** ④, ⑤	**8** ③
9 ⑤	**10** ③	**11** ②	**12** 12 cm
13 10	**14** 40°		

1 오각뿔에서 교점의 개수는 꼭짓점의 개수와 같으므로 6, 교선의 개수는 모서리의 개수와 같으므로 10이다.
따라서 교점과 교선의 개수의 합은 $6+10=16$

2 ④ $\overrightarrow{CB}$와 $\overrightarrow{CD}$는 시작점은 같으나 방향이 다르므로 같지 않다.

3 $\angle AOC+\angle COD+\angle DOE+\angle EOB=180°$이므로

$2\angle COD+\angle COD+\angle DOE+2\angle DOE=180°$

$3(\angle COD+\angle DOE)=180°$

$\therefore\ \angle COD+\angle DOE=60°$

$\therefore\ \angle COE=\angle COD+\angle DOE=60°$

4 $\angle$AOC의 맞꼭지각은 $\angle$DOF이므로

$\angle\text{DOF}=\angle\text{DOE}+\angle\text{EOF}=70°+30°=100°$

5 ③ $\overline{\text{AO}}=\overline{\text{BO}}$인지 아닌지 알 수 없다.

6 ⑤ 두 점 P, S는 직선 m 위에 있지 않다.

7 ④ 꼬인 위치에 있는 두 직선은 한 평면을 결정할 수 없다.

⑤ 한 직선 위에 있는 세 점은 한 평면을 결정할 수 없다.

8 점 D와 면 BFGC 사이의 거리는 $\overline{\text{CD}}=5$ cm이다.

9 ① $\angle a$의 동위각은 $\angle d$이므로 $\angle d=105°$

② $\angle e$의 동위각은 $\angle b$이므로 $\angle b=95°$

③ $\angle b$의 동위각은 $\angle e$이므로 $\angle e=180°-105°=75°$

④ $\angle c$의 엇각은 $\angle d$이므로 $\angle d=105°$

⑤ $\angle d$의 엇각은 $\angle c$이므로 $\angle c=180°-95°=85°$

10 $l /\!/ m$이므로 $\angle x=60°$(엇각), $\angle x+\angle y=100°$(엇각)

$\therefore \angle y=100°-\angle x=100°-60°=40°$

$\therefore \angle x-\angle y=60°-40°=20°$

11 오른쪽 그림과 같이 두 직선 l, m에 평행한 두 직선 n, p를 그으면

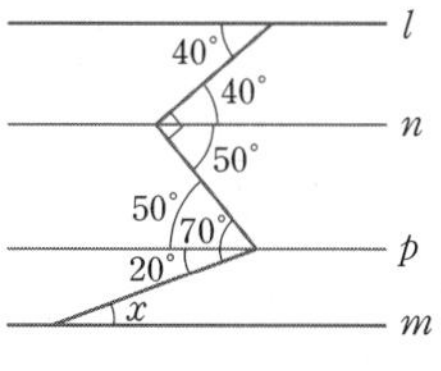

$\angle x=20°$(엇각)

12 $\overline{\text{AM}}=\overline{\text{MB}}=\frac{1}{2}\overline{\text{AB}}=\frac{1}{2}\times16=8(\text{cm})$ ...... ①

$\overline{\text{NM}}=\frac{1}{2}\overline{\text{AM}}=\frac{1}{2}\times8=4(\text{cm})$ ...... ②

$\therefore \overline{\text{NB}}=\overline{\text{NM}}+\overline{\text{MB}}=4+8=12(\text{cm})$ ...... ③

단계	채점 기준	비율
①	$\overline{\text{AM}}$, $\overline{\text{MB}}$의 길이 구하기	40 %
②	$\overline{\text{NM}}$의 길이 구하기	40 %
③	$\overline{\text{NB}}$의 길이 구하기	20 %

13 모서리 AB와 수직으로 만나는 모서리는 모서리 AF, 모서리 BG의 2개이므로 $a=2$ ...... ①

모서리 AB와 평행한 모서리는 모서리 FG의 1개이므로 $b=1$ ...... ②

모서리 AB와 꼬인 위치에 있는 모서리는 모서리 CH, 모서리 DI, 모서리 EJ, 모서리 GH, 모서리 HI, 모서리 IJ, 모서리 JF의 7개이므로 $c=7$ ...... ③

$\therefore a+b+c=2+1+7=10$ ...... ④

단계	채점 기준	비율
①	$\overline{\text{AB}}$와 수직으로 만나는 모서리를 모두 찾고 a의 값 구하기	25 %
②	$\overline{\text{AB}}$와 평행한 모서리를 모두 찾고 b의 값 구하기	25 %
③	$\overline{\text{AB}}$와 꼬인 위치에 있는 모서리를 모두 찾고 c의 값 구하기	40 %
④	$a+b+c$의 값 구하기	10 %

14 오른쪽 그림에서

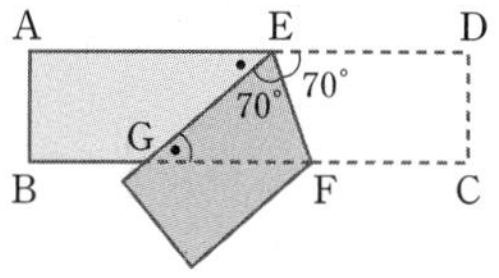

$\angle\text{GEF}=\angle\text{DEF}$

$=70°$(접은 각)

이므로 ...... ①

$\angle\text{AEG}=180°-2\times70°=40°$ ...... ②

$\therefore \angle\text{EGF}=\angle\text{AEG}=40°$(엇각) ...... ③

단계	채점 기준	비율
①	$\angle$GEF의 크기 구하기	40 %
②	$\angle$AEG의 크기 구하기	30 %
③	$\angle$EGF의 크기 구하기	30 %

2 작도와 합동

개념적용익힘

익힘북 25~32쪽

1 ㉢ → ㉠ → ㉡ **2** ④ **3** ㄱ

4 ③ **5** 풀이 참조 **6** (1) $\overline{\text{AC}}$ (2) $\angle$C

7 (1) 10 cm (2) 30° (3) 90° **8** ④

9 (1) × (2) × (3) ○ (4) ○ (5) × **10** ①, ④

11 3개 **12** ④ **13** ⑤ **14** ①

15 ② 16 (1) ○ (2) × (3) ○ (4) ×
17 ②, ④ 18 ③ 19 ㄱ, ㄹ, ㅁ
20 ① 21 3개 22 풀이 참조
23 ② 24 ⑤ 25 풀이 참조
26 75° 27 12 cm 28 ④ 29 ③
30 ㄴ, ㄷ 31 ㄴ, ㄷ, ㄹ
32 $\triangle ABD \equiv \triangle ACD$, SSS 합동 33 ③
34 ① 35 SAS 합동
36 $\overline{BC}$, $\angle ABD$, 60, SAS 37 ④
38 $\triangle ABO \equiv \triangle DCO$, $\triangle ABC \equiv \triangle DCB$, $\triangle ABD \equiv \triangle DCA$
39 ③ 40 ⑤
41 $\triangle DCB$, $\overline{BC}$, $\angle DBC$, $\angle DCB$, $\triangle DCB$, ASA
42 ㄱ, ㄹ, ㅂ 43 ③
44 $\triangle CEM$, ASA 합동 45 풀이 참조
46 ④

2 ② $\overline{AB}$를 점 B 방향으로 연장할 때, 눈금 없는 자가 필요하다.
③ 선분 AB의 길이는 선분 BC의 길이와 같다.

3 ㄴ. 눈금 없는 자와 컴퍼스가 사용된다.
ㄷ. 작도 순서는 ㉥ → ㉤ → ㉡ → ㉣ → ㉢ → ㉠이다.

4 $\overline{AC}=\overline{AB}=\overline{PR}=\overline{PQ}$, $\overline{BC}=\overline{QR}$

5 서로 다른 두 직선이 한 직선과 만날 때 엇각의 크기가 같으면 두 직선은 평행하다.

8 ④ $\overline{BC}$의 대각은 $\angle A$이다.

9 (1) $1+4<7$이므로 삼각형을 만들 수 없다. (×)
(2) $3+3=6$이므로 삼각형을 만들 수 없다. (×)
(3) $6+8>9$이므로 삼각형을 만들 수 있다. (○)
(4) $9+9>9$이므로 삼각형을 만들 수 있다. (○)
(5) $5+6<15$이므로 삼각형을 만들 수 없다. (×)

10 ① $3+8<12$이므로 삼각형을 만들 수 없다.
② $2+3>4$이므로 삼각형을 만들 수 있다.
③ $7+7>12$이므로 삼각형을 만들 수 있다.
④ $2+4=6$이므로 삼각형을 만들 수 없다.
⑤ $5+7>10$이므로 삼각형을 만들 수 있다.

11 (1, 2, 3), (1, 2, 4), (1, 2, 5), (1, 3, 4), (1, 3, 5), (1, 4, 5), (2, 3, 4), (2, 3, 5), (2, 4, 5), (3, 4, 5) 중에서
(가장 긴 변의 길이)<(나머지 두 변의 길이의 합)을 만족하는 것을 고르면 (2, 3, 4), (2, 4, 5), (3, 4, 5)의 3개이다.

12 가장 긴 변의 길이가 x일 때, $x<3+4$ $\therefore x<7$
가장 긴 변의 길이가 4일 때, $4<3+x$ $\therefore x>1$
따라서 x의 값이 될 수 있는 자연수는 2, 3, 4, 5, 6으로 5개이다.

13 가장 긴 변의 길이가 a일 때, $a<4+7$ $\therefore a<11$
가장 긴 변의 길이가 7일 때, $7<4+a$ $\therefore a>3$
따라서 a의 값이 될 수 있는 자연수는 4, 5, 6, 7, 8, 9, 10이므로 a의 값이 될 수 없는 것은 ⑤ 12이다.

14 가장 긴 변의 길이는 $x+8$이므로
① $x=4$일 때, $4+8=4+(4+4)$
② $x=5$일 때, $5+8<5+(5+4)$
③ $x=6$일 때, $6+8<6+(6+4)$
④ $x=7$일 때, $7+8<7+(7+4)$
⑤ $x=8$일 때, $8+8<8+(8+8)$
따라서 x의 값이 될 수 없는 것은 ① 4이다.

15 ② c

16 (2), (4) 두 변의 길이와 주어진 각이 그 끼인각이 아니므로 $\triangle ABC$를 하나로 작도할 수 없다.

17 ① $8>2+5$이므로 삼각형이 그려지지 않는다.
② 두 변의 길이와 그 끼인각의 크기가 주어진 경우이다.
③ $\overline{BC}=5$ cm이고 $\angle B=90^\circ$인 경우는 무수히 많은 삼각형이 그려진다.
④ 한 변의 길이와 그 양 끝 각의 크기가 주어진 경우이다.
⑤ $\angle A+\angle B=180^\circ$이므로 삼각형이 그려지지 않는다.

18 ① $10>4+5$이므로 삼각형이 그려지지 않는다.
② 세 각의 크기가 주어진 경우이므로 무수히 많은 삼각형이 그려진다.
③ $\angle B=180^\circ-(30^\circ+110^\circ)=40^\circ$이므로 한 변의 길이와 그 양 끝 각의 크기가 주어진 경우이다.
④, ⑤ $\angle B$가 주어진 두 변의 끼인각이 아니다.

19 ㄱ. 두 변의 길이와 그 끼인각의 크기가 주어진 경우이다.
ㄹ, ㅁ. 한 변의 길이와 그 양 끝 각의 크기가 주어진 경우이다.

20 ① $\angle A+\angle B=120^\circ+90^\circ=210^\circ$이므로 삼각형이 그려지지 않는다.

21 나머지 한 각의 크기는 $180^\circ-(40^\circ+60^\circ)=80^\circ$
한 변의 길이가 7 cm이고, 그 양 끝 각의 크기가 40°, 60° 또는 40°, 80° 또는 60°, 80°인 3개의 삼각형이 정해진다.

22 다음의 예와 같이 네 변의 길이가 주어진 경우 사각형은 하나로 정해지지 않는다.

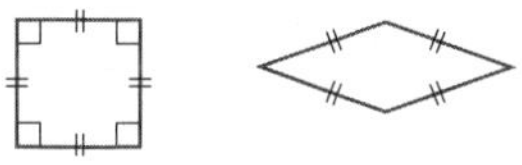

23 ② 오른쪽 그림의 두 삼각형은 넓이가 같지만 합동은 아니다.

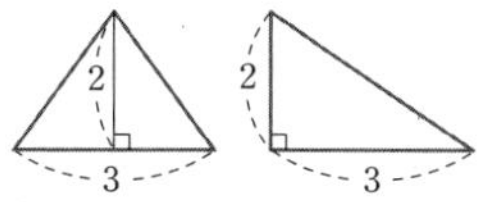

24 ⑤ 중심각의 크기와 반지름의 길이가 각각 같아야 두 부채꼴은 합동이다.

25 오른쪽 그림과 같은 두 사각형은 넓이가 같지만 합동은 아니다.

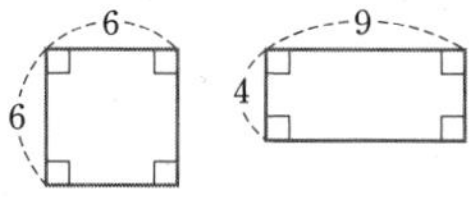

26 $\angle D$의 대응각은 $\angle A$이므로
$\angle D=\angle A=180^\circ-(40^\circ+65^\circ)=75^\circ$

27 $\overline{BC}=\overline{EF}=4$ cm, $\overline{DE}=\overline{AB}=8$ cm이므로
$\overline{BC}+\overline{DE}=4+8=12$(cm)

28 ④ 점 B의 대응점은 점 E이다.

29 ① SAS 합동
②, ④ ASA 합동
③ 세 각의 크기가 각각 같은 두 삼각형은 모양은 같으나 크기가 다를 수 있으므로 합동이 아니다.
⑤ SSS 합동

30 ㄱ, ㅁ. 주어진 한 각이 두 변의 끼인각이 아니므로 합동이 아니다.
ㄴ. ASA 합동
ㄷ. SAS 합동
ㄹ. 세 각의 크기가 각각 같은 두 삼각형은 모양은 같으나 크기가 다를 수 있으므로 합동이 아니다.

31 ㄴ. SAS 합동 ㄷ. ASA 합동 ㄹ. ASA 합동

32 $\triangle ABD$와 $\triangle ACD$에서
$\overline{AB}=\overline{AC}$, $\overline{BD}=\overline{CD}$, $\overline{AD}$는 공통
$\therefore \triangle ABD\equiv\triangle ACD$(SSS 합동)

33 $\triangle ABD$와 $\triangle CDB$에서
$\overline{AB}=\overline{CD}$, $\overline{AD}=\overline{CB}$, $\overline{BD}$는 공통
$\therefore \triangle ABD\equiv\triangle CDB$(SSS 합동)

35 $\triangle AEC$와 $\triangle BED$에서
$\overline{AE}=\overline{BE}$, $\overline{CE}=\overline{DE}$, $\angle AEC=\angle BED$(맞꼭지각)
$\therefore \triangle AEC\equiv\triangle BED$(SAS 합동)

37 $\triangle GBC$와 $\triangle EDC$에서
$\overline{BC}=\overline{DC}$(ㄱ), $\overline{GC}=\overline{EC}$(ㄴ),
$\angle GCB=\angle ECD=90^\circ$
$\therefore \triangle GBC\equiv\triangle EDC$(SAS 합동)(ㅁ)
따라서 옳은 것은 ㄱ, ㄴ, ㅁ이다.

38 $\triangle ABO$와 $\triangle DCO$에서
$\overline{AO}=\overline{DO}$, $\angle AOB=\angle DOC$(맞꼭지각), $\overline{BO}=\overline{CO}$
$\therefore \triangle ABO\equiv\triangle DCO$(SAS 합동)
$\triangle ABC$와 $\triangle DCB$에서
$\overline{AC}=\overline{DB}$, $\overline{BO}=\overline{CO}$이므로 $\angle ACB=\angle DBC$
$\overline{BC}$는 공통
$\therefore \triangle ABC\equiv\triangle DCB$ (SAS 합동)
$\triangle ABD$와 $\triangle DCA$에서
$\overline{BD}=\overline{CA}$, $\overline{AO}=\overline{DO}$이므로 $\angle ADB=\angle DAC$
$\overline{AD}$는 공통
$\therefore \triangle ABD\equiv\triangle DCA$(SAS 합동)

39 △EBC와 △EDC에서
$\overline{BC}=\overline{DC}$, $\overline{EC}$는 공통, $\angle BCE=\angle DCE=45°$
∴ △EBC≡△EDC(SAS 합동)
$\angle BEC=\angle DEC=65°$이므로
$\angle EBC=180°-(65°+45°)=70°$
∴ $\angle x=90°-70°=20°$

40 △BCE와 △ACD에서
$\overline{BC}=\overline{AC}$(①), $\overline{CE}=\overline{CD}$(②)
$\angle BCE=60°+\angle ACE=\angle ACD$(③)
따라서 △BCE≡△ACD(SAS 합동)이므로
$\overline{BE}=\overline{AD}$(④)

42 △AED와 △BEC에서
$\overline{AD}/\!/\overline{CB}$이므로 $\angle DAE=\angle CBE$(엇각)(ㄹ)
$\angle AED=\angle BEC$(맞꼭지각)(ㅂ), $\overline{AE}=\overline{BE}$(ㄱ)
∴ △AED≡△BEC(ASA 합동)

43 △AOP와 △BOP에서
$\overline{OP}$는 공통, $\angle AOP=\angle BOP$
$\angle OAP=\angle OBP=90°$이므로
$\angle APO=\angle BPO$
∴ △AOP≡△BOP(ASA 합동)

44 △BDM과 △CEM에서
$\overline{BM}=\overline{CM}$, $\angle BMD=\angle CME$(맞꼭지각)
$\angle BDM=\angle CEM=90°$이므로
$\angle MBD=\angle MCE$
∴ △BDM≡△CEM(ASA 합동)

45 △ABC와 △CDA에서
$\overline{AD}/\!/\overline{BC}$이므로 $\angle BCA=\angle DAC$(엇각)
$\overline{AB}/\!/\overline{DC}$이므로 $\angle BAC=\angle DCA$(엇각)
$\overline{AC}$는 공통
∴ △ABC≡△CDA(ASA 합동)

46 △ADB와 △CEA에서
$\overline{AB}=\overline{CA}$, $\angle DBA=90°-\angle DAB=\angle EAC$
$\angle ADB=\angle CEA=90°$이므로 $\angle DAB=\angle ECA$
∴ △ADB≡△CEA(ASA 합동)
즉, $\overline{AD}=\overline{CE}=8$ cm, $\overline{AE}=\overline{BD}=3$ cm
∴ $\overline{DE}=\overline{AD}+\overline{AE}=8+3=11$(cm)

개념완성익힘 익힘북 33~34쪽

1 ⑤	**2** ④	**3** ①, ③	**4** ④
5 ④	**6** ③	**7** ⑤	
8 ㈎ $\overline{OM}$ ㈏ $\overline{OB}$ ㈐ SSS ㈑ 90			**9** 60°
10 4	**11** 109	**12** 90°	

1 ⑤ 주어진 선분의 길이를 재어 다른 직선 위로 옮길 때 컴퍼스를 사용한다.

2 ④ $\overline{AC}$와 $\overline{BC}$의 길이는 같은 지 알 수 없다.

4 ④ 3+4<9이므로 삼각형을 작도할 수 없다.

5 ㄱ. 세 각의 크기가 주어진 경우이므로 무수히 많은 삼각형이 그려진다.
ㄴ. 3+4=7이므로 삼각형이 그려지지 않는다.
ㄷ. $\angle C=180°-(70°+30°)=80°$이므로 한 변의 길이와 그 양 끝 각의 크기가 주어진 경우이다.
ㄹ. $\angle C$는 $\overline{AB}$, $\overline{BC}$의 끼인각이 아니므로 △ABC가 하나로 정해지지 않는다.
따라서 △ABC가 하나로 정해지는 것은 ㄷ, ㅁ이다.

6 나머지 한 각의 크기는 $180°-(60°+75°)=45°$
한 변의 길이가 5 cm이고, 그 양 끝 각의 크기가 60°, 75° 또는 60°, 45° 또는 75°, 45°인 3개의 삼각형을 만들 수 있다.

7 ⑤ 오른쪽 그림에서

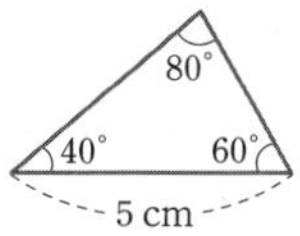

$180° - (40° + 80°) = 60°$

따라서 보기의 삼각형과 한 변의 길이와 그 양 끝 각의 크기가 각각 같으므로 합동이다.

9 $\triangle ABE$, $\triangle BCF$, $\triangle CAD$에서

$\overline{AB} = \overline{BC} = \overline{CA}$, $\overline{BE} = \overline{CF} = \overline{AD}$

$\angle ABE = \angle BCF = \angle CAD = 60°$이므로

$\triangle ABE \equiv \triangle BCF \equiv \triangle CAD$(SAS 합동)

따라서 $\angle BAE = \angle CBF = \angle ACD$이고

$\angle BEA = \angle CFB = \angle ADC$이므로

$\triangle BEQ \equiv \triangle CFR \equiv \triangle ADP$(ASA 합동)

따라서 $\angle BQE = \angle CRF = \angle APD$이므로

$\angle PQR = \angle QRP = \angle QPR$

$\therefore \angle PQR = 60°$

10 ㈎에서 세 변의 길이를 a, b, b라 하면

㈏, ㈐에서 $a + 2b = 20$(a, b는 자연수)인 순서쌍

(a, b, b)는 $(18, 1, 1)$, $(16, 2, 2)$, $(14, 3, 3)$,

$(12, 4, 4)$, $(10, 5, 5)$, $(8, 6, 6)$, $(6, 7, 7)$,

$(4, 8, 8)$, $(2, 9, 9)$ …… ①

이 중에서 삼각형을 만들 수 있는 순서쌍 (a, b, b)는

$(8, 6, 6)$, $(6, 7, 7)$, $(4, 8, 8)$, $(2, 9, 9)$ …… ②

따라서 만들 수 있는 삼각형의 개수는 4이다. …… ③

단계	채점 기준	비율
①	합이 20이 되는 순서쌍 (a, b, b) 구하기	30 %
②	삼각형을 만들 수 있는 순서쌍 구하기	50 %
③	삼각형의 개수 구하기	20 %

11 $\overline{DF} = \overline{BA} = 4$ cm이므로 $x = 4$ …… ①

$\angle B = \angle D = 105°$이므로 $y = 105$ …… ②

$\therefore x + y = 4 + 105 = 109$ …… ③

단계	채점 기준	비율
①	x의 값 구하기	40 %
②	y의 값 구하기	40 %
③	$x+y$의 값 구하기	20 %

12 $\triangle ABE$와 $\triangle BCF$에서

$\overline{AB} = \overline{BC}$, $\overline{BE} = \overline{CF}$,

$\angle ABE = \angle BCF = 90°$이므로

$\triangle ABE \equiv \triangle BCF$(SAS 합동) …… ①

$\angle BAE = \angle CBF = \angle a$, $\angle AEB = \angle BFC = \angle b$라 하면

$\triangle ABE$에서 $\angle a + \angle b = 90°$이므로

$\triangle PBE$에서

$\angle BPE = 180° - (\angle a + \angle b)$

$= 180° - 90° = 90°$ …… ②

$\therefore \angle APF = \angle BPE = 90°$(맞꼭지각) …… ③

단계	채점 기준	비율
①	$\triangle ABE \equiv \triangle BCF$임을 보이기	40 %
②	$\angle BPE$의 크기 구하기	40 %
③	$\angle APF$의 크기 구하기	20 %

대단원 마무리

익힘북 35~36쪽

1 ③	**2** ②	**3** 12 cm	**4** ③
5 ④	**6** ②	**7** 50°	**8** ④
9 ⑤	**10** ①, ②	**11** ②	**12** ㄱ, ㄷ
13 75°			

1 ③ 한 점을 지나는 직선은 무수히 많다.

2 ② 같은 반직선이려면 시작점과 방향이 모두 같아야 한다.

$\therefore \overrightarrow{CA} \neq \overrightarrow{BA}$

3 점 P는 $\overline{AB}$의 중점이므로 $\overline{PB} = \frac{1}{2}\overline{AB}$ …… ①

점 Q는 $\overline{BC}$의 중점이므로 $\overline{BQ} = \frac{1}{2}\overline{BC}$ …… ②

$\therefore \overline{PQ} = \overline{PB} + \overline{BQ} = \frac{1}{2}\overline{AB} + \frac{1}{2}\overline{BC}$

$= \frac{1}{2}(\overline{AB} + \overline{BC}) = \frac{1}{2}\overline{AC}$

$= \frac{1}{2} \times 24 = 12$(cm) …… ③

단계	채점 기준	비율
①	$\overline{PB}$의 길이를 $\overline{AB}$를 사용하여 나타내기	30 %
②	$\overline{BQ}$의 길이를 $\overline{BC}$를 사용하여 나타내기	30 %
③	$\overline{PQ}$의 길이 구하기	40 %

4 오른쪽 그림에서

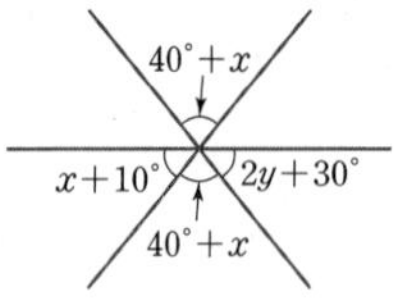

$(\angle x+10^\circ)+(40^\circ+\angle x)$
$+(2\angle y+30^\circ)=180^\circ$
$2\angle x+2\angle y=100^\circ$
$\therefore\ \angle x+\angle y=50^\circ$

5 ④ 면 ABCD와 선분 EG는 평행하다.

6 ①, ② $l /\!/ m$, $m /\!/ n$이면 $l /\!/ n$

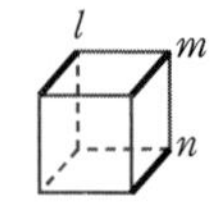

③ $l /\!/ m$, $l \perp n$이면 두 직선 m, n은 한 점에서 만나거나 꼬인 위치에 있다.

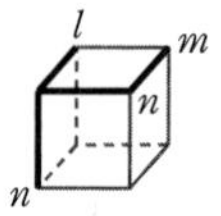

④, ⑤ $l \perp m$, $l \perp n$이면 두 직선 m, n은 한 점에서 만나거나 평행하거나 꼬인 위치에 있다.

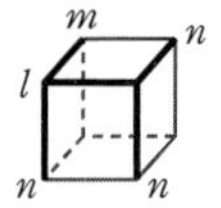

7 오른쪽 그림에서 $l /\!/ m$이므로

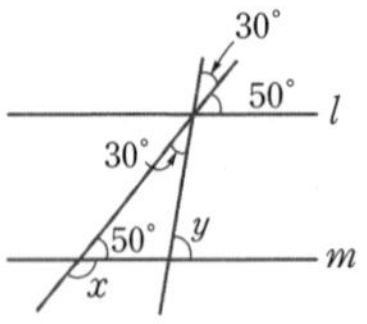

$\angle x=180^\circ-50^\circ=130^\circ$
$\angle y=30^\circ+50^\circ=80^\circ$(동위각)
$\therefore\ \angle x-\angle y=130^\circ-80^\circ=50^\circ$

8 오른쪽 그림과 같이 두 직선 l, m에 평행한 직선을 그으면

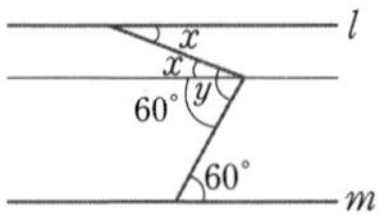

$\angle y=\angle x+60^\circ$
$\angle x : \angle y=1 : 4$이므로 $\angle y=4\angle x$
즉, $4\angle x=\angle x+60^\circ$에서 $3\angle x=60^\circ$
$\therefore\ \angle x=20^\circ$
따라서 $\angle y=4\angle x=80^\circ$이므로
$\angle x+\angle y=20^\circ+80^\circ=100^\circ$

9 작도 순서는 ㉠ → ㉤ → ㉡ → ㉥ → ㉢ → ㉣이므로 ㉡을 작도한 다음에 작도해야 할 것은 ㉥이다.

10 ① 세 각의 크기가 주어진 경우이므로 무수히 많은 삼각형이 그려진다.
② $\angle$A가 주어진 두 변의 끼인각이 아니다.

11 ② 넓이가 같은 두 도형이 항상 합동인 것은 아니다.

12 ㄱ. SAS 합동　　ㄴ. SSS 합동
ㄷ. SAS 합동　　ㄹ. ASA 합동

13 △ABE와 △DCE에서
사각형 ABCD는 정사각형이므로 $\overline{AB}=\overline{DC}$
△EBC가 정삼각형이므로 $\overline{BE}=\overline{CE}$
$\angle ABE=90^\circ-\angle EBC=90^\circ-60^\circ=30^\circ$이고,
$\angle DCE=90^\circ-\angle ECB=90^\circ-60^\circ=30^\circ$이므로
$\angle ABE=\angle DCE$
따라서 △ABE≡△DCE(SAS 합동)　　…… ①
이때 △ABE는 $\overline{BA}=\overline{BE}$인 이등변삼각형이므로
$\angle BAE=\frac{1}{2}\times(180^\circ-30^\circ)=75^\circ$　　…… ②

단계	채점 기준	비율
①	△ABE≡△DCE임을 보이기	60 %
②	∠BAE의 크기 구하기	40 %

II 평면도형

1 다각형의 성질

개념적용익힘

익힘북 37~47쪽

1 ⑤	**2** ③, ⑤	**3** ③	
4 (1) × (2) × (3) ○		**5** ④, ⑤	**6** 정십각형
7 125°	**8** 95°	**9** 70°	
10 $\angle x=60^\circ$, $\angle y=75^\circ$		**11** ④	**12** 12
13 11	**14** 5	**15** ②	**16** 정팔각형
17 ②	**18** ④	**19** ④	
20 (1) 20 (2) 65 (3) 90		**21** ①	**22** ②
23 십칠각형	**24** ③	**25** 11	**26** 30°
27 $\angle x=50^\circ$, $\angle y=40^\circ$		**28** ④	**29** 100°
30 90°	**31** 40°	**32** 90°	**33** 80°
34 ④	**35** ③	**36** 58°	**37** ③
38 ①	**39** 35°	**40** ③	
41 (1) 105° (2) 65° (3) 65° (4) 85°			
42 (1) 40° (2) 25°		**43** ④	**44** ④
45 (1) 135° (2) 120° (3) 113° (4) 150°			**46** ③
47 ③	**48** 90°	**49** 40°	**50** ①
51 40°	**52** 156°	**53** 0°	**54** ④
55 (1) 85° (2) 130°		**56** (1) 60° (2) 102°	
57 14	**58** (1) 140° (2) 156°		
59 (1) 정육각형 (2) 정팔각형			**60** ②
61 ④	**62** ④	**63** 35°	**64** 150°
65 36°	**66** 360°	**67** 90°	**68** 90°
69 ④	**70** 정삼각형	**71** 30°	**72** ③
73 ③	**74** 670°	**75** 360°	**76** ②
77 ②	**78** ④		

1 ⑤ 다각형의 각 꼭짓점에서 한 변과 그 변에 이웃하는 변의 연장선이 이루는 각을 외각이라 한다.

2 ③ 부채꼴은 두 개의 선분과 하나의 곡선으로 이루어져 있으므로 다각형이 아니다.
⑤ 삼각기둥은 입체도형이므로 다각형이 아니다.

3 ①, ⑤ 도형의 일부가 곡선으로 이루어져 있으므로 다각형이 아니다.
② 3개 이상의 선분으로 둘러싸여 있지 않으므로 다각형이 아니다.
④ 입체도형이므로 다각형이 아니다.

4 (1) 네 변의 길이가 모두 같은 사각형은 마름모이다.
(2) 네 각의 크기가 모두 같은 사각형은 직사각형이다.

5 ④ 모든 외각의 크기는 항상 같다.
⑤ 한 꼭짓점에서 내각과 외각의 크기의 합은 180°이다.

6 10개의 변으로 이루어진 정다각형은 정십각형이다.

7 $180^\circ-55^\circ=125^\circ$

8 $180^\circ-85^\circ=95^\circ$

9 $180^\circ-110^\circ=70^\circ$

10 $\angle x=180^\circ-120^\circ=60^\circ$
$\angle y=180^\circ-105^\circ=75^\circ$

11 $9-3=6$

12 꼭짓점의 개수가 15인 다각형은 십오각형이므로 한 꼭짓점에서 그을 수 있는 대각선의 개수는
$15-3=12$

13 내부의 한 점에서 각 꼭짓점에 선분을 그었을 때 생기는 삼각형의 개수가 14인 다각형은 십사각형이므로 한 꼭짓점에서 그을 수 있는 대각선의 개수는
$14-3=11$

14 오른쪽 그림과 같이 정십삼각형은 선분 AB를 기준으로 좌우 대칭이다.
따라서 길이가 서로 다른 대각선의 개수는 5이다.

15 구하는 다각형을 n각형이라 하면

$n-3=7 \quad \therefore n=10$

따라서 구하는 다각형은 십각형이다.

16 모든 변의 길이가 같고 모든 내각의 크기가 같은 다각형은 정다각형이므로 구하는 다각형을 정n각형이라 하면

$n-3=5 \quad \therefore n=8$

따라서 구하는 다각형은 정팔각형이다.

17 구하는 다각형을 n각형이라 하면

$n-3=9 \quad \therefore n=12$

따라서 십이각형의 꼭짓점의 개수는 12이다.

18 구하는 다각형을 n각형이라 하면

$n-3=17 \quad \therefore n=20$

따라서 이십각형의 꼭짓점의 개수와 변의 개수는 각각 20이므로

$20+20=40$

19 $\frac{14\times(14-3)}{2}=\frac{14\times11}{2}=77$

20 구하는 다각형을 n각형이라 하면

(1) $n-3=5$이므로 $n=8$

따라서 팔각형의 대각선의 개수는

$\frac{8\times(8-3)}{2}=20$

(2) $n-3=10$이므로 $n=13$

따라서 십삼각형의 대각선의 개수는

$\frac{13\times(13-3)}{2}=65$

(3) $n-3=12$이므로 $n=15$

따라서 십오각형의 대각선의 개수는

$\frac{15\times(15-3)}{2}=90$

21 구하는 씨름 경기의 총 판수는 구각형의 대각선의 개수와 같으므로 $\frac{9\times(9-3)}{2}=27$(판)

22 구하는 다각형을 n각형이라 하면

$\frac{n(n-3)}{2}=20,\ n(n-3)=40$

이때 $40=8\times5$이므로 $n=8$

따라서 구하는 다각형은 팔각형이다.

23 구하는 다각형을 n각형이라 하면

$\frac{n(n-3)}{2}=119,\ n(n-3)=238$

이때 $238=17\times14$이므로 $n=17$

따라서 구하는 다각형은 십칠각형이다.

24 구하는 다각형을 n각형이라 하면

$\frac{n(n-3)}{2}=35,\ n(n-3)=70$

이때 $70=10\times7$이므로 $n=10$

따라서 십각형의 꼭짓점의 개수는 10이다.

25 구하는 다각형을 n각형이라 하면

$\frac{n(n-3)}{2}=44,\ n(n-3)=88$

이때 $88=11\times8$이므로 $n=11$

따라서 십일각형의 변의 개수는 11이다.

26 $\angle ACB=180^\circ-(45^\circ+60^\circ)=75^\circ$

$\angle DCE=\angle ACB=75^\circ$(맞꼭지각)

$\therefore \angle x=180^\circ-(75^\circ+75^\circ)=30^\circ$

27 $\triangle AHC$에서

$\angle x=180^\circ-(40^\circ+90^\circ)=50^\circ$

$\triangle ABC$에서

$\angle y=180^\circ-(90^\circ+50^\circ)=40^\circ$

28 $2\angle BAD+2\angle CAD=180^\circ$이므로

$\angle BAD+\angle CAD=90^\circ$

$\triangle ABC$에서

$\angle x=180^\circ-(90^\circ+55^\circ)=35^\circ$

29 $\angle ACB=180^\circ-(75^\circ+55^\circ)=50^\circ$이므로

$\angle DCB=\frac{1}{2}\angle ACB=\frac{1}{2}\times50^\circ=25^\circ$

$\triangle DBC$에서

$\angle x=180^\circ-(55^\circ+25^\circ)=100^\circ$

30 가장 큰 내각의 크기는

$180^\circ \times \frac{9}{4+5+9} = 180^\circ \times \frac{9}{18} = 90^\circ$

[다른 풀이]

삼각형의 세 내각의 크기의 비가 4 : 5 : 9이므로

세 내각의 크기를 각각 $4\angle x$, $5\angle x$, $9\angle x$라 하면

$4\angle x + 5\angle x + 9\angle x = 180^\circ$, $18\angle x = 180^\circ$

$\therefore \angle x = 10^\circ$

따라서 가장 큰 내각의 크기는

$9\angle x = 9 \times 10^\circ = 90^\circ$

31 가장 큰 내각의 크기는

$180^\circ \times \frac{4}{2+3+4} = 180^\circ \times \frac{4}{9} = 80^\circ$

가장 작은 내각의 크기는

$180^\circ \times \frac{2}{2+3+4} = 180^\circ \times \frac{2}{9} = 40^\circ$

따라서 가장 큰 내각의 크기와 가장 작은 내각의 크기의 차는 $80^\circ - 40^\circ = 40^\circ$

[다른 풀이]

삼각형의 세 내각의 크기의 비가 2 : 3 : 4이므로

세 내각의 크기를 각각 $2\angle x$, $3\angle x$, $4\angle x$라 하면

$2\angle x + 3\angle x + 4\angle x = 180^\circ$, $9\angle x = 180^\circ$

$\therefore \angle x = 20^\circ$

가장 큰 내각의 크기는 $4\angle x = 4 \times 20^\circ = 80^\circ$

가장 작은 내각의 크기는 $2\angle x = 2 \times 20^\circ = 40^\circ$

따라서 가장 큰 내각의 크기와 가장 작은 내각의 크기의 차는 $80^\circ - 40^\circ = 40^\circ$

32 $\angle A + \angle B + \angle C = 180^\circ$이므로

$3\angle C + 60^\circ + \angle C = 180^\circ$, $4\angle C = 120^\circ$

$\therefore \angle C = 30^\circ$

$\therefore \angle A = 3\angle C = 3 \times 30^\circ = 90^\circ$

33 $\angle C = \angle A - 20^\circ$에서 $\angle A = \angle C + 20^\circ$이고

$\angle B = 2\angle C$

$\angle A + \angle B + \angle C = 180^\circ$이므로

$(\angle C + 20^\circ) + 2\angle C + \angle C = 180^\circ$

$4\angle C = 160^\circ \qquad \therefore \angle C = 40^\circ$

$\therefore \angle B = 2\angle C = 2 \times 40^\circ = 80^\circ$

34 $\angle ABD = \angle DBC = \angle a$, $\angle ACD = \angle DCB = \angle b$라 하면

$\triangle ABC$에서 $60^\circ + 2\angle a + 2\angle b = 180^\circ$

$2\angle a + 2\angle b = 120^\circ \qquad \therefore \angle a + \angle b = 60^\circ$

따라서 $\triangle DBC$에서

$\angle x = 180^\circ - (\angle a + \angle b) = 180^\circ - 60^\circ = 120^\circ$

35 $\angle ABE = \angle EBC = \angle x$, $\angle DCE = \angle ECB = \angle y$라 하면

사각형 ABCD에서

$120^\circ + 2\angle x + 2\angle y + 70^\circ = 360^\circ$

$2\angle x + 2\angle y = 170^\circ \qquad \therefore \angle x + \angle y = 85^\circ$

따라서 $\triangle EBC$에서

$\angle BEC = 180^\circ - (\angle x + \angle y) = 180^\circ - 85^\circ = 95^\circ$

36 $\angle BAE = \angle CAE = \angle a$, $\angle ABF = \angle CBF = \angle b$라 하면

$\triangle ABC$에서 $2\angle a + 2\angle b + 64^\circ = 180^\circ$

$2\angle a + 2\angle b = 116^\circ \qquad \therefore \angle a + \angle b = 58^\circ$

$\triangle ABD$에서

$\angle ADB = 180^\circ - (\angle a + \angle b) = 180^\circ - 58^\circ = 122^\circ$

$\therefore \angle x = 180^\circ - 122^\circ = 58^\circ$

37 오른쪽 그림과 같이 $\overline{AB}$를 그으면

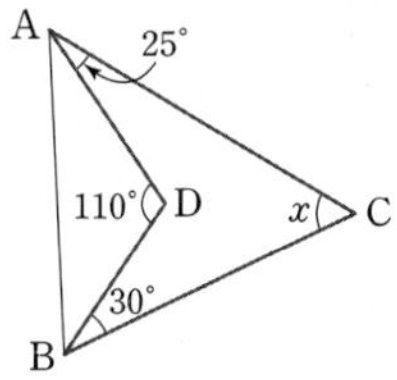

$\triangle ABD$에서

$\angle DAB + \angle DBA = 180^\circ - 110^\circ = 70^\circ$

$\triangle ABC$에서

$\angle x = 180^\circ - (25^\circ + \angle DAB + \angle DBA + 30^\circ)$

$= 180^\circ - (25^\circ + 70^\circ + 30^\circ) = 55^\circ$

38 오른쪽 그림과 같이 $\overline{BC}$를 그으면

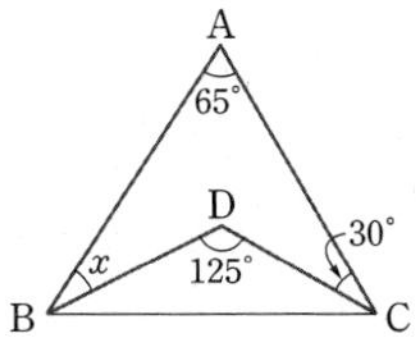

$\triangle DBC$에서

$\angle DBC + \angle DCB = 180^\circ - 125^\circ = 55^\circ$

$\triangle ABC$에서

$65^\circ + \angle x + \angle DBC + \angle DCB + 30^\circ = 180^\circ$

$65^\circ + \angle x + 55^\circ + 30^\circ = 180^\circ$

$\angle x + 150^\circ = 180^\circ \qquad \therefore \angle x = 30^\circ$

39 오른쪽 그림과 같이 $\overline{AC}$를 그어 생기는 각의 크기를 각각 $\angle a$, $\angle b$라 하면

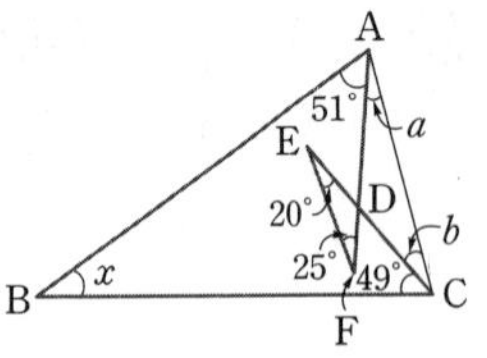

$\triangle ADC$에서

$\angle ADC = \angle EDF$

$= 180° - (20° + 25°)$

$= 135°$(맞꼭지각)

이므로 $\angle a + \angle b = 180° - 135° = 45°$

$\triangle ABC$에서

$\angle x = 180° - (49° + \angle b + \angle a + 51°)$

$= 180° - (49° + 45° + 51°) = 35°$

40 오른쪽 그림과 같이 $\overline{EF}$, $\overline{BC}$를 그으면

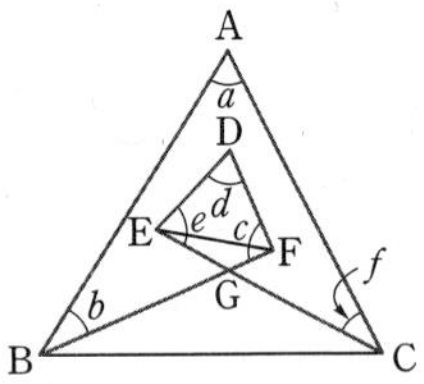

$\angle FEG + \angle EFG$

$= \angle GBC + \angle GCB$

$\therefore \angle a + \angle b + \angle c + \angle d + \angle e + \angle f$

$=$(2개의 삼각형의 내각의 크기의 합)

$= 180° \times 2 = 360°$

41 (1) $\angle x = 45° + 60° = 105°$

(2) $\angle x + 50° = 115°$ $\therefore \angle x = 65°$

(3) $25° + \angle x = 90°$ $\therefore \angle x = 65°$

(4) $45° + \angle x = 130°$ $\therefore \angle x = 85°$

42 (1) $\angle x + 2\angle x = 120°$, $3\angle x = 120°$

$\therefore \angle x = 40°$

(2) $3\angle x + 50° = 5\angle x$, $2\angle x = 50°$

$\therefore \angle x = 25°$

43 오른쪽 그림에서

$\angle x = 55° + 45° = 100°$

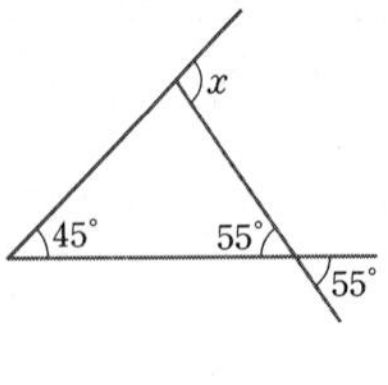

44 $\triangle BDE$에서

$\angle AEF = \angle B + \angle D = 70° + 25° = 95°$

$\triangle AEF$에서

$\angle x = \angle A + \angle AEF = 45° + 95° = 140°$

45 삼각형의 외각의 크기의 합은 360°이다.

(1) $110° + 115° + \angle x = 360°$이므로

$\angle x = 360° - 225° = 135°$

(2) $120° + 120° + \angle x = 360°$이므로

$\angle x = 360° - 240° = 120°$

(3) $107° + 140° + \angle x = 360°$이므로

$\angle x = 360° - 247° = 113°$

(4) $90° + 120° + \angle x = 360°$이므로

$\angle x = 360° - 210° = 150°$

46 삼각형의 외각의 크기의 합은 360°이므로

$(145° - \angle x) + (210° - 2\angle x) + (165° - \angle x) = 360°$

$520° - 4\angle x = 360°$, $4\angle x = 160°$

$\therefore \angle x = 40°$

47 $(\angle C$의 외각의 크기$) = 180° - (\angle x + 60°)$

$= 120° - \angle x$

삼각형의 외각의 크기의 합은 360°이므로

$5\angle x + 4\angle x + (120° - \angle x) = 360°$

$8\angle x = 240°$

$\therefore \angle x = 30°$

48 $\triangle ABC$에서 $\angle ACB = \angle B = 30°$이므로

$\angle DAC = 30° + 30° = 60°$

$\triangle DAC$에서

$\angle D = \angle DAC = 60°$

$\triangle DBC$에서

$\angle x = \angle D + \angle B = 60° + 30° = 90°$

49 $\triangle ABC$에서 $\angle BAC = \angle B = \angle x$이므로

$\angle ACD = \angle x + \angle x = 2\angle x$

$\triangle ACD$에서

$\angle DAC = \angle ADC = 180° - 130° = 50°$

이므로 $2\angle x + 50° + 50° = 180°$

$2\angle x = 80°$ $\therefore \angle x = 40°$

50 $\triangle ABC$에서 $\angle ACB = \angle B = \angle x$이므로

$\angle CAD = \angle x + \angle x = 2\angle x$

$\triangle ACD$에서

$\angle CDA = \angle CAD = 2\angle x$

$\triangle DBC$에서

$\angle CDB + \angle B = 123°$이므로

$2\angle x + \angle x = 123°$, $3\angle x = 123°$

$\therefore \angle x = 41°$

51 $\angle ABD=\angle DBC=\angle a$, $\angle ACD=\angle DCE=\angle b$라 하면

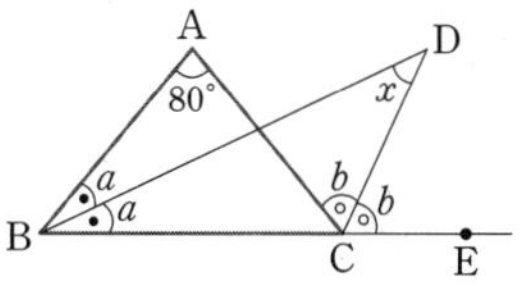

$\triangle ABC$에서 $2\angle b=80°+2\angle a$이므로

$\angle b=40°+\angle a$ ...... ㉠

$\triangle DBC$에서 $\angle b=\angle x+\angle a$ ...... ㉡

㉠, ㉡에서 $40°+\angle a=\angle x+\angle a$

$\therefore \angle x=40°$

52 $\angle ABI=\angle IBC=\angle a$, $\angle ACI=\angle ICB=\angle b$, $\angle ACD=\angle DCE=\angle c$라 하면

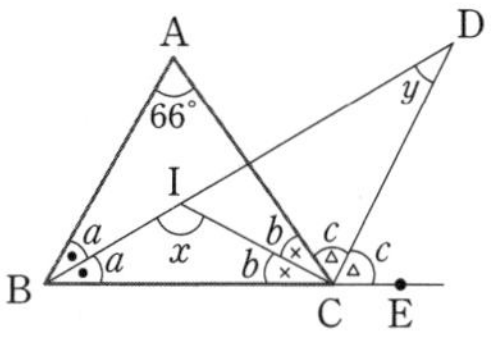

$\triangle ABC$에서 $66°+2\angle a+2\angle b=180°$이므로

$2\angle a+2\angle b=114°$ $\therefore \angle a+\angle b=57°$

$\triangle IBC$에서

$\angle x=180°-(\angle a+\angle b)$

$=180°-57°$

$=123°$

$\angle ACE=\angle A+\angle ABC$이므로 $2\angle c=66°+2\angle a$

$\therefore \angle c=33°+\angle a$ ...... ㉠

$\triangle DBC$에서 $\angle DCE=\angle D+\angle DBC$이므로

$\angle c=\angle y+\angle a$ ...... ㉡

㉠, ㉡에서

$33°+\angle a=\angle y+\angle a$ $\therefore \angle y=33°$

$\therefore \angle x+\angle y=123°+33°=156°$

[다른 풀이]

$\angle ABI=\angle IBC=\angle a$, $\angle ACI=\angle ICB=\angle b$, $\angle ACD=\angle DCE=\angle c$라 하면

$\triangle ABC$에서 $66°+2\angle a+2\angle b=180°$이므로

$2\angle a+2\angle b=114°$ $\therefore \angle a+\angle b=57°$

$\triangle IBC$에서

$\angle x=180°-(\angle a+\angle b)$

$=180°-57°=123°$

이때 $\angle DIC=180°-123°=57°$

$2\angle b+2\angle c=180°$ $\therefore \angle b+\angle c=90°$

$\triangle DIC$에서

$\angle y=180°-(57°+\angle b+\angle c)$

$=180°-(57°+90°)$

$=33°$

$\therefore \angle x+\angle y=123°+33°=156°$

53 $\angle ABD=\angle DBC=\angle a$, $\angle ACD=\angle DCE=\angle b$라 하면

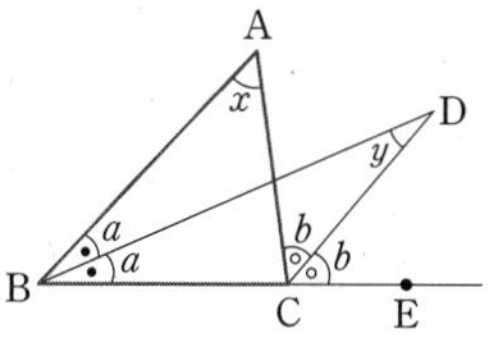

$\triangle ABC$에서

$\angle x+2\angle a=2\angle b$

$\therefore \angle x=2\angle b-2\angle a$

$\triangle DBC$에서

$\angle y+\angle a=\angle b$ $\therefore \angle y=\angle b-\angle a$

$\therefore \angle x-2\angle y=(2\angle b-2\angle a)-2(\angle b-\angle a)=0°$

54 구하는 다각형을 n각형이라 하면

$180°\times(n-2)=1620°$

$n-2=9$ $\therefore n=11$

따라서 구하는 다각형은 십일각형이다.

55 (1) 사각형의 내각의 크기의 합은 $180°\times(4-2)=360°$이므로

$80°+85°+110°+\angle x=360°$

$275°+\angle x=360°$ $\therefore \angle x=85°$

(2) 오각형의 내각의 크기의 합은 $180°\times(5-2)=540°$이므로

$100°+\angle x+110°+120°+80°=540°$

$410°+\angle x=540°$ $\therefore \angle x=130°$

56 (1) 사각형의 내각의 크기의 합은 $180°\times(4-2)=360°$이므로

$2\angle x+\angle x+\angle x+2\angle x=360°$

$6\angle x=360°$ $\therefore \angle x=60°$

(2) 오각형의 내각의 크기의 합은 $180°\times(5-2)=540°$이므로

$120°+100°+\angle x+(180°-80°)+118°=540°$

$\angle x+438°=540°$ $\therefore \angle x=102°$

57 구하는 다각형을 n각형이라 하면

$180°\times(n-2)=900°$

$n-2=5$ $\therefore n=7$

따라서 칠각형의 대각선의 개수는

$\frac{7\times(7-3)}{2}=14$

58 (1) $\dfrac{180^\circ\times(9-2)}{9}=140^\circ$

(2) $\dfrac{180^\circ\times(15-2)}{15}=156^\circ$

59 (1) 구하는 정다각형을 정n각형이라 하면

$\dfrac{180^\circ\times(n-2)}{n}=120^\circ$

$180^\circ\times n-360^\circ=120^\circ\times n$

$60^\circ\times n=360^\circ\quad\therefore\ n=6$

따라서 구하는 정다각형은 정육각형이다.

(2) 구하는 정다각형을 정n각형이라 하면

$\dfrac{180^\circ\times(n-2)}{n}=135^\circ$

$180^\circ\times n-360^\circ=135^\circ\times n$

$45^\circ\times n=360^\circ\quad\therefore\ n=8$

따라서 구하는 정다각형은 정팔각형이다.

60 구하는 정다각형을 정n각형이라 하면

$\dfrac{180^\circ\times(n-2)}{n}=150^\circ$

$180^\circ\times n-360^\circ=150^\circ\times n$

$30^\circ\times n=360^\circ\quad\therefore\ n=12$

따라서 정십이각형의 대각선의 개수는

$\dfrac{12\times(12-3)}{2}=54$

61 구하는 정다각형을 정n각형이라 하면

$\dfrac{n(n-3)}{2}=20,\ n(n-3)=40$

이때 $40=8\times5$이므로 $n=8$

따라서 정팔각형의 한 내각의 크기는

$\dfrac{180^\circ\times(8-2)}{8}=135^\circ$

62 사각형의 내각의 크기의 합은 360°이므로

사각형 ABCD에서

$\angle EBC+\angle ECB$

$=360^\circ-(115^\circ+35^\circ+30^\circ+120^\circ)$

$=60^\circ$

따라서 $\triangle EBC$에서

$\angle x=180^\circ-60^\circ=120^\circ$

63 $\triangle EBC$에서

$\angle EBC+\angle ECB=180^\circ-130^\circ=50^\circ$

사각형의 내각의 크기의 합은 360°이므로

사각형 ABCD에서

$110^\circ+45^\circ+\angle EBC+\angle ECB+\angle x+120^\circ=360^\circ$

$110^\circ+45^\circ+50^\circ+\angle x+120^\circ=360^\circ$

$\angle x+325^\circ=360^\circ\quad\therefore\ \angle x=35^\circ$

64 사각형의 내각의 크기의 합은 360°이므로

사각형 ABCD에서

$70^\circ+\angle ABC+130^\circ+\angle CDA=360^\circ$

$\angle ABC+\angle CDA=360^\circ-(70^\circ+130^\circ)=160^\circ$

$\therefore\ \angle EBC+\angle EDC=\dfrac{1}{2}(\angle ABC+\angle CDA)$

$=\dfrac{1}{2}\times160^\circ=80^\circ$

따라서 사각형 EBCD에서

$\angle x+\angle EBC+\angle EDC+130^\circ=360^\circ$

$\angle x+80^\circ+130^\circ=360^\circ$

$\angle x+210^\circ=360^\circ\quad\therefore\ \angle x=150^\circ$

65 정오각형의 한 내각의 크기는

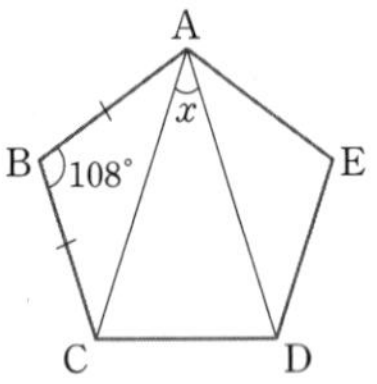

$\dfrac{180^\circ\times(5-2)}{5}=108^\circ$

$\triangle ABC$에서 $\overline{BA}=\overline{BC}$이므로

$\angle BAC=\dfrac{1}{2}\times(180^\circ-108^\circ)=36^\circ$

마찬가지로 $\angle EAD=36^\circ$이므로

$\angle x=108^\circ-2\times36^\circ=36^\circ$

66 다각형의 외각의 크기의 합은 360°이므로

$\angle a+\angle b+\angle c+\angle d+\angle e+\angle f+\angle g+\angle h=360^\circ$

67 다각형의 외각의 크기의 합은 360°이므로 오른쪽 그림에서

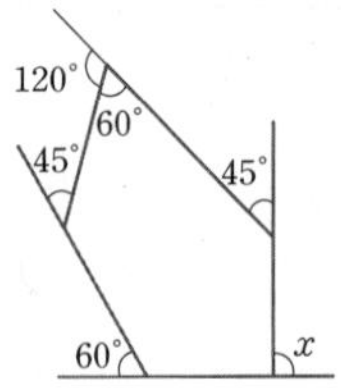

$120^\circ+45^\circ+60^\circ+\angle x+45^\circ=360^\circ$

$270^\circ+\angle x=360^\circ$

$\therefore\ \angle x=90^\circ$

68 다각형의 외각의 크기의 합은 360°이므로 오른쪽 그림에서

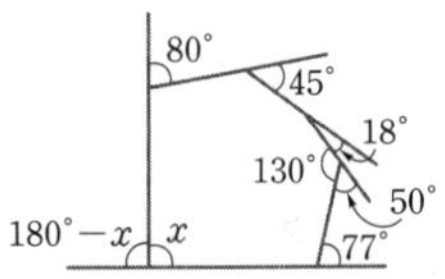

$80^\circ+(180^\circ-\angle x)+77^\circ$

$+50^\circ+18^\circ+45^\circ=360^\circ$

$450^\circ-\angle x=360^\circ$

$\therefore\ \angle x=90^\circ$

69 구하는 정다각형을 정n각형이라 하면

$\frac{360°}{n}=24°$ $\quad\therefore n=15$

따라서 구하는 정다각형은 정십오각형이다.

70 (가), (나)에 의해 구하는 다각형은 정다각형이다.

구하는 정다각형을 정n각형이라 하면 (다)에 의해

$\frac{360°}{n}>90°$이므로 n은 4보다 작다.

즉, 한 외각의 크기가 둔각인 정다각형은 정삼각형뿐이다.

따라서 조건을 모두 만족하는 다각형은 정삼각형이다.

71 구하는 정다각형을 정n각형이라 하면

$\frac{n(n-3)}{2}=54$, $n(n-3)=108$

이때 $108=12\times9$이므로 $n=12$

따라서 정십이각형의 한 외각의 크기는 $\frac{360°}{12}=30°$

72 구하는 정다각형을 정n각형이라 하면

(정n각형의 한 외각의 크기)$=180°\times\frac{1}{3+1}=45°$

즉, $\frac{360°}{n}=45°$이므로 $n=8$

따라서 구하는 정다각형은 정팔각형이다.

73 오른쪽 그림과 같이 보조선을 그어 생기는 각의 크기를 각각 $\angle a$, $\angle b$라 하면

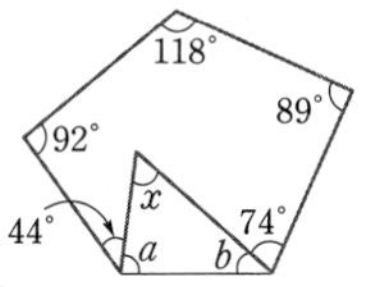

오각형의 내각의 크기의 합은

$180°\times(5-2)=540°$

이므로

$118°+92°+44°+\angle a+\angle b+74°+89°=540°$

$\angle a+\angle b+417°=540°$ $\quad\therefore \angle a+\angle b=123°$

$\angle x+\angle a+\angle b=180°$이므로

$\angle x+123°=180°$ $\quad\therefore \angle x=57°$

74 오른쪽 그림과 같이 보조선을 그어 생기는 각의 크기를 각각 $\angle x$, $\angle y$라 하면

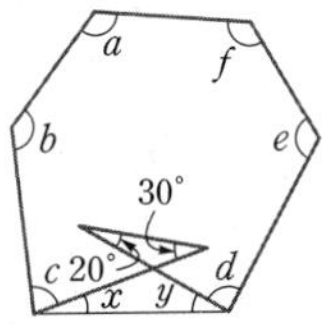

$\angle x+\angle y=20°+30°=50°$

육각형의 내각의 크기의 합은

$180°\times(6-2)=720°$이므로

$\angle a+\angle b+\angle c+\angle d+\angle e+\angle f$

$=720°-(\angle x+\angle y)$

$=720°-50°$

$=670°$

75 오른쪽 그림과 같이 보조선을 그어 생기는 각의 크기를 각각 $\angle i$, $\angle j$, $\angle k$, $\angle l$이라 하면

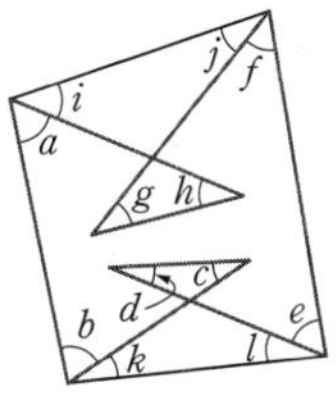

$\angle c+\angle d=\angle k+\angle l$

$\angle g+\angle h=\angle i+\angle j$

사각형의 내각의 크기의 합은 360°이므로

$\angle a+\angle b+\angle c+\angle d+\angle e+\angle f+\angle g+\angle h$

$=\angle a+\angle b+\angle k+\angle l+\angle e+\angle f+\angle i+\angle j$

$=360°$

76 오른쪽 그림에서

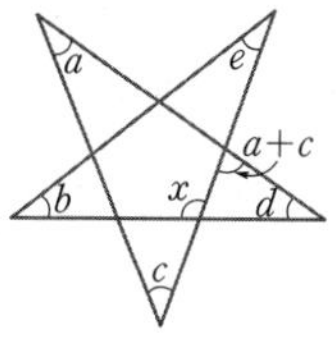

$\angle x=(\angle a+\angle c)+\angle d$

$\quad=\angle a+\angle c+\angle d$

77 오른쪽 그림에서

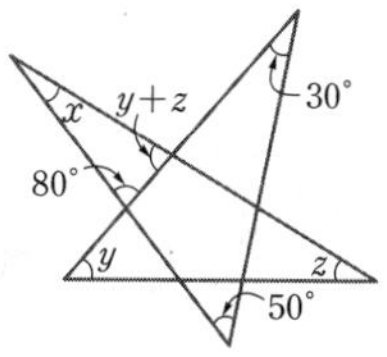

$\angle x+80°+(\angle y+\angle z)=180°$

$\therefore \angle x+\angle y+\angle z=100°$

[다른 풀이]

$\angle x+\angle y+50°+\angle z+30°$

$=$(삼각형의 내각의 크기의 합)$\times5$

$-$(오각형의 외각의 크기의 합)$\times2$

$=180°\times5-360°\times2=180°$

$\therefore \angle x+\angle y+\angle z=100°$

78 $\angle a+\angle b-\angle c+\angle d+\angle e$의 크기는 삼각형의 내각의 크기의 합인 180°와 같다.

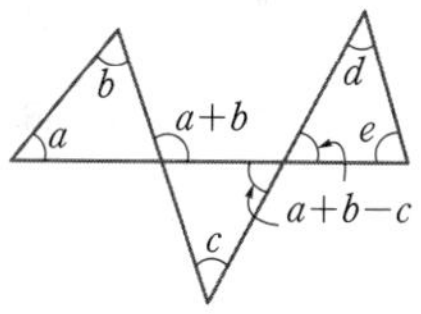

개념완성익힘

익힘북 48~49쪽

1 ②, ④	**2** 15	**3** ②	**4** ②
5 ④	**6** 99°	**7** ⑤	**8** ②
9 ⑤	**10** 19°	**11** 58°	**12** 135

1 ② 십이각형은 12개의 꼭짓점과 12개의 변을 가지고 있다.

④ 다각형에서 이웃한 두 변으로 이루어지는 각을 내각이라 한다.

⑤ $\frac{15\times(15-3)}{2}=90$

2 6개의 위성도시 사이에 만들 수 있는 통신선의 개수는 육각형의 변의 개수와 대각선의 개수의 합과 같다.
육각형의 변의 개수는 6
대각선의 개수는 $\frac{6\times(6-3)}{2}=9$
따라서 통신선의 개수는 $6+9=15$

3 $\triangle$ABC에서 $2\angle x+3\angle x+(2\angle x-9^\circ)=180^\circ$
$7\angle x=189^\circ \qquad \therefore \angle x=27^\circ$
$\triangle$DEF에서 $\angle y=(180^\circ-115^\circ)+55^\circ=120^\circ$

4 $\angle ABD=\angle DBC=\angle a$,
$\angle ACD=\angle DCE=\angle b$라
하면

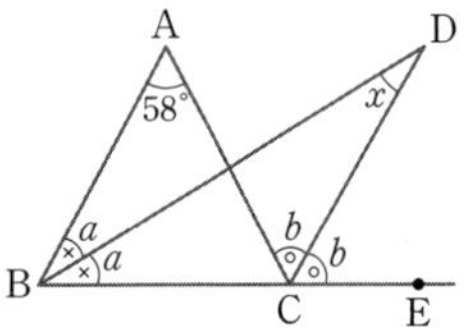

$\triangle$ABC에서
$2\angle b=2\angle a+58^\circ$이므로
$\angle b=\angle a+29^\circ$ ⋯⋯ ㉠
$\triangle$DBC에서 $\angle b=\angle a+\angle x$ ⋯⋯ ㉡
㉠, ㉡에서 $\angle a+29^\circ=\angle a+\angle x$
$\therefore \angle x=29^\circ$

5 오른쪽 그림과 같이 보조선을 그어 생기는 각의 크기를 각각 $\angle x$, $\angle y$라 하면

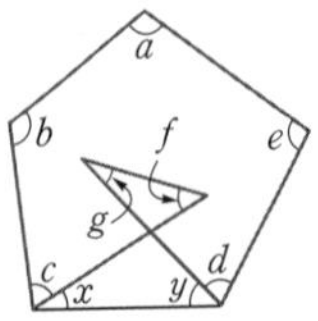

$\angle g+\angle f=\angle x+\angle y$
오각형의 내각의 크기의 합은
$180^\circ\times(5-2)=540^\circ$이므로
$\angle a+\angle b+\angle c+\angle d+\angle e+\angle f+\angle g$
$=\angle a+\angle b+\angle c+\angle d+\angle e+\angle x+\angle y$
$=540^\circ$

6 $\triangle$ABC에서 $\angle ABC=\angle ACB=69^\circ$이므로
$\angle BAC=180^\circ-2\times69^\circ=180^\circ-138^\circ=42^\circ$
$\angle BAE=\angle BAC+\angle CAE=42^\circ+60^\circ=102^\circ$
$\triangle$ABE는 $\overline{AB}=\overline{AE}$인 이등변삼각형이므로
$\angle ABE=\frac{1}{2}\times(180^\circ-102^\circ)=\frac{1}{2}\times78^\circ=39^\circ$
$\therefore \angle DBF=\angle DBA+\angle ABE=60^\circ+39^\circ=99^\circ$

7 주어진 정다각형을 정n각형이라 하면
$\frac{360^\circ}{n}=60^\circ \qquad \therefore n=6$
따라서 정육각형의 내각의 크기의 합은
$180^\circ\times(6-2)=720^\circ$

8 $\angle EBD=\angle CBD=\angle a$, $\angle BCD=\angle DCF=\angle b$라 하면
$\angle ABC=180^\circ-2\angle a$, $\angle ACB=180^\circ-2\angle b$
$\triangle$ABC에서
$60^\circ+(180^\circ-2\angle a)+(180^\circ-2\angle b)=180^\circ$
$2\angle a+2\angle b=240^\circ \qquad \therefore \angle a+\angle b=120^\circ$
따라서 $\triangle$BDC에서
$\angle x=180^\circ-(\angle a+\angle b)=180^\circ-120^\circ=60^\circ$
[다른 풀이]
$\triangle$ABC에서
$\angle ABC+\angle ACB=180^\circ-60^\circ=120^\circ$이므로
$\angle EBC+\angle FCB=180^\circ\times2-(\angle ABC+\angle ACB)$
$=360^\circ-120^\circ=240^\circ$
$\therefore \angle DBC+\angle DCB=\frac{1}{2}(\angle EBC+\angle FCB)$
$=\frac{1}{2}\times240^\circ=120^\circ$
따라서 $\triangle$BDC에서
$\angle x=180^\circ-(\angle DBC+\angle DCB)$
$=180^\circ-120^\circ=60^\circ$

9 $\angle a+\angle b+\angle c+\angle d+\angle e+\angle f+\angle g+\angle h$
$=$(사각형의 내각의 크기의 합)$\times3$
$+$(삼각형의 내각의 크기의 합)$\times2$
$-$(오각형의 외각의 크기의 합)$\times2$
$=360^\circ\times3+180^\circ\times2-360^\circ\times2$
$=720^\circ$

10 $\angle DBC=\angle x$, $\angle DCE=\angle y$라 하면

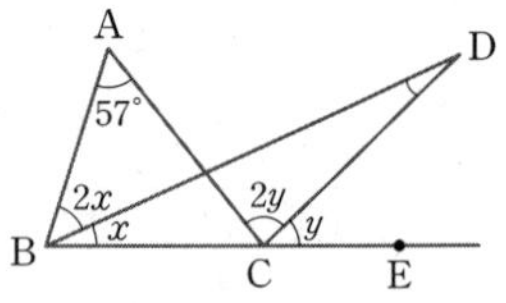

$\angle ABD=2\angle x$,
$\angle ACD=2\angle y$
$\triangle$ABC에서 $3\angle y=57^\circ+3\angle x$이므로
$\angle y=19^\circ+\angle x$ ⋯⋯ ㉠ ⋯⋯ ①
$\triangle$DBC에서 $\angle y=\angle BDC+\angle x$ ⋯⋯ ㉡ ⋯⋯ ②
㉠, ㉡에서 $19^\circ+\angle x=\angle BDC+\angle x$
$\therefore \angle BDC=19^\circ$ ⋯⋯ ③

단계	채점 기준	비율
①	$\triangle$ABC에서 삼각형의 외각의 성질을 이용하여 $\angle$ACE를 식으로 나타내기	30 %
②	$\triangle$DBC에서 삼각형의 외각의 성질을 이용하여 $\angle$DCE를 식으로 나타내기	30 %
③	$\angle$BDC의 크기 구하기	40 %

11 정오각형의 한 내각의 크기는

$\dfrac{180^\circ\times(5-2)}{5}=108^\circ$ …… ①

오른쪽 그림과 같이 두 직선 l, m에 평행한 직선 n을 그으면

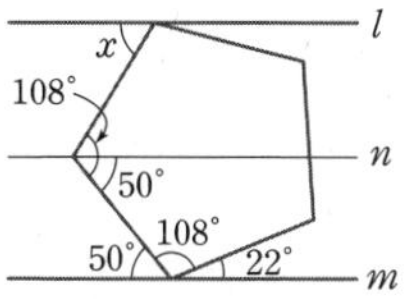

$\angle x=108^\circ-50^\circ$

$=58^\circ$(엇각) …… ②

단계	채점 기준	비율
①	정오각형의 한 내각의 크기 구하기	50 %
②	두 직선 l, m에 평행한 직선을 그어 $\angle x$의 크기 구하기	50 %

12 정다각형에서 한 내각과 한 외각의 크기의 합은 180°이고, 내각과 외각의 크기의 비가 $8:1$이므로 구하는 정다각형의 한 외각의 크기는

$180^\circ\times\dfrac{1}{8+1}=20^\circ$

구하는 정다각형을 정n각형이라 하면 다각형의 외각의 크기의 합은 360°이므로

$\dfrac{360^\circ}{n}=20^\circ$ $\quad\therefore n=18$ …… ①

따라서 정십팔각형의 대각선의 개수는

$\dfrac{18\times(18-3)}{2}=135$ …… ②

단계	채점 기준	비율
①	외각의 크기를 이용하여 정다각형 구하기	60 %
②	정다각형의 대각선의 개수 구하기	40 %

2 원과 부채꼴

개념적용익힘

익힘북 50~56쪽

1 (1) $\overline{OA}$, $\overline{OB}$, $\overline{OE}$ (2) $\overline{AB}$ (3) $\widehat{CD}$ (4) $\angle BOE$ (5) $\overline{AE}$
2 ① **3** ④ **4** ④, ⑤ **5** ④
6 ⑤ **7** (1) 80° (2) 45° **8** ③
9 ③ **10** (1) 3 (2) 90 **11** $\dfrac{4}{3}$ cm^2
12 144°, 20 cm^2 **13** ② **14** 6배
15 $1:2$ **16** (1) 50° (2) 80° (3) 50° (4) 16 cm
17 ② **18** 100 cm **19** 7 cm
20 (1) 22π cm (2) 121π cm^2
21 (1) 4 cm (2) 12 cm **22** 25π cm^2
23 (1) 20π cm (2) 50π cm^2 **24** ⑤
25 16π cm, 32π cm^2 **26** ② **27** ④
28 ④ **29** 4π cm **30** $\dfrac{55}{4}\pi$ cm^2
31 $\dfrac{28}{3}\pi$ cm^2 **32** $10\pi+10$
33 (1) $(6\pi+12)$ cm, 18π cm^2
(2) $(5\pi+20)$ cm, $(100-25\pi)$ cm^2
(3) 12π cm, $(72\pi-144)$ cm^2
(4) 9π cm, $(9\pi-18)$ cm^2 **34** ②
35 (1) 40π cm, $(200\pi-400)$ cm^2
(2) $(8\pi+32)$ cm, $(192-32\pi)$ cm^2
36 ④ **37** $\dfrac{16}{3}\pi$ cm **38** $(20\pi+80)$ cm
39 2 cm **40** $(4\pi+36)$ cm^2 **41** ⑤
42 $(216\pi+432)$ cm^2 **43** $\dfrac{113}{2}\pi$ m^2

2 ① $\overline{BC}$를 현이라 한다.

3 ④ $\overline{AC}$는 지름이므로 가장 긴 현이다.

4 ④ 호와 현으로 이루어진 도형을 활꼴이라 한다.
⑤ 원 위의 두 점을 잇는 선분을 현이라 한다.

5 ① $\overline{OA}$는 반지름이다.
② $\widehat{AB}$에 대한 중심각은 $\angle AOB$이다.
③ 부채꼴은 $\overline{OA}$, $\overline{OB}$, $\widehat{AB}$로 이루어진 도형이다.
④ $\angle AOB=180^\circ$일 때, 부채꼴 AOB는 원 O의 반원이므로 $\overline{AB}$는 원 O의 지름이다.
⑤ 원의 중심 O를 지나는 현이 가장 긴 현이다.
따라서 옳은 것은 ④이다.

6 부채꼴이 활꼴일 때는 부채꼴의 모양이 반원일 때이므로 중심각의 크기는 180°이다.

7 (1) $20^\circ:\angle x=2:8$, $2\angle x=160^\circ$ $\quad\therefore \angle x=80^\circ$
(2) $135^\circ:\angle x=12:4$, $12\angle x=540^\circ$
$\therefore \angle x=45^\circ$

8 $30:150=4:\widehat{CD}$, $30\widehat{CD}=600$

$\therefore \widehat{CD}=20$ cm

9 호의 길이는 중심각의 크기에 정비례하므로

$\angle AOB:\angle BOC:\angle COA=\widehat{AB}:\widehat{BC}:\widehat{CA}$

$=3:4:5$

따라서 $\widehat{AC}$에 대한 중심각의 크기는

$\angle AOC=360^\circ\times\dfrac{5}{3+4+5}=150^\circ$

10 (1) $15:150=x:30$, $150x=450$ $\quad\therefore x=3$

(2) $45:x=15:30$, $15x=1350$ $\quad\therefore x=90$

11 호의 길이는 중심각의 크기에 정비례하므로

$\angle AOB:\angle COD=\widehat{AB}:\widehat{CD}=3:1$

부채꼴 COD의 넓이를 x cm^{2}라 하면 부채꼴의 넓이는 중심각의 크기에 정비례하므로

$4:x=3:1$, $3x=4$ $\quad\therefore x=\dfrac{4}{3}$

따라서 부채꼴 COD의 넓이는 $\dfrac{4}{3}$ cm^{2}이다.

12 $\angle AOB:\angle BOC:\angle COA=\angle a:4\angle a:5\angle a$

$=1:4:5$

이므로

$\angle BOC=360^\circ\times\dfrac{4}{1+4+5}=144^\circ$

부채꼴 BOC의 넓이를 x cm^{2}라 하면 부채꼴의 넓이는 중심각의 크기에 정비례하므로

$5:x=1:4$ $\quad\therefore x=20$

따라서 부채꼴 BOC의 넓이는 20 cm^{2}이다.

13 ② 현의 길이는 중심각의 크기에 정비례하지 않으므로

$\overline{AD}<2\overline{CD}$, 즉 $\overline{AD}\neq2\overline{CD}$

14 $\angle AOC=\angle COD=\angle DOB=180^\circ\times\dfrac{1}{3}=60^\circ$

(원의 둘레의 길이) $:\widehat{BD}=360:60=6:1$

따라서 원의 둘레의 길이는 $\widehat{BD}$의 길이의 6배이다.

15 오른쪽 그림과 같이 $\overline{OC}$를 그으면

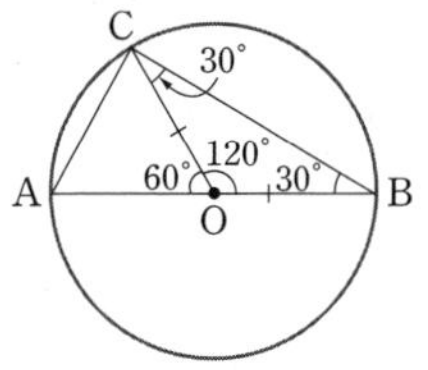

△COB에서 $\overline{OC}=\overline{OB}$이므로

$\angle OCB=\angle OBC=30^\circ$

$\angle COB=180^\circ-(30^\circ+30^\circ)$

$=120^\circ$

$\angle COA=180^\circ-120^\circ=60^\circ$

$\therefore \widehat{AC}:\widehat{CB}=60:120=1:2$

16 오른쪽 그림에서

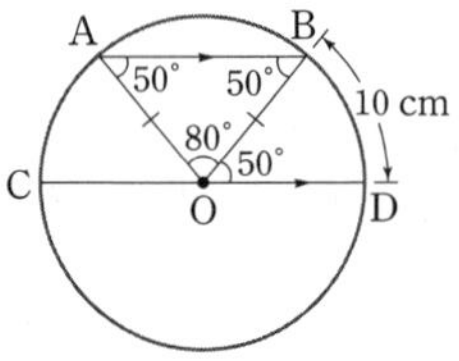

(1) $\overline{OA}=\overline{OB}$이므로

$\angle OBA=\angle OAB=50^\circ$

(2) △AOB에서

$\angle AOB=180^\circ-(50^\circ+50^\circ)=80^\circ$

(3) $\overline{AB}/\!/\overline{CD}$이므로

$\angle BOD=\angle ABO=50^\circ$(엇각)

(4) $50:80=10:\widehat{AB}$, $50\widehat{AB}=800$

$\therefore \widehat{AB}=16$ cm

17 $\overline{OC}/\!/\overline{AB}$이므로 $\angle OBA=\angle BOC=40^\circ$(엇각)

$\overline{OA}=\overline{OB}$이므로 $\angle OAB=\angle OBA=40^\circ$

△OAB에서 $\angle AOB=180^\circ-(40^\circ+40^\circ)=100^\circ$

$40:100=5:\widehat{AB}$, $40\widehat{AB}=500$

$\therefore \widehat{AB}=\dfrac{25}{2}$ cm

18 △OCD에서 $\overline{OC}=\overline{OD}$이므로

$\angle OCD=\angle ODC=\dfrac{1}{2}\times(180^\circ-150^\circ)=15^\circ$

$\overline{AB}/\!/\overline{CD}$이므로 $\angle AOC=\angle OCD=15^\circ$(엇각)

$15:150=10:\widehat{CD}$, $15\widehat{CD}=1500$

$\therefore \widehat{CD}=100$ cm

19 $\overline{AC}/\!/\overline{OD}$이므로

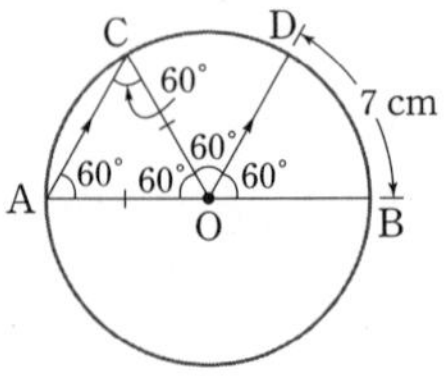

$\angle CAO=\angle DOB=60^\circ$(동위각)

오른쪽 그림과 같이 $\overline{OC}$를 그으면

△OAC에서 $\overline{OA}=\overline{OC}$이므로

$\angle OCA=\angle OAC=60^\circ$

$\therefore \angle COA=180^\circ-(60^\circ+60^\circ)=60^\circ$

즉, $\angle COD=180^\circ-(60^\circ+60^\circ)=60^\circ$

$\angle COD=\angle DOB=60^\circ$이므로 $\widehat{CD}=\widehat{BD}=7$ cm

20 (1) $2\pi \times 11 = 22\pi(\text{cm})$

(2) $\pi \times 11^2 = 121\pi(\text{cm}^2)$

21 원의 반지름의 길이를 r cm라 하면

(1) $\pi r^2 = 16\pi$에서 $r^2 = 16$

$\therefore r = 4(\because r > 0)$

따라서 원의 반지름의 길이는 4 cm이다.

(2) $\pi r^2 = 144\pi$에서 $r^2 = 144$

$\therefore r = 12(\because r > 0)$

따라서 원의 반지름의 길이는 12 cm이다.

22 원의 반지름의 길이를 r cm라 하면

$2\pi r = 10\pi \qquad \therefore r = 5$

따라서 원의 넓이는 $\pi \times 5^2 = 25\pi(\text{cm}^2)$

23 (1) (색칠한 부분의 둘레의 길이)

$= 2\pi \times 10 \times \frac{1}{2} + 2\pi \times 5$

$= 20\pi(\text{cm})$

(2) 오른쪽 그림과 같이 이동하면

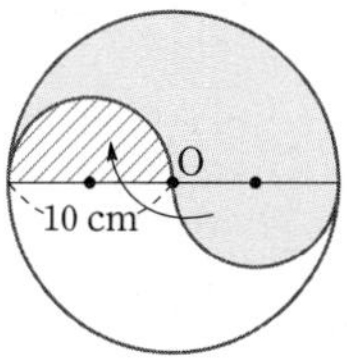

(색칠한 부분의 넓이)

=(반지름의 길이가 10 cm인 반원의 넓이)

$= \pi \times 10^2 \times \frac{1}{2} = 50\pi(\text{cm}^2)$

24 (색칠한 부분의 넓이)

=(정사각형의 넓이)

−(반지름의 길이가 4 cm인 원의 넓이)

$= 8 \times 8 - \pi \times 4^2 = 64 - 16\pi(\text{cm}^2)$

25 (색칠한 부분의 둘레의 길이)

=(지름의 길이가 12 cm인 원의 둘레의 길이)

+(지름의 길이가 4 cm인 원의 둘레의 길이)

$= 2\pi \times 6 + 2\pi \times 2 = 16\pi(\text{cm})$

오른쪽 그림과 같이 이동하면

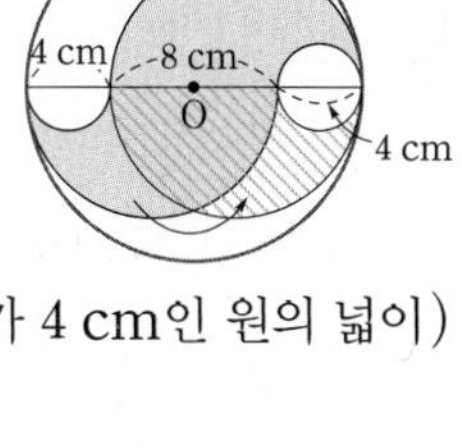

(색칠한 부분의 넓이)

=(지름의 길이가 12 cm인 원의 넓이)

−(지름의 길이가 4 cm인 원의 넓이)

$= \pi \times 6^2 - \pi \times 2^2 = 32\pi(\text{cm}^2)$

26 중심각의 크기를 $x°$라 하면

$2\pi \times 12 \times \frac{x}{360} = 4\pi \qquad \therefore x = 60$

따라서 중심각의 크기는 60°이다.

27 (둘레의 길이) $= 2\pi \times 15 \times \frac{20}{360} + 15 \times 2$

$= \frac{5}{3}\pi + 30(\text{cm})$

28 점 A가 움직인 거리는 부채꼴 ABC의 호의 길이의 4배이므로

$\left(2\pi \times 4 \times \frac{60}{360}\right) \times 4 = \frac{16}{3}\pi(\text{cm})$

29 부채꼴의 호의 길이를 l cm라 하면

$\frac{1}{2} \times 7 \times l = 14\pi \qquad \therefore l = 4\pi$

따라서 부채꼴의 호의 길이는 4π cm이다.

30 정오각형의 한 내각의 크기는 $\frac{180° \times (5-2)}{5} = 108°$

정사각형의 한 내각의 크기는 90°

따라서 색칠한 부분의 넓이는

$\pi \times 5^2 \times \frac{198}{360} = \frac{55}{4}\pi(\text{cm}^2)$

31 오른쪽 그림과 같이 $\overline{OC}$를 그으면

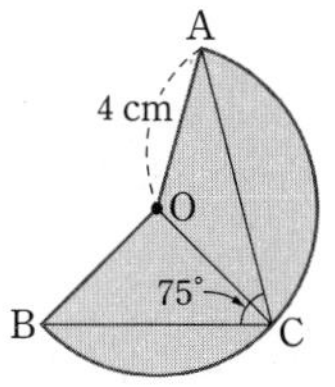

$\triangle OCA$는 $\overline{OA} = \overline{OC}$인 이등변삼각형이므로 $\angle OAC = \angle OCA$

$\triangle OBC$는 $\overline{OB} = \overline{OC}$인 이등변삼각형이므로 $\angle OBC = \angle OCB$

이때 부채꼴의 중심각의 크기는

$\angle AOC + \angle BOC$

$= 180° \times 2 - (\angle OAC + \angle OBC + \angle ACB)$

$= 180° \times 2 - (\angle OCA + \angle OCB + \angle ACB)$

$= 180° \times 2 - (\angle ACB + \angle ACB)$

$= 180° \times 2 - 2\angle ACB$

$= 180° \times 2 - 2 \times 75° = 210°$

따라서 구하는 부채꼴의 넓이는

$\pi \times 4^2 \times \frac{210}{360} = \frac{28}{3}\pi(\text{cm}^2)$

32 (둘레의 길이) $=2\pi\times5\times\frac{1}{2}+2\pi\times10\times\frac{1}{4}+10$

$=10\pi+10$

33 (1) (둘레의 길이)

$=2\pi\times3\times\frac{1}{4}+2\pi\times9\times\frac{1}{4}+(9-3)\times2$

$=\frac{3}{2}\pi+\frac{9}{2}\pi+12$

$=6\pi+12(\text{cm})$

(넓이) $=\pi\times9^2\times\frac{1}{4}-\pi\times3^2\times\frac{1}{4}$

$=\frac{81}{4}\pi-\frac{9}{4}\pi$

$=18\pi(\text{cm}^2)$

(2) (둘레의 길이) $=2\pi\times10\times\frac{1}{4}+10\times2$

$=5\pi+20(\text{cm})$

(넓이) $=10\times10-\pi\times10^2\times\frac{1}{4}$

$=100-25\pi(\text{cm}^2)$

(3) (둘레의 길이) $=\left(2\pi\times12\times\frac{1}{4}\right)\times2$

$=12\pi(\text{cm})$

오른쪽 그림에서

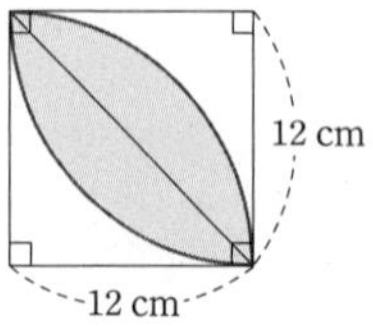

(넓이)

$=\left(\pi\times12^2\times\frac{1}{4}-\frac{1}{2}\times12\times12\right)\times2$

$=(36\pi-72)\times2$

$=72\pi-144(\text{cm}^2)$

(4) (둘레의 길이) $=2\pi\times6\times\frac{1}{4}+2\pi\times3$

$=3\pi+6\pi$

$=9\pi(\text{cm})$

오른쪽 그림과 같이 이동하면

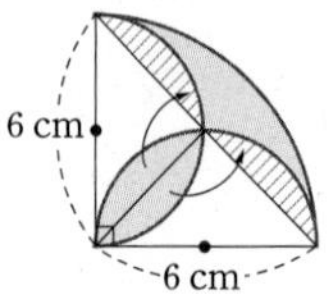

(색칠한 부분의 넓이)

$=\pi\times6^2\times\frac{1}{4}-\frac{1}{2}\times6\times6$

$=9\pi-18(\text{cm}^2)$

34 오른쪽 그림과 같이 이동하면 색칠한 부분의 넓이는

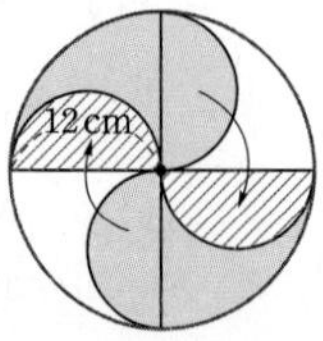

$\left(\pi\times12^2\times\frac{1}{4}\right)\times2=72\pi(\text{cm}^2)$

35 (1) (둘레의 길이) $=2\pi\times10\times2=40\pi(\text{cm})$

오른쪽 그림에서

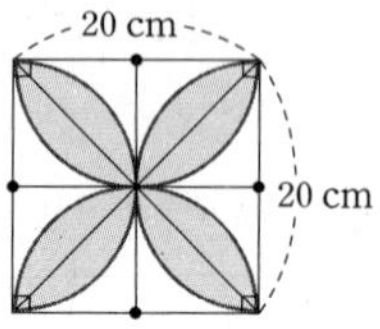

(넓이)

$=\left(\pi\times10^2\times\frac{1}{4}-\frac{1}{2}\times10\times10\right)\times8$

$=(25\pi-50)\times8$

$=200\pi-400(\text{cm}^2)$

(2) (둘레의 길이) $=2\pi\times8\times\frac{1}{2}+16\times2$

$=8\pi+32(\text{cm})$

오른쪽 그림에서

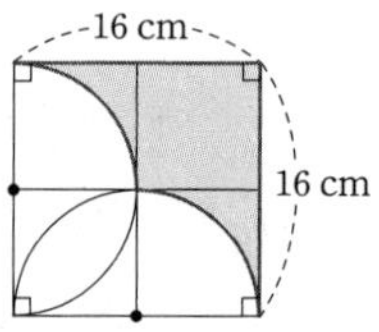

(넓이)

$=\left(8\times8-\pi\times8^2\times\frac{1}{4}\right)\times2+8\times8$

$=(64-16\pi)\times2+64$

$=192-32\pi(\text{cm}^2)$

36 색칠한 두 부분의 넓이가 같으므로 반원과 부채꼴의 넓이가 같다.

$\pi\times3^2\times\frac{1}{2}=\pi\times6^2\times\frac{x}{360}$ $\quad\therefore x=45$

37 오른쪽 그림에서

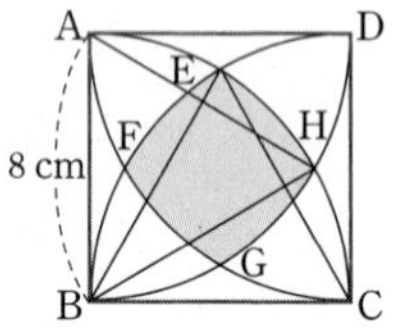

$\triangle ABH$, $\triangle EBC$는 정삼각형이므로

$\angle ABH=\angle EBC=60^\circ$

즉, $\angle ABE=\angle HBC=90^\circ-60^\circ=30^\circ$

이므로

$\angle EBH=90^\circ-(30^\circ+30^\circ)=30^\circ$

$\therefore \widehat{EH}=2\pi\times8\times\frac{30}{360}=\frac{4}{3}\pi(\text{cm})$

같은 방법으로 하면

$\widehat{EF}=\widehat{FG}=\widehat{GH}=\widehat{EH}=\frac{4}{3}\pi\text{ cm}$

따라서 색칠한 부분의 둘레의 길이는

$4\widehat{EH}=4\times\frac{4}{3}\pi=\frac{16}{3}\pi(\text{cm})$

38 오른쪽 그림에서

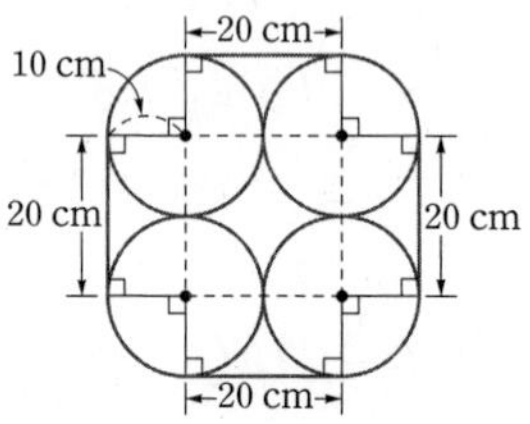

(필요한 끈의 최소 길이)

$=2\pi\times10+20\times4$

$=20\pi+80(\text{cm})$

39 [방법 A] 오른쪽 그림에서 필요한 끈의 최소 길이는

$2\pi\times1+2\times3$

$=2\pi+6(\text{cm})$

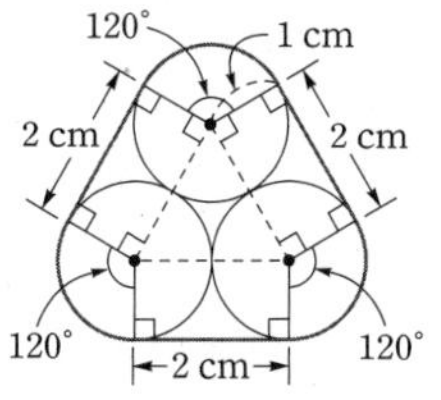

[방법 A]

[방법 B] 오른쪽 그림에서 필요한 끈의 최소 길이는

$2\pi\times1+4\times2$

$=2\pi+8(\text{cm})$

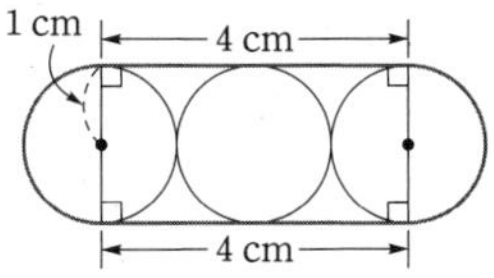

[방법 B]

따라서 두 끈의 길이의 차는

$(2\pi+8)-(2\pi+6)=2(\text{cm})$

40 원이 지나간 자리는 오른쪽 그림과 같으므로 구하는 넓이는

$\pi\times2^2+(6\times2)\times3$

$=4\pi+36(\text{cm}^2)$

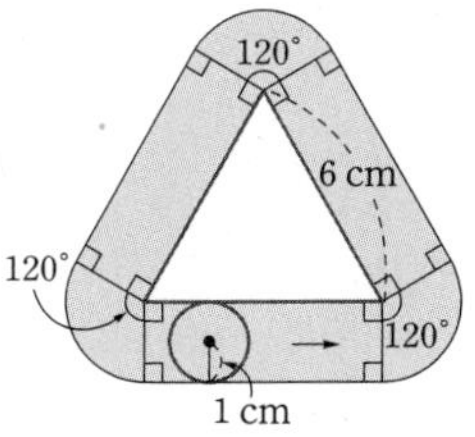

41 원이 지나간 자리는 오른쪽 그림과 같으므로 구하는 넓이는

$\pi\times4^2+(12+10+9)\times4$

$=16\pi+124(\text{cm}^2)$

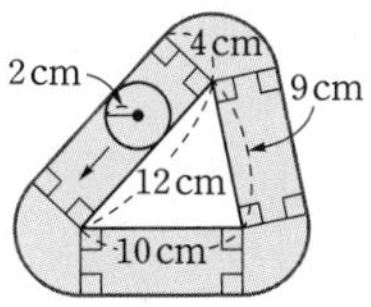

42 원이 지나간 자리는 오른쪽 그림과 같으므로 구하는 넓이는

$\pi\times12^2\times\frac{300}{360}+12\times18\times2$

$+\left(\pi\times30^2\times\frac{60}{360}-\pi\times18^2\times\frac{60}{360}\right)$

$=120\pi+432+96\pi$

$=216\pi+432(\text{cm}^2)$

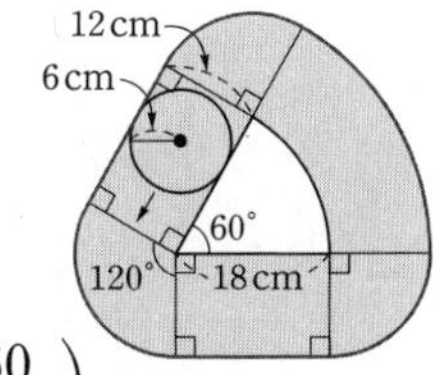

43 강아지가 움직일 수 있는 최대 영역은 오른쪽 그림의 색칠한 부분과 같으므로 구하는 넓이는

$\pi\times8^2\times\frac{3}{4}+\pi\times3^2\times\frac{1}{4}+\pi\times5^2\times\frac{1}{4}$

$=48\pi+\frac{9}{4}\pi+\frac{25}{4}\pi$

$=\frac{113}{2}\pi(\text{m}^2)$

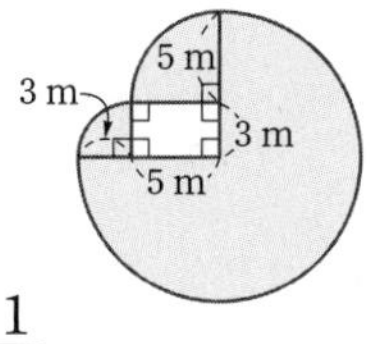

개념완성익힘

익힘북 57~58쪽

1 ⑤	**2** 7 cm^2	**3** ②	**4** 100°
5 11 : 7	**6** ④	**7** $\frac{25}{6}\pi$	**8** ④
9 ③	**10** $\frac{13}{4}\pi\ \text{cm}^2$		**11** 40
12 $14\pi+18$	**13** $(8\pi-16)\ \text{cm}^2$		

1 ⑤ 원 위의 두 점 A, C를 양 끝점으로 하는 호는 $\widehat{AC}$, $\widehat{ABC}$의 2개이다.

2 부채꼴의 넓이는 중심각의 크기에 정비례하므로 부채꼴 COD의 넓이를 $x\ \text{cm}^2$라 하면

$15:75=x:35$, $1:5=x:35$

$5x=35\qquad\therefore x=7$

따라서 부채꼴 COD의 넓이는 7 cm^2이다.

3 호의 길이는 중심각의 크기에 정비례하므로

$\angle AOC:\angle BOC=\widehat{AC}:\widehat{BC}=8:4=2:1$

$\therefore \angle AOC=180°\times\frac{2}{2+1}=120°$

4 호의 길이는 중심각의 크기에 정비례하므로

$\angle AOB:\angle BOC:\angle COA=\widehat{AB}:\widehat{BC}:\widehat{CA}$

$=5:6:7$

$\therefore \angle AOB=360°\times\frac{5}{5+6+7}=100°$

5 오른쪽 그림에서

$\angle BOC=\angle EOF=\angle x$ (맞꼭지각)로 놓으면

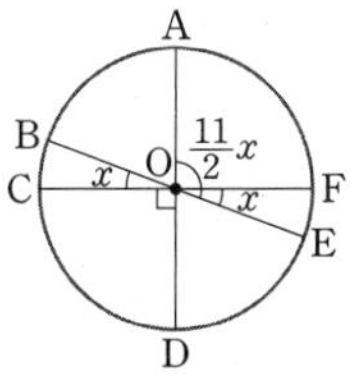

$\angle x:\angle AOE=2:11$에서

$\angle AOE=\frac{11}{2}\angle x$이고,

$\angle AOF=\angle COD=90°$(맞꼭지각)이므로

$\frac{11}{2}\angle x-\angle x=90°\qquad\therefore \angle x=20°$

즉, $\angle AOE=\frac{11}{2}\angle x=\frac{11}{2}\times20°=110°$

$\angle AOB=90°-\angle x=90°-20°=70°$

$\therefore$ (부채꼴 AOE의 넓이) : (부채꼴 AOB의 넓이)

$=\angle AOE:\angle AOB$

$=110°:70°=11:7$

6 (넓이)$=\frac{1}{2}\times4\times6\pi=12\pi(\text{cm}^2)$

7 오른쪽 그림에서

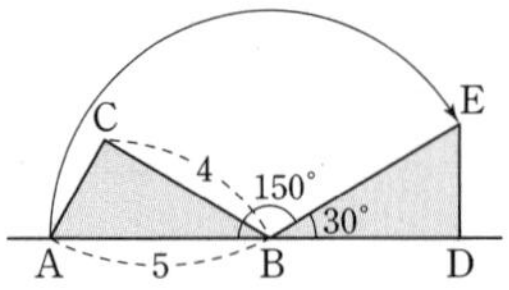

(점 A가 움직인 거리)

$=2\pi\times5\times\frac{150}{360}$

$=\frac{25}{6}\pi$

8 오른쪽 그림에서

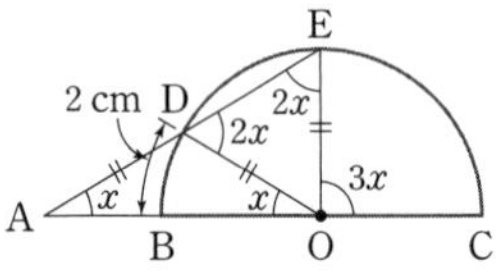

$\angle\text{BOD}=\angle x$라 하면

$\triangle\text{DAO}$는 $\overline{\text{DA}}=\overline{\text{DO}}$인

이등변삼각형이므로

$\angle\text{DAO}=\angle\text{DOA}=\angle x$

$\angle\text{EDO}=\angle\text{DAO}+\angle\text{DOA}$

$=\angle x+\angle x=2\angle x$

$\triangle\text{ODE}$는 $\overline{\text{OD}}=\overline{\text{OE}}$인 이등변삼각형이므로

$\angle\text{OED}=\angle\text{ODE}=2\angle x$

$\triangle\text{AOE}$에서

$\angle\text{EOC}=\angle\text{EAO}+\angle\text{AEO}$

$=\angle x+2\angle x=3\angle x$

부채꼴의 호의 길이는 중심각의 크기에 정비례하므로

$\widehat{\text{BD}}:\widehat{\text{CE}}=\angle x:3\angle x$, $2:\widehat{\text{CE}}=1:3$

$\therefore\ \widehat{\text{CE}}=6\text{ cm}$

9 작은 원의 반지름의 길이를 r cm라 하면

$\pi r^2=16\pi$, $r^2=16$ $\quad\therefore\ r=4(\because\ r>0)$

큰 원의 반지름의 길이는

$3r=3\times4=12(\text{cm})$

따라서 큰 원의 둘레의 길이는

$2\pi\times12=24\pi(\text{cm})$

10 시침이 1시간(=60분) 동안 움직이는 각의 크기는 $360^\circ\div12=30^\circ$, 분침이 1시간(=60분) 동안 움직이는 각의 크기는 360°이므로

3시 정각에서 40분 동안 시침이 움직인 각의 크기는

$30^\circ\times\frac{40}{60}=20^\circ$이고, 분침이 움직인 각의 크기는

$360^\circ\times\frac{40}{60}=240^\circ$이다.

즉, 시침과 분침이 이루는 작은 쪽의 각의 크기는

$240^\circ-(90^\circ+20^\circ)=130^\circ$

따라서 구하는 부채꼴의 넓이는

$\pi\times3^2\times\frac{130}{360}=\frac{13}{4}\pi(\text{cm}^2)$

11 오른쪽 그림에서

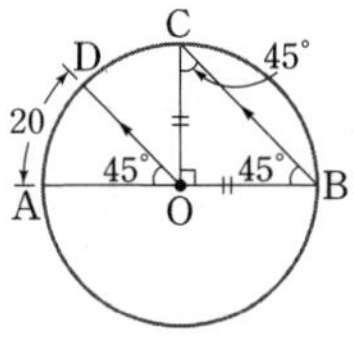

$\overline{\text{BC}}\,/\!/\,\overline{\text{OD}}$이므로

$\angle\text{CBO}=\angle\text{DOA}=45^\circ$(동위각)

$\overline{\text{OC}}$를 그으면 $\triangle\text{OBC}$는 $\overline{\text{OB}}=\overline{\text{OC}}$인

이등변삼각형이므로

$\angle\text{OCB}=\angle\text{OBC}=45^\circ$ …… ①

$\therefore\ \angle\text{COB}=180^\circ-(45^\circ+45^\circ)=90^\circ$ …… ②

$20:\widehat{\text{BC}}=45:90$, $20:\widehat{\text{BC}}=1:2$

$\therefore\ \widehat{\text{BC}}=40$ …… ③

단계	채점 기준	비율
①	$\angle\text{OBC}$, $\angle\text{OCB}$의 크기 구하기	40 %
②	$\angle\text{COB}$의 크기 구하기	20 %
③	$\widehat{\text{BC}}$의 길이 구하기	40 %

12 (작은 부채꼴의 호의 길이)$=2\pi\times6\times\frac{120}{360}$

$=4\pi$ …… ①

(큰 부채꼴의 호의 길이)$=2\pi\times15\times\frac{120}{360}$

$=10\pi$ …… ②

$\therefore$ (구하는 둘레의 길이)$=4\pi+10\pi+9\times2$

$=14\pi+18$ …… ③

단계	채점 기준	비율
①	작은 부채꼴의 호의 길이 구하기	40 %
②	큰 부채꼴의 호의 길이 구하기	40 %
③	색칠한 부분의 둘레의 길이 구하기	20 %

13 오른쪽 그림과 같이 이동하면 구하는

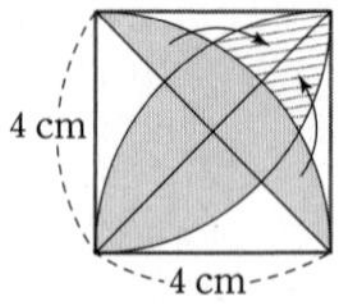

넓이는  에서 색칠한 부분의 넓이

의 2배이다. …… ①

따라서 구하는 넓이는

$\left(\pi\times4^2\times\frac{90}{360}-\frac{1}{2}\times4\times4\right)\times2$

$=(4\pi-8)\times2=8\pi-16(\text{cm}^2)$ …… ②

단계	채점 기준	비율
①	색칠한 부분과 넓이가 같은 도형으로 변형하기	50 %
②	색칠한 부분의 넓이 구하기	50 %

대단원 마무리 익힘북 59쪽

1 ② **2** ④, ⑤ **3** ④ **4** 60°
5 ③ **6** $(10\pi+20)$ cm, 50 cm^2
7 $(4\pi+32)$ cm, $(4\pi+32)$ cm^2

1 구하는 정다각형을 정n각형이라 하면

(정n각형의 한 외각의 크기)$=180^\circ\times\dfrac{1}{2+1}=60^\circ$

즉, $\dfrac{360^\circ}{n}=60^\circ$이므로 $n=6$

따라서 정육각형의 대각선의 개수는

$\dfrac{6\times(6-3)}{2}=9$

2 (가), (다)에서 모든 변의 길이가 같고 모든 내각의 크기가 같은 다각형은 정다각형이므로 구하는 다각형을 정n각형이라 하면

(나)에서 $\dfrac{n(n-3)}{2}=27$, $n(n-3)=54$

이때 $54=9\times6$이므로 $n=9$

따라서 구하는 다각형은 정구각형이다.

① 한 외각의 크기는 $\dfrac{360^\circ}{9}=40^\circ$이다.

② 9개의 선분으로 둘러싸인 평면도형이다.

③ 한 꼭짓점에서 $9-3=6$(개)의 대각선을 그을 수 있다.

④ 한 내각의 크기는 $\dfrac{180^\circ\times(9-2)}{9}=140^\circ$이다.

3 오른쪽 그림과 같이 보조선을 그어 생기는 각의 크기를 각각 $\angle a$, $\angle b$라 하면

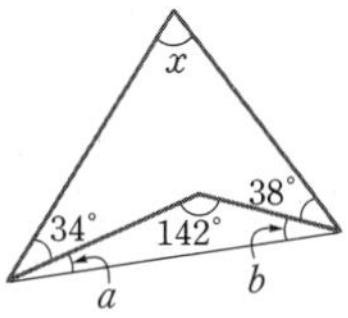

$\angle a+\angle b=180^\circ-142^\circ=38^\circ$

$\therefore \angle x$

$=180^\circ-(34^\circ+\angle a+\angle b+38^\circ)$

$=180^\circ-(34^\circ+38^\circ+38^\circ)$

$=70^\circ$

4 $\angle ABD=\angle DBC=\angle a$,

$\angle ACD=\angle DCE=\angle b$라 하면

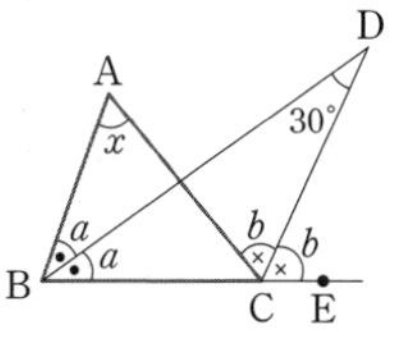

$\triangle ABC$에서

$2\angle b=\angle x+2\angle a$이므로

$\angle b=\dfrac{1}{2}\angle x+\angle a$ ······㉠

$\triangle DBC$에서 $\angle b=30^\circ+\angle a$ ······㉡

㉠, ㉡에서 $\dfrac{1}{2}\angle x+\angle a=30^\circ+\angle a$

$\dfrac{1}{2}\angle x=30^\circ$ $\therefore \angle x=60^\circ$

5 오른쪽 그림에서 $\overline{AC}/\!/\overline{OD}$이므로

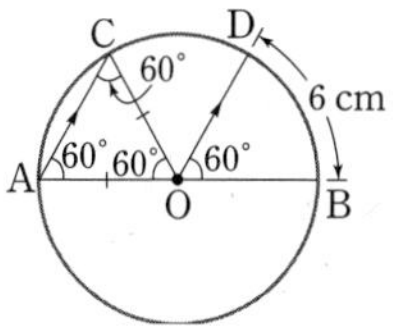

$\angle CAO=\angle DOB=60^\circ$(동위각)

$\overline{OC}$를 그으면

$\triangle AOC$에서 $\overline{OA}=\overline{OC}$이므로

$\angle ACO=\angle CAO=60^\circ$

따라서 $\angle AOC=60^\circ$이므로 $\widehat{AC}=\widehat{BD}=6$ cm

6 (둘레의 길이)$=2\pi\times5+10\times2$

$=10\pi+20$(cm)

오른쪽 그림과 같이 이동하면

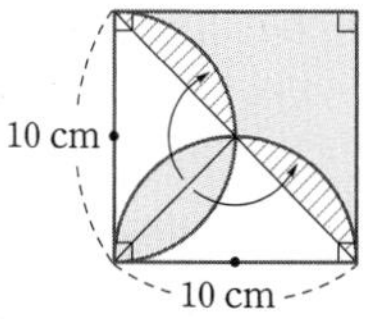

(색칠한 부분의 넓이)

$=\dfrac{1}{2}\times10\times10$

$=50$(cm^2)

7 원판이 지나간 자리는 오른쪽 그림과 같으므로

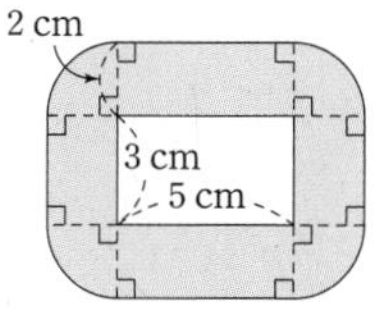

원판이 지나간 자리의 둘레의 길이는

$2\pi\times2+3\times4+5\times4$

$=4\pi+32$(cm) ······ ①

원판이 지나간 자리의 넓이는

$\pi\times2^2+(3\times2)\times2+(5\times2)\times2$

$=4\pi+32$(cm^2) ······ ②

단계	채점 기준	비율
①	원판이 지나간 자리의 둘레의 길이 구하기	50 %
②	원판이 지나간 자리의 넓이 구하기	50 %

III 입체도형

1 다면체와 회전체

개념적용익힘

익힘북 60~67쪽

1 ㄱ, ㄹ, ㅁ **2** ㄱ, ㄷ, ㄹ **3** ⑤ **4** ④
5 (1) 직사각형, 오면체 (2) 삼각형, 육면체
(3) 사다리꼴, 육면체
6 ④ **7** ④ **8** ㄱ, ㅁ, ㅂ **9** 2
10 ③ **11** ④ **12** ② **13** 삼각뿔대
14 오각기둥 **15** 25 **16** ④ **17** ④
18 풀이 참조 **19** 정십이면체 **20** 정팔면체
21 정이십면체 **22** 3
23 (1) $\overline{DE}$ (2) 면 NKHC (3) 점 E, 점 M
24 (1) 정팔면체 (2) $\overline{EF}$ **25** 5 **26** ⑤
27 ③ **28** ③ **29** ㄷ, ㅁ, ㅅ, ㅈ
30 ① **31** ㄱ, ㅁ, ㅂ **32** ⑤ **33** ③
34 ③ **35** ④ **36** ①, ③, ④
37 ⑤ **38** ④ **39** ① **40** ③
41 16 cm^2 **42** 160 cm^2 **43** ⑤ **44** ④, ⑤
45 ④ **46** ① **47** ⑤ **48** ⑤
49 ⑤ **50** ③
51 전개도는 풀이 참조, 36 cm^2

1 ㄴ, ㄷ, ㅂ은 다각형인 면으로만 둘러싸인 입체도형이 아니므로 다면체가 아니다.

2 ㄱ. 평면도형이다.
ㄷ, ㄹ. 다각형인 면으로만 둘러싸인 입체도형이 아니다.

3 면의 개수는 각각 다음과 같다.
① 4 ② 6 ③ 6 ④ 5 ⑤ 7

4 삼각기둥보다 면이 2개 더 많으므로 $5+2=7$, 즉 칠면체이다.

6 ④ 삼각뿔대 — 사다리꼴

7 옆면의 모양은 다음과 같다.
① 직사각형 ② 사다리꼴 ③ 직사각형
④ 삼각형 ⑤ 직사각형
따라서 ①, ②, ③, ⑤는 사각형, ④는 삼각형이다.

8 옆면의 모양은 다음과 같다.
ㄱ. 삼각형 ㄴ. 직사각형 ㄷ. 사다리꼴
ㄹ. 직사각형 ㅁ. 삼각형 ㅂ. 삼각형

9 $v=12$, $e=18$, $f=8$이므로 $v-e+f=2$

10 ① 꼭짓점의 개수 6, 면의 개수 5
② 꼭짓점의 개수 8, 면의 개수 6
③ 꼭짓점의 개수 6, 면의 개수 6
④ 꼭짓점의 개수 12, 면의 개수 8
⑤ 꼭짓점의 개수 14, 면의 개수 9

11 주어진 각기둥을 n각기둥이라 하면 모서리의 개수는 $3n$, 꼭짓점의 개수는 $2n$이므로
$3n=2n+10$ $\therefore n=10$
따라서 주어진 각기둥은 십각기둥이므로 밑면은 십각형이다.

12 ② n각뿔의 모서리의 개수는 $2n$이다.

13 (가)를 만족하는 입체도형은 각뿔대이다.
(나)에 의해 구하는 입체도형은 삼각뿔대이다.

14 (가), (나)를 만족하는 입체도형은 각기둥이다.
이 각기둥을 n각기둥이라 하면 (다)에 의해
$2n=10$에서 $n=5$, $3n=15$에서 $n=5$
따라서 구하는 입체도형은 오각기둥이다.

15 (가), (나)에서 구하는 입체도형은 각뿔이다.
이 각뿔을 n각뿔이라 하면 (다)에서
$n+1=9$ $\therefore n=8$
따라서 팔각뿔의 면의 개수는
$8+1=9$ $\therefore x=9$
모서리의 개수는 $8\times2=16$ $\therefore y=16$
$\therefore x+y=25$

16 ① 정다면체의 종류는 5가지뿐이다.
② 정사면체의 모서리의 개수는 6이다.
③ 정팔면체의 꼭짓점의 개수는 6이다.
⑤ 정육각형을 한 면으로 하는 정다면체는 존재하지 않는다.

17 ① 정다면체의 종류는 5가지이다.
② 정이십면체의 꼭짓점의 개수는 12이고 정십이면체의 꼭짓점의 개수는 20이다.
③ 각 면이 정삼각형인 정다면체는 정사면체, 정팔면체, 정이십면체의 3가지이다.
⑤ 각 꼭짓점에 모인 면의 개수는 3 또는 4 또는 5이다.

18 각 꼭짓점에 모인 면의 개수가 4 또는 5로 다르므로 정다면체가 아니다.

21 모든 면이 합동인 정삼각형이고, 각 꼭짓점에 모인 면의 개수가 5로 같으므로 정다면체이다.
따라서 주어진 조건을 모두 만족하는 입체도형은 정이십면체이다.

22 정육면체이므로 한 꼭짓점에 모인 면의 개수는 3이다.

23 주어진 전개도로 만든 정육면체는 오른쪽 그림과 같다.

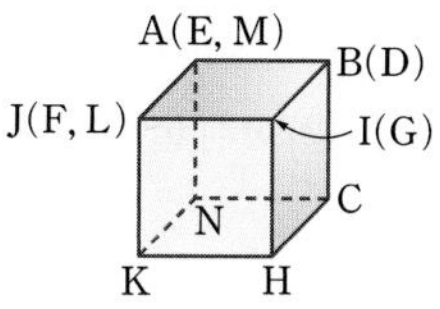

(1) $\overline{DE}$ (2) 면 NKHC
(3) 점 E, 점 M

24 주어진 전개도로 만든 입체도형은 오른쪽 그림과 같다.

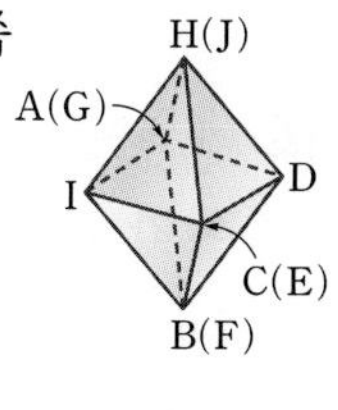

(1) 정팔면체 (2) $\overline{EF}$

25 주어진 주사위의 전개도에서 면 A와 마주 보는 면에 있는 점의 개수가 3이므로
$a+3=7 \quad \therefore a=4$
면 B와 마주 보는 면에 있는 점의 개수가 1이므로
$b+1=7 \quad \therefore b=6$
면 C와 마주 보는 면에 있는 점의 개수가 2이므로
$c+2=7 \quad \therefore c=5$
$\therefore a+b-c=4+6-5=5$

26 주어진 전개도로 만들어지는 정다면체는 정팔면체이다.
⑤ 정팔면체의 한 꼭짓점에 모인 면의 개수는 4이다.

27 주어진 전개도로 만들어지는 정사면체는 오른쪽 그림과 같으므로 $\overline{AB}$와 꼬인 위치에 있는 모서리는 $\overline{CF}$이다.

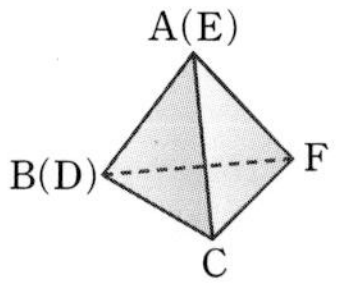

28 주어진 전개도로 만들어지는 정육면체는 오른쪽 그림과 같으므로 $\overline{AB}$와 꼬인 위치에 있는 모서리는 $\overline{CD}(\overline{IH})$, $\overline{EF}(\overline{GF})$, $\overline{MD}$, $\overline{EL}$이다.

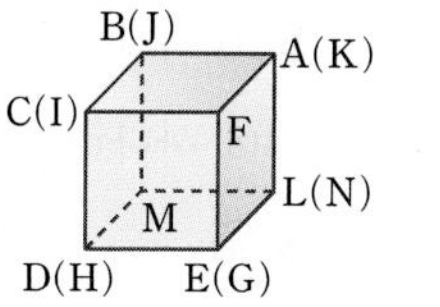

29 ㄱ, ㄴ, ㅂ, ㅇ — 다면체
ㄷ, ㅁ, ㅅ, ㅈ — 회전체

31 회전체는 평면도형을 한 직선을 회전축으로 하여 1회전 시킬 때 생기는 입체도형이므로 ㄱ, ㅁ, ㅂ이다.

32 각 평면도형을 1회전 시킬 때 생기는 입체도형은 다음과 같다.
① 도넛 모양 ② 반구 ③ 원기둥
④ 원뿔 ⑤ 구

35 ①, ②, ③, ④를 회전축으로 한 회전체는 다음과 같다.

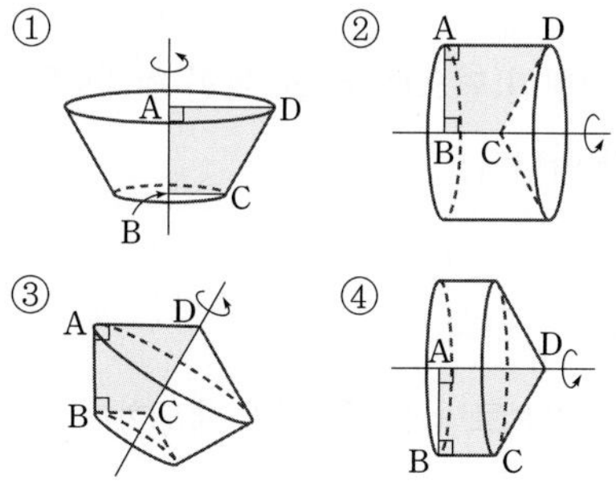

36 ②, ⑤를 회전축으로 한 회전체는 다음과 같다.

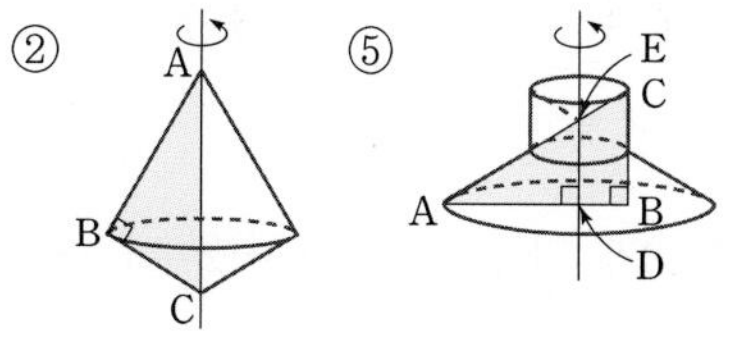

38 ④ 원기둥을 한 평면으로 자를 때 생기는 단면은 삼각형이 나올 수 없다.

39 ② 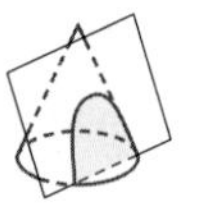 ③ 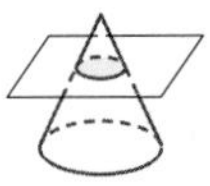 ④ 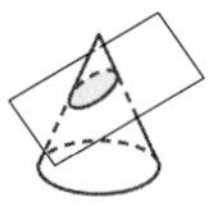 ⑤ 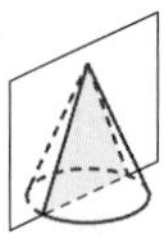

40 회전체는 오른쪽 그림과 같으므로 단면의 넓이는

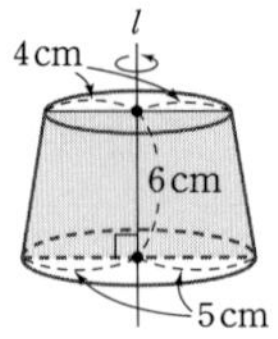

$\frac{1}{2}\times(8+10)\times6=54(\mathrm{cm}^2)$

41 회전체는 오른쪽 그림과 같으므로 구하는 단면의 넓이는

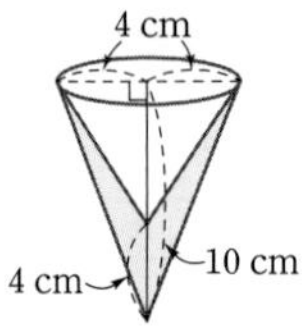

$\frac{1}{2}\times8\times10-\frac{1}{2}\times8\times(10-4)$

$=40-24=16(\mathrm{cm}^2)$

42 단면의 넓이가 가장 큰 경우는 두 밑면의 중심을 지나는 평면으로 자를 때이다.
따라서 구하는 단면의 넓이는
$(5+5)\times16=160(\mathrm{cm}^2)$

43 ⑤ 구면 위의 모든 점은 구의 중심에서 거리가 모두 같다.

44 ④ 원뿔에 대한 설명이다.
⑤ 모두 원이지만 크기가 다르다.

45 ④ 회전체를 회전축에 수직인 평면으로 자를 때 생기는 단면은 항상 원이다.

47 ① 이 회전체는 원뿔대이다.
② 한 평면으로 자른 단면은 원이 아닌 경우도 있다.
③ 회전축에 수직인 평면으로 자른 단면은 원이다.
④ 밑면은 2개이고, 모양은 같으나 크기는 다르다.

49 실의 길이가 가장 짧게 되는 경로는 주어진 원기둥의 전개도에서 옆면인 직사각형의 대각선과 같다.

50 점 A는 옆면과 밑면의 접하는 부분에 있으므로 전개도에서의 경로는 점 A에서 점 A′까지이다. 또, 실을 팽팽하게 감을 때의 경로는 직선으로 나타난다.
따라서 바르게 나타낸 것은 ③이다.

51 회전체는 오른쪽 그림과 같으므로 전개도를 그리면 다음 그림과 같다.

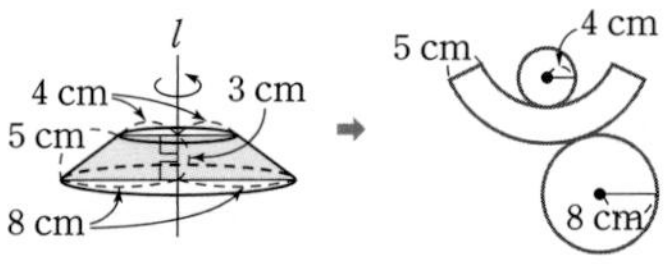

또한 구하는 단면의 넓이는
$\frac{1}{2}\times(8+16)\times3=36(\mathrm{cm}^2)$

개념완성익힘

익힘북 68~69쪽

1 ④, ⑤ **2** ②, ⑤ **3** 정십이면체
4 정이십면체 **5** 정육면체 **6** ③
7 ㄱ, ㄴ, ㄷ **8** 60° **9** ②, ③ **10** ②
11 ③ **12** 5 **13** 구각형
14 (1) 14π cm (2) 28 cm^2 **15** 8π cm^2

1 다면체의 면의 개수는 각각 다음과 같다.
① 8 ② 9 ③ 9 ④ 10 ⑤ 10
따라서 십면체인 것은 ④, ⑤이다.

2 ① 두 밑면의 모양은 같지만 크기는 다르다.
③ 삼각뿔대와 사각뿔의 면의 개수는 5로 같다.
④ n각뿔대의 꼭짓점의 개수는 $2n$, 모서리의 개수는 $3n$이다.

4 꼭짓점의 개수가 12인 정다면체이므로 정이십면체이다.

5 다면체에서 $v-e+f=2$이므로
$v=\frac{2}{3}e$, $f=\frac{1}{2}e$에서
$\frac{2}{3}e-e+\frac{1}{2}e=2$, $\frac{1}{6}e=2$ $\therefore e=12$
따라서 $v=8$, $f=6$이므로 구하는 다면체는 정육면체이다.

6 주어진 전개도로 만들어지는 입체도형은 오른쪽 그림과 같으므로 $\overline{HG}$와 겹쳐지는 모서리는 $\overline{BC}$이다.

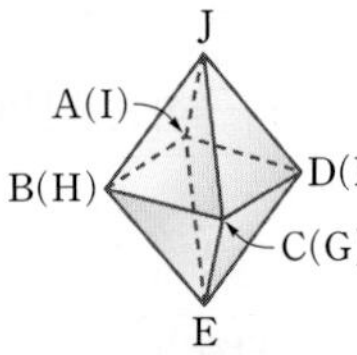

7 주어진 전개도로 만들어지는 정다면체는 정십이면체이다.
ㄹ. 꼭짓점의 개수는 20이다.

8 주어진 전개도로 만들어지는 정육면체를 세 점 A, B, C를 지나는 평면으로 자를 때 생기는 단면은 오른쪽 그림에 △ABC이다.

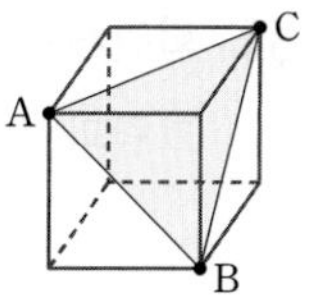

이때 △ABC는 $\overline{AB}=\overline{BC}=\overline{CA}$이므로 정삼각형이다.

$\therefore \angle ABC=60°$

9 ② 원뿔대 — 사다리꼴 ③ 반구 — 반원

10 ①

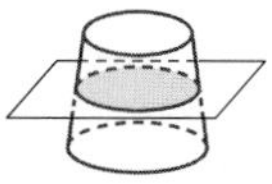

③

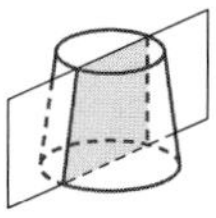

④

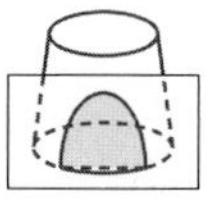

⑤

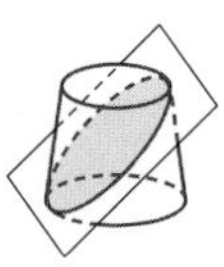

11 ③ 원뿔을 회전축에 수직인 평면으로 자른 단면은 원이다.

12 오른쪽 그림에서

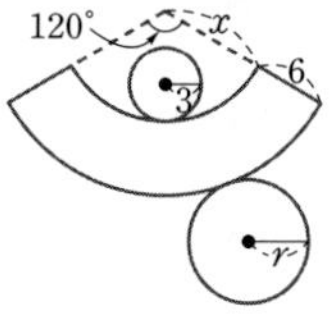

(부채꼴의 호의 길이)

=(밑면인 원의 둘레의 길이)

이므로

$2\pi \times x \times \frac{120}{360}=2\pi \times 3 \qquad \therefore x=9$

따라서 $2\pi \times (9+6) \times \frac{120}{360}=2\pi r$이므로

$15 \times \frac{1}{3}=r \qquad \therefore r=5$

13 주어진 각뿔대를 n각뿔대라 하면

모서리의 개수는 $3n$, 면의 개수는 $(n+2)$이므로

$3n=(n+2)+16 \qquad \therefore n=9$ …… ①

따라서 구각뿔대의 밑면의 모양은 구각형이다. …… ②

단계	채점 기준	비율
①	모서리의 개수와 면의 개수를 이용하여 방정식 세우고 풀기	70 %
②	각뿔대의 밑면의 모양 구하기	30 %

14 회전체는 오른쪽 그림과 같다.

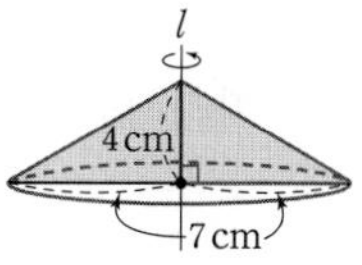

(1) (밑면의 둘레의 길이)

$=2\pi \times 7=14\pi(\text{cm})$ …… ①

(2) 구하는 단면의 넓이는

$\frac{1}{2} \times (7+7) \times 4=28(\text{cm}^2)$ …… ②

단계	채점 기준	비율
①	밑면의 둘레의 길이 구하기	40 %
②	회전축을 포함하는 평면으로 자를 때 생기는 단면의 넓이 구하기	60 %

15 주어진 원을 직선 l을 회전축으로 하여 1회전 시킬 때 생기는 회전체는 가운데가 비어 있는 도넛 모양이다.

이때 원의 중심 O를 지나면서 회전축에 수직인 평면으로 자른 단면은 오른쪽 그림과 같으므로 …… ①

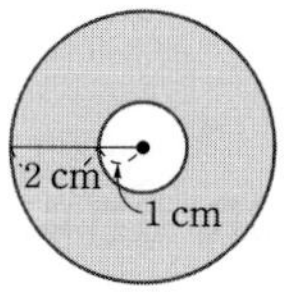

(단면의 넓이)=(큰 원의 넓이)

−(작은 원의 넓이)

$=\pi \times 3^2-\pi \times 1^2$

$=9\pi-\pi=8\pi(\text{cm}^2)$ …… ②

단계	채점 기준	비율
①	원의 중심 O를 지나면서 회전축에 수직인 평면으로 자른 단면의 모양 알기	50 %
②	단면의 넓이 구하기	50 %

2 입체도형의 겉넓이와 부피

개념적용익힘

익힘북 70~77쪽

1 (1) 52 cm^2 (2) 224 cm^2 **2** 120 cm^2

3 272 cm^2 **4** 104 cm^2

5 (1) 160 cm^3 (2) 168 cm^3 **6** 375 cm^3

7 ① **8** 120 cm^3 **9** 6 cm

10 10 cm **11** 7 cm **12** 13 cm **13** 4

14 6 cm **15** (1) 6π (2) $30\pi\text{ cm}^2$ (3) $48\pi\text{ cm}^2$

16 $216\pi\text{ cm}^2$, $432\pi\text{ cm}^3$ **17** $450\pi\text{ cm}^3$

18 15 cm **19** 9 cm **20** 16 cm

21 $90\pi\text{ cm}^2$, $90\pi\text{ cm}^3$ **22** 64 cm^2, 24 cm^3

23 $100\pi\text{ cm}^3$ **24** 126 cm^2 **25** $24\pi\text{ cm}^3$

26 $(81\pi-162)\text{ cm}^3$ **27** ③ **28** 48 cm^3

29 ④ **30** 36 cm^3 **31** 207 cm^3 **32** 160 cm^3

33 5 **34** $108\pi\text{ cm}^2$

35 (1) 120 (2) 135 **36** ③ **37** 10 cm

38 $360\pi\text{ cm}^2$, $672\pi\text{ cm}^3$ **39** $192\pi\text{ cm}^2$, $192\pi\text{ cm}^3$

40 ② **41** 1 : 8 **42** $\frac{32}{3}\pi\text{ cm}^3$

43 $68\pi\text{ cm}^2$ **44** $8\pi\text{ cm}^3$

45 $132\pi\ \text{cm}^2$, $240\pi\ \text{cm}^3$ **46** $51\pi\ \text{cm}^2$, $54\pi\ \text{cm}^3$

47 (1) $\frac{16}{3}\pi$, $\frac{32}{3}\pi$, 16π (2) $1:2:3$ **48** ③

49 $8:1$ **50** $144\pi\ \text{cm}^2$

51 $144\pi\ \text{cm}^3$ **52** ③

53 $\frac{106}{3}\pi\ \text{cm}^3$

1 (1) (밑넓이)$=3\times2=6(\text{cm}^2)$

(옆넓이)$=(3+2+3+2)\times4=40(\text{cm}^2)$

$\therefore$ (겉넓이)$=6\times2+40=52(\text{cm}^2)$

(2) (밑넓이)$=\frac{1}{2}\times(4+10)\times4=28(\text{cm}^2)$

(옆넓이)$=(4+5+10+5)\times7=168(\text{cm}^2)$

$\therefore$ (겉넓이)$=28\times2+168=224(\text{cm}^2)$

2 (옆넓이)$=$(밑면의 둘레의 길이)$\times$(높이)

$=(3\times5)\times8$

$=120(\text{cm}^2)$

3 (밑넓이)$=\frac{1}{2}\times(8+5)\times4=26(\text{cm}^2)$

(옆넓이)$=(8+5+5+4)\times10=220(\text{cm}^2)$

$\therefore$ (겉넓이)$=26\times2+220=272(\text{cm}^2)$

4 (밑넓이)$=\frac{1}{2}\times(2+6)\times3=12(\text{cm}^2)$

(옆넓이)$=(2+3+6+5)\times5=80(\text{cm}^2)$

$\therefore$ (겉넓이)$=12\times2+80=104(\text{cm}^2)$

5 (1) (부피)$=(4\times4)\times10=160(\text{cm}^3)$

(2) (부피)$=\left(\frac{1}{2}\times6\times8\right)\times7=168(\text{cm}^3)$

6 (부피)$=\left\{\frac{1}{2}\times(3+12)\times5\right\}\times10$

$=375(\text{cm}^3)$

7 (부피)$=\left(\frac{1}{2}\times4\times2+\frac{1}{2}\times4\times3\right)\times10=100(\text{cm}^3)$

8 (밑넓이)$=\frac{1}{2}\times8\times2+\frac{1}{2}\times4\times8=24(\text{cm}^2)$

사각기둥의 높이가 5 cm이므로

사각기둥의 부피는 $24\times5=120(\text{cm}^3)$

9 삼각기둥의 높이를 x cm라 하면

$\left(\frac{1}{2}\times6\times8\right)\times2+(6+8+10)\times x=192$

$24x=144$ $\therefore x=6$

따라서 삼각기둥의 높이는 6 cm이다.

10 사각기둥의 높이를 x cm라 하면

$(2\times4)\times2+(2+4+2+4)\times x=136$

$12x=120$ $\therefore x=10$

따라서 사각기둥의 높이는 10 cm이다.

11 한 모서리의 길이를 x cm라 하면

(겉넓이)$=$(한 면의 넓이)$\times6=x^2\times6=6x^2$

$6x^2=294$, $x^2=49$ $\therefore x=7$

따라서 한 모서리의 길이는 7 cm이다.

12 $\overline{\text{IH}}$는 이 삼각기둥의 높이이므로

$\left(\frac{1}{2}\times5\times12\right)\times\overline{\text{IH}}=390$

$30\overline{\text{IH}}=390$ $\therefore \overline{\text{IH}}=13\text{ cm}$

13 $\left(\frac{1}{2}\times3\times x\right)\times8=48$

$12x=48$ $\therefore x=4$

14 주어진 오각형을 오른쪽 그림과 같이 두 부분으로 나누면

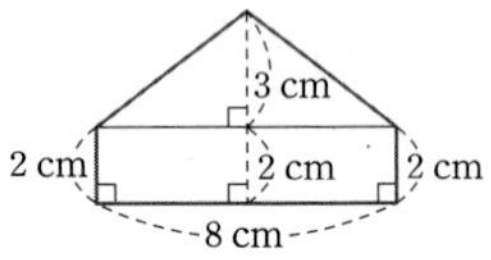

(밑넓이)$=\frac{1}{2}\times8\times3+8\times2$

$=28(\text{cm}^2)$

구하는 오각기둥의 높이를 h cm라 하면

$28\times h=168$ $\therefore h=6$

따라서 오각기둥의 높이는 6 cm이다.

15 (1) $2\pi\times3=6\pi(\text{cm})$ $\therefore x=6\pi$

(2) $6\pi\times5=30\pi(\text{cm}^2)$

(3) $(\pi\times3^2)\times2+30\pi=48\pi(\text{cm}^2)$

16 1회전 시킬 때 생기는 회전체는 밑면인 원의 반지름의 길이가 6 cm이고 높이가 12 cm인 원기둥이다.

(겉넓이)$=(\pi\times6^2)\times2+(2\pi\times6)\times12$

$=72\pi+144\pi$

$=216\pi(\text{cm}^2)$

(부피)$=(\pi\times6^2)\times12=432\pi(\text{cm}^3)$

17 주어진 입체도형과 똑같은 입체도형을 위아래로 붙이면 높이가 25 cm인 원기둥이 되므로 구하는 부피는

$\{(\pi\times6^2)\times25\}\times\frac{1}{2}=450\pi(\text{cm}^3)$

18 원기둥의 높이를 h cm라 하면

$(\pi\times6^2)\times2+(2\pi\times6)\times h=252\pi$

$72\pi+12\pi h=252\pi \qquad \therefore h=15$

따라서 원기둥의 높이는 15 cm이다.

19 밑면의 반지름의 길이를 r cm라 하면

$(\pi\times r^2)\times7=567\pi,\ r^2=81$

$\therefore r=9\ (\because r>0)$

따라서 밑면의 반지름의 길이는 9 cm이다.

20 그릇 A의 부피는

$(\pi\times4^2)\times4=64\pi(\text{cm}^3)$

그릇 B의 물의 높이를 h cm라 하면

$(\pi\times2^2)\times h=64\pi \qquad \therefore h=16$

따라서 그릇 B의 물의 높이는 16 cm이다.

21 1회전 시킬 때 생기는 입체도형은 속이 뚫린 원기둥이다.

(밑넓이)$=\pi\times4^2-\pi\times1^2=15\pi(\text{cm}^2)$

(옆넓이)$=(2\pi\times4)\times6+(2\pi\times1)\times6=60\pi(\text{cm}^2)$

$\therefore$ (겉넓이)$=$(밑넓이)$\times2+$(옆넓이)

$=15\pi\times2+60\pi$

$=90\pi(\text{cm}^2)$

$\therefore$ (부피)$=$(밑넓이)$\times$(높이)$=15\pi\times6=90\pi(\text{cm}^3)$

22 (겉넓이)

$=(3\times3-1\times1)\times2+(3\times4)\times3+(1\times4)\times3$

$=16+36+12$

$=64(\text{cm}^2)$

(부피)$=(3\times3-1\times1)\times3=24(\text{cm}^3)$

23 빵 전체의 양(부피)은 큰 원기둥의 부피에서 작은 원기둥의 부피를 뺀 것과 같으므로

(빵의 부피)$=(\pi\times10^2)\times8-(\pi\times5^2)\times8$

$=800\pi-200\pi$

$=600\pi(\text{cm}^3)$

따라서 한 사람이 먹은 빵의 양은

$\frac{1}{6}\times600\pi=100\pi(\text{cm}^3)$

24 정육면체의 한 면의 넓이는

$3\times3=9(\text{cm}^2)$

겉넓이에 해당하는 면은 14개의 면의 넓이의 합과 같으므로

(겉넓이)$=9\times14=126(\text{cm}^2)$

25 (부피)$=$(밑넓이)$\times$(높이)

$=\left(\pi\times4^2\times\frac{120}{360}-\pi\times2^2\times\frac{120}{360}\right)\times6$

$=24\pi(\text{cm}^3)$

26 그릇의 단면은 오른쪽 그림과 같다.

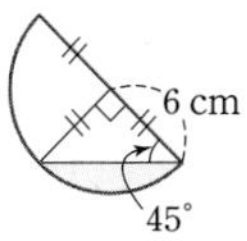

색칠한 부분의 넓이는

$\pi\times6^2\times\frac{1}{4}-\frac{1}{2}\times6\times6=9\pi-18(\text{cm}^2)$

따라서 남은 물의 부피는

$(9\pi-18)\times9=81\pi-162(\text{cm}^3)$

27 (겉넓이)$=2\times2+\left(\frac{1}{2}\times2\times3\right)\times4$

$=16(\text{cm}^2)$

28 (부피)$=\frac{1}{3}\times\left(\frac{1}{2}\times6\times6\right)\times8$

$=48(\text{cm}^3)$

29 정사각뿔의 높이를 h cm라 하면

$\frac{1}{3}\times(8\times8)\times h=384 \qquad \therefore h=18$

따라서 정사각뿔의 높이는 18 cm이다.

30 사각형 ABCD의 넓이는

$(6\times6)\times\frac{1}{2}=18(\text{cm}^2)$

$\therefore$ (부피)$=\frac{1}{3}\times18\times6=36(\text{cm}^3)$

31 (잘려나간 삼각뿔의 부피)$=\frac{1}{3}\times\left(\frac{1}{2}\times3\times3\right)\times6$

$=9(\text{cm}^3)$

$\therefore$ (남은 입체도형의 부피)$=(6\times6\times6)-9$

$=207(\text{cm}^3)$

32 (부피)$=\frac{1}{3}\times\left(\frac{1}{2}\times12\times16\right)\times5=160(\text{cm}^3)$

33 기울인 직육면체 모양의 그릇에 담긴 물의 부피는

$\frac{1}{3}\times\left(\frac{1}{2}\times10\times15\right)\times9=225(\text{cm}^3)$

즉, $(9\times5)\times h=225$ $\quad\therefore h=5$

34 $(\text{겉넓이})=\pi\times6^2+\pi\times6\times12$

$=36\pi+72\pi$

$=108\pi(\text{cm}^2)$

35 (1) $2\pi\times4=2\pi\times12\times\frac{x}{360}$ $\quad\therefore x=120$

(2) $2\pi\times3=2\pi\times8\times\frac{x}{360}$ $\quad\therefore x=135$

36 밑면의 반지름의 길이를 r cm라 하면

$2\pi\times12\times\frac{210}{360}=2\pi r$ $\quad\therefore r=7$

$\therefore (\text{겉넓이})=\pi\times7^2+\pi\times7\times12$

$=49\pi+84\pi$

$=133\pi(\text{cm}^2)$

37 원뿔의 높이를 h cm라 하면

$\frac{1}{3}\times(\pi\times6^2)\times h=120\pi$ $\quad\therefore h=10$

따라서 원뿔의 높이는 10 cm이다.

38 $(\text{아랫면의 넓이})+(\text{윗면의 넓이})=\pi\times12^2+\pi\times6^2$

$=180\pi(\text{cm}^2)$

$(\text{옆넓이})=(\text{큰 원뿔의 옆넓이})-(\text{작은 원뿔의 옆넓이})$

$=\pi\times12\times20-\pi\times6\times10$

$=180\pi(\text{cm}^2)$

$\therefore (\text{겉넓이})=180\pi+180\pi=360\pi(\text{cm}^2)$

$\therefore (\text{부피})=(\text{큰 원뿔의 부피})-(\text{작은 원뿔의 부피})$

$=\frac{1}{3}\times(\pi\times12^2)\times16-\frac{1}{3}\times(\pi\times6^2)\times8$

$=768\pi-96\pi$

$=672\pi(\text{cm}^3)$

39 1회전 시킬 때 생기는 회전체는 오른쪽 그림과 같으므로

(겉넓이)

$=\pi\times6^2+(2\pi\times6)\times8+\pi\times6\times10$

$=36\pi+96\pi+60\pi$

$=192\pi(\text{cm}^2)$

$(\text{부피})=(\pi\times6^2)\times8-\frac{1}{3}\times(\pi\times6^2)\times8$

$=288\pi-96\pi$

$=192\pi(\text{cm}^3)$

40 1회전 시킬 때 생기는 입체도형은 반지름의 길이가 5 cm인 구이다.

$\therefore (\text{부피})=\frac{4}{3}\pi\times5^3=\frac{500}{3}\pi(\text{cm}^3)$

41 $(\text{구 A의 부피}):(\text{구 B의 부피})$

$=\left(\frac{4}{3}\pi\times2^3\right):\left(\frac{4}{3}\pi\times4^3\right)$

$=8:64$

$=1:8$

42 구의 반지름의 길이를 r cm라 하면

$4\pi r^2=16\pi$, $r^2=4$ $\quad\therefore r=2\ (\because r>0)$

$\therefore (\text{부피})=\frac{4}{3}\pi\times2^3=\frac{32}{3}\pi(\text{cm}^3)$

43 $(\text{겉넓이})=(4\pi\times4^2)\times\frac{7}{8}+\left(\pi\times4^2\times\frac{1}{4}\right)\times3$

$=56\pi+12\pi$

$=68\pi(\text{cm}^2)$

44 $(\text{부피})=\frac{4}{3}\pi\times2^3\times\frac{3}{4}=8\pi(\text{cm}^3)$

45 1회전 시킬 때 생기는 회전체는 오른쪽 그림과 같으므로

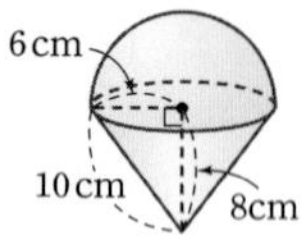

(겉넓이)

$=(4\pi\times6^2)\times\frac{1}{2}+\pi\times6\times10$

$=72\pi+60\pi$

$=132\pi(\text{cm}^2)$

$(\text{부피})=\left(\frac{4}{3}\pi\times6^3\right)\times\frac{1}{2}+\frac{1}{3}\times(\pi\times6^2)\times8$

$=144\pi+96\pi$

$=240\pi(\text{cm}^3)$

46 1회전 시킬 때 생기는 회전체는 오른쪽 그림과 같으므로

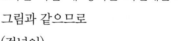

(겉넓이)

$=4\pi\times3^2\times\frac{1}{2}+2\pi\times3\times4+\pi\times3^2$

$=18\pi+24\pi+9\pi$

$=51\pi(\text{cm}^2)$

$(\text{부피})=\frac{4}{3}\pi\times3^3\times\frac{1}{2}+\pi\times3^2\times4$

$=18\pi+36\pi$

$=54\pi(\text{cm}^3)$

47 (1) 오른쪽 그림에서

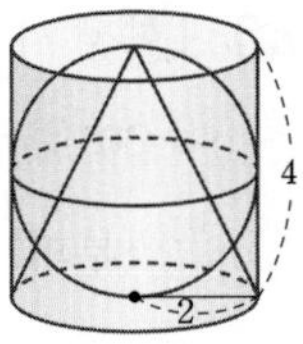

$(\text{원뿔의 부피})=\frac{1}{3}\times(\pi\times2^2)\times4$

$=\frac{16}{3}\pi$

$(\text{구의 부피})=\frac{4}{3}\pi\times2^3=\frac{32}{3}\pi$

$(\text{원기둥의 부피})=(\pi\times2^2)\times4=16\pi$

(2) $\frac{16}{3}\pi : \frac{32}{3}\pi : 16\pi=1:2:3$

48 원기둥의 높이는 $2r$이므로

$(\text{원기둥의 부피}):(\text{구의 부피})=\pi r^2\times2r : \frac{4}{3}\pi r^3$

$=2:\frac{4}{3}$

$=3:2$

49 구 모양의 공의 반지름의 길이를 r라 하면 공 한 개의 부피는 $\frac{4}{3}\pi r^3$이다.

원기둥의 밑면인 원의 반지름의 길이는 $2r$, 높이는 $4r$이므로

$(\text{원기둥의 부피})=\{\pi\times(2r)^2\}\times4r=16\pi r^3$

$\therefore (\text{물의 부피})=16\pi r^3-\frac{4}{3}\pi r^3\times4=\frac{32}{3}\pi r^3$

$\therefore (\text{물의 부피}):(\text{공 한 개의 부피})=\frac{32}{3}\pi r^3 : \frac{4}{3}\pi r^3$

$=8:1$

50 $(\text{겉넓이})=(\text{구의 겉넓이})+(\text{원기둥의 옆넓이})$

$=4\pi\times4^2+2\pi\times4\times10$

$=64\pi+80\pi$

$=144\pi(\text{cm}^2)$

51 먹을 수 있는 부분의 부피는 반지름의 길이가 6 cm인 반구의 부피와 같으므로

$\left(\frac{4}{3}\pi\times6^3\right)\times\frac{1}{2}=144\pi(\text{cm}^3)$

52 반지름의 길이가 9인 쇠공의 부피는

$\frac{4}{3}\pi\times9^3=972\pi$

반지름의 길이가 3인 쇠공의 부피는

$\frac{4}{3}\pi\times3^3=36\pi$

따라서 $972\pi\div36\pi=27$이므로 반지름의 길이가 3인 쇠공 27개를 만들 수 있다.

53 (흘러 넘친 물의 부피)

$=(\text{쇠공의 부피})-(\text{원기둥 모양의 그릇의 부피})\times\frac{1}{4}$

$=\frac{4}{3}\pi\times4^3-\{(\pi\times5^2)\times8\}\times\frac{1}{4}$

$=\frac{256}{3}\pi-50\pi$

$=\frac{106}{3}\pi(\text{cm}^3)$

개념완성익힘

익힘북 78~79쪽

1 ③	**2** 112π cm^2		**3** ①
4 2 cm	**5** $\frac{3}{2}$	**6** ③	**7** 48π cm^2
8 54π cm^2	**9** 84π cm^3	**10** ③	**11** 6
12 남은 물의 양은 같다.	**13** 48π cm^2		

1 정육면체의 한 모서리의 길이를 x cm라 하면

$6\times x^2=24,\ x^2=4 \quad \therefore x=2\ (\because x>0)$

$\therefore (\text{부피})=2\times2\times2=8(\text{cm}^3)$

2 주어진 전개도로 만들어지는 입체도형은 원기둥이고, 원기둥의 밑면의 둘레의 길이가 8π cm이므로 밑면의 반지름의 길이를 r cm라 하면

$2\pi r=8\pi \quad \therefore r=4$

따라서 원기둥의 겉넓이는

$(\pi\times4^2)\times2+8\pi\times10=112\pi(\text{cm}^2)$

3 (부피)

$=(\text{직육면체의 부피})-(\text{밑면이 부채꼴인 기둥의 부피})$

$=(3\times3)\times8-\left(\pi\times3^2\times\frac{90}{360}\right)\times8$

$=72-18\pi(\text{cm}^3)$

4 정육면체의 한 모서리의 길이를 a cm라 하면 정팔면체는 정사각뿔 2개를 붙여 놓은 것과 같고 정사각뿔의 밑면은 정사각형이므로

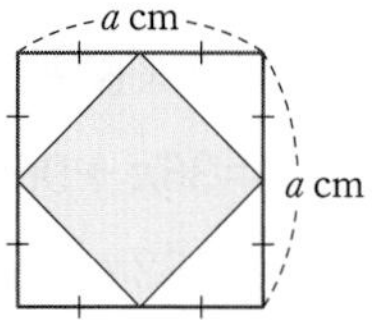

$(\text{정사각뿔의 밑면의 넓이})=(a\times a)\times\frac{1}{2}=\frac{a^2}{2}(\text{cm}^2)$

또, 정사각뿔의 높이는 $\frac{a}{2}$ cm이므로

$(\text{정팔면체의 부피})=(\text{정사각뿔의 부피})\times 2$

$=\left(\frac{1}{3}\times\frac{a^2}{2}\times\frac{a}{2}\right)\times 2=\frac{a^3}{6}\ (\text{cm}^3)$

즉, $\frac{a^3}{6}=\frac{4}{3}$이므로 $a^3=8 \quad \therefore a=2$

따라서 정육면체의 한 모서리의 길이는 2 cm이다.

5 A 그릇에 들어 있는 물의 부피는

$\frac{1}{3}\times\left(\frac{1}{2}\times 6\times 5\right)\times 3=15(\text{cm}^3)$

B 그릇에 들어 있는 물의 부피는

$\left(\frac{1}{2}\times 5\times x\right)\times 4=10x(\text{cm}^3)$

A, B 두 그릇에 들어 있는 물의 부피는 같으므로

$10x=15 \quad \therefore x=\frac{3}{2}$

6 $\pi\times 6^2+\pi\times 6\times r=78\pi$

$6\pi r=42\pi \quad \therefore r=7$

7 1회전 시킬 때 생기는 입체도형은 오른쪽 그림과 같으므로

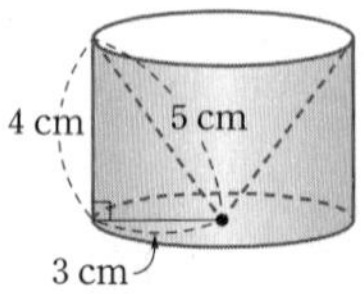

(겉넓이)

$=\pi\times 3^2+\pi\times 3\times 5+(2\pi\times 3)\times 4$

$=9\pi+15\pi+24\pi$

$=48\pi(\text{cm}^2)$

8 오른쪽 그림에서 원 O의 반지름의 길이를 r cm라 하면

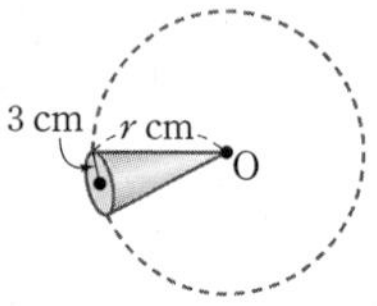

(원 O의 둘레의 길이)

$=(\text{원뿔의 밑면의 둘레의 길이})\times 5$

이므로

$2\pi r=(2\pi\times 3)\times 5 \quad \therefore r=15$

$\therefore (\text{원뿔의 겉넓이})=\pi\times 3^2+\pi\times 3\times 15$

$=9\pi+45\pi$

$=54\pi(\text{cm}^2)$

9 1회전 시킬 때 생기는 회전체는 오른쪽 그림과 같으므로

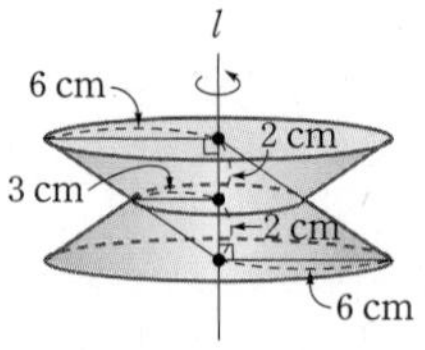

(부피)

$=(\text{원뿔대의 부피})\times 2$

$=\left\{\frac{1}{3}\times(\pi\times 6^2)\times 4-\frac{1}{3}\times(\pi\times 3^2)\times 2\right\}\times 2$

$=(48\pi-6\pi)\times 2$

$=84\pi(\text{cm}^3)$

10 지름의 길이가 4 cm인 쇠구슬 24개의 부피와 지름의 길이가 8 cm인 쇠구슬 x개의 부피가 같다고 하면

$\left(\frac{4}{3}\pi\times 2^3\right)\times 24=\left(\frac{4}{3}\pi\times 4^3\right)\times x$

$192=64x \quad \therefore x=3$

따라서 지름의 길이가 8 cm인 쇠구슬을 3개 만들 수 있다.

11 원뿔 모양의 그릇에 담긴 물의 부피는

$\frac{1}{3}\times(\pi\times 3^2)\times 8=24\pi(\text{cm}^3)$ …… ①

원기둥 모양의 그릇에 담긴 물의 부피는

$(\pi\times 2^2)\times h=4h\pi(\text{cm}^3)$ …… ②

두 물의 부피는 같으므로

$24\pi=4h\pi \quad \therefore h=6$ …… ③

단계	채점 기준	비율
①	원뿔 모양의 그릇에 담긴 물의 부피 구하기	40 %
②	원기둥 모양의 그릇에 담긴 물의 부피 구하기	40 %
③	h의 값 구하기	20 %

12 지름의 길이가 6 cm인 구슬 8개의 부피는

$\frac{4}{3}\pi\times 3^3\times 8=288\pi(\text{cm}^3)$ …… ①

지름의 길이가 12 cm인 구슬 1개의 부피는

$\frac{4}{3}\pi\times 6^3=288\pi(\text{cm}^3)$ …… ②

따라서 남은 물의 양은 같다. …… ③

단계	채점 기준	비율
①	지름의 길이가 6 cm인 구슬 8개의 부피 구하기	40 %
②	지름의 길이가 12 cm인 구슬 1개의 부피 구하기	40 %
③	남은 물의 양 비교하기	20 %

13 오른쪽 그림에서 원기둥의 밑면의 반지름의 길이를 r cm라 하면 원기둥의 높이는 $6r$ cm이므로

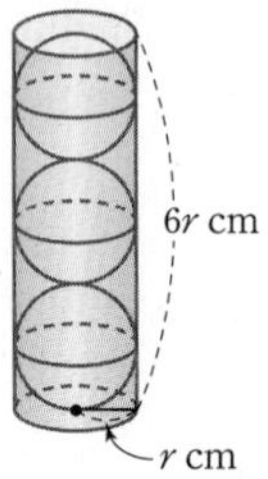

$\pi r^2\times 6r=48\pi$

$r^3=8$에서 $r=2$ …… ①

$\therefore (\text{구 3개의 겉넓이의 합})=(4\pi\times 2^2)\times 3$

$=48\pi(\text{cm}^2)$ …… ②

단계	채점 기준	비율
①	원기둥의 밑면의 반지름의 길이 구하기	50 %
②	구 3개의 겉넓이의 합 구하기	50 %

대단원 마무리

익힘북 80~81쪽

1 ②	**2** 2명	**3** ⑤	**4** ③
5 ②	**6** $24\pi\ \text{cm}^2$	**7** ⑤	**8** $64\pi\ \text{cm}^2$
9 ③	**10** 1 : 5	**11** ①	**12** ④

1 주어진 조건을 만족하는 입체도형은 정다면체 중에서 정육면체이다.

2 지은 : 정다면체는 정사면체, 정육면체, 정팔면체, 정십이면체, 정이십면체로 5가지뿐이다.
영진 : 모든 면이 합동인 정다각형이고 각 꼭짓점에 모인 면의 개수가 같은 다면체를 정다면체라 한다.
따라서 잘못 말한 학생은 2명이다.

3

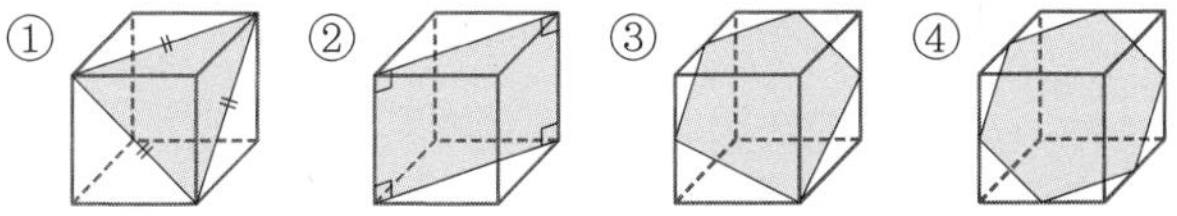

4 ③ 주어진 전개도로 만들어지는 정다면체는 정팔면체이므로 꼭짓점의 개수는 6이다.

5 원뿔대를 회전축을 포함하는 평면으로 자른 단면의 모양은 사다리꼴이고, 두 밑면과 평행한 평면으로 자른 단면의 모양은 항상 원이다.

6 1회전 시킬 때 생기는 회전체는 오른쪽 그림과 같은 원기둥이므로 옆면이 되는 직사각형의 가로의 길이는

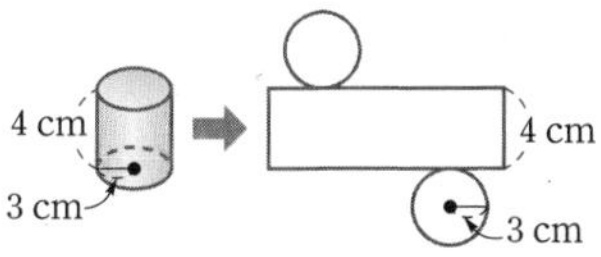

$2\pi\times3=6\pi(\text{cm})$ …… ①

$\therefore$ (구하는 넓이)$=6\pi\times4=24\pi(\text{cm}^2)$ …… ②

단계	채점 기준	비율
①	옆면이 되는 직사각형의 가로의 길이 구하기	60 %
②	회전체의 옆면의 넓이 구하기	40 %

7 밑면인 원의 반지름의 길이를 r cm라 하면
(부채꼴의 호의 길이)=(밑면인 원의 둘레의 길이)이므로

$2\pi\times12\times\frac{120}{360}=2\pi r \qquad \therefore r=4$

$\therefore$ (밑넓이)$=\pi\times4^2=16\pi(\text{cm}^2)$

8 (겉넓이)

$=(\pi\times3^2-\pi\times1^2)\times2+(2\pi\times3)\times6+(2\pi\times1)\times6$

$=16\pi+36\pi+12\pi=64\pi(\text{cm}^2)$

9 $\frac{1}{3}\times\left(\frac{1}{2}\times6\times4\right)\times x=24$

$\therefore x=6$

10 (잘라낸 입체도형의 부피)

$=\frac{1}{3}\times\left(\frac{1}{2}\times6\times8\right)\times9=72(\text{cm}^3)$ …… ①

(잘라내고 남은 입체도형의 부피)

=(직육면체의 부피)−(잘라낸 입체도형의 부피)

$=6\times8\times9-72=360(\text{cm}^3)$ …… ②

$\therefore$ (잘라낸 입체도형의 부피) : (잘라내고 남은 입체도형의 부피)

$=72:360=1:5$ …… ③

단계	채점 기준	비율
①	잘라낸 입체도형의 부피 구하기	40 %
②	잘라내고 남은 입체도형의 부피 구하기	40 %
③	부피의 비 구하기	20 %

11 (겉넓이)$=(4\pi\times6^2)\times\frac{1}{2}+\pi\times6\times10$

$=132\pi(\text{cm}^2)$

12 원기둥의 밑면인 원의 반지름의 길이를 r cm라 하면 원기둥의 높이는 $4r$ cm이므로

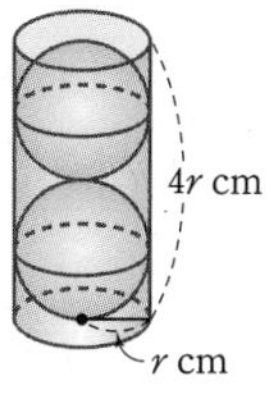

$\pi r^2\times4r=108\pi$에서 $r^3=27$

따라서 구 한 개의 부피는

$\frac{4}{3}\pi\times r^3=\frac{4}{3}\pi\times27=36\pi(\text{cm}^3)$

Ⅳ 통계

1 대표값

개념적용익힘
익힘북 82~84쪽

1 91점 **2** ① **3** ④ **4** 16
5 ② **6** 6 **7** 82점 **8** 35
9 14 **10** 8 **11** $a=8$, $b=12$
12 90점 **13** (1) 8 (2) 3.5 (3) 없다.
14 ② **15** 54 **16** ③
17 중앙값: 31명, 최빈값: 32명 **18** ①

1 석진이의 점수를 x점이라 하면

$$(\text{평균})=\frac{81+85+89+x+79}{5}=\frac{334+x}{5}=85(\text{점})$$

이므로

$334+x=425$ $\therefore x=91$

따라서 석진이의 국어 성적은 91점이다.

2 $\frac{a+b+c+d+e}{5}=4$이므로

$a+b+c+d+e=20$

$$\therefore \frac{(a+4)+(b-2)+(c+6)+(d-3)+(e+5)}{5}$$
$$=\frac{(a+b+c+d+e)+10}{5}$$
$$=\frac{20+10}{5}=\frac{30}{5}=6$$

3 5개의 자연수 a, b, c, d, e의 평균이 20이므로

$$\frac{a+b+c+d+e}{5}=20$$

$\therefore a+b+c+d+e=100$

따라서 $3a-2$, $3b-2$, $3c-2$, $3d-2$, $3e-2$의 평균은

$$\frac{(3a-2)+(3b-2)+(3c-2)+(3d-2)+(3e-2)}{5}$$
$$=\frac{3(a+b+c+d+e)-10}{5}$$
$$=\frac{3\times100-10}{5}=58$$

4 $\frac{16+10+8+x+13+9}{6}=12$, $56+x=72$

$\therefore x=16$

5 4회에 걸친 영어 시험 성적의 총합은

$70\times4=280$(점)

5회의 영어 시험 성적을 x점이라 하면

$\frac{280+x}{5}=74$, $280+x=370$ $\therefore x=90$

따라서 5회의 시험에서 90점을 받아야 한다.

6 주어진 자료 10개의 평균이 4이므로

$$\frac{-7+1+a+15+3+b+(-9)+11+6+14}{10}=4$$

$\frac{34+a+b}{10}=4$, $34+a+b=40$

$\therefore a+b=6$

7 자료를 크기순으로 나열하면

68, 73, 77, 82, 85, 90, 92(점)

이므로 중앙값은 4번째 값인 82점이다.

8 자료를 크기순으로 나열하면

23, 28, 32, 38, 41, 45

즉, $(\text{중앙값})=\frac{32+38}{2}=35$

9 $a-3$, $b-3$, $c-3$, $d-3$, $e-3$을 작은 값부터 크기순으로 나열하여도 순서는 변하지 않으므로 중앙값은 a, b, c, d, e의 중앙값에서 3을 뺀 값과 같다. 따라서 중앙값은 $17-3=14$

10 자료가 크기순으로 나열되어 있으므로 중앙값은 4번째 값과 5번째 값의 평균이다.

즉, (중앙값)$=\frac{x+10}{2}=9$이므로

$x+10=18 \quad \therefore x=8$

11 자료 6, 8, 15, a에서 중앙값이 8이므로

$\frac{8+a}{2}=8 \quad \therefore a=8$

자료 2, 14, 8, b, 15에서 중앙값이 12이므로 $b=12$

12 6명의 점수를 작은 값부터 크기순으로 나열할 때, 중앙값은 3번째와 4번째 학생의 점수의 평균이므로 4번째 학생의 점수를 a점이라 하면

$\frac{86+a}{2}=88 \quad \therefore a=90$

이때 점수가 92점인 학생이 들어오면 4번째 학생의 점수는 그대로 90점이므로 7명의 수학 점수의 중앙값은 4번째 학생의 점수인 90점이다.

13 (1) 8이 3번으로 가장 많이 나왔으므로 최빈값은 8이다.

(2) 3과 5가 각각 2번으로 가장 많이 나왔으므로 최빈값은 3, 5이다.

(3) 각 자료의 개수가 1로 모두 같으므로 최빈값은 없다.

14 3개를 가지고 있는 학생 수가 10명으로 가장 많으므로 최빈값은 3개이다.

15 주어진 자료의 최빈값이 6이므로 a와 b 중 하나는 6이다.

$a+b=15$에서 $a=6,\ b=9$ 또는 $a=9,\ b=6$

$\therefore ab=ba=6\times9=54$

16 ㄱ. 주어진 자료의 평균은

$\frac{1+2+2+3+3+4+6}{7}=3$

ㄴ. 중앙값은 4번째 변량인 3이다.

ㄷ. 최빈값은 2와 3이다.

따라서 옳은 것은 ㄱ, ㄴ이다.

17 주어진 자료를 작은 값부터 크기순으로 나열하면

27, 28, 29, 30, 30, 32, 32, 32, 34, 37

따라서 중앙값은 $\frac{30+32}{2}=31$(명), 최빈값은 32명이다.

18 주어진 자료의 최빈값은 23이고, 이 값은 평균과 같으므로

(평균)$=\frac{23+20+23+28+a+23+24}{7}=23$에서

$141+a=161 \quad \therefore a=20$

개념완성익힘

익힘북 85~86쪽

1 ③	**2** 13회	**3** 82점	**4** ⑤
5 ③	**6** 14회	**7** ②, ⑤	**8** 26
9 17	**10** 11.5		

1 5개의 변량 A, B, C, D, E의 평균이 12이므로

$\frac{A+B+C+D+E}{5}=12$

$\therefore A+B+C+D+E=60$

따라서 6개의 변량 A, B, C, D, E, 18의 평균은

$$\frac{A+B+C+D+E+18}{6}=\frac{60+18}{6}=\frac{78}{6}=13$$

2 학생 10명의 턱걸이 횟수의 평균이 12회이면 총 횟수는

$12\times10=120$(회)

이때 평균 12회는 한 학생의 11회를 1회로 잘못 보고 구한 것이므로 총 횟수를 바르게 구하면

$120+10=130$(회)

따라서 학생 10명의 턱걸이 횟수의 평균을 바르게 구하면

$\frac{130}{10}=13$(회)

3 학생 10명의 국어 성적을 크기순으로 나열할 때, 5번째 학생의 점수를 x점이라 하면

$\frac{x+84}{2}=83 \quad \therefore x=82$

47 (어떤 계급의 도수)
$=$(도수의 총합)$\times$(그 계급의 상대도수)
$=60\times0.55=33$(명)

48 (전체 학생 수)$=\dfrac{(\text{그 계급의 도수})}{(\text{어떤 계급의 상대도수})}$
$=\dfrac{8}{0.25}=32$(명)

49 (도수의 총합)$=\dfrac{5}{0.1}=50$
따라서 상대도수가 0.4인 계급의 도수는
$50\times0.4=20$

50 (도수의 총합)$=\dfrac{9}{0.3}=30$
$x=\dfrac{12}{30}=0.4$, $y=30\times0.2=6$
$\therefore x+y=0.4+6=6.4$

51 $B=\dfrac{2}{0.04}=50$, $A=50\times0.28=14$,
$C=\dfrac{16}{50}=0.32$, $D=1$

52 $(0.32+0.24+0.04)\times100=60(\%)$

53 $30\times0.3=9$(명)

54 $A=\dfrac{3}{30}=0.1$, $C=1$
$B=1-(0.1+0.3+0.3+0.1)=0.2$

55 전체 학생 수는 $\dfrac{2}{0.1}=20$(명)
따라서 수학 성적이 65점 이상 75점 미만인 계급의 상대도수는 $\dfrac{4}{20}=0.2$

56 (전체 학생 수)$=\dfrac{2}{0.05}=40$(명)이므로
60점 이상 80점 미만인 학생 수는 $40\times\dfrac{60}{100}=24$(명)
따라서 70점 이상 80점 미만인 학생 수는
$24-10=14$(명)

57 SNS에 올린 글의 수가 30건 이상인 계급의 상대도수는 0.1이므로 SNS에 올린 글의 수가 10건 이상 30건 미만인 계급의 상대도수는 $1-(0.65+0.1)=0.25$
이때 전체 학생 수는 $\dfrac{130}{0.65}=200$(명)
따라서 SNS에 올린 글의 수가 10건 이상 30건 미만인 학생 수는 $200\times0.25=50$(명)

58 키가 140 cm 이상 150 cm 미만인 학생 수는
1학년은 $200\times0.15=30$(명)
3학년은 $300\times0.12=36$(명)
따라서 3학년이 $36-30=6$(명) 더 많다.

59 키가 150 cm 이상 160 cm 미만인 1학년의 학생 수는
$200\times0.33=66$(명)이므로 3학년의 상대도수는
$\dfrac{66}{300}=0.22$ $\quad\therefore A=0.22$
$\therefore B=1-(0.12+0.22+0.42+0.04)$
$=0.2$

60 ① 90점 이상인 학생 수는 $9+22=31$(명)이므로
전체의 $\dfrac{31}{40+60}\times100=31(\%)$
② 70점 미만인 학생의 비율은
남학생: $\dfrac{4}{40}=0.1$, 여학생: $\dfrac{4}{60}=0.0666\cdots$
이므로 남학생이 더 높다.
③ 80점 이상인 학생의 비율이
남학생: $\dfrac{25}{40}=0.625$, 여학생: $\dfrac{49}{60}=0.816\cdots$
이므로 대체로 여학생의 수학 성적이 남학생의 수학 성적보다 높다.
④ 80점 이상 90점 미만인 학생의 비율은
남학생: $\dfrac{16}{40}=0.4$, 여학생: $\dfrac{27}{60}=0.45$
이므로 여학생이 더 높다.
⑤ 70점 이상 80점 미만인 계급의 상대도수는
남학생: $\dfrac{11}{40}=0.275$, 여학생: $\dfrac{7}{60}=0.116\cdots$
이므로 남학생이 여학생보다 더 높다.
따라서 옳지 않은 것은 ④이다.

61 전체 도수를 각각 $3a$명, $4a$명이라 하고 어떤 계급의 도수를 각각 $6b$명, $5b$명이라 하면 이 계급의 상대도수의 비는

$\frac{6b}{3a} : \frac{5b}{4a} = 2 : \frac{5}{4} = 8 : 5$

62 체육 성적이 90점 이상인 학생 수는 각각

$300 \times 0.16 = 48$(명), $500 \times 0.18 = 90$(명)이므로

두 학교 전체에서 체육 성적이 90점 이상인 학생 수는

$48 + 90 = 138$(명)이다.

따라서 구하는 상대도수는

$\frac{138}{300+500} = \frac{138}{800} = 0.1725$

63 40분 이상 50분 미만인 계급의 상대도수는 0.3이므로 계급의 도수는 $40 \times 0.3 = 12$(명)

64 30분 이상 40분 미만인 계급의 상대도수는 0.25이므로 학생 수는 $40 \times 0.25 = 10$(명)

65 몸무게가 50 kg 이상인 계급의 상대도수의 합은

$0.25 + 0.1 = 0.35$이므로 전체의 $0.35 \times 100 = 35(\%)$

66 (전체 학생 수)$= \frac{4}{0.20} = 20$(명)

67 전체 날 수는 $\frac{15}{0.5} = 30$(일)이므로 구하는 계급의 도수는 $30 \times 0.3 = 9$(일)

68 80점 이상 90점 미만인 계급의 상대도수는

$1 - (0.16 + 0.38 + 0.12) = 0.34$

따라서 구하는 학생 수는 $50 \times 0.34 = 17$(명)

69 ② A 중학교에서 4분 이상 5분 미만인 계급의 상대도수는 0.3이므로 학생 수는 $100 \times 0.3 = 30$(명)

④ A 중학교의 그래프가 왼쪽으로 더 치우쳐 있으므로 A 중학교 학생의 기록이 B 중학교 학생의 기록보다 대체로 좋은 편이다.

⑤ B 중학교 학생 중 3분 미만의 기록을 가진 학생은 전체의 $0.05 \times 100 = 5(\%)$이다.

70 등교 시각이 7시 30분 미만인 학생은 각각 전체의

1반 : $(0.05 + 0.15) \times 100 = 20(\%)$

2반 : $(0.10 + 0.25) \times 100 = 35(\%)$

또한, 2반의 그래프가 왼쪽으로 더 치우쳐 있으므로 대체로 일찍 등교하는 반은 2반이다.

71 B 지역의 그래프가 오른쪽으로 더 치우쳐 있으므로 B 지역의 수학 성적의 평균이 더 높다.

72 도수가 가장 큰 계급의 상대도수가 가장 크므로 구하는 계급은 18초 이상 20초 미만이다.

73 남학생 중 12초 이상 14초 미만인 계급의 상대도수는 0.12이므로 전체 남학생 수는 $\frac{12}{0.12} = 100$(명)

74 남학생의 그래프가 왼쪽으로 더 치우쳐 있으므로 남학생의 기록이 대체로 더 좋다.

개념완성익힘

익힘북 99~100쪽

1 ②	**2** ⑤	**3** ④	**4** 12
5 ③	**6** ⑤	**7** ④	**8** ④
9 37 %	**10** 2회		

1 전체 학생 수는 $3 + 2 + 3 + 4 = 12$(명)이고,

훌라후프 횟수가 25회 미만인 학생 수는

$3 + 2 + 1 = 6$(명)이므로 전체의 $\frac{6}{12} \times 100 = 50(\%)$

2 ① 계급의 개수는 6이다.

② 계급의 크기는 $40 - 35 = 5$(kg)이다.

③ $A = 32 - (3 + 9 + 4 + 3 + 1) = 12$

④ 몸무게가 가장 많이 나가는 학생의 몸무게는 알 수 없다.

⑤ 몸무게가 50 kg 이상인 학생은 $4 + 3 + 1 = 8$(명)이므로 전체의 $\frac{8}{32} \times 100 = 25(\%)$

따라서 옳은 것은 ⑤이다.

3 16초 미만인 학생 수는 $3+5=8$(명)이므로 기록이 좋은 쪽에서 여섯 번째인 학생이 속하는 계급은 15초 이상 16초 미만이고, 이 계급의 도수는 5명이다.

4 도수가 가장 큰 계급은 16초 이상 17초 미만이므로 직사각형의 넓이는 $1\times9=9$이고, 기록이 18초 이상 19초 미만인 계급의 도수는 3명이므로 직사각형의 넓이는 $1\times3=3$이다.
따라서 두 직사각형의 넓이의 합은 $9+3=12$

5 계급의 크기가 2점이므로
(도수분포다각형과 가로축으로 둘러싸인 넓이)
=(계급의 크기)×(도수의 총합)
$=2\times(2+3+4+8+3)$
$=2\times20=40$

6 점심 식사 시간이 25분 이상 30분 미만인 계급의 학생 수는 8명이고, 상대도수는 0.2이므로 지연이네 반 전체 학생 수는 $\frac{8}{0.2}=40$(명)
① $A=40\times0.25=10$
② $B=\frac{6}{40}=0.15$
③ $C=40\times0.35=14$
④ $D=\frac{2}{40}=0.05$
⑤ 상대도수의 합은 항상 1이므로 $E=1$
따라서 옳지 않은 것은 ⑤이다.

7 50점 미만인 학생의 상대도수의 합은 $0.14+0.2=0.34$이므로 전체 학생 수는 $\frac{340}{0.34}=1000$(명)
100등은 전체의 10 %이므로 상대도수는 0.1이다.
따라서 80점 이상인 학생의 상대도수는
$0.06+0.04=0.1$이므로 100등 이내에 들려면 최소 80점 이상이어야 한다.

8 ④ 상대도수의 합이 1로 같으므로 상대도수의 그래프와 가로축으로 둘러싸인 부분의 넓이는 서로 같다.

9 25세 미만인 사람 수는 $18+36=54$(명)이므로
30세 이상인 사람 수는 $54-32=22$(명)이고
30세 이상 35세 미만인 사람 수는
$22-9=13$(명)이다. …… ①
따라서 전체 사람 수는
$18+36+24+13+9=100$(명)이고, …… ②
25세 이상 35세 미만인 사람 수는 $24+13=37$(명)이므로 전체의 $\frac{37}{100}\times100=37(\%)$이다. …… ③

단계	채점 기준	비율
①	30세 이상 35세 미만인 사람 수 구하기	40 %
②	전체 사람 수 구하기	20 %
③	25세 이상 35세 미만인 사람은 전체의 몇 %인지 구하기	40 %

10 도수가 가장 큰 계급의 상대도수는 0.3이고 …… ①
이 계급의 도수가 12회이므로 지진이 일어난 총 횟수는
$\frac{12}{0.3}=40$(회) …… ②
따라서 규모가 3.5 M 이상 3.8 M 미만인 지진이 일어난 횟수는 $40\times0.05=2$(회)이다. …… ③

단계	채점 기준	비율
①	도수가 가장 큰 계급의 상대도수 구하기	20 %
②	지진이 일어난 총 횟수 구하기	40 %
③	규모가 3.5 M 이상 3.8 M 미만인 지진이 일어난 횟수 구하기	40 %

대단원 마무리

익힘북 101~103쪽

1 ② **2** 중앙값: 4, 최빈값 6 **3** ⑤
4 13 cm **5** 5.6 **6** 5 **7** ⑤
8 40 % **9** ①, ③ **10** ③ **11** 16명

1 중앙값이 10이므로
$\frac{x+12}{2}=10$, $x+12=20$ $\therefore x=8$

2 a, b를 제외한 자료를 작은 값부터 크기순으로 나열하면
2, 3, 4, 6, 6, 6, 8
$a<b<5$이면 5번째 자료의 값이 4이므로 중앙값은 4이다.
이때 6이 3번으로 가장 많이 나오므로 최빈값은 6이다.

3 (평균)$=\frac{1+(-4)+x+3+6+y+(-7)}{7}=1$

이므로 $x+y-1=7$

$\therefore x+y=8$

또, 최빈값이 1이므로 x, y의 값 중 적어도 하나는 1이다.

이때 $x<y$이므로 $x=1$, $y=7$

$\therefore xy=7$

4 남학생 중에서 다섯 번째로 좋은 기록은 143 cm이고, 여학생 중에서 네 번째로 안 좋은 기록은 130 cm이므로 두 기록의 차는 $143-130=13$(cm)

5 변량의 개수가 18개이므로 중앙값은 9번째와 10번째 수의 평균이다.

$\therefore a=\frac{3.2+3.4}{2}=3.3$

또, 2.3규모의 도수가 4번으로 가장 크므로 최빈값은 2.3 규모이다.

$\therefore b=2.3$

$\therefore a+b=3.3+2.3=5.6$

6 A, B 두 모둠의 인원 수가 같으므로

$2+4+x+5+3=18$, $14+x=18$

$\therefore x=4$

따라서 A 모둠의 최빈값은 3회이므로 $a=3$

B 모둠의 최빈값은 2회이므로 $b=2$

$\therefore a+b=3+2=5$

7 ⑤ 점수가 12점 이상인 학생 수는 $4+3=7$(명)이고, 8점 이상인 학생 수는 $9+4+3=16$(명)이므로 점수가 8번째로 높은 학생이 속하는 계급의 도수는 9명이다.

8 용준이네 반 전체 학생 수는

$3+7+11+8+6=35$(명) …… ①

영어 성적이 80점 이상인 학생은 $8+6=14$(명)이므로

전체의 $\frac{14}{35}\times100=40(\%)$ …… ②

단계	채점 기준	비율
①	전체 학생 수 구하기	40 %
②	80점 이상인 학생은 전체의 몇 %인지 구하기	60 %

9 ① 남학생 수와 여학생 수는 각각 25명으로 같다.

③ 시간이 적게 걸릴수록 기록이 좋은 것이므로 대체로 남학생의 기록이 더 좋다.

10 상대도수의 총합은 1이므로 소요 시간이 30분 이상 40분 미만인 계급의 상대도수는

$1-(0.1+0.3+0.15+0.05)=0.4$

11 전체 학생 수는 $\frac{1}{0.05}=20$(명)이므로

40분 미만인 학생 수는

$20\times(0.1+0.3+0.4)=20\times0.8=16$(명)

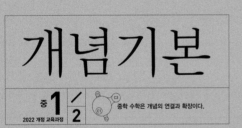

개념기본

중 1 / 2

2022 개정 교육과정

중학 수학은 개념의 연결과 확장이다.

디딤돌수학 개념기본 중학 1-2

펴낸날 [초판 1쇄] 2024년 2월 15일
펴낸이 이기열
펴낸곳 (주)디딤돌 교육
주소 (03972) 서울특별시 마포구 월드컵북로 122 청원선와이즈타워
대표전화 02-3142-9000
구입문의 02-322-8451
내용문의 02-336-7918
팩시밀리 02-335-6038
홈페이지 www.didimdol.co.kr
등록번호 제10-718호
구입한 후에는 철회되지 않으며 잘못 인쇄된 책은 바꾸어 드립니다.

수학은 개념이다!

디딤돌수학

개념기본

중 1/2 익힘북

중학 수학은 개념의 연결과 확장이다.

디딤돌

차례

1 기본 도형

개념적용익힘

교점과 교선

개념북 11쪽

1 ●○○

다음 **보기**의 도형 중 교선이 모두 곡선인 도형을 고르시오.

보기

ㄱ.
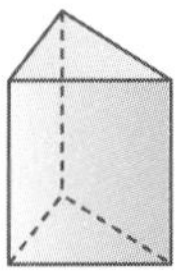

ㄴ.
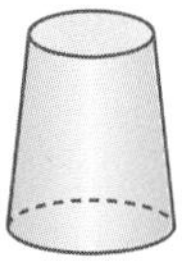

ㄷ.
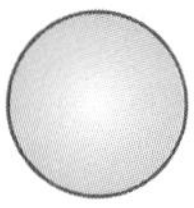

ㄹ.
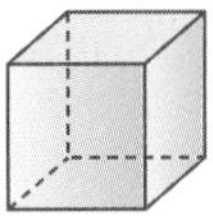

2 ●●○

오른쪽 그림과 같은 직육면체에서 교점의 개수, 교선의 개수, 면의 개수가 바르게 짝지어진 것은?

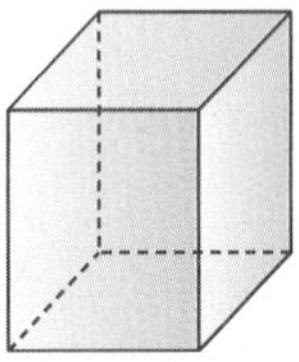

① 교점 : 6, 교선 : 8, 면 : 6
② 교점 : 6, 교선 : 12, 면 : 6
③ 교점 : 8, 교선 : 8, 면 : 8
④ 교점 : 8, 교선 : 12, 면 : 6
⑤ 교점 : 8, 교선 : 12, 면 : 8

3 ●●○

오른쪽 그림과 같은 입체도형에서 교점의 개수를 a, 교선의 개수를 b, 면의 개수를 c라 할 때, $a-b+c$의 값은?

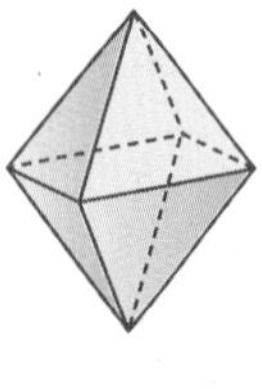

① -2　② -1　③ 0
④ 1　⑤ 2

기본 도형의 이해

개념북 11쪽

4 ●○○

오른쪽 그림과 같은 사각뿔에 대한 **보기**의 설명 중 옳은 것을 모두 고르시오.

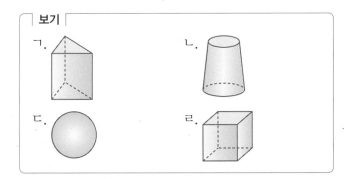

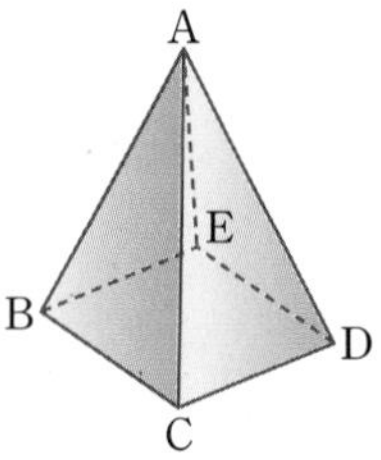

보기

ㄱ. 교점은 모두 5개이다.
ㄴ. 교선은 모두 10개이다.
ㄷ. 모서리 BE와 모서리 BC의 교점은 점 B이다.
ㄹ. 면 BCDE와 면 AED가 만나서 생기는 교선은 모서리 AD이다.

5 ●●○

다음 설명 중 옳지 않은 것은?

① 도형의 기본 요소는 점, 선, 면이다.
② 선과 선이 만나면 교점이 생긴다.
③ 선과 면이 만나면 교점이 생긴다.
④ 면과 면이 만나서 생기는 교선은 직선이다.
⑤ 교점이 없는 입체도형도 있다.

6 ●●○

다음 **보기**에서 기본 도형에 대한 설명 중 옳은 것을 모두 고르시오.

보기

ㄱ. 도형은 평면도형과 입체도형이 있다.
ㄴ. 선과 선이 만나면 교점이 생긴다.
ㄷ. 면 위에는 무수히 많은 선이 있다.
ㄹ. 입체도형에서 교점의 개수는 모서리의 개수와 같다.

직선, 반직선, 선분(1)

개념북 13쪽

7 ●○○

다음 설명 중 옳은 것은?

① 서로 다른 두 점을 지나는 선분은 오직 하나뿐이다.
② 시작점이 같은 두 반직선은 같다.
③ 서로 다른 두 점을 지나는 직선은 무수히 많다.
④ 반직선의 길이는 직선의 길이의 $\frac{1}{2}$배이다.
⑤ 한 점을 지나는 직선은 오직 하나뿐이다.

8 ●●○

다음 설명 중 옳지 않은 것은?

① 한 점을 지나는 직선은 무수히 많다.
② 시작점과 방향이 같은 두 반직선은 서로 같다.
③ 선분은 양 끝 점을 포함한다.
④ 서로 다른 두 점을 지나는 직선은 오직 하나뿐이다.
⑤ $\overrightarrow{AB}$와 $\overrightarrow{BA}$는 같다.

9 ●●○

다음 설명 중 옳지 않은 것은?

① 서로 다른 두 점을 지나는 직선은 오직 하나뿐이다.
② 선분은 직선의 일부분이다.
③ 한 직선 위에는 무수히 많은 점이 있다.
④ 두 점을 잇는 선 중에서 가장 짧은 것은 두 점을 잇는 선분이다.
⑤ 방향이 같은 두 반직선은 같다.

직선, 반직선, 선분(2)

개념북 13쪽

10 ●○○

오른쪽 그림과 같이 직선 l 위에 세 점 P, Q, R가 있을 때, 다음 중 $\overrightarrow{PQ}$와 같은 것은?

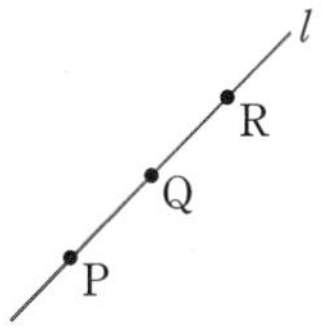

① $\overrightarrow{QP}$　② $\overrightarrow{PR}$
③ $\overrightarrow{RP}$　④ $\overleftrightarrow{PR}$
⑤ $\overline{PQ}$

11 ●○○

아래 그림과 같이 직선 l 위에 세 점 P, Q, R가 있을 때, 다음 중 나머지 넷과 다른 하나는?

① $\overleftrightarrow{QR}$　② $\overleftrightarrow{RP}$　③ $\overleftrightarrow{PR}$
④ $\overrightarrow{PR}$　⑤ $\overleftrightarrow{RQ}$

12 ●●○

오른쪽 그림과 같이 직선 l 위에 세 점 A, B, C가 있을 때, 다음 중 서로 같은 것끼리 짝 지으시오.

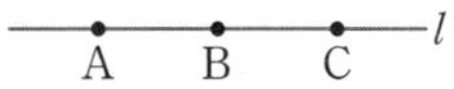

$\overleftrightarrow{AB}$, $\overrightarrow{BC}$, $\overline{AC}$, $\overrightarrow{CA}$, $\overrightarrow{CB}$, $\overleftrightarrow{AC}$, $\overleftrightarrow{BC}$, $\overline{CA}$

13 ●●○

오른쪽 그림과 같이 직선 l 위에 네 점 A, B, C, D가 있을 때, 다음 중 $\overline{BC}$를 포함하는 것이 아닌 것은?

① $\overrightarrow{AB}$　② $\overline{AC}$　③ $\overleftrightarrow{AD}$
④ $\overline{BD}$　⑤ $\overrightarrow{BA}$

직선, 반직선, 선분의 개수 (1)

개념북 14쪽

14 ●○○

오른쪽 그림과 같이 한 직선 위에 있지 않은 세 점 A, B, C 중에서 두 점을 이어 만들 수 있는 서로 다른 직선의 개수는?

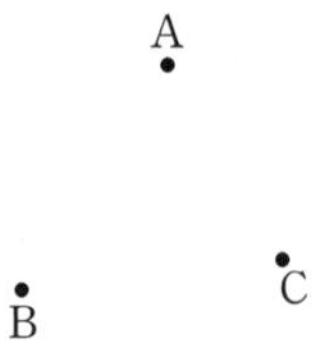

① 1 ② 2 ③ 3
④ 4 ⑤ 5

15 ●●○

오른쪽 그림과 같이 어느 세 점도 한 직선 위에 있지 않은 네 점 A, B, C, D가 있다. 이 중 두 점을 지나는 서로 다른 선분의 개수는?

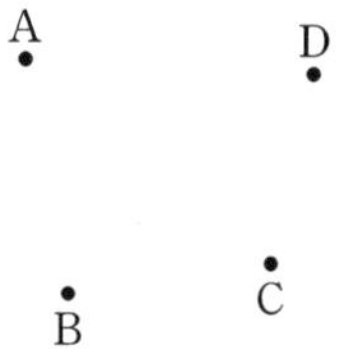

① 4 ② 5 ③ 6
④ 7 ⑤ 8

16 ●●●

오른쪽 그림과 같이 원 위에 5개의 점 P, Q, R, S, T가 있다. 이 중 두 점을 지나는 직선의 개수를 a, 반직선의 개수를 b라 할 때, $a+b$의 값을 구하시오.

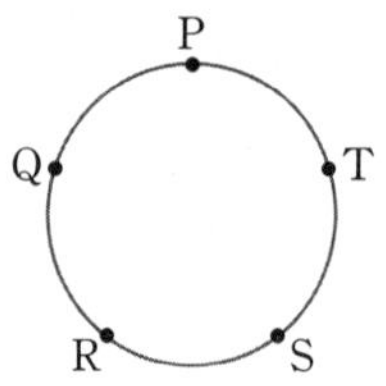

직선, 반직선, 선분의 개수 (2)

개념북 14쪽

17 ●○○

오른쪽 그림과 같이 세 점 A, B, C가 직선 l 위에 있을 때, 이 중 두 점으로 결정되는 서로 다른 직선의 개수를 a, 반직선의 개수를 b, 선분의 개수를 c라 하자. 이때 a, b, c의 값을 각각 구하시오.

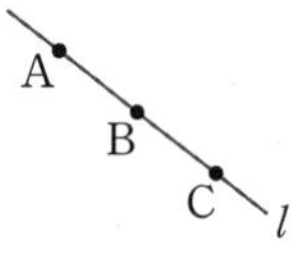

18 ●●○

오른쪽 그림과 같이 네 점 A, B, C, D가 있을 때, 이 중 두 점으로 만들 수 있는 서로 다른 직선의 개수는?

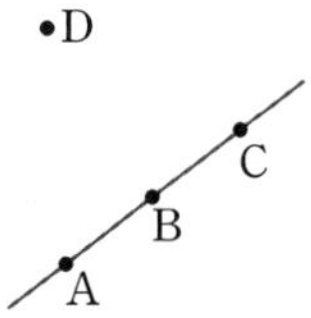

① 2 ② 3
③ 4 ④ 5
⑤ 6

19 ●●○

오른쪽 그림과 같이 반 원 위의 5개의 점 A, B, C, D, E가 있다. 이 중 두 점으로 만들 수 있는 서로 다른 선분은 모두 몇 개인지 구하시오.

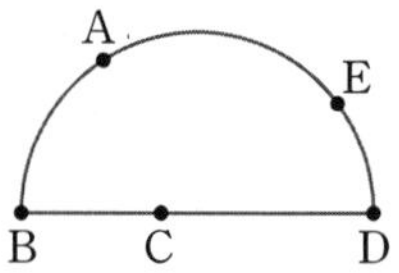

20 ●●●

오른쪽 그림과 같이 5개의 점 A, B, C, D, E가 있을 때, 이 중 두 점으로 만들 수 있는 서로 다른 반직선의 개수를 구하시오.

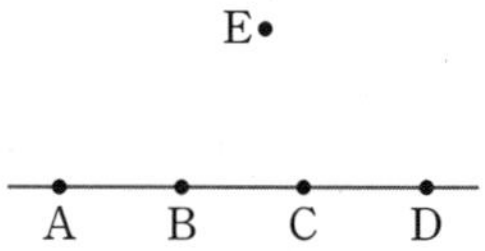

선분의 중점

개념북 16쪽

21 ●○○

아래 그림에서 $\overline{PQ}=\overline{QR}=\overline{RS}$일 때, 다음 중 옳지 않은 것은?

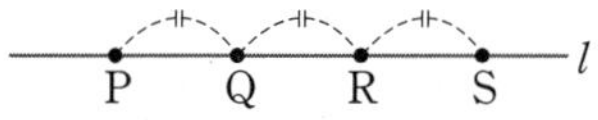

① $\overline{PR}=\overline{QS}$　② $\overline{RS}=\overline{PQ}$
③ $\overline{QS}=2\overline{PQ}$　④ $2\overline{PR}=\overline{PQ}$
⑤ $\overline{PR}$의 중점은 점 Q이다.

22 ●●○

아래 그림에서 점 M은 선분 AB의 중점이고, 점 N은 선분 AM의 중점일 때, 다음 □ 안에 알맞은 수를 써넣으시오.

(1) $\overline{BM}=$□$\overline{AB}$　(2) $\overline{MN}=$□$\overline{AM}$
(3) $\overline{AB}=$□$\overline{AN}$　(4) $\overline{BN}=$□$\overline{AB}$

23 ●●●

민혁이는 다음 **조건**을 모두 만족하는 서로 다른 5개의 점 A, B, C, D, E를 위의 그림과 같이 나타내었다.

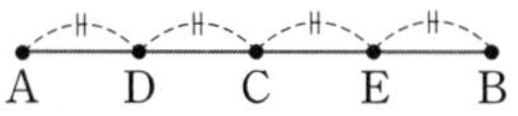

조건

(가) 5개의 점 A, B, C, D, E는 한 직선 위에 있다.
(나) 점 C는 선분 AB의 중점이다.
(다) $\overline{AD}=\frac{1}{2}\overline{AC}$
(라) $\overline{AD}=\overline{CE}$
(마) 점 B는 점 A의 오른쪽에 있다.

조건을 모두 만족하고, 민혁이가 그린 그림과 다른 위치에 있는 5개의 점 A, B, C, D, E를 그려 보시오.

두 점 사이의 거리

개념북 16쪽

24 ●○○

다음 그림에서 $\overline{AB}=8$ cm이고 $\overline{AB}$의 중점을 M, $\overline{AM}$의 중점을 N이라 할 때, $\overline{NM}$의 길이는?

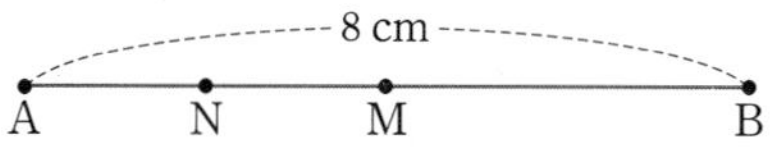

① 1 cm　② 2 cm　③ 3 cm
④ 4 cm　⑤ 5 cm

25 ●○○

다음 그림에서 $\overline{PQ}$의 중점을 M, $\overline{MQ}$의 중점을 N이라 하자. $\overline{MN}=3$ cm일 때, $\overline{PQ}$의 길이는?

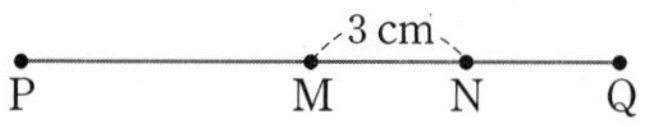

① 9 cm　② 10 cm　③ 11 cm
④ 12 cm　⑤ 13 cm

26 ●○○

다음 그림에서 점 M은 $\overline{AB}$의 중점이고, 점 N은 $\overline{BC}$의 중점이다. $\overline{AM}=3$ cm, $\overline{NC}=5$ cm일 때, $\overline{MN}$의 길이를 구하시오.

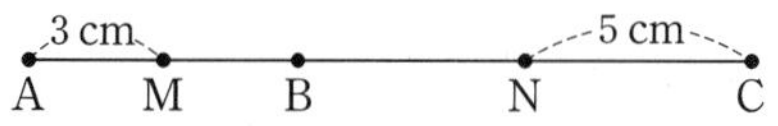

27 ●●○

다음 그림에서 두 점 M, N은 각각 $\overline{AC}$, $\overline{BC}$의 중점이다. $\overline{MN}=6$ cm일 때, $\overline{AB}$의 길이는?

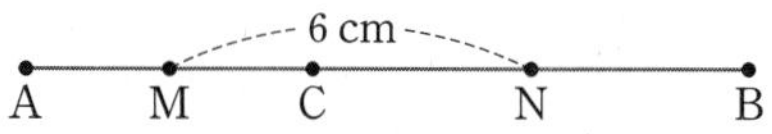

① 8 cm　② 10 cm　③ 12 cm
④ 14 cm　⑤ 16 cm

28 ●●○

다음 그림에서 점 B는 $\overline{AC}$의 중점이고, 점 C는 $\overline{BD}$의 중점이다. $\overline{AD}=15$ cm일 때, $\overline{AB}$의 길이를 구하시오.

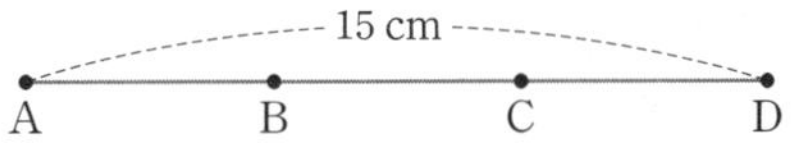

29 ●●●

다음 그림에서 $\overline{AC}=2\overline{CD}$이고 $\overline{AB}=3\overline{BC}$이다. $\overline{AD}=18$ cm일 때, $\overline{BC}$의 길이는?

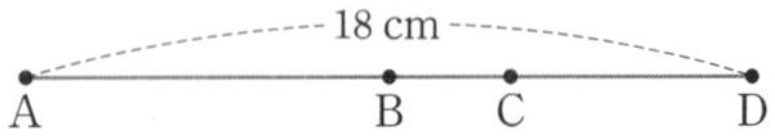

① 2 cm ② 3 cm ③ 4 cm
④ 5 cm ⑤ 6 cm

30 ●●●

다음 그림에서 $\overline{AB}=3\overline{BC}$이고 두 점 M, N은 각각 $\overline{AB}$, $\overline{BC}$의 중점이다. $\overline{AM}=12$ cm일 때, $\overline{MN}$의 길이를 구하시오.

31 ●●●

다음 그림에서 $\overline{AO}:\overline{OB}=2:3$이고, 두 점 M, N은 각각 $\overline{AO}$, $\overline{OB}$의 중점이다. $\overline{AB}=20$ cm일 때, $\overline{AM}$의 길이는?

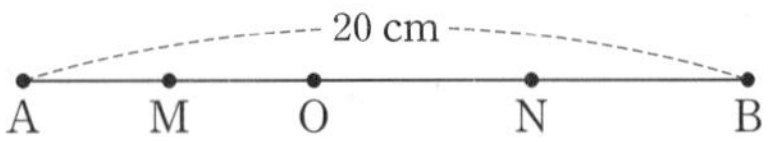

① 2 cm ② 3 cm ③ 4 cm
④ 5 cm ⑤ 6 cm

각의 분류

개념북 18쪽

32 ●○○

다음 **보기**에서 주어진 각을 모두 고르시오.

보기
ㄱ. 25° ㄴ. 90° ㄷ. 120°
ㄹ. 180° ㅁ. 145° ㅂ. 89°

(1) 예각 (2) 직각
(3) 둔각 (4) 평각

33 ●○○

다음 **보기**의 각들을 크기가 작은 것부터 차례로 나열하면?

보기
ㄱ. 90° ㄴ. 예각 ㄷ. 평각 ㄹ. 130°

① ㄱ, ㄴ, ㄷ, ㄹ ② ㄱ, ㄴ, ㄹ, ㄷ
③ ㄴ, ㄱ, ㄷ, ㄹ ④ ㄴ, ㄱ, ㄹ, ㄷ
⑤ ㄴ, ㄷ, ㄱ, ㄹ

34 ●●○

다음 **보기**는 시계가 가리키는 시각을 나타낸 것이다. 시침과 분침이 이루는 각 중에서 작은 각의 크기가 가장 큰 것을 고르시오.

보기
ㄱ. 3시 20분 ㄴ. 9시 55분
ㄷ. 5시 정각 ㄹ. 9시 정각

각의 크기

개념북 18쪽

35 ●○○

오른쪽 그림에서 $\angle x$의 크기는?

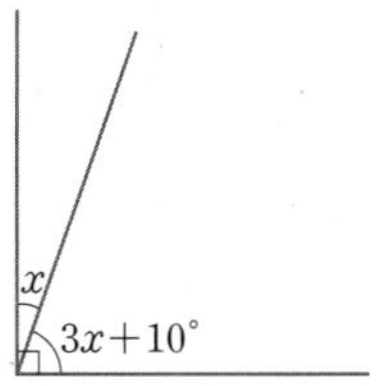

① $15°$　② $20°$　③ $25°$　④ $30°$　⑤ $35°$

36 ●○○

오른쪽 그림에서 $\angle AOC=90°$, $\angle BOD=90°$이고, $\angle AOB=40°$일 때, $\angle x$의 크기는?

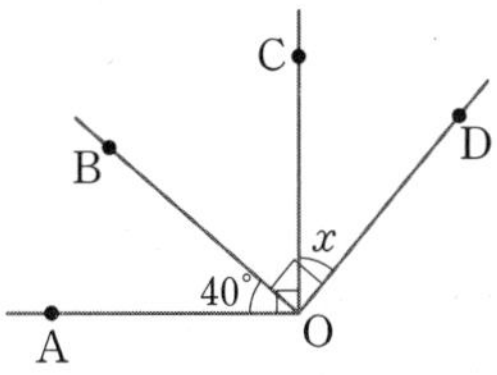

① $35°$　② $40°$　③ $45°$　④ $50°$　⑤ $55°$

37 ●●○

오른쪽 그림에서 $\angle x$의 크기를 구하시오.

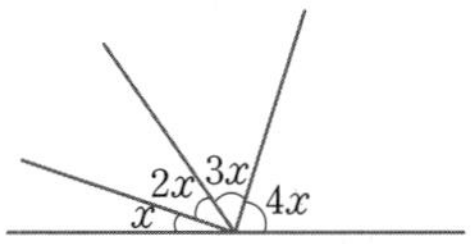

38 ●●○

오른쪽 그림에서 $\angle x$의 크기를 구하시오.

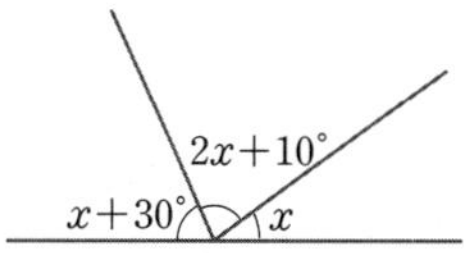

39 ●●○

오른쪽 그림에서 $\angle x-\angle y$의 크기는?

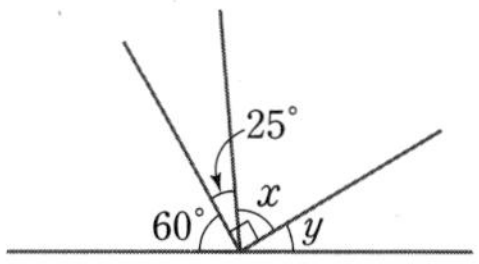

① $35°$　② $40°$　③ $45°$　④ $50°$　⑤ $55°$

40 ●●○

오른쪽 그림에서 $\angle AOC=90°$, $\angle BOD=90°$이고 $\angle AOB+\angle COD=50°$일 때, $\angle BOC$의 크기는?

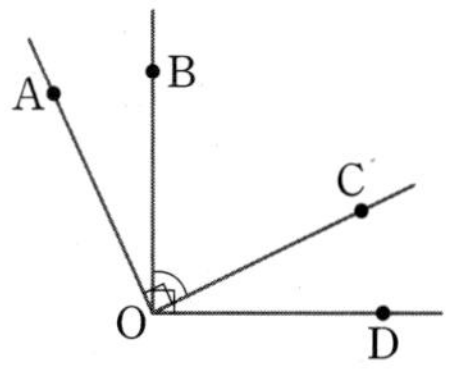

① $45°$　② $50°$　③ $55°$　④ $60°$　⑤ $65°$

각의 등분

개념북 19쪽

41 ●●○

오른쪽 그림에서
$\angle AOC=2\angle BOC$,
$\angle COE=2\angle DOE$일 때,
$\angle BOD$의 크기는?

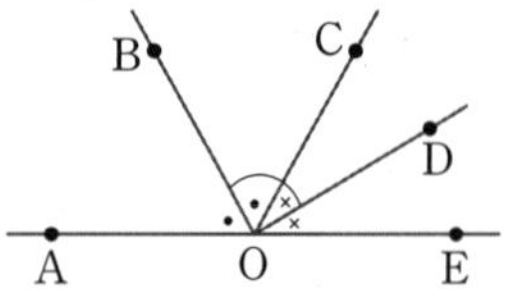

① 75° ② 80° ③ 85°
④ 90° ⑤ 95°

42 ●●○

오른쪽 그림에서
$\angle BOC=90^\circ$이고
$\angle COD=2\angle AOB$일 때,
$\angle AOB$의 크기를 구하시오.

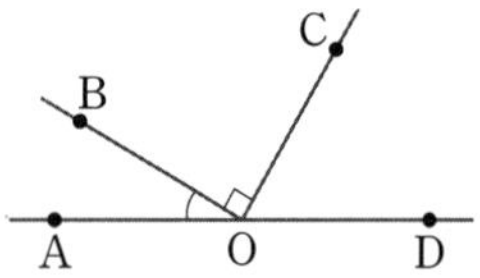

43 ●●○

오른쪽 그림에서
$\angle AOB=90^\circ$이고
$\angle AOC=4\angle BOC$,
$\angle COD=\angle DOE$일 때,
$\angle BOD$의 크기를 구하시오.

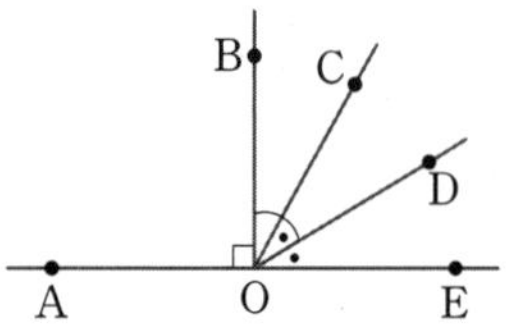

44 ●●●

오른쪽 그림에서
$\angle AOB=3\angle BOC$,
$\angle DOE=3\angle COD$일 때,
$\angle BOD$의 크기는?

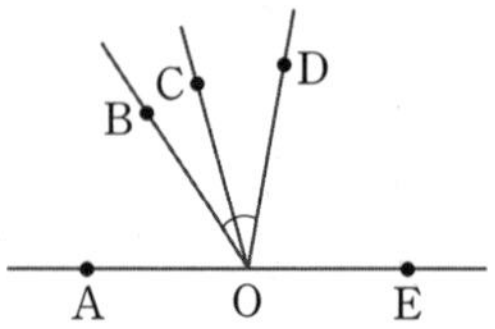

① 30° ② 45° ③ 70°
④ 90° ⑤ 100°

각의 크기의 비

개념북 19쪽

45 ●●○

오른쪽 그림에서
$\angle x : \angle y : \angle z=3:2:5$
일 때, $\angle y$의 크기는?

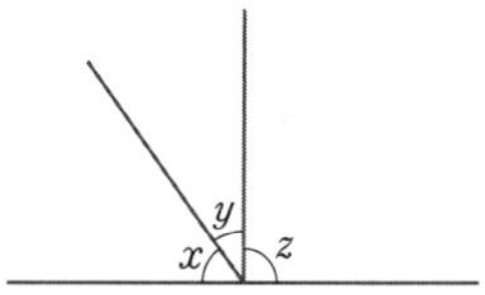

① 30° ② 36° ③ 39°
④ 40° ⑤ 43°

46 ●●○

오른쪽 그림에서
$\angle x : \angle y : \angle z=2:7:3$
일 때, $\angle x$의 크기를 구하시오.

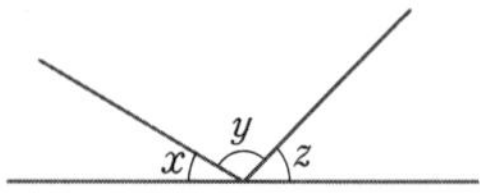

47 ●●●

오른쪽 그림에서
$\angle a : \angle b=2:3$,
$\angle a : \angle c=1:2$일 때,
$\angle a$의 크기는?

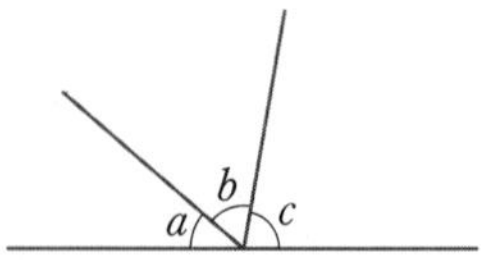

① 35° ② 40° ③ 45°
④ 50° ⑤ 55°

맞꼭지각의 성질

개념북 21쪽

48 ●○○

오른쪽 그림과 같이 세 직선이 한 점 O에서 만날 때, 다음 각의 크기를 구하시오.

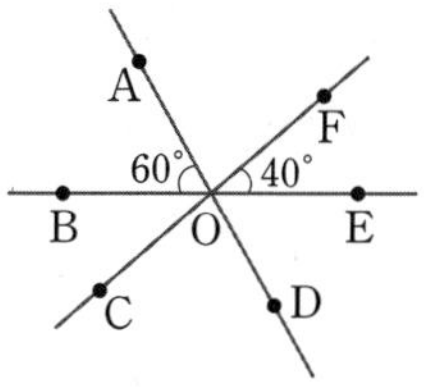

(1) ∠BOC (2) ∠DOE

(3) ∠AOF (4) ∠COE

49 ●○○

오른쪽 그림에서 $\angle x$의 크기를 구하시오.

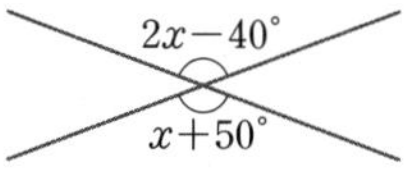

50 ●●○

다음 그림에서 $\angle x$의 크기를 구하시오.

(1)

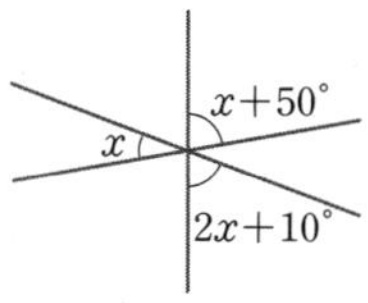

(2)

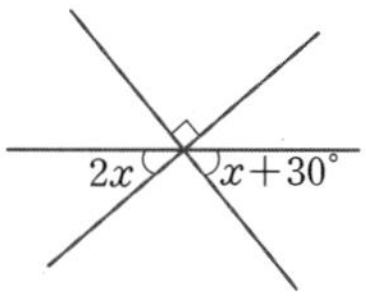

51 ●●○

오른쪽 그림에서

$\angle a : \angle b : \angle c = 3 : 2 : 1$일 때,

$\angle b$의 크기를 구하시오.

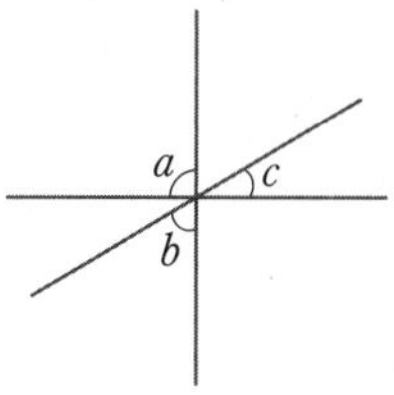

맞꼭지각의 쌍의 개수

개념북 21쪽

52 ●○○

오른쪽 그림과 같이 두 직선이 한 점 O에서 만날 때 생기는 맞꼭지각은 모두 몇 쌍인지 구하시오.

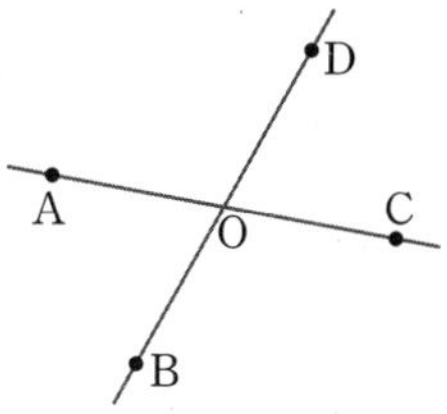

53 ●●○

오른쪽 그림과 같이 세 직선이 만날 때 생기는 맞꼭지각은 모두 몇 쌍인가?

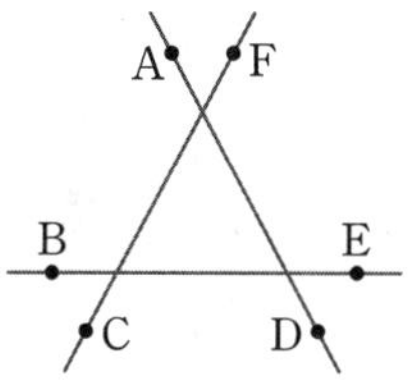

① 3쌍 ② 4쌍

③ 5쌍 ④ 6쌍

⑤ 7쌍

54 ●●○

오른쪽 그림과 같이 4개의 직선이 한 점에서 만날 때 생기는 맞꼭지각은 모두 몇 쌍인가?

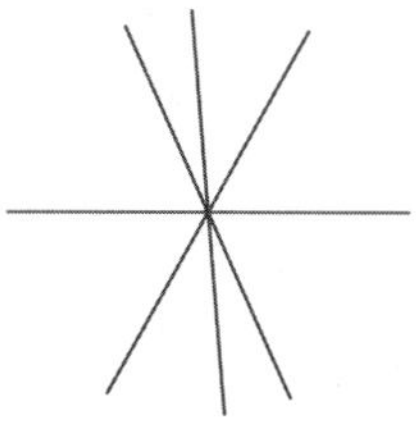

① 8쌍 ② 10쌍

③ 12쌍 ④ 14쌍

⑤ 16쌍

수직과 수선

개념북 23쪽

55 ●○○

오른쪽 그림에서 점 P와 직선 l 사이의 거리를 나타내는 것은?

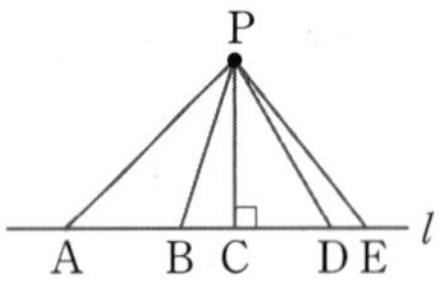

① $\overline{PA}$ ② $\overline{PB}$
③ $\overline{PC}$ ④ $\overline{PD}$
⑤ $\overline{PE}$

56 ●○○

오른쪽 그림에 대한 다음 설명 중 옳지 않은 것을 모두 고르면? (정답 2개)

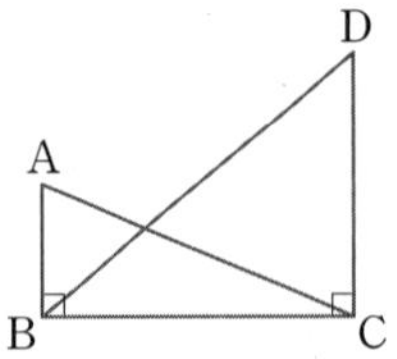

① $\overline{AB} \perp \overline{BC}$
② $\overline{AC} \perp \overline{CD}$
③ $\overline{BC}$의 수선은 $\overline{AB}$, $\overline{CD}$이다.
④ 점 B는 점 C에서 $\overline{AB}$에 내린 수선의 발이다.
⑤ 점 A와 $\overline{CD}$ 사이의 거리를 나타내는 선분은 $\overline{AC}$이다.

57 ●●○

오른쪽 그림과 같은 직각삼각형에서 다음을 구하시오.

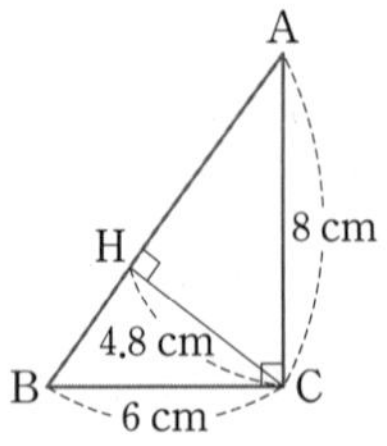

(1) 점 A에서 $\overline{BC}$에 내린 수선의 발
(2) 점 C와 $\overline{AB}$ 사이의 거리

맞꼭지각과 수직, 수선

개념북 23쪽

58 ●○○

오른쪽 그림에서 $\overleftrightarrow{AD} \perp \overleftrightarrow{BE}$이고 $\angle BOC = 30°$일 때, $\angle x - \angle y$의 크기는?

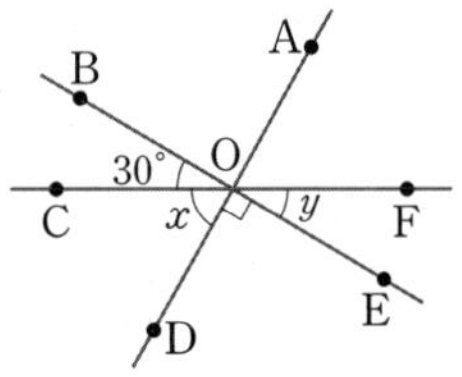

① 10° ② 15°
③ 20° ④ 25°
⑤ 30°

59 ●●○

오른쪽 그림에서 $\angle y - \angle x$의 크기는?

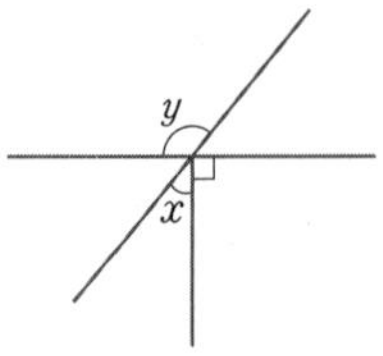

① 50° ② 60°
③ 80° ④ 90°
⑤ 105°

60 ●●○

오른쪽 그림에서 $\overleftrightarrow{AC} \perp \overrightarrow{OD}$이고 $\angle DOE = 30°$일 때, $\angle y - \angle x$의 크기는?

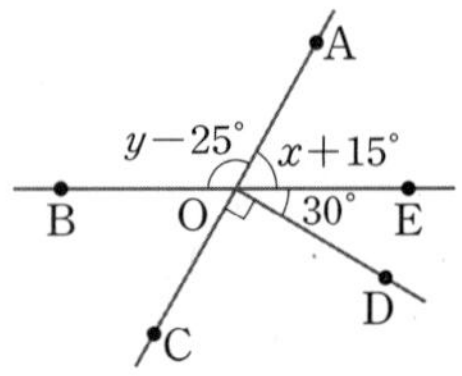

① 80° ② 90°
③ 100° ④ 110°
⑤ 120°

점과 직선의 위치 관계

개념북 25쪽

61 ●○○

오른쪽 그림에 대한 다음 설명 중 옳지 않은 것은?

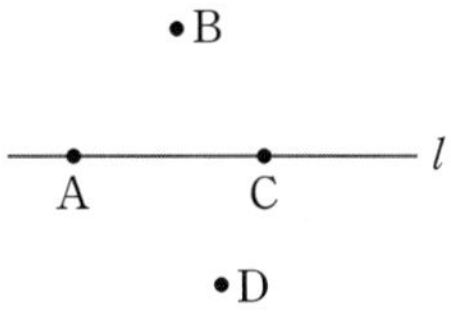

① 점 A는 직선 l 위에 있다.
② 점 B는 직선 l 위에 있지 않다.
③ 직선 l은 점 B를 지나지 않는다.
④ 점 D는 직선 l 위에 있지 않다.
⑤ 직선 l은 세 점 A, B, C를 지난다.

62 ●○○

오른쪽 그림에 대한 다음 설명 중 옳지 않은 것은?

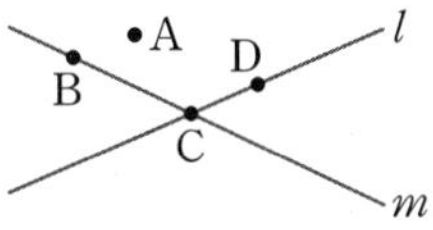

① 점 A는 직선 l 위에 있지 않다.
② 점 C는 두 직선 l, m 위에 있다.
③ 두 점 B, C는 직선 m 위에 있다.
④ 직선 l은 점 B를 지나지 않는다.
⑤ 점 D는 직선 l 위에 있지 않고, 직선 m 위에 있다.

63 ●●○

오른쪽 그림과 같이 직선 l이 평면 P 위에 있을 때 다섯 개의 점 A, B, C, D, E에 대하여 다음 **보기** 중 옳은 것을 모두 고르시오.

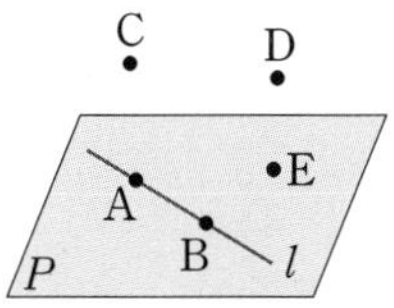

보기

ㄱ. 직선 l 위에 있지 않은 점은 2개이다.
ㄴ. 두 점 A, B만 평면 P 위에 있다.
ㄷ. 평면 P 위에 있지 않은 점은 점 C, 점 D이다.
ㄹ. 점 E는 평면 P 위에 있지만, 직선 l 위에 있지는 않다.

평면에서 두 직선의 위치 관계

개념북 25쪽

64 ●○○

다음 중 한 평면 위에 있는 두 직선의 위치 관계로 옳지 않은 것은?

① 일치한다.
② 평행하다.
③ 한 점에서 만난다.
④ 서로 직교한다.
⑤ 평행하지도 않고, 만나지도 않는다.

65 ●○○

오른쪽 그림의 평행사변형 ABCD에 대한 다음 설명 중 옳지 않은 것은?

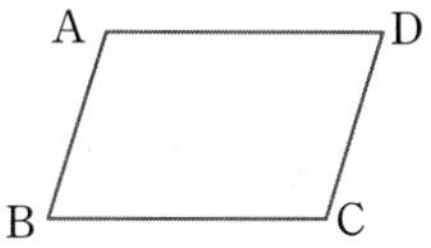

① $\overleftrightarrow{AB} /\!/ \overleftrightarrow{CD}$
② $\overleftrightarrow{AD} /\!/ \overleftrightarrow{BC}$
③ $\overleftrightarrow{CD}$는 점 A를 지난다.
④ 점 B는 $\overleftrightarrow{BC}$ 위에 있다.
⑤ $\overleftrightarrow{AD}$와 $\overleftrightarrow{CD}$의 교점은 점 D이다.

66 ●●○

한 평면 위에 있는 서로 다른 세 직선 l, m, n에 대하여 $l \perp m$, $m \perp n$일 때, 두 직선 l과 n의 위치 관계를 말하시오.

67 ●●○

오른쪽 그림과 같은 정팔각형에서 직선 AB와 한 점에서 만나는 직선은 모두 몇 개인지 구하시오.

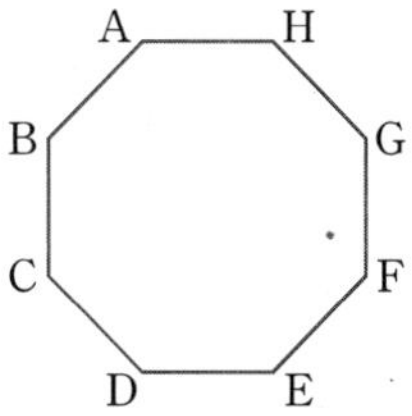

꼬인 위치에 있는 모서리

개념북 27쪽

68 ●○○

오른쪽 그림과 같은 삼각기둥에서 다음 중 모서리 DF와 꼬인 위치에 있는 모서리가 아닌 것을 모두 고르면? (정답 2개)

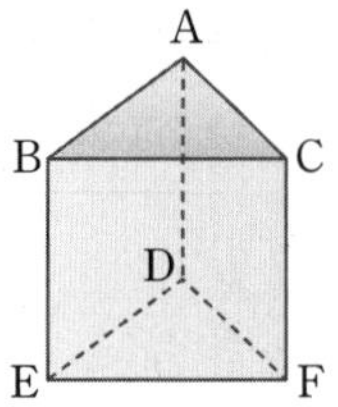

① 모서리 AB ② 모서리 AC
③ 모서리 AD ④ 모서리 BC
⑤ 모서리 BE

69 ●●○

오른쪽 그림과 같은 오각기둥에서 모서리 AF와 꼬인 위치에 있는 모서리를 모두 구하시오.

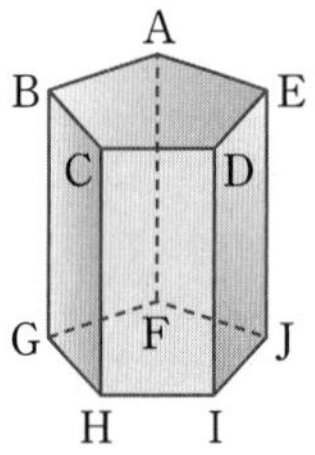

70 ●●●

오른쪽 그림은 직육면체를 세 꼭짓점 B, G, D를 지나는 평면으로 잘라내고 남은 입체도형이다. 이때 모서리 BG와 꼬인 위치에 있는 모서리의 개수는?

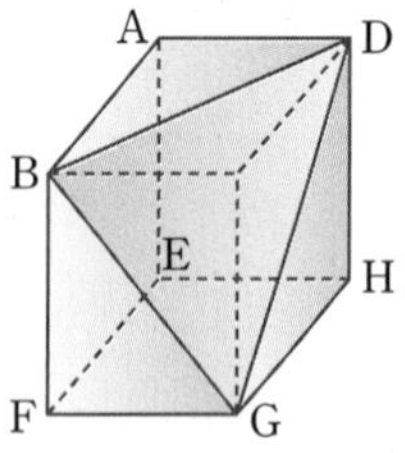

① 1 ② 2 ③ 3
④ 4 ⑤ 5

공간에서 두 직선의 위치 관계 (1)

개념북 27쪽

71 ●○○

오른쪽 그림과 같은 삼각기둥에 대하여 다음 두 모서리 사이의 위치 관계를 말하시오.

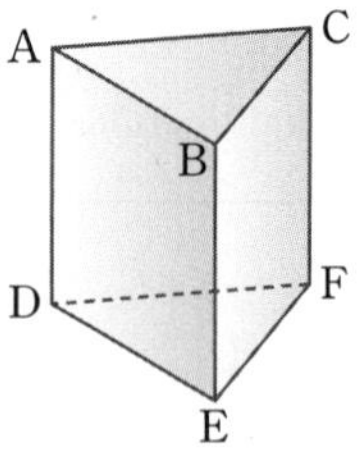

(1) 모서리 AB와 모서리 BE
(2) 모서리 BC와 모서리 EF
(3) 모서리 AC와 모서리 DE

72 ●●○

오른쪽 그림과 같은 정오각기둥에서 모서리 AF와 수직으로 만나는 모서리를 모두 구하시오.

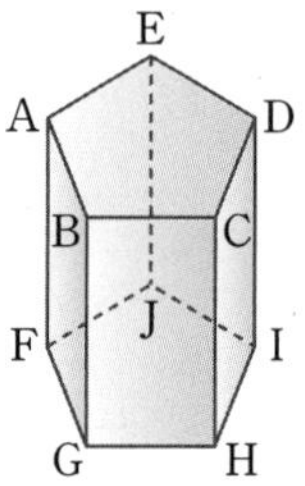

73 ●●○

오른쪽 그림은 정사각뿔을 밑면에 평행한 평면으로 잘라내고 남은 입체도형이다. 이때 모서리 BC와 평행한 모서리는 모두 몇 개인지 구하시오.

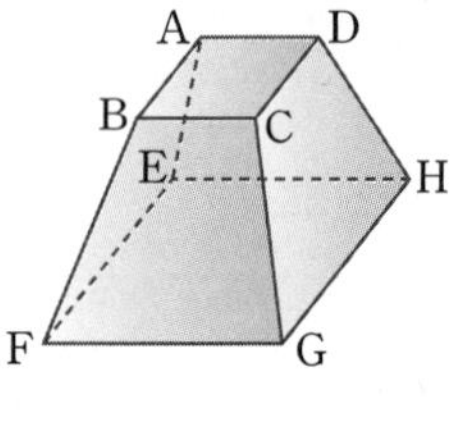

74 ●●○

오른쪽 그림과 같은 직육면체에서 $\overline{BD}$와 수직으로 만나는 모서리를 모두 구하시오.

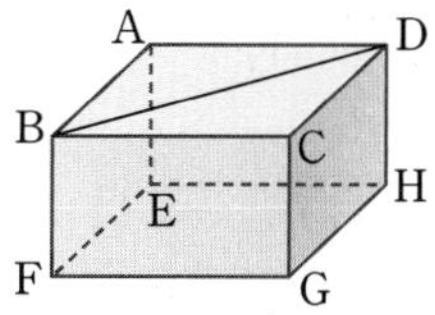

75 ●●○

오른쪽 그림과 같은 직육면체에서 모서리 BC와 한 점에서 만나는 모서리의 개수를 a, 모서리 AD에 평행한 모서리의 개수를 b, 모서리 DH와 꼬인 위치에 있는 모서리의 개수를 c라 할 때, $a+b+c$의 값을 구하시오.

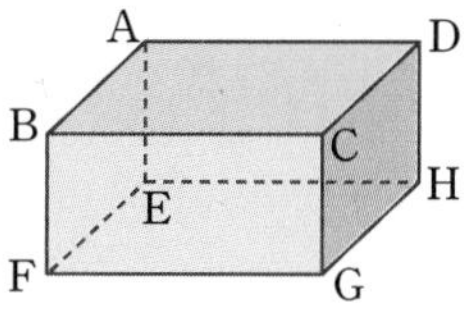

76 ●●●

오른쪽 그림과 같이 밑면이 사다리꼴인 사각기둥에서 모서리 BC와 평행한 모서리의 개수를 a, 모서리 AB와 꼬인 위치에 있는 모서리의 개수를 b라 할 때, $a-b$의 값을 구하시오.

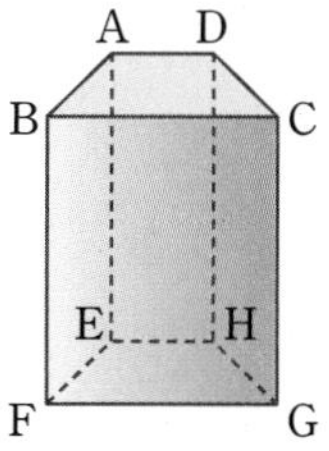

전개도에서 두 직선의 위치 관계

개념북 28쪽

77 ●●○

오른쪽 그림의 전개도를 접어서 만든 정육면체에 대하여 다음 중 모서리 BC와 꼬인 위치에 있는 모서리는?

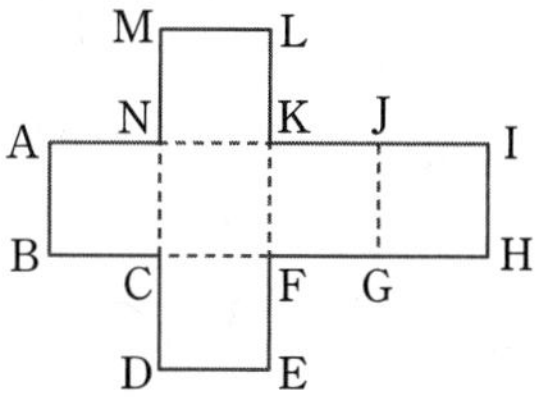

① 모서리 DE
② 모서리 CF
③ 모서리 HI
④ 모서리 LK
⑤ 모서리 NK

78 ●●○

오른쪽 그림과 같은 전개도로 만든 삼각기둥에서 모서리 AB와 평행한 모서리의 개수를 a, 모서리 HE와 꼬인 위치에 있는 모서리의 개수를 b라 할 때, $a+b$의 값을 구하시오.

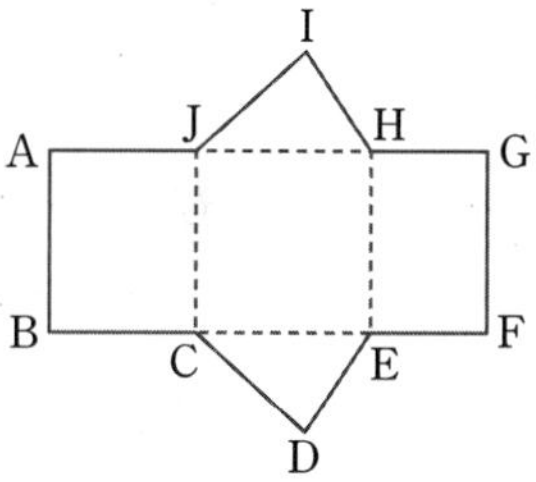

79 ●●●

다음 그림과 같은 전개도로 정팔면체를 만들었을 때, 모서리 AJ와 꼬인 위치에 있는 모서리가 아닌 것을 모두 고르면? (정답 2개)

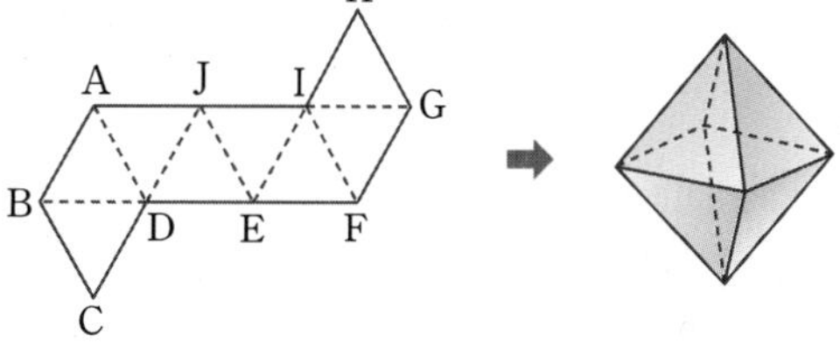

① $\overline{BC}$
② $\overline{DE}$
③ $\overline{EI}$
④ $\overline{BD}$
⑤ $\overline{GI}$

공간에서 두 직선의 위치 관계 (2)

개념북 28쪽

80 ●●○

다음 **보기** 중 공간에서 두 직선의 위치 관계에 대한 설명으로 옳은 것을 모두 고르시오.

보기

ㄱ. 서로 평행한 두 직선을 포함하는 평면은 없다.
ㄴ. 한 직선에 평행한 서로 다른 두 직선은 만나지 않는다.
ㄷ. 한 점에서 만나는 서로 다른 두 직선은 한 평면 위에 있다.
ㄹ. 만나지 않는 서로 다른 두 직선은 꼬인 위치에 있다.

81 ●●○

다음 중 공간에서 두 직선의 위치 관계에 대한 설명으로 옳은 것은?

① 한 직선에 수직인 서로 다른 두 직선은 서로 평행하다.
② 서로 다른 두 직선은 만나지 않으면 평행하다.
③ 한 직선에 평행한 서로 다른 두 직선은 평행하다.
④ 만나지 않는 두 직선을 포함하는 평면은 항상 존재한다.
⑤ 한 직선과 꼬인 위치에 있는 서로 다른 두 직선은 꼬인 위치에 있다.

82 ●●○

공간에서 두 직선의 위치 관계에 대한 다음 설명 중 옳지 않은 것을 모두 고르면? (정답 2개)

① 서로 만나지 않는 두 직선은 항상 평행하다.
② 두 직선이 한 점에서 만나면 한 평면 위에 있다.
③ 서로 평행한 두 직선은 한 평면 위에 있다.
④ 꼬인 위치에 있는 두 직선은 한 평면 위에 있다.
⑤ 꼬인 위치에 있는 두 직선은 서로 만나지 않는다.

공간에서 직선과 평면의 위치 관계

개념북 30쪽

83 ●●○

오른쪽 그림과 같은 오각기둥에서 다음 설명 중 옳은 것을 모두 고르면? (정답 2개)

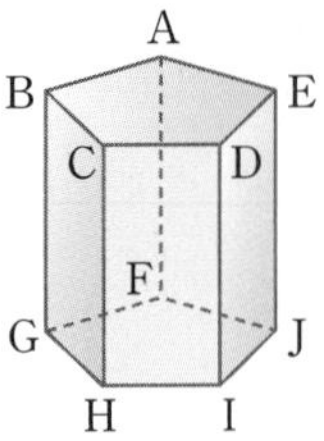

① 모서리 CH에 평행한 면은 2개이다.
② 면 ABCDE에 수직인 모서리는 5개이다.
③ 모서리 CD는 면 CHID와 일치한다.
④ 면 ABCDE에 평행한 모서리는 5개이다.
⑤ 모서리 AE는 면 CHID와 평행하다.

84 ●●○

오른쪽 그림과 같은 직육면체에 대한 다음 **보기**의 설명 중 옳은 것을 모두 고르시오.

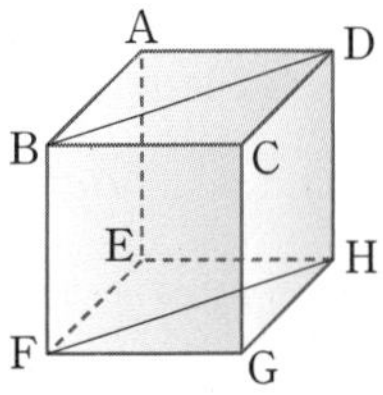

보기

ㄱ. 면 BFGC와 수직인 모서리는 2개이다.
ㄴ. 점 A와 $\overline{EF}$를 포함하는 면은 1개이다.
ㄷ. $\overline{BD}$와 평행한 면은 면 ABCD이다.
ㄹ. $\overline{CG}$와 수직인 면은 2개이다.

85 ●●○

오른쪽 그림과 같은 삼각기둥에서 면 ABC에 포함되는 모서리의 개수를 a, 면 DEF와 수직인 모서리의 개수를 b라 할 때, $a+b$의 값을 구하시오.

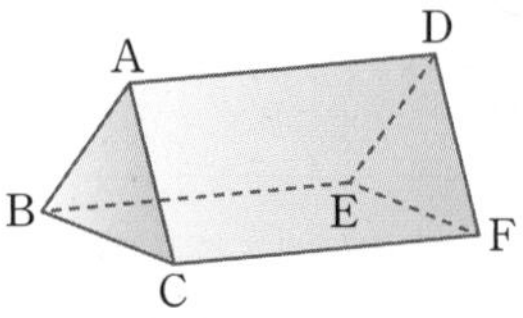

86 ●●○

오른쪽 그림의 전개도로 만든 삼각기둥에서 다음 중 면 CDE와 평행한 모서리가 <u>아닌</u> 것을 모두 고르면? (정답 2개)

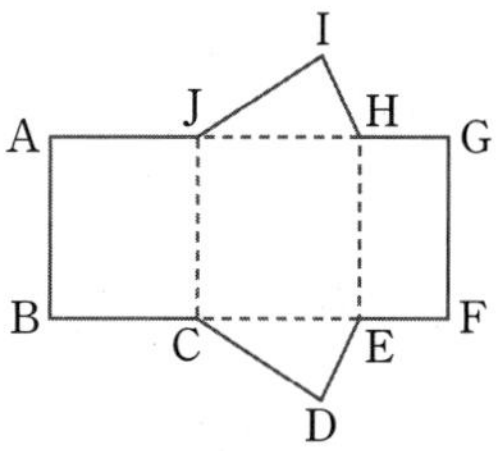

① 모서리 AJ ② 모서리 BC ③ 모서리 IH
④ 모서리 HG ⑤ 모서리 HE

87 ●●○

오른쪽 그림은 직육면체에서 삼각기둥을 잘라내고 남은 입체도형이다. 면 CGHD와 평행한 모서리는 모두 몇 개인가?

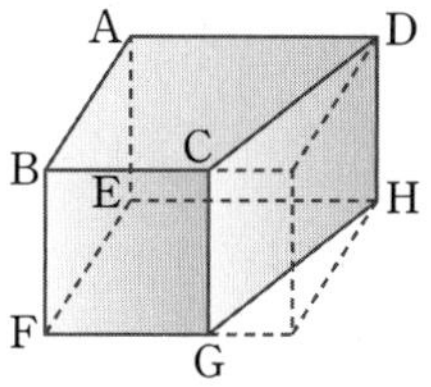

① 2개 ② 3개 ③ 4개
④ 5개 ⑤ 6개

88 ●●●

오른쪽 그림은 직육면체를 네 꼭짓점 A, F, G, D를 지나는 평면으로 잘라내고 남은 입체도형이다. 다음 설명 중 옳지 <u>않은</u> 것은?

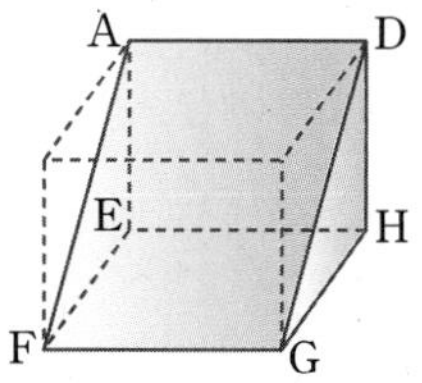

① 면 EFGH와 수직인 면은 3개이다.
② 면 AFGD와 평행한 모서리는 1개이다.
③ 모서리 AF와 꼬인 위치에 있는 모서리는 3개이다.
④ 면 DGH에 포함된 모서리는 3개이다.
⑤ 면 AFE에 수직인 모서리는 4개이다.

공간에서 여러 가지 위치 관계

개념북 30쪽

89 ●●○

오른쪽 그림의 전개도로 만든 정육면체에서 면 ABCN과 수직인 면이 <u>아닌</u> 것은?

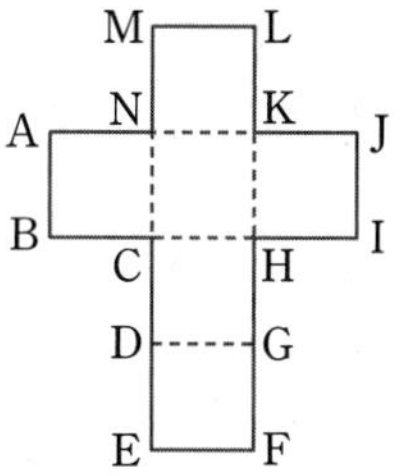

① 면 DEFG ② 면 CDGH
③ 면 NCHK ④ 면 MNKL
⑤ 면 KHIJ

90 ●●○

오른쪽 그림은 직육면체에서 삼각기둥을 잘라내고 남은 입체도형이다. 다음 중 면 DIJE와 수직인 면이 <u>아닌</u> 것은?

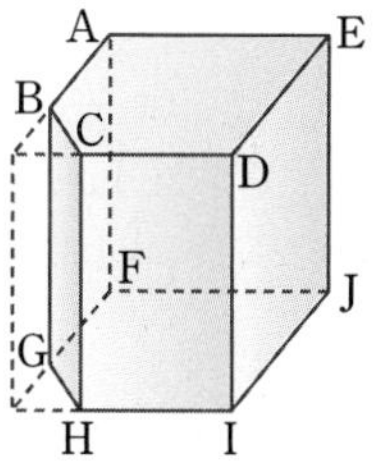

① 면 AFJE ② 면 BGHC
③ 면 CHID ④ 면 ABCDE
⑤ 면 FGHIJ

91 ●●○

서로 다른 세 평면 P, Q, R에 대하여 $P /\!/ Q$, $P \perp R$일 때, 두 평면 Q와 R의 위치 관계는?

① 일치한다. ② 수직이다.
③ 평행하다. ④ 꼬인 위치에 있다.
⑤ 포함된다.

92 ●●○

다음 중 공간에서 항상 평행한 것을 모두 고르면? (정답 2개)

① 한 직선에 수직인 서로 다른 두 평면
② 한 평면에 평행한 서로 다른 두 직선
③ 한 직선에 수직인 서로 다른 두 직선
④ 한 평면에 수직인 서로 다른 두 평면
⑤ 한 평면에 수직인 서로 다른 두 직선

93 ●●○

오른쪽 그림에서 직선 l은 평면 P에 포함되고 두 직선 m, n은 평면 Q에 포함된다. $P\perp Q$, $l\perp\overleftrightarrow{AB}$일 때, 다음 중 옳지 <u>않은</u> 것을 모두 고르면? (정답 2개)

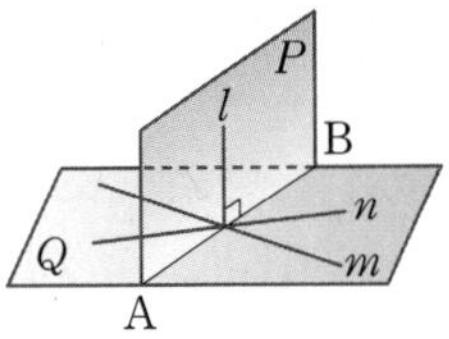

① $l\perp m$ ② $l\perp n$ ③ $l\perp Q$
④ $\overleftrightarrow{AB}\perp m$ ⑤ $\overleftrightarrow{AB}\perp n$

94 ●●●

공간에 서로 다른 두 직선 l, m과 서로 다른 세 평면 P, Q, R가 있다. 다음 중 옳은 것을 모두 고르면? (정답 2개)

① $l /\!/ P$, $m /\!/ P$이면 $l /\!/ m$이다.
② $l /\!/ P$, $m\perp P$이면 $l\perp m$이다.
③ $l\perp P$, $l\perp Q$이면 $P /\!/ Q$이다.
④ $P\perp Q$, $Q /\!/ R$이면 $P\perp R$이다.
⑤ $P\perp Q$, $Q\perp R$이면 $P\perp R$이다.

동위각, 엇각의 크기

개념북 32쪽

95 ●○○

오른쪽 그림에 대하여 다음 중 동위각끼리, 엇각끼리 각각 바르게 짝 지어진 것은?

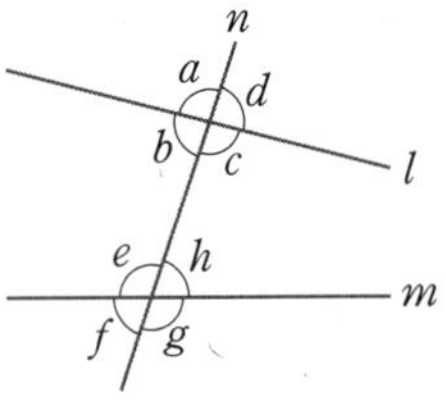

	동위각	엇각
①	$\angle a$와 $\angle c$	$\angle a$와 $\angle h$
②	$\angle a$와 $\angle h$	$\angle d$와 $\angle e$
③	$\angle b$와 $\angle e$	$\angle c$와 $\angle e$
④	$\angle b$와 $\angle f$	$\angle c$와 $\angle e$
⑤	$\angle d$와 $\angle h$	$\angle b$와 $\angle g$

96 ●●○

오른쪽 그림에서 다음을 구하시오.

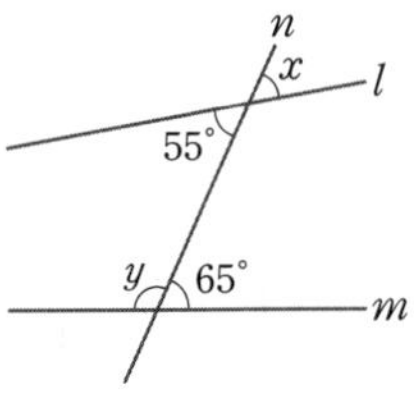

(1) $\angle x$의 동위각의 크기
(2) $\angle y$의 엇각의 크기

97 ●●○

오른쪽 그림에 대하여 다음 중 옳지 <u>않은</u> 것은?

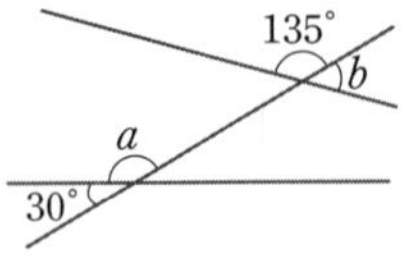

① $\angle b$의 크기는 45°이다.
② $\angle a$의 맞꼭지각의 크기는 150°이다.
③ $\angle a$의 동위각의 크기는 135°이다.
④ $\angle b$의 동위각의 크기는 45°이다.
⑤ $\angle a$의 엇각의 크기는 135°이다.

세 직선이 세 점에서 만날 때, 동위각, 엇각의 크기

개념북 32쪽

98 ●●○

다음 중 오른쪽 그림에서 $\angle d$의 동위각을 모두 고른 것은?

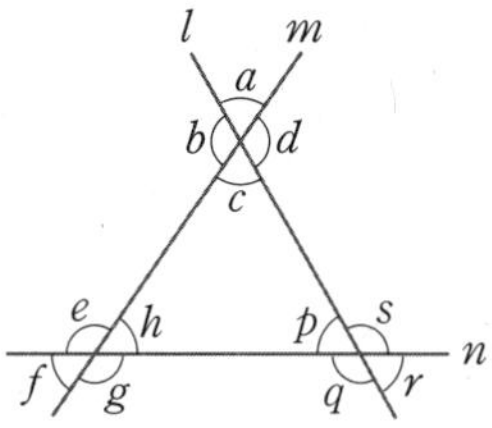

① $\angle g$, $\angle r$　② $\angle g$, $\angle s$
③ $\angle h$, $\angle r$　④ $\angle h$, $\angle s$
⑤ $\angle e$, $\angle q$

99 ●●○

다음 중 오른쪽 그림에서 $\angle f$의 엇각을 모두 고른 것은?

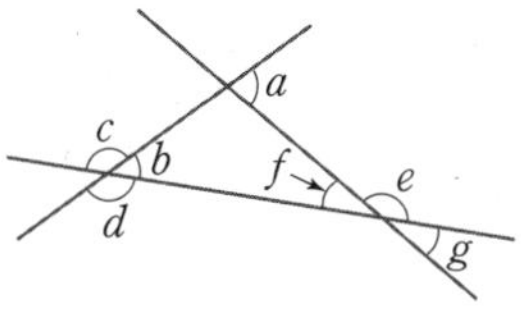

① $\angle a$, $\angle b$
② $\angle a$, $\angle c$
③ $\angle a$, $\angle d$
④ $\angle b$, $\angle g$
⑤ $\angle d$, $\angle e$

100 ●●○

오른쪽 그림에서 $\angle a$의 모든 동위각의 크기의 합은?

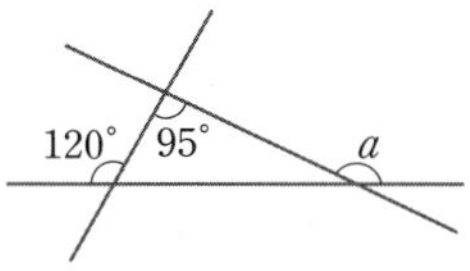

① 145°　② 155°
③ 190°　④ 215°
⑤ 230°

평행선에서 동위각, 엇각의 크기

개념북 34쪽

101 ●○○

오른쪽 그림에서 $l /\!/ m$일 때, $\angle x+\angle y$의 크기는?

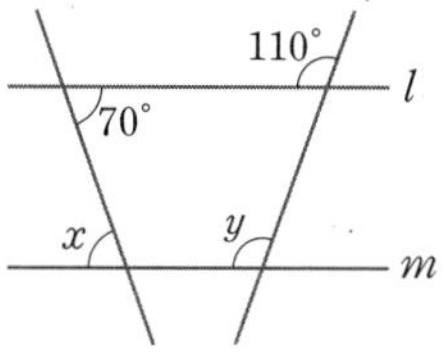

① 170°　② 180°
③ 190°　④ 200°
⑤ 210°

102 ●○○

오른쪽 그림에서 $l /\!/ m$일 때, $\angle a+\angle b$의 크기를 구하시오.

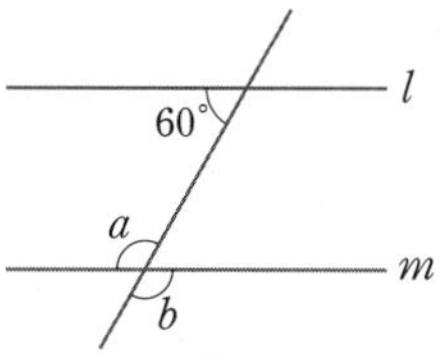

103 ●●○

오른쪽 그림에서 $l /\!/ m$일 때, $\angle x+\angle y$의 크기는?

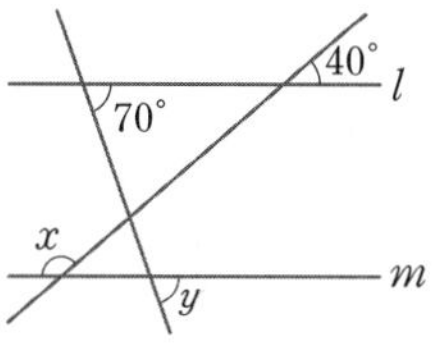

① 110°　② 130°
③ 170°　④ 210°
⑤ 250°

104 ●●○

오른쪽 그림에서 $l /\!/ m$, $n /\!/ k$일 때, $\angle a-\angle b$의 크기는?

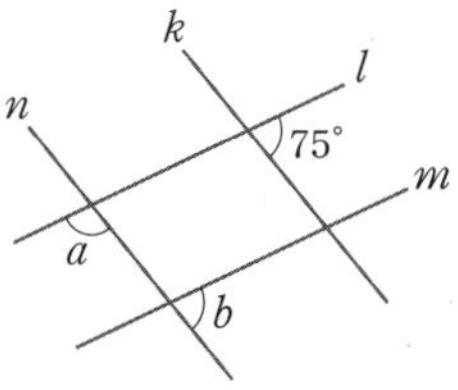

① 20°　② 25°
③ 30°　④ 35°
⑤ 40°

105 ●●○

오른쪽 그림에서 $l /\!/ m$일 때, $\angle x - \angle y$의 크기를 구하시오.

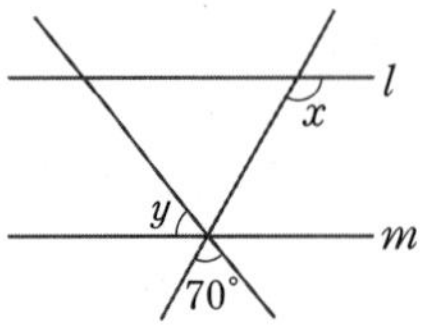

106 ●●○

오른쪽 그림에서 $l /\!/ m /\!/ n$일 때, $\angle x - \angle y$의 크기는?

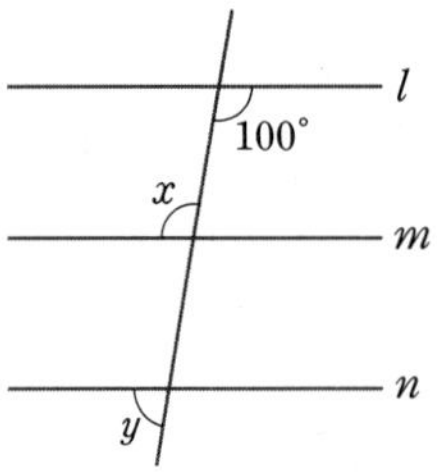

① 20° ② 30°
③ 40° ④ 50°
⑤ 60°

107 ●●○

오른쪽 그림에서 $l /\!/ m$, $n /\!/ k$일 때, $\angle x + \angle y$의 크기는?

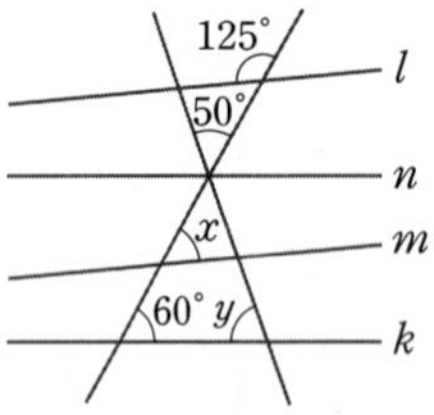

① 125° ② 130°
③ 135° ④ 140°
⑤ 145°

평행선에서 삼각형의 성질

개념북 34쪽

108 ●●○

오른쪽 그림에서 $l /\!/ m$일 때, $\angle x$의 크기를 구하시오.

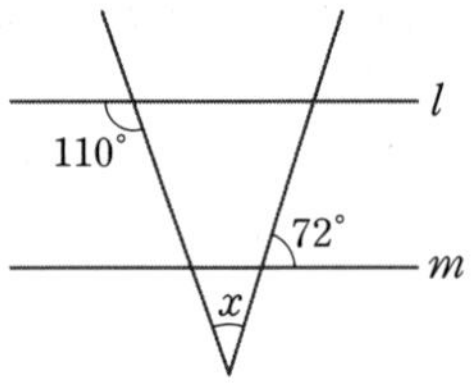

109 ●●○

오른쪽 그림에서 $l /\!/ m$일 때, $\angle x$의 크기를 구하시오.

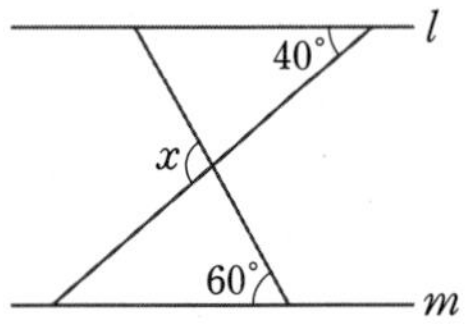

110 ●●○

오른쪽 그림에서 $l /\!/ m$일 때, $\angle x$의 크기를 구하시오.

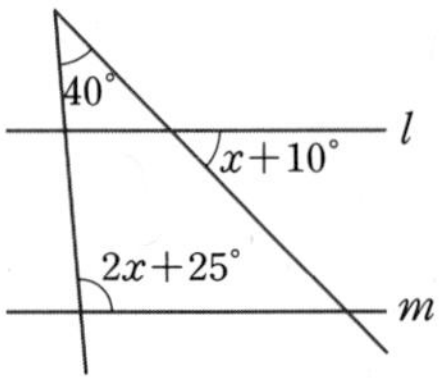

111 ●●●

오른쪽 그림에서 $l /\!/ m$이고, 삼각형 ABC가 정삼각형일 때, $\angle x - \angle y$의 크기를 구하시오.

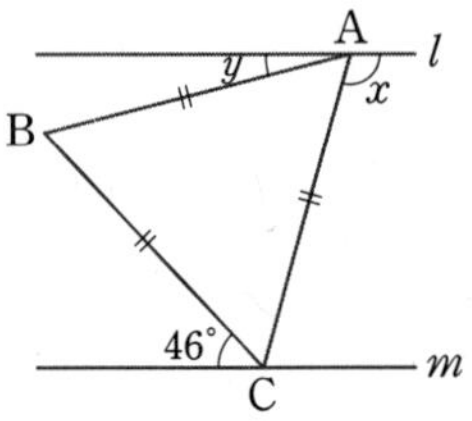

평행선이 되기 위한 조건

개념북 35쪽

112 ●○○

다음 중 두 직선 l과 m이 서로 평행하지 <u>않은</u> 것은?

①
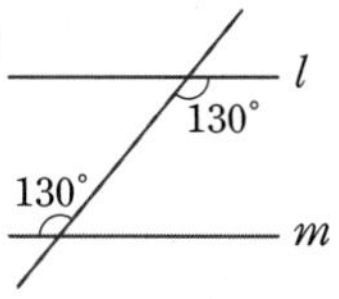

②
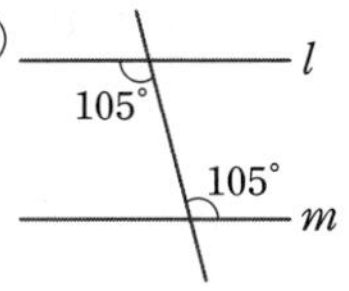

③
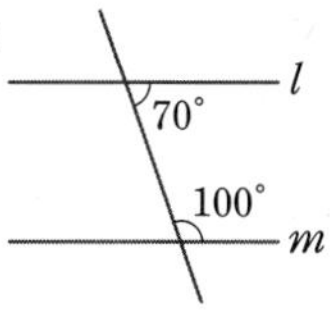

④
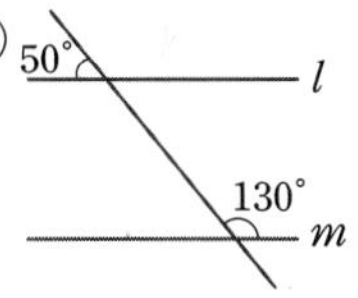

⑤
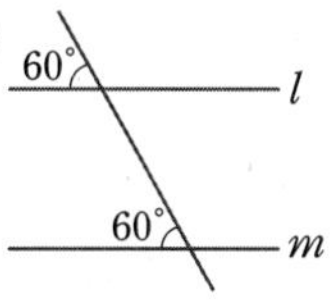

113 ●●○

오른쪽 그림에서 평행한 두 직선을 모두 찾으면? (정답 2개)

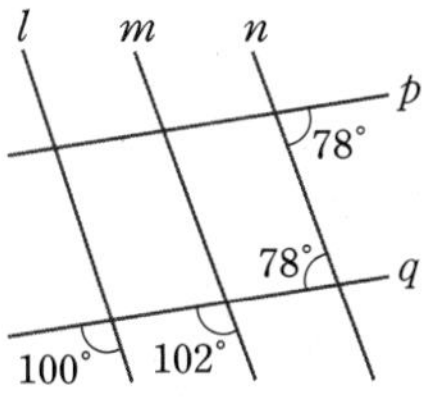

① l, m　② l, n
③ m, n　④ l, p
⑤ p, q

114 ●●○

다음 중 옳은 것을 모두 고르면? (정답 2개)

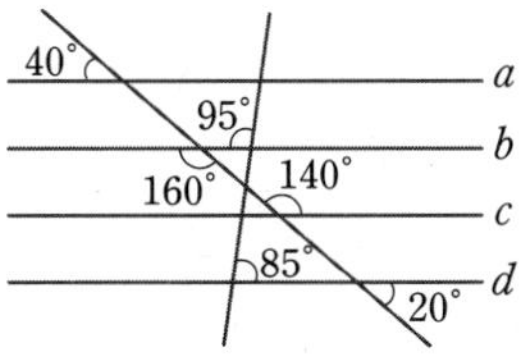

① $a /\!/ c$　② $a /\!/ d$　③ $b /\!/ c$
④ $b /\!/ d$　⑤ $c /\!/ d$

평행선에서 보조선을 1개 긋는 경우

개념북 35쪽

115 ●●○

오른쪽 그림에서 $l /\!/ m$일 때, $\angle x$의 크기는?

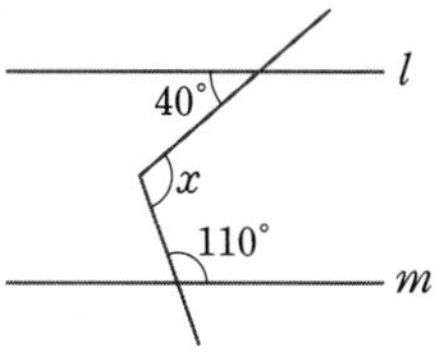

① 100°　② 105°
③ 110°　④ 115°
⑤ 120°

116 ●●○

오른쪽 그림에서 $l /\!/ m$일 때, $\angle x$의 크기는?

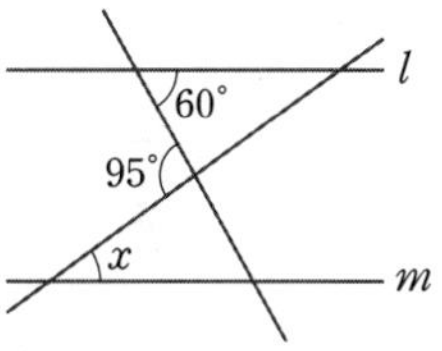

① 20°　② 25°
③ 30°　④ 35°
⑤ 40°

117 ●●●

오른쪽 그림에서 $l /\!/ m$이고

$\angle BAC = \frac{2}{3}\angle BAD$,

$\angle ABC = \frac{2}{3}\angle ABE$일 때,

$\angle ACB$의 크기는?

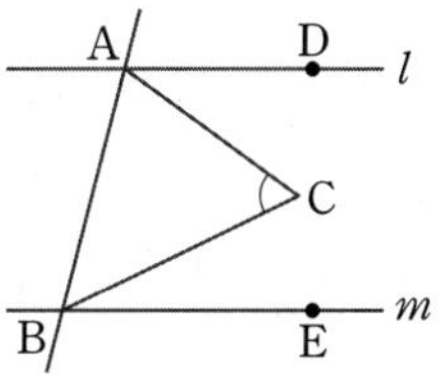

① 55°　② 60°　③ 65°
④ 70°　⑤ 75°

평행선에서 보조선을 2개 긋는 경우

개념북 36쪽

118 ●●○

오른쪽 그림에서 $l /\!/ m$일 때, $\angle x$의 크기를 구하시오.

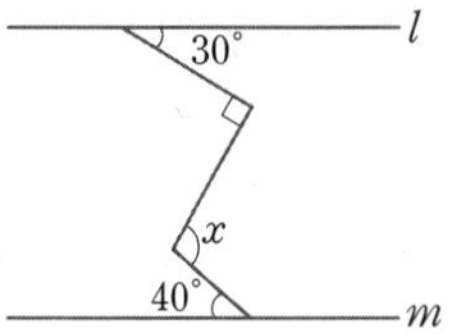

119 ●●○

오른쪽 그림에서 $l /\!/ m$일 때, $\angle x$의 크기를 구하시오.

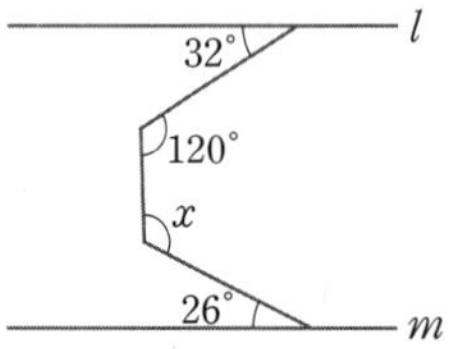

120 ●●○

오른쪽 그림에서 $l /\!/ m$일 때, $\angle x$의 크기를 구하시오.

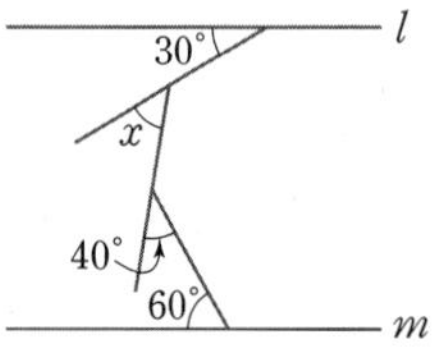

121 ●●●

오른쪽 그림에서 $l /\!/ m$일 때, $\angle x + \angle y$의 크기는?

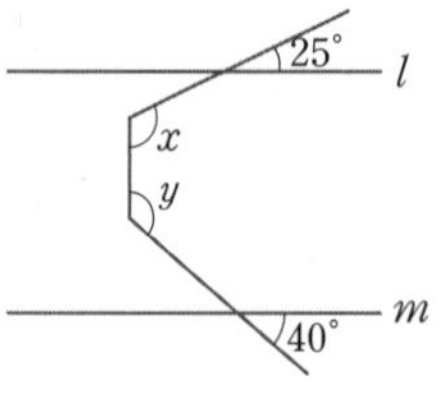

① 240° ② 245°
③ 250° ④ 255°
⑤ 260°

종이 접기

개념북 37쪽

122 ●●○

오른쪽 그림과 같이 직사각형 모양의 종이 테이프를 접었다. $\angle \mathrm{EGC} = 130°$일 때, $\angle x$의 크기를 구하시오.

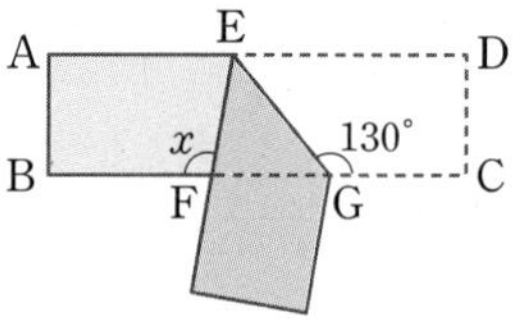

123 ●●○

오른쪽 그림과 같이 직사각형 모양의 종이 테이프를 접었다. $\angle \mathrm{DFG} = 115°$일 때, $\angle x$의 크기를 구하시오.

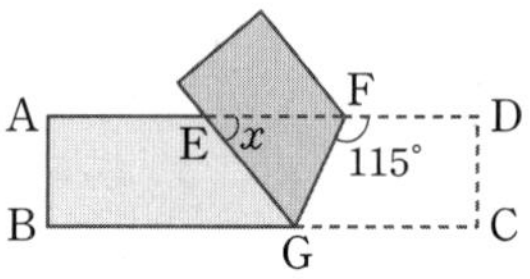

124 ●●○

오른쪽 그림과 같이 직사각형 모양의 종이를 접었을 때, $\angle x$의 크기는?

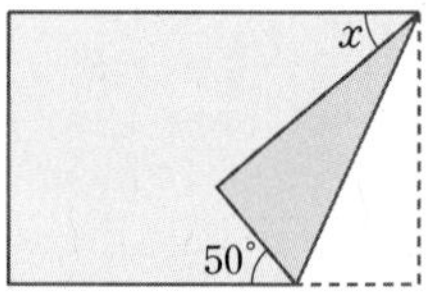

① 30° ② 35°
③ 40° ④ 45°
⑤ 50°

125 ●●●

오른쪽 그림과 같이 직사각형 모양의 종이를 접었을 때, $\angle x + \angle y$의 크기를 구하시오.

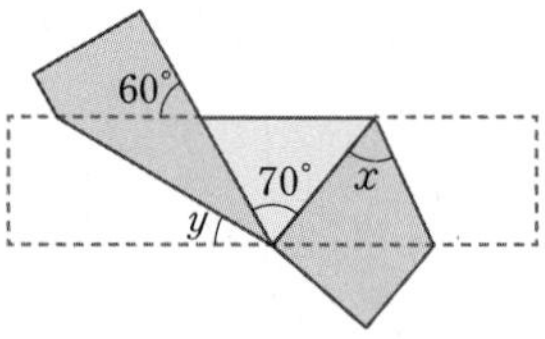

개념완성익힘

1

오른쪽 그림과 같은 오각뿔에서 교점과 교선의 개수의 합은?

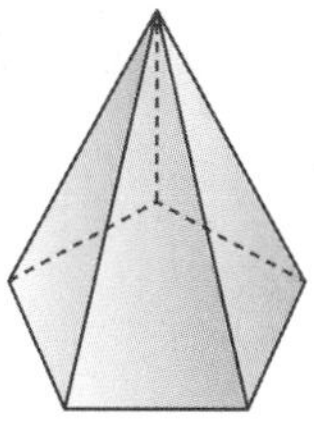

① 13　　② 14
③ 15　　④ 16
⑤ 17

2

오른쪽 그림과 같이 직선 l 위에 네 점 A, B, C, D가 있을 때, 다음 중 옳지 않은 것은?

① $\overleftrightarrow{AB}=\overleftrightarrow{BC}$　② $\overleftrightarrow{AD}=\overleftrightarrow{CD}$　③ $\overrightarrow{AB}=\overrightarrow{AD}$
④ $\overrightarrow{CB}=\overrightarrow{CD}$　⑤ $\overline{BD}=\overline{DB}$

3 실력UP

오른쪽 그림에서
$\angle AOC=2\angle COD$,
$\angle BOE=2\angle DOE$일 때,
$\angle COE$의 크기는?

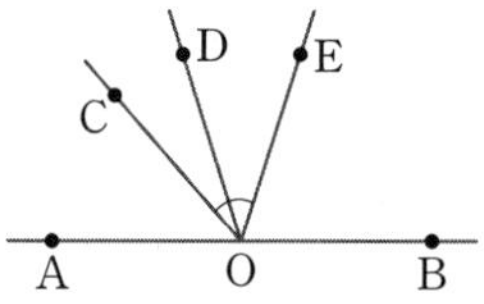

① 40°　② 45°　③ 50°
④ 55°　⑤ 60°

4

오른쪽 그림에서 $\angle AOC$의 맞꼭지각의 크기는?

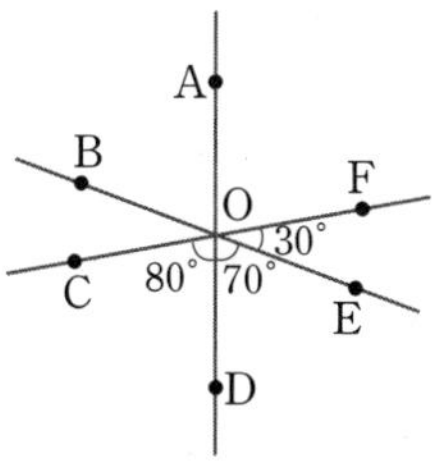

① 30°　② 40°
③ 70°　④ 80°
⑤ 100°

5

오른쪽 그림에서 $\angle POB=90°$일 때, 다음 중 옳지 않은 것은?

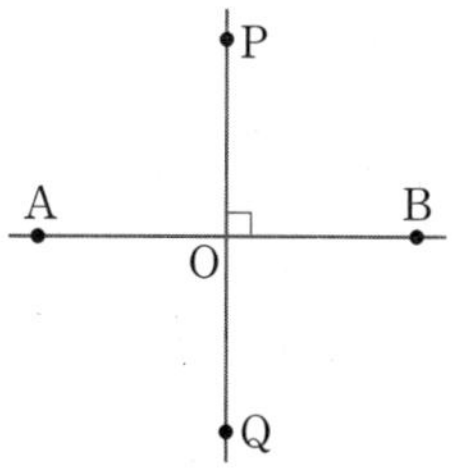

① $\angle AOQ=90°$
② $\overleftrightarrow{PQ}\perp\overleftrightarrow{AB}$
③ $\overline{AO}=\overline{BO}$
④ $\overleftrightarrow{AB}$와 $\overleftrightarrow{PQ}$는 직교한다.
⑤ $\overleftrightarrow{AB}$의 수선은 $\overleftrightarrow{PQ}$이다.

6

오른쪽 그림에 대하여 다음 설명 중 옳지 않은 것은?

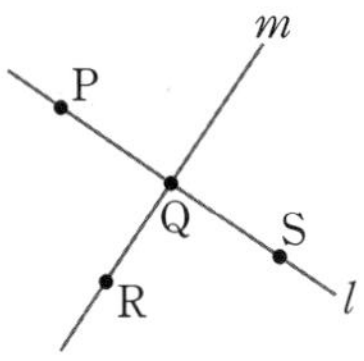

① 점 P는 직선 l 위에 있다.
② 점 R는 직선 l 위에 있지 않다.
③ 두 직선 l, m은 점 Q에서 만난다.
④ 세 점 P, Q, S는 직선 l 위에 있다.
⑤ 두 점 P, S는 직선 m 위에 있다.

7

다음 중 한 평면이 결정되기 위한 조건이 아닌 것을 모두 고르면? (정답 2개)

① 평행한 두 직선이 주어질 때
② 한 점에서 만나는 두 직선이 주어질 때
③ 한 직선과 그 직선 위에 있지 않은 한 점이 주어질 때
④ 꼬인 위치에 있는 두 직선이 주어질 때
⑤ 한 직선 위에 있는 세 점이 주어질 때

8

오른쪽 그림과 같은 직육면체에서 점 D와 면 BFGC 사이의 거리는?

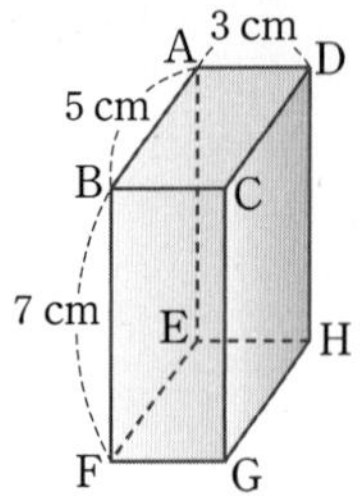

① 3 cm ② 4 cm
③ 5 cm ④ 6 cm
⑤ 7 cm

9

오른쪽 그림과 같이 두 직선 l, m이 다른 한 직선 n과 만날 때, 다음 중 옳지 않은 것은?

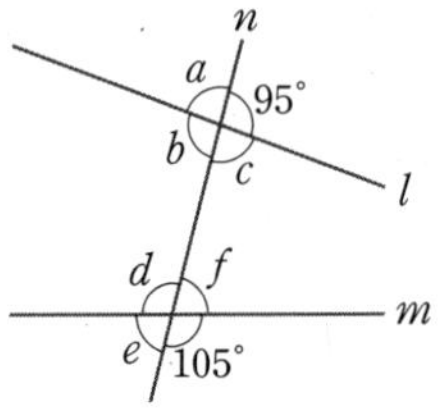

① $\angle a$의 동위각의 크기는 105°이다.
② $\angle e$의 동위각의 크기는 95°이다.
③ $\angle b$의 동위각의 크기는 75°이다.
④ $\angle c$의 엇각의 크기는 105°이다.
⑤ $\angle d$의 엇각의 크기는 95°이다.

10

오른쪽 그림에서 $l /\!/ m$일 때, $\angle x - \angle y$의 크기는?

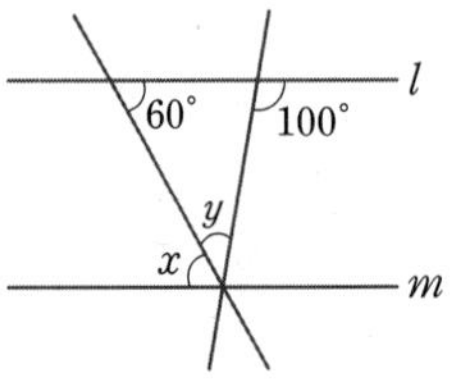

① 10° ② 15°
③ 20° ④ 25°
⑤ 30°

11

오른쪽 그림에서 $l /\!/ m$일 때, $\angle x$의 크기는?

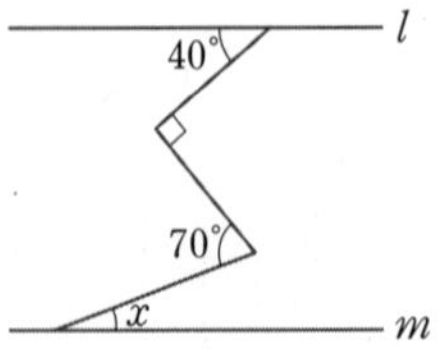

① 15° ② 20°
③ 25° ④ 30°
⑤ 35°

서술형

12

오른쪽 그림에서 점 M은 $\overline{\mathrm{AB}}$의 중점이고, 점 N은 $\overline{\mathrm{AM}}$의 중점이다. $\overline{\mathrm{AB}}=16$ cm일 때, $\overline{\mathrm{NB}}$의 길이를 구하기 위한 풀이 과정을 쓰고 답을 구하시오.

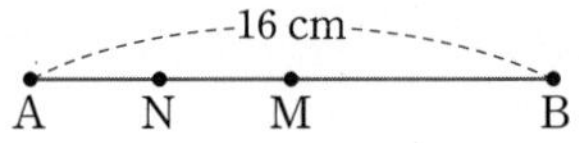

13

오른쪽 그림과 같이 밑면이 정오각형인 오각기둥에서 모서리 AB와 수직으로 만나는 모서리의 개수를 a, 평행한 모서리의 개수를 b, 꼬인 위치에 있는 모서리의 개수를 c라 할 때, $a+b+c$의 값을 구하기 위한 풀이 과정을 쓰고 답을 구하시오.

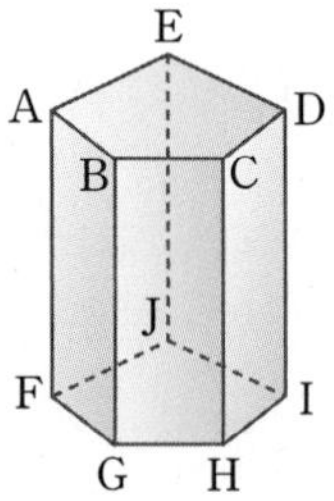

14

오른쪽 그림과 같이 직사각형 모양의 종이를 접었다. $\angle \mathrm{DEF}=70°$일 때, $\angle \mathrm{EGF}$의 크기를 구하기 위한 풀이 과정을 쓰고 답을 구하시오.

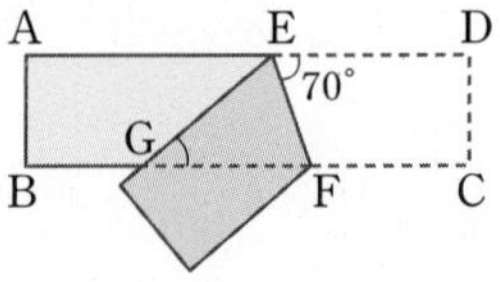

2 작도와 합동

개념적용익힘

길이가 같은 선분의 작도

개념북 47쪽

1 ●○○

다음은 선분 AB와 길이가 같은 선분 PQ를 작도하는 과정이다. 작도 순서를 바르게 나열하시오.

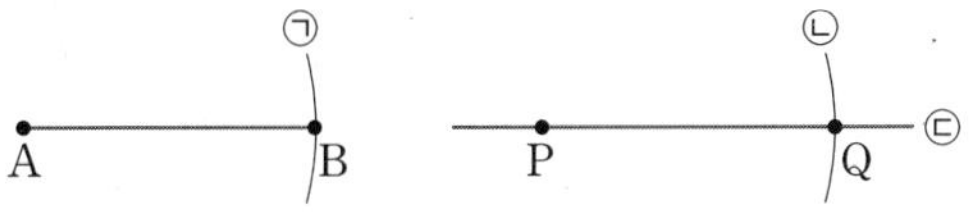

2 ●●○

오른쪽 그림은 선분 AB를 점 B의 방향으로 연장하여 그 길이가 선분 AB의 2배가 되는 선분 AC를 작도한 것이다. 다음 설명 중 옳은 것은?

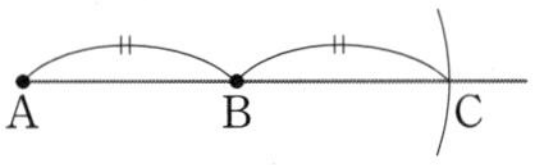

① 주어진 선분 AB의 길이를 자로 정확히 재어 2배로 연장하여 그린다.
② 선분 AC는 컴퍼스만으로도 작도가 가능하다.
③ 선분 AB의 길이는 선분 BC의 길이의 2배이다.
④ 컴퍼스를 사용하여 점 B를 중심으로 선분 AB의 길이를 반지름으로 하는 원을 그린다.
⑤ 컴퍼스를 사용하여 점 A를 중심으로 반지름의 길이가 선분 AB의 길이의 2배인 원을 그린다.

평행선의 작도

개념북 47쪽

3 ●○○

오른쪽 그림은 점 P를 지나고 직선 l에 평행한 직선을 작도한 것이다. 다음 **보기**에서 옳은 것을 고르시오.

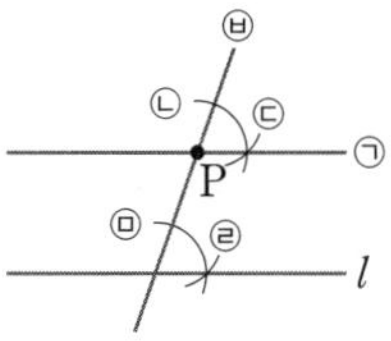

보기

ㄱ. 두 직선이 한 직선과 만날 때 동위각의 크기가 같으면 두 직선은 평행하다는 성질을 이용한다.
ㄴ. 눈금 없는 자와 각도기가 사용된다.
ㄷ. 작도 순서는 ㉥ → ㉤ → ㉡ → ㉢ → ㉣ → ㉠이다.

4 ●●○

오른쪽 그림은 직선 l 밖의 한 점 P를 지나고 직선 l과 평행한 직선을 작도한 것이다. 다음 중 옳지 않은 것은?

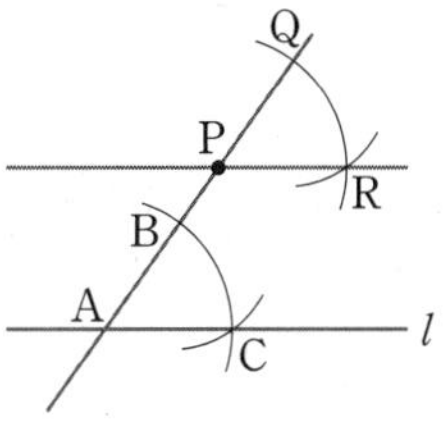

① $\overline{AB}=\overline{AC}$
② $\overline{AC}=\overline{PR}$
③ $\overline{AC}=\overline{QR}$
④ $\overleftrightarrow{PR} /\!/ l$
⑤ $\angle QPR=\angle BAC$

5 ●●○

오른쪽 그림은 직선 l 밖의 한 점 P를 지나고 직선 l에 평행한 직선 m을 작도한 것이다. 어떤 성질을 이용하여 작도한 것인지 말하시오.

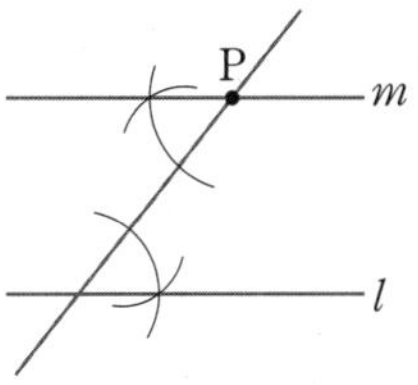

삼각형의 대각과 대변

개념북 49쪽

6 ●○○

오른쪽 그림의 $\triangle ABC$에서 다음을 구하시오.

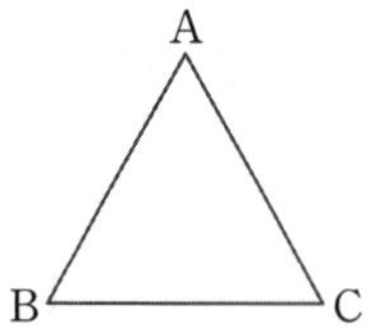

(1) $\angle B$의 대변

(2) $\overline{AB}$의 대각

7 ●○○

오른쪽 그림의 $\triangle ABC$에서 다음을 구하시오.

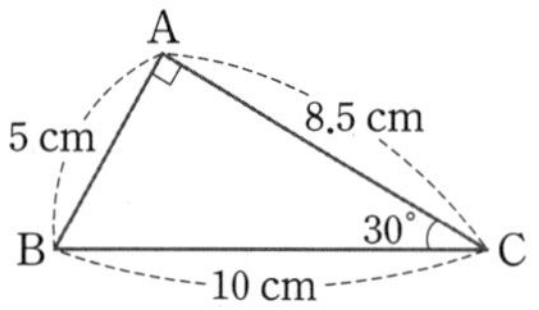

(1) $\angle A$의 대변의 길이

(2) $\overline{AB}$의 대각의 크기

(3) $\overline{BC}$의 대각의 크기

8 ●●○

오른쪽 그림의 $\triangle ABC$에 대한 다음 설명 중 옳지 않은 것은?

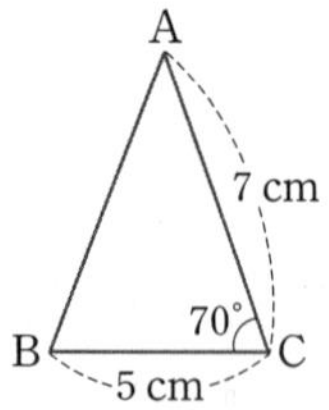

① $\angle A$의 대변은 $\overline{BC}$이다.

② $\angle B$의 대변의 길이는 7 cm이다.

③ $\overline{AB}$의 대각의 크기는 70°이다.

④ $\overline{BC}$의 대각은 $\angle C$이다.

⑤ $\overline{AC}$의 대각은 $\angle B$이다.

삼각형이 될 수 있는 조건

개념북 49쪽

9 ●○○

세 선분의 길이가 다음과 같을 때, 삼각형을 만들 수 있으면 ○표를, 만들 수 없으면 ×표를 ( ) 안에 써넣으시오.

(1) 1 cm, 4 cm, 7 cm ( )

(2) 3 cm, 3 cm, 6 cm ( )

(3) 6 cm, 8 cm, 9 cm ( )

(4) 9 cm, 9 cm, 9 cm ( )

(5) 5 cm, 6 cm, 15 cm ( )

10 ●●○

세 변의 길이가 다음과 같을 때, 삼각형을 만들 수 없는 것을 모두 고르면? (정답 2개)

① 3 cm, 8 cm, 12 cm

② 2 cm, 3 cm, 4 cm

③ 7 cm, 7 cm, 12 cm

④ 2 cm, 4 cm, 6 cm

⑤ 5 cm, 7 cm, 10 cm

11 ●●●

길이가 각각 1 cm, 2 cm, 3 cm, 4 cm, 5 cm인 다섯 개의 선분이 주어졌을 때, 이 중에서 세 개의 선분을 선택하여 만들 수 있는 삼각형은 모두 몇 개인지 구하시오.

삼각형에서 미지수의 범위

개념북 50쪽

12 ●●○

삼각형의 세 변의 길이가 각각 3, 4, x일 때, x의 값이 될 수 있는 자연수의 개수는?

① 2 ② 3 ③ 4
④ 5 ⑤ 6

13 ●●○

삼각형의 세 변의 길이가 각각 4, 7, a일 때, 다음 중 a의 값이 될 수 없는 자연수는?

① 4 ② 6 ③ 8
④ 10 ⑤ 12

14 ●●●

삼각형의 세 변의 길이가 각각 x, $x+4$, $x+8$일 때, 다음 중 x의 값이 될 수 없는 자연수는?

① 4 ② 5 ③ 6
④ 7 ⑤ 8

삼각형의 작도

개념북 50쪽

15 ●●○

다음은 세 변의 길이 a, b, c가 주어질 때, △ABC를 작도하는 과정이다. □ 안에 알맞은 것으로 옳지 않은 것은?

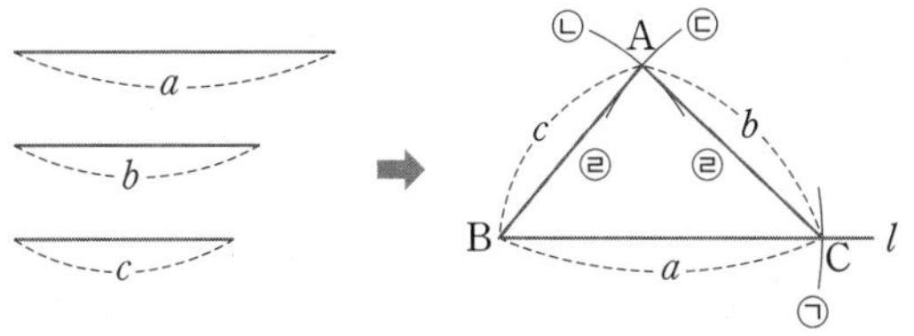

㉠ 점 B를 지나는 직선 l 위에 길이가 a가 되도록 점 ①를 잡는다.
㉡ 점 B를 중심으로 반지름의 길이가 ②인 원을 그린다.
㉢ 점 C를 중심으로 반지름의 길이가 ③인 원을 그린다.
㉣ 두 점 B, C를 각각 중심으로 하는 두 원의 교점을 점 ④라 하고, $\overline{AB}$, $\overline{AC}$를 이으면 ⑤가 된다.

① C ② b ③ b
④ A ⑤ △ABC

16 ●●○

다음과 같이 변의 길이 또는 각의 크기가 주어졌을 때, 오른쪽 그림과 같은 삼각형을 하나로 작도할 수 있으면 ○표, 작도할 수 없으면 ×표를 ( ) 안에 써넣으시오.

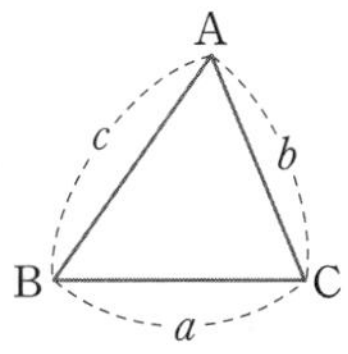

(1) 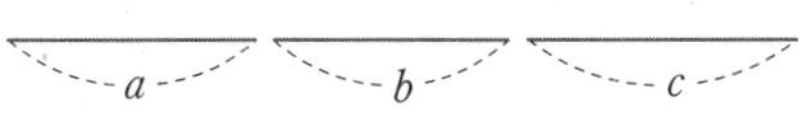 ( )

(2) 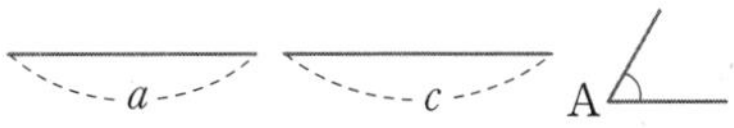 ( )

(3) 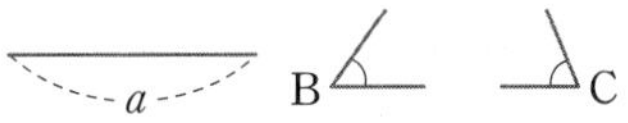 ( )

(4) 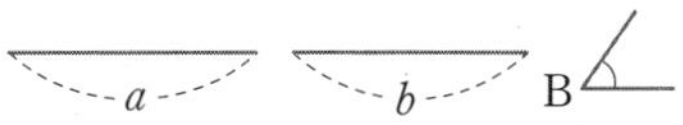 ( )

삼각형이 하나로 정해지는 경우

개념북 52쪽

17 ●●○

△ABC에서 $\overline{BC}$의 길이가 5 cm이고 다음 조건이 주어질 때, △ABC가 하나로 정해지는 것을 모두 고르면? (정답 2개)

① $\overline{AB}=8$ cm, $\overline{AC}=2$ cm
② $\overline{AB}=6$ cm, $\angle B=50^\circ$
③ $\angle B=90^\circ$
④ $\angle B=45^\circ$, $\angle C=60^\circ$
⑤ $\angle A=30^\circ$, $\angle B=150^\circ$

18 ●●○

다음 중 △ABC가 하나로 정해지는 것은?

① $\overline{AB}=4$ cm, $\overline{BC}=5$ cm, $\overline{CA}=10$ cm
② $\angle A=30^\circ$, $\angle B=70^\circ$, $\angle C=80^\circ$
③ $\overline{AB}=6$ cm, $\angle A=30^\circ$, $\angle C=110^\circ$
④ $\overline{BC}=4$ cm, $\angle B=45^\circ$, $\overline{AC}=3$ cm
⑤ $\overline{AB}=6$ cm, $\overline{AC}=4$ cm, $\angle B=50^\circ$

19 ●●○

다음 **보기**에서 ∠A의 크기가 주어졌을 때, △ABC가 하나로 정해지기 위해 필요한 조건을 모두 고르시오.

보기

ㄱ. $\overline{AB}$, $\overline{AC}$	ㄴ. $\overline{BC}$, $\overline{AC}$
ㄷ. $\angle B$, $\angle C$	ㄹ. $\overline{AB}$, $\angle B$
ㅁ. $\overline{AC}$, $\angle C$	ㅂ. $\overline{BC}$, $\overline{AB}$

삼각형이 하나로 정해지지 않는 경우

개념북 52쪽

20 ●●○

다음 중 △ABC가 하나로 정해지지 않는 것은?

① $\angle A=120^\circ$, $\angle B=90^\circ$, $\overline{AB}=7$ cm
② $\angle A=30^\circ$, $\overline{AB}=7$ cm, $\overline{AC}=8$ cm
③ $\angle A=45^\circ$, $\angle B=60^\circ$, $\overline{AB}=3$ cm
④ $\overline{AB}=4$ cm, $\overline{BC}=5$ cm, $\overline{AC}=8$ cm
⑤ $\overline{AB}=9$ cm, $\angle A=20^\circ$, $\angle C=100^\circ$

21 ●●○

한 변의 길이가 7 cm이고 두 각의 크기가 각각 40°, 60°일 때, 이를 변과 각으로 하는 서로 다른 삼각형은 모두 몇 개인지 구하시오.

22 ●●●

삼각형은 세 변의 길이가 주어진 경우 하나로 정해진다. 그렇다면 네 변의 길이가 주어진 경우 사각형은 하나로 정해지는지 설명하시오.

도형의 합동

개념북 54쪽

23 ●○○

다음 중 합동인 두 도형에 대한 설명으로 옳지 않은 것은?

① 합동인 두 도형은 모양이 같다.
② 넓이가 같은 두 삼각형은 합동이다.
③ 넓이가 같은 두 정사각형은 합동이다.
④ 합동인 두 도형에서 대응하는 변의 길이는 같다.
⑤ 합동인 두 도형에서 대응하는 각의 크기는 같다.

24 ●●○

다음 중 두 도형이 항상 합동이 아닌 것은?

① 넓이가 같은 두 원
② 넓이가 같은 두 정삼각형
③ 한 변의 길이가 같은 두 정사각형
④ 둘레의 길이가 같은 두 정삼각형
⑤ 중심각의 크기가 같은 두 부채꼴

25 ●●○

합동인 두 도형의 넓이는 항상 같다. 그렇다면 두 도형의 넓이가 같으면 항상 서로 합동인지 설명하시오.

합동인 도형의 성질

개념북 54쪽

26 ●○○

다음 그림에서 $\triangle ABC \equiv \triangle DFE$일 때, $\angle D$의 크기를 구하시오.

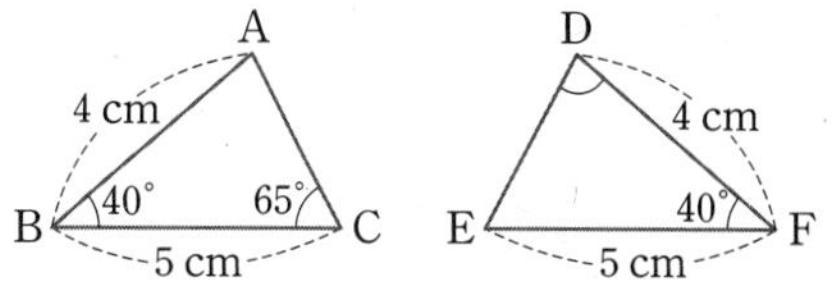

27 ●○○

다음 그림에서 $\triangle ABC \equiv \triangle DEF$일 때, $\overline{BC}$와 $\overline{DE}$의 길이의 합을 구하시오.

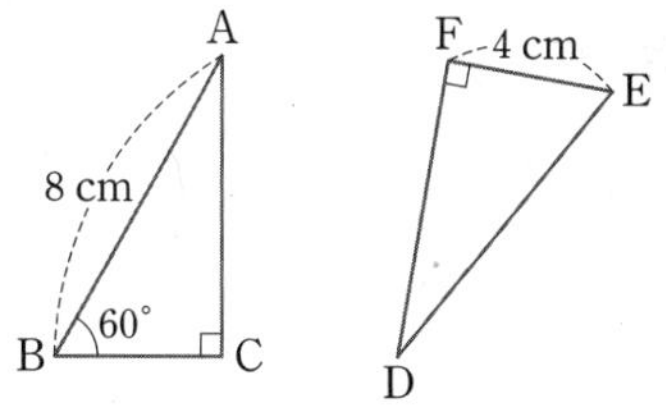

28 ●●○

오른쪽 그림에서 $\triangle ABC \equiv \triangle DEF$일 때, 다음 중 옳지 않은 것은?

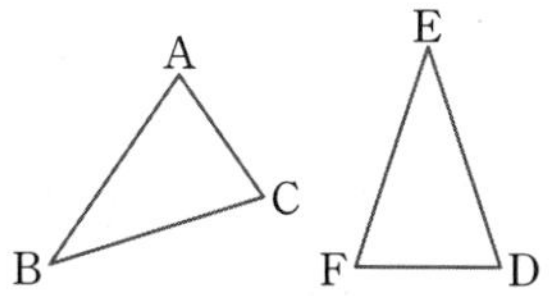

① $\triangle ABC$와 $\triangle DEF$의 둘레의 길이는 같다.
② $\angle A$와 $\angle D$의 크기는 같다.
③ $\overline{AC}$의 길이와 $\overline{DF}$의 길이는 같다.
④ 점 B의 대응점은 점 F이다.
⑤ $\triangle ABC$와 $\triangle DEF$는 완전히 포개어진다.

두 삼각형이 합동일 조건

개념북 56쪽

29 ●●○

다음 중 $\triangle ABC$와 $\triangle PQR$가 합동이 아닌 것은?

① $\overline{AB}=\overline{PQ}$, $\overline{AC}=\overline{PR}$, $\angle A=\angle P$
② $\overline{BC}=\overline{QR}$, $\angle B=\angle Q$, $\angle C=\angle R$
③ $\angle A=\angle P$, $\angle B=\angle Q$, $\angle C=\angle R$
④ $\overline{AB}=\overline{PQ}$, $\angle A=\angle P$, $\angle B=\angle Q$
⑤ $\overline{AB}=\overline{PQ}$, $\overline{BC}=\overline{QR}$, $\overline{AC}=\overline{PR}$

30 ●●○

다음 **보기**에서 $\triangle ABC\equiv\triangle DEF$를 만족하는 것을 모두 고르시오.

보기
ㄱ. $\overline{AB}=\overline{DE}$, $\angle C=\angle F$, $\overline{AC}=\overline{DF}$
ㄴ. $\overline{AB}=\overline{DE}$, $\angle A=\angle D$, $\angle B=\angle E$
ㄷ. $\overline{AB}=\overline{DE}$, $\overline{BC}=\overline{EF}$, $\angle B=\angle E$
ㄹ. $\angle A=\angle D$, $\angle B=\angle E$, $\angle C=\angle F$
ㅁ. $\overline{BC}=\overline{EF}$, $\overline{AC}=\overline{DF}$, $\angle A=\angle D$

31 ●●○

오른쪽 그림의 $\triangle ABC$와 $\triangle DEF$에서 $\overline{AB}=\overline{DE}$, $\angle A=\angle D$일 때, $\triangle ABC\equiv\triangle DEF$이기 위한 나머지 조건을 다음 **보기**에서 모두 고르시오.

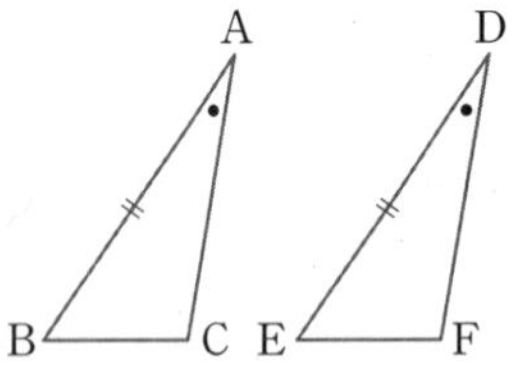

보기
ㄱ. $\overline{BC}=\overline{EF}$　　ㄴ. $\overline{AC}=\overline{DF}$
ㄷ. $\angle B=\angle E$　　ㄹ. $\angle C=\angle F$

삼각형의 합동 조건(1)－SSS 합동

개념북 56쪽

32 ●○○

오른쪽 그림에서 합동인 두 삼각형을 찾아 합동 기호를 사용하여 나타내고, 합동 조건을 말하시오.

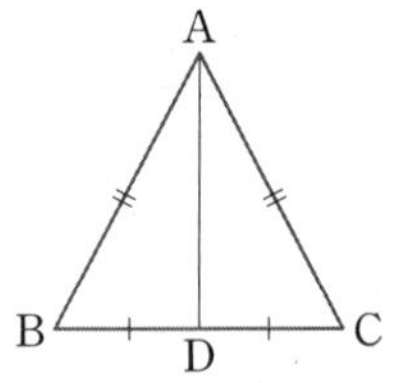

33 ●○○

오른쪽 그림과 같은 사각형 ABCD에서 $\triangle ABD\equiv$☐ 일 때, ☐ 안에 알맞은 것은?

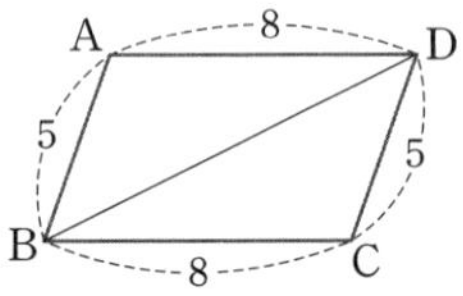

① $\triangle BCD$　② $\triangle BDC$　③ $\triangle CDB$
④ $\triangle DBC$　⑤ $\triangle DCB$

34 ●●○

다음은 오른쪽 그림과 같은 사각형 ABCD가 마름모일 때, $\triangle ABC\equiv\triangle ADC$임을 설명하는 과정이다. ㉠, ㉡, ㉢에 알맞은 것은?

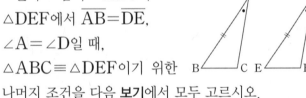

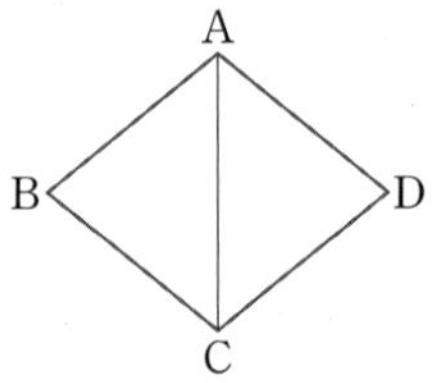

$\triangle ABC$와 $\triangle ADC$에서
사각형 ABCD가 마름모이므로
$\overline{AB}=$ ㉠ , $\overline{BC}=$ ㉡
$\overline{AC}$는 공통
$\therefore \triangle ABC\equiv\triangle ADC$(㉢ 합동)

	㉠	㉡	㉢
①	$\overline{AD}$	$\overline{DC}$	SSS
②	$\overline{AD}$	$\overline{DC}$	SAS
③	$\overline{AD}$	$\overline{DC}$	ASA
④	$\overline{DC}$	$\overline{AD}$	SSS
⑤	$\overline{DC}$	$\overline{AD}$	SAS

삼각형의 합동 조건(2)－SAS 합동

개념북 57쪽

35 ●○○

오른쪽 그림에서
$\overline{AE}=\overline{BE}$, $\overline{CE}=\overline{DE}$일 때, $\triangle AEC\equiv\triangle BED$가 되는 삼각형의 합동 조건을 말하시오.

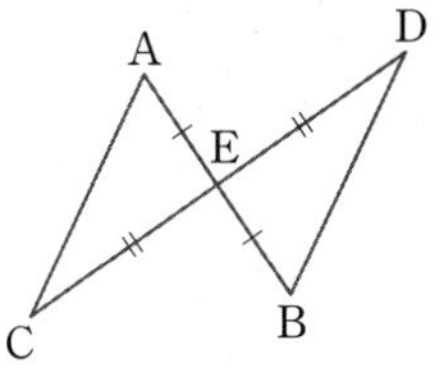

36 ●○○

다음은 오른쪽 그림과 같은 정삼각형 ABC에 대하여 $\overline{BD}=\overline{CE}$일 때, $\triangle ABD$와 $\triangle BCE$가 서로 합동임을 설명한 것이다. □ 안에 알맞은 것을 써넣으시오.

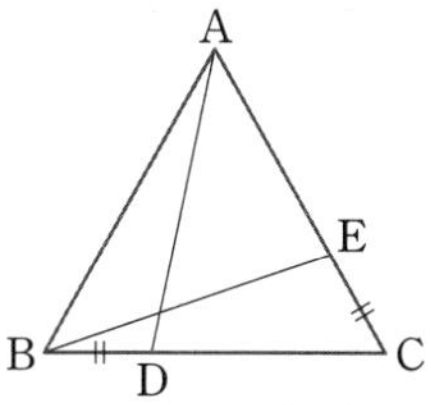

$\triangle ABD$와 $\triangle BCE$에서
$\overline{AB}=$□, $\overline{BD}=\overline{CE}$
□$=\angle BCE=$□°이므로
$\triangle ABD\equiv\triangle BCE$(□ 합동)

37 ●●○

오른쪽 그림에서 사각형 ABCD와 사각형 GCEF는 정사각형이다. 다음 **보기** 중 옳은 것을 모두 고른 것은?

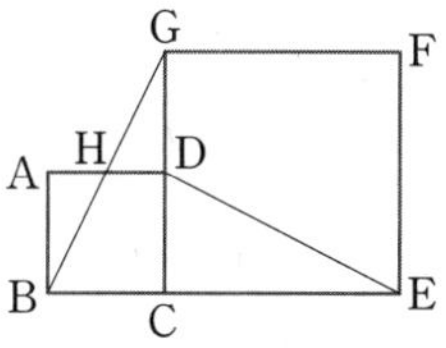

보기

ㄱ. $\overline{BC}=\overline{DC}$　　ㄴ. $\overline{GC}=\overline{EC}$
ㄷ. $\overline{AH}=\overline{HD}$　　ㄹ. $\overline{GD}=\overline{HD}$
ㅁ. $\triangle GBC\equiv\triangle EDC$

① ㄱ, ㄴ　② ㄱ, ㄹ　③ ㄴ, ㅁ
④ ㄱ, ㄴ, ㅁ　⑤ ㄷ, ㄹ, ㅁ

38 ●●○

오른쪽 그림과 같은 사각형 ABCD에서 점 O는 두 대각선의 교점이고 $\overline{AO}=\overline{DO}$, $\overline{BO}=\overline{CO}$일 때, 합동인 삼각형을 모두 찾아 합동 기호를 사용하여 나타내시오.

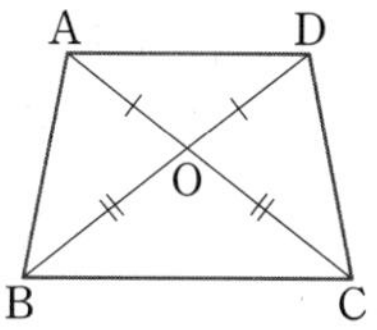

39 ●●●

오른쪽 그림에서 사각형 ABCD는 정사각형이고 대각선 AC 위의 점 E에 대하여 $\angle DEC=65°$일 때, $\angle x$의 크기는?

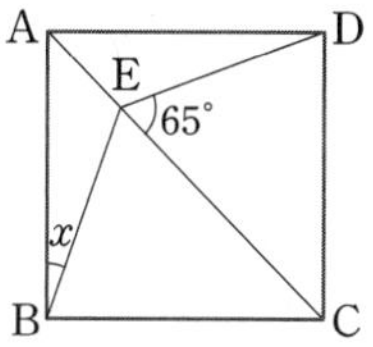

① 10°　② 15°　③ 20°
④ 25°　⑤ 30°

40 ●●●

오른쪽 그림에서 $\triangle ABC$와 $\triangle ECD$는 정삼각형이다. 다음 중 옳지 않은 것은?

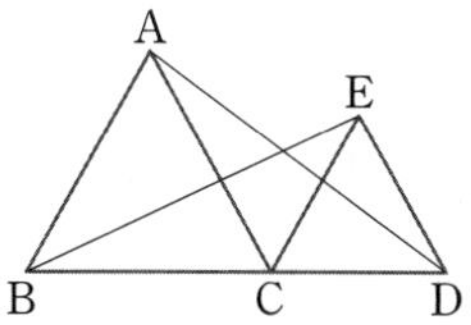

① $\overline{BC}=\overline{AC}$
② $\overline{CE}=\overline{CD}$
③ $\angle BCE=\angle ACD$
④ $\overline{BE}=\overline{AD}$
⑤ $\triangle BDA\equiv\triangle DBE$

삼각형의 합동 조건(3)–ASA 합동

개념북 58쪽

41 ●●○

다음은 오른쪽 그림과 같이 $\overline{AB}=\overline{AC}$인 이등변삼각형 ABC에 대하여 $\angle ABE=\angle ACD$일 때, $\triangle EBC$와 합동인 삼각형을 찾고 그 이유를 설명하는 과정이다. □ 안에 알맞은 것을 써넣으시오.

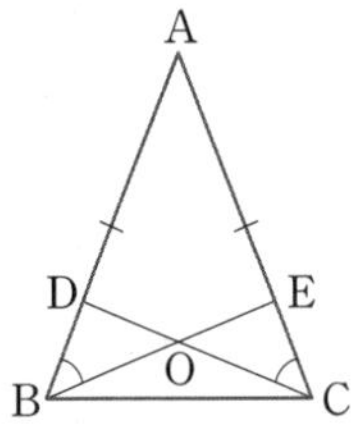

> $\triangle EBC$와 □에서
> □는 공통, $\angle ECB=$□
> $\angle ABE=\angle ACD$이므로 $\angle EBC=$□
> $\therefore \triangle EBC\equiv$□(□ 합동)

42 ●●○

오른쪽 그림에서 $\overline{AD}\,/\!/\,\overline{CB}$이고 $\overline{AE}=\overline{BE}$이다. $\triangle AED$와 $\triangle BEC$가 서로 합동이 되는 조건을 다음 **보기**에서 모두 고르시오.

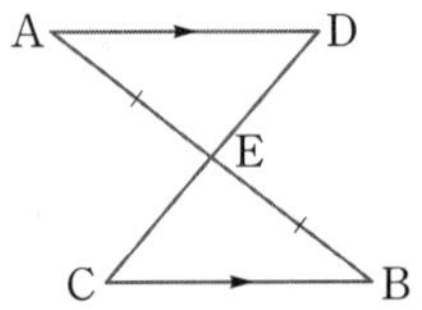

보기

ㄱ. $\overline{AE}=\overline{BE}$	ㄴ. $\angle ADE=\angle EBC$
ㄷ. $\overline{DE}=\overline{CE}$	ㄹ. $\angle DAE=\angle CBE$
ㅁ. $\overline{AD}=\overline{BC}$	ㅂ. $\angle AED=\angle BEC$

43 ●●○

오른쪽 그림에서 $\angle AOP=\angle BOP$, $\angle OAP=\angle OBP=90^\circ$일 때, $\triangle AOP\equiv\triangle BOP$가 되는 조건을 바르게 나열한 것은?

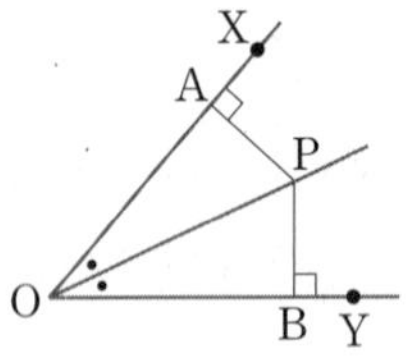

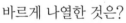

① $\overline{AP}=\overline{BP}$, $\overline{OA}=\overline{OB}$, $\angle AOP=\angle BOP$
② $\overline{AP}=\overline{BP}$, $\overline{OA}=\overline{OB}$, $\overline{OP}$는 공통
③ $\overline{OP}$는 공통, $\angle AOP=\angle BOP$, $\angle APO=\angle BPO$
④ $\overline{OP}$는 공통, $\overline{OA}=\overline{OB}$, $\angle AOP=\angle BOP$
⑤ $\overline{OA}=\overline{OB}$, $\angle AOP=\angle BOP$, $\angle OPA=\angle OPB$

44 ●●○

오른쪽 그림에서 $\triangle ABC$의 변 BC의 중점을 M, 점 B에서 $\overline{AM}$의 연장선에 내린 수선의 발을 D, 점 C에서 $\overline{AM}$에 내린 수선의 발을 E라 하자. 이때 $\triangle BDM$과 합동인 삼각형을 찾고, 합동 조건을 말하시오.

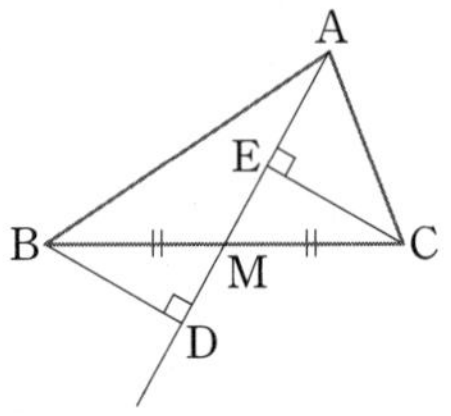

45 ●●○

오른쪽 그림에서 $\overline{AD}\,/\!/\,\overline{BC}$, $\overline{AB}\,/\!/\,\overline{DC}$일 때, $\triangle ABC$와 $\triangle CDA$가 합동임을 설명하시오.

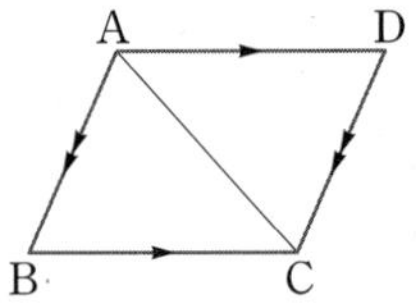

46 ●●●

오른쪽 그림과 같이 $\angle BAC=90^\circ$, $\overline{AB}=\overline{AC}$인 직각이등변삼각형 ABC의 꼭짓점 A를 지나는 직선 l이 있다. 두 점 B, C에서 직선 l에 내린 수선의 발을 각각 D, E라 하자. $\overline{BD}=3$ cm, $\overline{CE}=8$ cm일 때, $\overline{DE}$의 길이는?

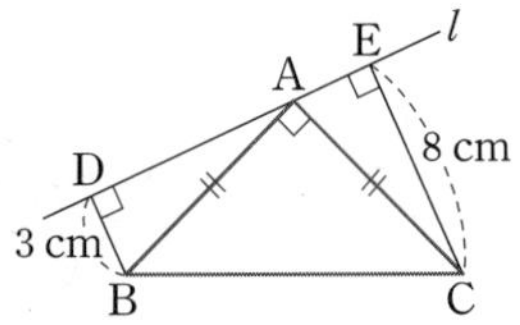

① 8 cm ② 9 cm ③ 10 cm
④ 11 cm ⑤ 12 cm

개념완성익힘

1

다음 중 작도에 대한 설명으로 옳지 <u>않은</u> 것은?

① 눈금 없는 자와 컴퍼스만을 사용하여 도형을 그리는 것을 작도라 한다.
② 두 점을 연결하는 선분을 그릴 때 눈금 없는 자를 사용한다.
③ 원을 그릴 때 컴퍼스를 사용한다.
④ 선분을 연장할 때 눈금 없는 자를 사용한다.
⑤ 주어진 선분의 길이를 재어 다른 직선 위로 옮길 때 눈금 없는 자를 사용한다.

2

오른쪽 그림은 ∠BAC와 크기가 같은 각을 작도한 것이다. 다음 중 옳지 <u>않은</u> 것은?

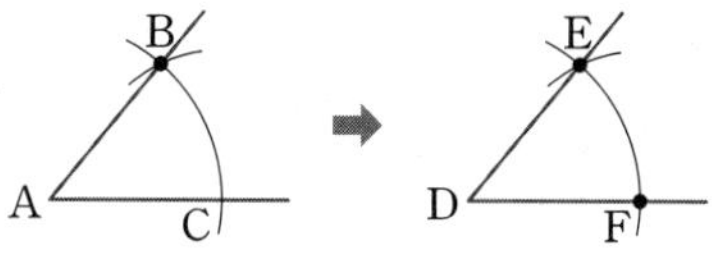

① $\overline{AB}=\overline{DF}$ ② $\overline{CB}=\overline{FE}$ ③ $\overline{DE}=\overline{DF}$
④ $\overline{AC}=\overline{BC}$ ⑤ $\angle BAC=\angle EDF$

3

오른쪽 그림은 점 P를 지나고 직선 l에 평행한 직선을 작도한 것이다. 다음 중 옳지 <u>않은</u> 것을 모두 고르면? (정답 2개)

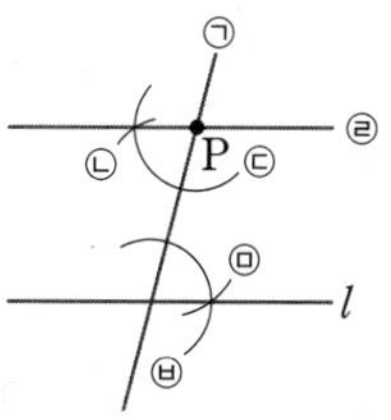

① 길이가 같은 선분의 작도 방법을 이용한다.
② 크기가 같은 각의 작도 방법을 이용한다.
③ 동위각의 크기가 같으면 두 직선은 서로 평행하다는 성질을 이용한다.
④ 엇각의 크기가 같으면 두 직선은 서로 평행하다는 성질을 이용한다.
⑤ 작도 순서는 ㉠ → ㉥ → ㉢ → ㉤ → ㉡ → ㉣이다.

4

세 변의 길이가 다음과 같이 주어졌을 때, 삼각형을 작도할 수 <u>없는</u> 것은?

① 2 cm, 3 cm, 4 cm ② 3 cm, 5 cm, 5 cm
③ 5 cm, 6 cm, 7 cm ④ 3 cm, 4 cm, 9 cm
⑤ 5 cm, 6 cm, 9 cm

5

다음 **보기** 중 △ABC가 하나로 정해지는 것을 모두 고른 것은?

보기

ㄱ. $\angle A=35°$, $\angle B=90°$, $\angle C=55°$
ㄴ. $\overline{AB}=3$, $\overline{BC}=7$, $\overline{CA}=4$
ㄷ. $\overline{BC}=6$, $\angle A=70°$, $\angle B=30°$
ㄹ. $\overline{AB}=4$, $\overline{BC}=5$, $\angle C=40°$
ㅁ. $\overline{AB}=3$, $\overline{BC}=3$, $\angle B=80°$

① ㄱ, ㄴ ② ㄱ, ㄹ ③ ㄴ, ㅁ
④ ㄷ, ㅁ ⑤ ㄴ, ㄷ, ㅁ

6

한 변의 길이가 5 cm이고 두 각의 크기가 각각 60°, 75°로 주어졌을 때, 만들 수 있는 삼각형의 개수는?

① 1 ② 2 ③ 3
④ 4 ⑤ 무수히 많다.

7

다음 중 오른쪽 **보기**의 삼각형과 합동인 것은?

보기

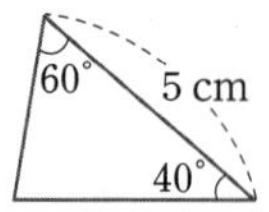

①
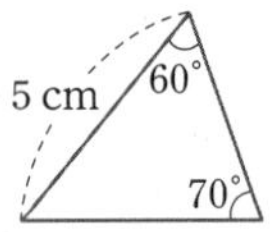

②
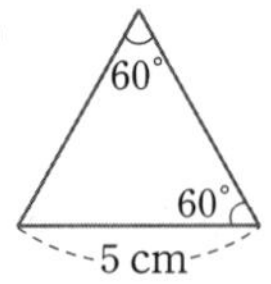

③
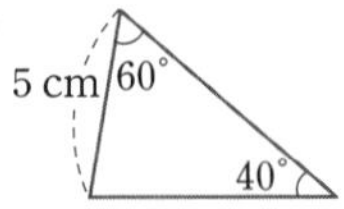

④
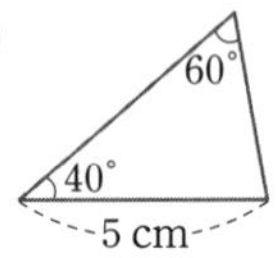

⑤
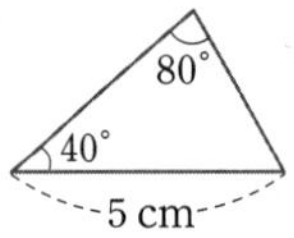

8 실력UP

오른쪽 그림과 같이 원 O와 직선 l의 교점을 A, B라 하고, 선분 AB의 중점을 M이라 하자. 다음은 두 삼각형 OAM과 OBM이 합동임을 이용하여 $\overline{AB}\perp\overline{OM}$임을 보이는 과정이다. (가)~(라)에 알맞은 것을 써넣으시오.

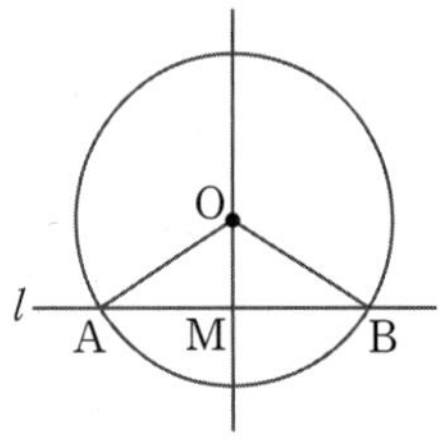

△OAM과 △OBM에서
[(가)]은 공통, $\overline{OA}=$ [(나)]
점 M이 $\overline{AB}$의 중점이므로 $\overline{AM}=\overline{BM}$
∴ △OAM≡△OBM([(다)] 합동)
즉, ∠OMA=∠OMB이고
∠OMA+∠OMB=180°이므로
∠OMA=∠OMB= [(라)]°
∴ $\overline{AB}\perp\overline{OM}$

9

오른쪽 그림에서 △ABC는 정삼각형이고 $\overline{AD}=\overline{BE}=\overline{CF}$일 때, ∠PQR의 크기를 구하시오.

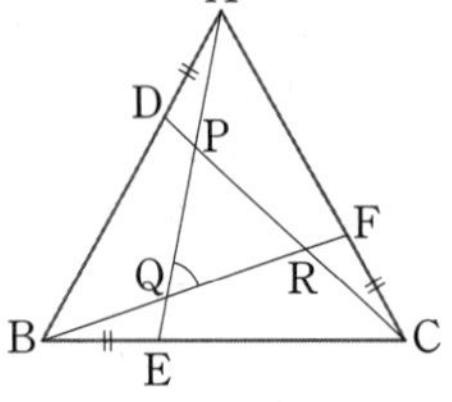

서술형

10

다음 세 **조건**을 모두 만족하는 삼각형의 개수를 구하기 위한 풀이 과정을 쓰고 답을 구하시오.

조건

(가) 이등변삼각형이다.
(나) 삼각형의 둘레의 길이가 20이다.
(다) 삼각형의 세 변의 길이는 자연수이다.

11

오른쪽 그림에서 △ABC≡△FDE일 때, $x+y$의 값을 구하기 위한 풀이 과정을 쓰고 답을 구하시오.

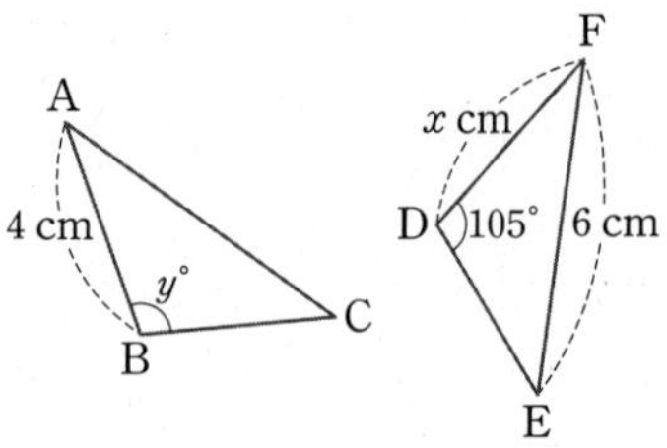

12

오른쪽 그림과 같은 정사각형 ABCD에서 $\overline{BE}=\overline{CF}$일 때, ∠APF의 크기를 구하기 위한 풀이 과정을 쓰고 답을 구하시오.

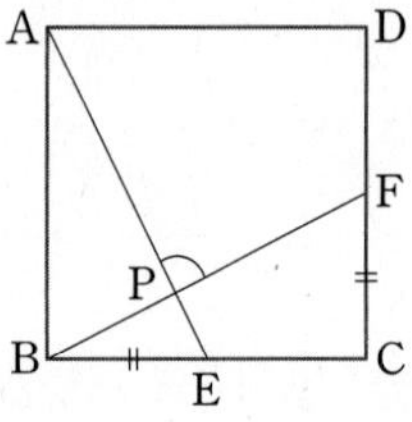

대단원 마무리

1 다음 중 옳지 <u>않은</u> 것은?

① 선이 움직인 자리는 면이 된다.
② 면과 면이 만나면 교선이 생긴다.
③ 한 점을 지나는 직선은 오직 하나뿐이다.
④ 서로 다른 두 점을 지나는 직선은 오직 하나뿐이다.
⑤ 두 점 사이의 최단 거리는 두 점을 잇는 선분의 길이와 같다.

2 오른쪽 그림과 같이 한 직선 l 위에 세 점 A, B, C가 있을 때, 다음 중 옳지 <u>않은</u> 것은?

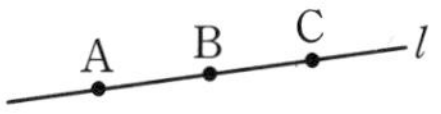

① $\overleftrightarrow{AB}=\overleftrightarrow{BC}$ ② $\overrightarrow{CA}=\overrightarrow{BA}$
③ $\overline{AC}=\overline{CA}$ ④ $\overleftrightarrow{CA}=\overleftrightarrow{CB}$
⑤ $\overrightarrow{AC}$와 $\overrightarrow{CA}$의 공통 부분은 $\overline{AC}$이다.

서술형

3 다음 그림에서 점 P는 $\overline{AB}$의 중점, 점 Q는 $\overline{BC}$의 중점이다. $\overline{AC}=24$ cm일 때, $\overline{PQ}$의 길이를 구하기 위한 풀이 과정을 쓰고 답을 구하시오.

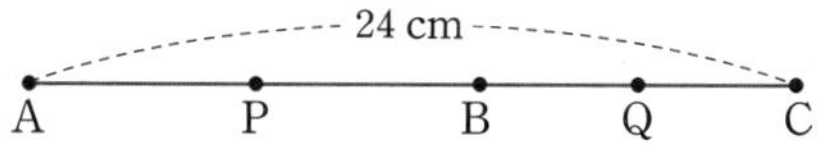

4 오른쪽 그림에서 $\angle x+\angle y$의 크기는?

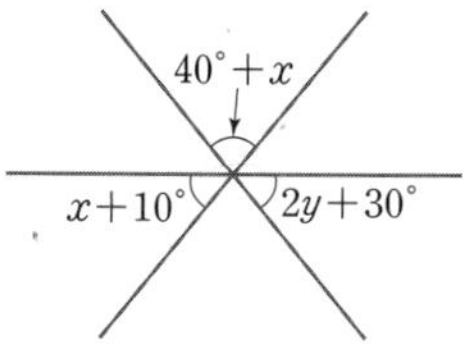

① 40° ② 45°
③ 50° ④ 55°
⑤ 60°

5 오른쪽 그림의 직육면체에 대한 다음 설명 중 옳지 <u>않은</u> 것은?

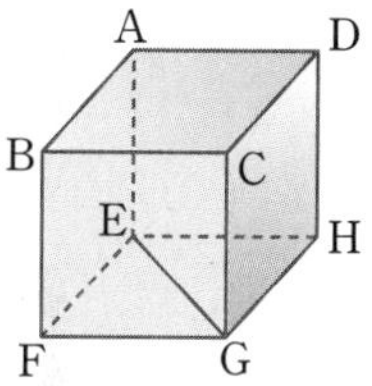

① 모서리 AB와 모서리 CG는 꼬인 위치에 있다.
② 모서리 FG와 면 ABFE는 수직이다.
③ 면 AEHD와 면 BFGC는 평행하다.
④ 면 ABCD와 선분 EG는 꼬인 위치에 있다.
⑤ 면 ABCD와 점 H 사이의 거리는 $\overline{DH}$의 길이와 같다.

6 공간에서 서로 다른 세 직선 l, m, n에 대한 다음 설명 중 옳은 것은?

① $l /\!/ m$, $m /\!/ n$이면 $l \perp n$이다.
② $l /\!/ m$, $m /\!/ n$이면 $l /\!/ n$이다.
③ $l /\!/ m$, $l \perp n$이면 $m /\!/ n$이다.
④ $l \perp m$, $l \perp n$이면 $m /\!/ n$이다.
⑤ $l \perp m$, $l \perp n$이면 두 직선 m, n은 꼬인 위치에 있다.

7 오른쪽 그림에서 $l \,/\!/\, m$일 때, $\angle x - \angle y$의 크기를 구하시오.

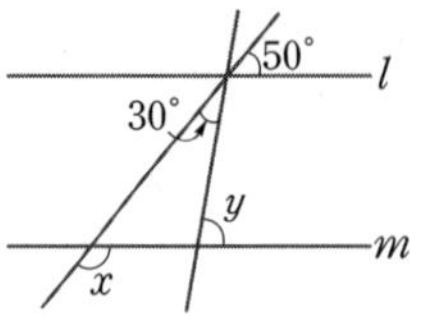

8 오른쪽 그림에서 $l \,/\!/\, m$이고, $\angle x : \angle y = 1 : 4$일 때, $\angle x + \angle y$의 크기는?

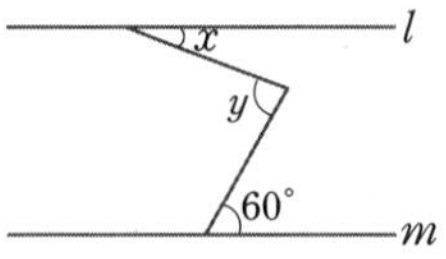

① 70° ② 80° ③ 90°
④ 100° ⑤ 110°

9 오른쪽 그림은 점 P를 지나고 직선 l에 평행한 직선을 작도한 것이다. ㉡을 작도한 다음에 작도해야 할 것은?

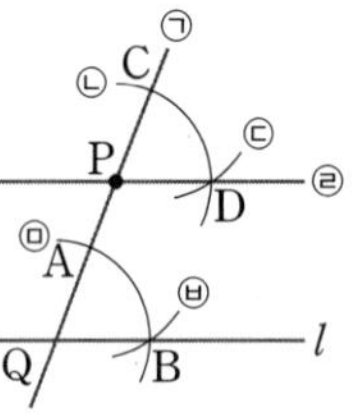

① ㉠ ② ㉢
③ ㉣ ④ ㉤ ⑤ ㉥

10 다음 중 △ABC가 하나로 정해지지 <u>않는</u> 것을 모두 고르면? (정답 2개)

① $\angle A = 40°$, $\angle B = 60°$, $\angle C = 80°$
② $\overline{BC} = 3$ cm, $\overline{AC} = 4$ cm, $\angle A = 45°$
③ $\overline{AB} = 6$ cm, $\angle B = 60°$, $\overline{BC} = 4$ cm
④ $\overline{AB} = 5$ cm, $\overline{BC} = 6$ cm, $\overline{AC} = 7$ cm
⑤ $\overline{AB} = 5$ cm, $\angle A = 30°$, $\angle B = 50°$

11 합동인 두 도형에 대한 다음 설명 중 옳지 <u>않은</u> 것은?

① 합동인 두 도형의 넓이는 같다.
② 넓이가 같은 두 도형은 서로 합동이다.
③ 한 변의 길이가 같은 두 정육각형은 서로 합동이다.
④ 합동인 두 도형은 대응하는 변의 길이가 각각 같다.
⑤ 두 도형 P, Q가 합동일 때, 기호로 $P \equiv Q$와 같이 나타낸다.

12 다음 **보기**에서 합동 조건이 SAS 합동인 것을 모두 고르시오.

보기

ㄱ.
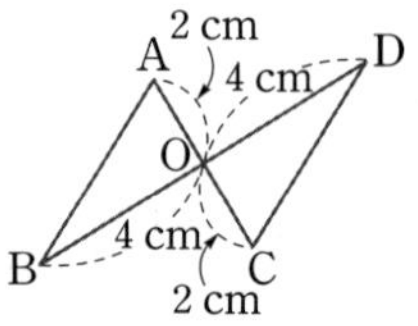

△OAB≡△OCD

ㄴ.
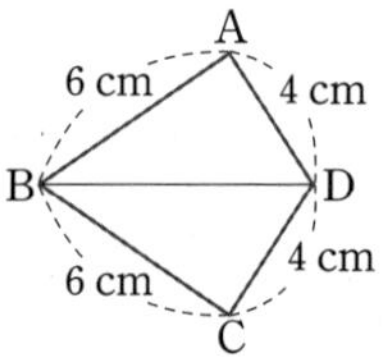

△ABD≡△CBD

ㄷ.
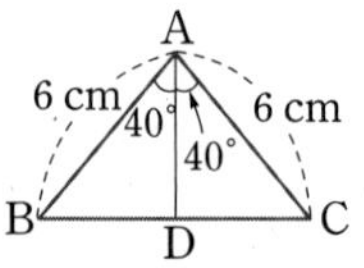

△ABD≡△ACD

ㄹ.
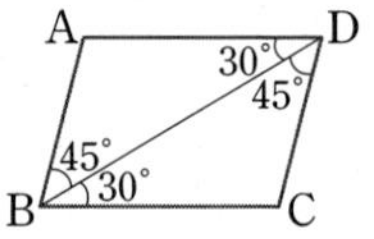

△ABD≡△CDB

서술형

13 오른쪽 그림에서 사각형 ABCD는 정사각형이고 △EBC는 정삼각형일 때, $\angle BAE$의 크기를 구하기 위한 풀이 과정을 쓰고 답을 구하시오.

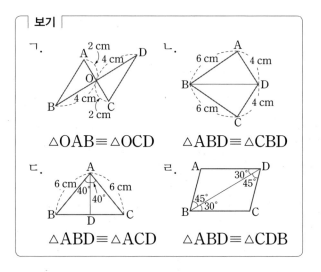

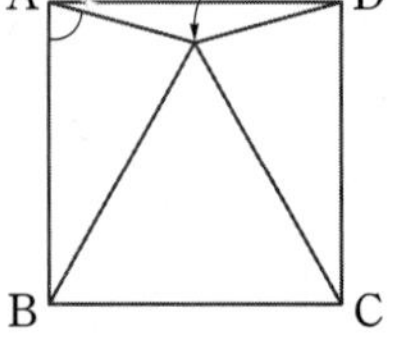

1 다각형의 성질

개념적용익힘

다각형

개념북 67쪽

1 ●○○

다각형에 대한 다음 설명 중 옳지 <u>않은</u> 것은?

① 여러 개의 선분으로 둘러싸인 평면도형을 다각형이라고 한다.
② 여섯 개의 선분으로 이루어진 다각형은 육각형이다.
③ 최소한의 변으로 이루어진 다각형은 삼각형이다.
④ 다각형에서 변의 개수와 꼭짓점의 개수는 항상 같다.
⑤ 다각형의 각 꼭짓점에서 한 변과 그 변에 이웃하는 변의 연장선이 이루는 각을 내각이라 한다.

2 ●○○

다음 중 다각형이 <u>아닌</u> 것을 모두 고르면? (정답 2개)

① 마름모 ② 삼각형 ③ 부채꼴
④ 오각형 ⑤ 삼각기둥

3 ●○○

다음 중 다각형인 것은?

① 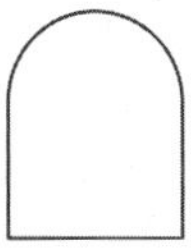
② 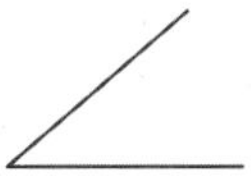
③ 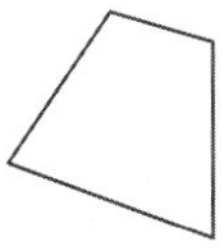
④ 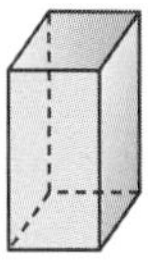
⑤ 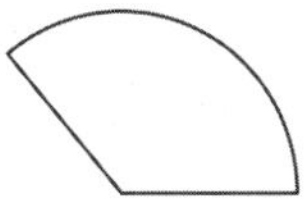

정다각형

개념북 67쪽

4 ●○○

다음 중 옳은 것에는 ○표, 옳지 않은 것에는 ×표를 ( ) 안에 써넣으시오.

(1) 네 변의 길이가 모두 같은 사각형은 정사각형이다. ( )
(2) 네 각의 크기가 모두 같은 사각형은 정사각형이다. ( )
(3) 네 변의 길이가 모두 같고 네 각의 크기가 모두 같은 사각형은 정사각형이다. ( )

5 ●●○

다음 중 정다각형에 대한 설명으로 옳지 <u>않은</u> 것을 모두 고르면? (정답 2개)

① 모든 변의 길이는 같다.
② 모든 내각의 크기가 같다.
③ 변의 개수와 꼭짓점의 개수는 항상 같다.
④ 모든 외각의 크기가 항상 같은 것은 아니다.
⑤ 한 꼭짓점에서 내각과 외각의 크기의 합은 360°이다.

6 ●●○

다음 **조건**을 모두 만족하는 다각형의 이름을 말하시오.

조건
(가) 10개의 선분으로 둘러싸여 있다.
(나) 모든 변의 길이가 같고, 모든 내각의 크기가 같다.

내각과 외각

개념북 68쪽

7 ●○○

어느 다각형의 한 내각의 크기가 55°일 때, 이 내각에 대한 외각의 크기를 구하시오.

8 ●○○

오른쪽 그림과 같은 사각형 ABCD에서 ∠DAB에 대한 외각의 크기를 구하시오.

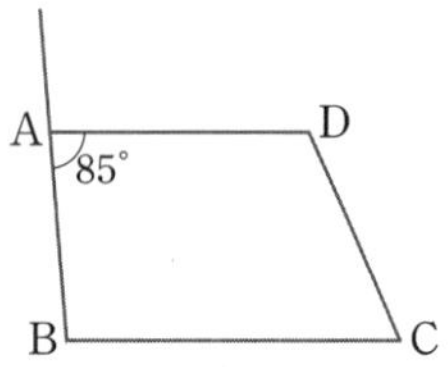

9 ●○○

오른쪽 그림과 같은 △ABC에서 꼭짓점 A에서의 내각의 크기를 구하시오.

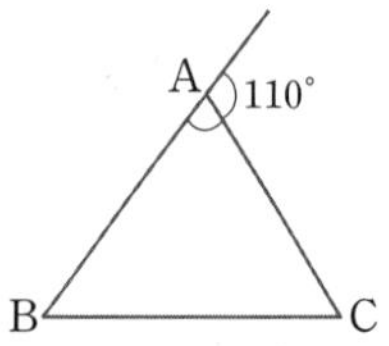

10 ●●○

오른쪽 그림과 같은 사각형 ABCD에서 $\angle x$, $\angle y$의 크기를 각각 구하시오.

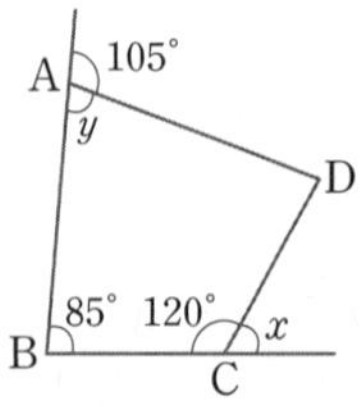

한 꼭짓점에서 그을 수 있는 대각선의 개수 (1)

개념북 70쪽

11 ●○○

구각형의 한 꼭짓점에서 그을 수 있는 대각선의 개수는?

① 9　② 8　③ 7　④ 6　⑤ 5

12 ●○○

꼭짓점의 개수가 15인 다각형의 한 꼭짓점에서 그을 수 있는 대각선의 개수를 구하시오.

13 ●●○

어떤 다각형의 내부의 한 점에서 각 꼭짓점에 선분을 그었을 때 생기는 삼각형의 개수가 14일 때, 이 다각형의 한 꼭짓점에서 그을 수 있는 대각선의 개수를 구하시오.

14 ●●●

오른쪽 그림과 같은 정십삼각형에서 길이가 서로 다른 대각선의 개수를 구하시오.

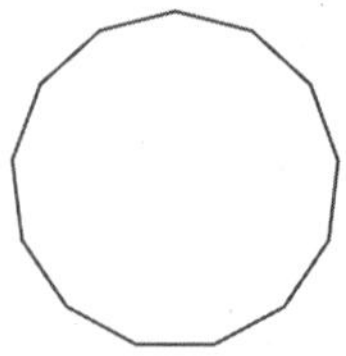

한 꼭짓점에서 그을 수 있는 대각선의 개수 (2)

개념북 70쪽

15 ●○○

다음 중 한 꼭짓점에서 그을 수 있는 대각선의 개수가 7인 다각형은?

① 구각형　② 십각형　③ 십일각형
④ 십이각형　⑤ 십삼각형

16 ●●○

모든 변의 길이가 같고 모든 내각의 크기가 같은 어떤 다각형의 한 꼭짓점에서 그을 수 있는 대각선의 개수가 5일 때, 이 다각형을 구하시오.

17 ●●○

어떤 다각형의 한 꼭짓점에서 그을 수 있는 대각선의 개수가 9일 때, 이 다각형의 꼭짓점의 개수는?

① 11　② 12　③ 13
④ 14　⑤ 15

18 ●●●

한 꼭짓점에서 그을 수 있는 대각선의 개수가 17인 다각형의 꼭짓점의 개수와 변의 개수의 합은?

① 25　② 30　③ 35
④ 40　⑤ 45

대각선의 개수 (1)

개념북 71쪽

19 ●○○

십사각형의 대각선의 개수는?

① 25　② 32　③ 54
④ 77　⑤ 90

20 ●●○

다음 다각형의 대각선의 개수를 구하시오.

(1) 한 꼭짓점에서 그을 수 있는 대각선의 개수가 5인 다각형
(2) 한 꼭짓점에서 그을 수 있는 대각선의 개수가 10인 다각형
(3) 한 꼭짓점에서 그을 수 있는 대각선의 개수가 12인 다각형

21 ●●●

오른쪽 그림과 같이 9명의 학생이 모래판에 둘러 앉아 씨름을 하려고 한다. 옆자리에 앉은 학생을 제외한 모든 학생과 한 판씩 경기를 한다고 할 때, 총 몇 판의 씨름 경기를 하게 되는가?

① 27판　② 35판　③ 44판
④ 54판　⑤ 65판

대각선의 개수 (2)

개념북 71쪽

22 ●●○

대각선의 개수가 20인 다각형은?

① 오각형　② 팔각형　③ 구각형
④ 십일각형　⑤ 십이각형

23 ●●○

대각선의 개수가 119인 다각형을 구하시오.

24 ●●●

대각선의 개수가 35인 다각형의 꼭짓점의 개수는?

① 8　② 9　③ 10
④ 11　⑤ 12

25 ●●●

대각선의 개수가 44인 다각형의 변의 개수를 구하시오.

삼각형의 내각의 크기의 합

개념북 73쪽

26 ●○○

오른쪽 그림에서 $\angle x$의 크기를 구하시오.

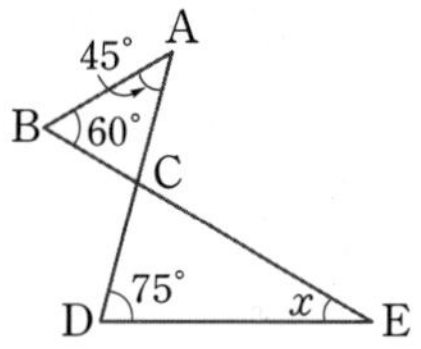

27 ●●○

오른쪽 그림의 △ABC에서 $\angle x$, $\angle y$의 크기를 각각 구하시오.

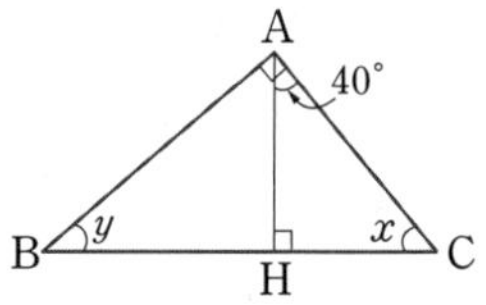

28 ●●●

오른쪽 그림에서 $\angle x$의 크기는?

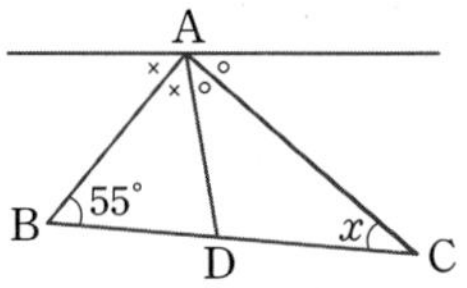

① 20°　② 25°
③ 30°　④ 35°
⑤ 40°

29 ●●●

오른쪽 그림에서 $\angle x$의 크기를 구하시오.

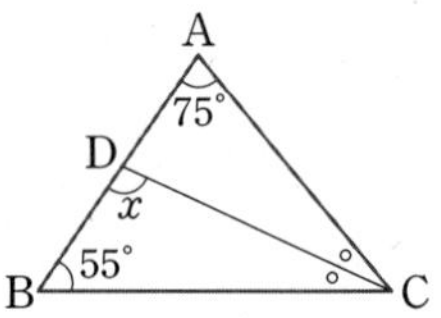

세 각 사이의 관계가 주어진 경우 삼각형의 내각의 크기의 합

개념북 73쪽

30 ●○○

삼각형의 세 내각의 크기의 비가 4 : 5 : 9일 때, 가장 큰 내각의 크기를 구하시오.

31 ●●○

삼각형의 세 내각의 크기의 비가 2 : 3 : 4일 때, 가장 큰 내각의 크기와 가장 작은 내각의 크기의 차를 구하시오.

32 ●●●

오른쪽 그림과 같은 △ABC에서 $\angle B=60°$, $\angle A=3\angle C$일 때, $\angle A$의 크기를 구하시오.

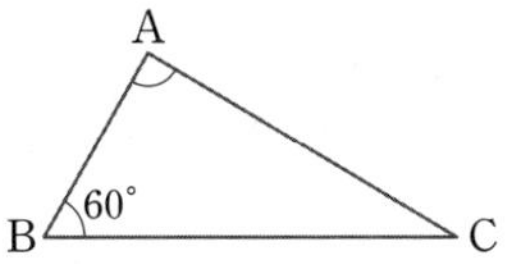

33 ●●●

오른쪽 그림과 같은 △ABC에서 $\angle C$의 크기는 $\angle A$의 크기보다 20°만큼 작고, $\angle B$의 크기는 $\angle C$의 크기의 2배일 때, $\angle B$의 크기를 구하시오.

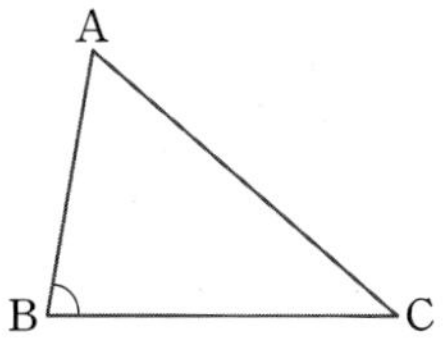

삼각형의 내각의 크기의 합의 응용 (1) – 두 내각의 이등분선

개념북 74쪽

34 ●●○

오른쪽 그림의 △ABC에서 $\angle x$의 크기는?

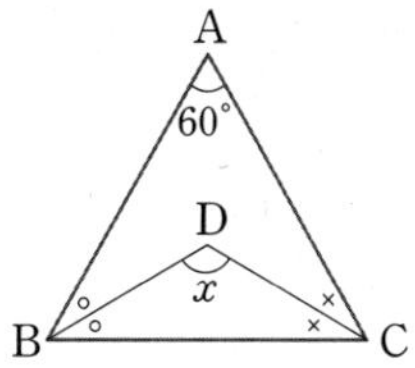

① 105° ② 110° ③ 115° ④ 120° ⑤ 125°

35 ●●○

오른쪽 그림의 사각형 ABCD에서 점 E는 $\angle B$, $\angle C$의 이등분선의 교점일 때, $\angle BEC$의 크기는?

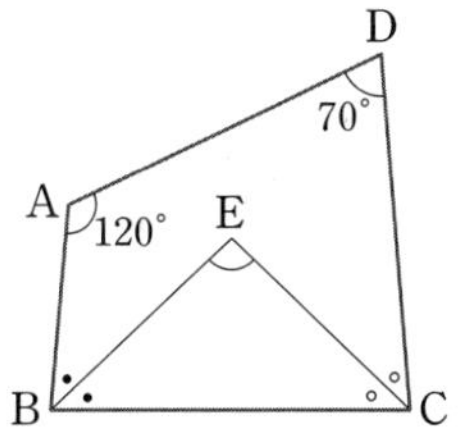

① 85° ② 90° ③ 95° ④ 100° ⑤ 105°

36 ●●●

오른쪽 그림의 △ABC에서 $\overline{AE}$, $\overline{BF}$는 각각 $\angle A$, $\angle B$의 이등분선이고, 점 D는 그 교점이다. $\angle C=64°$일 때, $\angle x$의 크기를 구하시오.

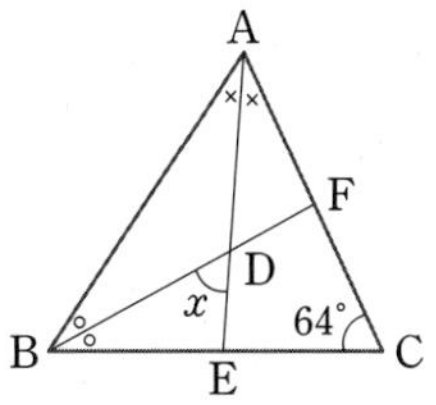

삼각형의 내각의 크기의 합의 응용 (2) – △ 모양

개념북 74쪽

37 ●●○

오른쪽 그림에서 $\angle x$의 크기는?

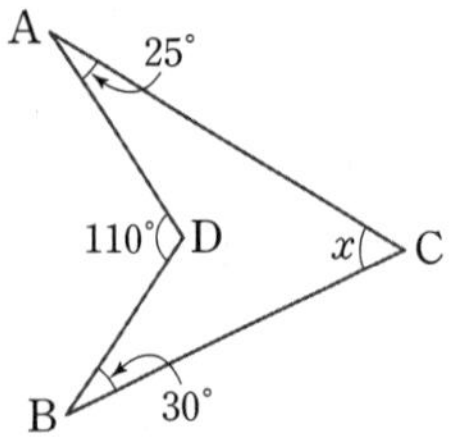

① 45° ② 50°
③ 55° ④ 60°
⑤ 65°

38 ●●○

오른쪽 그림에서 $\angle x$의 크기는?

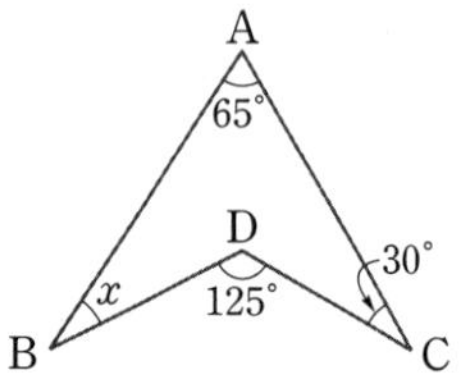

① 30° ② 35°
③ 40° ④ 45°
⑤ 50°

39 ●●●

오른쪽 그림에서 $\angle x$의 크기를 구하시오.

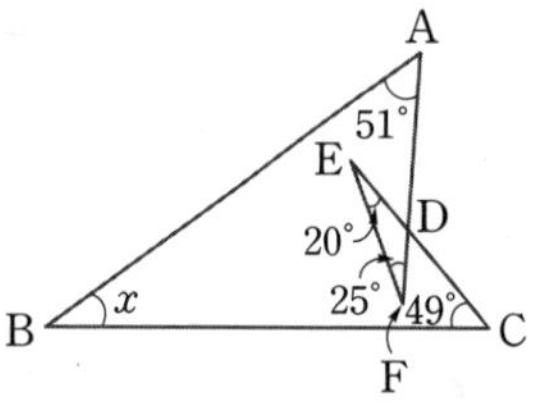

40 ●●●

오른쪽 그림에서

$\angle a+\angle b+\angle c+\angle d+\angle e+\angle f$

의 크기는?

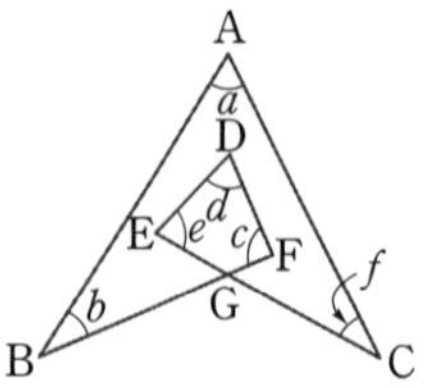

① 180° ② 270°
③ 360° ④ 450°
⑤ 540°

삼각형의 외각의 성질

개념북 77쪽

41 ●○○

다음 그림에서 $\angle x$의 크기를 구하시오.

(1)

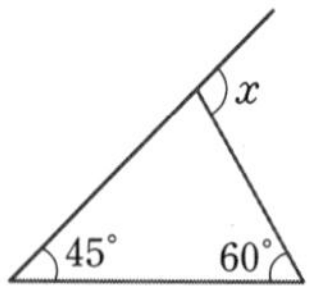

(2)

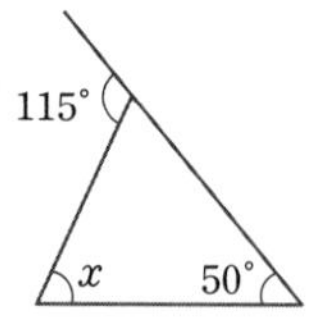

(3)

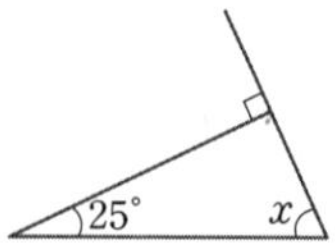

(4)

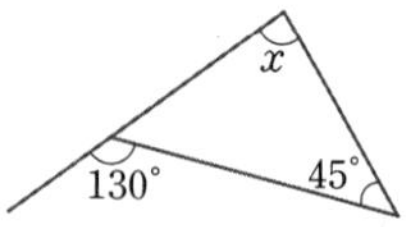

42 ●●○

다음 그림에서 $\angle x$의 크기를 구하시오.

(1)

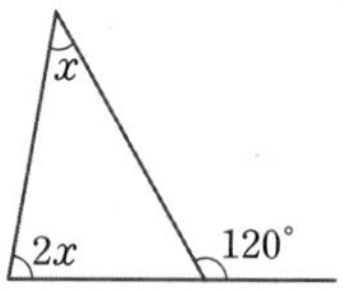

(2)

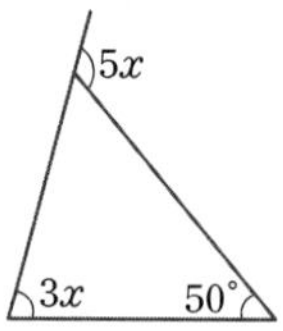

43 ●●○

오른쪽 그림에서 $\angle x$의 크기는?

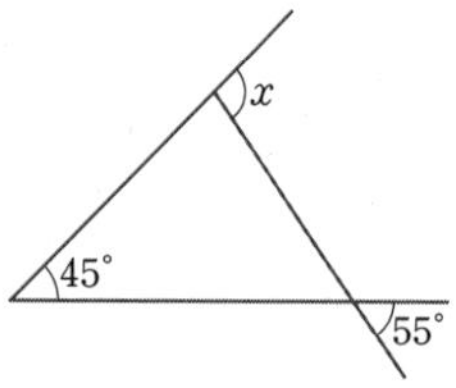

① 85° ② 90°
③ 95° ④ 100°
⑤ 105°

44 ●●●

오른쪽 그림에서 $\angle x$의 크기는?

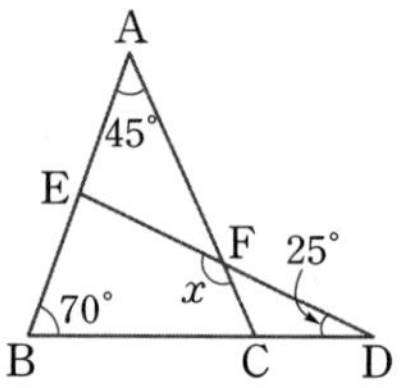

① 110° ② 120°
③ 130° ④ 140°
⑤ 150°

삼각형의 외각의 크기의 합

개념북 77쪽

45 ●○○

다음 그림에서 $\angle x$의 크기를 구하시오.

(1)

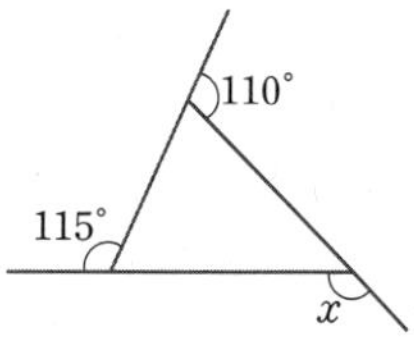

(2)

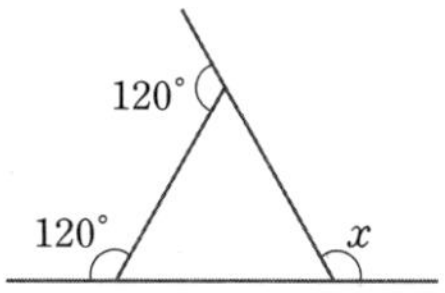

(3)

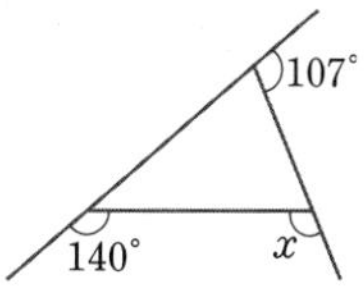

(4)

46 ●●○

오른쪽 그림에서 $\angle x$의 크기는?

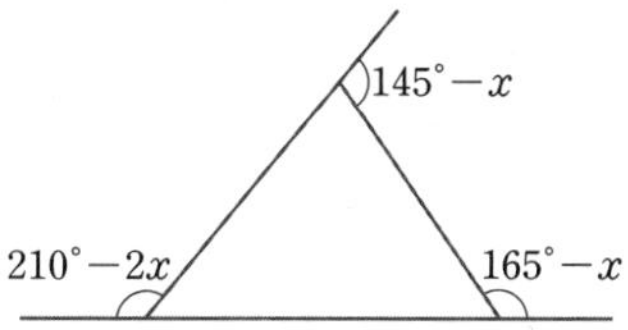

① $30°$ ② $35°$
③ $40°$ ④ $45°$
⑤ $50°$

47 ●●●

오른쪽 그림에서 $\angle x$의 크기는?

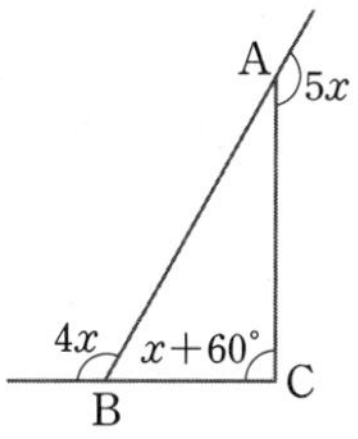

① $20°$ ② $25°$
③ $30°$ ④ $35°$
⑤ $40°$

삼각형의 외각의 성질의 응용 (1) − 이등변삼각형

개념북 78쪽

48 ●○○

오른쪽 그림에서 $\overline{AB}=\overline{AC}=\overline{CD}$이고 $\angle B=30°$일 때, $\angle x$의 크기를 구하시오.

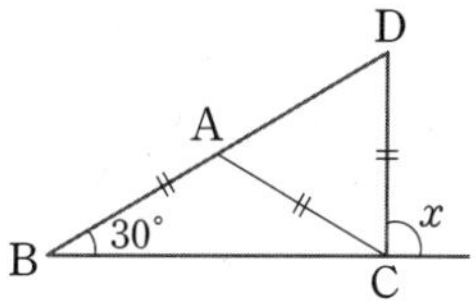

49 ●●○

오른쪽 그림에서 $\overline{AC}=\overline{BC}=\overline{CD}$이고 $\angle ADE=130°$일 때, $\angle x$의 크기를 구하시오.

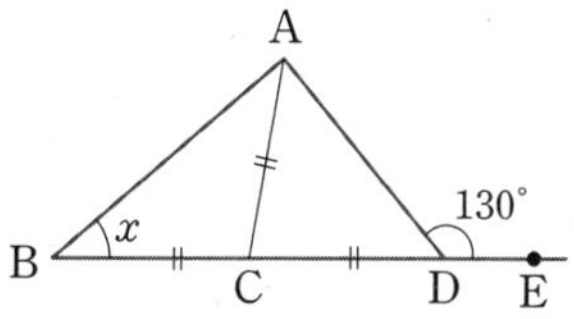

50 ●●●

오른쪽 그림에서 $\overline{AB}=\overline{AC}=\overline{CD}$일 때, $\angle x$의 크기는?

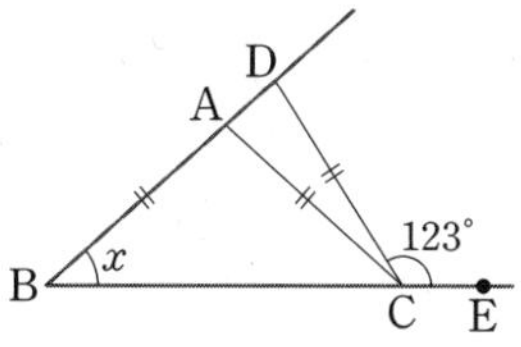

① $41°$ ② $42°$
③ $43°$ ④ $44°$
⑤ $45°$

삼각형의 외각의 성질의 응용 (2) – 한 내각과 한 외각의 이등분선

개념북 78쪽

51 ●●○

오른쪽 그림에서 점 D는 $\angle B$의 이등분선과 $\angle ACB$의 외각의 이등분선의 교점이다. 이때 $\angle x$의 크기를 구하시오.

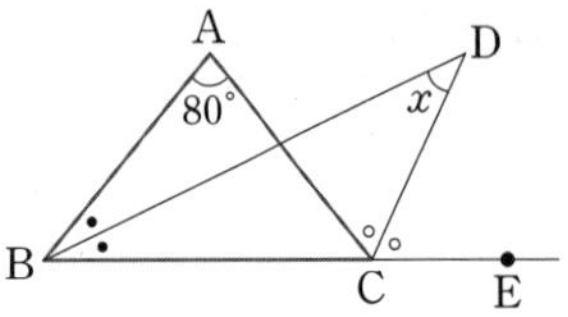

52 ●●●

오른쪽 그림의 $\triangle ABC$에서 $\angle A=66°$이고, $\overline{BI}$, $\overline{CI}$는 각각 $\angle B$, $\angle C$의 이등분선, $\overline{CD}$는 $\angle C$의 외각의 이등분선일 때, $\angle x+\angle y$의 크기를 구하시오.

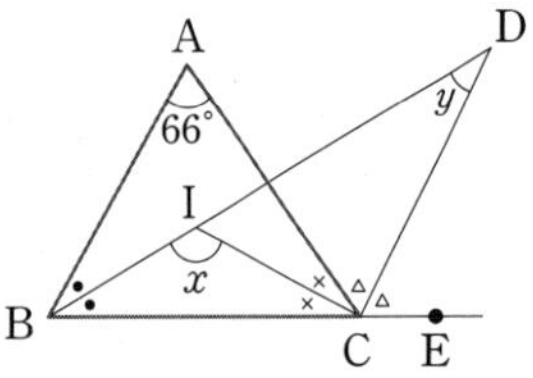

53 ●●●

오른쪽 그림에서 점 D는 $\angle B$의 이등분선과 $\angle ACB$의 외각의 이등분선의 교점이다. 이때 $\angle x-2\angle y$의 크기를 구하시오.

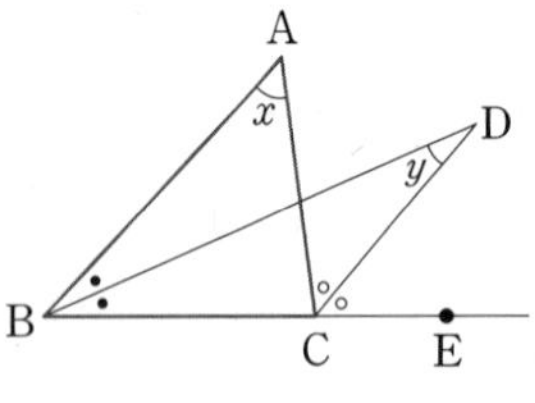

다각형의 내각의 크기의 합

개념북 81쪽

54 ●●○

다음 중 내각의 크기의 합이 1620°인 다각형은?

① 팔각형 ② 구각형 ③ 십각형
④ 십일각형 ⑤ 십이각형

55 ●●○

다음 그림에서 $\angle x$의 크기를 구하시오.

(1)

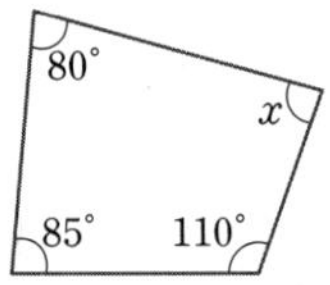

(2)

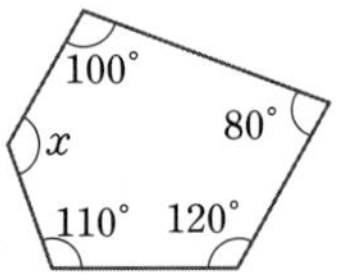

56 ●●○

다음 그림에서 $\angle x$의 크기를 구하시오.

(1)

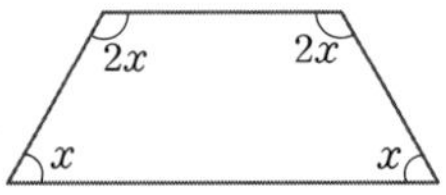

(2)

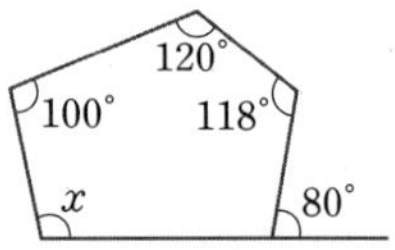

57 ●●●

내각의 크기의 합이 900°인 다각형의 대각선의 개수를 구하시오.

정다각형의 한 내각의 크기

개념북 81쪽

58 ●○○

다음 정다각형의 한 내각의 크기를 구하시오.

(1) 정구각형 (2) 정십오각형

59 ●●○

한 내각의 크기가 다음과 같은 정다각형을 구하시오.

(1) 120° (2) 135°

60 ●●●

한 내각의 크기가 150°인 정다각형의 대각선의 개수는?

① 50 ② 54 ③ 58
④ 62 ⑤ 66

61 ●●●

대각선의 개수가 20인 정다각형의 한 내각의 크기는?

① 90° ② 108° ③ 120°
④ 135° ⑤ 150°

다각형의 내각의 크기의 응용

개념북 82쪽

62 ●●○

오른쪽 그림과 같은 사각형 ABCD에서 $\angle x$의 크기는?

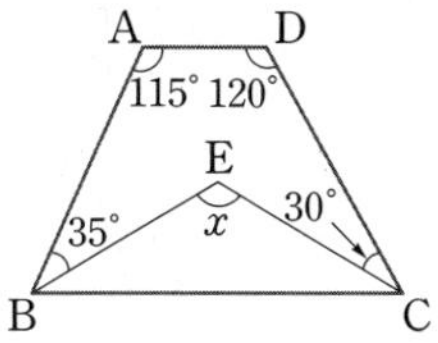

① 60° ② 100°
③ 110° ④ 120°
⑤ 150°

63 ●●○

오른쪽 그림과 같은 사각형 ABCD에서 $\angle x$의 크기를 구하시오.

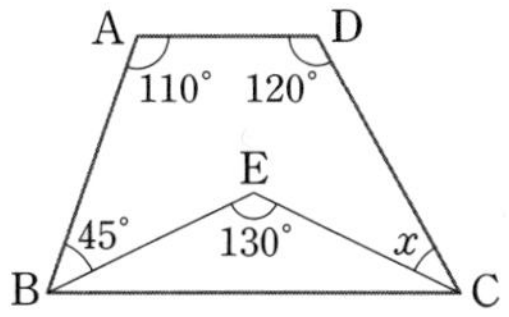

64 ●●○

오른쪽 그림과 같은 사각형 ABCD에서 $\angle x$의 크기를 구하시오.

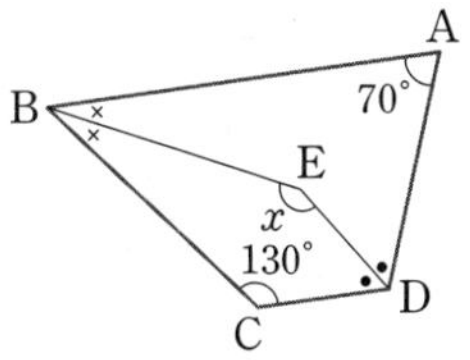

65 ●●●

오른쪽 그림과 같은 정오각형 ABCDE에서 $\angle x$의 크기를 구하시오.

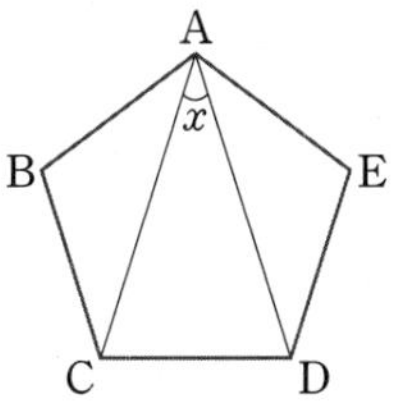

다각형의 외각의 크기의 합

개념북 84쪽

66 ●○○

오른쪽 그림에서

$\angle a+\angle b+\angle c+\angle d$
$+\angle e+\angle f+\angle g+\angle h$

의 크기를 구하시오.

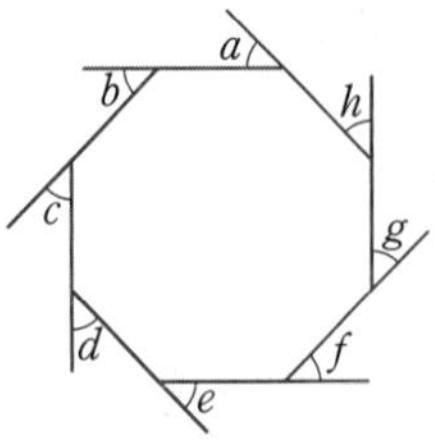

67 ●●○

오른쪽 그림에서 $\angle x$의 크기를 구하시오.

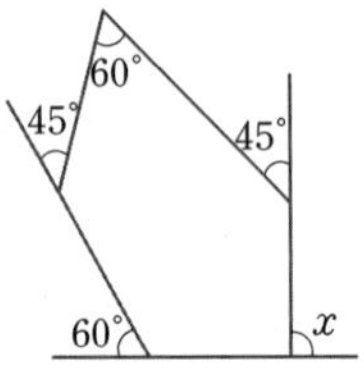

68 ●●○

오른쪽 그림에서 $\angle x$의 크기를 구하시오.

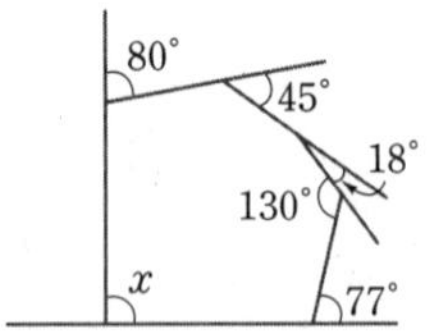

정다각형의 한 외각의 크기

개념북 84쪽

69 ●○○

한 외각의 크기가 24°인 정다각형은?

① 정십각형 ② 정십일각형 ③ 정십이각형
④ 정십오각형 ⑤ 정십팔각형

70 ●●○

다음 **조건**을 모두 만족하는 다각형을 구하시오.

조건
(가) 모든 변의 길이가 같다.
(나) 모든 내각의 크기가 같다.
(다) 한 외각의 크기가 둔각이다.

71 ●●●

대각선의 개수가 54인 정다각형의 한 외각의 크기를 구하시오.

72 ●●●

한 내각과 그 외각의 크기의 비가 3 : 1인 정다각형은?

① 정오각형 ② 정육각형 ③ 정팔각형
④ 정십각형 ⑤ 정십이각형

정답과 풀이 71쪽

오목한 부분이 있는 다각형에서의 각의 크기

개념북 86쪽

73 ●●○

오른쪽 그림에서 $\angle x$의 크기는?

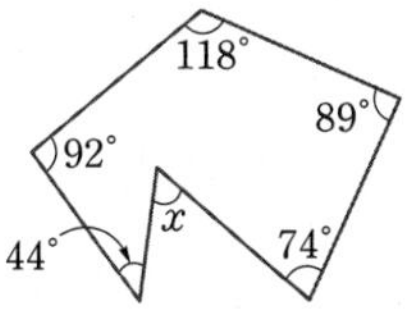

① 51° ② 54°
③ 57° ④ 60°
⑤ 63°

74 ●●●

오른쪽 그림에서

$\angle a+\angle b+\angle c+\angle d+\angle e+\angle f$

의 크기를 구하시오.

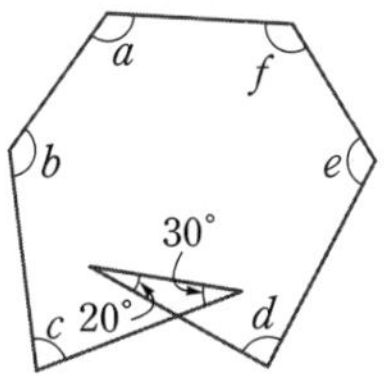

75 ●●●

오른쪽 그림에서

$\angle a+\angle b+\angle c+\angle d$

$+\angle e+\angle f+\angle g+\angle h$

의 크기를 구하시오.

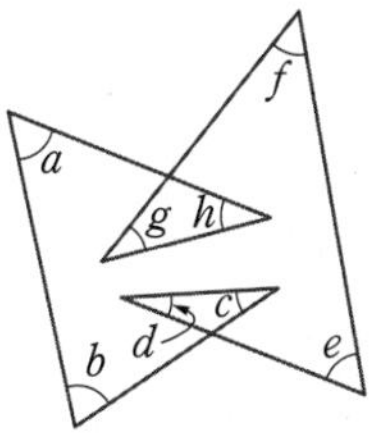

복잡한 도형에서의 각의 크기

개념북 87쪽

76 ●●○

오른쪽 그림에서 $\angle x$의 크기는?

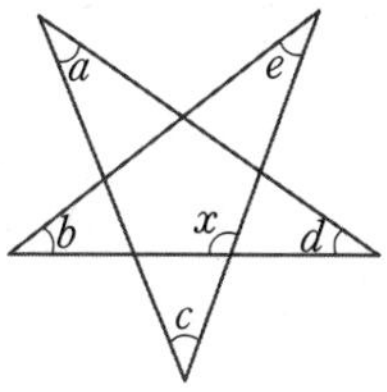

① $\angle a+\angle b+\angle c$
② $\angle a+\angle c+\angle d$
③ $\angle b+\angle c+\angle d$
④ $\angle b+\angle c+\angle e$
⑤ $\angle c+\angle d+\angle e$

77 ●●●

오른쪽 그림에서

$\angle x+\angle y+\angle z$의 크기는?

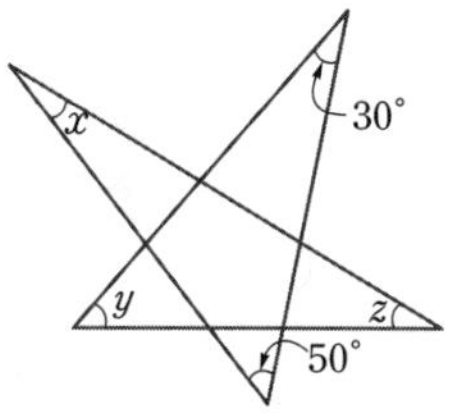

① 110° ② 100°
③ 90° ④ 80°
⑤ 70°

78 ●●●

오른쪽 그림에서

$\angle a+\angle b-\angle c+\angle d+\angle e$의

크기는?

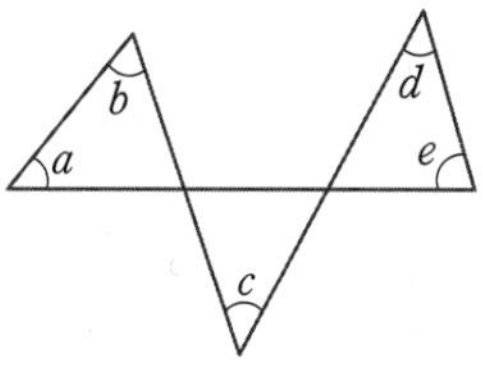

① 90° ② 120°
③ 150° ④ 180°
⑤ 210°

개념완성익힘

1

다음 중 다각형에 대한 설명 중 옳지 않은 것을 모두 고르면? (정답 2개)

① 다각형의 각 변의 끝 점을 꼭짓점이라 한다.
② 십이각형은 13개의 꼭짓점과 12개의 변을 가지고 있다.
③ 다각형의 대각선의 개수는 변의 개수에 따라 달라진다.
④ 다각형에서 이웃한 두 변으로 이루어지는 각을 외각이라 한다.
⑤ 십오각형의 대각선의 개수는 90이다.

2

오른쪽 그림과 같이 위치한 6개의 위성도시 사이에 통신선을 개설하려고 한다. 만들 수 있는 통신선의 개수를 구하시오.

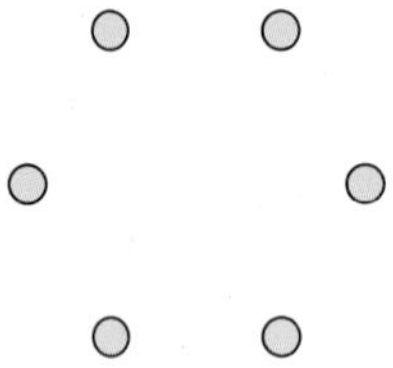

3

다음 그림에서 $\angle x$, $\angle y$의 크기는?

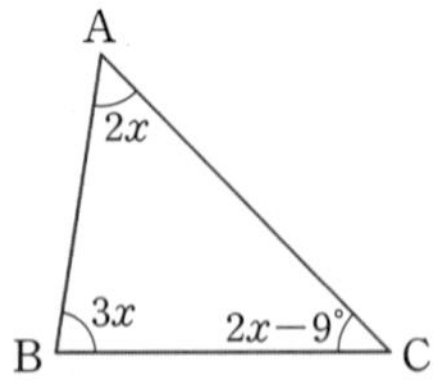

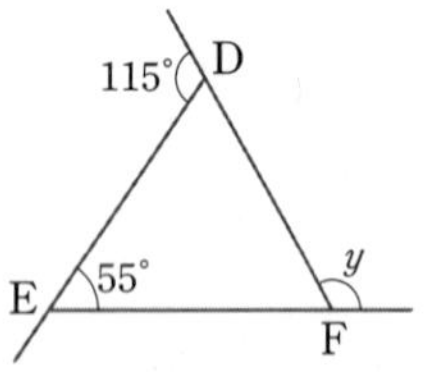

① $\angle x=25°$, $\angle y=125°$
② $\angle x=27°$, $\angle y=120°$
③ $\angle x=27°$, $\angle y=125°$
④ $\angle x=29°$, $\angle y=120°$
⑤ $\angle x=29°$, $\angle y=125°$

4

오른쪽 그림에서 $\angle A=58°$이고, $\angle ABD=\angle DBC$, $\angle ACD=\angle DCE$일 때, $\angle x$의 크기는?

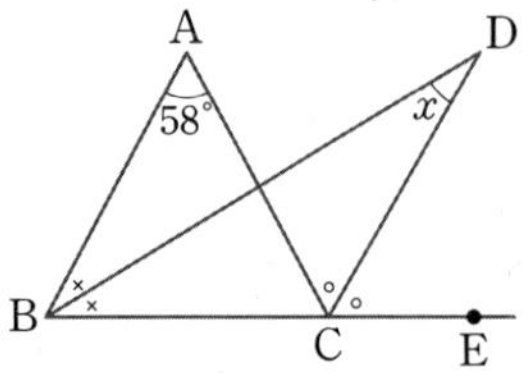

① 28°　② 29°　③ 30°
④ 31°　⑤ 32°

5

오른쪽 그림에서
$\angle a+\angle b+\angle c+\angle d+\angle e+\angle f+\angle g$
의 크기는?

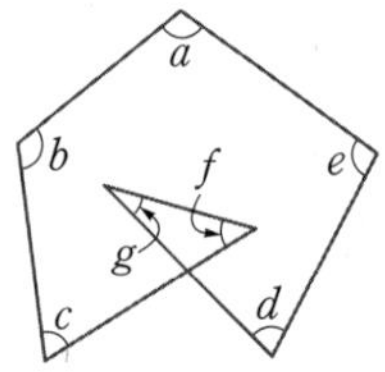

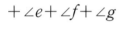

① 180°　② 360°
③ 480°　④ 540°
⑤ 600°

6

오른쪽 그림과 같이 $\overline{AB}=\overline{AC}$인 이등변삼각형 ABC에 대하여 $\overline{AB}$, $\overline{AC}$를 각각 한 변으로 하는 정삼각형 ADB, ACE를 그렸다. $\angle ACB=69°$일 때, $\angle DBF$의 크기를 구하시오.

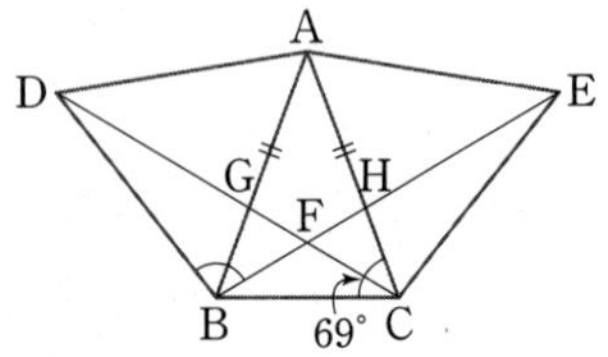

7

한 외각의 크기가 60°인 정다각형의 내각의 크기의 합은?

① 360°　② 450°　③ 540°
④ 630°　⑤ 720°

8 실력UP

오른쪽 그림과 같이 △ABC에서 점 D는 ∠B와 ∠C의 외각의 이등분선의 교점이다. ∠A=60°일 때, ∠x의 크기는?

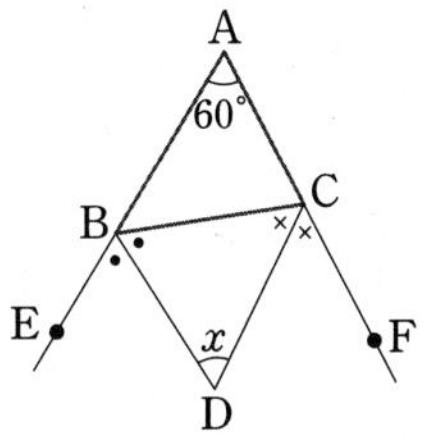

① 55°　② 60°
③ 65°　④ 70°
⑤ 75°

9 실력UP

오른쪽 그림에서

$\angle a+\angle b+\angle c+\angle d$
$+\angle e+\angle f+\angle g+\angle h$

의 크기는?

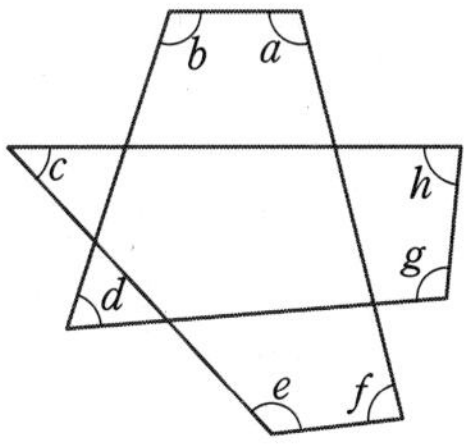

① 360°　② 480°
③ 560°　④ 640°
⑤ 720°

서술형

10

오른쪽 그림에서

$\angle DBC=\frac{1}{2}\angle ABD$,

$\angle DCE=\frac{1}{2}\angle ACD$이고

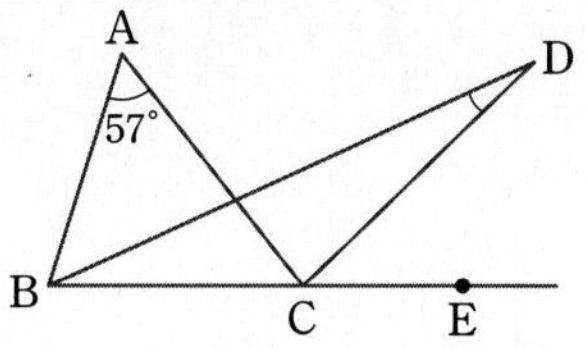

∠A=57°일 때, ∠BDC의 크기를 구하기 위한 풀이 과정을 쓰고 답을 구하시오.

11

오른쪽 그림은 서로 평행한 두 직선 l, m 사이에 정오각형이 끼어 있는 것이다. 이때 ∠x의 크기를 구하기 위한 풀이 과정을 쓰고 답을 구하시오.

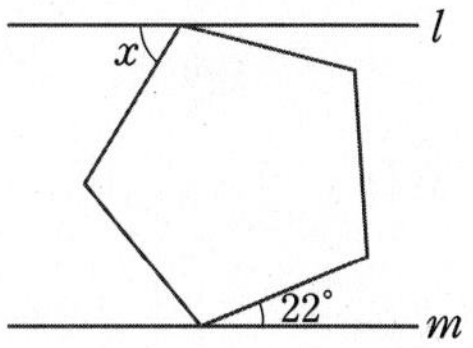

12

한 내각과 한 외각의 크기의 비가 8 : 1인 정다각형의 대각선의 개수를 구하기 위한 풀이 과정을 쓰고 답을 구하시오.

2 원과 부채꼴

개념적용익힘

원과 부채꼴

개념북 97쪽

1 ●○○

오른쪽 그림의 원 O에 대하여 다음을 기호로 나타내시오.

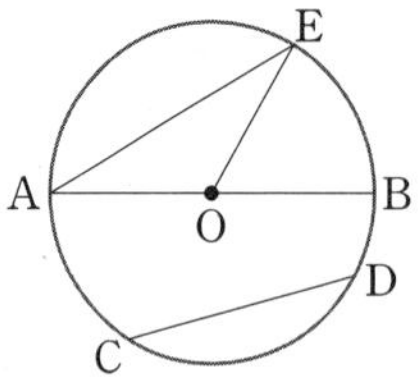

(1) 반지름

(2) 지름

(3) 호 CD

(4) 호 BE에 대한 중심각

(5) 중심각 AOE에 대한 현

2 ●●○

오른쪽 그림의 원 O에 대한 설명으로 옳지 않은 것은?

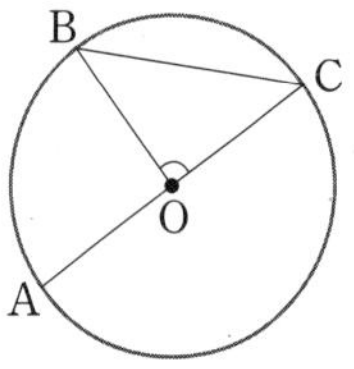

① $\overline{BC}$를 호라 한다.

② $\angle BOC$는 $\overset{\frown}{BC}$에 대한 중심각이다.

③ 원의 중심 O를 지나는 현은 지름이다.

④ $\overset{\frown}{BC}$와 $\overline{BC}$로 이루어진 도형은 활꼴이다.

⑤ $\overset{\frown}{AB}$와 두 반지름 OA, OB로 이루어진 도형은 부채꼴이다.

3 ●●○

오른쪽 그림의 원 O에 대한 다음 설명 중 옳지 않은 것은? (단, 세 점 A, O, C는 한 직선 위에 있다.)

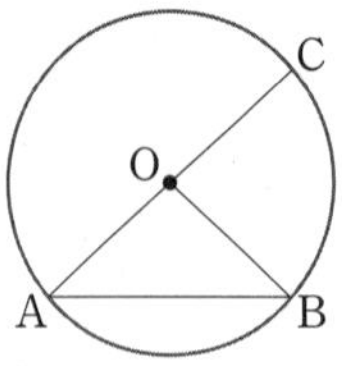

① $\overline{AB}$는 현이다.

② 부채꼴 AOB의 중심각은 $\angle AOB$이다.

③ $\overline{AB}$와 $\overset{\frown}{AB}$로 이루어진 도형은 활꼴이다.

④ $\overline{AC}$보다 길이가 긴 현이 존재한다.

⑤ 원 위의 두 점 A, B를 양 끝점으로 하는 호는 2개이다.

원과 부채꼴의 기본 성질

개념북 97쪽

4 ●●○

다음 원에 대한 설명 중 옳지 않은 것을 모두 고르면? (정답 2개)

① 원의 현 중에서 그 길이가 가장 긴 것은 지름이다.

② 한 원에서 활꼴과 부채꼴이 같아지는 것은 중심각의 크기가 180°일 때이다.

③ 반원은 활꼴이면서 부채꼴이다.

④ 호와 현으로 이루어진 도형을 부채꼴이라 한다.

⑤ 원 위의 두 점을 잇는 선분을 호라 한다.

5 ●●○

원 O 위에 서로 다른 두 점 A, B가 있을 때, 다음 중 옳은 것은?

① $\overline{OA}$는 현이다.

② $\overset{\frown}{AB}$에 대한 중심각은 $\angle OAB$이다.

③ $\overline{OA}$, $\overline{OB}$, $\overline{AB}$로 이루어진 도형은 부채꼴이다.

④ $\angle AOB=180°$일 때, $\overline{AB}$는 원 O의 지름이다.

⑤ 원의 중심 O를 지나는 현이 가장 짧은 현이다.

6 ●●○

원 O에서 부채꼴 AOB가 활꼴일 때, 부채꼴 AOB의 중심각의 크기는?

① 60° ② 90° ③ 120°
④ 150° ⑤ 180°

부채꼴의 중심각의 크기와 호, 현의 길이

개념북 99쪽

7 ●○○

다음 그림에서 $\angle x$의 크기를 구하시오.

(1)

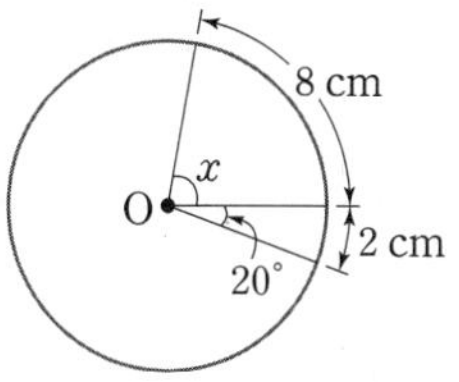

(2)

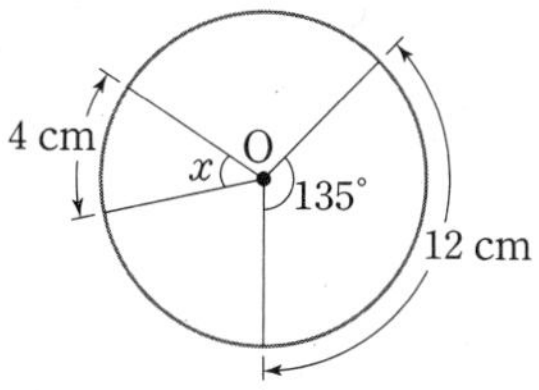

8 ●○○

오른쪽 그림과 같은 원 O에서 $\overset{\frown}{AB}=4$ cm, $\angle AOB=30°$, $\angle COD=150°$일 때, $\overset{\frown}{CD}$의 길이는?

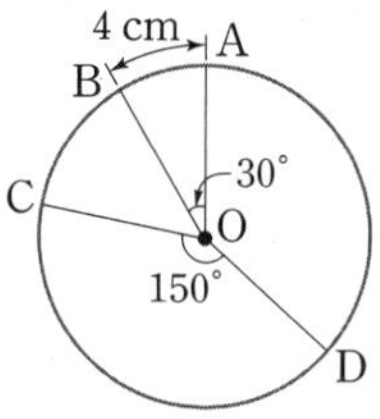

① 16 cm ② 18 cm
③ 20 cm ④ 22 cm
⑤ 24 cm

9 ●●○

오른쪽 그림의 원 O에서 $\overset{\frown}{AB} : \overset{\frown}{BC} : \overset{\frown}{CA}=3 : 4 : 5$일 때, $\overset{\frown}{AC}$에 대한 중심각의 크기는?

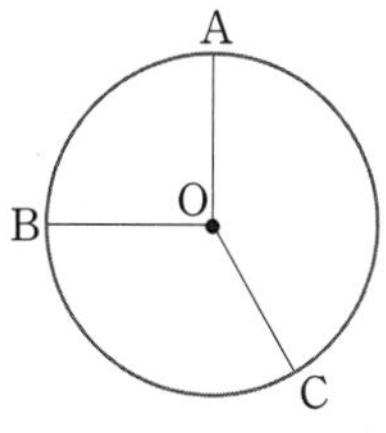

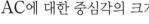

① 130° ② 140°
③ 150° ④ 160°
⑤ 170°

부채꼴의 중심각의 크기와 넓이

개념북 99쪽

10 ●○○

다음 그림에서 x의 값을 구하시오.

(1)

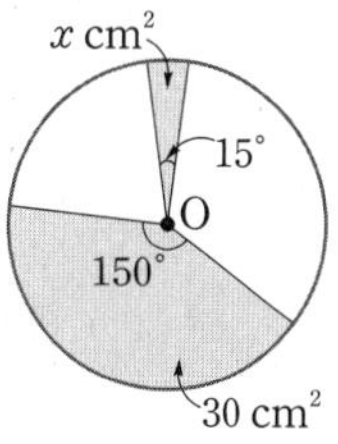

(2)

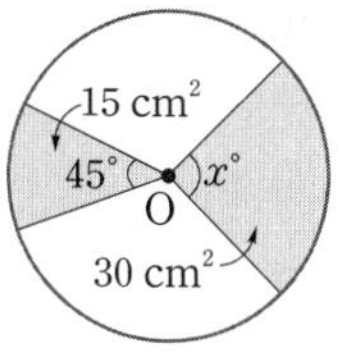

11 ●●○

오른쪽 그림의 원 O에서 $\overset{\frown}{AB} : \overset{\frown}{CD}=3 : 1$이다. 부채꼴 AOB의 넓이가 4 cm^2일 때, 부채꼴 COD의 넓이를 구하시오.

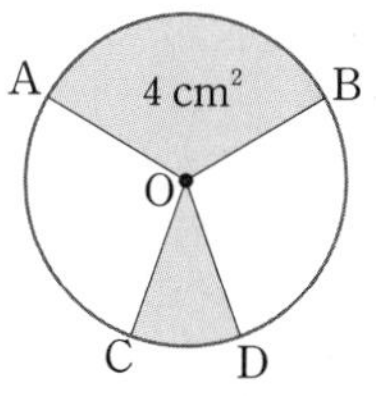

12 ●●●

오른쪽 그림과 같이 세 부채꼴 AOB, BOC, COA의 중심각의 크기가 각각 $\angle a$, $4\angle a$, $5\angle a$이고 부채꼴 AOB의 넓이가 5 cm^2일 때, $\angle BOC$의 크기와 부채꼴 BOC의 넓이를 차례대로 구하시오.

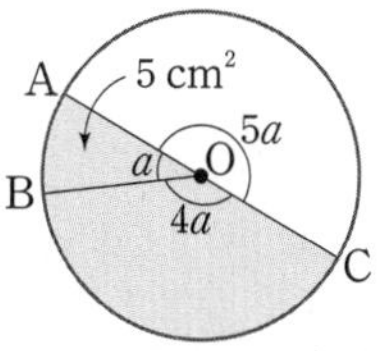

부채꼴의 중심각의 크기와 호, 현의 길이와 넓이의 응용

개념북 100쪽

13 ●●○

오른쪽 그림과 같은 원 O에서 $\overline{AB}$는 원 O의 지름이고, $\overset{\frown}{AB}$를 삼등분하는 점을 각각 C, D라 할 때, 다음 중 옳지 않은 것은?

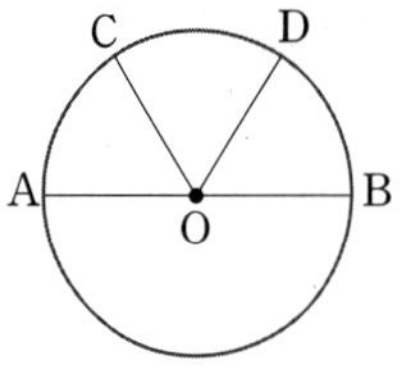

① $\overline{AC}=\overline{CD}$ ② $\overline{AD}=2\overline{CD}$

③ $\frac{1}{3}\overset{\frown}{AB}=\overset{\frown}{CD}$ ④ $\overset{\frown}{CD}=\overset{\frown}{BD}$

⑤ $2\overset{\frown}{AC}=\overset{\frown}{AD}$

14 ●●○

오른쪽 그림의 원 O에서 $\overline{AB}$는 원 O의 지름이고, $\angle AOC=\angle COD=\angle DOB$일 때, 원의 둘레의 길이는 $\overset{\frown}{BD}$의 길이의 몇 배인지 구하시오.

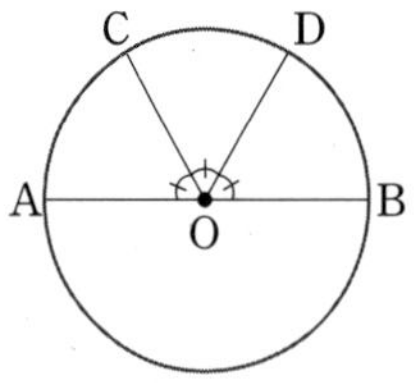

15 ●●●

오른쪽 그림의 원 O에서 $\angle CBA=30°$이고 $\overline{AB}$가 원 O의 지름일 때, $\overset{\frown}{AC}:\overset{\frown}{CB}$를 가장 간단한 자연수의 비로 나타내시오.

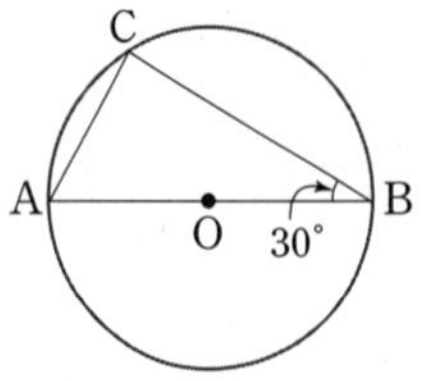

원에 평행선이 있는 경우 호의 길이

개념북 100쪽

16 ●●○

오른쪽 그림과 같은 원 O에서 $\overline{AB}/\!/\overline{CD}$이다. $\angle BAO=50°$, $\overset{\frown}{BD}=10$ cm일 때, 다음을 구하시오.

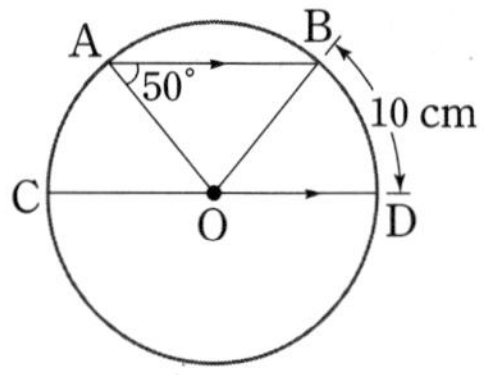

(1) $\angle OBA$의 크기 (2) $\angle AOB$의 크기

(3) $\angle BOD$의 크기 (4) $\overset{\frown}{AB}$의 길이

17 ●●○

오른쪽 그림의 원 O에서 $\overline{OC}/\!/\overline{AB}$이고, $\angle BOC=40°$, $\overset{\frown}{BC}=5$ cm일 때, $\overset{\frown}{AB}$의 길이는?

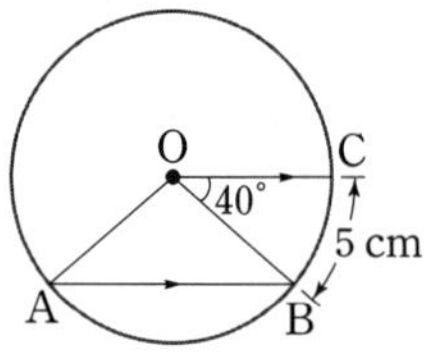

① 12 cm ② $\frac{25}{2}$ cm

③ 13 cm ④ $\frac{27}{2}$ cm

⑤ 14 cm

18 ●●○

오른쪽 그림과 같은 원 O에서 $\overline{AB}/\!/\overline{CD}$이고 $\angle COD=150°$, $\overset{\frown}{AC}=10$ cm일 때, $\overset{\frown}{CD}$의 길이를 구하시오.

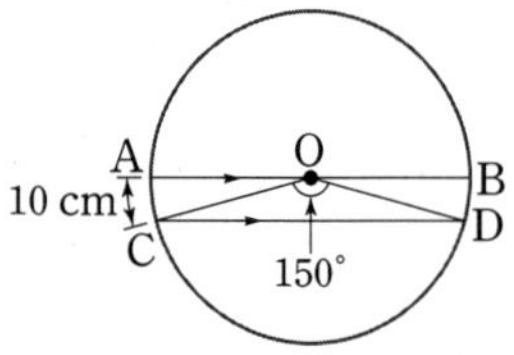

19 ●●●

오른쪽 그림에서 $\overline{AB}$는 원 O의 지름이고 $\overline{AC}/\!/\overline{OD}$이다. $\angle DOB=60°$, $\overset{\frown}{BD}=7$ cm일 때, $\overset{\frown}{CD}$의 길이를 구하시오.

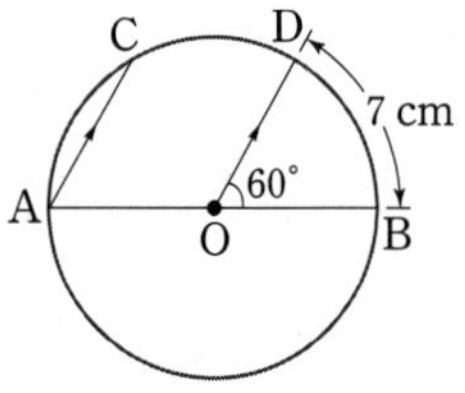

원의 둘레의 길이와 넓이

개념북 102쪽

20 ●○○

오른쪽 그림과 같은 원 O에 대하여 다음을 구하시오.

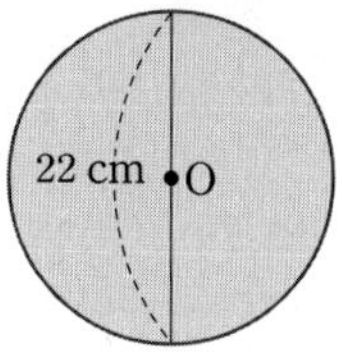

(1) 원의 둘레의 길이

(2) 원의 넓이

21 ●○○

원의 넓이가 다음과 같을 때, 원의 반지름의 길이를 구하시오.

(1) $16\pi\ \text{cm}^2$　　　(2) $144\pi\ \text{cm}^2$

22 ●●○

둘레의 길이가 10π cm인 원의 넓이를 구하시오.

색칠한 부분의 둘레의 길이와 넓이

개념북 102쪽

23 ●●○

오른쪽 그림의 색칠한 부분에 대하여 다음을 구하시오.

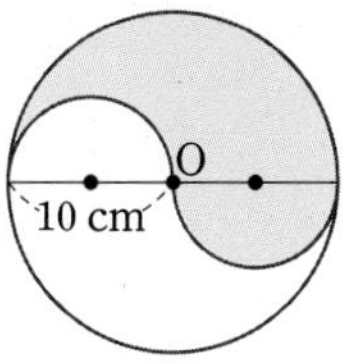

(1) 둘레의 길이

(2) 넓이

24 ●●○

오른쪽 그림에서 색칠한 부분의 넓이는?

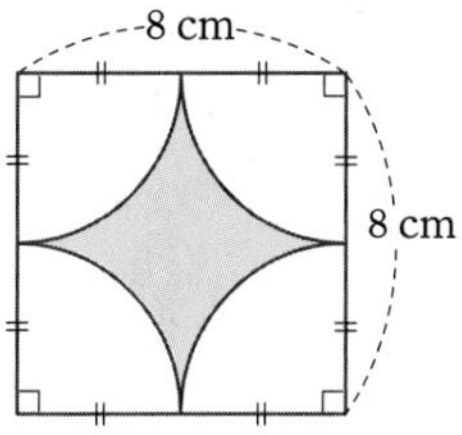

① $16\pi\ \text{cm}^2$

② $64\pi\ \text{cm}^2$

③ $(16-4\pi)\ \text{cm}^2$

④ $(64-4\pi)\ \text{cm}^2$

⑤ $(64-16\pi)\ \text{cm}^2$

25 ●●●

오른쪽 그림과 같은 원 O에서 색칠한 부분의 둘레의 길이와 넓이를 차례대로 구하시오.

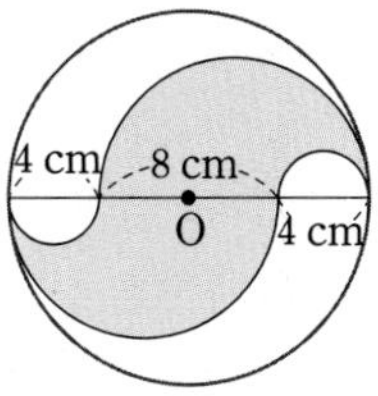

부채꼴의 호의 길이

개념북 104쪽

26 ●○○

오른쪽 그림과 같이 반지름의 길이가 12 cm, 호의 길이가 4π cm인 부채꼴에서 중심각의 크기는?

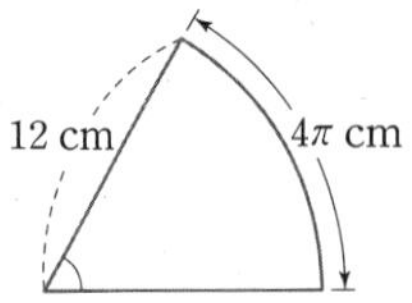

① 55° ② 60° ③ 65°
④ 70° ⑤ 75°

27 ●●○

오른쪽 그림과 같은 부채꼴의 둘레의 길이는?

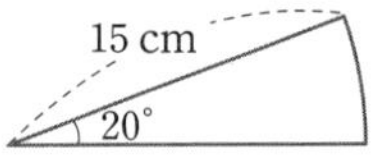

① 31 cm ② $\left(\frac{1}{3}\pi+30\right)$ cm
③ 32 cm ④ $\left(\frac{5}{3}\pi+30\right)$ cm
⑤ $(2\pi+30)$ cm

28 ●●●

오른쪽 그림과 같이 한 변의 길이가 4 cm인 정삼각형 ABC를 직선 l 위에서 회전시켰다. 이때 점 A가 움직인 거리는?

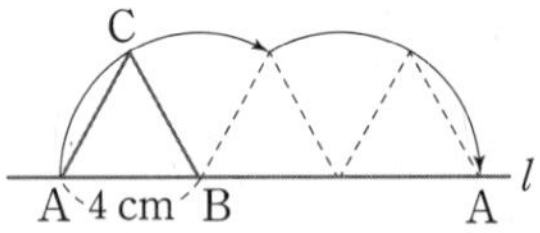

① 4π cm ② $\frac{13}{3}\pi$ cm ③ 5π cm
④ $\frac{16}{3}\pi$ cm ⑤ $\frac{19}{3}\pi$ cm

부채꼴의 넓이

개념북 104쪽

29 ●○○

반지름의 길이가 7 cm이고 넓이가 14π cm^2인 부채꼴의 호의 길이를 구하시오.

30 ●●●

오른쪽 그림과 같이 반지름의 길이가 5 cm인 원 O의 중심에 한 꼭짓점이 오도록 정오각형과 정사각형을 놓았을 때, 색칠한 두 부채꼴의 넓이의 합을 구하시오.

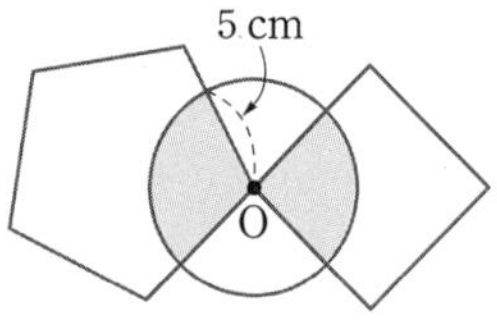

31 ●●●

오른쪽 그림과 같이 반지름의 길이가 4 cm인 부채꼴에서 $\angle ACB=75^\circ$일 때, 이 부채꼴의 넓이를 구하시오.

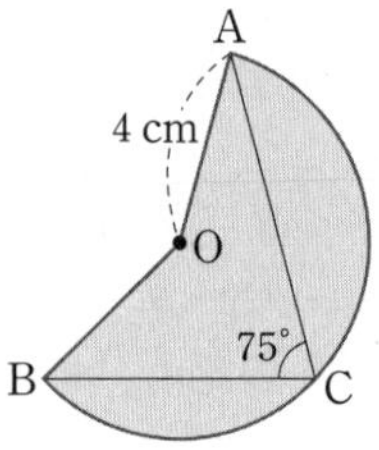

변형된 도형의 둘레의 길이와 넓이

개념북 105쪽

32 ●○○

오른쪽 그림에서 색칠한 부분의 둘레의 길이를 구하시오.

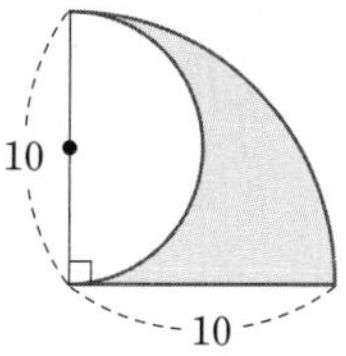

33 ●●○

다음 그림에서 색칠한 부분의 둘레의 길이와 넓이를 차례대로 구하시오.

(1)

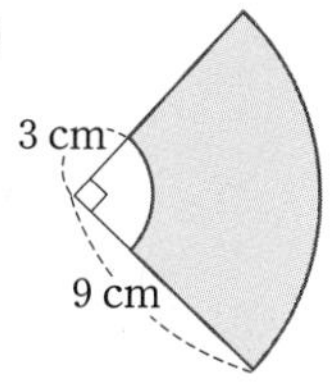

(2)

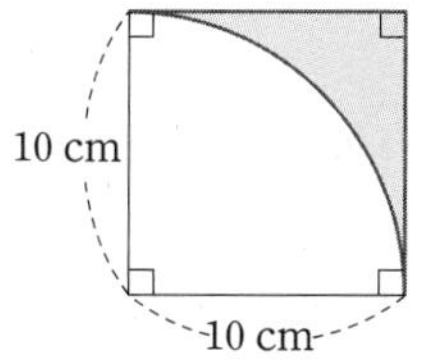

(3)

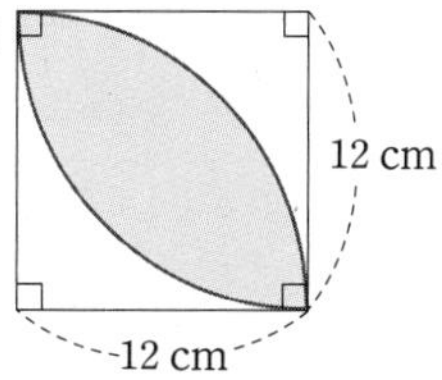

(4)

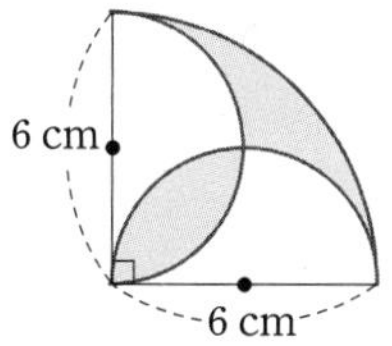

34 ●●○

오른쪽 그림과 같이 반지름의 길이가 12 cm인 원에서 색칠한 부분의 넓이는?

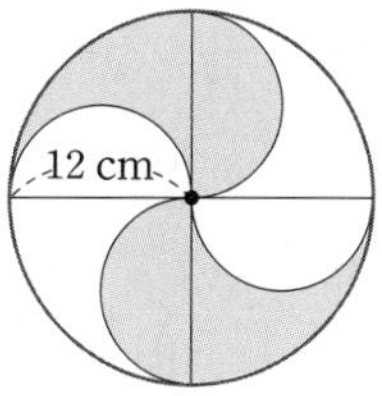

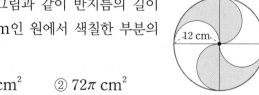

① $36\pi\ \text{cm}^2$　② $72\pi\ \text{cm}^2$
③ $90\pi\ \text{cm}^2$　④ $126\pi\ \text{cm}^2$
⑤ $144\pi\ \text{cm}^2$

35 ●●○

다음 그림에서 색칠한 부분의 둘레의 길이와 넓이를 차례대로 구하시오.

(1)

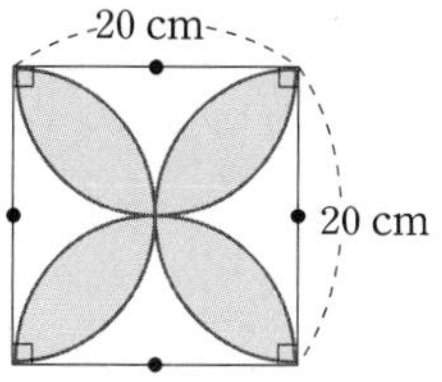

(2)

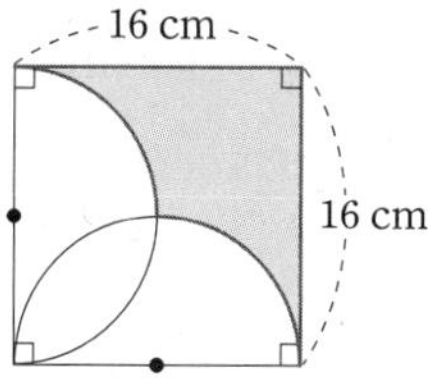

36 ●●●

오른쪽 그림과 같이 지름의 길이가 6인 반원과 반지름의 길이가 6인 부채꼴이 겹쳐 있다. 색칠한 두 부분의 넓이가 같을 때, x의 값은?

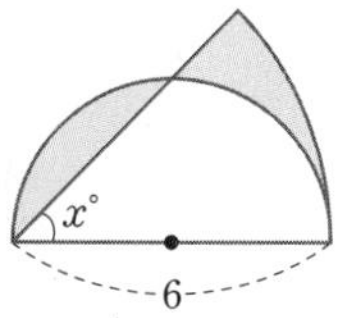

① 30　② 35　③ 40
④ 45　⑤ 50

37 ●●●

오른쪽 그림과 같이 한 변의 길이가 8 cm인 정사각형 ABCD에서 색칠한 부분의 둘레의 길이를 구하시오.

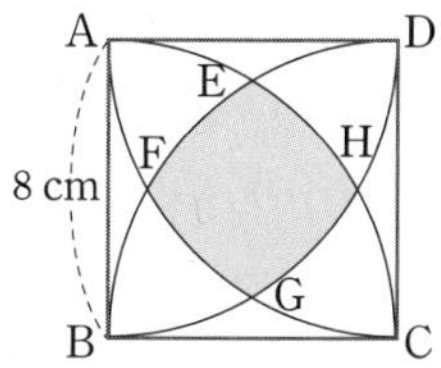

부채꼴의 호의 길이와 넓이의 응용

개념북 105쪽

38 ●●○

오른쪽 그림과 같이 밑면의 반지름의 길이가 10 cm인 네 개의 원기둥을 묶을 때, 필요한 끈의 최소 길이를 구하시오.
(단, 끈의 매듭의 길이는 생각하지 않는다.)

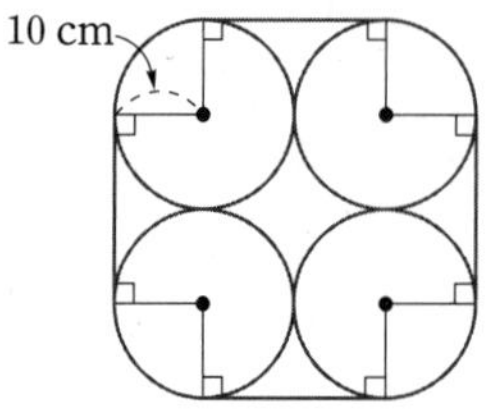

39 ●●○

다음 그림과 같이 밑면의 반지름의 길이가 1 cm인 원기둥 3개를 A, B 두 방법으로 묶으려고 한다. 끈의 길이가 최소가 되도록 묶을 때, 두 끈의 길이의 차를 구하시오. (단, 끈의 매듭의 길이는 생각하지 않는다.)

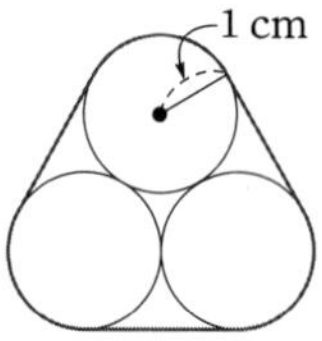

[방법 A]

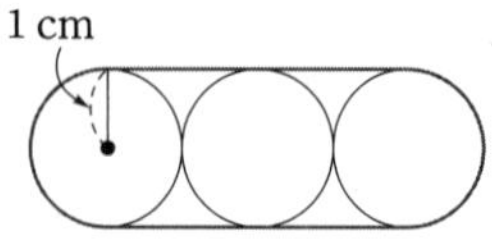

[방법 B]

40 ●●○

오른쪽 그림과 같이 반지름의 길이가 1 cm인 원이 한 변의 길이가 6 cm인 정삼각형의 둘레를 따라 전체를 한 바퀴 돌았을 때, 원이 지나간 자리의 넓이를 구하시오.

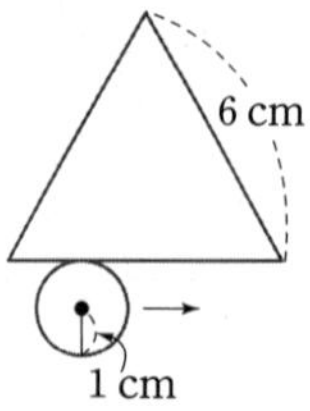

41 ●●○

오른쪽 그림과 같이 반지름의 길이가 2 cm인 원이 세 변의 길이가 각각 12 cm, 10 cm, 9 cm인 삼각형의 둘레를 따라 전체를 한 바퀴 돌았을 때, 이 원이 지나간 자리의 넓이는?

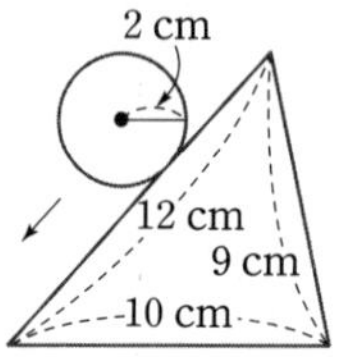

① 16π cm^2 ② $(16\pi+8)$ cm^2
③ $(16\pi+32)$ cm^2 ④ $(16\pi+62)$ cm^2
⑤ $(16\pi+124)$ cm^2

42 ●●●

오른쪽 그림과 같이 반지름의 길이가 6 cm인 원이 반지름의 길이가 18 cm이고 중심각의 크기가 60°인 부채꼴의 둘레를 따라 전체를 한 바퀴 돌았다. 이때 원이 지나간 자리의 넓이를 구하시오.

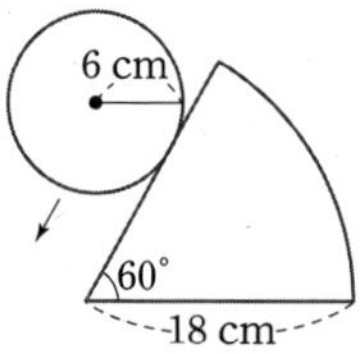

43 ●●●

오른쪽 그림과 같이 가로의 길이가 5 m, 세로의 길이가 3 m인 직사각형 모양의 창고 모퉁이에 길이가 8 m인 끈으로 강아지를 묶어 놓았다. 강아지가 창고 밖에서 움직일 때, 움직일 수 있는 최대 영역의 넓이를 구하시오.
(단, 끈의 매듭의 길이는 생각하지 않는다.)

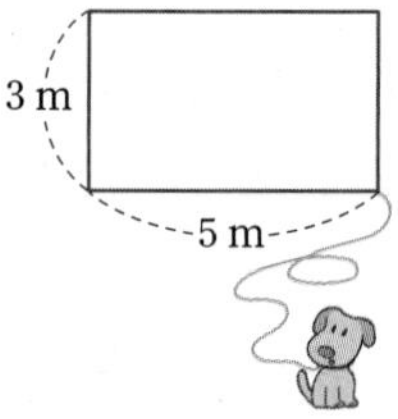

개념완성익힘

1

오른쪽 그림의 원 O에 대한 설명 중 옳지 <u>않은</u> 것은?

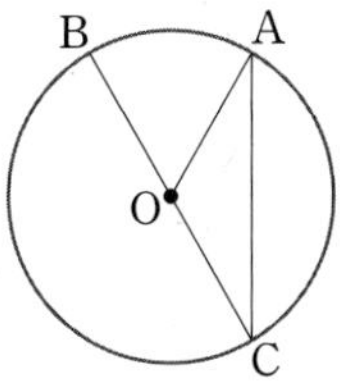

① $\overline{AC}$는 현이다.
② $\widehat{AB}$에 대한 중심각은 ∠AOB이다.
③ $\overline{AC}$와 $\widehat{AC}$로 이루어진 도형은 활꼴이다.
④ $\widehat{AB}$와 두 반지름 OA, OB로 이루어진 도형은 부채꼴이다.
⑤ 원 위의 두 점 A, C를 양 끝 점으로 하는 호는 1개이다.

2

오른쪽 그림의 원 O에서 ∠AOB$=75°$, ∠COD$=15°$이고, 부채꼴 AOB의 넓이가 $35\ \text{cm}^2$일 때, 부채꼴 COD의 넓이를 구하시오.

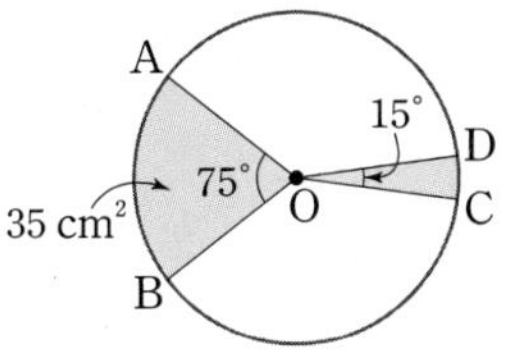

3

오른쪽 그림과 같은 반원 O에서 $\widehat{AC}=8$ cm, $\widehat{BC}=4$ cm일 때, ∠AOC의 크기는?

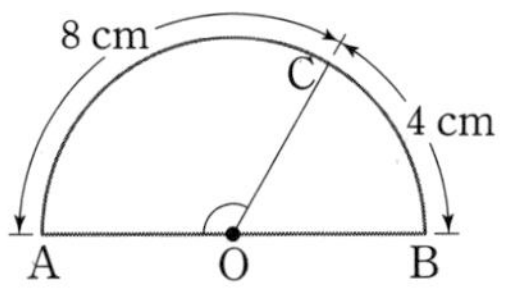

① $115°$　　② $120°$　　③ $125°$
④ $130°$　　⑤ $135°$

4

오른쪽 그림의 원 O에서 $\widehat{AB}:\widehat{BC}:\widehat{CA}=5:6:7$일 때, ∠AOB의 크기를 구하시오.

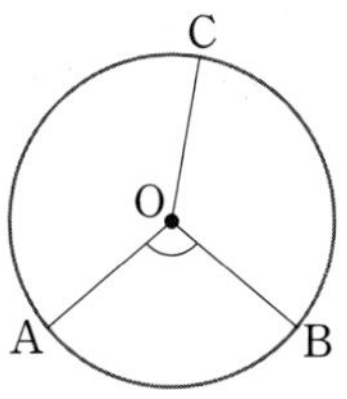

5 실력UP

오른쪽 그림에서 $\overline{AD}$, $\overline{BE}$, $\overline{CF}$는 원 O의 지름이고, ∠COD$=90°$, ∠BOC : ∠AOE$=2:11$이다. 이때 부채꼴 AOE의 넓이와 부채꼴 AOB의 넓이의 비를 가장 간단한 자연수의 비로 나타내시오.

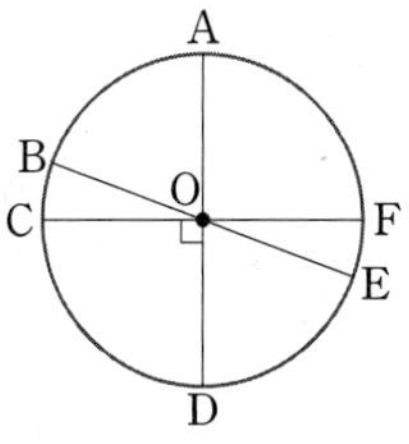

6

반지름의 길이가 4 cm, 호의 길이가 6π cm인 부채꼴의 넓이는?

① $10\ \text{cm}^2$　　② $12\ \text{cm}^2$　　③ $10\pi\ \text{cm}^2$
④ $12\pi\ \text{cm}^2$　　⑤ $15\pi\ \text{cm}^2$

7 실력UP

오른쪽 그림은 △ABC를 점 B를 중심으로 점 C가 변 AB의 연장선 위의 점 D에 오도록 회전시킨 것이다. $\overline{AB}=5$, $\overline{BC}=4$, ∠ABC$=30°$일 때, 점 A가 움직인 거리를 구하시오.

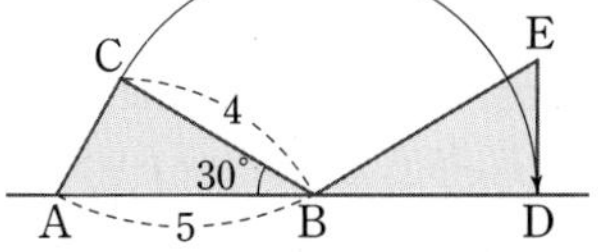

8

오른쪽 그림의 반원 O에서 점 A는 $\overline{BC}$의 연장선과 $\overline{DE}$의 연장선의 교점이고 $\overline{AD}=\overline{OD}$이다. $\widehat{BD}=2\text{ cm}$일 때, $\widehat{CE}$의 길이는?

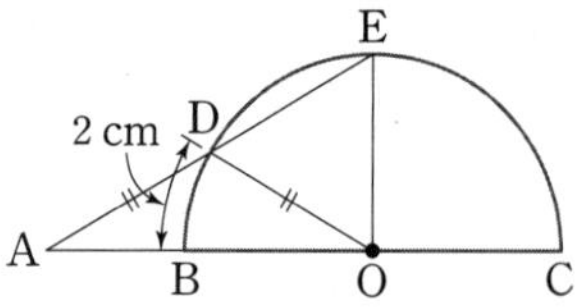

① 3 cm ② 4 cm ③ 5 cm
④ 6 cm ⑤ 7 cm

9

오른쪽 그림에서 합동인 3개의 작은 원들의 넓이가 각각 $16\pi\text{ cm}^2$일 때, 큰 원의 둘레의 길이는? (단, 작은 원들의 중심은 모두 큰 원의 지름 위에 있다.)

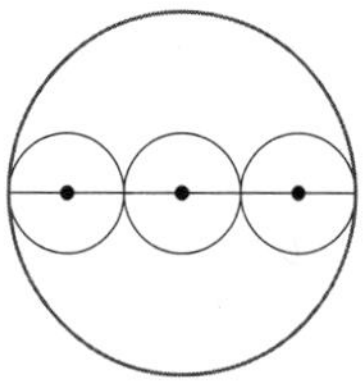

① 20π cm ② 22π cm ③ 24π cm
④ 26π cm ⑤ 28π cm

10 실력UP

지름의 길이가 6 cm인 원 모양의 시계가 있다. 현재 시각이 3시 40분일 때, 시침과 분침이 이루는 작은 쪽의 각을 중심각으로 하는 부채꼴의 넓이를 구하시오. (단, 시계의 반지름의 길이와 부채꼴의 반지름의 길이는 서로 같다.)

서술형

11

오른쪽 그림에서 $\overline{AB}$는 원 O의 지름이고 $\overline{BC}\,/\!/\,\overline{OD}$이다. $\angle AOD=45°$, $\widehat{AD}=20$일 때, $\widehat{BC}$의 길이를 구하기 위한 풀이 과정을 쓰고 답을 구하시오.

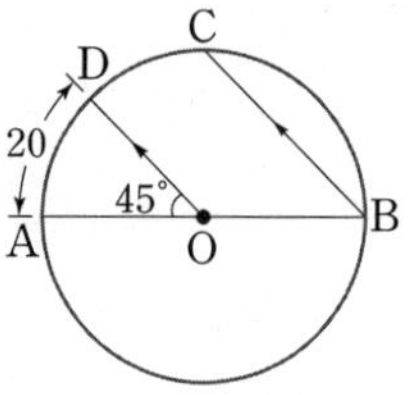

12

오른쪽 그림에서 색칠한 부분의 둘레의 길이를 구하기 위한 풀이 과정을 쓰고 답을 구하시오.

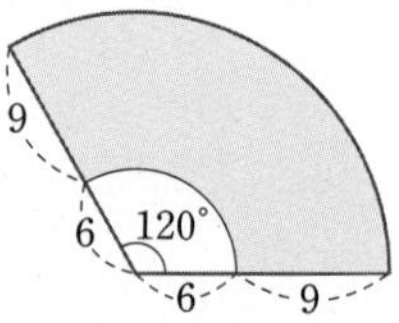

13

오른쪽 그림과 같이 한 변의 길이가 4 cm인 정사각형에서 색칠한 부분의 넓이를 구하기 위한 풀이 과정을 쓰고 답을 구하시오.

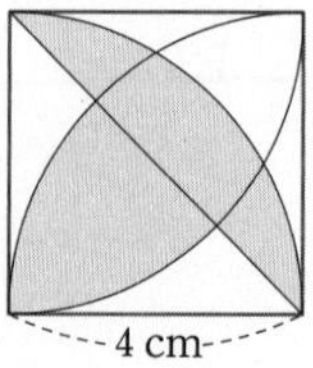

대단원 마무리

정답과 풀이 80쪽

1 한 내각과 한 외각의 크기의 비가 2 : 1인 정다각형의 대각선의 총 개수는?

① 5 ② 9 ③ 14
④ 20 ⑤ 27

2 다음 **조건**을 모두 만족하는 다각형에 대한 설명으로 옳은 것을 모두 고르면? (정답 2개)

조건
(가) 모든 변의 길이가 같다.
(나) 대각선의 개수는 27이다.
(다) 모든 내각의 크기가 같다.

① 한 외각의 크기는 60°이다.
② 8개의 선분으로 둘러싸인 평면도형이다.
③ 한 꼭짓점에서 8개의 대각선을 그을 수 있다.
④ 한 내각의 크기는 140°이다.
⑤ 모든 외각의 크기의 합은 360°이다.

3 오른쪽 그림에서 $\angle x$의 크기는?

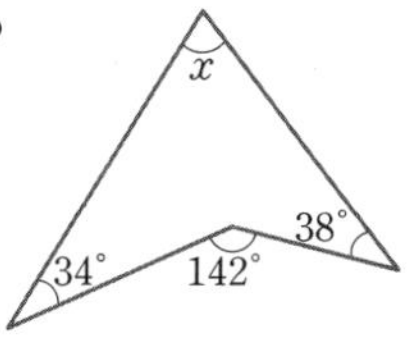

① 64° ② 66°
③ 68° ④ 70°
⑤ 72°

4 오른쪽 그림에서 점 D는 $\angle B$의 이등분선과 $\angle ACB$의 외각의 이등분선의 교점이다. 이때 $\angle x$의 크기를 구하시오.

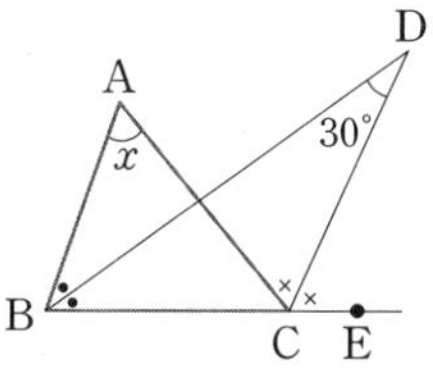

5 오른쪽 그림의 원 O에서 $\overline{AB}$는 지름이고 $\angle BOD=60°$, $\overline{AC} /\!/ \overline{OD}$, $\widehat{BD}=6$ cm일 때, $\widehat{AC}$의 길이는?

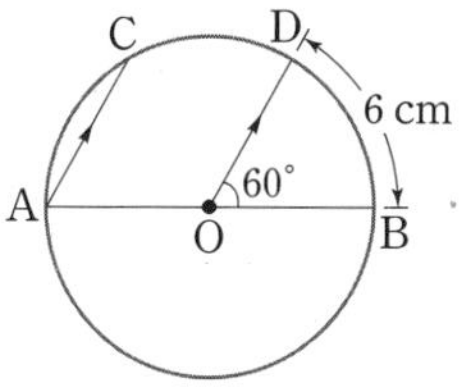

① 5.6 cm ② 5.8 cm ③ 6 cm
④ 6.2 cm ⑤ 6.4 cm

6 오른쪽 그림에서 색칠한 부분의 둘레의 길이와 넓이를 차례대로 구하시오.

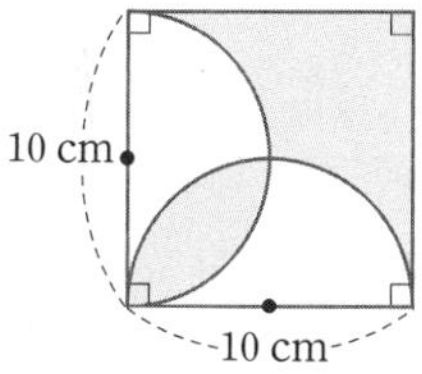

서술형

7 오른쪽 그림과 같이 반지름의 길이가 1 cm인 원판이 가로, 세로의 길이가 각각 5 cm, 3 cm인 직사각형의 둘레를 따라 전체를 한 바퀴 돌았다. 이때 원판이 지나간 자리의 둘레의 길이와 넓이를 구하기 위한 풀이 과정을 쓰고 답을 차례대로 구하시오.

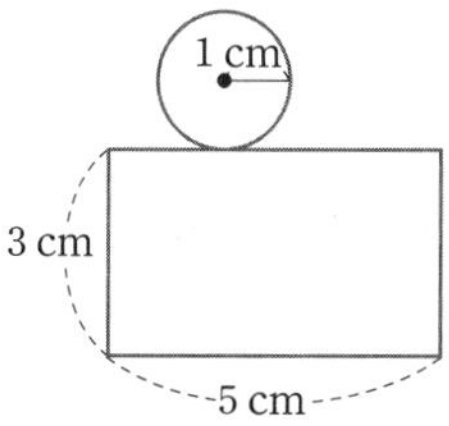

1 다면체와 회전체

개념적용익힘

다면체의 이해

개념북 117쪽

1 ●○○

다음 **보기**의 입체도형 중 다면체인 것을 모두 고르시오.

보기

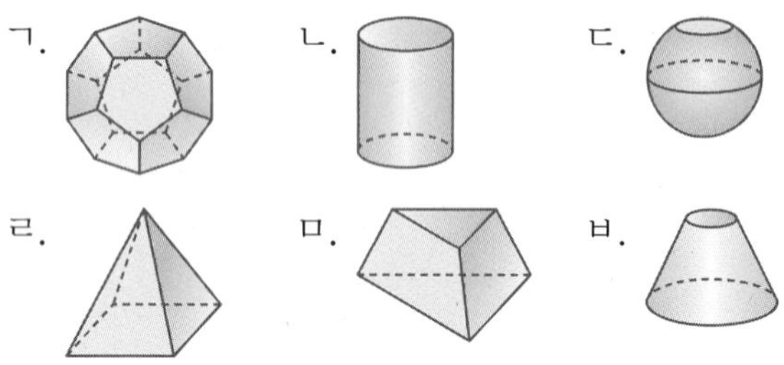

2 ●○○

다음 **보기**의 입체도형 중 다면체가 아닌 것을 모두 고르시오.

보기

ㄱ. 정삼각형　ㄴ. 삼각기둥　ㄷ. 구
ㄹ. 원뿔　ㅁ. 오각뿔　ㅂ. 사각뿔대

3 ●●○

다음 중 면의 개수가 가장 많은 다면체는?

① 삼각뿔　② 육면체　③ 사각뿔대
④ 삼각기둥　⑤ 육각뿔

4 ●●●

오른쪽 그림은 삼각기둥에서 두 부분을 잘라내고 남은 입체도형이다. 이 다면체는 몇 면체인가?

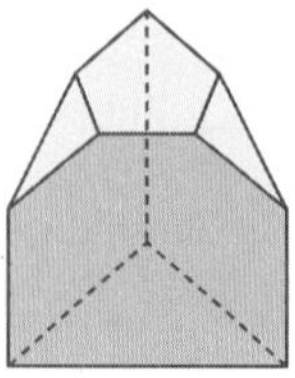

① 사면체　② 오면체
③ 육면체　④ 칠면체
⑤ 팔면체

다면체의 옆면의 모양

개념북 117쪽

5 ●○○

다음 입체도형의 옆면의 모양과 이 다면체는 몇 면체인지 각각 말하시오.

(1) 삼각기둥
(2) 오각뿔
(3) 사각뿔대

6 ●●○

다음 중 다면체와 그 옆면의 모양이 잘못 짝지어진 것은?

① 사각기둥－직사각형　② 칠각기둥－직사각형
③ 사각뿔－삼각형　④ 삼각뿔대－삼각형
⑤ 오각뿔대－사다리꼴

7 ●●○

다음 다면체 중 옆면의 모양이 사각형이 아닌 것은?

① 직육면체　② 삼각뿔대　③ 칠각기둥
④ 육각뿔　⑤ 구각기둥

8 ●●○

다음 **보기** 중 다면체의 옆면의 모양이 삼각형인 것을 모두 고르시오.

보기

ㄱ. 삼각뿔　ㄴ. 삼각기둥　ㄷ. 육각뿔대
ㄹ. 칠각기둥　ㅁ. 오각뿔　ㅂ. 육각뿔

다면체의 꼭짓점, 모서리, 면의 개수

개념북 118쪽

9 ●○○

육각뿔대의 꼭짓점의 개수를 v, 모서리의 개수를 e, 면의 개수를 f라 할 때, $v-e+f$의 값을 구하시오.

10 ●●○

다음 다면체 중 꼭짓점의 개수와 면의 개수가 같은 것은?

① 삼각기둥 ② 사각뿔대 ③ 오각뿔
④ 육각기둥 ⑤ 칠각뿔대

11 ●●●

어떤 각기둥의 모서리의 개수가 꼭짓점의 개수보다 10만큼 많을 때, 이 각기둥의 밑면은 몇 각형인가?

① 칠각형 ② 팔각형 ③ 구각형
④ 십각형 ⑤ 십일각형

12 ●●●

다음 중 다면체에 대한 설명으로 옳지 않은 것은?

① n각뿔은 $(n+1)$면체이다.
② n각뿔의 모서리의 개수는 $n+2$이다.
③ n각뿔의 꼭짓점의 개수는 $n+1$이다.
④ n각뿔대의 모서리의 개수는 $3n$이다.
⑤ n각기둥의 꼭짓점의 개수는 $2n$이다.

조건을 만족하는 다면체

개념북 118쪽

13 ●●○

다음 **조건**을 모두 만족하는 입체도형을 말하시오.

조건
(가) 옆면이 모두 사다리꼴인 다면체이다.
(나) 서로 평행한 두 밑면은 크기는 다르고 모양은 같은 삼각형이다.

14 ●●○

다음 **조건**을 모두 만족하는 입체도형을 말하시오.

조건
(가) 두 밑면이 서로 평행하며 합동이다.
(나) 옆면의 모양은 직사각형이다.
(다) 꼭짓점의 개수는 10, 모서리의 개수는 15이다.

15 ●●●

다음 **조건**을 모두 만족하는 입체도형의 면의 개수를 x, 모서리의 개수를 y라 할 때, $x+y$의 값을 구하시오.

조건
(가) 밑면의 개수는 1이다.
(나) 옆면의 모양이 삼각형이다.
(다) 꼭짓점의 개수는 9이다.

정다면체의 성질

개념북 120쪽

16 ●○○

다음 중 정다면체에 대한 설명으로 옳은 것은?

① 정다면체의 종류는 무수히 많다.
② 정사면체의 모서리의 개수는 4이다.
③ 정팔면체의 꼭짓점의 개수는 8이다.
④ 모든 면이 합동인 정다각형으로 이루어져 있다.
⑤ 정육각형을 한 면으로 하는 정다면체는 존재한다.

17 ●●○

다음 중 정다면체에 대한 설명으로 옳은 것은?

① 정다면체의 종류는 6가지이다.
② 정이십면체의 꼭짓점의 개수는 정십이면체의 꼭짓점의 개수보다 많다.
③ 각 면이 정삼각형인 정다면체는 2가지이다.
④ 정육면체의 모서리의 개수는 12이다.
⑤ 각 꼭짓점에 모인 면의 개수는 3 또는 4이다.

18 ●●○

오른쪽 그림의 다면체는 각 면이 모두 합동인 정삼각형으로 이루어진 십면체이다. 이 다면체가 정다면체인지 아닌지 말하고, 그 이유를 설명하시오.

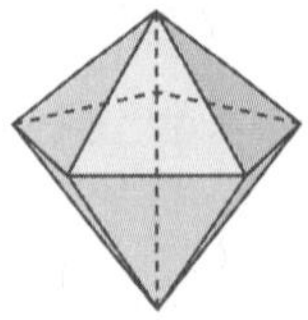

조건을 만족하는 정다면체

개념북 120쪽

19 ●○○

모든 면이 합동인 정오각형이고, 한 꼭짓점에 모인 면의 개수가 3인 정다면체를 말하시오.

20 ●●○

다음 **조건**을 모두 만족하는 다면체를 말하시오.

조건
(가) 모서리의 개수는 12이다.
(나) 모든 면이 합동인 정삼각형이다.

21 ●●○

다음 **조건**을 모두 만족하는 입체도형을 말하시오.

조건
(가) 꼭짓점의 개수는 12이다.
(나) 모든 면이 합동인 정삼각형이다.
(다) 각 꼭짓점에 면이 5개씩 모여 있다.

22 ●●●

모서리의 개수와 꼭짓점의 개수가 각각 12, 8인 정다면체의 한 꼭짓점에 모인 면의 개수를 구하시오.

정답과 풀이 82쪽

정다면체의 전개도 (1)

개념북 122쪽

23 ●●○

오른쪽 그림은 정육면체의 전개도이다. 다음 물음에 답하시오.

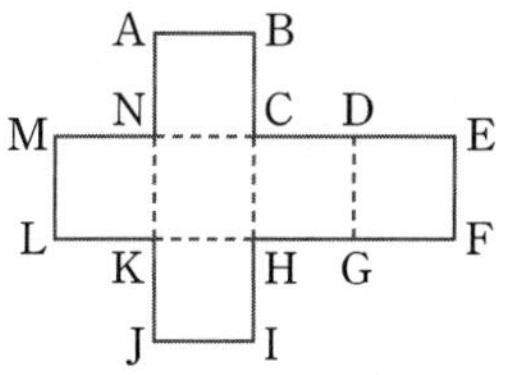

(1) $\overline{AB}$와 겹치는 모서리를 구하시오.

(2) 면 DGFE와 마주 보는 면을 구하시오.

(3) 점 A와 겹치는 꼭짓점을 모두 구하시오.

24 ●●●

오른쪽 그림은 어느 정다면체의 전개도이다. 다음 물음에 답하시오.

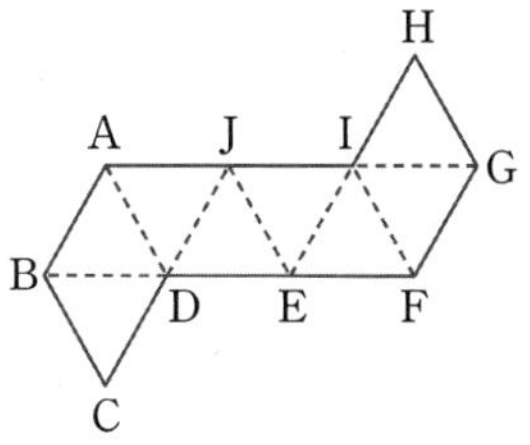

(1) 이 정다면체의 이름을 말하시오.

(2) $\overline{BC}$와 겹치는 모서리를 구하시오.

25 ●●●

서로 마주 보는 면에 있는 점의 개수의 합이 7인 정육면체 모양의 주사위의 전개도가 오른쪽 그림과 같다. 세 면 A, B, C의 점의 개수를 각각 a, b, c라 할 때, $a+b-c$의 값을 구하시오.

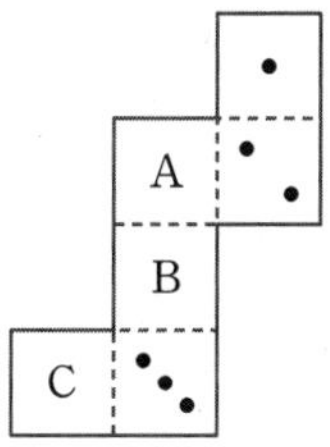

정다면체의 전개도 (2)

개념북 122쪽

26 ●●○

다음 중 오른쪽 그림과 같은 전개도로 만들어지는 정다면체에 대한 설명으로 옳지 않은 것은?

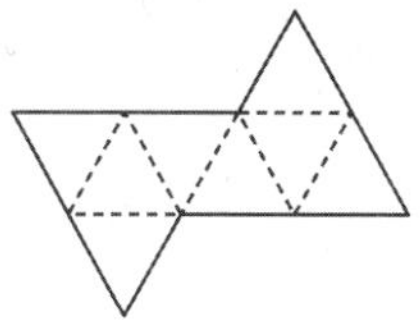

① 각 면은 모두 합동이다.
② 꼭짓점의 개수는 6이다.
③ 평행한 면이 4쌍이 있다.
④ 모서리의 개수는 12이다.
⑤ 한 꼭짓점에 모인 면의 개수는 3이다.

27 ●●●

오른쪽 그림의 전개도로 정사면체를 만들 때, $\overline{AB}$와 꼬인 위치에 있는 모서리는?

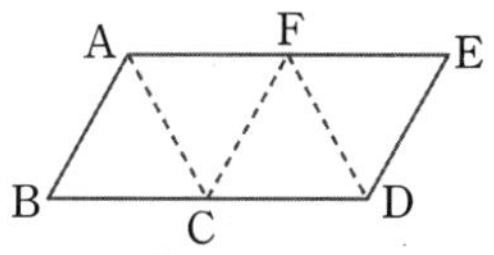

① $\overline{EF}$ ② $\overline{CD}$ ③ $\overline{CF}$
④ $\overline{AC}$ ⑤ $\overline{DF}$

28 ●●●

오른쪽 그림은 정육면체의 전개도이다. 다음 중 전개도로 만들어지는 정육면체에서 $\overline{AB}$와 꼬인 위치에 있는 모서리는?

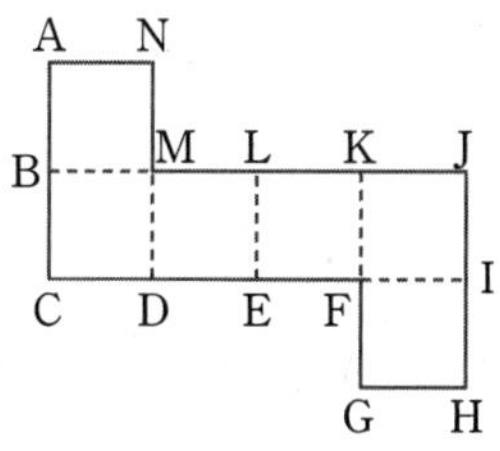

① $\overline{BC}$ ② $\overline{KF}$ ③ $\overline{FG}$
④ $\overline{IF}$ ⑤ $\overline{ML}$

회전체

개념북 125쪽

29 ●○○

다음 **보기**에서 회전체인 것을 모두 고르시오.

보기

ㄱ. 정육면체	ㄴ. 삼각뿔	ㄷ. 원뿔
ㄹ. 반원	ㅁ. 원기둥	ㅂ. 정사각뿔
ㅅ. 구	ㅇ. 구각기둥	ㅈ. 원뿔대

30 ●○○

다음 중 회전체가 <u>아닌</u> 것은?

① 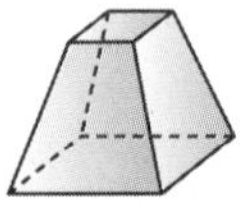
② 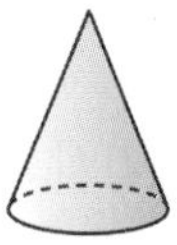
③ 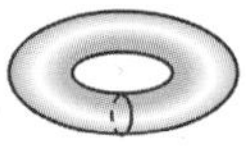
④ 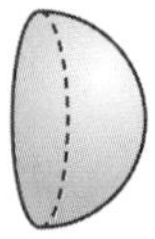
⑤ 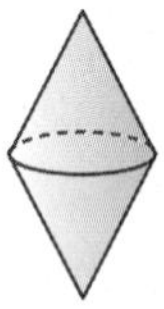

31 ●●○

다음 **보기**에서 회전체인 것을 모두 고르시오.

보기

ㄱ. 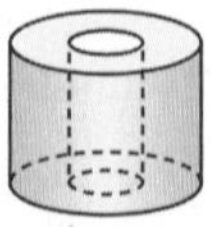
ㄴ. 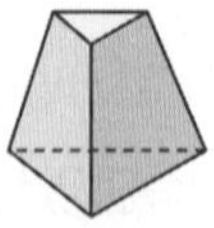
ㄷ. 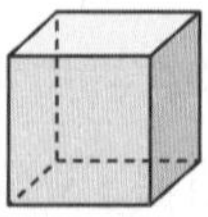
ㄹ. 
ㅁ. 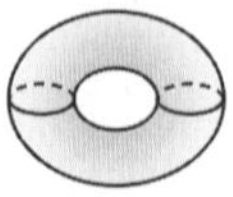
ㅂ. 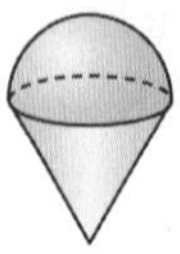

평면도형을 회전시킨 입체도형의 모양

개념북 125쪽

32 ●○○

다음 그림의 평면도형 중에서 직선 l을 회전축으로 하여 1회전 시킬 때 생기는 입체도형이 구가 되는 것은?

① 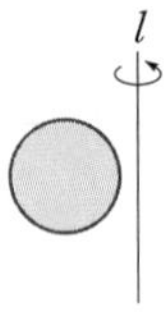
② 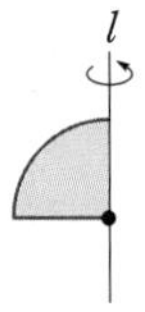
③ 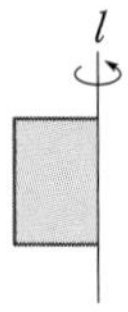
④ 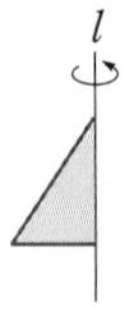
⑤ 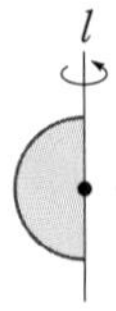

33 ●●○

오른쪽 그림의 입체도형은 다음 중 어떤 평면도형을 1회전 시킨 것인가?

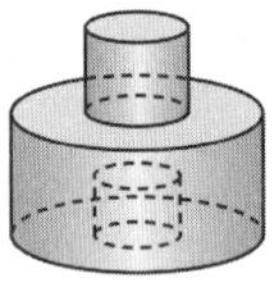

① 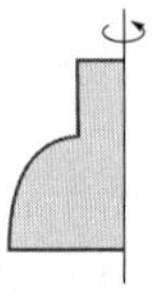
② 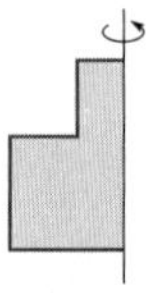
③ 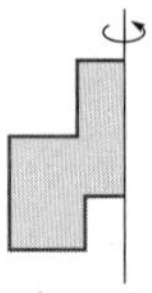
④ 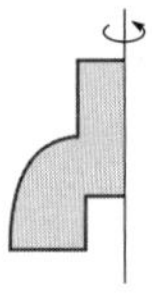
⑤ 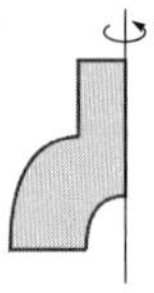

34 ●●●

오른쪽 그림의 입체도형은 다음 중 어떤 평면도형을 1회전 시킨 것인가?

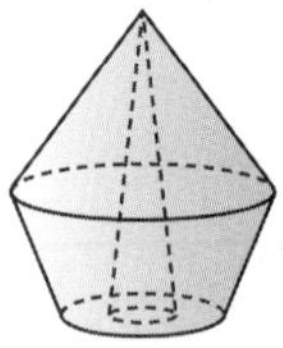

① 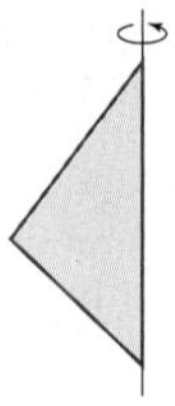
② 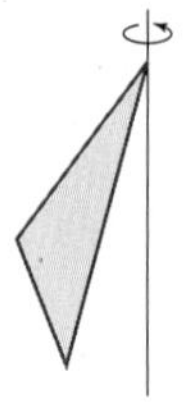
③ 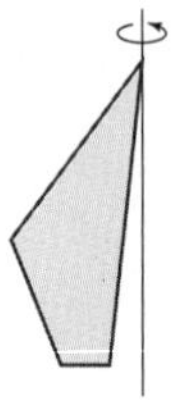
④ 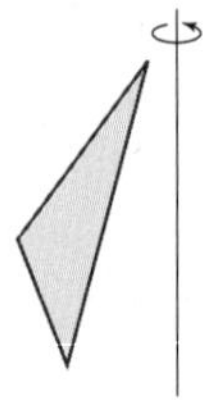
⑤ 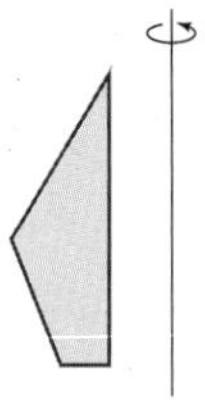

회전축

개념북 126쪽

35 ●●○

다음 그림은 사다리꼴 ABCD의 한 변을 회전축으로 하여 1회전 시킬 때 생기는 회전체이다. 이 회전체의 회전축이 될 수 있는 변은?

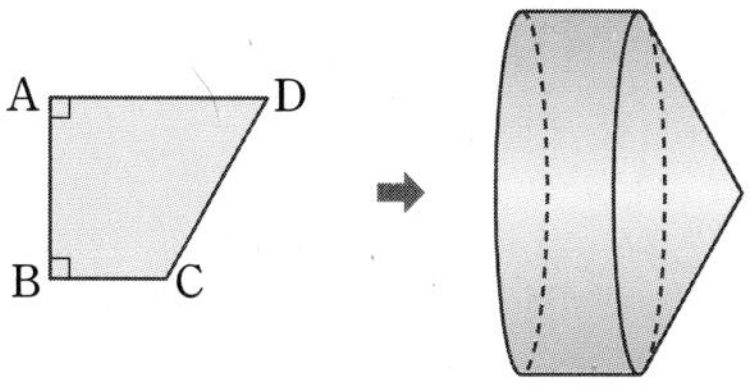

① $\overline{AB}$　② $\overline{BC}$　③ $\overline{CD}$
④ $\overline{AD}$　⑤ 알 수 없다.

36 ●●●

오른쪽 그림과 같은 직각삼각형 ABC의 한 선분을 회전축으로 하여 1회전 시켜 회전체를 만들 때, 다음 중 원뿔을 만드는 회전축인 것을 모두 고르면? (정답 3개)

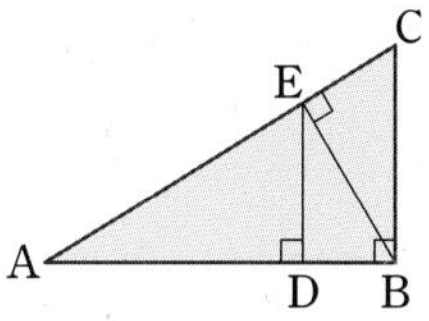

① $\overline{AB}$　② $\overline{AC}$　③ $\overline{BC}$
④ $\overline{BE}$　⑤ $\overline{DE}$

회전체의 단면의 모양

개념북 126쪽

37 ●○○

다음 중 원뿔대를 회전축을 포함하는 평면으로 자를 때 생기는 단면과 회전축에 수직인 평면으로 자를 때 생기는 단면을 차례대로 적은 것은?

① 원, 직사각형　② 직사각형, 원
③ 이등변삼각형, 원　④ 원, 사다리꼴
⑤ 사다리꼴, 원

38 ●●○

다음 중 입체도형을 한 평면으로 자를 때 생기는 단면이 삼각형이 될 수 <u>없는</u> 것은?

① 사각뿔　② 원뿔　③ 정육면체
④ 원기둥　⑤ 정사면체

39 ●●●

다음 중 오른쪽 그림과 같은 원뿔을 한 평면으로 자를 때 생기는 단면의 모양이 될 수 <u>없는</u> 것은?

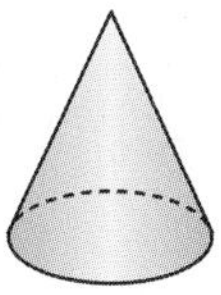

① 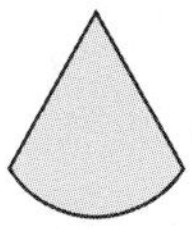
② 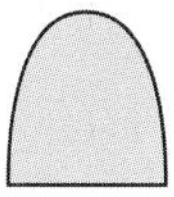
③ 
④ 
⑤ 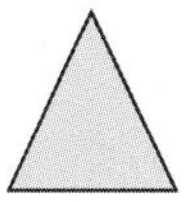

회전체의 단면의 넓이

개념북 127쪽

40 ●●○

오른쪽 그림의 사다리꼴을 직선 l을 회전축으로 하여 1회전 시킬 때 생기는 회전체를 회전축을 포함하는 평면으로 잘랐을 때 생기는 단면의 넓이는?

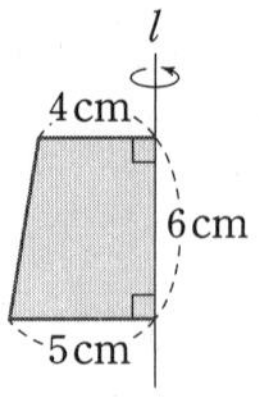

① 50 cm^2　② 52 cm^2
③ 54 cm^2　④ 56 cm^2
⑤ 58 cm^2

41 ●●○

오른쪽 그림과 같은 평면도형을 직선 l을 회전축으로 하여 1회전 시킬 때 생기는 회전체를 회전축을 포함하는 평면으로 잘랐을 때 생기는 단면의 넓이를 구하시오.

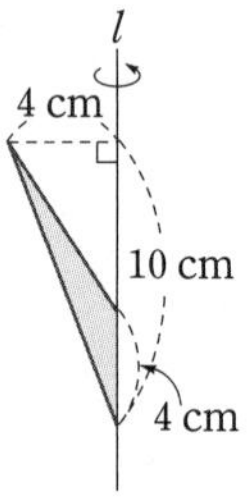

42 ●●●

오른쪽 그림과 같은 원기둥을 밑면에 수직인 평면으로 잘랐을 때 생기는 단면 중에서 넓이가 가장 큰 단면의 넓이를 구하시오.

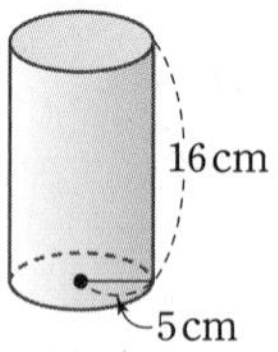

회전체의 성질

개념북 127쪽

43 ●○○

다음 중 구에 대한 설명으로 옳지 않은 것은?

① 회전축은 무수히 많다.
② 전개도는 그릴 수 없다.
③ 어떤 평면으로 잘라도 그 단면은 항상 원이다.
④ 단면이 가장 클 때는 구의 중심을 지나는 단면으로 자를 때이다.
⑤ 구면 위의 모든 점은 구의 중심에서 거리가 모두 다르다.

44 ●●○

다음 중 오른쪽 그림과 같은 회전체에 대한 설명으로 옳지 않은 것을 모두 고르면? (정답 2개)

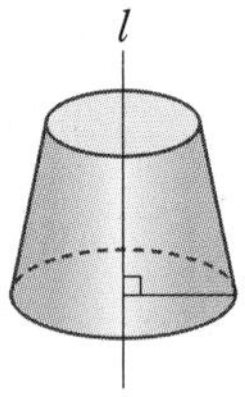

① 회전축을 포함하는 평면으로 자른 단면은 사다리꼴이다.
② 회전축에 수직인 평면으로 자른 단면은 원이다.
③ 회전축을 포함하는 평면으로 자른 단면은 회전축에 대하여 선대칭도형이다.
④ 직각삼각형의 빗변이 아닌 변을 회전축으로 하여 1회전 시킨 회전체이다.
⑤ 회전축에 수직인 평면으로 자른 단면들은 모두 합동이다.

45 ●●○

다음 중 회전체를 회전축을 포함하는 평면으로 자를 때 생기는 단면에 대한 설명으로 옳지 않은 것은?

① 모든 단면은 합동이다.
② 원기둥의 단면은 직사각형이다.
③ 모든 단면의 넓이가 같다.
④ 단면은 항상 원이다.
⑤ 회전축을 대칭축으로 하는 선대칭도형이다.

회전체의 전개도 (1)

개념북 129쪽

46 ●○○

다음 중 원기둥의 전개도인 것은?

① 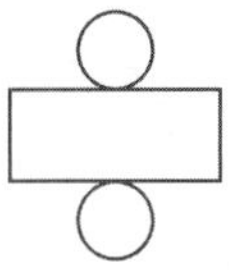
② 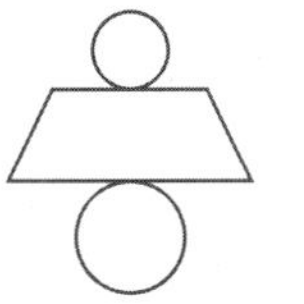
③ 
④ 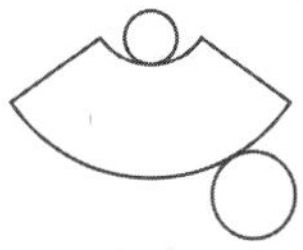
⑤ 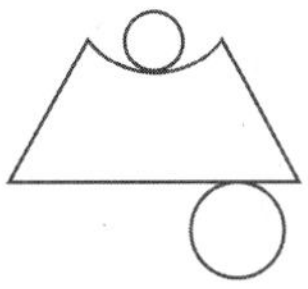

47 ●●○

다음 중 오른쪽 그림과 같은 전개도로 만들어지는 회전체에 대한 설명으로 옳은 것은?

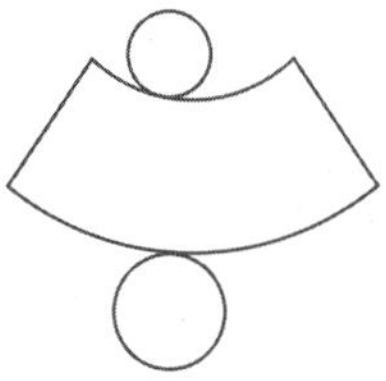

① 이 회전체는 원기둥이다.
② 한 평면으로 자른 단면은 항상 원이다.
③ 회전축에 수직인 평면으로 자른 단면은 직사각형이다.
④ 밑면은 2개이고, 모양과 크기는 서로 같다.
⑤ 회전축을 포함하는 평면으로 자른 단면은 사다리꼴이다.

48 ●●○

다음 그림은 원뿔대와 그 전개도이다. 이때 색칠한 밑면의 둘레의 길이와 길이가 같은 것은?

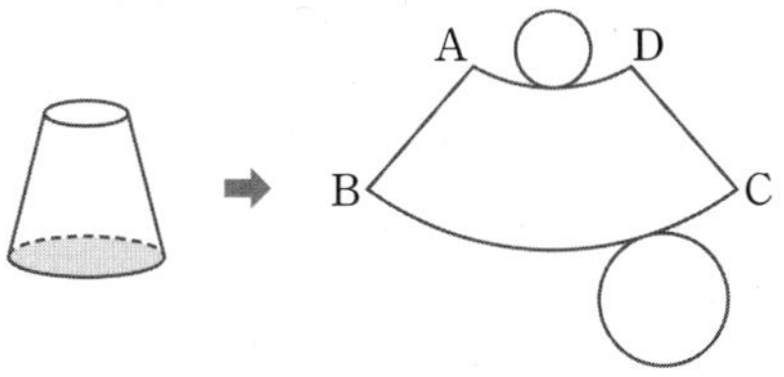

① $\overline{AB}$　② $\overline{AC}$　③ $\overline{CD}$
④ $\overparen{AD}$　⑤ $\overparen{BC}$

회전체의 전개도 (2)

개념북 129쪽

49 ●●●

오른쪽 그림과 같이 원기둥 위의 점 A에서 점 B까지 실로 이 원기둥을 한 바퀴 감으려고 한다. 실의 길이가 가장 짧게 되는 경로를 전개도 위에 바르게 나타낸 것은?

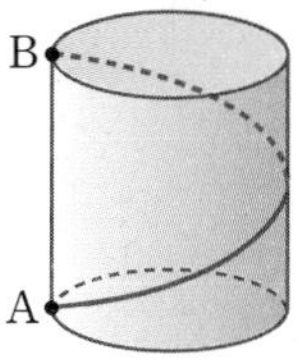

① 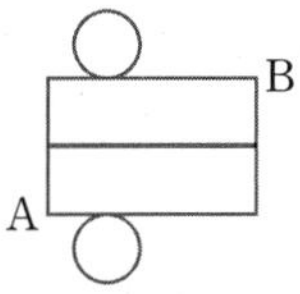
② 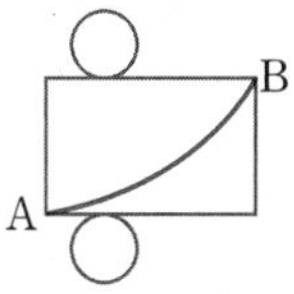
③ 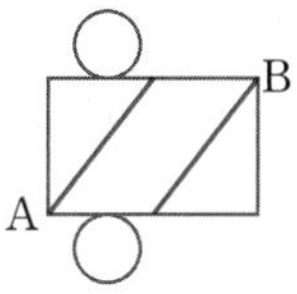
④ 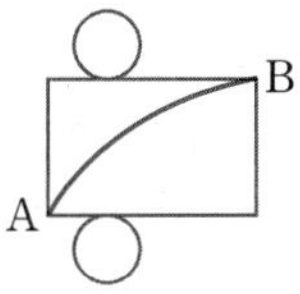
⑤ 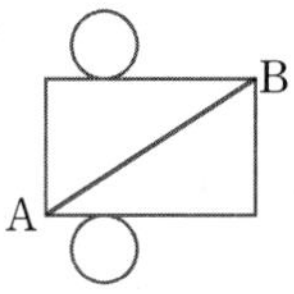

50 ●●●

오른쪽 그림과 같이 원뿔의 밑면인 원 위의 한 점 A에서 실로 이 원뿔을 한 바퀴 팽팽하게 감을 때, 실이 지나간 가장 짧은 경로를 전개도 위에 바르게 나타낸 것은?

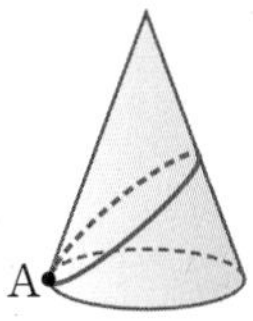

① 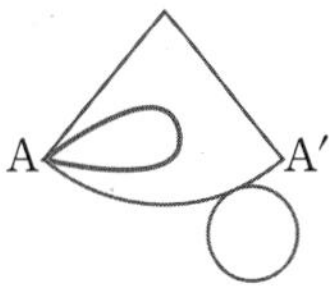
② 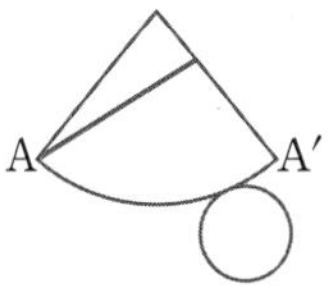
③ 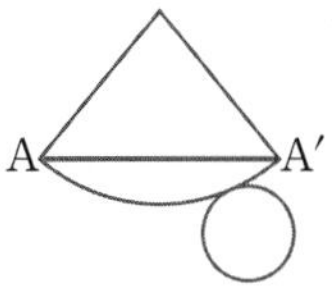
④ 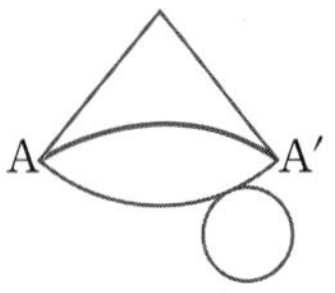
⑤ 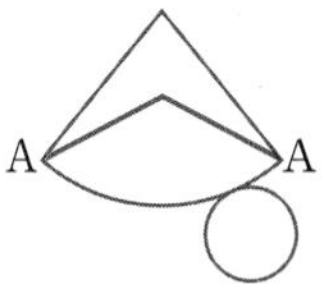

51 ●●●

오른쪽 그림과 같은 평면도형을 직선 l을 회전축으로 하여 1회전 시킬 때 생기는 입체도형의 전개도를 그리고, 이 회전체를 회전축을 포함하는 평면으로 잘랐을 때 생기는 단면의 넓이를 구하시오.

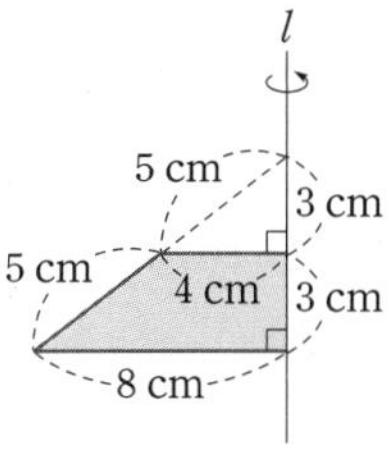

개념완성익힘

1

다음 다면체 중에서 십면체인 것을 모두 고르면? (정답 2개)

① 육각기둥 ② 칠각뿔대 ③ 팔각뿔
④ 팔각뿔대 ⑤ 구각뿔

2

다음 중 각뿔대에 대한 설명으로 옳은 것을 모두 고르면? (정답 2개)

① 두 밑면은 서로 합동이다.
② 옆면의 모양이 모두 사다리꼴이다.
③ 삼각뿔대는 사각뿔보다 면의 개수가 더 많다.
④ 꼭짓점의 개수와 모서리의 개수가 같다.
⑤ 밑면에 평행한 평면으로 자른 단면의 변의 개수는 밑면의 모서리의 개수와 같다.

3

정다면체 중에서 각 면의 모양이 정오각형인 것을 말하시오.

4

정십이면체의 각 면의 한가운데에 있는 점을 연결하여 만든 입체도형의 이름을 말하시오.

5

다면체에서 꼭짓점의 개수를 v, 모서리의 개수를 e, 면의 개수를 f라 할 때, $v-e+f=2$가 성립한다. 이때 $3v=2e$, $2f=e$인 관계가 성립하는 정다면체를 구하시오.

6

오른쪽 그림과 같은 전개도로 만들어지는 입체도형에서 $\overline{HG}$와 겹쳐지는 모서리는?

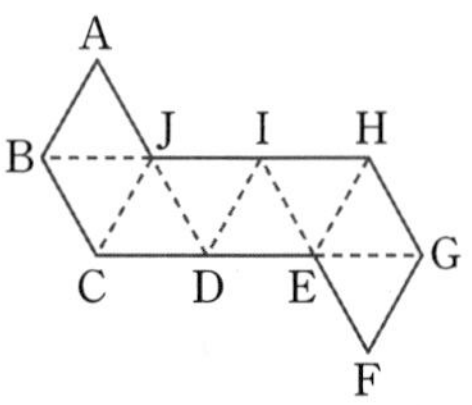

① $\overline{AB}$ ② $\overline{AJ}$
③ $\overline{BC}$ ④ $\overline{DC}$
⑤ $\overline{EF}$

7

다음 **보기** 중 오른쪽 그림과 같은 전개도로 만들어지는 정다면체에 대한 설명으로 옳은 것을 모두 고르시오.

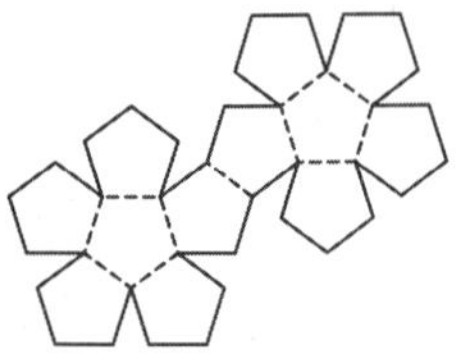

보기
ㄱ. 면의 모양은 정오각형이다.
ㄴ. 한 꼭짓점에 모인 면의 개수는 3이다.
ㄷ. 모서리의 개수는 30이다.
ㄹ. 꼭짓점의 개수는 12이다.

8 실력UP

오른쪽 그림의 전개도로 만들어지는 정육면체를 세 점 A, B, C를 지나는 평면으로 자를 때 생기는 단면에서 $\angle ABC$의 크기를 구하시오.

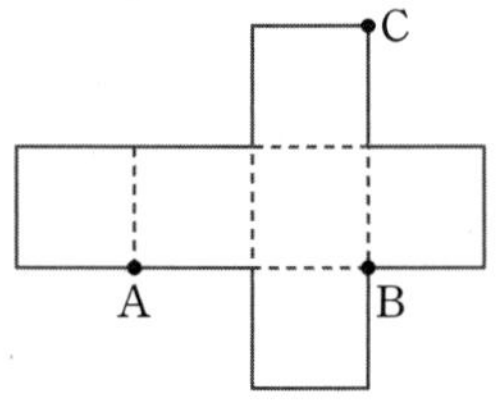

정답과 풀이 83쪽

9

다음은 회전체와 그 회전체를 회전축을 포함하는 평면으로 자른 단면의 모양을 짝지은 것이다. 옳지 않은 것을 모두 고르면? (정답 2개)

① 구 – 원　　② 원뿔대 – 직사각형
③ 반구 – 원　　④ 원기둥 – 직사각형
⑤ 원뿔 – 이등변삼각형

10

다음 중 오른쪽 그림과 같은 원뿔대를 한 평면으로 자를 때 생기는 단면의 모양이 될 수 없는 것은?

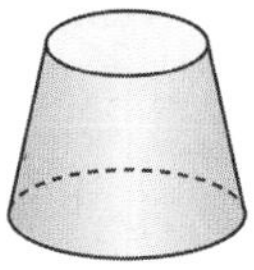

① 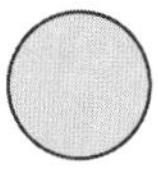
② 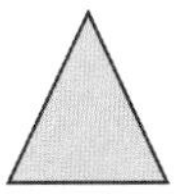
③ 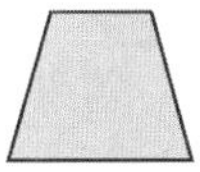
④ 
⑤ 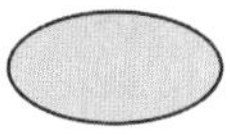

11

회전체에 대한 다음 설명 중 옳지 않은 것은?

① 구는 어떤 방향으로 잘라도 그 단면은 항상 원이다.
② 회전체를 회전축을 포함하는 평면으로 자른 단면은 회전축에 대하여 선대칭도형이다.
③ 원뿔을 회전축에 수직인 평면으로 자른 단면은 삼각형이다.
④ 원뿔대를 회전축을 포함하는 평면으로 자른 단면은 모두 합동이다.
⑤ 원기둥, 원뿔, 구는 회전체이다.

12 실력UP

오른쪽 그림과 같은 원뿔대의 전개도에서 r의 값을 구하시오.

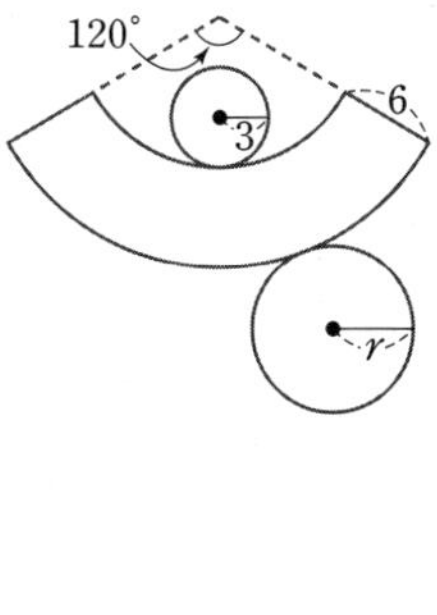

서술형

13

모서리의 개수가 면의 개수보다 16만큼 많은 각뿔대의 밑면은 몇 각형인지 구하기 위한 풀이 과정을 쓰고 답을 구하시오.

14

오른쪽 그림과 같은 직각삼각형을 직선 l을 회전축으로 하여 1회전 시킬 때 생기는 회전체에 대하여 다음을 구하기 위한 풀이 과정을 쓰고 답을 구하시오.

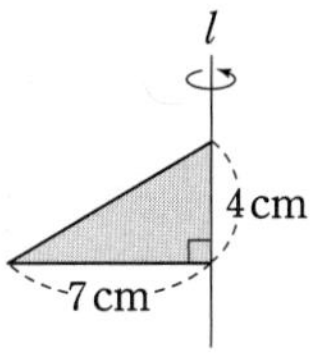

(1) 밑면의 둘레의 길이
(2) 회전축을 포함하는 평면으로 자를 때 생기는 단면의 넓이

15

오른쪽 그림과 같이 반지름의 길이가 1 cm인 원 O를 직선 l을 회전축으로 하여 1회전 시켰다. 이때 생기는 회전체를 원의 중심 O를 지나면서 회전축에 수직인 평면으로 자를 때 생기는 단면의 넓이를 구하기 위한 풀이 과정을 쓰고 답을 구하시오.

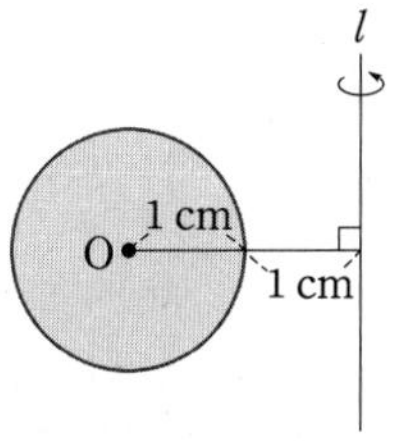

원기둥의 겉넓이와 부피

개념북 144쪽

15 ●○○

오른쪽 그림은 원기둥의 전개도이다. 다음을 구하시오.

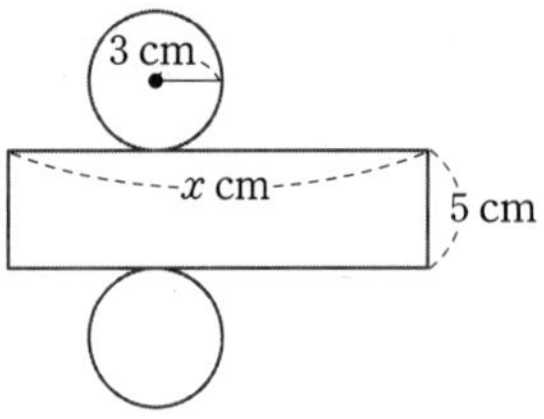

(1) x의 값

(2) 옆넓이

(3) 겉넓이

16 ●●○

오른쪽 그림과 같은 직사각형을 직선 l을 회전축으로 하여 1회전 시킬 때 생기는 회전체의 겉넓이와 부피를 차례대로 구하시오.

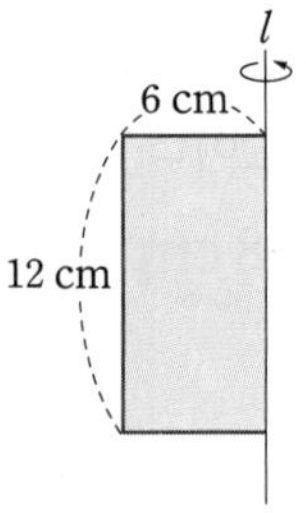

17 ●●●

오른쪽 그림은 밑면의 반지름의 길이가 6 cm인 원기둥을 비스듬히 자른 것이다. 이 입체도형의 부피를 구하시오.

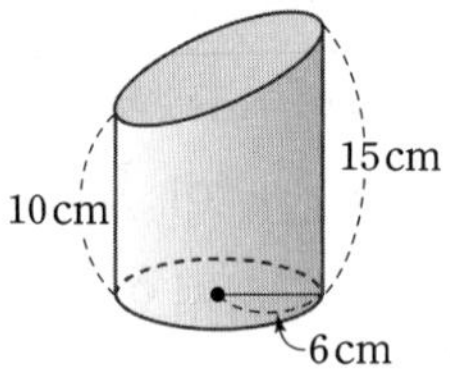

원기둥의 겉넓이 또는 부피가 주어진 경우

개념북 144쪽

18 ●●○

오른쪽 그림과 같이 밑면인 원의 반지름의 길이가 6 cm인 원기둥의 겉넓이가 $252\pi\ cm^2$일 때, 이 원기둥의 높이를 구하시오.

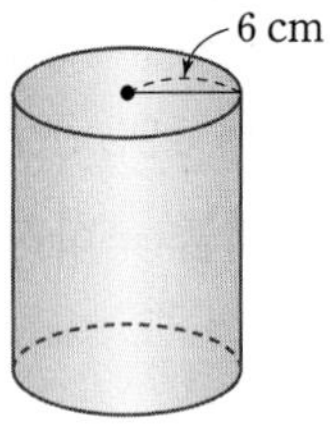

19 ●●○

오른쪽 그림과 같은 전개도로 만들어지는 원기둥의 부피가 $567\pi\ cm^3$일 때, 이 원기둥의 밑면의 반지름의 길이를 구하시오.

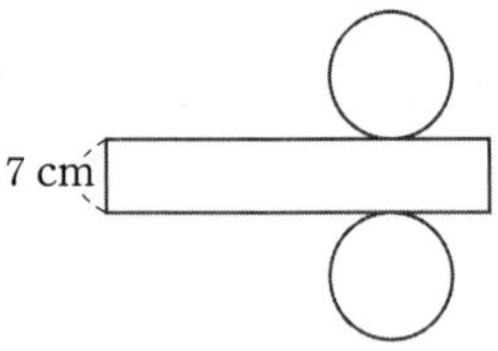

20 ●●●

오른쪽 그림에서 원기둥 모양의 그릇 A에 가득 들어 있는 물을 원기둥 모양의 그릇 B에 부었을 때, 그릇 B의 물의 높이를 구하시오.

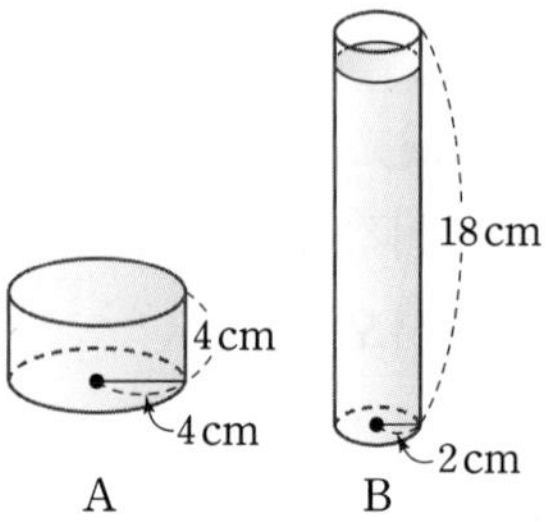

속이 뚫린 기둥의 겉넓이와 부피

개념북 146쪽

21 ●●○

오른쪽 그림과 같은 직사각형을 직선 l을 회전축으로 하여 1회전 시킬 때 생기는 입체도형의 겉넓이와 부피를 차례대로 구하시오.

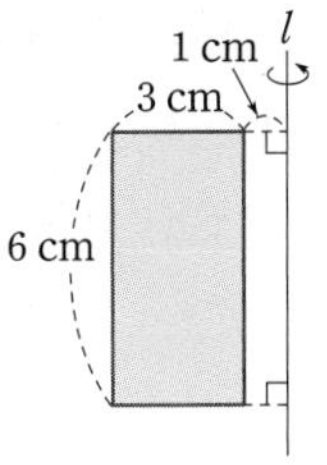

22 ●●○

오른쪽 그림과 같이 정육면체의 가운데에 직육면체 모양으로 구멍을 뚫었다. 이때 구멍이 뚫린 입체도형의 겉넓이와 부피를 차례대로 구하시오.

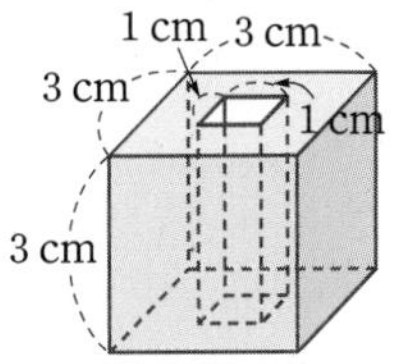

23 ●●●

오른쪽 그림과 같이 구멍이 뚫린 원기둥 모양의 빵을 여섯 명이 똑같이 나누어 먹었을 때, 한 사람이 먹은 빵의 양은 몇 cm^3인지 구하시오.

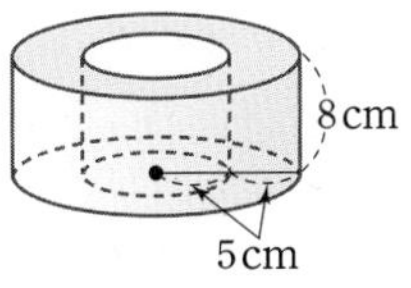

복잡한 기둥의 겉넓이와 부피

개념북 146쪽

24 ●●○

오른쪽 그림과 같이 한 모서리의 길이가 3 cm인 정육면체 3개를 붙여서 만든 입체도형의 겉넓이를 구하시오.

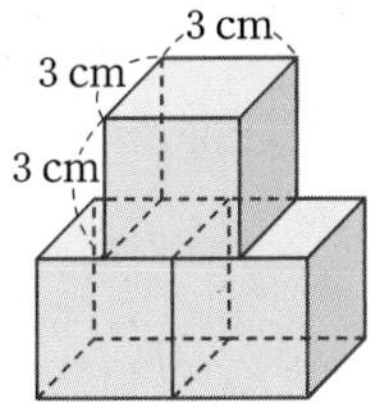

25 ●●○

오른쪽 그림과 같은 입체도형의 부피를 구하시오.

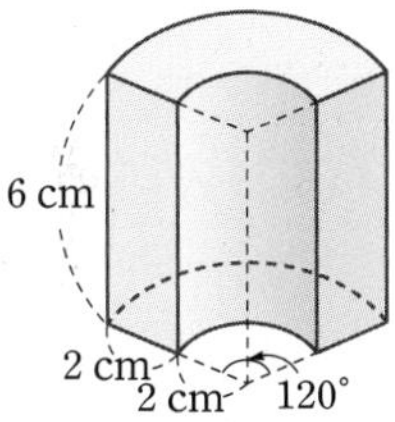

26 ●●●

오른쪽 그림과 같이 원기둥을 반으로 자른 모양의 그릇에 물을 가득 담은 후 그릇을 45° 기울여 물을 흘려 보냈다. 이때 남은 물의 부피를 구하시오.

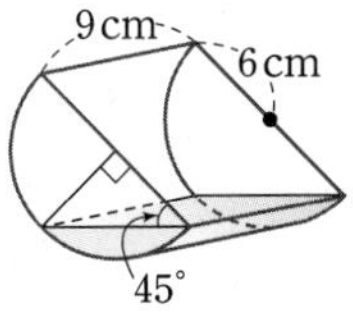

각뿔의 겉넓이와 부피

개념북 148쪽

27 ●○○

오른쪽 그림과 같은 정사각뿔의 겉넓이는?

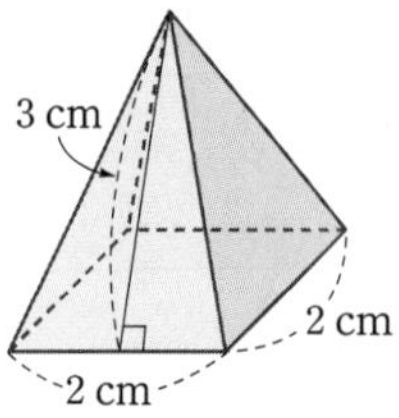

① 8 cm^2 ② 12 cm^2
③ 16 cm^2 ④ 20 cm^2
⑤ 24 cm^2

28 ●○○

오른쪽 그림과 같은 삼각뿔의 부피를 구하시오.

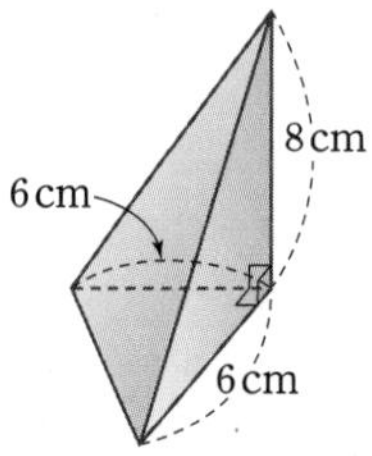

29 ●●○

밑면의 한 변의 길이가 8 cm인 정사각뿔의 부피가 384 cm^3일 때, 이 정사각뿔의 높이는?

① 12 cm ② 14 cm ③ 16 cm
④ 18 cm ⑤ 20 cm

30 ●●●

오른쪽 그림과 같이 한 모서리의 길이가 6 cm인 정육면체의 밑면의 네 모서리의 중점을 각각 A, B, C, D라 할 때, 사각뿔 O−ABCD의 부피를 구하시오. (단, 점 O는 밑면의 대각선의 교점이다.)

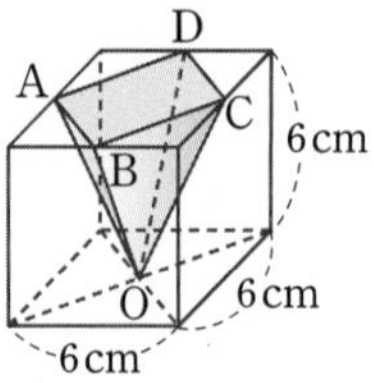

직육면체에서 잘라낸 각뿔의 부피

개념북 149쪽

31 ●●○

오른쪽 그림과 같이 한 모서리의 길이가 6 cm인 정육면체에서 모서리 AB와 모서리 BC의 중점을 각각 P, Q라 할 때, 삼각뿔 F−BQP가 잘려나가고 남은 입체도형의 부피를 구하시오.

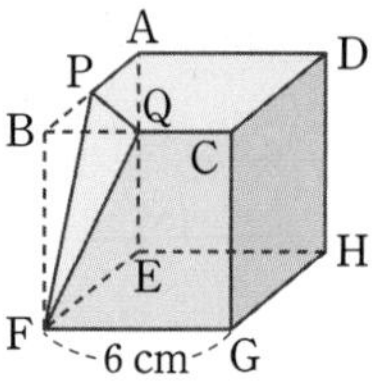

32 ●●○

오른쪽 그림과 같이 직육면체 모양의 그릇에 물을 가득 넣은 다음 직육면체를 기울여 물을 흘려 보냈다. 이때 남아 있는 물의 부피를 구하시오. (단, 그릇의 두께는 무시한다.)

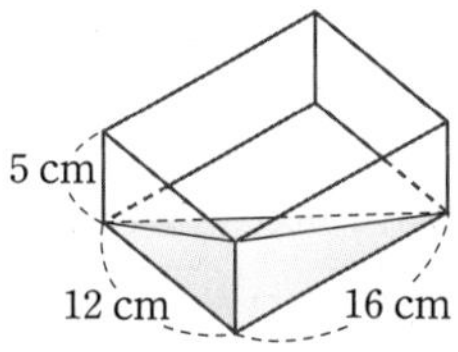

33 ●●●

다음 그림과 같이 기울인 직육면체 모양의 그릇에 물이 담겨 있다. 이 물을 다른 직육면체 모양의 그릇에 담았을 때, h의 값을 구하시오.

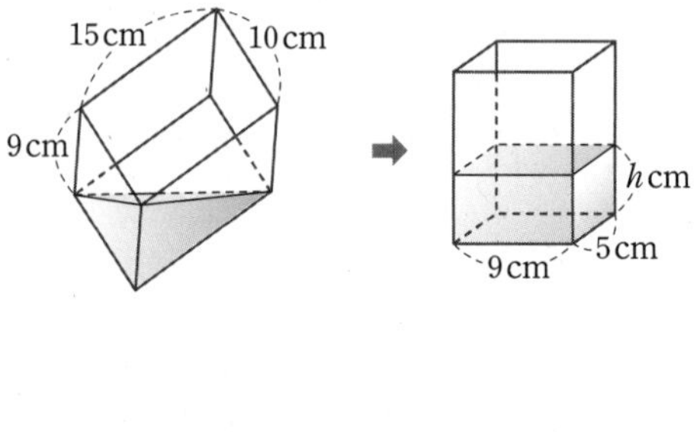

전개도가 주어진 원뿔의 겉넓이

개념북 151쪽

34 ●○○

오른쪽 그림과 같은 전개도로 만들어지는 입체도형의 겉넓이를 구하시오.

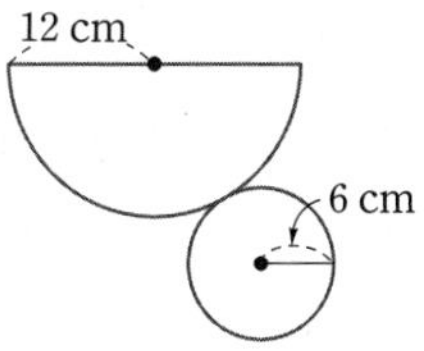

35 ●●○

다음 그림과 같은 원뿔의 전개도에서 x의 값을 구하시오.

(1)

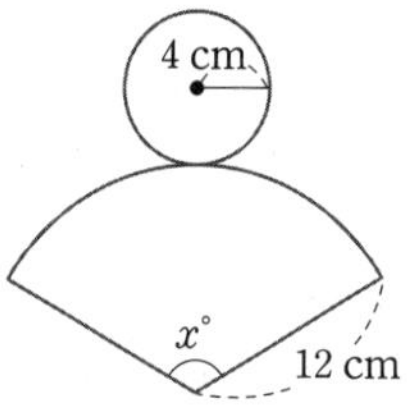

(2)

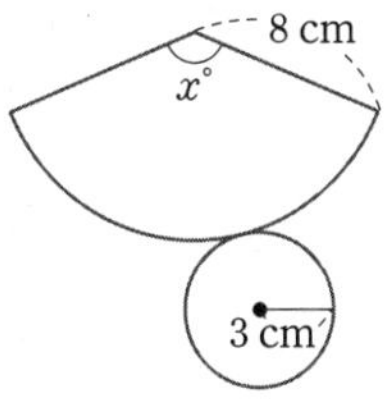

36 ●●●

오른쪽 그림과 같은 전개도로 만들어지는 원뿔의 겉넓이는?

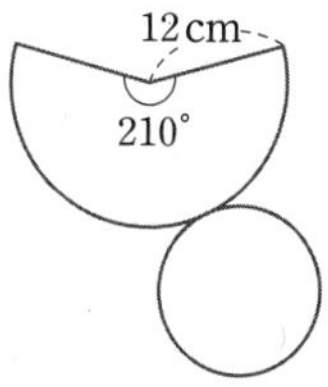

① 127π cm^2 ② 130π cm^2
③ 133π cm^2 ④ 136π cm^2
⑤ 139π cm^2

원뿔의 겉넓이와 부피

개념북 151쪽

37 ●●○

오른쪽 그림은 밑면의 반지름의 길이가 6 cm인 원뿔이다. 이 원뿔의 부피가 120π cm^{3}일 때, 높이를 구하시오.

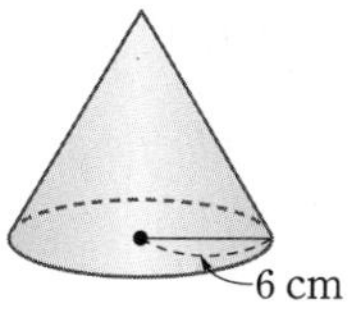

38 ●●●

오른쪽 그림과 같은 입체도형의 겉넓이와 부피를 차례대로 구하시오.

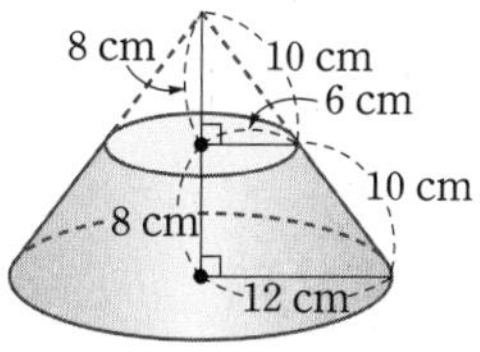

39 ●●●

오른쪽 그림과 같은 평면도형을 직선 l을 축으로 하여 1회전 시킬 때 생기는 회전체의 겉넓이와 부피를 차례대로 구하시오.

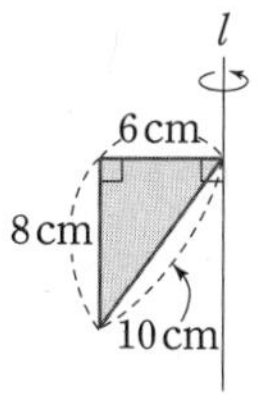

구의 겉넓이와 부피

개념북 153쪽

40 ●○○

오른쪽 그림과 같은 평면도형을 직선 l을 회전축으로 하여 1회전 시킬 때 생기는 입체도형의 부피는?

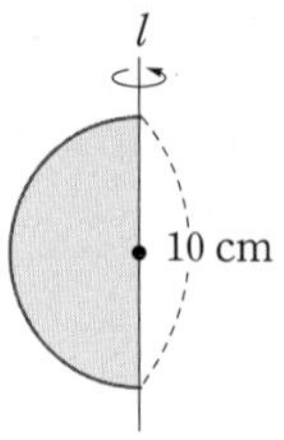

① $\frac{250}{3}\pi\ \text{cm}^3$　② $\frac{500}{3}\pi\ \text{cm}^3$

③ $\frac{1000}{3}\pi\ \text{cm}^3$　④ $500\pi\ \text{cm}^3$

⑤ $750\pi\ \text{cm}^3$

41 ●●○

다음 그림과 같은 두 구 A와 B의 부피의 비를 가장 간단한 자연수의 비로 나타내시오.

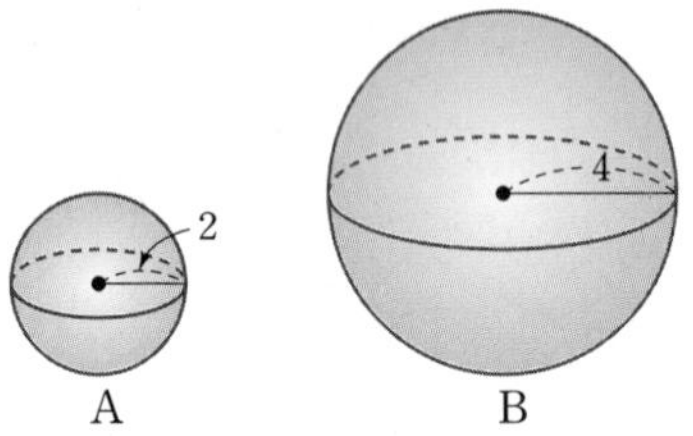

42 ●●○

겉넓이가 $16\pi\ \text{cm}^2$인 구의 부피를 구하시오.

구의 일부를 포함하는 도형의 겉넓이와 부피

개념북 153쪽

43 ●●○

오른쪽 그림의 입체도형은 반지름의 길이가 4 cm인 구의 중심을 지나도록 구의 $\frac{1}{8}$을 잘라낸 것이다. 이 입체도형의 겉넓이를 구하시오.

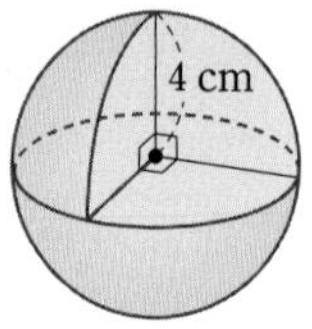

44 ●●○

오른쪽 그림은 반지름의 길이가 2 cm인 구의 $\frac{1}{4}$을 잘라낸 것이다. 이 입체도형의 부피를 구하시오.

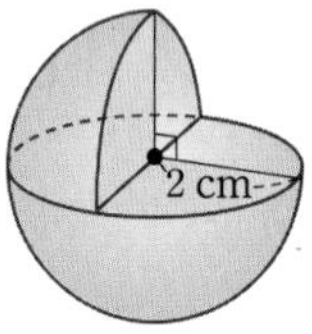

45 ●●●

오른쪽 그림의 평면도형을 직선 l을 회전축으로 하여 1회전 시킬 때 생기는 입체도형의 겉넓이와 부피를 차례대로 구하시오.

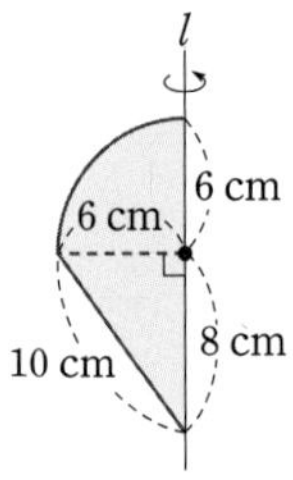

46 ●●●

오른쪽 그림과 같은 평면도형을 직선 l을 회전축으로 하여 1회전 시킬 때 생기는 입체도형의 겉넓이와 부피를 차례대로 구하시오.

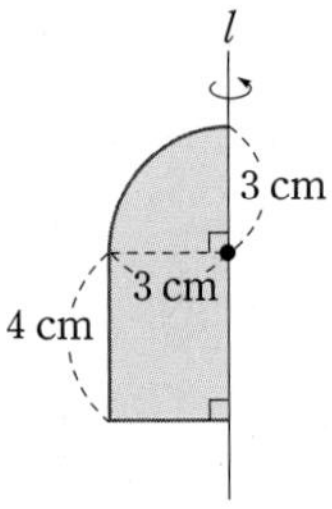

원기둥에 내접하는 원뿔, 구의 관계

개념북 154쪽

47 ●●○

오른쪽 그림과 같이 밑면의 반지름의 길이가 2인 원기둥에 꼭 맞는 원뿔, 구가 있다. 다음 물음에 답하시오.

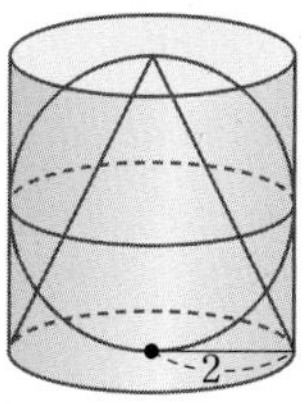

(1) 원뿔, 구, 원기둥의 부피를 차례대로 구하시오.

(2) 원뿔, 구, 원기둥의 부피의 비를 가장 간단한 자연수의 비로 나타내시오.

48 ●●○

오른쪽 그림과 같이 밑면의 반지름의 길이가 r인 원기둥에 꼭 맞게 구가 들어 있다. 이때 원기둥과 구의 부피의 비는?

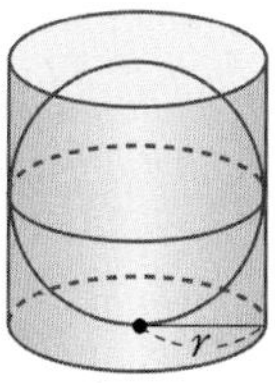

① 2 : 1 ② 3 : 1
③ 3 : 2 ④ 4 : 1
⑤ 4 : 3

49 ●●●

오른쪽 그림과 같이 4개의 구 모양의 공이 원기둥 모양의 통에 꼭 맞게 들어 있다. 통 안에 비어 있는 부분에 물을 가득 채웠을 때, 물의 부피와 공 한 개의 부피의 비를 가장 간단한 자연수의 비로 나타내시오.

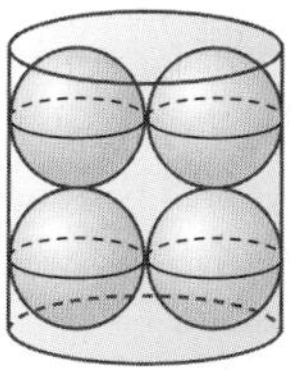

구의 겉넓이와 부피의 활용

개념북 154쪽

50 ●●○

오른쪽 그림과 같은 입체도형의 겉넓이를 구하시오.

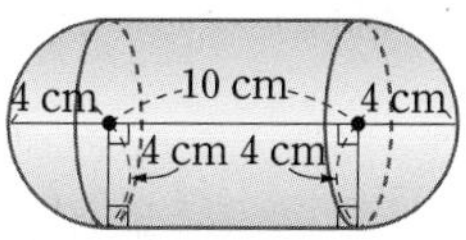

51 ●●○

지름의 길이가 14 cm인 구 모양의 메론을 오른쪽 그림과 같이 반으로 잘랐다. 껍질 부분의 두께가 1 cm로 일정하다고 할 때, 먹을 수 있는 부분의 부피를 구하시오.

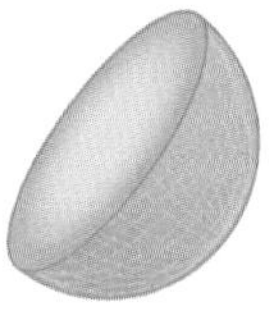

52 ●●●

반지름의 길이가 9인 쇠공 한 개를 녹여 반지름의 길이가 3인 쇠공을 몇 개 만들 수 있는가?

① 3개 ② 8개 ③ 27개
④ 64개 ⑤ 81개

53 ●●●

다음 그림과 같이 밑면의 반지름의 길이가 5 cm이고 높이가 8 cm인 원기둥 모양의 그릇에 물이 $\frac{3}{4}$만큼 담겨있다. 이 원기둥 안에 반지름의 길이가 4 cm인 쇠공을 넣었을 때, 흘러 넘친 물의 부피를 구하시오.

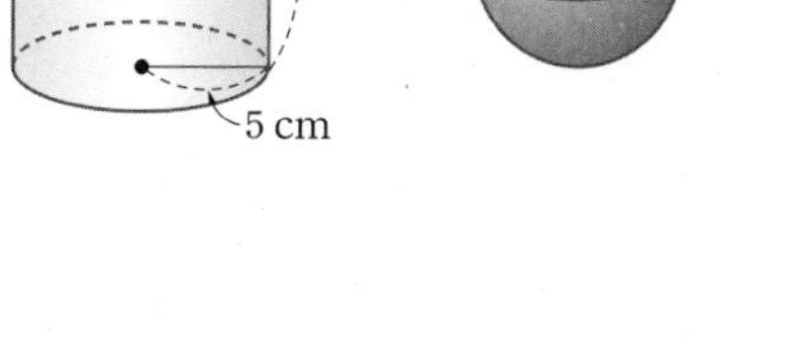

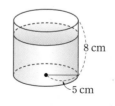

1

겉넓이가 24 cm^2인 정육면체의 부피는?

① 4 cm^3 ② 6 cm^3 ③ 8 cm^3
④ 10 cm^3 ⑤ 12 cm^3

2

오른쪽 그림과 같은 전개도로 만들어지는 기둥의 겉넓이를 구하시오.

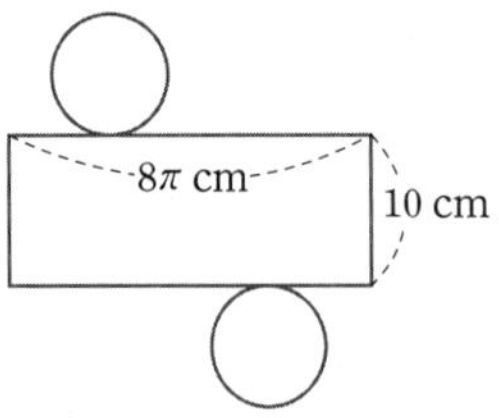

3

오른쪽 그림과 같이 직육면체에서 밑면이 부채꼴 모양인 기둥을 잘라내고 남은 입체도형의 부피는?

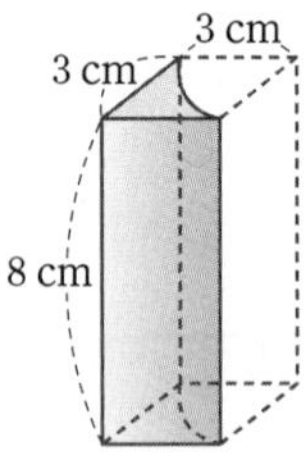

① $(72-18\pi)$ cm^3
② $(72-12\pi)$ cm^3
③ $(36-8\pi)$ cm^3
④ $(18-\pi)$ cm^3
⑤ $(12-\pi)$ cm^3

4 실력UP

오른쪽 그림과 같이 정육면체의 각 면의 중심을 연결하여 만든 정팔면체의 부피가 $\frac{4}{3}$ cm^3일 때, 이 정육면체의 한 모서리의 길이를 구하시오.

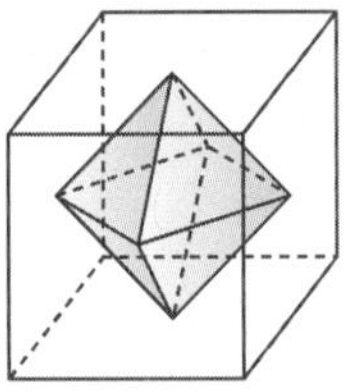

5 실력UP

다음 그림과 같이 직육면체 모양의 두 그릇 A와 B에 같은 양의 물이 들어 있을 때, x의 값을 구하시오.

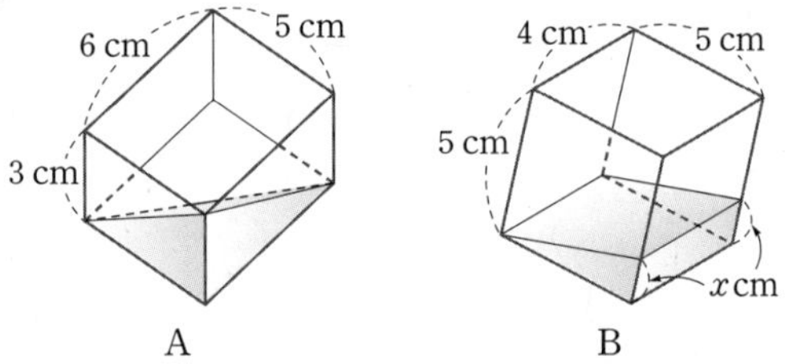

6

오른쪽 그림과 같은 전개도로 만들어지는 원뿔의 겉넓이가 78π cm^2일 때, r의 값은?

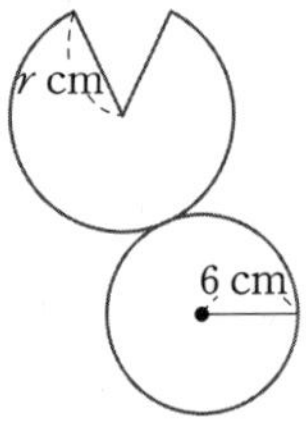

① 5 ② 6 ③ 7
④ 8 ⑤ 9

7

오른쪽 그림과 같은 직각삼각형을 직선 l을 회전축으로 하여 1회전 시킬 때 생기는 입체도형의 겉넓이를 구하시오.

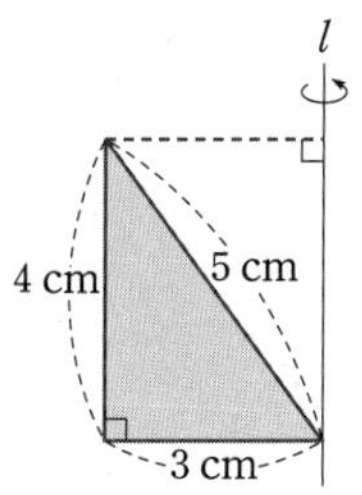

8

오른쪽 그림과 같이 밑면의 반지름의 길이가 3 cm인 원뿔을 바닥에 놓고 점 O를 중심으로 하여 굴렸더니 5번 회전하고 처음 위치로 돌아왔다. 이때 이 원뿔의 겉넓이를 구하시오.

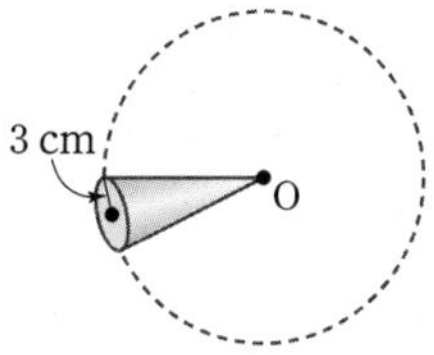

9 실력UP

오른쪽 그림의 평면도형을 직선 l을 회전축으로 하여 1회전 시킬 때 생기는 회전체의 부피를 구하시오.

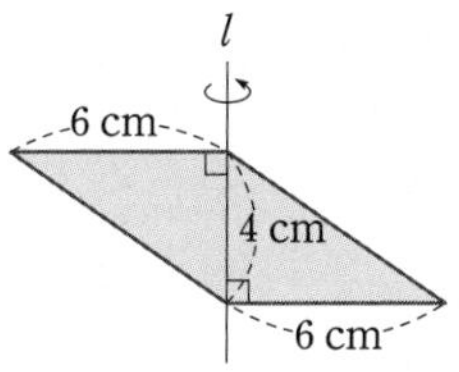

10

지름의 길이가 4 cm인 쇠구슬이 24개 있다. 이 24개의 쇠구슬을 녹여서 지름의 길이가 8 cm인 쇠구슬을 만들려고 한다. 지름의 길이가 8 cm인 쇠구슬은 모두 몇 개 만들 수 있는가?

① 1개 ② 2개 ③ 3개
④ 4개 ⑤ 5개

서술형

11

오른쪽 그림과 같이 원뿔 모양의 그릇에 물을 가득 담아 원기둥 모양의 그릇에 쏟아 부었다. 이때 h의 값을 구하기 위한 풀이 과정을 쓰고 답을 구하시오.

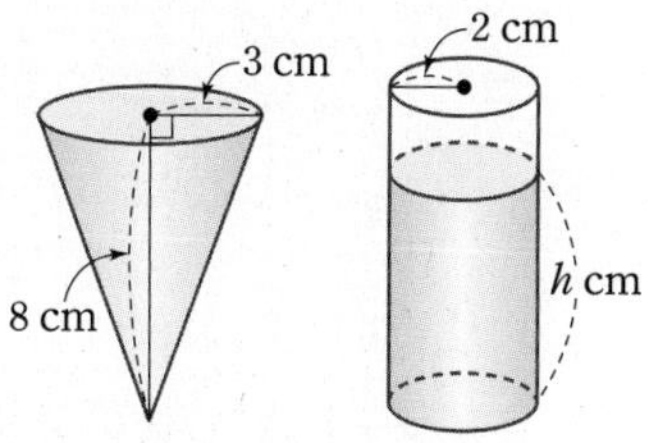

12

오른쪽 그림과 같이 한 모서리의 길이가 12 cm인 두 정육면체 모양의 그릇에 물을 가득 넣고 한쪽에는 지름의 길이가 6 cm인 구슬을 8개, 다른 한쪽에는 지름의 길이가 12 cm인 구슬을 1개 넣었다 뺐다. 이때 그릇에 남은 물의 양을 비교하기 위한 풀이 과정을 쓰고 남은 물의 양을 비교하시오.

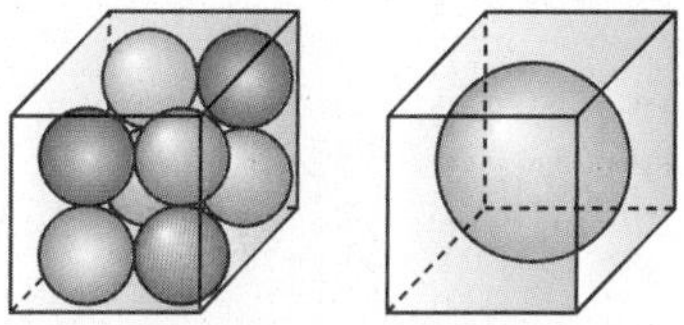

13

오른쪽 그림과 같이 부피가 $48\pi\ \text{cm}^3$인 원기둥에 꼭 맞게 구 3개가 들어 있다. 이때 들어 있는 3개의 구의 겉넓이의 합을 구하기 위한 풀이 과정을 쓰고 답을 구하시오.

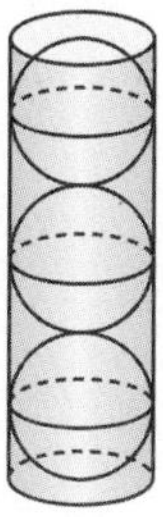

대단원 마무리

III. 입체도형

1 다음 **조건**을 모두 만족하는 입체도형은?

> **조건**
> (가) 다면체이다.
> (나) 모든 면이 합동인 정사각형이다.
> (다) 각 꼭짓점에 모인 면의 개수는 3이다.

① 정사면체 ② 정육면체 ③ 정팔면체
④ 오각기둥 ⑤ 육각뿔대

2 다음 중 정다면체에 대하여 잘못 말한 학생은 모두 몇 명인지 구하시오.

> **지은:** 정다면체는 무수히 많아.
> **창영:** 정십이면체의 각 면은 정오각형이야.
> **태경:** 정이십면체의 각 면은 정삼각형이야.
> **원근:** 정육면체는 사각기둥이야.
> **영진:** 각 면이 모두 합동인 정다각형으로 둘러싸인 입체도형을 정다면체라고 해.

3 다음 중 정육면체를 한 평면으로 자를 때 생기는 단면의 모양이 될 수 <u>없는</u> 것은?

① 정삼각형 ② 직사각형 ③ 오각형
④ 육각형 ⑤ 구각형

4 오른쪽 그림과 같은 전개도로 만들어지는 정다면체에 대한 다음 설명 중 옳지 <u>않은</u> 것은?

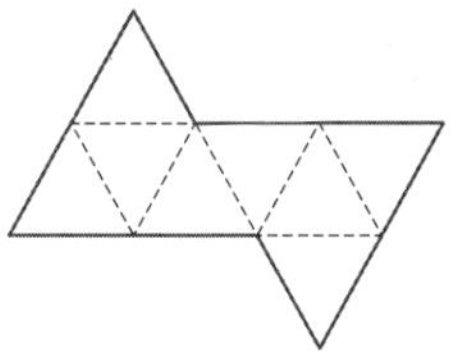

① 면은 모두 합동이다.
② 면의 개수는 8이다.
③ 꼭짓점의 개수는 8이다.
④ 모서리의 개수는 12이다.
⑤ 한 꼭짓점에 4개의 면이 모인다.

5 다음 중 원뿔대를 회전축을 포함하는 평면으로 자른 단면의 모양과 두 밑면과 평행한 평면으로 자른 단면의 모양을 차례대로 나열한 것은?

① 원, 삼각형 ② 사다리꼴, 원
③ 원, 사다리꼴 ④ 직사각형, 원
⑤ 직사각형, 사다리꼴

서술형

6 오른쪽 그림의 직사각형을 직선 l을 회전축으로 하여 1회전 시킬 때 생기는 회전체의 전개도에서 옆면이 되는 직사각형의 넓이를 구하기 위한 풀이 과정을 쓰고 답을 구하시오.

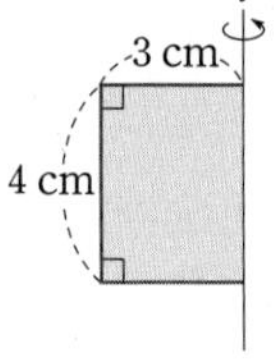

7 오른쪽 그림과 같은 전개도로 만들어지는 원뿔의 밑넓이는?

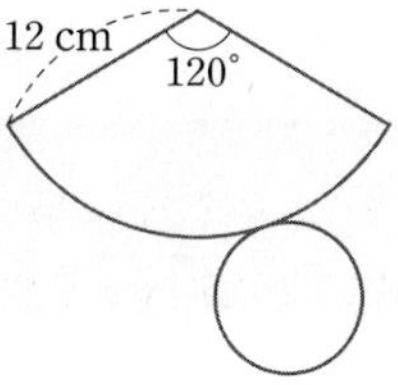

① $4\pi\ \text{cm}^2$ ② $7\pi\ \text{cm}^2$
③ $10\pi\ \text{cm}^2$ ④ $13\pi\ \text{cm}^2$
⑤ $16\pi\ \text{cm}^2$

8 오른쪽 그림과 같이 속이 뚫린 원기둥의 겉넓이를 구하시오.

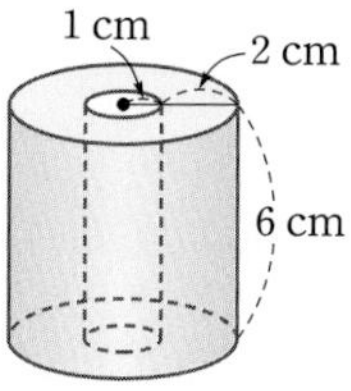

9 오른쪽 그림과 같은 직육면체를 세 꼭짓점 C, F, H를 지나는 평면으로 자를 때, 생기는 삼각뿔 C−FGH의 부피가 $24\ \text{cm}^3$이다. 이때 x의 값은?

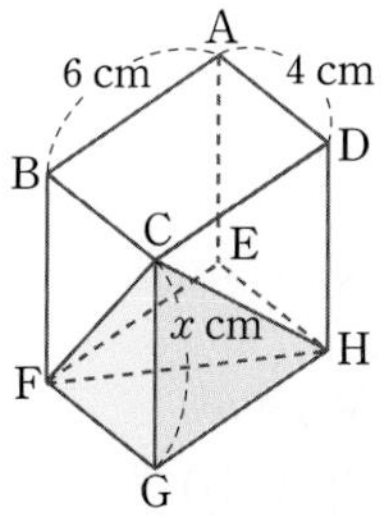

① 4 ② 5
③ 6 ④ 7 ⑤ 8

서술형

10 오른쪽 그림은 직육면체의 일부를 잘라낸 것이다. 잘라낸 입체도형의 부피와 잘라내고 남은 입체도형의 부피의 비를 가장 간단한 자연수의 비로 나타내기 위한 풀이 과정을 쓰고 답을 구하시오.

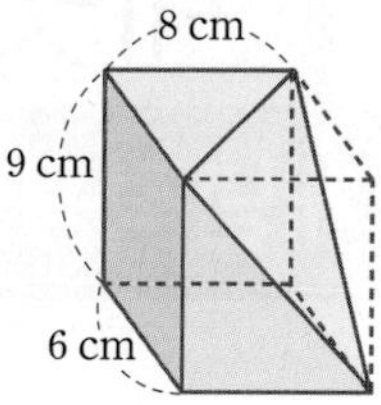

11 오른쪽 그림과 같은 입체도형의 겉넓이는?

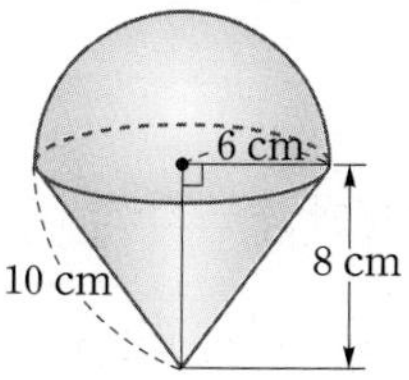

① $132\pi\ \text{cm}^2$
② $168\pi\ \text{cm}^2$
③ $204\pi\ \text{cm}^2$
④ $240\pi\ \text{cm}^2$
⑤ $276\pi\ \text{cm}^2$

12 오른쪽 그림과 같이 크기가 같은 구 2개가 꼭 맞게 들어가는 원기둥의 부피가 $108\pi\ \text{cm}^3$일 때, 구 한 개의 부피는?

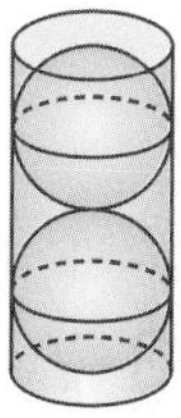

① $18\pi\ \text{cm}^3$ ② $24\pi\ \text{cm}^3$
③ $32\pi\ \text{cm}^3$ ④ $36\pi\ \text{cm}^3$
⑤ $48\pi\ \text{cm}^3$

1 대푯값

개념적용익힘

평균의 뜻과 성질

개념북 163쪽

1 ●●○

다음 표는 학생 5명의 국어 성적을 조사하여 나타낸 것이다. 평균이 85점일 때, 석진이의 국어 성적을 구하시오.

학생	영주	철수	소영	석진	희선
국어 성적(점)	81	85	89		79

2 ●●○

5개의 변량 a, b, c, d, e의 평균이 4일 때, 다음 5개의 변량의 평균은?

$a+4 \quad b-2 \quad c+6 \quad d-3 \quad e+5$

① 6　② 5　③ 4
④ 3　⑤ 2

3 ●●○

5개의 자연수 a, b, c, d, e의 평균이 20일 때, $3a-2$, $3b-2$, $3c-2$, $3d-2$, $3e-2$의 평균은?

① 52　② 54　③ 56
④ 58　⑤ 60

4 ●●○

다음 자료는 수민이네 반 학생 6명의 윗몸일으키기 기록을 조사하여 나타낸 것이다. 윗몸일으키기 기록의 평균이 12회일 때, x의 값을 구하시오.

(단위: 회)

16　10　8　x　13　9

5 ●●○

진희는 4회에 걸친 영어 시험 성적의 평균이 70점이다. 5회까지의 평균이 4회까지의 평균보다 4점 더 오르기 위해 5회의 시험에서 받아야 할 점수는?

① 87점　② 90점　③ 92점
④ 95점　⑤ 97점

6 ●●○

다음 10개의 자료의 평균이 4일 때, $a+b$의 값을 구하시오.

$-7 \quad 1 \quad a \quad 15 \quad 3$
$b \quad -9 \quad 11 \quad 6 \quad 14$

중앙값의 뜻과 성질

개념북 165쪽

7 ●○○

아래 자료는 학생 7명의 영어 성적을 조사하여 나타낸 것이다. 영어 성적의 중앙값을 구하시오.

(단위: 점)

92	73	82	68	85	77	90

8 ●○○

다음 자료의 중앙값을 구하시오.

45	32	23	41	28	38

9 ●●○

5개의 변량 a, b, c, d, e의 중앙값이 17일 때, 5개의 변량 $a-3$, $b-3$, $c-3$, $d-3$, $e-3$의 중앙값을 구하시오.

중앙값이 주어질 때, 변량 구하기

개념북 165쪽

10 ●●○

다음 자료는 작은 값부터 크기순으로 나열되어 있고 8개의 변량들의 중앙값이 9일 때, 상수 x의 값을 구하시오.

3	4	6	x	10	12	13	17

11 ●●○

다음 **조건**을 모두 만족하는 두 수 a, b의 값을 각각 구하시오.

조건

(가) 6, 8, 15, a의 중앙값은 8이다.

(나) 2, 14, a, b, 15의 중앙값은 12이다.

12 ●●●

어떤 모둠 학생 6명의 수학 점수를 작은 값부터 크기순으로 나열할 때, 3번째 학생의 점수는 86점이고, 중앙값은 88점이다. 이 모둠에 수학 점수가 92점인 학생이 들어왔을 때, 7명의 수학 점수의 중앙값을 구하시오.

최빈값의 뜻과 성질

개념북 167쪽

13 ●○○

다음 자료의 최빈값을 구하시오.

(1) 5, 7, 4, 8, 8, 4, 8

(2) 2, 3, 3, 4, 5, 5, 6

(3) 4, 6, 7, 9, 12, 13, 14

14 ●○○

다음 표는 형훈이네 반 학생 30명이 가지고 있는 필기도구의 수를 조사하여 나타낸 것이다. 이 자료의 최빈값은?

필기도구의 수(개)	2	3	4	5	6	합계
학생 수(명)	2	10	9	6	3	30

① 2개 ② 3개 ③ 4개
④ 5개 ⑤ 6개

15 ●●○

다음 자료에서 $a+b=15$이다. 이 자료의 최빈값이 6일 때, ab의 값을 구하시오.

5 1 7 6 a 4 b 2

평균, 중앙값, 최빈값

개념북 167쪽

16 ●○○

7개의 변량 1, 2, 2, 3, 3, 4, 6에 대한 설명으로 옳은 것을 **보기**에서 모두 고른 것은?

보기

ㄱ. 평균은 3이다. ㄴ. 중앙값은 3이다.
ㄷ. 최빈값은 없다.

① ㄱ ② ㄴ ③ ㄱ, ㄴ
④ ㄴ, ㄷ ⑤ ㄱ, ㄴ, ㄷ

17 ●○○

다음은 어느 중학교 3학년의 각 반 학생 수를 조사하여 나타낸 것이다. 이 자료의 중앙값과 최빈값을 각각 구하시오.

(단위: 명)

29 32 30 34 30 32 28 37 27 32

18 ●●○

다음 자료의 평균과 최빈값이 같을 때 a의 값은?

23 20 23 28 a 23 24

① 20 ② 22 ③ 24
④ 26 ⑤ 28

개념완성익힘

1
5개의 변량 A, B, C, D, E의 평균이 12일 때, 6개의 변량 A, B, C, D, E, 18의 평균은?

① 11　　② 12　　③ 13
④ 14　　⑤ 15

2
학생 10명이 1분 동안 턱걸이를 한 횟수의 평균을 구하는데 한 학생의 11회를 1회로 잘못 보아 평균이 12회가 나왔다. 학생 10명의 턱걸이 횟수의 평균을 바르게 구하시오.

3
어느 동아리 학생 10명의 국어 성적을 크기순으로 나열할 때, 6번째 학생의 점수는 84점이고, 국어 성적의 중앙값은 83점이라 한다. 이 동아리에 국어 성적이 78점인 학생이 들어왔을 때, 11명의 국어 성적의 중앙값을 구하시오.

4
다음 두 자료 A, B에 대하여 자료 A의 중앙값이 10일 때, 두 자료 A, B를 섞은 전체 자료의 중앙값은?

[자료 A] 6, 8, 14, k
[자료 B] 9, 7, 12, $k-3$

① 6　　② 7　　③ 7.5
④ 8.5　　⑤ 9

5
다음 자료의 최빈값이 10일 때, 중앙값은?

8　6　10　7　a　11

① 8　　② 8.5　　③ 9
④ 9.5　　⑤ 10

6
다음 표는 철수네 반 학생 5명의 1년 동안의 봉사 활동 횟수를 조사하여 나타낸 것인데 일부분이 훼손되어 보이지 않는다. 학생 5명의 봉사 활동 횟수의 평균이 17회일 때, 인성이의 봉사 활동 횟수를 구하시오.

학생	철수	효리	태진	하나	인성
횟수(회)	20	16	13	22	

7

다음 표는 상은이와 주미가 5회의 다트 게임을 해서 얻은 점수를 나타낸 것이다. 상은이와 주미가 얻은 점수에 대한 설명으로 옳지 않은 것을 모두 고르면?

(정답 2개)

평가(회)	1	2	3	4	5
상은 점수(점)	8	9	10	8	5
주미 점수(점)	8	3	7	5	7

① 상은이의 점수의 평균이 주미의 점수의 평균보다 높다.
② 상은이의 점수의 중앙값과 주미의 점수의 중앙값은 같다.
③ 상은이의 점수의 최빈값이 주미의 점수의 최빈값보다 높다.
④ 상은이의 점수의 중앙값과 최빈값은 같다.
⑤ 주미의 점수의 중앙값은 최빈값보다 낮다.

8 실력UP

다음 자료는 무용 동아리 학생 8명의 바지 사이즈를 조사하여 나타낸 것이다. 바지 사이즈의 평균과 최빈값이 같을 때, x의 값을 구하시오.

(단위: 인치)

24　28　26　24　27　x　26　27

서술형

9

다음 두 자료 A, B의 중앙값을 각각 a, b라 할 때, $a+b$의 값을 구하기 위한 풀이 과정을 쓰고 답을 구하시오.

[자료 A] 6, 10, 4, 8, 7, 11, 8
[자료 B] 10, 5, 8, 14, 2, 11, 7, 14

10

다음 표는 수연이네 반 학생 20명의 수학 수행 평가 성적을 조사하여 나타낸 것이다. 학생 20명의 수학 성적에 대한 평균을 a점, 중앙값을 b점, 최빈값을 c점이라 할 때, $a+b+c$의 값을 구하기 위한 풀이 과정을 쓰고 답을 구하시오.

수학 수행 평가 성적(점)	1	2	3	4	5
학생 수(명)	1	2	5	10	2

2 도수분포표와 상대도수

개념적용익힘

줄기와 잎 그림의 이해

개념북 175쪽

1 ●○○

다음은 강민이네 반 학생들의 키를 조사하여 나타낸 줄기와 잎 그림이다. 줄기와 잎 그림을 완성하시오.

학생들의 키

(단위: cm)

135	142	148	162	172
138	145	153	165	165
132	148	154	168	145

학생들의 키

(13|2는 132 cm)

줄기	잎
13	2 5 8
14	2 5 5 8 8
15	
16	
17	

[2~3] 다음은 동현이네 반 학생들의 국어 성적을 조사하여 나타낸 줄기와 잎 그림이다. 물음에 답하시오.

국어 성적

(7|0은 70점)

줄기	잎
7	0 3 5 5
8	1 2 4 5 6 9
9	0 2 5 5 8

2 ●○○

국어 성적이 85점 이상 95점 미만인 학생 수를 구하시오.

3 ●●○

국어 성적이 83점 미만인 학생은 전체의 몇 %인지 구하시오.

두 집단에서의 줄기와 잎 그림

개념북 175쪽

4 ●●○

다음은 지현이네 반 학생들의 수학 성적을 조사하여 나타낸 줄기와 잎 그림이다. 점수가 높은 쪽에서 남학생 중 8등인 학생과 여학생 중 8등인 학생의 수학 성적을 차례대로 구하시오.

수학 성적

(6|0은 60점)

잎(남학생)	줄기	잎(여학생)
5 2	6	0 3 8
8 5 4 3 1 1 0	7	1 2 2 3 8 9
8 7 4 2 1 0	8	0 1 4 6 7
9 7 0	9	0 5 8

[5~6] 다음은 경미네 반과 준석이네 반에서 각각 20명의 학생을 대상으로 신발 크기를 조사하여 나타낸 줄기와 잎 그림이다. 물음에 답하시오.

신발 크기

(20|4는 204 mm)

잎(경미네 반)	줄기	잎(준석이네 반)
4	20	
4 4	21	2 3
6 2 1	22	3 5
6 3 2 1	23	2 3 5
7 4 3 2 1	24	2 3 4
6 2 1	25	0 1 1 2 6
0	26	3 3 4
8	27	2 3

5 ●●○

신발 크기가 가장 큰 학생은 어느 반에 속해 있는지 말하시오.

6 ●●○

경미네 반 학생들과 준석이네 반 학생들의 신발 크기의 분포 상태를 비교하여 설명하시오.

도수분포표에서의 용어

개념북 177쪽

7 ●○○

다음 설명 중 옳은 것은?

① 변량 : 각 계급에 속하는 자료의 개수
② 계급 : 변량을 일정한 간격으로 나눈 구간
③ 도수 : 자료를 수량으로 나타낸 것
④ 계급의 크기 : 계급의 개수
⑤ 도수분포표 : 주어진 자료를 몇 개의 계급으로 나누고, 각 계급의 가운데 값을 조사하여 나타낸 표

8 ●●○

다음 설명 중 옳은 것을 모두 고르면? (정답 2개)

① 한 도수분포표에서 각 계급의 크기를 필요에 따라 다르게 할 수 있다.
② 도수의 총합은 변량의 총 개수와 같다.
③ 변량을 일정한 간격으로 나눈 구간을 계급의 크기라 한다.
④ 각 계급에 속하는 변량의 개수를 도수라 한다.
⑤ 도수분포표에서 각 계급에 속하는 자료의 정확한 값을 알 수 있다.

9 ●●○

다음 ㉠, ㉡, ㉢에 들어갈 알맞은 용어를 말하시오.

> 변량을 일정한 간격으로 나눈 구간을 [㉠]이라 하고, 각 [㉠]의 양 끝 값의 차, 즉 구간의 너비를 [㉡]라 한다. 또, 각 계급에 속하는 변량의 개수를 [㉢]라 한다.

도수분포표의 이해

개념북 177쪽

[10~13] 다음 자료는 승찬이네 반 학생들의 키를 조사하여 나타낸 것이다. 물음에 답하시오.

키

(단위: cm)

151	155	163	148	164
157	167	162	162	150
159	160	146	153	160
159	158	145	159	154
160	169	164	161	174

10 ●○○

오른쪽 도수분포표를 완성하시오.

키(cm)	학생 수(명)
145 이상 ~ 150 미만	3
150 ~ 155	4
155 ~ 160	
160 ~ 165	
	2
합계	

11 ●○○

계급의 크기를 x cm, 계급의 개수를 y라 할 때, x, y의 값을 각각 구하시오.

12 ●●○

도수가 가장 큰 계급은?

① 150 cm 이상 155 cm 미만
② 155 cm 이상 160 cm 미만
③ 160 cm 이상 165 cm 미만
④ 165 cm 이상 170 cm 미만
⑤ 170 cm 이상 175 cm 미만

13 ●●○

키가 160 cm 미만인 학생은 몇 명인지 구하시오.

✎ 특정 계급의 백분율 구하기 ──── 개념북 **178**쪽

14 ●●○

오른쪽 표는 어느
반 학생 20명의 한
학기 동안 봉사 활
동 시간을 조사하
여 나타낸 도수분
포표이다. 봉사 활
동 시간이 12시간
이상인 학생은 전체의 몇 %인가?

봉사 활동 시간(시간)	학생 수(명)
0 ^{이상} ~ 4 ^{미만}	1
4 ~ 8	3
8 ~ 12	7
12 ~ 16	5
16 ~ 20	4
합계	20

① 15 %　　　② 25 %　　　③ 35 %

④ 45 %　　　⑤ 55 %

15 ●●○

오른쪽 표는 어느 학
생들의 하루 수면 시
간을 조사하여 나타낸
도수분포표이다. 수면
시간이 7시간 미만인
학생은 전체의 몇 %
인지 구하시오.

수면 시간(시간)	학생 수(명)
4 ^{이상} ~ 5 ^{미만}	1
5 ~ 6	3
6 ~ 7	A
7 ~ 8	11
8 ~ 9	8
9 ~ 10	4
합계	40

16 ●●●

오른쪽 표는 20가지의
과일의 당도를 측정하여
나타낸 도수분포표이다.
당도가 10 Brix 미만
인 과일이 전체의 30 %
일 때, 당도가 15 Brix
이상인 과일은 전체의
몇 %인지 구하시오.

당도(Brix)	가짓 수(가지)
0 ^{이상} ~ 5 ^{미만}	A
5 ~ 10	4
10 ~ 15	8
15 ~ 20	5
20 ~ 25	B
합계	20

✎ 히스토그램의 이해 ──── 개념북 **180**쪽

17 ●○○

다음 중 히스토그램에 대한 설명으로 옳지 <u>않은</u> 것은?

① 가로축에는 각 계급의 양 끝 값을 표시한다.

② 세로축에는 도수를 표시한다.

③ 도수의 총합을 알 수 있다.

④ 직사각형의 개수는 계급의 크기이다.

⑤ 자료의 분포 상태를 시각적으로 쉽게 알 수 있다.

[18~20] 오른쪽 그림은 태오네
반 학생들의 영어 성적을 조사
하여 나타낸 히스토그램이다.
다음 물음에 답하시오.

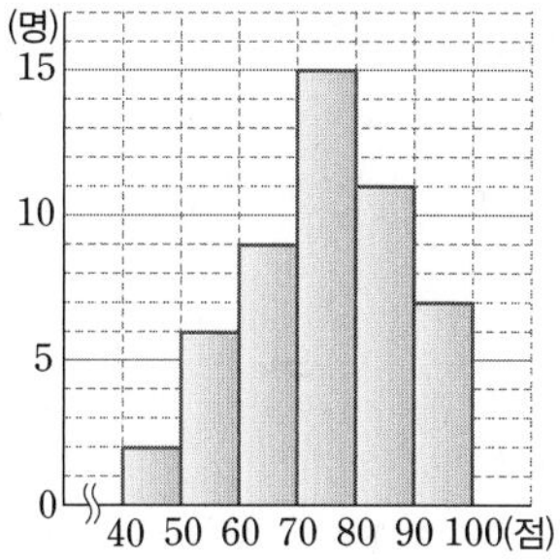

18 ●○○

도수가 가장 작은 계급을 구하시오.

19 ●○○

영어 성적이 70점 미만인 학생 수를 구하시오.

20 ●●○

영어 성적이 80점 이상인 학생은 전체의 몇 %인지 구하
시오.

21 ●●○

오른쪽 그림은 어느 중학교 학생들의 주말 동안의 TV 시청 시간을 조사하여 나타낸 히스토그램이다. 다음 중 옳지 않은 것은?

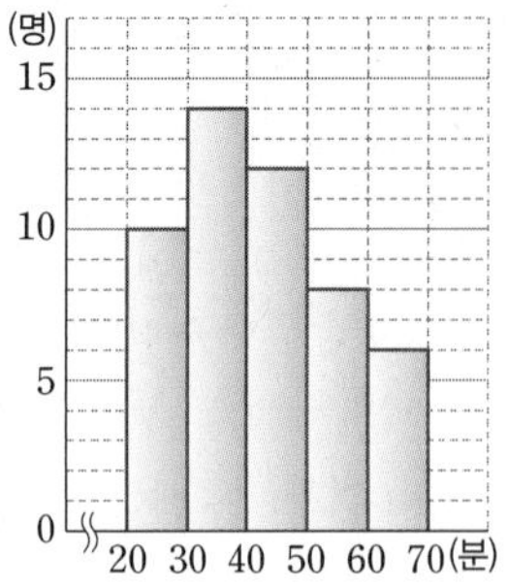

① 계급의 크기는 10분이다.
② 조사한 학생 수는 50명이다.
③ 도수가 가장 큰 계급은 30분 이상 40분 미만이다.
④ TV 시청 시간이 40분 이상 60분 미만인 학생 수는 20명이다.
⑤ TV 시청 시간이 50분 이상인 학생은 전체의 25 %이다.

22 ●●○

오른쪽 그림은 어느 야구 동아리 학생들의 50 m 달리기 기록을 조사하여 나타낸 히스토그램이다. 다음 중 옳은 것은?

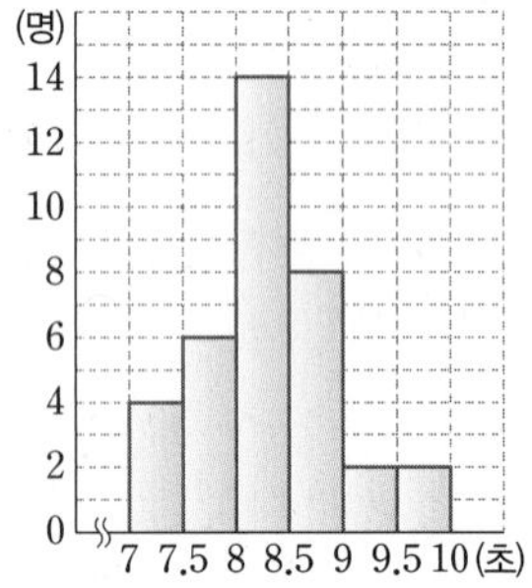

① 계급의 크기는 5초이다.
② 전체 학생 수는 30명이다.
③ 50 m 달리기 기록이 8.5초 이상 9.5초 미만인 학생 수는 10명이다.
④ 50 m 달리기 기록이 빠른 순서로 5번째인 학생이 속하는 계급은 8.5초 이상 9초 미만이다.
⑤ 50 m 달리기 기록이 8.5초 이상인 학생은 전체의 30 %이다.

히스토그램에서의 직사각형의 넓이

개념북 180쪽

23 ●●○

오른쪽 그림은 어느 학급 학생 40명이 등교하는 데 걸리는 시간을 조사하여 나타낸 히스토그램이다. 도수가 가장 큰 계급의 직사각형의 넓이는 도수가 가장 작은 계급의 직사각형의 넓이의 몇 배인지 구하시오.

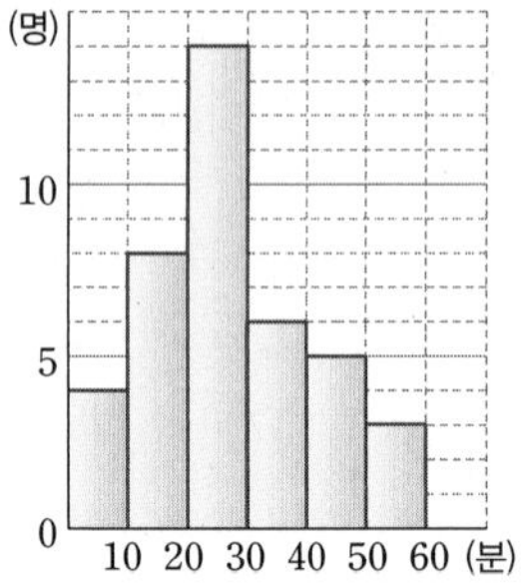

24 ●●○

오른쪽 그림은 영채네 반 학생들의 영어 듣기 시험 점수를 조사하여 나타낸 히스토그램이다. 각 직사각형의 넓이의 합을 구하시오.

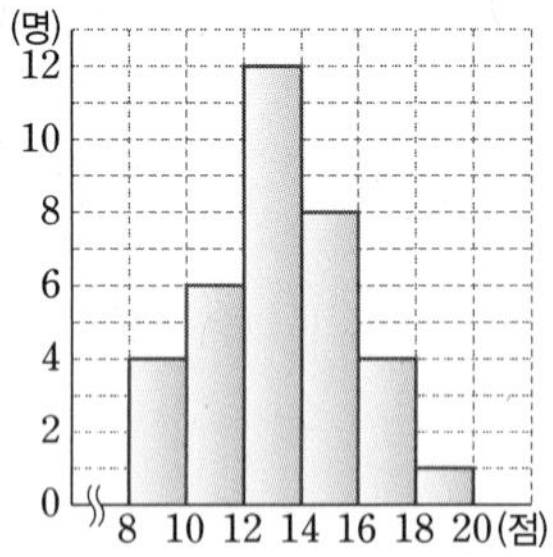

25 ●●○

오른쪽 그림은 몇 개의 국가의 연평균 강수량을 조사하여 나타낸 히스토그램이다. 두 직사각형 A, B의 넓이의 비가 2 : 1일 때, 모든 직사각형의 넓이의 합은?

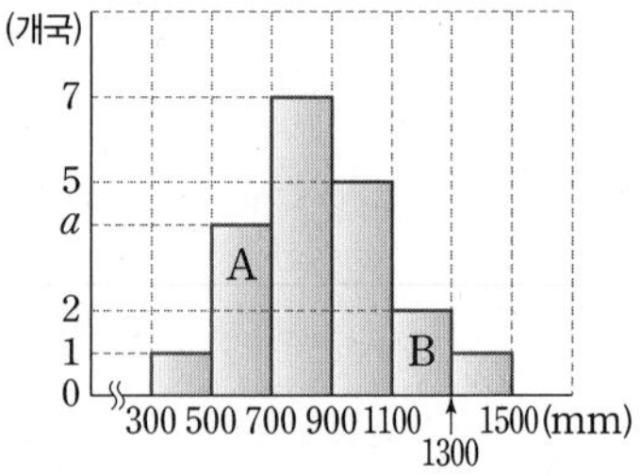

① 3200　② 3400　③ 3600　④ 3800　⑤ 4000

찢어진 히스토그램

개념북 181쪽

[26~27] **오른쪽 그림은 현민이네 중학교 학생 100명의 100 m 달리기 기록을 조사하여 나타낸 히스토그램인데 일부가 찢어져 보이지 않는다. 다음 물음에 답하시오.**

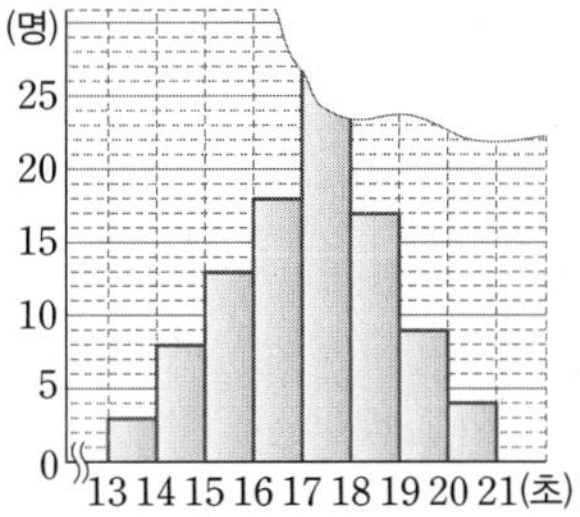

26 ●●○

100 m 달리기 기록이 17초 이상 18초 미만인 학생 수를 구하시오.

27 ●●○

100 m 달리기 기록이 18초 이상인 학생은 전체의 몇 %인지 구하시오.

28 ●●○

오른쪽 그림은 봉사부 학생들의 봉사 활동 시간을 조사하여 나타낸 히스토그램인데 일부가 찢어져 보이지 않는다. 두 직사각형 A, B의 넓이의 비가 7 : 5일 때, 봉사 활동 시간이 25시간 이상 30시간 미만인 학생 수를 구하시오.

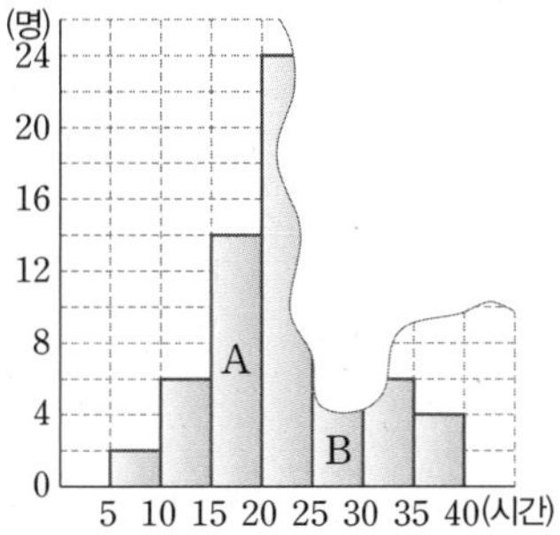

29 ●●○

오른쪽 그림은 어느 학급 학생 40명의 키를 조사하여 나타낸 히스토그램인데 일부가 찢어져 보이지 않는다. 키가 160 cm 미만인 학생이 전체의 70 %일 때, 키가 155 cm 이상 160 cm 미만인 학생 수를 구하시오.

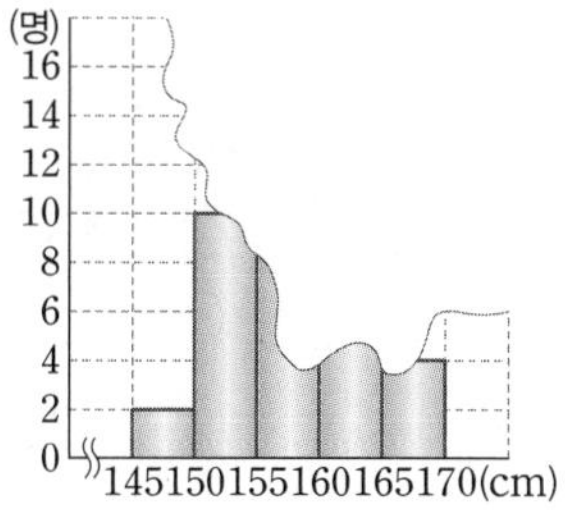

[30~31] **오른쪽 그림은 어느 농장에서 재배한 토마토의 무게를 조사하여 나타낸 히스토그램인데 일부가 훼손되어 보이지 않는다. 무게가 120 g 이상 130 g 미만인 토마토가 전체의 12.5 %일 때, 다음 물음에 답하시오.**

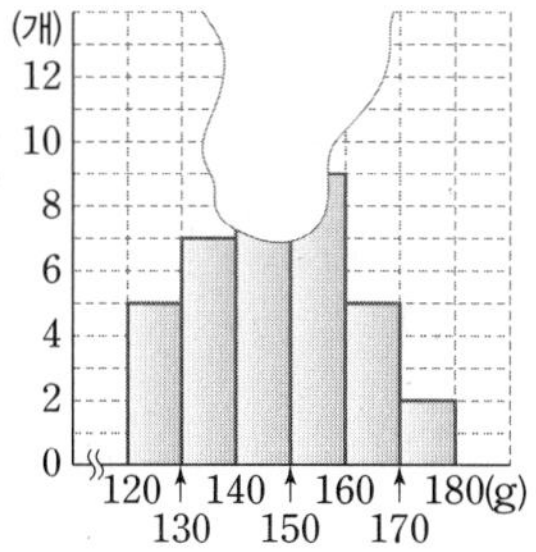

30 ●●○

재배한 토마토의 전체 개수를 구하시오.

31 ●●○

무게가 140 g 이상 150 g 미만인 토마토의 개수를 구하시오.

도수분포다각형의 이해

개념북 183쪽

[32~33] 아래 그림은 준영이네 반 전체 학생들의 과학 실험 점수를 조사하여 나타낸 도수분포다각형이다. 다음 물음에 답하시오.

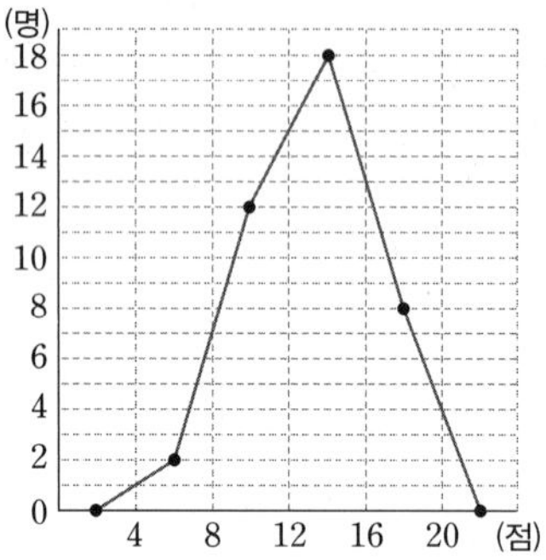

32 ●○○

전체 학생 수를 구하시오.

33 ●●○

과학 실험 점수가 12점 미만인 학생은 전체의 몇 % 인지 구하시오.

[34~35] 다음은 영화 동아리 학생들이 한 달 동안 저축한 금액을 조사하여 나타낸 도수분포표와 도수분포다각형이다. 물음에 답하시오.

저축액(만 원)	학생 수(명)
1 이상 ~ 2 미만	6
2 ~ 3	A
3 ~ 4	18
4 ~ 5	B
5 ~ 6	9
합계	C

➡

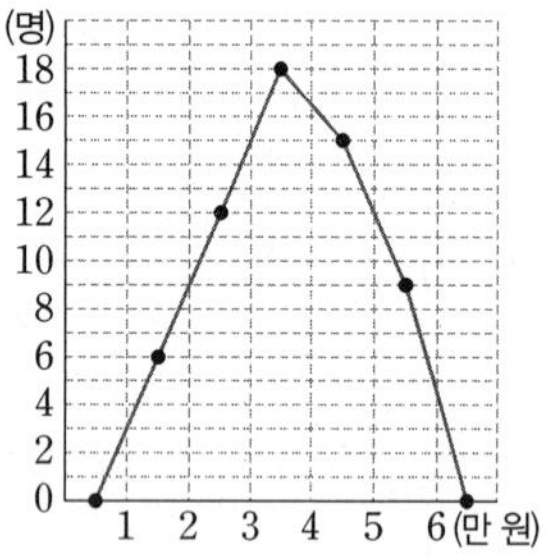

34 ●○○

A, B, C의 값을 각각 구하시오.

35 ●●○

저축을 11번째로 많이 한 학생이 속하는 계급을 구하시오.

36 ●●○

오른쪽 그림은 가정 주부들이 저녁 식사 한 끼를 준비하는 데 소요되는 시간을 조사하여 나타낸 도수분포다각형이다. 다음 중 옳지 <u>않은</u> 것은?

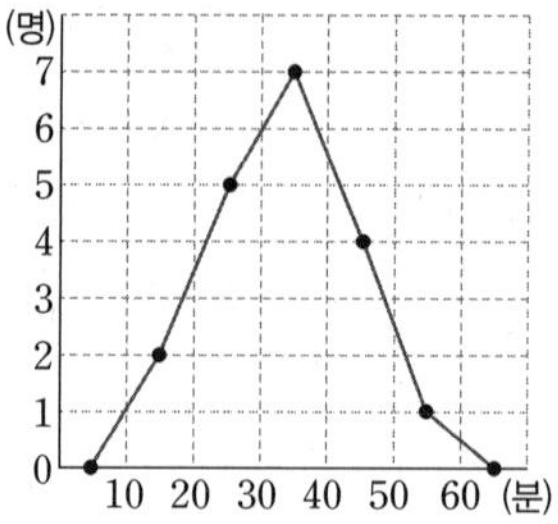

① 계급의 개수는 5이다.
② 계급의 크기는 10분이다.
③ 조사에 응한 주부는 모두 19명이다.
④ 도수가 가장 큰 계급은 30분 이상 40분 미만이다.
⑤ 저녁 식사 한 끼를 준비하는 데 소요되는 시간이 40분 이상인 주부는 6명이다.

37 ●●●

오른쪽 그림은 성민이네 반 남학생과 여학생의 몸무게를 조사하여 나타낸 도수분포다각형이다. 다음 중 옳지 <u>않은</u> 것은?

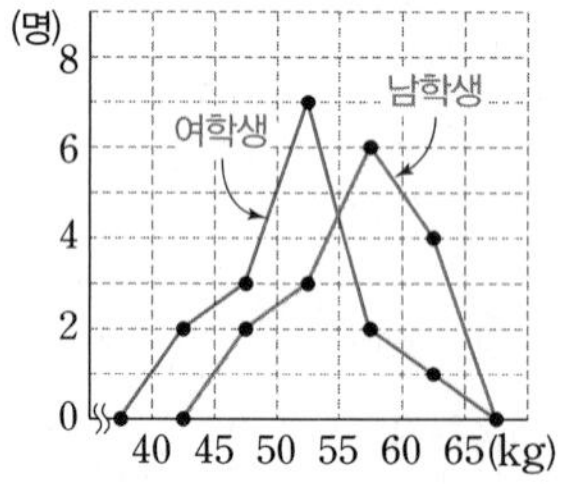

① 가장 가벼운 학생은 여학생 중에 있다.
② 남학생 수와 여학생 수는 각각 15명이다.
③ 남학생 중 도수가 가장 큰 계급은 55 kg 이상 60 kg 미만이다.
④ 가장 무거운 학생은 남학생이다.
⑤ 대체적으로 남학생의 몸무게가 여학생의 몸무게보다 무겁다.

도수분포다각형의 넓이

개념북 183쪽

38 ●○○

오른쪽 그림은 서린이네 동네에서 쓰레기를 분류 배출하는 날 30가구에서 내놓은 폐지의 무게를 조사하여 나타낸 도수분포다각형이다. 6개의 삼각형 A, B, C, D, E, F 중에서 넓이가 같은 것끼리 짝지은 것은?

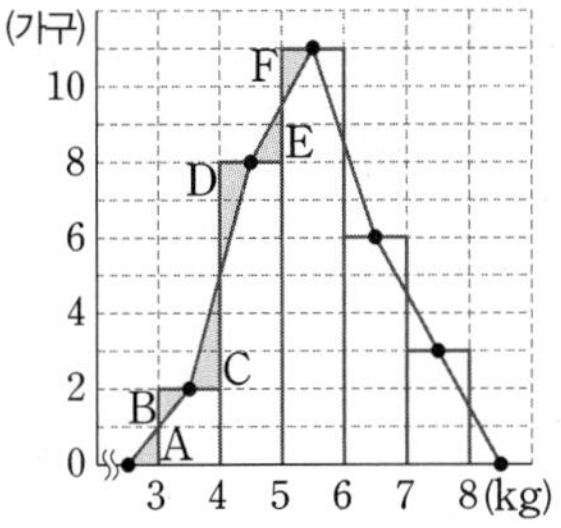

① A와 C　② B와 C　③ B와 E
④ C와 D　⑤ D와 F

39 ●●○

오른쪽 그림은 어느 학급 학생들의 몸무게를 조사하여 나타낸 히스토그램과 도수분포다각형이다. 히스토그램의 직사각형의 넓이의 합을 A, 도수분포다각형과 가로축으로 둘러싸인 부분의 넓이를 B라 할 때, 다음 중 옳은 것은?

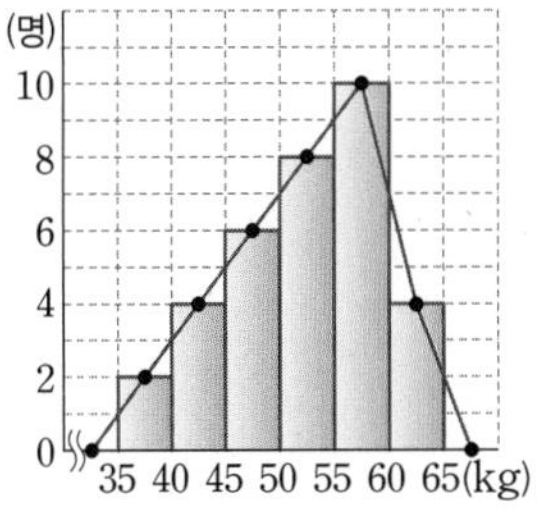

① $A<B$　② $A>B$　③ $A=B$
④ $A\geq B$　⑤ $A\leq B$

40 ●●○

오른쪽 그림은 다예네 반 학생들의 한 달 동안 패스트푸드점 방문 횟수를 조사하여 나타낸 도수분포다각형이다. 도수분포다각형과 가로축으로 둘러싸인 부분의 넓이를 구하시오.

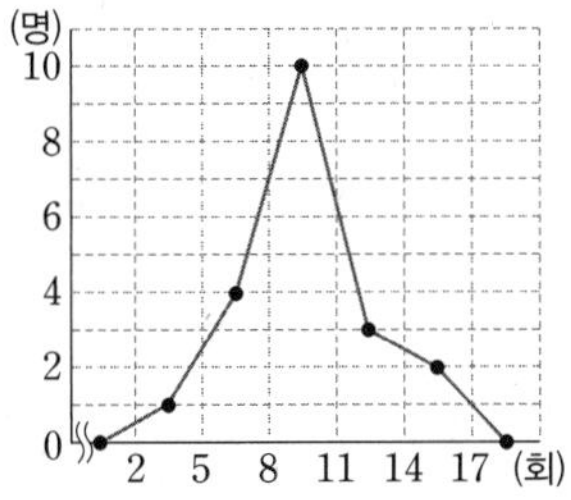

찢어진 도수분포다각형

개념북 184쪽

41 ●○○

오른쪽 그림은 은지네 학교 야구팀 선수 45명의 홈런의 개수를 조사하여 나타낸 도수분포다각형인데 일부가 훼손되어 보이지 않는다. 홈런의 개수가 25개 이상 30개 미만인 선수의 수를 구하시오.

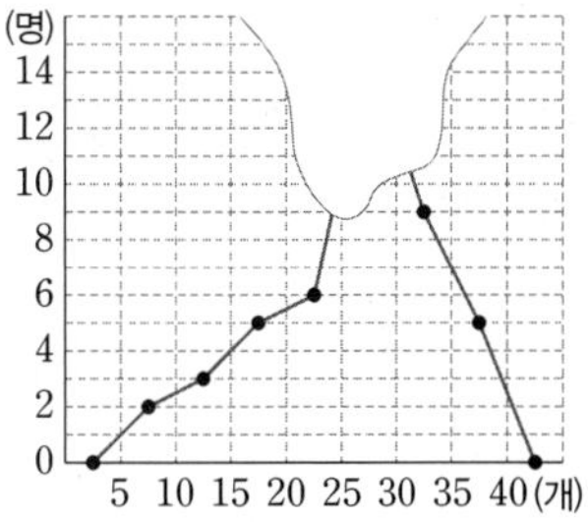

42 ●●○

오른쪽 그림은 세리네 반 여학생 35명의 오래 매달리기 기록을 조사하여 나타낸 도수분포다각형인데 일부가 찢어져 보이지 않는다. 다음 중 옳은 것을 모두 고르면? (정답 2개)

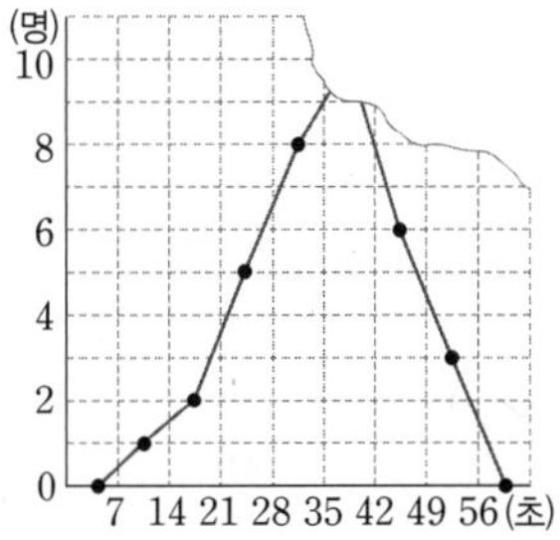

① 계급의 개수는 7이다.
② 기록이 35초인 학생이 속한 계급의 도수는 11명이다.
③ 도수가 가장 큰 계급은 39초이다.
④ 기록이 14초 이상 28초 미만인 학생은 전체의 20 %이다.
⑤ 기록이 42초 이상인 학생은 6명이다.

43 ●●●

오른쪽 그림은 호연이네 반 학생 25명의 일주일 동안 달리기를 한 거리를 조사하여 나타낸 도수분포다각형인데 일부가 찢어져 보이지 않는다. 달리기를 한 거리가 20 km 이상 25 km 미만인 학생 수가 25 km 이상 30 km 미만인 학생 수보다 5명이 많을 때, 달리기를 한 거리가 20 km 이상 25 km 미만인 학생 수를 구하시오.

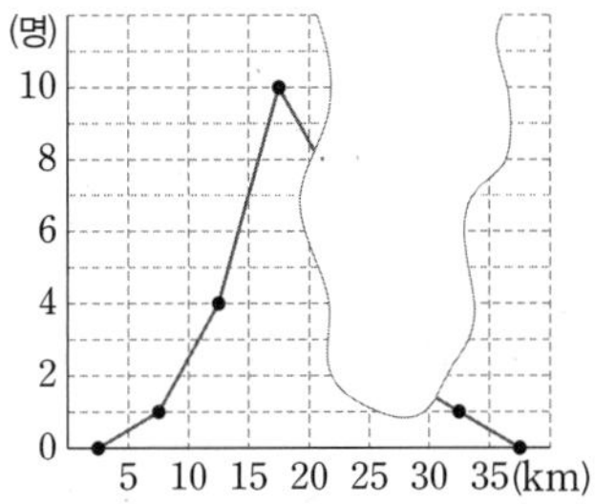

상대도수

개념북 186쪽

44 ●●○

A, B 두 학교의 학생 수가 오른쪽 표와 같을 때, A, B 두 학교 중 여학생의 비율이 더 높은 학교를 말하시오.

	A 학교	B 학교
남학생 수(명)	260	318
여학생 수(명)	240	282

[45~46] **아래 표는 준기네 학급의 남학생과 여학생의 수학 성적을 조사하여 나타낸 도수분포표이다. 다음 물음에 답하시오.**

수학 성적(점)	남학생 수(명)	여학생 수(명)
50 이상 ~ 60 미만	6	2
60 ~ 70	9	4
70 ~ 80	10	8
80 ~ 90	3	5
90 ~ 100	2	1
합계	30	20

45 ●●○

수학 성적이 80점 이상 90점 미만인 남학생과 여학생의 상대도수를 차례대로 구하시오.

46 ●●○

수학 성적이 70점 이상 80점 미만인 학생은 남학생과 여학생 중 어느 쪽의 비율이 더 높은지 말하시오.

상대도수, 도수, 도수의 총합

개념북 186쪽

47 ●○○

전체 학생 수가 60명이고 어떤 계급의 상대도수가 0.55일 때, 이 계급의 학생 수를 구하시오.

48 ●○○

소현이네 반 학생들의 몸무게를 조사하였더니 도수가 8명인 계급의 상대도수가 0.25였다. 소현이네 반 전체 학생 수를 구하시오.

49 ●●○

어느 상대도수의 분포표에서 도수가 5인 계급의 상대도수는 0.1이다. 상대도수가 0.4인 계급의 도수는?

① 10 ② 15 ③ 20
④ 25 ⑤ 30

50 ●●●

어느 상대도수의 분포표에서 도수가 9인 계급의 상대도수는 0.3이다. 도수가 12인 계급의 상대도수는 x이고, 도수가 y인 계급의 상대도수는 0.2일 때, $x+y$의 값은?

① 6.2 ② 6.4 ③ 6.6
④ 6.8 ⑤ 7.0

상대도수의 분포표의 이해

개념북 188쪽

[51~52] 아래 표는 어느 중학교 농구부 학생들의 앉은키를 조사하여 나타낸 상대도수의 분포표이다. 다음 물음에 답하시오.

앉은키 (cm)	학생 수 (명)	상대도수
75 이상 ~ 77 미만	2	0.04
77 ~ 79	4	0.08
79 ~ 81	A	0.28
81 ~ 83	16	C
83 ~ 85	12	0.24
85 ~ 87	2	0.04
합계	B	D

51 ●○○

A, B, C, D에 알맞은 수를 각각 구하시오.

52 ●●○

앉은키가 81 cm 이상인 학생은 전체의 몇 %인지 구하시오.

[53~54] 오른쪽 표는 희재네 반 학생 30명의 일주일 동안의 인터넷 강의 시청 시간을 조사하여 나타낸 상대도수의 분포표이다. 다음 물음에 답하시오.

강의 시청 시간 (시간)	상대도수
2 이상 ~ 3 미만	A
3 ~ 4	B
4 ~ 5	0.3
5 ~ 6	0.3
6 ~ 7	0.1
합계	C

53 ●●○

인터넷 강의 시청 시간이 4시간 이상 5시간 미만인 학생 수를 구하시오.

54 ●●○

인터넷 강의 시청 시간이 2시간 이상 3시간 미만인 학생이 3명일 때, A, B, C의 값을 각각 구하시오.

찢어진 상대도수의 분포표

개념북 188쪽

55 ●●○

다음은 어느 학급 학생의 수학 성적을 조사하여 나타낸 상대도수의 분포표인데 일부가 찢어져 보이지 않는다. 수학 성적이 65점 이상 75점 미만인 계급의 상대도수를 구하시오.

수학 성적 (점)	학생 수 (명)	상대도수
55 이상 ~ 65 미만	2	0.1
65 ~ 75	4	
75 ~ 85		

56 ●●○

다음은 수영이네 반 학생들의 영어 성적을 조사하여 나타낸 상대도수의 분포표인데 일부가 찢어져 보이지 않는다. 영어 성적이 60점 이상 80점 미만인 학생이 전체의 60 %일 때, 영어 성적이 70점 이상 80점 미만인 학생 수를 구하시오.

영어 성적 (점)	학생 수 (명)	상대도수
40 이상 ~ 50 미만	2	0.05
50 ~ 60	4	
60 ~ 70	10	
70 ~ 80		

57 ●●●

다음은 어느 중학교 학생들이 지난 일주일간 소셜 네트워크 서비스(SNS)에 올린 글의 수를 조사하여 나타낸 상대도수의 분포표인데 일부가 찢어져 보이지 않는다. SNS에 올린 글의 수가 30건 이상인 학생이 전체의 10 %일 때, SNS에 올린 글의 수가 10건 이상 30건 미만인 학생 수를 구하시오.

SNS에 올린 글의 수(건)	학생 수 (명)	상대도수
0 이상 ~ 10 미만	130	0.65
10 ~ 20		
20 ~ 30		

전체 도수가 다른 두 집단의 상대도수

개념북 189쪽

[58~59] 아래 표는 어느 중학교 1학년 학생 200명과 3학년 학생 300명의 키를 조사하여 나타낸 상대도수의 분포표이다. 다음 물음에 답하시오.

키 (cm)	상대도수	
	1학년	3학년
130 이상 ~ 140 미만	0.04	0
140 ~ 150	0.15	0.12
150 ~ 160	0.33	A
160 ~ 170	0.42	0.42
170 ~ 180	0.06	B
180 ~ 190	0	0.04
합계	1	1

58 ●●○

키가 140 cm 이상 150 cm 미만인 계급의 학생 수는 1학년과 3학년 중 어느 학년이 몇 명 더 많은지 구하시오.

59 ●●○

키가 150 cm 이상 160 cm 미만인 계급의 학생 수는 두 학년이 같다. 이때 A, B의 값을 각각 구하시오.

60 ●●○

오른쪽 표는 어느 중학교의 남학생과 여학생의 수학 성적을 조사하여 나타낸 도수분포표이다. 다음 중 옳지 않은 것은?

수학 성적 (점)	학생 수 (명)	
	남학생	여학생
60 이상 ~ 70 미만	4	4
70 ~ 80	11	7
80 ~ 90	16	27
90 ~ 100	9	22
합계	40	60

① 수학 성적이 90점 이상인 학생은 전체의 31 %이다.
② 수학 성적이 70점 미만인 학생의 비율은 남학생이 더 높다.
③ 대체로 여학생의 수학 성적이 남학생의 수학 성적보다 높다.
④ 수학 성적이 80점 이상 90점 미만인 학생의 비율은 남학생이 더 높다.
⑤ 수학 성적이 70점 이상 80점 미만인 계급의 상대도수는 남학생이 여학생보다 더 높다.

61 ●●○

학생 수의 비가 3 : 4인 A 학교와 B 학교의 학생들의 윗몸일으키기 횟수를 조사하였다. 어떤 계급의 학생 수의 비가 6 : 5일 때, 이 계급의 상대도수의 비를 가장 간단한 자연수의 비로 나타내시오.

62 ●●●

A, B 두 학교의 전체 학생 수는 각각 300명, 500명이다. 각 학교의 중간고사 체육 성적이 90점 이상인 계급의 상대도수가 각각 0.16, 0.18일 때, A 학교와 B 학교 전체에서 체육 성적이 90점 이상인 계급의 상대도수는?

① 0.17 ② 0.1725 ③ 0.175
④ 0.1775 ⑤ 0.18

상대도수의 분포를 나타낸 그래프의 이해

개념북 191쪽

[63~64] 오른쪽 그림은 정민이네 반 학생 40명의 하루 텔레비전 시청 시간에 대한 상대도수의 분포를 나타낸 그래프이다. 다음 물음에 답하시오.

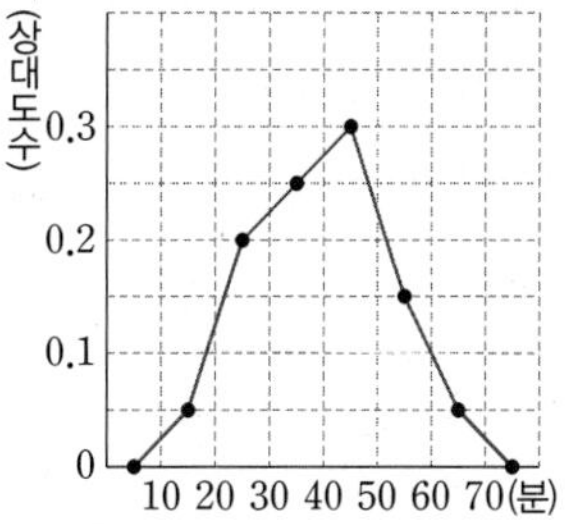

63 ●○○

하루 텔레비전 시청 시간이 40분 이상 50분 미만인 계급의 도수를 구하시오.

64 ●○○

하루 텔레비전 시청 시간이 30분 이상 40분 미만인 학생은 몇 명인지 구하시오.

[65~66] 오른쪽 그림은 도빈이네 중학교 합창단 학생들의 몸무게에 대한 상대도수의 분포를 나타낸 그래프이다. 다음 물음에 답하시오.

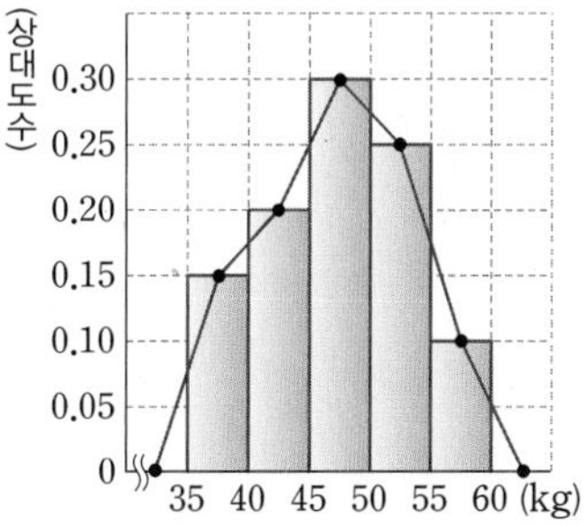

65 ●●○

몸무게가 50 kg 이상인 학생은 전체의 몇 %인지 구하시오.

66 ●●○

몸무게가 40 kg 이상 45 kg 미만인 학생이 4명일 때, 전체 학생 수를 구하시오.

67 ●●○

오른쪽 그림은 어느 지역에서 일별로 측정한 봄철 기온에 대한 상대도수의 분포를 나타낸 그래프이다. 상대도수가 가장 큰 계급의 도수가 15일일 때, 기온이 22 ℃ 이상 24 ℃ 미만인 계급의 도수를 구하시오.

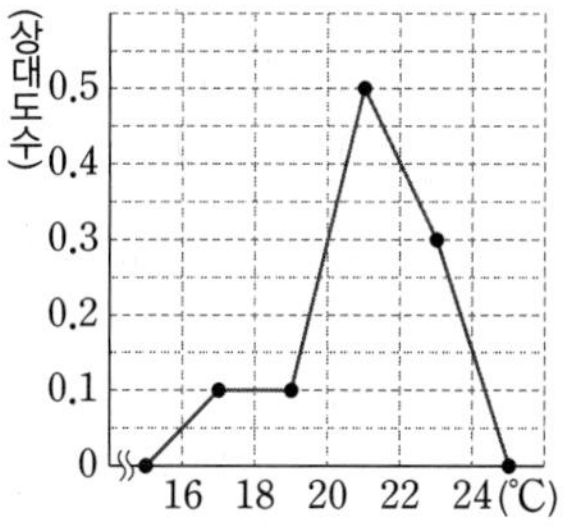

68 ●●○

오른쪽 그림은 어느 반 학생 50명의 수학 성적에 대한 상대도수의 분포를 나타낸 그래프인데 일부분이 훼손되어 보이지 않는다. 수학 성적이 80점 이상 90점 미만인 학생 수는?

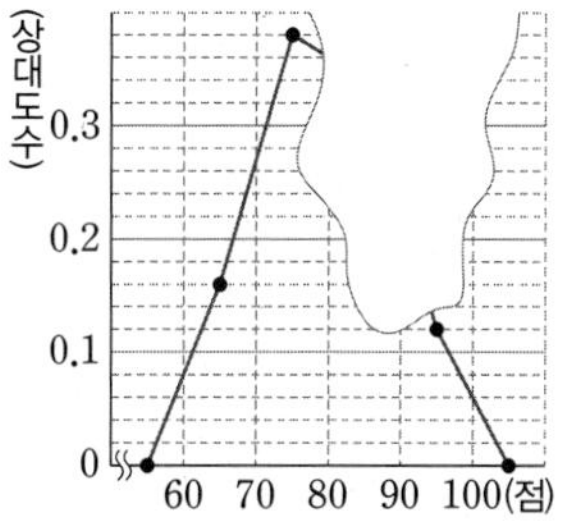

① 15명　② 17명　③ 19명　④ 21명　⑤ 23명

전체 도수가 다른 두 집단의 비교

개념북 191쪽

69 ●●○

오른쪽 그림은 A 중학교 학생과 B 중학교 학생의 1500 m 달리기 기록에 대한 상대도수의 분포를 나타낸 그래프이다. 다음 중 옳지 <u>않은</u> 것은?

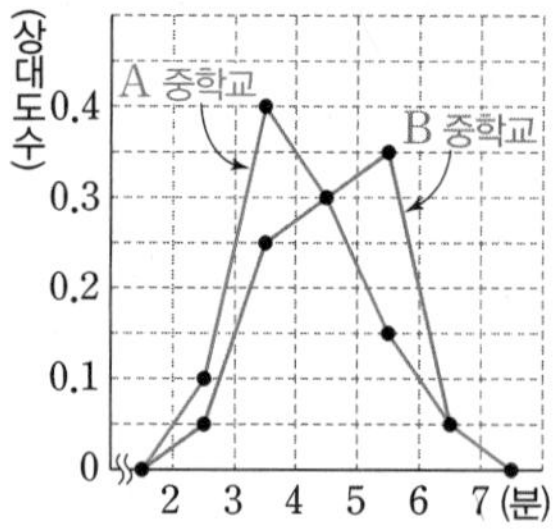

① A 중학교의 한 학생의 기록이 3분이라면 이 학생은 비교적 잘 달린 것이라 할 수 있다.

② A 중학교의 전체 학생 수가 100명이라면 4분 이상 5분 미만인 계급에 속하는 학생은 30명이다.

③ B 중학교에서 도수가 가장 큰 계급은 5분 이상 6분 미만이다.

④ A 중학교 학생의 기록이 B 중학교 학생의 기록보다 대체로 좋은 편이다.

⑤ B 중학교 학생 중 3분 미만의 기록을 가진 학생은 전체의 10 %이다.

70 ●●○

아래 그림은 어느 중학교 1학년 1반과 2반 학생들의 등교 시각에 대한 상대도수의 분포를 나타낸 그래프이다. 등교 시각이 7시 30분 미만인 학생은 반에서 전체의 몇 %인지 각각 구하고, 어느 반 학생들이 대체로 일찍 등교하는지 말하시오.

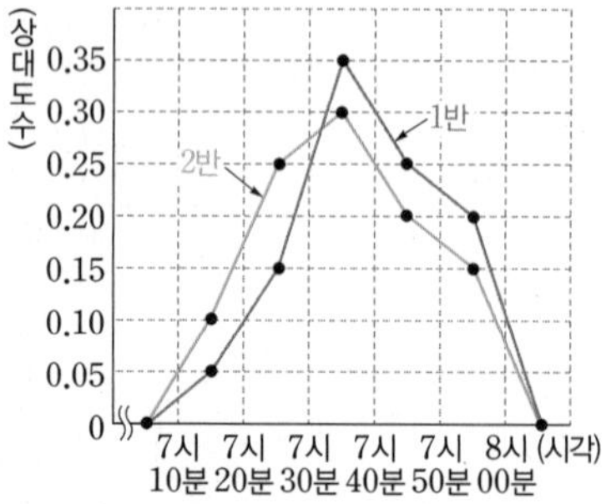

71 ●●○

오른쪽 그림은 A, B 두 지역 학생들의 수학 성적에 대한 상대도수의 분포를 나타낸 그래프이다. A, B 두 지역 중 어느 지역의 수학 성적의 평균이 더 높은지 판단하고 그 이유를 말하시오.

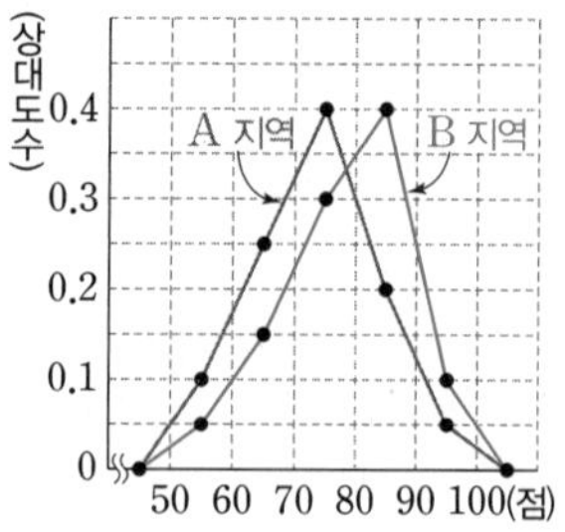

[72~74] 오른쪽 그림은 어느 중학교 1학년 남학생과 여학생의 100 m 달리기 기록에 대한 상대도수의 분포를 나타낸 그래프이다. 다음 물음에 답하시오.

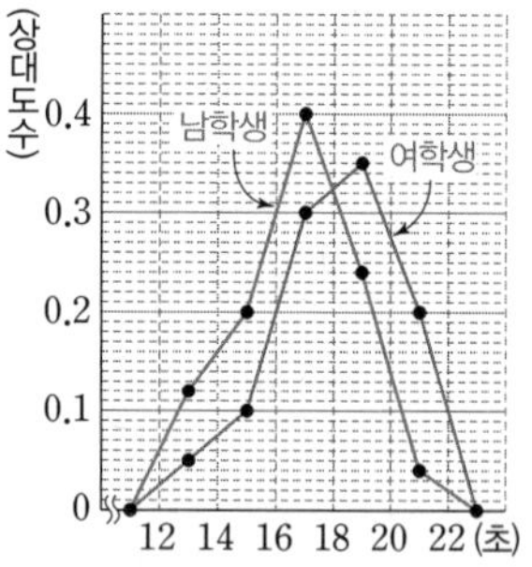

72 ●●○

여학생 중에서 도수가 가장 큰 계급을 구하시오.

73 ●●○

남학생 중에서 기록이 12초 이상 14초 미만인 학생 수가 12명일 때, 전체 남학생 수를 구하시오.

74 ●●○

남학생과 여학생 중 어느 쪽의 기록이 대체로 더 좋은지 말하시오.

개념완성익힘

1

오른쪽 그림은 성오네 모둠 학생들의 체육 시간에 실시한 훌라후프 횟수를 조사하여 나타낸 줄기와 잎 그림이다. 훌라후프 횟수가 25회 미만인 학생은 전체의 몇 %인가?

훌라후프 횟수

(0|3은 3회)

줄기	잎
0	0 3 5
1	4 6
2	4 7 8
3	5 5 8 9

① 45 %　② 50 %　③ 55 %　④ 60 %　⑤ 65 %

2

오른쪽 표는 지수네 반 학생들의 몸무게를 조사하여 나타낸 도수분포표이다. 다음 설명 중 옳은 것은?

몸무게(kg)	학생 수(명)
35 이상 ~ 40 미만	3
40 ~ 45	A
45 ~ 50	9
50 ~ 55	4
55 ~ 60	3
60 ~ 65	1
합계	32

① 계급의 개수는 5이다.
② 계급의 크기는 6 kg이다.
③ A의 값은 10이다.
④ 몸무게가 가장 많이 나가는 학생은 64 kg이다.
⑤ 몸무게가 50 kg 이상인 학생은 전체의 25 %이다.

[3~4] 오른쪽 그림은 동은이네 반 학생들의 100 m 달리기 기록을 조사하여 나타낸 히스토그램이다. 다음 물음에 답하시오.

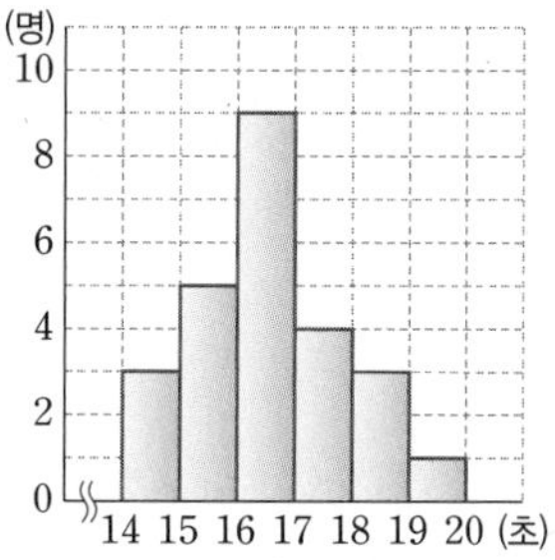

3

기록이 좋은 쪽에서 여섯 번째인 학생이 속하는 계급의 도수는?

① 1명　② 3명　③ 4명　④ 5명　⑤ 9명

4

도수가 가장 큰 계급의 직사각형의 넓이와 기록이 18초 이상 19초 미만인 계급의 직사각형의 넓이의 합을 구하시오.

5

오른쪽 그림은 상민이네 반 남학생의 수학 수행평가 점수를 조사하여 나타낸 히스토그램과 도수분포다각형이다. 도수분포다각형과 가로축으로 둘러싸인 부분의 넓이는?

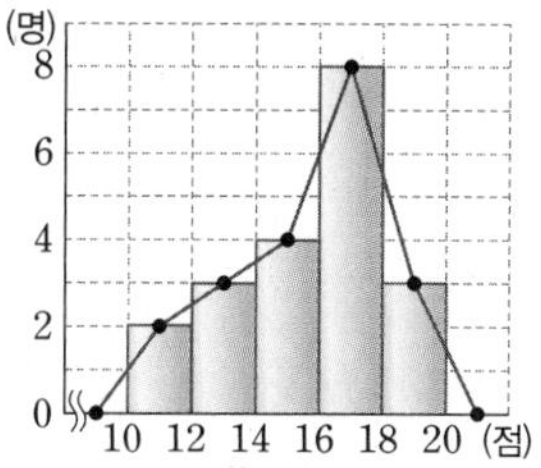

① 38　② 39　③ 40　④ 41　⑤ 42

6

다음 표는 지연이네 반 전체 학생들의 점심 식사 시간을 조사하여 나타낸 상대도수의 분포표이다. A, B, C, D, E의 값으로 옳지 않은 것은?

식사 시간(분)	학생 수(명)	상대도수
10 이상 ~ 15 미만	A	0.25
15 ~ 20	6	B
20 ~ 25	C	0.35
25 ~ 30	8	0.2
30 ~ 35	2	D
합계		E

① $A=10$　② $B=0.15$　③ $C=14$　④ $D=0.05$　⑤ $E=0.99$

7 실력UP

오른쪽 그림은 IMO(국제수학올림피아드)의 성적에 대한 상대도수의 분포를 나타낸 그래프인데 일부가 찢어져 보이지 않는다. 성적이 50점 미만인 학생 수가 340명일 때, 100등 이내에 들려면 최소 몇 점 이상이어야 하는가?

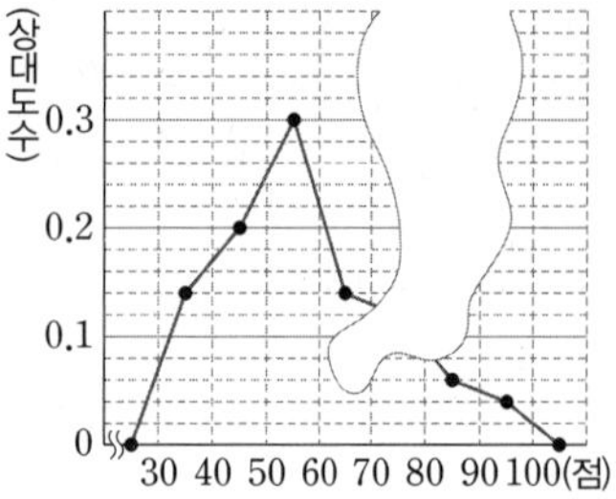

① 50점　② 60점　③ 70점
④ 80점　⑤ 90점

8

오른쪽 그림은 재혁이네 반 학생 30명과 준렬이네 반 학생 40명의 하루 평균 인터넷 이용 시간에 대한 상대도수의 분포를 나타낸 그래프이다. 다음 설명 중 옳지 않은 것은?

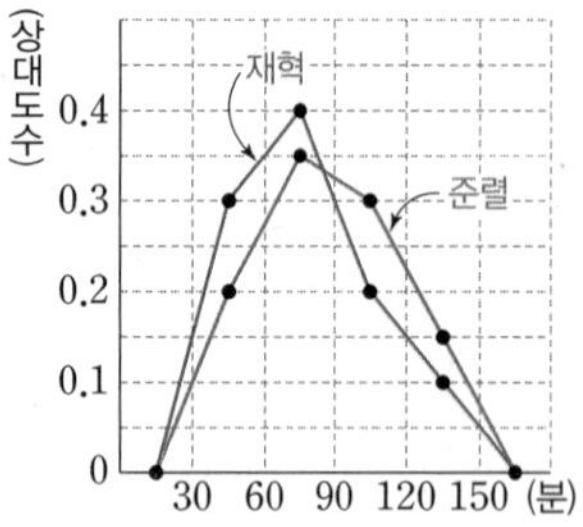

① 계급의 크기는 두 반 모두 30분이다.
② 인터넷 이용 시간이 2시간 이상인 학생의 비율은 준렬이네 반이 더 높다.
③ 인터넷 이용 시간이 90분 이상 120분 미만인 학생은 재혁이네 반은 전체의 20 %, 준렬이네 반은 전체의 30 %이다.
④ 각각의 상대도수의 그래프와 가로축으로 둘러싸인 부분의 넓이는 서로 다르다.
⑤ 재혁이네 반의 인터넷 이용 시간이 30분 이상 60분 미만인 학생 수는 9명이다.

서술형

9

오른쪽 표는 박람회에 참여한 사람들의 나이를 조사하여 만든 도수분포표이다. 25세 미만인 사람이 30세 이상인 사람보다 32명 더 많이 참석했을 때, 25세 이상 35세 미만인 사람은 전체의 몇 %인지 구하기 위한 풀이 과정을 쓰고 답을 구하시오.

나이(세)	사람 수(명)
15 이상 ~ 20 미만	18
20 ~ 25	36
25 ~ 30	24
30 ~ 35	
35 ~ 40	9
합계	

10

오른쪽 그림은 어느 해 우리나라에서 발생한 지진의 규모에 대한 상대도수의 분포를 나타낸 그래프이다. 도수가 가장 큰 계급의 도수가 12회일 때, 규모가 3.5 M 이상 3.8 M 미만인 지진이 일어난 횟수를 구하기 위한 풀이 과정을 쓰고 답을 구하시오.

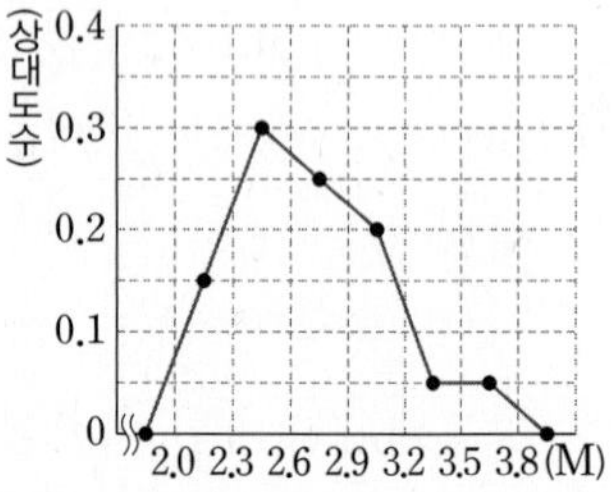

대단원 마무리

1 다음 6개의 변량을 크기순으로 나열한 것이다. 이 변량들의 중앙값이 10일 때, 상수 x의 값은?

5　6　x　12　13　16

① 7　② 8　③ 9
④ 10　⑤ 11

2 다음 자료에 대하여 a, b는 자연수이고 $a<b<5$일 때, 중앙값과 최빈값을 각각 구하여라.

2　a　6　8　b　4　6　3　6

3 다음 자료의 평균과 최빈값이 모두 1일 때, xy의 값은? (단, $x<y$이고, x, y는 정수이다.)

1　-4　x　3　6　y　-7

① -3　② -1　③ 1
④ 5　⑤ 7

4 다음 그림은 슬기네 반 남학생과 여학생의 멀리뛰기 기록을 조사하여 나타낸 줄기와 잎 그림이다. 남학생 중에서 기록이 다섯 번째로 좋은 학생과 여학생 중에서 기록이 네 번째로 안 좋은 학생의 기록의 차를 구하시오.

멀리뛰기 기록

(12|2는 122 cm)

잎(남학생)	줄기	잎(여학생)
9 8 5	12	2 3 7
9 8 7 6 0	13	0 2 2
5 3 2 1	14	0 4 4 5
8 2	15	0 1 7
4	16	1

5 다음 줄기와 잎 그림은 지진이 자주 발생하는 어느 지역에서 1년 동안 발생한 지진의 강도를 조사하여 나타낸 것이다. 지진의 강도의 중앙값을 a규모, 최빈값을 b규모라 할 때, $a+b$의 값을 구하시오.

지진의 강도 (2|3은 2.3규모)

줄기	잎
2	3 3 3 3 6 6 7 8
3	2 4 4 4 5 6
4	0 3 5 5

6 다음 표는 인원 수가 같은 A, B 두 모둠 학생들의 턱걸이 횟수를 조사하여 나타낸 표이다. A 모둠의 최빈값을 a회, B 모둠의 최빈값을 b회라 할 때, $a+b$의 값을 구하시오.

턱걸이 횟수(회)	A 모둠(명)	B 모둠(명)
0	2	5
1	4	0
2	x	6
3	5	4
4	3	3
합계		18

7 오른쪽 표는 미현이네 반 학생 25명의 수학 서술형 점수를 조사하여 나타낸 도수분포표이다. 다음 중 옳지 않은 것은?

점수(점)	학생 수(명)
0 이상 ~ 4 미만	5
4 ~ 8	4
8 ~ 12	9
12 ~ 16	A
16 ~ 20	3
합계	25

① A의 값은 4이다.
② 계급의 크기는 4점, 계급의 개수는 5개이다.
③ 도수가 가장 큰 계급은 8점 이상 12점 미만이다.
④ 점수가 12점 이상인 학생은 전체의 28 %이다.
⑤ 점수가 8번째로 높은 학생이 속하는 계급의 도수는 4명이다.

서술형

8 오른쪽 그림은 용준이네 반 학생들의 영어 성적을 조사하여 나타낸 히스토그램이다. 영어 성적이 80점 이상인 학생은 전체의 몇 %인지 구하기 위한 풀이 과정을 쓰고 답을 구하시오.

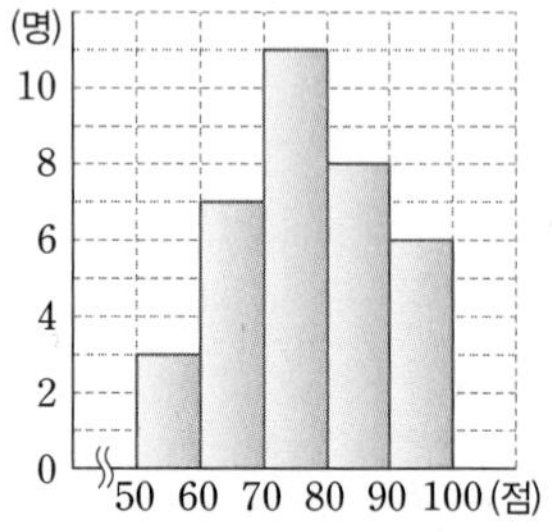

9 오른쪽 그림은 승리네 반 남학생과 여학생의 100 m 달리기 기록을 조사하여 나타낸 도수분포다각형이다. 다음 중 옳지 않은 것을 모두 고르면? (정답 2개)

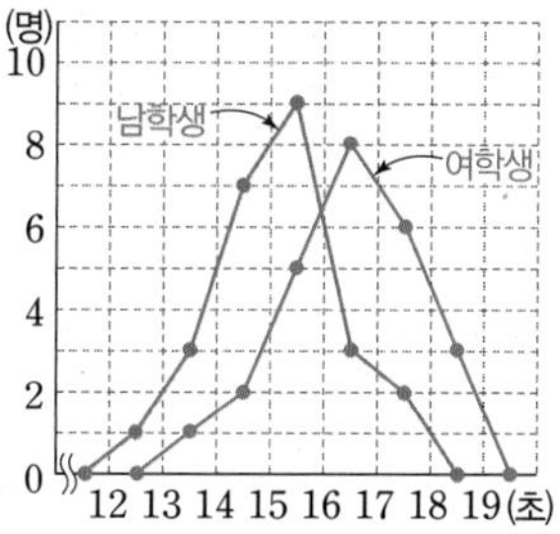

① 남학생이 여학생보다 많다.

② 각각의 도수분포다각형과 가로축으로 둘러싸인 부분의 넓이는 서로 같다.

③ 여학생의 기록이 대체로 남학생의 기록보다 좋은 편이다.

④ 남학생 중에서 도수가 가장 큰 계급은 15초 이상 16초 미만이다.

⑤ 여학생 중 기록이 좋은 쪽에서 6번째인 학생이 속하는 계급은 15초 이상 16초 미만이다.

[10~11] 오른쪽 표는 중학교 1학년 학생들을 대상으로 어떤 시 한 편의 암기 소요 시간을 조사하여 나타낸 상대도수의 분포표이다. 다음 물음에 답하시오.

소요 시간(분)	상대도수
10 이상 ~ 20 미만	0.1
20 ~ 30	0.3
30 ~ 40	
40 ~ 50	0.15
50 ~ 60	0.05
합계	

10 소요 시간이 30분 이상 40분 미만인 계급의 상대도수는?

① 0.3 ② 0.35 ③ 0.4
④ 0.45 ⑤ 0.5

11 소요 시간이 50분 이상 60분 미만인 계급의 도수가 1명일 때, 소요 시간이 40분 미만인 학생 수를 구하시오.

빠른 정답 찾기

개념북

Ⅰ 도형의 기초

1 기본 도형

1 점, 선, 면 개념북 10쪽

1 (1) 6 (2) 8 (3) 12

2 (1) 8 (2) 12 (3) 18

개념북 11쪽

1 2 1-1 10

2 ㄴ, ㄹ 2-1 ㄱ, ㄴ, ㄷ

2 직선, 반직선, 선분 개념북 12쪽

1 (1) $\overleftrightarrow{PQ}$ (2) $\overrightarrow{PQ}$ (3) $\overrightarrow{QP}$ (4) $\overline{PQ}$

2 (1) $=$ (2) $\neq$

3 ②

개념북 13쪽

1 ③, ④ 1-1 ③, ④

2 ②, ③ 2-1 ㄴ, ㄷ

3 12 3-1 ③

4 $a=1$, $b=6$, $c=6$ 4-1 ③

3 두 점 사이의 거리 개념북 16쪽

1 (1) 8 cm (2) 7 cm

2 8 cm

3 $\overline{NB}=5$ cm, $\overline{AB}=15$ cm

개념북 16쪽

1 ㄱ, ㄴ, ㄷ 1-1 ⑤

2 15 cm 2-1 9 cm 2-2 9 cm

4 각 개념북 17쪽

1 (1) ㄱ, ㅁ (2) ㄴ (3) ㄷ, ㅂ (4) ㄹ

2 (1) 155° (2) 25° (3) 115°

개념북 18쪽

1 ㄱ, ㄴ, ㅂ 1-1 ④

2 35° 2-1 70° 2-2 ④

3 90° 3-1 60°

4 40° 4-1 60° 4-2 80°

5 맞꼭지각 개념북 20쪽

1 (1) ∠BOD (2) ∠DOE (3) ∠AOF

2 (1) $\angle a=45°$, $\angle b=45°$

(2) $\angle a=45°$, $\angle b=35°$

3 (1) 29° (2) 20°

개념북 21쪽

1 $\angle x=65°$, $\angle y=25°$

1-1 70° 1-2 $\angle x=25°$, $\angle y=65°$

2 6쌍 2-1 ③

6 수직과 수선 개념북 22쪽

1 (1) 90° (2) 10 cm

2 (1) $\overline{BC}$ (2) 점 D (3) 4 cm

개념북 23쪽

1 ④ 1-1 ⑤

2 70° 2-1 60°

7 평면에서 점과 직선, 두 직선의 위치 관계 개념북 24쪽

1 (1) 점 A, 점 B, 점 C (2) 점 P, 점 Q

2 (1) 한 점에서 만난다. (2) 점 C (3) $\overleftrightarrow{BC}$

(4) $\overleftrightarrow{AD}$, $\overleftrightarrow{BC}$, $\overleftrightarrow{CD}$

개념북 25쪽

1 (1) 점 A, 점 B (2) 점 B, 점 D (3) 점 B

1-1 ③

2 5 2-1 (1) 변 AB, 변 DC (2) 변 DC

8 공간에서 두 직선의 위치 관계 개념북 26쪽

1 (1) 모서리 AD, 모서리 AE, 모서리 BC, 모서리 BF

(2) 모서리 DC, 모서리 EF, 모서리 HG

(3) 모서리 CG, 모서리 DH, 모서리 EH, 모서리 FG

2 (1) 모서리 BE, 모서리 DE, 모서리 EF

(2) 모서리 BC, 모서리 EF

개념북 27쪽

1 모서리 AD, 모서리 EH 1-1 ④, ⑤

2 11 2-1 9

3 ⑤ 3-1 5

4 ③, ⑤ 4-1 ④, ⑤

9 공간에서 직선과 평면의 위치 관계 개념북 29쪽

1 (1) 면 ABCD, 면 BFGC

(2) 면 ABCD, 면 EFGH

(3) 면 AEHD, 면 CGHD

(4) 면 ABFE, 면 CGHD

2 (1) 면 ABC

(2) 면 ADEB, 면 BEFC, 면 ADFC

(3) $\overline{EF}$

개념북 30쪽

1 ③, ④ 1-1 10

2 ㄴ, ㄷ 2-1 ㄹ

10 동위각과 엇각 개념북 31쪽

1 (1) $\angle d=80°$ (2) $\angle b=120°$

(3) $\angle e=100°$ (4) $\angle d=80°$

2 (1) $\angle g=70°$, $\angle j=50°$

(2) $\angle f=110°$, $\angle i=130°$

개념북 32쪽

1 200° 1-1 ⑤

2 220° 2-1 ②

11 평행선의 성질 개념북 33쪽

1 (1) $\angle x=55°$, $\angle y=60°$

(2) $\angle x=60°$, $\angle y=75°$

2 (1) 직선 n, 직선 k (2) 직선 k

개념북 34쪽

1 55° 1-1 128°

2 20° 2-1 85°

3 ④ 3-1 ②

4 60° 4-1 85° 4-2 ④

5 30° 5-1 (1) 111° (2) 65°

5-2 ② 5-3 ①

6 68° 6-1 26° 6-2 20°

개념완성 기본 문제 개념북 40~41쪽

1 2 2 ③, ④ 3 6 cm 4 ③

5 ⑤ 6 ③, ⑤ 7 11 8 ⑤

9 ④ 10 210° 11 ① 12 75°

개념완성 발전 문제 개념북 42~43쪽

1 10 2 ②, ⑤ 3 ③, ⑤ 4 230°

5 180°

6 ① 모서리 AB, 모서리 DC, 모서리 HG / 3

② 면 AEHD, 면 BFGC / 2

③ 5

7 ① $\overline{AP}=\frac{2}{5}\overline{AB}$, $\overline{AQ}=\frac{2}{3}\overline{AB}$

② $\overline{PQ}=\frac{4}{15}\overline{AB}$

③ 30 cm

2 작도와 합동

1 작도 개념북 46쪽

1 컴퍼스

2 (1) ㉠, ㉣, ㉢ (2) $\overline{OQ}$, $\overline{O'P'}$

개념북 47쪽

1 ㉡ → ㉢ → ㉠ 1-1 ㉣ → ㉢ → ㉠ → ㉡

2 ② 2-1 ④

2 삼각형의 작도 개념북 48쪽

1 (1) ∠B (2) $\overline{AB}$ (3) ∠C (4) $\overline{AC}$

2 (1) × (2) ○ (3) × (4) ○

개념북 49쪽

1 6 cm, ∠C 1-1 ⑤

2 ③ 2-1 3개

3 7 3-1 ①

4 ㉡ → ㉢ → ㉣ → (㉠ ↔ ㉤) → ㉥

4-1 ①, ⑤

3 삼각형이 하나로 정해질 조건 개념북 51쪽

1 (1) × (2) ○ (3) × (4) ×

2 ①, ⑤

개념북 52쪽

1 ①, ④ 1-1 ②, ④

2 ②, ⑤ 2-1 ㄴ, ㄹ

4 도형의 합동 개념북 53쪽

1 (1) $\overline{EF}$ (2) ∠A (3) 점 F

2 (1) 80° (2) 10 cm (3) 75°

개념북 54쪽

1 ④ 1-1 ㄴ, ㅁ

2 ③ 2-1 ②

5 삼각형의 합동 조건 개념북 55쪽

1 △ABC≡△NOM, SSS 합동

△DEF≡△QPR, ASA 합동

△GHI≡△KLJ, SAS 합동

2 (1) ○ (2) ○ (3) × (4) ○

Ⅳ 통계

1 대표값

개념적용익힘 익힘북 82~84쪽

1 91점 **2** ① **3** ④ **4** 16
5 ② **6** 6 **7** 82점 **8** 35
9 14 **10** 8 **11** $a=8$, $b=12$
12 90점 **13** (1) 8 (2) 3.5 (3) 없다.
14 ② **15** 54 **16** ③
17 중앙값: 31명, 최빈값: 32명 **18** ①

개념완성익힘 익힘북 85~86쪽

1 ③ **2** 13회 **3** 82점 **4** ⑤
5 ③ **6** 14회 **7** ②, ⑤ **8** 26
9 17 **10** 11.5

2 도수분포표와 상대도수

개념적용익힘 익힘북 87~98쪽

1 3, 4 / 2, 5, 5, 8 / 2 **2** 5명
3 40 % **4** 81점, 80점
5 경미네 반 **6** 풀이 참조
7 ② **8** ②, ④
9 ㉠ 계급 ㉡ 계급의 크기 ㉢ 도수
10 풀이 참조 **11** $x=5$, $y=6$
12 ③ **13** 13명 **14** ④ **15** 42.5 %
16 30 % **17** ④ **18** 40점 이상 50점 미만
19 17명 **20** 36 % **21** ⑤ **22** ③
23 $\frac{14}{3}$배 **24** 70 **25** ⑤ **26** 28명
27 30 % **28** 10명 **29** 16명 **30** 40
31 12 **32** 40명 **33** 35 %
34 $A=12$, $B=15$, $C=60$
35 4만 원 이상 5만 원 미만 **36** ⑤
37 ④ **38** ④ **39** ③ **40** 60
41 15명 **42** ①, ④ **43** 7명 **44** A 학교
45 0.1, 0.25 **46** 여학생 **47** 33명
48 32명 **49** ③ **50** ②
51 $A=14$, $B=50$, $C=0.32$, $D=1$
52 60 % **53** 9명
54 $A=0.1$, $B=0.2$, $C=1$
55 0.2 **56** 14명 **57** 50명
58 3학년, 6명 **59** $A=0.22$, $B=0.2$
60 ④ **61** 8 : 5 **62** ② **63** 12명
64 10명 **65** 35 % **66** 20명 **67** 9일
68 ② **69** ⑤
70 1반 : 20 %, 2반 : 35 %, 2반
71 풀이 참조 **72** 18초 이상 20초 미만
73 100명 **74** 남학생

개념완성익힘 익힘북 99~100쪽

1 ② **2** ⑤ **3** ④ **4** 12
5 ③ **6** ⑤ **7** ④ **8** ④
9 37 % **10** 2회

대단원 마무리 익힘북 101~103쪽

1 ② **2** 중앙값: 4, 최빈값 6 **3** ⑤
4 13 cm **5** 5.6 **6** 5 **7** ⑤
8 40 % **9** ①, ③ **10** ③ **11** 16명

개념북 56쪽

1 ④ 1-1 ㄱ, ㄹ, ㅂ
2 SSS 합동 2-1 SSS 합동
3 ㄱ, ㄷ, ㅁ
3-1 △ABE≡△BCF, SAS 합동
3-2 정삼각형
4 ASA 합동
4-1 ASA 합동 4-2 4 cm

개념 완성 기본 문제 개념북 59~60쪽

1 ③ 2 ④ 3 ⑤ 4 ①
5 ㉡→㉢→㉠ 6 ㄷ, ㅁ 7 ④
8 ③ 9 ② 10 SAS 합동
11 ② 12 ④

개념 완성 발전 문제 개념북 61~62쪽

1 ㉦, ㉡, ㉤, ㉥ 2 ④ 3 ③
4 ① 5 4 cm^2
6 ① 9, $(x+2)+7$, $x>0$
② $x+2$, $7+9$, $x<14$ ③ 13
7 ① △ABE≡△ADC ② $\overline{DC}$

Ⅱ 평면도형

1 다각형의 성질

1 다각형 개념북 66쪽

1 ①, ④
2 105°

개념북 67쪽

1 ①, ② 1-1 ③, ④
2 ③, ⑤ 2-1 ㄱ, ㄷ
3 (1) ∠CBF (2) 115°
3-1 (1) 130° (2) 100°
3-2 ③ 3-3 ①

2 다각형의 대각선 개념북 69쪽

1 (위부터 차례로) 3, 3, 3, 4, 3, 9, 7, 4, 14

개념북 70쪽

1 (1) 7 (2) 17 1-1 ⑤
2 ④ 2-1 ④ 2-2 23
3 65 3-1 9번
4 ④ 4-1 정십이각형

3 삼각형의 내각의 크기 개념북 72쪽

1 ∠ECD, 엇각, ∠ACE, 180°
2 30°

개념북 73쪽

1 65° 1-1 (1) 70° (2) 122°
2 ③ 2-1 55°
3 (1) 90° (2) 45° (3) 135° 3-1 50°
4 95° 4-1 ② 4-2 ①

4 삼각형의 외각의 크기 개념북 76쪽

1 (1) 75° (2) 77°

개념북 77쪽

1 (1) 50° (2) 15°
1-1 (1) 30° (2) 60° 1-2 85°
2 95° 2-1 (1) 145° (2) 70°
3 ③ 3-1 ⑤
4 15° 4-1 ③

5 다각형의 내각의 크기 개념북 80쪽

1 (1) 4 (2) 4, 180°, 4, 720° (3) 720°, 120°

개념북 81쪽

1 (1) 360° (2) 1080°
1-1 ④ 1-2 140°
2 (1) 135° (2) 144° (3) 150°
2-1 정구각형
3 36°
3-1 90° 3-2 ④ 3-3 107.5°

6 다각형의 외각의 크기 개념북 83쪽

1 (1) 180° (2) 6, 1080° (3) 180°, 6, 720°
(4) 1080°, 720°, 360° (5) 360°, 60°

개념북 84쪽

1 (1) 77° (2) 65° 1-1 137°
2 정십각형 2-1 ① 2-2 54

7 다각형의 내각과 외각의 활용 개념북 85쪽

1 310°

개념북 86쪽

1 75°
1-1 ② 1-2 ① 1-3 ④
2 (1) 360° (2) 540°
2-1 65° 2-2 195° 2-3 ③

개념 완성 기본 문제 개념북 90~91쪽

1 ②, ⑤ 2 풀이 참조
3 $\angle x=38°$, $\angle y=125°$ 4 ④
5 $\angle x=44°$, $\angle y=147°$ 6 ①
7 ② 8 10 9 ①, ③ 10 135°
11 ⑤ 12 360°

개념 완성 발전 문제 개념북 92~93쪽

1 ③ 2 103° 3 75° 4 835°
5 56°
6 ① 110°, 40° ② 30° ③ 30°, 80°
7 ① 15 ② 90

2 원과 부채꼴

1 원과 부채꼴 개념북 96쪽

1 (1) $\overline{BC}$ (2) $\widehat{AB}$ (3) $\overline{AB}$, $\overline{BC}$ (4) ∠AOC
2 (1) 중심, 지름 (2) 활꼴, 부채꼴

개념북 97쪽

1 A: 부채꼴, B: 반지름, C: 현, D: 호,
E: 활꼴
1-1 ②, ④
2 ④ 2-1 ②

2 원과 중심각 개념북 98쪽

1 (1) 15 (2) 105

개념북 99쪽

1 (1) = (2) = (3) ≠ 1-1 ②
2 (1) 35 (2) 40 2-1 ④
3 ②, ⑤ 3-1 ④
4 2 cm 4-1 ⑤

3 원의 둘레의 길이와 넓이 개념북 101쪽

1 (1) 4π cm, 4π cm^2
(2) 10π cm, 25π cm^2
2 16π cm, 64π cm^2

개념북 102쪽

1 ④ 1-1 18π cm
2 (1) 24π cm (2) 18π cm^2
2-1 24π cm, 48π cm^2

4 부채꼴의 호의 길이와 넓이 개념북 103쪽

1 (1) $\frac{5}{2}\pi$ cm, $\frac{45}{4}\pi$ cm^2
(2) 4π cm, 6π cm^2
2 20π cm^2

개념북 104쪽

1 9 1-1 90°
2 72° 2-1 60π cm^2
3 $(6\pi+6)$ cm, $\frac{9}{2}\pi$ cm^2
3-1 (1) $(24\pi+24)$ cm, 48π cm^2
(2) $(14\pi+28)$ cm, 98 cm^2
4 $(12\pi+36)$ cm 4-1 $(4\pi+52)$ cm^2

개념 완성 기본 문제 개념북 108~110쪽

1 ① 2 110° 3 ④ 4 ④
5 12 cm^2 6 ① 7 풀이 참조
8 ⑤ 9 ① 10 ② 11 $10\pi+6$
12 $(36\pi+72)$ cm 13 ① 14 ①
15 8π 16 ② 17 $(6\pi+36)$ cm
18 12π cm

개념 완성 발전 문제 개념북 111~112쪽

1 ② 2 ① 3 ③ 4 ②
5 6π cm
6 ① $\widehat{BC}$, $\widehat{CA}$, 5 : 2 : 1 ② 45° ③ 90°
④ 45°
7 ① 3π cm^2, 3π cm^2 ② $(36-6\pi)$ cm^2

Ⅲ 입체도형

1 다면체와 회전체

1 다면체 개념북 116쪽

1 (1) 육각기둥, 직사각형, 팔면체
(2) 오각뿔, 삼각형, 육면체
(3) 삼각뿔대, 사다리꼴, 오면체

개념북 117쪽

1 ㄱ: 육면체, ㄷ: 팔면체, ㅁ: 사면체,
ㅂ: 육면체
1-1 ㄴ, ㄷ, ㅁ
2 ②, ④ 2-1 ④

16 정팔각형 17 ② 18 ④
19 ④ 20 (1) 20 (2) 65 (3) 90
21 ① 22 ② 23 십칠각형
24 ③ 25 11 26 30°
27 $\angle x=50°$, $\angle y=40°$ 28 ④
29 100° 30 90° 31 40° 32 90°
33 80° 34 ④ 35 ③ 36 58°
37 ③ 38 ① 39 35° 40 ③
41 (1) 105° (2) 65° (3) 65° (4) 85°
42 (1) 40° (2) 25° 43 ④ 44 ④
45 (1) 135° (2) 120° (3) 113° (4) 150°
46 ③ 47 ③ 48 90° 49 40°
50 ① 51 40° 52 156° 53 0°
54 ④ 55 (1) 85° (2) 130°
56 (1) 60° (2) 102° 57 14
58 (1) 140° (2) 156°
59 (1) 정육각형 (2) 정팔각형 60 ②
61 ④ 62 ④ 63 35° 64 150°
65 36° 66 360° 67 90° 68 90°
69 ④ 70 정삼각형 71 30°
72 ③ 73 ③ 74 670° 75 360°
76 ② 77 ② 78 ④

개념완성익힘 익힘북 48~49쪽

1 ②, ④ 2 15 3 ② 4 ②
5 ④ 6 99° 7 ⑤ 8 ②
9 ⑤ 10 19° 11 58° 12 135

2 원과 부채꼴

개념적용익힘 익힘북 50~56쪽

1 (1) $\overline{OA}$, $\overline{OB}$, $\overline{OE}$ (2) $\overline{AB}$ (3) $\overset{\frown}{CD}$
(4) $\angle BOE$ (5) $\overline{AE}$
2 ① 3 ④ 4 ④, ⑤ 5 ④
6 ⑤ 7 (1) 80° (2) 45° 8 ③
9 ③ 10 (1) 3 (2) 90 11 $\frac{4}{3}$ cm²
12 144°, 20 cm² 13 ② 14 6배
15 1 : 2
16 (1) 50° (2) 80° (3) 50° (4) 16 cm
17 ② 18 100 cm 19 7 cm
20 (1) 22π cm (2) 121π cm²
21 (1) 4 cm (2) 12 cm
22 25π cm²
23 (1) 20π cm (2) 50π cm² 24 ⑤
25 16π cm, 32π cm² 26 ② 27 ④
28 ④ 29 4π cm 30 $\frac{55}{4}\pi$ cm²
31 $\frac{28}{3}\pi$ cm² 32 $10\pi+10$
33 (1) $(6\pi+12)$ cm, 18π cm²
(2) $(5\pi+20)$ cm, $(100-25\pi)$ cm²
(3) 12π cm, $(72\pi-144)$ cm²
(4) 9π cm, $(9\pi-18)$ cm²
34 ②
35 (1) 40π cm, $(200\pi-400)$ cm²
(2) $(8\pi+32)$ cm, $(192-32\pi)$ cm²
36 ④ 37 $\frac{16}{3}\pi$ cm
38 $(20\pi+80)$ cm
39 2 cm 40 $(4\pi+36)$ cm² 41 ⑤
42 $(216\pi+432)$ cm²
43 $\frac{113}{2}\pi$ m²

개념완성익힘 익힘북 57~58쪽

1 ⑤ 2 7 cm² 3 ② 4 100°
5 11 : 7 6 ④ 7 $\frac{25}{6}\pi$ 8 ④
9 ③ 10 $\frac{13}{4}\pi$ cm² 11 40
12 $14\pi+18$ 13 $(8\pi-16)$ cm²

대단원 마무리 익힘북 59쪽

1 ② 2 ④, ⑤ 3 ④ 4 60°
5 ③ 6 $(10\pi+20)$ cm, 50 cm²
7 $(4\pi+32)$ cm, $(4\pi+32)$ cm²

Ⅲ 입체도형

1 다면체와 회전체

개념적용익힘 익힘북 60~67쪽

1 ㄱ, ㄹ, ㅁ 2 ㄱ, ㄷ, ㄹ
3 ⑤ 4 ④
5 (1) 직사각형, 오면체 (2) 삼각형, 육면체
(3) 사다리꼴, 육면체
6 ④ 7 ④ 8 ㄱ, ㅁ, ㅂ
9 2 10 ③ 11 ④ 12 ②
13 삼각뿔대 14 오각기둥
15 25 16 ④ 17 ④
18 풀이 참조 19 정십이면체
20 정팔면체 21 정이십면체
22 3
23 (1) $\overline{DE}$ (2) 면 NKHC (3) 점 E, 점 M
24 (1) 정팔면체 (2) $\overline{EF}$ 25 5
26 ⑤ 27 ③ 28 ③
29 ㄷ, ㅁ, ㅅ, ㅈ 30 ①
31 ㄱ, ㅁ, ㅂ 32 ⑤ 33 ③
34 ③ 35 ④ 36 ①, ③, ④
37 ⑤ 38 ④ 39 ① 40 ③
41 16 cm² 42 160 cm²
43 ⑤ 44 ④, ⑤ 45 ④ 46 ①
47 ⑤ 48 ⑤ 49 ⑤ 50 ③
51 전개도는 풀이 참조, 36 cm²

개념완성익힘 익힘북 68~69쪽

1 ④, ⑤ 2 ②, ⑤ 3 정십이면체
4 정이십면체 5 정육면체 6 ③
7 ㄱ, ㄴ, ㄷ 8 60° 9 ②, ③
10 ② 11 ③ 12 5 13 구각형
14 (1) 14π cm (2) 28 cm² 15 8π cm²

2 입체도형의 겉넓이와 부피

개념적용익힘 익힘북 70~77쪽

1 (1) 52 cm² (2) 224 cm²
2 120 cm² 3 272 cm²
4 104 cm²
5 (1) 160 cm³ (2) 168 cm³
6 375 cm³ 7 ①
8 120 cm³ 9 6 cm
10 10 cm 11 7 cm 12 13 cm 13 4
14 6 cm
15 (1) 6π (2) 30π cm² (3) 48π cm²
16 216π cm², 432π cm³
17 450π cm³
18 15 cm 19 9 cm 20 16 cm
21 90π cm², 90π cm³
22 64 cm², 24 cm³
23 100π cm³ 24 126 cm²
25 24π cm³ 26 $(81\pi-162)$ cm³
27 ③ 28 48 cm³ 29 ④ 30 36 cm³
31 207 cm³ 32 160 cm³
33 5 34 108π cm²
35 (1) 120 (2) 135 36 ③ 37 10 cm
38 360π cm², 672π cm³
39 192π cm², 192π cm³
40 ② 41 1 : 8 42 $\frac{32}{3}\pi$ cm³
43 68π cm² 44 8π cm³
45 132π cm², 240π cm³
46 51π cm², 54π cm³
47 (1) $\frac{16}{3}\pi$, $\frac{32}{3}\pi$, 16π (2) 1 : 2 : 3
48 ③ 49 8 : 1 50 144π cm²
51 144π cm³ 52 ③
53 $\frac{106}{3}\pi$ cm³

개념완성익힘 익힘북 78~79쪽

1 ③ 2 112π cm² 3 ①
4 2 cm 5 $\frac{3}{2}$ 6 ③
7 48π cm² 8 54π cm²
9 84π cm³ 10 ③ 11 6
12 남은 물의 양은 같다. 13 48π cm²

대단원 마무리 익힘북 80~81쪽

1 ② 2 2명 3 ⑤ 4 ③
5 ② 6 24π cm² 7 ⑤
8 64π cm² 9 ③ 10 1 : 5
11 ① 12 ④

3 $v=10$, $e=15$, $f=7$
3-1 2　3-2 24
4 팔각뿔　4-1 칠각뿔대

2 정다면체 개념북 119쪽
1 풀이 참조
2 각 꼭짓점에 모인 면의 개수가 다르다.

개념북 120쪽
1 (1) ○ (2) ○ (3) ○ (4) × (5) ×
1-1 ④
2 정이십면체　2-1 정팔면체

3 정다면체의 전개도 개념북 121쪽
1 (1) 정육면체 (2) 3 (3) 점 M, 점 I (4) $\overline{ML}$

개념북 122쪽
1 (1) 정사면체, 3 (2) E, $\overline{AF}$　1-1 ⑤
2 $\overline{BF}$　2-1 5

4 회전체 개념북 124쪽
1 (1) 원기둥 (2) 원뿔 (3) 원뿔대 (4) 구

개념북 125쪽
1 ㄷ, ㄹ　1-1 4
2 ②　2-1 ⑤
3 (가) $\overline{AC}$ (나) $\overline{AB}$ (다) $\overline{BC}$　3-1 ①
4 원뿔대　4-1 ②, ③
5 42 cm^2　5-1 24 cm^2
6 ④　6-1 ①, ③

5 회전체의 전개도 개념북 128쪽
1 4π

개념북 129쪽
1 원뿔, $a=5$, $b=3$　1-1 원뿔대, $\widehat{BC}$
2 ④　2-1 20 cm^2, 4π cm^2

개념완성 기본 문제 개념북 134~135쪽
1 ⑤　2 ①　3 팔면체
4 십각기둥　5 ①, ③, ⑤
6 ③　7 $\overline{IH}$　8 ④　9 ⑤
10 ⑤　11 ②　12 ④

개념완성 발전 문제 개념북 136~137쪽
1 십오각형　2 정육면체　3 정이십면체
4 7　5 16π cm^2
6 ① 12 cm, 3 cm, 36 cm^2, 36
② 6 cm, 36π cm^2, 36π
③ π
7 ① 육각뿔대 ② 8 ③ 12 ④ 96

2 입체도형의 겉넓이와 부피

1 각기둥의 겉넓이와 부피 개념북 140쪽
1 (1) 6 cm^2 (2) 84 cm^2 (3) 96 cm^2
2 (1) 25 cm^2 (2) 200 cm^3

개념북 141쪽
1 294 cm^2　1-1 240 cm^2
2 440 cm^3　2-1 (1) 300 cm^3 (2) 75 cm^3

3 9 cm　3-1 4 cm
4 16 cm　4-1 ③

2 원기둥의 겉넓이와 부피 개념북 143쪽
1 (1) 9π cm^2 (2) 6π cm (3) 42π cm^2
(4) 60π cm^2
2 (1) 9π cm^2 (2) 45π cm^3

개념북 144쪽
1 180π cm^2, 324π cm^3　1-1 720π cm^3
2 $\frac{5}{2}$ cm　2-1 8

3 복잡한 기둥의 겉넓이와 부피 개념북 145쪽
1 (1) 12π cm^2 (2) 32π cm^2 (3) 16π cm^2
(4) 72π cm^2 (5) 48π cm^3

개념북 146쪽
1 140π cm^2, 147π cm^3
1-1 112 cm^2, 55 cm^3
2 $(18\pi+40)$ cm^2, 20π cm^3
2-1 (1) $(112\pi+96)$ cm^2, 192π cm^3
(2) 170π cm^2, 212π cm^3

4 각뿔의 겉넓이와 부피 개념북 147쪽
1 360 cm^2, 400 cm^3
2 305 cm^2

개념북 148쪽
1 6 cm　1-1 7
1-2 90 cm^2, 42 cm^3　1-3 $\frac{64}{3}$ cm^3
2 ③　2-1 10
2-2 10 cm　2-3 $\frac{8}{3}$

5 원뿔의 겉넓이와 부피 개념북 150쪽
1 36π cm^2, 16π cm^3
2 90π cm^2, 84π cm^3

개념북 151쪽
1 16π cm^2
1-1 (1) 288π cm^2 (2) 468π cm^2
2 33π cm^2　2-1 ④

6 구의 겉넓이와 부피 개념북 152쪽
1 (1) 324π cm^2, 972π cm^3
(2) 300π cm^2, $\frac{2000}{3}\pi$ cm^3

개념북 153쪽
1 π : 6　1-1 ③
2 $\frac{224}{3}\pi$ cm^3　2-1 33π cm^2, 30π cm^3
3 18π cm^3, 54π cm^3　3-1 $\frac{1000}{3}\pi$ cm^3
4 1 cm　4-1 $\frac{256}{3}\pi$ cm^3

개념완성 기본 문제 개념북 155~156쪽
1 ④　2 78π cm^2　3 ①
4 8 cm　5 $\frac{32}{3}$ cm^3　6 ④
7 ⑤　8 ⑤　9 6　10 ⑤
11 126π cm^3　12 108π cm^2

개념완성 발전 문제 개념북 157~158쪽
1 ⑤　2 ①　3 36π cm^2
4 ⑤　5 22π cm^3
6 ① 6, 12π cm ② 10, 12π, 216°
③ 60π cm^2, 36π cm^2, 96π cm^2
7 ① 128 cm^3 ② 384 cm^3 ③ 1 : 3

Ⅳ 통계

1 대표값

1 대표값과 평균 개념북 162쪽
1 (1) 5 (2) 25
2 165 cm

개념북 163쪽
1 61점　1-1 ③　1-2 ④
1-3 64.5 kg

2 중앙값 개념북 164쪽
1 (1) 18 (2) 25, 50, 37.5

개념북 165쪽
1 14.5　1-1 15.5회
2 11　2-1 59

3 최빈값 개념북 166쪽
1 2, 3, 1, 16
2 (1) 28 (2) 없다. (3) 7, 12 (4) 축구

개념북 167쪽
1 ①　1-1 52 kg, 55 kg
2 8.8　2-1 13회

개념완성 기본 문제 개념북 168~169쪽
1 ④　2 ⑤　3 자료 B　4 ②
5 510 mm　6 (1) 25세 (2) 26세
7 4
8 (1) 8.75회 (2) 9.5회 (3) 10회, 11회
9 13.5　10 8.8　11 $A<B<C$
12 ②, ⑤

개념완성 발전 문제 개념북 170~171쪽
1 94점　2 80점　3 38
4 25, 26, 27, 28, 29, 30
5 ① 6 ② 8, 8, $a+2$, $a+2$, 13, 7 ③ 7, 6, 13
6 ① 7 ② 6.5시간 ③ 7시간

2 도수분포표와 상대도수

1 줄기와 잎 그림 개념북 174쪽
1 (1) ㉠ 4, ㉡ 2, ㉢ 3 (2) 9 (3) 88점
2 (1) 15명 (2) 4명 (3) 30시간

개념북 175쪽
1 ㄷ　1-1 25 %
2 22 kg　2-1 40 %

2 도수분포표 개념북 176쪽

1 (1) 풀이 참조 (2) 90분 이상 135분 미만
(3) 7명

개념북 177쪽

1 ㄴ, ㄷ 1-1 2개
2 ③
2-1 (1) 5개 (2) 5 (3) 0권 이상 3권 미만
3 45 % 3-1 ④

3 히스토그램 개념북 179쪽

1 풀이 참조 2 55

개념북 180쪽

1 ③ 1-1 35 %
2 250 2-1 120
3 14명 3-1 60 %

4 도수분포다각형 개념북 182쪽

1 풀이 참조 2 25 %

개념북 183쪽

1 ①
1-1 50명, 155 cm 이상 160 cm 미만
2 (1) 150 (2) 150 2-1 240
3 9명 3-1 11가구

5 상대도수 개념북 185쪽

1 (1) 0.6 (2) 0.56 (3) A 지역
2 9명

개념북 186쪽

1 0.2 1-1 1반
2 6 2-1 100명 2-2 0.26

6 상대도수의 분포표 개념북 187쪽

1 (1) 풀이 참조 (2) 4만 원 이상 6만 원 미만
2 (1) $A=0.09$, $B=0.25$, $C=1$
(2) 30명 (3) 30 %

개념북 188쪽

1 $A=4$, $B=8$, $C=0.24$, $D=25$, $E=1$
1-1 84 %
2 0.2 2-1 5명
3 여학생 3-1 ①

7 상대도수의 분포를 나타낸 그래프 개념북 190쪽

1 풀이 참조 2 (1) 10명 (2) 0.3

개념북 191쪽

1 150명 1-1 23명
2 B 중학교 2-1 480명

개념완성 기본 문제 개념북 194~195쪽

1 ④ 2 ② 3 ③ 4 ⑤
5 ④ 6 ② 7 9 8 ③
9 ③ 10 ⑤ 11 ⑤ 12 ④

개념완성 발전 문제 개념북 196~197쪽

1 7점 2 ② 3 32명 4 ㄴ, ㄹ
5 ① 10, 40 ② 1+3+8+6+2, 20, 11, 9
③ 9, 6, 2, 17
6 ① 40명 ② 0.15 ③ 15 %

익힘북

I 도형의 기초

1 기본 도형

개념적용익힘 익힘북 4~22쪽

1 ㄴ 2 ④ 3 ⑤ 4 ㄱ, ㄷ
5 ④ 6 ㄱ, ㄴ, ㄷ 7 ①
8 ⑤ 9 ⑤ 10 ② 11 ④
12 $\overleftrightarrow{AB}$, $\overleftrightarrow{AC}$, $\overleftrightarrow{BC}$ / $\overline{AC}$, $\overline{CA}$ / $\overrightarrow{CA}$, $\overrightarrow{CB}$
13 ⑤ 14 ③ 15 ③ 16 30
17 $a=1$, $b=4$, $c=3$ 18 ③ 19 10개
20 14 21 ④
22 (1) $\frac{1}{2}$ (2) $\frac{1}{2}$ (3) 4 (4) $\frac{3}{4}$
23 풀이 참조 24 ② 25 ④
26 8 cm 27 ③ 28 5 cm 29 ②
30 16 cm 31 ③
32 (1) ㄱ, ㅂ (2) ㄴ (3) ㄷ, ㅁ (4) ㄹ
33 ④ 34 ㄷ 35 ② 36 ②
37 18° 38 35° 39 ① 40 ⑤
41 ④ 42 30° 43 60° 44 ②
45 ② 46 30° 47 ②
48 (1) 40° (2) 60° (3) 80° (4) 140°
49 90° 50 (1) 30° (2) 20° 51 60°
52 2쌍 53 ④ 54 ③ 55 ③
56 ②, ⑤ 57 (1) 점 C (2) 4.8 cm
58 ⑤ 59 ④ 60 ③ 61 ⑤
62 ⑤ 63 ㄷ, ㄹ 64 ⑤ 65 ③
66 평행하다. 67 6개 68 ②, ③
69 모서리 BC, 모서리 CD, 모서리 DE, 모서리 GH, 모서리 HI, 모서리 IJ
70 ⑤
71 (1) 한 점에서 만난다. (2) 평행하다.
(3) 꼬인 위치에 있다.
72 모서리 AB, 모서리 AE, 모서리 FG, 모서리 FJ
73 3개 74 모서리 BF, 모서리 DH
75 11 76 −2 77 ⑤ 78 4
79 ①, ⑤ 80 ㄴ, ㄷ 81 ③ 82 ①, ④
83 ②, ④ 84 ㄴ, ㄹ 85 6 86 ②, ⑤
87 ① 88 ⑤ 89 ⑤ 90 ②
91 ② 92 ①, ⑤ 93 ④, ⑤ 94 ③, ④
95 ④ 96 (1) 65° (2) 125° 97 ④
98 ③ 99 ③ 100 ② 101 ②
102 240° 103 ④ 104 ③ 105 70°
106 ① 107 ① 108 38° 109 100°
110 35° 111 92° 112 ③ 113 ③, ⑤
114 ①, ④ 115 ③ 116 ④ 117 ②
118 100° 119 118° 120 50° 121 ②
122 100° 123 50° 124 ③ 125 95°

개념완성익힘 익힘북 23~24쪽

1 ④ 2 ④ 3 ⑤ 4 ⑤
5 ③ 6 ⑤ 7 ④, ⑤ 8 ③
9 ⑤ 10 ③ 11 ② 12 12 cm
13 10 14 40°

2 작도와 합동

개념적용익힘 익힘북 25~32쪽

1 ㉢ → ㉠ → ㉡ 2 ④ 3 ㄱ
4 ③ 5 풀이 참조
6 (1) $\overline{AC}$ (2) ∠C
7 (1) 10 cm (2) 30° (3) 90° 8 ④
9 (1) × (2) × (3) ○ (4) ○ (5) ×
10 ①, ④ 11 3개 12 ④ 13 ⑤
14 ① 15 ②
16 (1) ○ (2) × (3) ○ (4) × 17 ②, ④
18 ③ 19 ㄱ, ㄹ, ㅁ 20 ①
21 3개 22 풀이 참조 23 ②
24 ⑤ 25 풀이 참조 26 75°
27 12 cm 28 ④ 29 ③ 30 ㄴ, ㄷ
31 ㄴ, ㄷ, ㄹ
32 △ABD≡△ACD, SSS 합동 33 ③
34 ① 35 SAS 합동
36 $\overline{BC}$, ∠ABD, 60, SAS 37 ④
38 △ABO≡△DCO, △ABC≡△DCB, △ABD≡△DCA
39 ③ 40 ⑤
41 △DCB, $\overline{BC}$, ∠DBC, ∠DCB, △DCB, ASA
42 ㄱ, ㄹ, ㅂ 43 ③
44 △CEM, ASA 합동
45 풀이 참조 46 ④

개념완성익힘 익힘북 33~34쪽

1 ⑤ 2 ④ 3 ①, ③ 4 ④
5 ④ 6 ③ 7 ⑤
8 (가) $\overline{OM}$ (나) $\overline{OB}$ (다) SSS (라) 90 9 60°
10 4 11 109 12 90°

대단원 마무리 익힘북 35~36쪽

1 ③ 2 ② 3 12 cm 4 ③
5 ④ 6 ② 7 50° 8 ④
9 ⑤ 10 ①, ② 11 ② 12 ㄱ, ㄷ
13 75°

II 평면도형

1 다각형의 성질

개념적용익힘 익힘북 37~47쪽

1 ⑤ 2 ③, ⑤ 3 ③
4 (1) × (2) × (3) ○ 5 ④, ⑤
6 정십각형 7 125° 8 95° 9 70°
10 $\angle x=60°$, $\angle y=75°$ 11 ④
12 12 13 11 14 5 15 ②

수학은 개념이다!

디딤돌수학

개념기본

중 1 / 2 익힘북

2022 개정 교육과정

중학 수학은 개념의 연결과 확장이다.

디딤돌